线性代数及其MATLAB实验

编　著◇李继根

华东师范大学出版社

前 言

比起微积分和概率统计，在几门大学数学基础课中，线性代数目前远未达到其应有的地位. 与此同时，学生也普遍感到这门课抽象、繁琐、枯燥和无用. 我们认为课程内容的艰深和教育生态的制约是造成这种局面的主要原因.

线性代数研究的是线性空间及其扩充——模，以及作用在线性空间上的线性变换. 事实上，线性代数是“第二代数学模型”的典范，采用公理化体系来演绎的话，只要几页篇幅就能阐述和证明线性代数的主要结论. 作为重视这种演绎体系的极端体现，法国在基础教育领域开展过“新数学运动”. 由于一味注重形式上的严格性，忽视乃至抹杀数学的直觉性，使得学生恍如杂技中表演钻火圈游戏的小白鼠，在考试的皮鞭挥舞之下拼命奔跑，完全变成了枯燥规则的奴隶.

尽管许多人一度认为线性代数已经“寿终正寝”，但计算机的横空出世却让它“枯木逢春”，成为矩阵计算（又称数值线性代数），进而演变成科学计算中的得力工具，并进一步促进了各种化解“维数之咒”的新兴课题的蓬勃发展. 世界顶尖的数值分析学家 L·N·特雷弗腾早在 1997 年就深刻地指出：“如果除了微积分与微分方程之外，还有什么领域是数学科学的基础的话，那就是数值线性代数.” 2000 年评选出的“20 世纪 10 大算法”，其中有 3 个与矩阵计算直接相关(Krylov 子空间迭代法、矩阵计算的分解方法、QR 算法). 吴文俊先生更深刻地指出：“从数学有史料为依据的几千年发展过程来看，以公理化思想为主的演绎倾向与以机械化思想为主的算法倾向互为消长.”因此对待演绎体系与算法体系，合理的态度应该是取两者之长，兼收并蓄，而不能厚此薄彼，褒一贬一. 对算法体系的研究催生了各种程序库，进而催生了科学计算软件 MATLAB.

回顾历史，不难发现线性代数与 MATLAB 佳偶天成，在学习线性代数的同时使用 MATLAB，是天经地义的事. 事实上，尽管许多专业都有与 MATLAB 相结合的课程，但是它们都无法做到线性代数的矩阵向量思想与 MATLAB 的这种紧密结合.

有鉴于此，美国于 1990 年代实施了 ATLAST(Augment the Teaching of Linear Algebra using Software Tools，用软件工具增强线性代数教学). 20 年后，美国的线性代数教学已经普遍用计算机解决问题. 受其影响，西安电子科技大学的陈怀琛先生从 2005 年开始在工科线性代数教学中引入 MATLAB 机算，并逐步滢入线性代数改革的深水区.

正是基于上述分析，并结合我校实情，我们“抛弃各种有形和无形的思想枷锁”(钱旭红语)，从 2011 年起，以我校谢国瑞教授荣获国家优秀教材一等奖(2002 年)的《线性代数及其应用》为出发点，开设了“线性代数实验班”. 我们认为线性代数课程首先要弱化线性代数作为“第二代数学模型”的形式化特征，教学重点应放在“怎样融合线性代数的课程内容与数值线性代数为主的计算技术”，要将学生从繁冗的线性代数计算中解放出来，同时兼顾学生继续深造(考研或出国等)的需求. 基于这种观念,同时为响应参加实验班的"小白鼠"们的强烈呼吁,我们编写了这本教材.

在本教材的体系、选材和编写中,我们力求突出以下特点:

1. 淡化形式,注重实质

代数概念是一种典型的操作性概念,反映的是一种潜在的运算过程,因为大多数代数概念既可以看作过程,也可以看作对象. 因此代数操作是一种形式的符号操作,是对形式的数学符号、概念和程序的操作,需要借助于解析式、记号、图像、示意图等外部表征,这就导致代数操作需要更高的抽象水平.

基于此,有人认为线性代数课程正是训练学生抽象思维的绝佳时机. 由此催生的教材,其典型模式多为以定义开头,继之以定理和公式,再辅以应用. 前已指出,按此风格来处理线性代数,极端者只需几页篇幅. 但这样的教材尽管精炼简洁,却经常让学生觉得从心理上难以接受,因为在他们看来,许多数学概念就像孙悟空一样,是从石头缝里蹦出来的. 关于这一点,孟岩在博文《理解矩阵》中给出了形象的描述. 更要命的是,这种干瘪枯燥急需教师的阐释发挥(注水),这自然加剧了学生对优质教育资源的争夺.

早在 1993 年,陈重穆、宋乃庆两位先生就大力呼吁要"淡化形式,注重实质". 因为形式化是不能一蹴而就的,就像微积分,历经几百年才有了严格化的"$\varepsilon-\delta$"语言.

2. 注重启发式教学,力争将"冰冷的美丽"转变成"火热的思考"

作为启发式教学的重要辅助工具,教材必须充分反映学生的思维过程,要通过一系列启发性的问题和各种各样的尝试和想法,让学生在观察、比较和推理中形成结论. 我们在本书中,充分注意学生已有的基础和经验,注重采用多种方式自然地引入数学基本概念和基本方法. 例如,从"鸡兔同笼"问题引入矩阵概念,从解的简洁表示引入行列式,从行阶梯矩阵的秩引入任意矩阵的秩,从方程的冗余引入向量组的线性表示,从考察像与原像的最简关系引入特征对,等等.

关于范德蒙行列式的计算技巧,谢国瑞教授曾经将之比拟为"翻江倒海",可见他的课堂必定是汪洋恣肆,脑洞大开. 数学教学是数学思维活动的教学. 教育的最终目的是点燃和激起学生火热的思考,进而对知识进行主动建构. 教学是教师展示自己对知识理解的舞台,教材亦当如此. 通过对课程内容进行启发式教学法加工,本书希望给学生展示一种更加合乎数学思维、更易接受的知识阐述方式,从而让学生不再惧怕乃至爱上线性代数这门实践性很强的理论性课程.

3. 适当渗入 MATLAB 实验和计算思维

对于教材中的许多例题,在给出手算解答的同时,也给出了 MATLAB 机算程序,目的是让学生鲜明地看到 MATLAB 机算是化繁为简的大杀器. 更进一步地,每章末都设计了一些 MATLAB 实验,这既是为了加深学生对相关知识的理解,同时也旨在培养学生进行简单程序设计的能力. 另外,许多课程内容的阐述中还渗入了计算思维的分析,比如拉普拉斯展开法和克莱姆法则何以被摒弃. 这些点到即止式的安排,除了能让学生初步掌握 MATLAB 计算工具,更能培养学生根据问题类型灵活选择恰当的计算技术(算法意识)

并编程实现机算的能力.

为方便读者查找程序,例题和实验解答的程序文件采用了近似的名称,例如,程序文件 ex1204.m 对应的是例 1.2.4,程序文件 sy1203.m 对应的是第 1 章实验 2 的第 3 小题.另外,由于 MATLAB 对大小写敏感,因此自定义函数名采用首字母大写等命名方式,以区别于内置函数和 ATLAST 中的函数. 读者可向出版社或作者(jgli@ecust.edu.cn)发邮件索取本书的配套程序.另外,有些证明的末尾添加了标记"■",以示区隔。

4. 适度引入萌系风格的语言

要让这本书彻底做到画风清奇、骨骼清秀,臣妾真的做不到. 但纵观人类的文明史,可见语言本身就一直处在发展演变之中,权威性的《新华字典》也一直在不断地收录新词.因此,放下高冷的身段,适度引入一些萌萌哒的语言,还是能够办到的.当然,这种调侃乃至戏说,只是传播知识的一种手段,其终极目的,是为了拉近抽象的线性代数知识与学生之间的心理距离.如果为了坚持维护数学这座"高堂华屋"的庄严神圣,一定要他们"沐浴更衣焚香斋戒",不仅会事倍功半,而且早晚还会遭遇事与愿违甚至适得其反的结果. 杨过用剑,树枝即剑,关键在于观念. 我们认为,"玩数学"(陈省身语)比"学数学"更逼近数学学习的本质.

要特别感谢参加过线性代数实验班的几百只"小白鼠","天王盖地虎,宝塔镇河妖"曾经是大家的"接头暗号".没有和他们的那些鲜活的互动,没有他们的鼓励和鞭策,本书恐怕也不会面世.

经典教材《社会心理学》一书的作者、著名心理学家戴维·迈尔斯写道:"我希望以一种充满热情的、富有个性的方式来讲述心理学,而不仅仅用一种严谨的科学方式".把心理学一词置换为线性代数,也就成了我们的热望.

李继根

于华东理工大学数学系

目 录

第 1 章 矩阵

面对求解线性方程组的千年难题，年轻的“矩阵博士”一上手就抓住了问题的核心，扔掉未知数等累赘，将之简洁地表示为增广矩阵，然后念动符号学的真诀，并使用矩阵运算等精良兵器，进一步将之转化为“符简理深”的矩阵方程，从而轻松地得到了线性方程组解的矩阵表示.

1.1 矩阵的概念与基本运算

1.1.1 从鸡兔同笼问题谈起

还记得大明湖畔的小明吗？最近他看完了一本神奇的书，即马丁·加德纳(Martin Gardner, 1914—2010)的《矩阵博士的魔法数》(详见文献[67])。这本奇书涉猎面很广，文笔隽永，诙谐有趣，可读性极强，人文根底非常深厚. 作为术数家，书中的主人公矩阵博士发现了许多离奇的数字现象与规律. 例如，布阿战争结束于 1902 年，而 $1902+1+9+0+2=1914$ 年正好是第一次世界大战开始之年. 再如，$13^2=169$，反过来 $961=31^2$，这里 31 正好也是 13 的逆序数. 另外 $1+6+9=16$，正好也是 $1+3=4$ 的平方数. 怎么会这么巧？简直太简直了！

小明被矩阵博士深深折服，开始以“矩阵博士”自诩，并把自己的各种签名改成了“矩阵博士”. 这本奇书也让小明联想到小学阶段接触到的各类数学趣题，其中最有趣的当属“鸡兔同笼问题”. 百度后，他发现在大约成书于公元 4 到 5 世纪的《孙子算经》中，就叙述了这样的问题：“今有雉兔同笼，上有三十五头，下有九十四足，问雉兔各几何？”

小明当初就觉得这类问题很荒诞：鸡和兔子怎么会放在一个笼子里？为什么不数鸡和兔子各有几只，却偏偏去数它们的头数和脚数？这明显不科学！好在小学阶段解这类问题的“假设法”让小明脑洞大开：假设鸡和兔子都听指挥(疯狂动物城呀)，那么，让它们都抬起一只脚(鸡开始练习金鸡独立)，然后再抬起一只脚，此时鸡的两只脚都抬起来了(修炼成飞鸡了)，只剩下用两只脚站立的兔子(兔子开始直立行走)，因此兔子的只数为 $(94-35\times 2)\div 2=12$(只)，鸡的只数为 $35-12=23$(只).

到了中学阶段，数学中引入了一个“Big idea”，即**用字母表示数**(已知数和未知数)，开始采用已知数 a, b, c…和未知数 x, y, z…表示数量关系，进而直接引发了方程思想，使得诸如鸡兔同笼这样的算术问题的解答变得轻而易举，而算术也因符号化进化为高大上的代数，代数学变成了符号化的产物. 事实上，正是由于使用了较好的符号系统，代数学才发展成为一门学科.

小明知道，按中学的代数方法，令鸡有 x 只，兔子有 y 只，可得二元一次线性方程组

$$\begin{cases} x+y=35 & ① \\ 2x+4y=94 & ② \end{cases} \tag{1.1.1}$$

这里“二元”(不是二次元)指的是方程组中有两个未知数(即 x 和 y)，“一次”指的是每个方程中含有未知数的各项的次数都是一次的. 至于“线性”，结合图 1.1，可知它源自每个线性方程的几何图形是平面直角坐标系中的一条直线.

采用加减消元法，② − ① × 2，即得 $2y = 24$，故 $y = 12$，代入 ① 中，即得 $x = 35 - y = 23$. 表现在几何图形上，就是图 1.1 中点 $P(23, 12)$ 的横纵坐标分别代表鸡和兔子的只数.

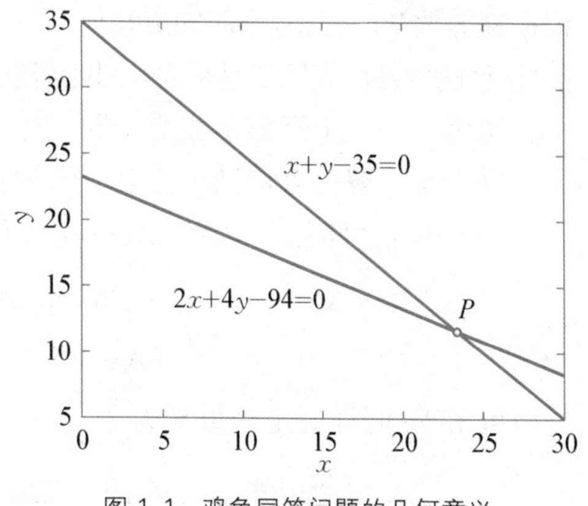

图 1.1　鸡兔同笼问题的几何意义

有了代数工具，就可以考察更一般的二元一次线性方程组

$$\begin{cases} a_{11}x_1 + a_{12}x_2 = b_1 & ① \\ a_{21}x_1 + a_{22}x_2 = b_2 & ② \end{cases} \tag{1.1.2}$$

其中的未知数是 x_1 和 x_2，a_{11}，a_{12}，a_{21}，a_{22} 是未知数的系数，b_1，b_2 是常数项.

仍然采用加减消元法，② × a_{11} − ① × a_{21}，可消去 x_1，得：

$$(a_{11}a_{22} - a_{21}a_{12})x_2 = b_2a_{11} - b_1a_{21}$$

当 $a_{11}a_{22} - a_{21}a_{12} \neq 0$ 时，即得

$$x_2 = \frac{b_2a_{11} - b_1a_{21}}{a_{11}a_{22} - a_{12}a_{21}} \tag{1.1.3}$$

将上式回代入方程①中，可得

$$x_1 = \frac{b_1a_{22} - b_2a_{12}}{a_{11}a_{22} - a_{12}a_{21}} \tag{1.1.4}$$

从几何上看，方程组(1.1.2)中的两个方程分别代表平面直角坐标系中的两条直线，而 $a_{11}a_{22} - a_{21}a_{12} \neq 0$ 则意味着这两条直线是相交的，因而此时方程组的唯一解即(1.1.4)和(1.1.3) 分别表示交点的横坐标和纵坐标. 类似地，$a_{11}a_{22} - a_{21}a_{12} = 0$ 则意味着这两条直线是平行的(此时方程组无解) 或重合的(此时方程组有无数解).

要特别注意方程组(1.1.2)中未知数、系数和常数项的下标. 以系数 a_{12} 为例，下标 1 和 2 依次表示它是第一个方程中第二个未知数 x_2 的系数，其他类推可知.

从历史上看，最早引入这种记号的是德国数学家莱布尼兹(Gottfried Wilhelm Leibniz，1646—1716). 文献[53]中指出，在 1693 年 4 月 28 日写给法国数学家洛必达(Marquis de l'Hôpital，1661—1704)的书信(这封信迟至 19 世纪才为世人所知)中，莱布尼兹甚至完全用数字代替了字母，从而将方程组(1.1.2)表示成了下列形式：

$$\begin{cases} 10 + 11x + 12y = 0 \\ 20 + 21x + 22y = 0 \end{cases}$$

同样地，对于三元一次线性方程组

$$\begin{cases} a_{11}x_1 + a_{12}x_2 + a_{13}x_3 = b_1 & ① \\ a_{21}x_1 + a_{22}x_2 + a_{23}x_3 = b_2 & ② \\ a_{31}x_1 + a_{32}x_2 + a_{33}x_3 = b_3 & ③ \end{cases} \tag{1.1.5}$$

根据高等数学的知识,小明知道几何上三个“线性”方程分别代表空间直角坐标系中的三个平面(这里的“线性”表征的是平面),因此当且仅当它们相交于同一点时方程组(1.1.5)有唯一解.

思考 当三个平面不相交于同一点时,方程组(1.1.5)的解又是何种状况呢?

这个唯一解仍可借助于代数上的加减消元法来求出.通过 ②$\times a_{11}-$①$\times a_{21}$ 及 ③$\times a_{11}-$①$\times a_{31}$ 可消去 x_1,将三元一次方程组(1.1.5)化为二元一次方程组

$$\begin{cases}(a_{11}a_{22}-a_{21}a_{12})x_2+(a_{11}a_{23}-a_{21}a_{13})x_3=b_2a_{11}-b_1a_{21}\\(a_{11}a_{32}-a_{31}a_{12})x_2+(a_{11}a_{33}-a_{31}a_{13})x_3=b_3a_{11}-b_1a_{31}\end{cases} \tag{1.1.6}$$

进而可解得(同样假定分母不为零)

$$x_2=\frac{a_{11}b_2a_{33}+b_1a_{23}a_{31}+a_{13}a_{21}b_3-a_{13}b_2a_{31}-b_1a_{21}a_{33}-a_{11}a_{23}b_3}{a_{11}a_{22}a_{33}+a_{12}a_{23}a_{31}+a_{13}a_{21}a_{32}-a_{13}a_{22}a_{31}-a_{12}a_{21}a_{33}-a_{11}a_{23}a_{32}} \tag{1.1.7}$$

$$x_3=\frac{a_{11}a_{22}b_3+a_{12}b_2a_{31}+b_1a_{21}a_{32}-b_1a_{22}a_{31}-a_{12}a_{21}b_3-a_{11}b_2a_{32}}{a_{11}a_{22}a_{33}+a_{12}a_{23}a_{31}+a_{13}a_{21}a_{32}-a_{13}a_{22}a_{31}-a_{12}a_{21}a_{33}-a_{11}a_{23}a_{32}} \tag{1.1.8}$$

将式(1.1.7)和(1.1.8)回代入方程组(1.1.5)中的方程①,可得

$$x_1=\frac{b_1a_{22}a_{33}+a_{12}a_{23}b_3+a_{13}b_2a_{32}-a_{13}a_{22}b_3-a_{12}b_2a_{33}-b_1a_{23}a_{32}}{a_{11}a_{22}a_{33}+a_{12}a_{23}a_{31}+a_{13}a_{21}a_{32}-a_{13}a_{22}a_{31}-a_{12}a_{21}a_{33}-a_{11}a_{23}a_{32}} \tag{1.1.9}$$

如此庞大的阵容,简直亮瞎了小明的钛合金眼.显然上述的代数思路,尽管看上去似乎容易推广至四元、五元乃至 n 元线性方程组,但随着 n 的增大,问题马上就来了:计算太繁琐了,而且方程组的唯一解没有什么明显的规律.这说明沿着上述思路求解线性方程组似乎困难重重.至于前述的几何思路,三元及以下的线性方程组尚可想象其几何意义,但推广到四元、五元乃至 n 元后,高维的形象化问题将极大地考验人类的脑洞.对于方程(组)的求解问题为何会贯穿人类的文明史,小明觉得这种困窘给出了一种解释.

1.1.2 矩阵的概念及其应用

两种思路都遇到了困难,小明只好重新回到方程组(1.1.2).他注意到在式(1.1.3)和式(1.1.4)中,方程组的解 x_1, x_2 只与四个系数 a_{11}, a_{12}, a_{21}, a_{22} 及两个常数项 b_1, b_2 有关,如果略去未知数、加号和等号,则可将方程组(1.1.2)简化为如下的一张表

$$\begin{matrix}a_{11} & a_{12} & b_1\\a_{21} & a_{22} & b_2\end{matrix}$$

方程组(1.1.2)显然与此表一一对应,因此对方程组(1.1.2)的研究就转化为对此表的研究.

小明马上发现这种想法具有一般性,也就是说可以推广到 n 元一次线性方程组(俗称“**正方形方程组**”,更一般地,线性代数中许多名词都涉及其几何形象),即

$$\begin{cases}a_{11}x_1+a_{12}x_2+\cdots+a_{1n}x_n=b_1\\a_{21}x_1+a_{22}x_2+\cdots+a_{2n}x_n=b_2\\\cdots\\a_{n1}x_1+a_{n2}x_2+\cdots+a_{nn}x_n=b_n\end{cases} \tag{1.1.10}$$

的解也完全由未知数系数 $a_{ij}(i,\ j=1,\ 2,\ \cdots,\ n)$ 和常数项 $b_i(i=1,\ 2,\ \cdots,\ n)$ 所确定,

并且 a_{ij} 与 b_i 按原位置可排为一张表：

$$\begin{matrix} a_{11} & a_{12} & \cdots & a_{1n} & b_1 \\ a_{21} & a_{22} & \cdots & a_{2n} & b_2 \\ \vdots & \vdots & \ddots & \vdots & \vdots \\ a_{n1} & a_{n2} & \cdots & a_{nn} & b_n \end{matrix}$$

因此研究线性方程组(1.1.10)就转化为研究这张表.

至此，对这种由一堆数构成的表，小明觉得有必要在数学上给出一般性的定义. 百度后，他得知这个概念就是矩阵(matrix).

定义 1.1.1(矩阵的定义) 由 mn 个数 a_{ij} $(i=1, 2, \cdots, m;\ j=1, 2, \cdots, n)$ 排成的 m 行 n 列的数表

$$\begin{pmatrix} a_{11} & a_{12} & \cdots & a_{1n} \\ a_{21} & a_{22} & \cdots & a_{2n} \\ \vdots & \vdots & \ddots & \vdots \\ a_{m1} & a_{m2} & \cdots & a_{mn} \end{pmatrix}$$

称为一个 $m\times n$ **维(阶)矩阵**(matrix)，其中的 a_{ij} 表示矩阵中**行号**为 i、**列号**为 j 的矩阵元素.

常用黑粗的英文大写字母 $\boldsymbol{A}$, $\boldsymbol{B}$, $\boldsymbol{C}\cdots$表示矩阵. 有时为了标明矩阵的行数 m、列数 n 以及矩阵元素的通项 a_{ij}，也记作 $\boldsymbol{A}_{m\times n}$或$(a_{ij})_{m\times n}$.

小明发现矩阵的维数或元素取特殊值时可得到大量的**特殊矩阵**.

从维数上考虑，当 $m=n$ 时，矩阵 $\boldsymbol{A}$ 称为 n **阶方阵**(square matrix)，此时元素 a_{11}, a_{22}, $\cdots$, a_{nn} 称为矩阵 $\boldsymbol{A}$ 的**主对角元**(main diagonal)，它们所在的对角线称为矩阵 $\boldsymbol{A}$ 的**主对角线**(main diagonal line)，元素 a_{1n}, $a_{2,n-1}$, $\cdots$, a_{n1} 所在的对角线称为矩阵 $\boldsymbol{A}$ 的**次对角线**(anti-diagonal line)；当 $m=1$ 时，矩阵 $\boldsymbol{A}$ 退化为 n **维行向量**(row vector)；当 $n=1$ 时，矩阵 $\boldsymbol{A}$ 退化为 m **维列向量**(column vector)；当 $m=n=1$ 时，矩阵 $\boldsymbol{A}$ 已退化为一个数(这一点很重要，因为矩阵可视为数的一种推广).

从元素上考虑，如果方阵 $\boldsymbol{U}$ 的主对角线以下的元素全为 0，即 $u_{ij}=0(i>j)$，则称 $\boldsymbol{U}$ 为**上三角矩阵**(upper triangular matrix)，此时 $\boldsymbol{U}=\begin{pmatrix} u_{11} & u_{12} & \cdots & u_{1n} \\ 0 & u_{22} & \cdots & u_{2n} \\ \vdots & \vdots & \ddots & \vdots \\ 0 & 0 & \cdots & u_{nn} \end{pmatrix}$；类似地，如果方阵 $\boldsymbol{L}$ 满足 $l_{ij}=0(i<j)$，则称 $\boldsymbol{L}$ 为**下三角矩阵**(lower triangular matrix)，此时 $\boldsymbol{L}=\begin{pmatrix} l_{11} & 0 & \cdots & 0 \\ l_{21} & l_{22} & \cdots & 0 \\ \vdots & \vdots & \ddots & \vdots \\ l_{n1} & l_{n2} & \cdots & l_{nn} \end{pmatrix}$；特别地，既是上三角矩阵又是下三角矩阵的方阵 $\boldsymbol{D}=$

$\begin{pmatrix} d_1 & 0 & \cdots & 0 \\ 0 & d_2 & \cdots & 0 \\ \vdots & \vdots & \ddots & \vdots \\ 0 & 0 & \cdots & d_n \end{pmatrix}$称为**对角矩阵**(diagonal matrix),也记作 $\boldsymbol{D}=\text{diag}(d_1, d_2, \cdots, d_n)$;如果对角矩阵 $\boldsymbol{D}$ 的主对角元全部相等,即 $\boldsymbol{D}=\text{diag}(a, a, \cdots, a)$,则称为**数量阵**(scalar matrix),特别地,当 $a=1$ 时,称对角矩阵 $diag(1, 1, \cdots, 1)$ 为**单位矩阵**(identity matrix),记为 $\boldsymbol{I}$.

另外,每个元素都为 0 的矩阵(未必是方阵)称为**零矩阵**(zero matrix),记为 $\boldsymbol{O}$.

思考 为什么要引入新记号 $\text{diag}(d_1, d_2, \cdots, d_n)$对角矩阵 $\boldsymbol{D}$ 来表示?提示:周星星同学的电影《美人鱼》,主题是什么?

小明很快发现了几个需要注意的问题:

(1) 在高等数学中,向量$\{a_1, a_2\}$用的是大括号,在几何上对应的是某个坐标系中以原点 O 为起点,以 $P(a_1, a_2)$为终点的一条有向线段$\overrightarrow{OP}$,即代数向量$\{a_1, a_2\}\leftrightarrow$几何向量(即有向线段)$\overrightarrow{OP}$;起点为 $P(a_1, a_2)$,终点为 $Q(b_1, b_2)$的几何向量(即有向线段)$\overrightarrow{PQ}$,其代数表示则为$\{b_1-a_1, b_2-a_2\}$.

高等数学中不区分行向量与列向量,即将行列向量都统一表示为行向量.线性代数中显然区分了行向量与列向量,而且通常用黑粗的希腊字母表示向量,例如 n 维行向量 $\boldsymbol{\alpha}=(a_1, a_2, \cdots, a_n)$.由于向量不再使用大括号,因此$(a_1, a_2, \cdots, a_n)$既可以表示某个点 P 的坐标(可视为点向量),也可以表示几何向量(即有向线段)$\overrightarrow{OP}$,还可视为此几何向量的代数表示.抽取出这种代数表示的本质,即 n **元有序数组**$(a_1, a_2, \cdots, a_n)$,就得到了向量(vector)这个更抽象的数学概念.当然,作为约定俗成的习惯,除非特别指明,线性代数中的向量一般指的是列向量.

(2) 在物理中,与只有大小的标量(scalar)相对应,一般称向量为矢量(vector),泛指既有大小又有方向的物理量(如速度,位移等).实际应用中遇到的一般是物理矢量.几何向量可看作物理矢量的可视化,而代数向量则可视为物理矢量的运算工具.

(3) 基于维数视角,可以将序列"长方阵→方阵→行向量或列向量→数"视为矩阵维数在逐渐收缩(请脑补出动画)或者在逐步特殊化,其逆序列"数→行向量或列向量→方阵→长方阵"则可视为矩阵维数在逐渐扩张(再请脑补出动画)或者在逐步一般化.众所周知,一般三角形的边长都满足三角不等式(任意两边之和大于第三边),因此直角三角形的边长也满足三角不等式,但直角三角形的勾股定理这个特殊性质,推广到一般三角形后,就不再满足了.按此逻辑,对长方阵成立的性质,对方阵、向量和数应当也成立;反之对向量和方阵成立的性质,推广到长方阵,则未必成立.在线性代数中,这种特殊化与一般化之间的逻辑关系很重要.

(4) 基于元素视角,可以将序列"方阵→上(下)三角阵→对角阵→数量阵→单位阵"视为矩阵元素取值的逐步特殊化,其逆序列"单位阵→数量阵→对角阵→上(下)三角阵→方阵"则可视为矩阵元素取值的逐步一般化.注意前述的特殊化与一般化之间的逻辑,对这些矩阵也是成立的.

（5）可以从三个层面来理解矩阵：从宏观的符号层面看，矩阵就是一个“超数”，一个“完全的抽象物”$\boldsymbol{A}$，一个具有某些指定运算的总体性的数学对象；从微观的元素层面看，矩阵就是“一堆数”a_{ij}，由许多个体按一定位置关系排列而成；从中观的列（行）向量层面看，矩阵就是由各列（行）组成的一组向量，即列（行）向量组. 掌握矩阵三个层面之间的关系，并能够灵活地互相转换，在线性代数中至关重要.

（6）对于上（下）三角矩阵和对角矩阵等特殊矩阵，有时为了凸显它们的特殊结构，会略去其中的零元素，而代之以空白.

事实上，矩阵概念是线性代数中最重要的概念之一. 它最早由英国数学家凯莱（Arthur Cayley，1821—1895）提出于 19 世纪 40 年代，并由他的好基友西尔维斯特（James Joseph Sylvester，1814—1897）用 matrix 命名. Matrix 的英文本意是“子宫、控制中心的母体、孕育生命的地方”. 在电影《黑客帝国》（The Matrix，1999）中，“母体”（Matrix）就是一套复杂的模拟系统程序，它是由具有人工智能的机器建立的，模拟了人类以前的世界，用以控制人类. 矩阵的数学定义很好地解释了母体制造世界的数学逻辑基础.

例 1.1.1（囚徒困境）　警方逮捕了甲、乙两名嫌疑犯，但却没有足够证据指控二人入罪. 于是警方分开囚禁这两名嫌疑犯，并分别和二人见面，然后向双方提供以下相同的选择：

（1）若一人认罪并作证检控对方（称为“背叛”对方），而对方保持沉默，此人将即时获释，至于沉默者将判监 10 年；

（2）若二人都保持沉默（称为互相“合作”），则二人都判监 1 年；

（3）若二人都互相检举（称为互相“背叛”），则二人都判监 8 年.

两名囚徒的上述困境，可用表 1.1 概述如下：

表 1.1　囚徒困境

	甲沉默	甲背叛
乙沉默	甲乙各 1 年刑	甲释放，乙 10 年刑
乙背叛	甲 10 年刑，乙释放	甲乙各 8 年刑

若用矩阵分别表示甲、乙两人可能受到的处罚结果，则为 $\begin{pmatrix} 1 & 0 \\ 10 & 8 \end{pmatrix}$ 和 $\begin{pmatrix} 1 & 10 \\ 0 & 8 \end{pmatrix}$. 显然第一个矩阵是下三角矩阵，第二个则是上三角矩阵，它们的主对角元都是 1 和 8.

例 1.1.2（病态矩阵）　在数值分析课程中，有一类著名的希尔伯特矩阵 $\boldsymbol{H} = (h_{ij})$，是同一种典型的病态矩阵（ill-conditioned matrix）. 例如三阶希尔伯特矩阵为

$$\boldsymbol{H}_3 = \begin{pmatrix} 1 & \frac{1}{2} & \frac{1}{3} \\ \frac{1}{2} & \frac{1}{3} & \frac{1}{4} \\ \frac{1}{3} & \frac{1}{4} & \frac{1}{5} \end{pmatrix}$$

仔细观察,小明发现 $\boldsymbol{H}_3$ 中的矩阵元素 h_{ij} 与其行号 i 和列号 j 都有关,即成立与数列类似的"通项公式": $h_{ij}=\dfrac{1}{i+j-1}$.

思考 什么叫病态矩阵? 为什么希尔伯特矩阵被视为病态矩阵?

温馨提示: 亲爱的读者,小明不是病态,只是历经岁月沧桑,依然保有儿时的"十万个为什么"精神,请以实际行动支持他.

例 1.1.3(飞机航线问题) 某航空公司在 A, B, C, D 四城市之间开辟了若干航线,如图 1.2 所示. 如果从 A 到 B 有航班,则用箭头从 A 指向 B.

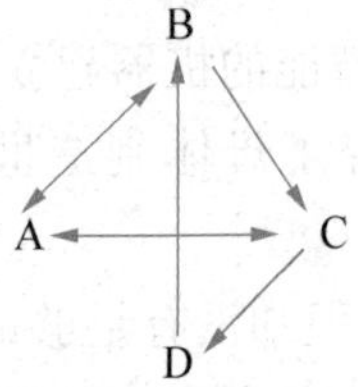

图 1.2 航班图

表 1.2 航班表

出发城市 \ 到达城市	A	B	C	D
A		√	√	
B	√		√	
C	√			√
D		√		

我们先用表 1.2 来表示航班图. 表格中√表示有航班. 显然把表中的√改成 1,空白地方填上 0,就可得到所谓的**邻接矩阵**(adjacency matrix,即元素仅取 0 或 1 的矩阵):

$$\boldsymbol{G}=\begin{pmatrix}0 & 1 & 1 & 0\\ 1 & 0 & 1 & 0\\ 1 & 0 & 0 & 1\\ 0 & 1 & 0 & 0\end{pmatrix}$$

例 1.1.4(系数矩阵和增广矩阵) 按照矩阵的概念,"矩阵博士"小明马上发现由 m 个 n 元线性方程组成的线性方程组(俗称"**长方形方程组**")

$$\begin{cases}a_{11}x_1+a_{12}x_2+\cdots+a_{1n}x_n=b_1\\ a_{21}x_1+a_{22}x_2+\cdots+a_{2n}x_n=b_2\\ \cdots\\ a_{m1}x_1+a_{m2}x_2+\cdots+a_{mn}x_n=b_m\end{cases}\tag{1.1.11}$$

可以简化为 $m\times(n+1)$ 维矩阵(注意保留系数和常数的位置信息)

$$\overline{\boldsymbol{A}}=\left(\begin{array}{cccc:c}a_{11} & a_{12} & \cdots & a_{1n} & b_1\\ a_{21} & a_{22} & \cdots & a_{2n} & b_2\\ \vdots & \vdots & \ddots & \vdots & \vdots\\ a_{m1} & a_{m2} & \cdots & a_{mn} & b_m\end{array}\right)$$

称为线性方程组(1.1.11)的**增广矩阵**(augmented matrix,即在系数矩阵右侧增加了一个常数列,读作"A 拔"),其中左侧由系数构成的 $m\times n$ 维矩阵(注意保留位置信息)

$$A = \begin{pmatrix} a_{11} & a_{12} & \cdots & a_{1n} \\ a_{21} & a_{22} & \cdots & a_{2n} \\ \vdots & \vdots & \ddots & \vdots \\ a_{m1} & a_{m2} & \cdots & a_{mn} \end{pmatrix}$$

称为线性方程组(1.1.11)的**系数矩阵**(coefficient matrix). 对于线性方程组而言,系数矩阵和增广矩阵的地位相当重要.

我们看到,矩阵博士小明甫一出场就亮瞎了很多人的双眼. 对于古老的线性方程组,他大胆地舍弃未知数等非本质因素,紧紧抓住系数、常数及其位置信息等本质因素,从而抽象出矩阵的概念. 利用矩阵的各种符号,今后讨论线性方程组时就不必再拘泥于细枝末节,即思维不再局限于元素层面,而是可以根据问题的需要在三个层面(**即符号层面、向量层面和元素层面**)之间灵活切换. 正如英国数学家怀特海(Alfred North Whitehead, 1861—1947)所指出的:"术语或符号的引入,往往是为了理论的易于表达和解决问题. 特别是在数学中,只要细加分析,即可发现符号化给数学理论的表述和论证带来极大的方便."事实上,矩阵符号的真正威力还没有被充分地显示出来,因为只有为矩阵附加上各种运算,才能充分领略矩阵的伟大、神秘和诱人.

1.1.3 矩阵的代数运算:线性运算

小明知道数具有加减乘除乘方开方等六则运算,向量则具有加减、数乘、数量积(点积)和向量积(叉积)等运算,而矩阵既然是数和向量的推广,因此他自然想将这些运算尽可能推广到矩阵中. 当然,按照前述的特殊化与一般化逻辑,当矩阵特殊化为向量(行数为1或列数为1的矩阵)乃至数(即一阶矩阵)时,这些矩阵运算必须与数或向量的相关运算吻合.

事实上,上述这种推广要求就是**固本原则**,这是丹齐克(Tobias Dantzig, 1884—1956)在名著《数:科学的语言》中反复提及的术语. 丹齐克指出,按照固本原则建立的代数运算规则,可以比拟为一个一心想扩张的国家所采取的政策,因为在扩张的同时,这个国家又希望永久保存那些使其强大的固有法律.

小明首先给出了矩阵相等的定义,并据此给出了矩阵的线性运算.

定义 1.1.2(同维矩阵和矩阵的相等) 行数对应相等,同时列数也对应相等的两个矩阵称为**同维矩阵**. 给定两个同维的 $m \times n$ 矩阵 $A = (a_{ij})$ 和 $B = (b_{ij})$. 如果

$$a_{ij} = b_{ij}, \ (i = 1, 2, \cdots, m; \ j = 1, 2, \cdots, n)$$

则称矩阵 A 与矩阵 B **相等**,记作 $A = B$.

注意领略符号化的巨大威力,即 mn 个式子 $a_{ij} = b_{ij}$ 被简练地表达为一个式子 $A = B$. 显然,数(即一阶矩阵)a, b 相等的记号 $a = b$,已经被完美地推广到了矩阵相等,即 $A = B$,同时完美地遵循了固本原则.

定义 1.1.3(矩阵的加法) 两个同维的 $m\times n$ 矩阵 $\boldsymbol{A}=(a_{ij})$ 与 $\boldsymbol{B}=(b_{ij})$ 的和记作 $\boldsymbol{A}+\boldsymbol{B}$,定义为

$$\boldsymbol{A}+\boldsymbol{B}=(a_{ij}+b_{ij})$$

定义 1.1.4(矩阵的数乘) 矩阵 $\boldsymbol{A}=(a_{ij})$ 与数 λ 的乘积记作 $\lambda\boldsymbol{A}$ 或 $\boldsymbol{A}\lambda$,定义为

$$\lambda\boldsymbol{A}=(\lambda a_{ij})$$

显然只有同维的矩阵方可相加,其结果即为它们对应位置上的元素分别相加,而且还是同维的矩阵;数乘运算则要注意"阳光普照",即矩阵的每一个元素都要乘上同一个数.

另外,对矩阵的加法运算 $\boldsymbol{A}+\boldsymbol{B}$ 和数乘运算 $\lambda\boldsymbol{A}$,当矩阵 $\boldsymbol{A}$, $\boldsymbol{B}$ 特殊为向量 $\boldsymbol{a}$, $\boldsymbol{b}$ 时,两者分别特殊为向量的加法运算 $\boldsymbol{a}+\boldsymbol{b}$ 和数乘运算 $\lambda\boldsymbol{a}$;当矩阵 $\boldsymbol{A}$, $\boldsymbol{B}$ 进一步特殊为数 a, b 时,两者显然就是数的加法运算 $a+b$ 和乘法运算 λa. 仍然完美地遵循了固本原则.

在矩阵的数乘运算 $\lambda\boldsymbol{A}$ 中,小明取 $\lambda=-1$,得到了矩阵 $\boldsymbol{A}=(a_{ij})$ 的**负矩阵** $-\boldsymbol{A}=(-a_{ij})$,进而定义了矩阵 $\boldsymbol{A}$ 与 $\boldsymbol{B}$ 的**减法**,即

$$\boldsymbol{A}-\boldsymbol{B}=\boldsymbol{A}+(-\boldsymbol{B})=(a_{ij}-b_{ij})$$

矩阵的加(减)法运算和数乘运算统称为矩阵的**线性运算**. 小明注意到,如果更宽泛地看待"线性运算",那么高等数学中已经多次出现过线性运算,例如两可导(积)函数和的导数(积分)等于导数(积分)的和. 问题是那里的运算对象是函数,而不是这里的矩阵.

思考 什么是线性? 什么又是非线性?

在上述运算(比如加法)中,小明发现形式上无非就是把 $a+b$ 中的字母 a 和 b 分别替换成了同维矩阵 $\boldsymbol{A}$ 和 $\boldsymbol{B}$ 这两个"超数",因此他大胆地假设:字母代数的许多性质(比如运算律)都能推广到更一般的矩阵代数! 按照前述的特殊化与一般化逻辑,他明白这种类比推广是从"特殊到一般"的思维方式,不能保证结果一定准确,因此对每一个推广,都必须"小心求证"(胡适语).

根据定义,不难证明矩阵代数也满足字母代数的以下运算规律,其中 $\boldsymbol{A}$, $\boldsymbol{B}$, $\boldsymbol{C}$ 是同维矩阵,λ, μ 为任意实数:

(1) 交换律 $\boldsymbol{A}+\boldsymbol{B}=\boldsymbol{B}+\boldsymbol{A}$;

(2) 结合律 $(\boldsymbol{A}+\boldsymbol{B})+\boldsymbol{C}=\boldsymbol{A}+(\boldsymbol{B}+\boldsymbol{C})$, $(\lambda\mu)\boldsymbol{A}=\lambda(\mu\boldsymbol{A})=\mu(\lambda\boldsymbol{A})$;

(3) 分配律 $\lambda(\boldsymbol{A}\pm\boldsymbol{B})=\lambda\boldsymbol{A}\pm\lambda\boldsymbol{B}$, $(\lambda\pm\mu)\boldsymbol{A}=\lambda\boldsymbol{A}\pm\mu\boldsymbol{A}$;

(4) $\boldsymbol{A}\pm\boldsymbol{O}=\boldsymbol{A}$, $\boldsymbol{A}+(-\boldsymbol{A})=\boldsymbol{O}$;

(5) $0\cdot\boldsymbol{A}=\boldsymbol{O}$, $1\cdot\boldsymbol{A}=\boldsymbol{A}$.

例 1.1.5 设 $\boldsymbol{A}=\begin{pmatrix}1&3\\-1&-2\end{pmatrix}$, $\boldsymbol{B}=\begin{pmatrix}7&-4\\-8&-5\end{pmatrix}$, $\boldsymbol{\Lambda}=\mathrm{diag}(1,-2)$.

求:(1) $\boldsymbol{A}-\boldsymbol{B}+3\boldsymbol{I}$; (2) $2\boldsymbol{A}-3\boldsymbol{\Lambda}$.

分析:同字母代数一样,矩阵代数的运算次序也是先乘后加. 题中 $\boldsymbol{A}$, $\boldsymbol{B}$ 是二阶方阵,

因此 $\boldsymbol{I}$ 也是二阶方阵. 另外题中的 $\boldsymbol{\Lambda}$ 为希腊字母,读作“兰不达”(lambda),在 MATLAB 中无法直接用作变量名,故代之以 D.

解法一:手工计算.

(1) $\boldsymbol{A}-\boldsymbol{B}+3\boldsymbol{I}=\begin{pmatrix}1&3\\-1&-2\end{pmatrix}-\begin{pmatrix}7&-4\\-8&-5\end{pmatrix}+3\begin{pmatrix}1&0\\0&1\end{pmatrix}=\begin{pmatrix}-3&7\\7&6\end{pmatrix}$;

(2) $2\boldsymbol{A}-3\boldsymbol{\Lambda}=\begin{pmatrix}2&6\\-2&-4\end{pmatrix}-\begin{pmatrix}3&0\\0&-6\end{pmatrix}=\begin{pmatrix}2-3&6-0\\(-2)-0&(-4)-(-6)\end{pmatrix}=\begin{pmatrix}-1&6\\-2&2\end{pmatrix}$.

解法二:MATLAB 计算.(文件名为 ex1105.m)

```
A=[1,3;-1,-2],B=[7,-4;-8,-5]
I=eye(2)  % 内置函数 eye(n)返回 n 阶单位矩阵
X=A-B+3*I
% 内置函数 diag(v)返回以 v 中元素为对角元(顺序不变)的对角矩阵
v=[1,-2],D=diag(v);
Y=2*A-3*D
```

1.1.4 矩阵的代数运算:乘法运算

根据矩阵线性运算的逐元素特征,小明自然想到矩阵的乘法应该定义为对应元素相乘,即

$$\boldsymbol{A}\times\boldsymbol{B}=(a_{ij}\times b_{ij})$$

遗憾的是,小明发现这种定义即便不是闭门造车,也因为应用范围有限,尤其是不能用于线性方程组的求解,必须被束之高阁.

事实上,最新的数学史研究表明,高斯(Johann Carl Friedrich Gauss, 1777—1855)在《算术研究》(1801)中,就涉及了矩阵乘法:

如果对关于 x 和 y 的二次型做线性替换 $x=au+bv$, $y=cu+dv$,把二次型的未知量变换成 u 和 v,再经过线性替换 $u=pw+qz$, $v=rw+sz$,二次型的未知量又变换成了 w 和 z. 那么,两次连续线性替换的综合效应又是什么呢?

经过简单计算,可知综合效应就是线性替换(注意括号里的表达式)

$$x=(ap+br)w+(aq+bs)z,\ y=(cp+dr)w+(cq+ds)z.$$

记三次线性替换中的系数矩阵分别为

$$\boldsymbol{A}=\begin{pmatrix}a&b\\c&d\end{pmatrix},\ \boldsymbol{B}=\begin{pmatrix}p&q\\r&s\end{pmatrix},\ \boldsymbol{C}=\begin{pmatrix}ap+br&aq+bs\\cp+dr&cq+ds\end{pmatrix}$$

显然矩阵 $\boldsymbol{C}$ 的元素与矩阵 $\boldsymbol{A}$ 和 $\boldsymbol{B}$ 中的元素有关.

通过仔细观察,小明发现了所谓的**“行乘列法则”**,即矩阵 $\boldsymbol{C}$ 中第 i 行第 j 列元素 c_{ij} 是矩阵 $\boldsymbol{A}$ 的第 i 行元素与矩阵 $\boldsymbol{B}$ 的第 j 列对应元素乘积的和.

定义 1.1.5(矩阵的乘法) 矩阵 $\boldsymbol{A}=(a_{ik})_{m\times p}$ 与 $\boldsymbol{B}=(b_{kj})_{p\times n}$ 的积是一个 $m\times n$ 矩阵 $\boldsymbol{C}=(c_{ij})_{m\times n}$,记作 $\boldsymbol{C}=\boldsymbol{AB}$,其中

$$c_{ij}=a_{i1}b_{1j}+a_{i2}b_{2j}+\cdots+a_{ip}b_{pj}=\sum_{k=1}^{p}a_{ik}b_{kj} \tag{1.1.12}$$

特别要注意的是,**“内维等,才能乘”**:两矩阵可以相乘的前提条件是它们的内部维数(inner matrix dimensions,即左边矩阵的列数和右边矩阵的行数)必须相等!

根据此定义,当 $m=n=1$ 时,一个 $1\times p$ 矩阵(即行向量)与一个 $p\times 1$ 矩阵(即列向量)的乘积是一阶方阵,也就是一个数,即**“行 × 列 = 数”**. 以 $p=2$ 为例,即为

$$(a_1,\ a_2)\begin{pmatrix}b_1\\b_2\end{pmatrix}=a_1b_1+a_2b_2 \tag{1.1.13}$$

联想到高等数学中的向量内积(inner product,“内”这里指的是从原来的向量向内收缩为一个数),显然式(1.1.13)是向量$(a_1,\ a_2)$与$(b_1,\ b_2)$的内积,只是第二个向量写成了列向量的形式. 但如果交换等式(1.1.13)左侧行列向量的位置,结果则是一个矩阵,即**“列×行=矩阵”**:

$$\begin{pmatrix}b_1\\b_2\end{pmatrix}(a_1,\ a_2)=\begin{pmatrix}a_1b_1 & a_2b_1\\a_1b_2 & a_2b_2\end{pmatrix} \tag{1.1.14}$$

这自然也让我们联想到高等数学中的向量外积运算(outer product,“外”这里指的是从原来的向量向外扩张为一个矩阵). 因此矩阵乘法对应的是向量积运算(包括内积和外积).

小明注意到,尽管对向量积而言,矩阵乘法仍然满足固本原则,但这里的脑洞开得有些大,需要好好补一补.

例 1.1.6 已知 $\boldsymbol{A}=\begin{pmatrix}5 & -3\\10 & 7\end{pmatrix}$, $\boldsymbol{B}=\begin{pmatrix}2 & -1 & 3\\1 & 4 & 0\end{pmatrix}$,求 $\boldsymbol{AB}$ 及 $\boldsymbol{BA}$.

解法一:手工计算.

(1) $\boldsymbol{AB}=\begin{pmatrix}\boxed{5\quad -3}\\10\quad\ \ 7\end{pmatrix}\begin{pmatrix}2 & -1 & \boxed{3}\\1 & 4 & \boxed{0}\end{pmatrix}=\begin{pmatrix}7 & -17 & 15\\27 & 18 & 30\end{pmatrix}$;

以计算 $\boldsymbol{AB}$ 第 1 行第 3 列的元素 15 为例,选择的是 $\boldsymbol{A}$ 的第 1 行与 $\boldsymbol{B}$ 的第 3 列,再经过心理操作水平上的心算加工,最终得到“内积”

$$(\boxed{5\quad -3})\begin{pmatrix}\boxed{\begin{matrix}3\\0\end{matrix}}\end{pmatrix}=5\times 3+(-3)\times 0=15$$

(2) 因为两矩阵内部维数不相等,即左边矩阵 $\boldsymbol{B}$ 的列数不等于右边矩阵 $\boldsymbol{A}$ 的行数,故乘积 $\boldsymbol{BA}$ 没有意义.

解法二:MATLAB 计算.(文件名为 ex1106.m)

```
A=[5,-3;10,7],B=[2,-1,3;1,4,0]
```

```
AB=A*B
BA=B*A  % 报错
```

程序的运行结果如下，其中的报错信息给出了错误原因(相乘的两矩阵的内部维数不一致)及文件中出错的具体行号：

```
AB=
    7         - 17         15
   27           18         30
Error using  *
Inner matrix dimensions must agree.
Error in ex1107 (line 6)
BA=B*A  % 报错
```

例 1.1.7 $\boldsymbol{A}=\begin{pmatrix}1\\-2\end{pmatrix}(1,-2)$，$\boldsymbol{B}=\begin{pmatrix}6&2\\3&1\end{pmatrix}$. 求 $\boldsymbol{AB}$ 及 $\boldsymbol{BA}$.

解法一：手工计算.

$$\boldsymbol{A}=\begin{pmatrix}1\\-2\end{pmatrix}(1,-2)=\begin{pmatrix}1&-2\\-2&4\end{pmatrix},$$

$$\boldsymbol{AB}=\begin{pmatrix}1&-2\\-2&4\end{pmatrix}\begin{pmatrix}6&2\\3&1\end{pmatrix}=\begin{pmatrix}0&0\\0&0\end{pmatrix},\ \boldsymbol{BA}=\begin{pmatrix}6&2\\3&1\end{pmatrix}\begin{pmatrix}1&-2\\-2&4\end{pmatrix}=\begin{pmatrix}2&-4\\1&-2\end{pmatrix}.$$

解法二：MATLAB 计算.(文件名为 ex1107. m)

```
A=[1;-2]* [1,-2],B=[6,2;3,1]
AB=A*B            % 结果是零矩阵
BA=B*A
```

小明注意到，在此例中，$\boldsymbol{AB}\neq\boldsymbol{BA}$，这说明一般情况下，**矩阵乘法不满足交换律**，即字母代数的乘法交换律 $ab=ba$ 中的字母 a 和 b 不能被形式地替换成任意矩阵 $\boldsymbol{A}$ 和 $\boldsymbol{B}$. 所以有时应将乘积 $\boldsymbol{AB}$ 明确表述为矩阵 $\boldsymbol{A}$ **左乘** $\boldsymbol{B}$ 或矩阵 $\boldsymbol{B}$ **右乘** $\boldsymbol{A}$. 同时，如果矩阵 $\boldsymbol{A}$、$\boldsymbol{B}$ 满足 $\boldsymbol{AB}=\boldsymbol{BA}$，则称 $\boldsymbol{A}$，$\boldsymbol{B}$ **可交换**(commutative). 显然，可交换的矩阵首先必须是同维方阵.

思考 矩阵 $\boldsymbol{B}$ 是何种特殊矩阵时，矩阵 $\boldsymbol{A}$，$\boldsymbol{B}$ 可交换，即 $\boldsymbol{AB}=\boldsymbol{BA}$ 必定成立?

小明注意到上例中还有一个诡异之处："两个平庸之辈却养出了一个天才"，即 $\boldsymbol{A}\neq\boldsymbol{O}$ 且 $\boldsymbol{B}\neq\boldsymbol{O}$，但却有 $\boldsymbol{AB}=\boldsymbol{O}$. 换句话说，"天才的父亲或母亲未必也是天才"，即 $\boldsymbol{AB}=\boldsymbol{O}$ 未必一定能推出 $\boldsymbol{A}=\boldsymbol{O}$ 或 $\boldsymbol{B}=\boldsymbol{O}$. 这说明**矩阵乘法不满足消去律**，即若 $\boldsymbol{AB}=\boldsymbol{AC}$ 而 $\boldsymbol{A}\neq\boldsymbol{O}$，也未必能得出 $\boldsymbol{B}=\boldsymbol{C}$(为什么?).

思考 对于字母代数中的消去律：$ab=ac$ 且 $a\neq 0\Rightarrow b=c$，如果一定要满足固本原则，那么条件 $a\neq 0$ 对应的矩阵满足什么条件时，消去律对矩阵也成立?

当然，小明发现矩阵乘法还是保留了字母代数中的一些运算律(假设运算都有意义，λ 为任意实数)：

(1) 结合律：$(\boldsymbol{AB})\boldsymbol{C}=\boldsymbol{A}(\boldsymbol{BC})$，$\lambda(\boldsymbol{AB})=(\lambda\boldsymbol{A})\boldsymbol{B}=\boldsymbol{A}(\lambda\boldsymbol{B})$.

(2) 分配律：$\boldsymbol{A}(\boldsymbol{B}\pm\boldsymbol{C})=\boldsymbol{AB}\pm\boldsymbol{AC}$，$(\boldsymbol{B}\pm\boldsymbol{C})\boldsymbol{A}=\boldsymbol{BA}\pm\boldsymbol{CA}$.

(3) 0-1 律：$\boldsymbol{I}_m\boldsymbol{A}_{m\times n}=\boldsymbol{A}_{m\times n}=\boldsymbol{A}_{m\times n}\boldsymbol{I}_n$，$\boldsymbol{O}_m\boldsymbol{A}_{m\times n}=\boldsymbol{O}_{m\times n}=\boldsymbol{A}_{m\times n}\boldsymbol{O}_n$.

第(3)条运算律表明在矩阵乘法中，单位矩阵 $\boldsymbol{I}$ 和零矩阵 $\boldsymbol{O}$ 的作用类似于字母代数中的数“1”和“0”. 它同时也表明，当 $\boldsymbol{A}$ 与 $\boldsymbol{I}$ 特殊化为同阶方阵时，$\boldsymbol{A}$ 与 $\boldsymbol{I}$ 是可交换的.

例 1.1.8 $\boldsymbol{A}=\begin{pmatrix}a & b\\0 & c\end{pmatrix}$，$\boldsymbol{B}=\begin{pmatrix}x & y\\0 & z\end{pmatrix}$. 求 $\boldsymbol{AB}$ 及 $\boldsymbol{BA}$.

解：$\boldsymbol{AB}=\begin{pmatrix}ax & ay+bz\\0 & cz\end{pmatrix}$，$\boldsymbol{BA}=\begin{pmatrix}ax & bx+cy\\0 & cz\end{pmatrix}$.

从上例中，小明发现两个上三角矩阵的乘积运算实行的是**“一国三制”**：主对角线之下的元素直接取零，主对角线元素按照数的乘法来计算，主对角线之上的元素则严格遵循行乘列法则.

定理 1.1.1(三角矩阵的乘法定理) 上(下)三角矩阵 $\boldsymbol{A}$ 和 $\boldsymbol{B}$ 的乘积矩阵 $\boldsymbol{C}=\boldsymbol{AB}$ 仍然是上(下)三角矩阵，并且乘积矩阵的对角元是相应对角元的乘积. 特别地，两个对角矩阵的乘积仍然是对角矩阵，并且乘积的对角元是相应对角元的乘积.

就矩阵乘法而言，诸如此类关于特殊矩阵乘法的结论以后至少还有定理 1.3.1 和定理 3.1.2. 这些结论仿佛轻骑兵，非常轻巧灵活，而与之相比，一般矩阵的乘法只能算是笨重的装甲兵了.

例 1.1.9 求与 $\boldsymbol{A}=\begin{pmatrix}1 & 1\\-1 & 2\end{pmatrix}$可交换的所有矩阵.

解：待定系数法.

可交换矩阵是同阶方阵，故设与 $\boldsymbol{A}$ 可交换的矩阵为 $\boldsymbol{X}=\begin{pmatrix}a & b\\c & d\end{pmatrix}$，则由 $\boldsymbol{AX}=\boldsymbol{XA}$，可知

$$\begin{pmatrix}a+c & b+d\\2c-a & 2d-b\end{pmatrix}=\begin{pmatrix}1 & 1\\-1 & 2\end{pmatrix}\begin{pmatrix}a & b\\c & d\end{pmatrix}=\begin{pmatrix}a & b\\c & d\end{pmatrix}\begin{pmatrix}1 & 1\\-1 & 2\end{pmatrix}=\begin{pmatrix}a-b & a+2b\\c-d & c+2d\end{pmatrix}$$

此即 $a+c=a-b$，$b+d=a+2b$，$2c-a=c-d$，$2d-b=c+2d$. 化简可知 $c=-b$，$d=a+b$，因此与 $\boldsymbol{A}$ 可交换的所有矩阵可表示为

$$\boldsymbol{X}=\begin{pmatrix}a & b\\-b & a+b\end{pmatrix}(a,\ b\ \text{为任意实数})$$

思考 本例中使用的方法称为待定系数法，它将求解矩阵转化为求解线性方程组. 问题是为何设 $\boldsymbol{X}=\begin{pmatrix}a & b\\c & d\end{pmatrix}$，而不是 $\boldsymbol{X}=\begin{bmatrix}x_{11} & x_{12}\\x_{21} & x_{22}\end{bmatrix}$？提示：矩阵的阶数为 2 阶.

例 1.1.10(线性方程组的矩阵方程表示) 有了矩阵乘法，小明回头再看最一般的“长方形方程组”(参见例 1.1.4)，即

$$\begin{cases}a_{11}x_1+a_{12}x_2+\cdots+a_{1n}x_n=b_1\\a_{21}x_1+a_{22}x_2+\cdots+a_{2n}x_n=b_2\\\cdots\\a_{m1}x_1+a_{m2}x_2+\cdots+a_{mn}x_n=b_m\end{cases}\tag{1.1.15}$$

就会注意到每个方程左边都可以看成一个行向量与同一个列向量的乘积.记

$$\boldsymbol{x}=\begin{pmatrix}x_1\\x_2\\\vdots\\x_n\end{pmatrix},\ \boldsymbol{b}=\begin{pmatrix}b_1\\b_2\\\vdots\\b_m\end{pmatrix}$$

则线性方程组(1.1.15)就被简化为**矩阵方程**(matrix equation)

$$\boldsymbol{Ax}=\boldsymbol{b}\tag{1.1.16}$$

经过千辛万苦,矩阵博士小明终于"一统江湖",将所有的线性方程组(特别是那些方程个数不等于未知数个数的"长方形方程组")清晰、简练地表示为简洁、直观的矩阵方程(1.1.16),这将极大地简化并加速思维过程,并为以后求解线性方程组(1.1.15)埋下了伏笔.小明注意到,这里的矩阵方程(1.1.16),仿佛《渔夫和魔鬼》(《一千零一夜》里的故事)中的那个魔瓶,居然能将巨大的线性方程组(1.1.15)这个魔鬼收纳于其中,而它所使用的,仅仅是几个符号!他不禁深深喟叹:$\boldsymbol{A}$—$\boldsymbol{x}$—$\boldsymbol{b}$,舌尖向上,分三步,这就是矩阵符号的威力所在,这就是矩阵之光!

事实上,因为"符号以惊人的形式节省了思维"(牛顿语),所以从某种程度上说整个代数学都是符号化的产物.

1.1.5　矩阵的代数运算:幂运算和多项式运算

面对巨大战果,矩阵博士小明更是发扬了"宜将剩勇追穷寇"的精神,进一步将字母代数的幂运算推广到矩阵代数的幂运算和多项式运算.

定义 1.1.6(矩阵的幂和多项式)　设 $\boldsymbol{A}$ 为 n 阶方阵,k 为自然数,则矩阵 $\boldsymbol{A}$ 的 k 次幂(power)$\boldsymbol{A}^k$ 定义为

$$\boldsymbol{A}^k=\begin{cases}\boldsymbol{I}, & k=0\\\boldsymbol{A}\cdot\boldsymbol{A}^{k-1}, & k>0\end{cases}$$

更一般地,对于 x 的 m 次多项式

$$f(x)=a_mx^m+a_{m-1}x^{m-1}+\cdots+a_1x+a_0$$

称矩阵

$$a_m\boldsymbol{A}^m+a_{m-1}\boldsymbol{A}^{m-1}+\cdots+a_1\boldsymbol{A}+a_0\boldsymbol{I}$$

为 $\boldsymbol{A}$ 的 m **次矩阵多项式**(matrix polynomial),记为 $f(\boldsymbol{A})$.特别地,$\boldsymbol{A}^n$ 是 n 次多项式 x^n 定义的矩阵多项式.

对于对角阵 $\boldsymbol{D}=\mathrm{diag}(d_1, d_2, \cdots, d_n)$，显然有 $\boldsymbol{D}^k=\mathrm{diag}(d_1^k, d_2^k, \cdots, d_n^k)$，特别地，$\boldsymbol{I}^k=\boldsymbol{I}$.

另外特别要注意，**只有方阵才有幂和矩阵多项式**.

类比字母代数，小明发现方阵的幂也具有下列性质(k, l 为任意自然数)：

(1) 同底数幂的乘法法则：$\boldsymbol{A}^k\boldsymbol{A}^l=\boldsymbol{A}^{k+l}$.

(2) 幂的乘方法则：$(\boldsymbol{A}^k)^l=\boldsymbol{A}^{kl}$.

另外，由于矩阵乘法不满足交换律，因此 $(\boldsymbol{AB})^k=\boldsymbol{A}^k\boldsymbol{B}^k$ 一般不成立，即乘积的幂不等于幂的乘积.

通过深入研究，矩阵博士小明发现矩阵乘法不满足交换律带来的“危害”大得惊人. 比如字母代数中的完全平方公式 $(a\pm b)^2=a^2\pm 2ab+b^2$ 和平方差公式 $a^2-b^2=(a+b)(a-b)$ 都不能推广到任意方阵，即对任意的 n 阶方阵 $\boldsymbol{A}$, $\boldsymbol{B}$, 一般而言，

$$(\boldsymbol{A}\pm\boldsymbol{B})^2\neq\boldsymbol{A}^2\pm 2\boldsymbol{AB}+\boldsymbol{B}^2,\ \boldsymbol{A}^2-\boldsymbol{B}^2\neq(\boldsymbol{A}+\boldsymbol{B})(\boldsymbol{A}-\boldsymbol{B})$$

不过他也注意到一个非常特殊的情况：当 $\boldsymbol{B}$ 特殊为 n 阶单位矩阵 $\boldsymbol{I}$ 时，却有公式

$$(\boldsymbol{A}\pm\boldsymbol{I})^2=\boldsymbol{A}^2\pm 2\boldsymbol{A}+\boldsymbol{I},\ \boldsymbol{A}^2-\boldsymbol{I}^2=(\boldsymbol{A}+\boldsymbol{I})(\boldsymbol{A}-\boldsymbol{I})$$

这使得他在将字母代数中的代数公式推广到矩阵代数时，如履薄冰，步步惊心，必须要十二万分地小心！

思考 如果 $\boldsymbol{B}$ 仅仅特殊为对角矩阵 $\boldsymbol{A}$，情况又如何？要使完全平方公式和平方差公式对矩阵 $\boldsymbol{A}$, $\boldsymbol{B}$ 成立，矩阵 $\boldsymbol{A}$, $\boldsymbol{B}$ 必须具有怎样的关系？

定理 1.1.2(可交换矩阵的性质) 若同维方阵 $\boldsymbol{A}$, $\boldsymbol{B}$ 可交换，即 $\boldsymbol{AB}=\boldsymbol{BA}$，则

(1) $\boldsymbol{A}^2-\boldsymbol{B}^2=(\boldsymbol{A}+\boldsymbol{B})(\boldsymbol{A}-\boldsymbol{B})$, $(\boldsymbol{A}\pm\boldsymbol{B})^2=\boldsymbol{A}^2\pm 2\boldsymbol{AB}+\boldsymbol{B}^2$.

(2) $\boldsymbol{A}^3\pm\boldsymbol{B}^3=(\boldsymbol{A}\pm\boldsymbol{B})(\boldsymbol{A}^2\mp\boldsymbol{AB}+\boldsymbol{B}^2)$.

(3) $\boldsymbol{A}^n\boldsymbol{B}=\boldsymbol{BA}^n$, $\boldsymbol{AB}^n=\boldsymbol{B}^n\boldsymbol{A}$, n 为非负整数.

(4) $(\boldsymbol{AB})^n=\boldsymbol{A}^n\boldsymbol{B}^n$, n 为非负整数.

(5) 牛顿二项展开式：$(\boldsymbol{A}+\boldsymbol{B})^n=\sum\limits_{i=0}^{n}C_n^i\boldsymbol{A}^{n-i}\boldsymbol{B}^i$, n 为非负整数.

证明：(1) $(\boldsymbol{A}+\boldsymbol{B})(\boldsymbol{A}-\boldsymbol{B})=\boldsymbol{AA}-\boldsymbol{AB}+\boldsymbol{BA}-\boldsymbol{BB}=\boldsymbol{A}^2-\boldsymbol{AB}+\boldsymbol{AB}-\boldsymbol{B}^2=\boldsymbol{A}^2-\boldsymbol{B}^2$,

$(\boldsymbol{A}+\boldsymbol{B})^2=(\boldsymbol{A}+\boldsymbol{B})(\boldsymbol{A}+\boldsymbol{B})=\boldsymbol{A}^2+\boldsymbol{AB}+\boldsymbol{BA}+\boldsymbol{B}^2=\boldsymbol{A}^2+2\boldsymbol{AB}+\boldsymbol{B}^2$,

$(\boldsymbol{A}-\boldsymbol{B})^2=(\boldsymbol{A}-\boldsymbol{B})(\boldsymbol{A}-\boldsymbol{B})=\boldsymbol{A}^2-\boldsymbol{AB}-\boldsymbol{BA}+\boldsymbol{B}^2=\boldsymbol{A}^2-2\boldsymbol{AB}+\boldsymbol{B}^2$.

(2) 利用矩阵乘法的结合律和条件 $\boldsymbol{AB}=\boldsymbol{BA}$，可知 $\boldsymbol{A}^2\boldsymbol{B}=\boldsymbol{A}(\boldsymbol{AB})=\boldsymbol{A}(\boldsymbol{BA})=(\boldsymbol{AB})\boldsymbol{A}=(\boldsymbol{BA})\boldsymbol{A}=\boldsymbol{BA}^2$, $\boldsymbol{AB}^2=(\boldsymbol{AB})\boldsymbol{B}=(\boldsymbol{BA})\boldsymbol{B}=\boldsymbol{BAB}$, 因此

$$(\boldsymbol{A}+\boldsymbol{B})(\boldsymbol{A}^2-\boldsymbol{AB}+\boldsymbol{B}^2)=\boldsymbol{A}^3-\boldsymbol{A}^2\boldsymbol{B}+\boldsymbol{AB}^2+\boldsymbol{BA}^2-\boldsymbol{BAB}+\boldsymbol{B}^3=\boldsymbol{A}^3+\boldsymbol{B}^3$$

同理可证立方差公式 $\boldsymbol{A}^3-\boldsymbol{B}^3=(\boldsymbol{A}-\boldsymbol{B})(\boldsymbol{A}^2+\boldsymbol{AB}+\boldsymbol{B}^2)$.

(3) 使用数学归纳法. 显然 $n=0$ 时 $\boldsymbol{A}^0\boldsymbol{B}=\boldsymbol{IB}=\boldsymbol{B}=\boldsymbol{BI}=\boldsymbol{BA}^0$.

设 $n=k$ 时有 $\boldsymbol{A}^k\boldsymbol{B}=\boldsymbol{BA}^k$，则 $n=k+1$ 时，利用矩阵乘法的结合律和条件 $\boldsymbol{AB}=\boldsymbol{BA}$,

以及归纳假设 $\boldsymbol{A}^k\boldsymbol{B}=\boldsymbol{B}\boldsymbol{A}^k$，有

$$\boldsymbol{A}^{k+1}\boldsymbol{B}=(\boldsymbol{A}^k\boldsymbol{A})\boldsymbol{B}=\boldsymbol{A}^k(\boldsymbol{A}\boldsymbol{B})=\boldsymbol{A}^k(\boldsymbol{B}\boldsymbol{A})=(\boldsymbol{A}^k\boldsymbol{B})\boldsymbol{A}=(\boldsymbol{B}\boldsymbol{A}^k)\boldsymbol{A}=\boldsymbol{B}\boldsymbol{A}^{k+1}$$

因此对任意非负整数 n，当 $\boldsymbol{A}$, $\boldsymbol{B}$ 可交换时，都有 $\boldsymbol{A}^n\boldsymbol{B}=\boldsymbol{B}\boldsymbol{A}^n$. 同理可证 $\boldsymbol{A}\boldsymbol{B}^n=\boldsymbol{B}^n\boldsymbol{A}$.

(4)和(5)的证明都可以使用数学归纳法，此处略去. ■

例 1.1.11(特殊矩阵的高次幂 I) 设 $\boldsymbol{A}=\begin{pmatrix}1\\2\end{pmatrix}(3,\ 4)$，求 $\boldsymbol{A}^n$.

解法一：手工计算.

令 $\boldsymbol{\alpha}=\begin{pmatrix}1\\2\end{pmatrix}$, $\boldsymbol{\beta}=(3,\ 4)$. 显然 $\boldsymbol{A}$ 是向量 $\boldsymbol{\alpha}$ 与 $\boldsymbol{\beta}$ 的外积. 注意到两向量相应的内积为

$$\boldsymbol{\beta\alpha}=(3,\ 4)\begin{pmatrix}1\\2\end{pmatrix}=11$$

因此由矩阵乘法的结合律，可知

$$\boldsymbol{A}^n=(\boldsymbol{\alpha\beta})(\boldsymbol{\alpha\beta})\cdots(\boldsymbol{\alpha\beta})=\boldsymbol{\alpha}(\boldsymbol{\beta\alpha})(\boldsymbol{\beta\alpha})\cdots(\boldsymbol{\beta\alpha})\boldsymbol{\beta}=(\boldsymbol{\beta\alpha})^{n-1}\boldsymbol{\alpha\beta}=11^{n-1}\begin{pmatrix}3&4\\6&8\end{pmatrix}$$

解法二：MATLAB 计算.（文件名为 ex1111.m）

```
syms n          % 声明符号变量
A=[1;-2]*[3,4]
n=input('输入非负整数 n=   ')  % 键盘输入 n 的具体值
% 方法一:
An=A^n      % 使用幂运算符“^”进行数值计算
% 方法二:
An=mpower(A, n)     % 使用内置函数 mpower
```

程序中使用的内置函数 mpower(**m**atrix **power**)，可用于矩阵幂的计算，其调用格式如下：

```
Z = mpower(A, n)
```

例 1.1.12(特殊矩阵的高次幂 II) 设 $\boldsymbol{A}=\begin{pmatrix}1&0&1\\0&1&0\\0&0&1\end{pmatrix}$，求 $\boldsymbol{A}^n$.

解法一：不完全归纳法.

$$\boldsymbol{A}^2=\begin{pmatrix}1&0&1\\0&1&0\\0&0&1\end{pmatrix}\begin{pmatrix}1&0&1\\0&1&0\\0&0&1\end{pmatrix}=\begin{pmatrix}1&0&2\\0&1&0\\0&0&1\end{pmatrix},\ \boldsymbol{A}^3=\boldsymbol{A}^2\boldsymbol{A}=\begin{pmatrix}1&0&3\\0&1&0\\0&0&1\end{pmatrix}$$

一般地，可设 $\boldsymbol{A}^{n-1}=\begin{pmatrix}1&0&n-1\\0&1&0\\0&0&1\end{pmatrix}$，则

$$\boldsymbol{A}^n=\boldsymbol{A}^{n-1}\boldsymbol{A}=\begin{pmatrix}1&0&n-1\\0&1&0\\0&0&1\end{pmatrix}\begin{pmatrix}1&0&1\\0&1&0\\0&0&1\end{pmatrix}=\begin{pmatrix}1&0&n\\0&1&0\\0&0&1\end{pmatrix}$$

分析：注意到题中的矩阵 $\boldsymbol{A}$ 是单位矩阵 $\boldsymbol{I}$ 的“表亲”，即 $\boldsymbol{A}$ 非常接近于单位矩阵 $\boldsymbol{I}$，因此可考虑将 $\boldsymbol{A}$ 分裂(split)为 $\boldsymbol{A}=\boldsymbol{I}+\boldsymbol{N}$，这样 $\boldsymbol{A}^n=(\boldsymbol{I}+\boldsymbol{N})^n$，从而将问题转化为方阵幂运算的牛顿二项展开式何时成立.

解法二：牛顿二项展开式法.

令 $\boldsymbol{N}=\begin{pmatrix}0&0&1\\0&0&0\\0&0&0\end{pmatrix}$，则 $\boldsymbol{A}=\boldsymbol{I}+\boldsymbol{N}$，且 $\boldsymbol{N}^k=\boldsymbol{O}(k\geqslant 2)$，由于 $\boldsymbol{I}$，$\boldsymbol{N}$ 可交换，因此由牛顿二项展开式，可知

$$\boldsymbol{A}^n=(\boldsymbol{I}+\boldsymbol{N})^n=\boldsymbol{I}+C_n^1\boldsymbol{N}+C_n^2\boldsymbol{N}^2+\cdots+C_n^n\boldsymbol{N}^n=\boldsymbol{I}+n\boldsymbol{N}=\begin{pmatrix}1&0&n\\0&1&0\\0&0&1\end{pmatrix}$$

解法三：MATLAB 计算.（文件名为 ex1112.m）

```
A=eye(3);A(1,3)=1;                  % 注意特殊矩阵 A 的生成方式
n=input('输入非负整数 n=    ')      % 键盘输入 n 的具体值
% 方法一：
An=A^n                              % 使用幂运算符“^”进行数值计算
% 方法二：
An=mpower(A, n)                     % 使用内置函数 mpower
```

例 1.1.13(矩阵多项式) 对矩阵 $\boldsymbol{A}=\begin{pmatrix}3&1\\-2&3\end{pmatrix}$ 及多项式 $f(x)=x^2-6x+11$，计算 $f(\boldsymbol{A})$.

解法一：手工计算.

$f(\boldsymbol{A})=\boldsymbol{A}^2-6\boldsymbol{A}+11\boldsymbol{I}$（注意不要遗漏 $\boldsymbol{I}$）

$$=\begin{pmatrix}3&1\\-2&3\end{pmatrix}^2-6\begin{pmatrix}3&1\\-2&3\end{pmatrix}+11\begin{pmatrix}1&0\\0&1\end{pmatrix}=\begin{pmatrix}0&0\\0&0\end{pmatrix}.$$

解法二：MATLAB 计算.（文件名为 ex1113.m）

```
A=[3  1;-2  3];I=eye(2);
% 方法一
f=[1  -6  11]             % 多项式的系数向量，注意是降幂排列的
fA1=polyvalm(f, A)        % 使用内置函数 polyvalm 计算矩阵多项式 f(A)
% 方法二
fA2=A^2-6*A+11*I
```

程序中使用的内置函数 polyvalm(**eval**uate **poly**nomial with **m**atrix argument，矩阵多项式求值)，可用于多项式矩阵的计算，其调用格式如下：

```
Y = polyvalm(p, X)
```

其中矩阵多项式

$$\boldsymbol{Y}=p(\boldsymbol{X})=p_1\boldsymbol{X}^n+p_2\boldsymbol{X}^{n-1}+\cdots+p_n\boldsymbol{X}+p_{n+1}\boldsymbol{I}$$

向量 $\boldsymbol{p}=(p_1, p_2, \cdots, p_n, p_{n+1})$ 为多项式

$$p(x)=p_1x^n+p_2x^{n-1}+\cdots+p_nx+p_{n+1}$$

的系数构成的向量,按降幂排列.

算得的矩阵多项式 $f(\boldsymbol{A})$ 居然是零矩阵 $\boldsymbol{O}$,难道这里又会有什么天才的发现? 这里的壶奥就在于……且慢,这个盖子还是暂时先不揭开吧.

例 1.1.14(再探邻接矩阵) 在图 1.2 所示的航班图中,求从一个城市出发,经一次转机到达目的城市的路线数目.

解: 从 A 经过一次转机回到 A 的路线为 A→B(或 C 或 D)→A,其一次转机路线总数为

$$g_{12}g_{21}+g_{13}g_{31}+g_{14}g_{41}=g_{11}g_{11}+g_{12}g_{21}+g_{13}g_{31}+g_{14}g_{41}\text{(图中 } g_{11}=0\text{)}$$

类似地,从 A 经过一次转机到达 C 的路线为 A→B(或 D)→C,其一次转机路线总数为

$$g_{12}g_{23}+g_{14}g_{43}=g_{11}g_{13}+g_{12}g_{23}+g_{13}g_{33}+g_{14}g_{43}\qquad\text{(图中 } g_{11}=g_{33}=0\text{)}$$

因此,一般地,从一个城市出发,经一次转机到达目的城市的路线数目为

$$\boldsymbol{G}^2=\begin{pmatrix}0&1&1&0\\1&0&1&0\\1&0&0&1\\0&1&0&0\end{pmatrix}\begin{pmatrix}0&1&1&0\\1&0&1&0\\1&0&0&1\\0&1&0&0\end{pmatrix}=\begin{pmatrix}2&0&1&1\\1&1&1&1\\0&2&1&0\\1&0&1&0\end{pmatrix}$$

这个结论显然可以推广,比如转两次机的路线数目就是 $\boldsymbol{G}^3$.

例 1.1.15(成本核算) 某厂生产甲、乙两种产品,每件产品的成本如表 1.3 所示,每半年生产件数如表 1.4 所示. 利用矩阵知识,使用 MATALB 计算出该厂每半年的总成本分类表,并把结果填在表 1.5 中.

表 1.3 每件产品的分类成本

成本(元)	产品甲	产品乙
原材料	2.5	3.6
劳务	2.0	3.0
管理费	1.5	1.5

表 1.4 每半年的产品分类件数

产品(件)	上半年	下半年
甲	4000	6500
乙	5500	8200

表 1.5 每半年的总成本分类表

成本(元)	上半年	下半年	全年
原材料	**29 800**	**45 770**	**75 570**
劳务	**24 500**	**37 600**	**62 100**
管理费	**14 250**	**22 050**	**36 300**
总成本(元)	**68 550**	**105 420**	**173 970**

分析: 设产品分类成本矩阵为 $\boldsymbol{C}$,每半年产量矩阵为 $\boldsymbol{Q}$,则有

$$C=\begin{pmatrix}2.5 & 3.6\\ 2.0 & 3.0\\ 1.5 & 1.5\end{pmatrix},\ Q=\begin{pmatrix}4000 & 6500\\ 5500 & 8200\end{pmatrix}$$

上半年消耗的原材料总成本应该是各产品原材料的成本与各产品上半年的分类件数的乘积之和，即 $2.5\times4000+3.6\times5500=29\,800$(元)，这显然是 C 的第一行与 Q 的第一列的乘积. 一般地，令 $T_C=CQ$，则 T_C 宏观上仍然是“每件产品的分类成本×每半年的产品分类件数”，即每半年的分类成本矩阵. 全年消耗的某个分类(例如原材料) 总成本应该是上半年和下半年各自消耗的该分类总成本之和，这显然是矩阵 T_C 相应行的元素之和；每半年的总成本应该是各分类该半年的总成本之和，这显然是矩阵 T_C 相应列的元素之和. 全年的总成本应该是各分类的总成本之和.

解：MATLAB 计算.(文件名为 ex1115.m)

```
C=[2.5,3.6;2.0,3.0;1.5,1.5]   % 产品分类成本矩阵
Q=[4000,6500;5500,8200]       % 半年产量矩阵
TC=C*Q
e1=ones (2,1),b1=TC*e1       % b1 是各分类的全年总成本列向量
e2=ones (1,3),b2=e2*TC       % b2 是每半年的总成本行向量
s=sum (b1)                   % s 是全年的总成本
TOTAL=[TC,b1;b2,s]           % TOTAL 是总成本分类表对应的矩阵
```

程序运行的最终结果为

```
TOTAL=
    29800       45770       75570
    24500       37600       62100
    14250       22050       36300
    68550       105420      173970
```

根据上述结果，可得填充后的表 1.5，其中的阴影加粗数字为填充的计算结果.

1.1.6 矩阵的代数运算：转置运算

> **定义 1.1.7(矩阵的转置)** 将矩阵 A 的行换成同序数的列后所得到的新矩阵，称为 A 的转置矩阵(transpose matrix)，记为 A^T.

例 1.1.16 矩阵 $A=\begin{pmatrix}1 & 2 & 3\\ 4 & 5 & 6\end{pmatrix}$ 的转置矩阵 $A^T=\begin{pmatrix}1 & 4\\ 2 & 5\\ 3 & 6\end{pmatrix}$；矩阵 $B=\begin{pmatrix}12 & 6 & 1\\ 6 & 8 & 0\\ 1 & 0 & 6\end{pmatrix}$ 的转置矩阵 $B^T=\begin{pmatrix}12 & 6 & 1\\ 6 & 8 & 0\\ 1 & 0 & 6\end{pmatrix}=B$；矩阵 $C=\begin{pmatrix}0 & 6 & 1\\ -6 & 0 & 2\\ -1 & -2 & 0\end{pmatrix}$ 的转置矩阵 $C^T=$

$$\begin{pmatrix} 0 & -6 & -1 \\ 6 & 0 & -2 \\ 1 & 2 & 0 \end{pmatrix} = -\boldsymbol{C}.$$

小明发现矩阵的转置运算很有意思. 以人来类比,白天需要直立行走,可看成是列向量,到夜里一躺上床休息,虽然人还是那个人,但已经转置为行向量了. 特别地,当实数作为一阶矩阵看待时,其转置显然还是其自身.

另外,小明注意到上例中的矩阵 $\boldsymbol{B}$ 和 $\boldsymbol{C}$ 比较特殊：前者的元素关于主对角线对应相等;后者的元素关于主对角线互为相应的相反数,并且主对角元都是零. 也就是说它们关于主对角线存在某种对称性.

事实上,根据 $\boldsymbol{A}^T$ 与 $\boldsymbol{A}$ 的关系,可以得到两类重要的特殊矩阵：如果 $\boldsymbol{A}^T=\boldsymbol{A}$,即 $a_{ij}=a_{ji}(i,\ j=1,\ 2,\ \cdots,\ n)$,则称矩阵 $\boldsymbol{A}$ 为**对称矩阵**(symmetric matrix);如果 $\boldsymbol{A}^T=-\boldsymbol{A}$,即 $a_{ij}=-a_{ji}(i,\ j=1,\ 2,\ \cdots,\ n)$,则称矩阵 $\boldsymbol{A}$ 为**反对称矩阵**(antisymmetric matrix). 易证反对称矩阵的对角元均为零,即 $a_{ii}=0(i=1,\ 2,\ \cdots,\ n)$. 上例中的矩阵 $\boldsymbol{B}$ 是对称矩阵,矩阵 $\boldsymbol{C}$ 是反对称矩阵.

例 1.1.17　$\boldsymbol{A}=\begin{pmatrix} 1 & 2 \\ 3 & 4 \end{pmatrix}$, $\boldsymbol{B}=\begin{pmatrix} 5 & 6 \\ 7 & 8 \end{pmatrix}$. 求 $\boldsymbol{B}^T\boldsymbol{A}^T$ 及 $(\boldsymbol{AB})^T$.

解法一：手工计算.

$$\boldsymbol{B}^T\boldsymbol{A}^T=\begin{pmatrix} 5 & 7 \\ 6 & 8 \end{pmatrix}\begin{pmatrix} 1 & 3 \\ 2 & 4 \end{pmatrix}=\begin{pmatrix} 19 & 43 \\ 22 & 50 \end{pmatrix},$$

$$\boldsymbol{AB}=\begin{pmatrix} 1 & 2 \\ 3 & 4 \end{pmatrix}\begin{pmatrix} 5 & 6 \\ 7 & 8 \end{pmatrix}=\begin{pmatrix} 19 & 22 \\ 43 & 50 \end{pmatrix},\ (\boldsymbol{AB})^T=\begin{pmatrix} 19 & 22 \\ 43 & 50 \end{pmatrix}^T=\begin{pmatrix} 19 & 43 \\ 22 & 50 \end{pmatrix}.$$

解法二：MATLAB 计算.(文件名为 ex1117.m)

```
A=[1,2;3,4];B=[5,6;7,8]
X=A'*B',Y=B'*A',S=(A*B)',T=(B*A)'
```

显然本例中有 $\boldsymbol{A}^T\boldsymbol{B}^T=(\boldsymbol{BA})^T$ 及 $\boldsymbol{B}^T\boldsymbol{A}^T=(\boldsymbol{AB})^T$. 这应该不是偶然现象. 事实上,矩阵的转置满足下列性质：

(1) $(\boldsymbol{A}^T)^T=\boldsymbol{A}$.　　(2) $(\boldsymbol{A}\pm\boldsymbol{B})^T=\boldsymbol{A}^T\pm\boldsymbol{B}^T$.

(3) 穿脱原则：$(\boldsymbol{AB})^T=\boldsymbol{B}^T\boldsymbol{A}^T$.　　(4) $(\lambda\boldsymbol{A})^T=\lambda\boldsymbol{A}^T$.

小明了解到这里第 3 条性质可以形象地理解为"**穿脱原则**",即穿衣时先穿内衣再穿外衣,而脱衣时则先脱外衣后脱内衣.

另外,由穿脱原则,当矩阵 $\boldsymbol{B}$ 退化为任意实数 λ 时,即得性质(4).

例 1.1.18(Householder 矩阵)　对于 n 维列向量 $\boldsymbol{x}=(x_1,\ x_2,\ \cdots,\ x_n)^T$,如果 $\boldsymbol{x}^T\boldsymbol{x}=1$,则称 $\boldsymbol{x}$ 为 n **维单位列向量**. 从 x 出发,就可以构造豪斯霍尔德(Householder) 矩阵 $\boldsymbol{H}=\boldsymbol{I}-2\boldsymbol{xx}^T$.

证明：(1)$\boldsymbol{H}$ 是对称矩阵;(2)$\boldsymbol{H}$ 是**正交矩阵**, 即 $\boldsymbol{H}^T\boldsymbol{H}=\boldsymbol{I}$.

证明：(1) $\boldsymbol{H}^T=(\boldsymbol{I}-2\boldsymbol{xx}^T)^T=\boldsymbol{I}^T-(2\boldsymbol{xx}^T)^T=\boldsymbol{I}-2(\boldsymbol{x}^T)^T\boldsymbol{x}^T=I-2\boldsymbol{xx}^T=\boldsymbol{H}$;

(2)
$$\begin{aligned}\boldsymbol{H}^T\boldsymbol{H}=\boldsymbol{H}^2&=(\boldsymbol{I}-2\boldsymbol{xx}^T)^2=\boldsymbol{I}^2-4(\boldsymbol{xx}^T)+4(\boldsymbol{xx}^T)(\boldsymbol{xx}^T)\\&=\boldsymbol{I}-4(\boldsymbol{xx}^T)+4\boldsymbol{x}(\boldsymbol{x}^T\boldsymbol{x})\boldsymbol{x}^T=\boldsymbol{I}-4(\boldsymbol{xx}^T)+4(\boldsymbol{x}^T\boldsymbol{x})\boldsymbol{xx}^T=\boldsymbol{I}.\end{aligned}$$

一般地，满足等式 $\boldsymbol{A}\boldsymbol{A}^T=\boldsymbol{A}^T\boldsymbol{A}=\boldsymbol{I}$ 的方阵 $\boldsymbol{A}$ 称为**正交矩阵**(orthogonal matrix)，它在矩阵理论中的地位相当重要. 显然豪斯霍尔德矩阵 $\boldsymbol{H}=\boldsymbol{I}-2\boldsymbol{x}\boldsymbol{x}^T$ 是对称的正交矩阵.

思考 正交矩阵的正交是啥意思？你能写出几个二阶的正交矩阵吗？你能写出二阶正交矩阵的一般形式吗？

1.2 可逆矩阵

1.2.1 从数的倒数到逆矩阵

接下来矩阵博士小明开始求解矩阵方程 $\boldsymbol{A}\boldsymbol{x}=\boldsymbol{b}$. 按前面的类比经验，他先考虑一元一次方程 $ax=b$. 当 $a\neq 0$ 时，其解为 $x=\dfrac{b}{a}$. 从形式上类比，则矩阵方程 $\boldsymbol{A}\boldsymbol{x}=\boldsymbol{b}$ 的解应表示成 $\boldsymbol{x}=\dfrac{\boldsymbol{b}}{\boldsymbol{A}}$，但这里涉及两个矩阵的商，尚未定义，因此这种表示"不合法".

小明注意到 $\dfrac{b}{a}=\dfrac{1}{a}\cdot b=b\cdot\dfrac{1}{a}$，类比可知应有 $\dfrac{\boldsymbol{b}}{\boldsymbol{A}}=\dfrac{1}{\boldsymbol{A}}\cdot\boldsymbol{b}=\boldsymbol{b}\cdot\dfrac{1}{\boldsymbol{A}}$. 不过问题又来了，$\dfrac{1}{\boldsymbol{A}}$(姑且看成矩阵）与 $\boldsymbol{b}$ 未必可交换，即 $\dfrac{1}{\boldsymbol{A}}\cdot\boldsymbol{b}$ 或 $\boldsymbol{b}\cdot\dfrac{1}{\boldsymbol{A}}$ 即使能"洗白"，也只能保留一个.

小明进一步注意到非零数 a 的倒数 $\dfrac{1}{a}$ 可改写为 a^{-1}，而且 $a^{-1}a=aa^{-1}=1$. 类似地，若将 $\dfrac{1}{\boldsymbol{A}}$ 改记为 $\boldsymbol{A}^{-1}$，可知应有

$$\boldsymbol{A}^{-1}\boldsymbol{A}=\boldsymbol{A}\boldsymbol{A}^{-1}=\boldsymbol{I} \tag{1.2.1}$$

类比 $ax=b(a\neq 0)$ 的解 $x=a^{-1}b=ba^{-1}$，可知矩阵方程 $\boldsymbol{A}\boldsymbol{x}=\boldsymbol{b}$ 的解应为 $\boldsymbol{x}=\boldsymbol{A}^{-1}\boldsymbol{b}$ 或 $\boldsymbol{x}=\boldsymbol{b}\boldsymbol{A}^{-1}$. 注意到 $\boldsymbol{b}$ 的列数为 1，显然不可能等于 $\boldsymbol{A}^{-1}$ 的行数，因此乘积 $\boldsymbol{b}\boldsymbol{A}^{-1}$ 无意义，这样最终胜出的只可能是 $\boldsymbol{x}=\boldsymbol{A}^{-1}\boldsymbol{b}$.

> **定义 1.2.1(矩阵的逆)** 对给定 n 阶方阵 $\boldsymbol{A}$，若存在同阶方阵 $\boldsymbol{B}$，使得
> $$\boldsymbol{A}\boldsymbol{B}=\boldsymbol{B}\boldsymbol{A}=\boldsymbol{I}$$
> 则称矩阵 $\boldsymbol{A}$ **可逆**，并称矩阵 $\boldsymbol{B}$ 为矩阵 $\boldsymbol{A}$ 的**逆矩阵**(inverse matrix)，记为 $\boldsymbol{B}=\boldsymbol{A}^{-1}$.

由定义易知，**单位矩阵的逆矩阵是它自身，正交矩阵的逆矩阵则是它的转置矩阵.**

正交矩阵何以重要，原来是因为它的逆就是转置，也就是矩阵的元素值不发生变化（只是换个位置而已）.

小明注意到，**可逆矩阵都是方阵，而且其逆矩阵也是同阶方阵.** 另外，由于 a^{-1} 表示的是 a 的 -1 次幂，因此 $\boldsymbol{A}^{-1}$ 可理解成可逆矩阵 $\boldsymbol{A}$ 的 -1 次幂，$\boldsymbol{A}^{-2}$ 就是 $\boldsymbol{A}$ 的 -2 次幂，即 $\boldsymbol{A}^{-2}=(\boldsymbol{A}^{-1})^2=(\boldsymbol{A}^2)^{-1}$，其他负整数次幂以此类推. 这样，对可逆矩阵而言，方阵幂的性质

中的条件可进一步放宽，比如在同底幂的乘法法则 $\boldsymbol{A}^k\boldsymbol{A}^l = \boldsymbol{A}^{k+l}$ 和幂的乘方法则 $(\boldsymbol{A}^k)^l = \boldsymbol{A}^{kl}$ 中，k，l 都可放宽到任意整数.

例 1.2.1　设方阵 $\boldsymbol{A}$ 满足关系式 $\boldsymbol{A}^2 - \boldsymbol{A} + \boldsymbol{I} = \boldsymbol{O}$. 证明 $\boldsymbol{A}$ 及 $\boldsymbol{A} + 2\boldsymbol{I}$ 可逆，并求出其逆矩阵.

证明：这里矩阵 $\boldsymbol{A}$ 是抽象矩阵，因此使用逆矩阵的定义.

类比字母代数，题中的矩阵关系式对应的是 $a^2 - a + 1 = 0$，即 $a(1-a) = (1-a)a = 1$，因此矩阵关系式可变形为

$$\boldsymbol{A}(\boldsymbol{I} - \boldsymbol{A}) = (\boldsymbol{I} - \boldsymbol{A})\boldsymbol{A} = \boldsymbol{I}$$

这说明矩阵 $\boldsymbol{A}$ 可逆，且 $\boldsymbol{A}^{-1} = \boldsymbol{I} - \boldsymbol{A}$.

类似地，由于 $\boldsymbol{A} + 2\boldsymbol{I}$ 对应 $a + 2$，而 $a^2 - a + 1 = 0$ 可变形为 $(a+2)(a-3) = -7$，即

$$(a+2)\left(\frac{3-a}{7}\right) = \left(\frac{3-a}{7}\right)(a+2) = 1$$

因此矩阵关系式可变形为

$$(\boldsymbol{A} + 2\boldsymbol{I})\left(\frac{3\boldsymbol{I} - \boldsymbol{A}}{7}\right) = \left(\frac{3\boldsymbol{I} - \boldsymbol{A}}{7}\right)(\boldsymbol{A} + 2\boldsymbol{I}) = \boldsymbol{I}$$

这说明矩阵 $\boldsymbol{A} + 2\boldsymbol{I}$ 可逆，且 $(\boldsymbol{A} + 2\boldsymbol{I})^{-1} = \frac{1}{7}(3\boldsymbol{I} - \boldsymbol{A})$.

例 1.2.2　设方阵 $\boldsymbol{A}$ 满足关系式 $\boldsymbol{A}^3 - 2\boldsymbol{A}^2 + 3\boldsymbol{A} - 8\boldsymbol{I} = \boldsymbol{O}$. 证明 $\boldsymbol{A} - 2\boldsymbol{I}$ 可逆，并求出其逆矩阵.

分析：仿照代数多项式的带余除法，即 $f(x) = q(x)g(x) + r(x)$，易知矩阵多项式的带余除法，即 $f(\boldsymbol{A}) = q(\boldsymbol{A})g(\boldsymbol{A}) + r(\boldsymbol{A})$.

证明：题中 $f(\boldsymbol{A}) = \boldsymbol{A}^3 - 2\boldsymbol{A}^2 + 3\boldsymbol{A} - 8\boldsymbol{I}$，$g(\boldsymbol{A}) = \boldsymbol{A} - 2\boldsymbol{I}$. 类比代数多项式带余除法的竖式计算格式，有

$$\begin{array}{r|l}
 & \boldsymbol{A}^2 \quad\quad +3\boldsymbol{I} \\
\boldsymbol{A} - 2\boldsymbol{I} & \boldsymbol{A}^3 - 2\boldsymbol{A}^2 + 3\boldsymbol{A} - 8\boldsymbol{I} \\
 & \underline{\boldsymbol{A}^3 - 2\boldsymbol{A}^2} \\
 & \quad\quad\quad\quad 3\boldsymbol{A} - 8\boldsymbol{I} \\
 & \quad\quad\quad\quad \underline{3\boldsymbol{A} - 6\boldsymbol{I}} \\
 & \quad\quad\quad\quad\quad -2\boldsymbol{I}
\end{array}$$

因此 $q(\boldsymbol{A}) = \boldsymbol{A}^2 + 3\boldsymbol{I}$，$r(\boldsymbol{A}) = -2\boldsymbol{I}$，故有

$$\boldsymbol{O} = \boldsymbol{A}^3 - 2\boldsymbol{A}^2 + 3\boldsymbol{A} - \boldsymbol{I} = (\boldsymbol{A} - 2\boldsymbol{I})(\boldsymbol{A}^2 + 3\boldsymbol{I}) - 2\boldsymbol{I}$$

也就是 $(\boldsymbol{A} - 2\boldsymbol{I}) \cdot \frac{1}{2}(\boldsymbol{A}^2 + 3\boldsymbol{I}) = \boldsymbol{I}$，故矩阵 $\boldsymbol{A} - 2\boldsymbol{I}$ 可逆，且 $(\boldsymbol{A} - 2\boldsymbol{I})^{-1} = \frac{1}{2}(\boldsymbol{A}^2 + 3\boldsymbol{I})$. ■

对于矩阵多项式的带余除法，矩阵博士小明马上联想到上一节中关于矩阵多项式的天才发现. 如果对方阵 $\boldsymbol{A}$ 的某个矩阵多项式 $f(\boldsymbol{A})$，存在 $g(\boldsymbol{A}) = \boldsymbol{O}$，那么显然有

$$f(\boldsymbol{A}) = q(\boldsymbol{A})g(\boldsymbol{A}) + r(\boldsymbol{A}) = q(\boldsymbol{A})\boldsymbol{O} + r(\boldsymbol{A}) = \boldsymbol{O} + r(\boldsymbol{A}) = r(\boldsymbol{A})$$

由于$r(\boldsymbol{A})$的次数明显低于$f(\boldsymbol{A})$，通过这种“李代桃僵”的手法，显然会降低计算$f(\boldsymbol{A})$的复杂度. 满足$g(\boldsymbol{A})=\boldsymbol{O}$的代数多项式$g(x)$，可称为矩阵$\boldsymbol{A}$的**零化多项式**(annihilator polynomial)，此时矩阵$\boldsymbol{A}$也称为矩阵多项式$g(\boldsymbol{A})$的**根**(root). 问题是如何在茫茫的多项式之海中找到这样的零化多项式呢?小明一时没了头绪.

回到矩阵方程$\boldsymbol{A}\boldsymbol{x}=\boldsymbol{b}$. 小明发现当$\boldsymbol{A}$是可逆方阵时，两边左乘$\boldsymbol{A}^{-1}$，则有$\boldsymbol{A}^{-1}\boldsymbol{A}\boldsymbol{x}=\boldsymbol{A}^{-1}\boldsymbol{b}$，即

$$\boldsymbol{x}=\boldsymbol{A}^{-1}\boldsymbol{b} \tag{1.2.2}$$

当$\boldsymbol{x}$, $\boldsymbol{b}$分别推广为矩阵$\boldsymbol{X}$, $\boldsymbol{B}$时，可知相应的矩阵方程为$\boldsymbol{A}\boldsymbol{X}=\boldsymbol{B}$. 当$\boldsymbol{A}$可逆时，易知其解为$\boldsymbol{X}=\boldsymbol{A}^{-1}\boldsymbol{B}$，称为矩阵$\boldsymbol{A}$**左除**(left divide)矩阵$\boldsymbol{B}$的**左商**(left quotient). 类似地，当$\boldsymbol{A}$可逆时，矩阵方程$\boldsymbol{X}\boldsymbol{A}=\boldsymbol{B}$的解为$\boldsymbol{X}=\boldsymbol{B}\boldsymbol{A}^{-1}$，称为矩阵$\boldsymbol{A}$**右除**(right divide)矩阵$\boldsymbol{B}$的**右商**(right quotient). 进一步推广这些矩阵方程，小明得到了**基本矩阵方程**

$$\boldsymbol{A}\boldsymbol{X}\boldsymbol{B}=\boldsymbol{C} \tag{1.2.3}$$

当矩阵$\boldsymbol{A}$, $\boldsymbol{B}$皆可逆时，方程(1.2.3)两边分别左乘$\boldsymbol{A}^{-1}$和右乘$\boldsymbol{B}^{-1}$，化简即得其解矩阵$\boldsymbol{X}$为

$$\boldsymbol{X}=\boldsymbol{A}^{-1}\boldsymbol{C}\boldsymbol{B}^{-1} \tag{1.2.4}$$

显然$\boldsymbol{A}$可逆时，通过左乘$\boldsymbol{A}^{-1}$，易知矩阵的消去律也成立，即$\boldsymbol{A}\boldsymbol{B}=\boldsymbol{A}\boldsymbol{C}\Rightarrow\boldsymbol{B}=\boldsymbol{C}$. 小明实在无法脑补出“$\boldsymbol{A}$可逆”与$a\neq 0$之间的联系，因此他觉得这个结论不能看作字母消去律的推广形式，但一时又说不出个子丑寅卯来.

MATLAB提供了内置函数inv，可用于求可逆矩阵的逆矩阵，其调用格式为

```
B = inv(A)
```

另外，MATLAB中还提供了幂运算符“^”，左除运算符“\”及右除运算符“/”，因此求解矩阵方程$\boldsymbol{A}\boldsymbol{X}=\boldsymbol{B}$的代码是`X=inv(A)*B`，或者`X=A^(-1)*B`，或者`X=A\B`；求解矩阵方程$\boldsymbol{Y}\boldsymbol{A}=\boldsymbol{B}$的代码是`X=B*inv(A)`，或者`B*A^(-1)`，或者`X= B/A`.

思考 请脑补矩阵方程$\boldsymbol{A}\boldsymbol{X}=\boldsymbol{B}$, $\boldsymbol{X}\boldsymbol{A}=\boldsymbol{B}$和$\boldsymbol{A}\boldsymbol{X}\boldsymbol{B}=\boldsymbol{C}$分别对应的方程组.

在用矩阵方程$\boldsymbol{A}\boldsymbol{x}=\boldsymbol{b}$简洁地表示线性方程组的基础之上，矩阵博士小明轻松地得到了其解的矩阵表示$\boldsymbol{x}=\boldsymbol{A}^{-1}\boldsymbol{b}$，同样地相当简洁!

当然，对矩阵博士小明来说，这里还有“几片乌云”：零化多项式的问题；字母代数消去律的推广问题；可解的线性方程组，其系数矩阵必须是可逆的方阵，等等. 不过最致命的，是怎么求可逆矩阵的逆矩阵呢？尽管小明采用了简洁、先进的矩阵符号和运算，但似乎也仅仅是换了一套术语，换汤没换药.

事实上，尽管正交矩阵端的是让人艳羡，但矩阵求逆却是一个相当有难度的问题. 俗话说“瘦死的骆驼比马大”，因为这只骆驼毕竟脱胎于绵亘了数千年的线性方程组求解问题，所以即便矩阵博士小明采用了新的术语，现阶段仍然难以一蹴而就. 放眼前路，长天茫茫，阴云密布.

既然一时半会儿见不到太阳，小明索性放下丰满的理想，从最简单的二阶矩阵开始

着手.

例1.2.3(二阶矩阵求逆公式) 设$\boldsymbol{A}=\begin{pmatrix}a & b\\ c & d\end{pmatrix}$. 判断矩阵$\boldsymbol{A}$何时可逆,并求其逆矩阵.

解法一:手工计算.

二阶矩阵的逆矩阵也是二阶矩阵,故可令$\boldsymbol{A}^{-1}=\begin{bmatrix}x_1 & x_2\\ x_3 & x_4\end{bmatrix}$. 由$\boldsymbol{A}\boldsymbol{A}^{-1}=\boldsymbol{A}^{-1}\boldsymbol{A}=\boldsymbol{I}$,可知

$$\begin{pmatrix}a & b\\ c & d\end{pmatrix}\begin{bmatrix}x_1 & x_2\\ x_3 & x_4\end{bmatrix}=\begin{bmatrix}ax_1+bx_3 & ax_2+bx_4\\ cx_1+dx_3 & cx_2+dx_4\end{bmatrix}=\begin{pmatrix}1 & 0\\ 0 & 1\end{pmatrix}$$

此即线性方程组$ax_1+bx_3=1$, $ax_2+bx_4=0$, $cx_1+dx_3=0$, $cx_2+dx_4=1$.

记$D=ad-bc$,则当$D\neq 0$时,其解为

$$x_1=\frac{d}{D},\ x_2=\frac{-b}{D},\ x_3=\frac{-c}{D},\ x_4=\frac{a}{D}$$

因此当且仅当$D=ad-bc\neq 0$时,二阶矩阵$\boldsymbol{A}$可逆,且有以下**"两调一除"**公式

$$\begin{pmatrix}a & b\\ c & d\end{pmatrix}^{-1}=\frac{1}{ad-bc}\begin{pmatrix}d & -b\\ -c & a\end{pmatrix}\tag{1.2.5}$$

其中的"两调(读作"条")"指的是对矩阵$\boldsymbol{A}$的元素的两次调整,即主对角元对调(读作"掉")和次对角元取反,"一除"指的是除以矩阵$\boldsymbol{A}$的行列式(详见下一章)$ad-bc$.

解法二:MATLAB计算.(文件名为ex1203.m)

```
syms  a b c d       % 声明符号变量
A=[a,b;c,d];
% 算法一:使用内置函数 inv,它支持符号运算
X=inv (A);
% 算法二:使用幂运算符^,它也支持符号运算
X=A^(-1)
pretty (X)          % 输出美观后的结果
```

特别地,在两调一除公式中,令$b=c=0$,则当$ad\neq 0$时,有

$$\begin{pmatrix}a & 0\\ 0 & d\end{pmatrix}^{-1}=\frac{1}{ad}\begin{pmatrix}d & 0\\ 0 & a\end{pmatrix}=\begin{bmatrix}a^{-1} & 0\\ 0 & d^{-1}\end{bmatrix}$$

若令$a=d=0$,则当$bc\neq 0$时,有

$$\begin{pmatrix}0 & b\\ c & 0\end{pmatrix}^{-1}=\frac{1}{-bc}\begin{pmatrix}0 & -b\\ -c & 0\end{pmatrix}=\begin{bmatrix}0 & c^{-1}\\ b^{-1} & 0\end{bmatrix}$$

显然二阶对角矩阵(次对角矩阵)的逆矩阵仍然是对角矩阵(次对角矩阵),并且它们的矩阵求逆运算退化为对角元和次对角元的求逆(倒数). 矩阵博士小明发现这两个结论可以进一步推广到n阶的情形,即当$d_1d_2\cdots d_n\neq 0$时,**对角矩阵的求逆公式**为

$$\begin{pmatrix} d_1 & & & \\ & d_2 & & \\ & & \ddots & \\ & & & d_n \end{pmatrix}^{-1} = \begin{pmatrix} d_1^{-1} & & & \\ & d_2^{-1} & & \\ & & \ddots & \\ & & & d_n^{-1} \end{pmatrix} \tag{1.2.6}$$

次对角矩阵(anti-diagonal matrix)**的求逆公式**为

$$\begin{pmatrix} & & & d_1 \\ & & d_2 & \\ & \iddots & & \\ d_n & & & \end{pmatrix}^{-1} = \begin{pmatrix} & & & d_n^{-1} \\ & & \iddots & \\ & d_2^{-1} & & \\ d_1^{-1} & & & \end{pmatrix} \tag{1.2.7}$$

小明还注意到一个有趣的“**逆天现象**”. n 阶对角矩阵对角元序号的增大方向是自左上往右下(脑补下水往低处流的情境),其逆矩阵相应对角元序号的增大走向与原矩阵相同(水仍然往低处流);n 阶次对角矩阵对角元序号的增大方向是自右上往左下(水往低处流),而其逆矩阵相应对角元序号的增大走向却是自左下往右上(出现了逆天的水往高处走,太不正常了! 你说啥? 一行白鹭上青天? 干得好,这样的脑洞我喜欢!).

上例中也采用了待定系数法,它将矩阵求逆问题转化为求解线性方程组. 使用这种方法,可以求出一些特殊矩阵的逆矩阵. 例如对可逆的 3 阶上三角矩阵 $\boldsymbol{U}$ 及其逆矩阵 $\boldsymbol{U}^{-1}$,由于两者的乘积为单位矩阵 $\boldsymbol{I}$,因此逆矩阵 $\boldsymbol{U}^{-1}$ 应当也是上三角矩阵,否则就与定理1.1.1相悖. 利用前述的“一国三制”机制,$\boldsymbol{U}^{-1}$ 的对角元即为 $\boldsymbol{U}$ 的相应对角元的逆(倒数),因此只需用待定系数法确定 $\boldsymbol{U}^{-1}$ 的对角线之上的三个元素即可.

那么待定系数法是否可用于求解任意三阶乃至高阶矩阵的逆矩阵呢? 小明知道答案显然是“No!”因为他觉得前面花了如此大的心血才将线性方程组求解问题转化为矩阵求逆问题,而待定系数法显然是在开倒车! 对于矩阵求逆这只“瘦骆驼”,既然一下子“压不死”,姑且只能从长计议.

例 1.2.4 设方阵 $\boldsymbol{A}$, $\boldsymbol{B}$ 满足矩阵方程 $\boldsymbol{ABA} = 3\boldsymbol{AB} + 4\boldsymbol{A}$,且 $\boldsymbol{A} = \mathrm{diag}(5, 7, 1)$. 求矩阵 $\boldsymbol{B}$.

分析: 和中学的代数式运算一样,求解简单矩阵方程的一般思路仍然是“先化简,再求值”,即先做符号运算,将之转化成基本矩阵方程 $\boldsymbol{AXB}=\boldsymbol{C}$,最后代入数据计算出结果. 注意本题中的矩阵 $\boldsymbol{B}$ 是待求的未知矩阵.

解法一: 手工计算.

显然对角矩阵 $\boldsymbol{A}$ 可逆. 方程两边左乘 $\boldsymbol{A}^{-1}$,得

$$\boldsymbol{A}^{-1}\boldsymbol{ABA} = 3\boldsymbol{A}^{-1}\boldsymbol{AB} + 4\boldsymbol{A}^{-1}\boldsymbol{A}$$

此即 $\boldsymbol{BA} = 3\boldsymbol{B} + 4\boldsymbol{I}$,也就是 $\boldsymbol{B}(\boldsymbol{A} - 3\boldsymbol{I}) = 4\boldsymbol{I}$.

由于 $\boldsymbol{A} - 3\boldsymbol{I} = \mathrm{diag}(2, 4, -2)$ 仍然是可逆的对角矩阵,所以

$$\boldsymbol{B} = 4(\boldsymbol{A} - 3\boldsymbol{I})^{-1} = 4\mathrm{diag}\left(\frac{1}{2}, \frac{1}{4}, -\frac{1}{2}\right) = \mathrm{diag}(2, 1, -2)$$

解法二：MATLAB 计算.(文件名为 ex1204. m)

```
I=eye(3);v=[5,7,1],A=diag(v)
% 算法一：使用内置函数 inv 求矩阵的逆
B=4*inv(A-3* I)
% 算法二：使用右除运算符/,注意不能写成“B=4/(A-3*I)”
B=(4*I)/(A-3*I)
```

1.2.2　逆矩阵的基本性质

考察矩阵的部分代数运算(加减法,数乘,乘法,转置和求逆),矩阵博士小明发现将字母代数推广到矩阵代数后,逆矩阵仍然保留了字母代数的一些基本性质.

> **定理 1.2.1(唯一性)**　可逆矩阵的逆矩阵是唯一的.

证明：设矩阵 $\boldsymbol{B}$, $\boldsymbol{C}$ 都是可逆矩阵 $\boldsymbol{A}$ 的逆矩阵,则 $\boldsymbol{AB}=\boldsymbol{BA}=\boldsymbol{I}$, $\boldsymbol{AC}=\boldsymbol{CA}=\boldsymbol{I}$,因此

$$\boldsymbol{B}=\boldsymbol{BI}=\boldsymbol{B}(\boldsymbol{AC})=(\boldsymbol{BA})\boldsymbol{C}=\boldsymbol{IC}=\boldsymbol{C}$$

说明：上述证明中,巧妙地使用了 0－1 律,即 $\boldsymbol{A}=\boldsymbol{AI}=\boldsymbol{IA}$. 另外也可将单位矩阵 $\boldsymbol{I}$ 视为某可逆矩阵 $\boldsymbol{A}$ 与其逆矩阵 $\boldsymbol{A}^{-1}$ 的乘积,也就是 $\boldsymbol{I}=\boldsymbol{A}^{-1}\boldsymbol{A}=\boldsymbol{AA}^{-1}$. 这些技巧统称为**单位阵技巧**.

> **定理 1.2.2(数乘矩阵的求逆公式)**　可逆矩阵 $\boldsymbol{A}$ 的非零数乘 $\lambda\boldsymbol{A}$ 也可逆,即
>
> $$(\lambda\boldsymbol{A})^{-1}=\lambda^{-1}\boldsymbol{A}^{-1}(\lambda\neq 0)$$

> **定理 1.2.3(穿脱原则)**　两个同阶可逆矩阵 $\boldsymbol{A}$, $\boldsymbol{B}$ 的乘积 $\boldsymbol{AB}$ 也可逆,且
>
> $$(\boldsymbol{AB})^{-1}=\boldsymbol{B}^{-1}\boldsymbol{A}^{-1}$$

证明：$(\boldsymbol{AB})(\boldsymbol{B}^{-1}\boldsymbol{A}^{-1})=\boldsymbol{A}(\boldsymbol{BB}^{-1})\boldsymbol{A}^{-1}=\boldsymbol{AIA}^{-1}=\boldsymbol{AA}^{-1}=\boldsymbol{I}$. 同理有 $(\boldsymbol{B}^{-1}\boldsymbol{A}^{-1})(\boldsymbol{AB})=\boldsymbol{I}$. 故有 $(\boldsymbol{AB})^{-1}=\boldsymbol{B}^{-1}\boldsymbol{A}^{-1}$.

说明：此性质说明可逆矩阵乘积的逆等于逆的乘积(等等,别忘了穿脱!). 当可逆矩阵 $\boldsymbol{B}$ 退化为一阶矩阵 λ 且 λ 可逆(即 $\lambda\neq 0$)时,显然穿脱原则退化为定理 1.2.2.

穿脱原则也可以推广到 n 个的情形,即若 $\boldsymbol{A}_1$, $\boldsymbol{A}_2\cdots$, $\boldsymbol{A}_n$ 是同阶可逆方阵,则

$$(\boldsymbol{A}_1\boldsymbol{A}_2\cdots\boldsymbol{A}_n)^{-1}=\boldsymbol{A}_n^{-1}\cdots\boldsymbol{A}_2^{-1}\boldsymbol{A}_1^{-1}$$

> **定理 1.2.4(转置矩阵的求逆公式)**　可逆矩阵 $\boldsymbol{A}$ 的逆矩阵的转置矩阵就是其转置矩阵的逆矩阵,即
>
> $$(\boldsymbol{A}^{-1})^T=(\boldsymbol{A}^T)^{-1}$$

证明：由转置运算的穿脱原则，可知 $\boldsymbol{A}^T(\boldsymbol{A}^{-1})^T=(\boldsymbol{A}^{-1}\boldsymbol{A})^T=\boldsymbol{I}^T=\boldsymbol{I}$，故 $(\boldsymbol{A}^{-1})^T=(\boldsymbol{A}^T)^{-1}$.

说明：此定理说明对可逆矩阵而言，其求逆运算与求转置运算可以交换次序. 小明觉得它俩也该如此好基友，要不然为啥只有它俩才有让大家艳羡之极的穿脱原则？

定理 1.2.5（逆矩阵的求逆公式） 可逆矩阵 $\boldsymbol{A}$ 的逆矩阵的逆矩阵是它本身，即

$$(\boldsymbol{A}^{-1})^{-1}=\boldsymbol{A}$$

说明：这个也叫定理？这不就是地球人都明白的“负负得正”“以毒攻毒”吗？然也.

定理 1.2.6 如果方阵 $\boldsymbol{A}$ 可逆，且 $\boldsymbol{AB}=\boldsymbol{I}$，则 $\boldsymbol{BA}=\boldsymbol{I}$.

证明：$\boldsymbol{BA}=\boldsymbol{I}(\boldsymbol{BA})=(\boldsymbol{A}^{-1}\boldsymbol{A})(\boldsymbol{BA})=\boldsymbol{A}^{-1}(\boldsymbol{AB})\boldsymbol{A}=\boldsymbol{A}^{-1}\boldsymbol{IA}=\boldsymbol{A}^{-1}\boldsymbol{A}=\boldsymbol{I}$.

说明：下一章可以证明更一般的结论（详见定理 2.3.3），即方阵 $\boldsymbol{A}$，$\boldsymbol{B}$ 互逆的充要条件是 $\boldsymbol{AB}=\boldsymbol{I}$ 或 $\boldsymbol{BA}=\boldsymbol{I}$.

眼尖的读者早就该发现：上面的定理里居然没有矩阵的加减法（这也太不科学了）. 事实上，一般而言，同阶方阵和的逆矩阵未必等于它们逆矩阵的和（感觉好忧伤），即

$$(\boldsymbol{A}\pm\boldsymbol{B})^{-1}\neq\boldsymbol{A}^{-1}\pm\boldsymbol{B}^{-1}$$

举个例子，设 $\boldsymbol{A}$，$\boldsymbol{B}$ 为二阶单位矩阵，即 $\boldsymbol{A}=\boldsymbol{B}=\boldsymbol{I}$. 显然

$$\boldsymbol{A}^{-1}=\boldsymbol{B}^{-1}=\boldsymbol{I}^{-1}=\boldsymbol{I},\ \boldsymbol{A}^{-1}+\boldsymbol{B}^{-1}=2\boldsymbol{I},\ (\boldsymbol{A}+\boldsymbol{B})^{-1}=(2\boldsymbol{I})^{-1}=\frac{1}{2}\boldsymbol{I}.$$

因此 $(\boldsymbol{A}+\boldsymbol{B})^{-1}\neq\boldsymbol{A}^{-1}+\boldsymbol{B}^{-1}$. 至于减法，此时 $\boldsymbol{A}-\boldsymbol{B}=\boldsymbol{O}$，连可逆性都没有了，更遑论其他.

好吧！两可逆方阵和的逆与逆的和到底会有啥关系？这就得有请单位阵技巧再次出马了.

定理 1.2.7（矩阵之和的求逆公式） 若方阵 $\boldsymbol{A}$，$\boldsymbol{B}$ 为同阶的可逆矩阵，且 $\boldsymbol{A}^{-1}+\boldsymbol{B}^{-1}$ 也可逆，则 $\boldsymbol{A}$，$\boldsymbol{B}$ 之和 $\boldsymbol{A}+\boldsymbol{B}$ 也可逆，且有公式

$$(\boldsymbol{A}\pm\boldsymbol{B})^{-1}=\pm\boldsymbol{A}^{-1}(\boldsymbol{A}^{-1}\pm\boldsymbol{B}^{-1})^{-1}\boldsymbol{B}^{-1}\tag{1.2.8}$$

证明：利用单位阵技巧，可知

$$\boldsymbol{A}+\boldsymbol{B}=\boldsymbol{IA}+\boldsymbol{BI}=\boldsymbol{BB}^{-1}\boldsymbol{A}+\boldsymbol{BA}^{-1}\boldsymbol{A}=\boldsymbol{B}(\boldsymbol{B}^{-1}+\boldsymbol{A}^{-1})\boldsymbol{A}=\boldsymbol{B}(\boldsymbol{A}^{-1}+\boldsymbol{B}^{-1})\boldsymbol{A}$$

再根据逆矩阵的穿脱原则，即得

$$(\boldsymbol{A}+\boldsymbol{B})^{-1}=[\boldsymbol{B}(\boldsymbol{A}^{-1}+\boldsymbol{B}^{-1})\boldsymbol{A}]^{-1}=\boldsymbol{A}^{-1}(\boldsymbol{A}^{-1}+\boldsymbol{B}^{-1})^{-1}\boldsymbol{B}^{-1}$$

在上式中用$-\boldsymbol{B}$替换$\boldsymbol{B}$,并注意到$(-\boldsymbol{B})^{-1}=(-1)\boldsymbol{B}^{-1}=-\boldsymbol{B}^{-1}$,则有

$$(\boldsymbol{A}-\boldsymbol{B})^{-1}=\boldsymbol{A}^{-1}(\boldsymbol{A}^{-1}-\boldsymbol{B}^{-1})^{-1}(-\boldsymbol{B}^{-1})=-\boldsymbol{A}^{-1}(\boldsymbol{A}^{-1}-\boldsymbol{B}^{-1})^{-1}\boldsymbol{B}^{-1}$$

百度后,小明得知矩阵之和存在好几个求逆公式,其中的 **Woodbury 公式**为

$$(\boldsymbol{A}+\boldsymbol{UBV})^{-1}=\boldsymbol{A}^{-1}-\boldsymbol{A}^{-1}\boldsymbol{U}(\boldsymbol{I}+\boldsymbol{BVA}^{-1}\boldsymbol{U})^{-1}\boldsymbol{BVA}^{-1} \tag{1.2.9}$$

特别地,当$\boldsymbol{U}=\boldsymbol{V}=\boldsymbol{I}$且$\boldsymbol{B}$可逆时,Woodbury 公式退化为公式(1.2.8),因为

$$\begin{aligned}(\boldsymbol{A}+\boldsymbol{B})^{-1}&=\boldsymbol{A}^{-1}-\boldsymbol{A}^{-1}(\boldsymbol{I}+\boldsymbol{BA}^{-1})^{-1}\boldsymbol{BA}^{-1}=\boldsymbol{A}^{-1}-\boldsymbol{A}^{-1}(\boldsymbol{I}+\boldsymbol{BA}^{-1})^{-1}[(\boldsymbol{I}+\boldsymbol{BA}^{-1})-\boldsymbol{I}]\\&=\boldsymbol{A}^{-1}(\boldsymbol{I}+\boldsymbol{BA}^{-1})^{-1}=\boldsymbol{A}^{-1}(\boldsymbol{BB}^{-1}+\boldsymbol{BA}^{-1})^{-1}\\&=\boldsymbol{A}^{-1}[\boldsymbol{B}(\boldsymbol{B}^{-1}+\boldsymbol{A}^{-1})]^{-1}=\boldsymbol{A}^{-1}(\boldsymbol{B}^{-1}+\boldsymbol{A}^{-1})^{-1}\boldsymbol{B}^{-1}\end{aligned}$$

例 1.2.5　设$\boldsymbol{A}=\begin{pmatrix}4&-1&0\\-1&3&0\\0&0&2\end{pmatrix}$,$\boldsymbol{B}=\begin{pmatrix}1\\-1\\0\end{pmatrix}$,求满足关系式$\boldsymbol{X}^{-1}\boldsymbol{A}^{-1}(\boldsymbol{I}-\boldsymbol{BB}^T\boldsymbol{A}^{-1})^{-1}=\boldsymbol{I}$的矩阵$\boldsymbol{X}$.

解法一:手工计算.

先做符号运算.根据穿脱原则,可知

$$\boldsymbol{X}=\boldsymbol{A}^{-1}(\boldsymbol{I}-\boldsymbol{BB}^T\boldsymbol{A}^{-1})^{-1}=[(\boldsymbol{I}-\boldsymbol{BB}^T\boldsymbol{A}^{-1})\boldsymbol{A}]^{-1}=(\boldsymbol{A}-\boldsymbol{BB}^T)^{-1}$$

再代入数据求值.由于

$$\boldsymbol{A}-\boldsymbol{BB}^T=\begin{pmatrix}4&-1&0\\-1&3&0\\0&0&2\end{pmatrix}-\begin{pmatrix}1\\-1\\0\end{pmatrix}(1,-1,0)=\begin{pmatrix}3&0&0\\0&2&0\\0&0&2\end{pmatrix}$$

为对角矩阵,故$\boldsymbol{X}=(\boldsymbol{A}-\boldsymbol{BB}^T)^{-1}=\mathrm{diag}\left(\frac{1}{3},\frac{1}{2},\frac{1}{2}\right)$.

解法二:MATLAB 计算.(文件名为 ex1205.m)

```
A=[4,- 1,0;- 1,3,0;0,0,2];B=[1,-1,0]';I=eye(3);
% 算法 1:化简版
X=inv(A-B*B')
% 算法 2:未化简版
X=inv(A)*inv(I-B*B'*inv(A))
```

例 1.2.6　设$\boldsymbol{A}$,$\boldsymbol{B}$都是n阶可逆矩阵,且$\boldsymbol{A}^T\boldsymbol{A}=\boldsymbol{B}^T\boldsymbol{B}$,则必存在正交矩阵$\boldsymbol{Q}$,使得$\boldsymbol{A}=\boldsymbol{QB}$.

证明: 由$\boldsymbol{A}^T\boldsymbol{A}=\boldsymbol{B}^T\boldsymbol{B}$并注意到$(\boldsymbol{A}^{-1})^T=(\boldsymbol{A}^T)^{-1}$,可知$\boldsymbol{A}=(\boldsymbol{A}^T)^{-1}\boldsymbol{B}^T\boldsymbol{B}=(\boldsymbol{A}^{-1})^T\boldsymbol{B}^T\boldsymbol{B}$.故令$\boldsymbol{Q}=(\boldsymbol{A}^{-1})^T\boldsymbol{B}^T$,即有$\boldsymbol{A}=\boldsymbol{QB}$.下证$\boldsymbol{Q}$是正交矩阵.

利用穿脱原则,并注意到$\boldsymbol{B}^T\boldsymbol{B}=\boldsymbol{A}^T\boldsymbol{A}$,从而有

$$\boldsymbol{QQ}^T=(\boldsymbol{A}^{-1})^T\boldsymbol{B}^T[(\boldsymbol{A}^{-1})^T\boldsymbol{B}^T]^T=(\boldsymbol{A}^{-1})^T\boldsymbol{B}^T\boldsymbol{BA}^{-1}=(\boldsymbol{A}^{-1})^T\boldsymbol{A}^T\boldsymbol{AA}^{-1}=(\boldsymbol{A}^T)^{-1}\boldsymbol{A}^T\boldsymbol{I}=\boldsymbol{I}$$

因此$\boldsymbol{Q}$是正交矩阵,且$\boldsymbol{A}=\boldsymbol{QB}$.

1.3 分块矩阵

1.3.1 分块矩阵的概念

在电影《变形金刚》中，擎天柱等机器人的合体让人印象深刻. 这些机器人个个都能独当一面，合体后更是威力无比. 反过来，合体也可以根据需要进行拆分成多个个体.

联想到矩阵运算，小明觉得多个矩阵的合体可以理解为它们拼合成了一个更大的矩阵，反之，一个大型矩阵也可以被划分为多个小矩阵，它们显然都是原矩阵的一部分. 这种分分合合，必定会揭示出矩阵的更多秘密，也能让小明从中觅到更多乐趣.

例如，由于 $m\times n$ 矩阵 $\boldsymbol{A}$ 是由 n 个列向量 $\boldsymbol{\alpha}_1, \boldsymbol{\alpha}_2, \cdots, \boldsymbol{\alpha}_n$（称为 $\boldsymbol{A}$ 的**列向量组**）依次排列而成的，如果对矩阵 $\boldsymbol{A}$ 进行列分块，即令 $\boldsymbol{A}=(\boldsymbol{\alpha}_1, \boldsymbol{\alpha}_2, \cdots, \boldsymbol{\alpha}_n)$，此时矩阵 $\boldsymbol{A}$ 形式上变成了一个“行向量”（其元素为列向量），那么 $\boldsymbol{Ax}$ 形式上就是“行向量”$\boldsymbol{A}$ 与列向量 $\boldsymbol{x}$ 的内积，于是矩阵方程 $\boldsymbol{Ax}=\boldsymbol{b}$ 变形为

$$(\boldsymbol{\alpha}_1, \boldsymbol{\alpha}_2, \cdots, \boldsymbol{\alpha}_n)\begin{pmatrix} x_1 \\ x_2 \\ \vdots \\ x_n \end{pmatrix}=b$$

按行乘列法则，并注意到 x_i 与 $\boldsymbol{\alpha}_i$ 可交换，即得**向量方程**(vector equation)

$$x_1\boldsymbol{\alpha}_1+x_2\boldsymbol{\alpha}_2+\cdots+x_n\boldsymbol{\alpha}_n=\boldsymbol{b} \tag{1.3.1}$$

从而求解 $\boldsymbol{Ax}=\boldsymbol{b}$ 就转化为寻找一组组合系数 $x_1, x_2, \cdots, x_n$，使得向量 $\boldsymbol{b}$ 能被 $\boldsymbol{A}$ 的列向量组 $\boldsymbol{\alpha}_1, \boldsymbol{\alpha}_2, \cdots, \boldsymbol{\alpha}_n$ **线性表示**(linear representation).

一般地，通过在矩阵 $\boldsymbol{A}$ 的行间作水平横线及在列间作铅直纵线，可以将 $\boldsymbol{A}$ 分成许多个小矩阵. 这些小矩阵称为矩阵 $\boldsymbol{A}$ 的**子块**(block)，以这些子块为元素的矩阵称为**分块矩阵**(block matrix).

小明开始着手研究矩阵的分块方法. 他很快发现同一个矩阵可以有许多种分法. 例如，对 4×4 矩阵

$$\boldsymbol{A}=\begin{pmatrix} 2 & 3 & 0 & 0 \\ 1 & 2 & 0 & 0 \\ 0 & 0 & 4 & 9 \\ 0 & 0 & 2 & 7 \end{pmatrix}$$

除了前述的列分块方法，至少还有下面两种分法：

$$\text{(a) } \boldsymbol{A}=\left(\begin{array}{cc:cc} 2 & 3 & 0 & 0 \\ 1 & 2 & 0 & 0 \\ \hdashline 0 & 0 & 4 & 9 \\ 0 & 0 & 2 & 7 \end{array}\right); \qquad \text{(b) } \boldsymbol{A}=\left(\begin{array}{c:c:c:c} 2 & 3 & 0 & 0 \\ 1 & 2 & 0 & 0 \\ \hdashline 0 & 0 & 4 & 9 \\ 0 & 0 & 2 & 7 \end{array}\right)$$

特别是方法(a)这种四分法,得到了一个四分块矩阵,可记为 $\boldsymbol{A}=\begin{pmatrix}\boldsymbol{A}_{11} & \boldsymbol{A}_{12}\\ \boldsymbol{A}_{21} & \boldsymbol{A}_{22}\end{pmatrix}$,其中

$$\boldsymbol{A}_{11}=\begin{pmatrix}2 & 3\\ 1 & 2\end{pmatrix},\ \boldsymbol{A}_{12}=\boldsymbol{A}_{21}=\begin{pmatrix}0 & 0\\ 0 & 0\end{pmatrix},\ \boldsymbol{A}_{22}=\begin{pmatrix}4 & 9\\ 2 & 7\end{pmatrix}$$

由于 $\boldsymbol{A}_{12}=\boldsymbol{A}_{21}=\boldsymbol{O}$,因此矩阵 $\boldsymbol{A}$ 更可被简洁地表示为 $\boldsymbol{A}=\begin{pmatrix}\boldsymbol{A}_{11} & \boldsymbol{O}\\ \boldsymbol{O} & \boldsymbol{A}_{22}\end{pmatrix}$,这显然是一种对角形矩阵. 这说明合适的分块法可以凸显出矩阵 $\boldsymbol{A}$ 中蕴含的某些简单结构,从而简化矩阵的运算. 因此如何适当地分块显然是分块运算的难点.

1.3.2 分块矩阵的运算

当各子块都退化为 1×1 矩阵(即数)时,分块矩阵显然退化为普通矩阵,因此根据字母代数到矩阵代数的推广经验,小明知道分块矩阵的运算规则应该与普通矩阵类似,这同时也能满足固本原则. 按照普通矩阵的代数运算(加减法,数乘,乘法,转置,幂和求逆),他依次得到了分块矩阵的下列运算规则.

(1) (**加减法**)设同维矩阵 $\boldsymbol{A}$, $\boldsymbol{B}$ 采用了相同的分块法,即

$$\boldsymbol{A}=\begin{pmatrix}\boldsymbol{A}_{11} & \cdots & \boldsymbol{A}_{1q}\\ \vdots & & \vdots\\ \boldsymbol{A}_{p1} & \cdots & \boldsymbol{A}_{pq}\end{pmatrix},\ \boldsymbol{B}=\begin{pmatrix}\boldsymbol{B}_{11} & \cdots & \boldsymbol{B}_{1q}\\ \vdots & & \vdots\\ \boldsymbol{B}_{p1} & \cdots & \boldsymbol{B}_{pq}\end{pmatrix}$$

其中子块 $\boldsymbol{A}_{ij}$ 与 $\boldsymbol{B}_{ij}$ $(i=1,2,\cdots,p;\ j=1,2,\cdots,q)$ 为同维矩阵,则

$$\boldsymbol{A}\pm\boldsymbol{B}=\begin{pmatrix}\boldsymbol{A}_{11}\pm\boldsymbol{B}_{11} & \cdots & \boldsymbol{A}_{1q}\pm\boldsymbol{B}_{1q}\\ \vdots & & \vdots\\ \boldsymbol{A}_{p1}\pm\boldsymbol{B}_{p1} & \cdots & \boldsymbol{A}_{pq}\pm\boldsymbol{B}_{pq}\end{pmatrix}$$

(2) (**数乘**)设 $\boldsymbol{A}=\begin{pmatrix}\boldsymbol{A}_{11} & \cdots & \boldsymbol{A}_{1q}\\ \vdots & & \vdots\\ \boldsymbol{A}_{p1} & \cdots & \boldsymbol{A}_{pq}\end{pmatrix}$,$\lambda$ 为任意实数,则 $\lambda\boldsymbol{A}=\begin{pmatrix}\lambda\boldsymbol{A}_{11} & \cdots & \lambda\boldsymbol{A}_{1q}\\ \vdots & & \vdots\\ \lambda\boldsymbol{A}_{p1} & \cdots & \lambda\boldsymbol{A}_{pq}\end{pmatrix}$.

(3) (**乘法**)设 $\boldsymbol{A}$ 为 $m\times l$ 矩阵,$\boldsymbol{B}$ 为 $l\times n$ 矩阵,$\boldsymbol{A}$, $\boldsymbol{B}$ 分别采用下述分块法,即

$$\boldsymbol{A}=\begin{pmatrix}\boldsymbol{A}_{11} & \cdots & \boldsymbol{A}_{1q}\\ \vdots & & \vdots\\ \boldsymbol{A}_{p1} & \cdots & \boldsymbol{A}_{pq}\end{pmatrix},\ \boldsymbol{B}=\begin{pmatrix}\boldsymbol{B}_{11} & \cdots & \boldsymbol{B}_{1r}\\ \vdots & & \vdots\\ \boldsymbol{B}_{q1} & \cdots & \boldsymbol{B}_{qr}\end{pmatrix}$$

其中子块 $\boldsymbol{A}_{ik}$ 的列数等于子块 $\boldsymbol{B}_{kj}$ 的行数 $(i=1,2,\cdots,p;\ k=1,2,\cdots,q;\ j=1,2,\cdots,r)$,则乘积 $\boldsymbol{C}=\boldsymbol{AB}$ 为 $\boldsymbol{C}=\begin{pmatrix}\boldsymbol{C}_{11} & \cdots & \boldsymbol{C}_{1r}\\ \vdots & & \vdots\\ \boldsymbol{C}_{p1} & \cdots & \boldsymbol{C}_{pr}\end{pmatrix}$,其中 $\boldsymbol{C}_{ij}=\boldsymbol{A}_{i1}\boldsymbol{B}_{1j}+\boldsymbol{A}_{i2}\boldsymbol{B}_{2j}+\cdots+\boldsymbol{A}_{iq}\boldsymbol{B}_{qj}=\sum\limits_{k=1}^{q}\boldsymbol{A}_{ik}\boldsymbol{B}_{kj}$.

(4) (**转置**)设 $\boldsymbol{A}=\begin{pmatrix}\boldsymbol{A}_{11} & \cdots & \boldsymbol{A}_{1q}\\ \vdots & & \vdots\\ \boldsymbol{A}_{p1} & \cdots & \boldsymbol{A}_{pq}\end{pmatrix}$,则 $\boldsymbol{A}^T=\begin{pmatrix}\boldsymbol{A}_{11}^T & \cdots & \boldsymbol{A}_{p1}^T\\ \vdots & & \vdots\\ \boldsymbol{A}_{1q}^T & \cdots & \boldsymbol{A}_{pq}^T\end{pmatrix}$. 注意每个子块都要转置.

(5) 若 n 阶方阵 $\boldsymbol{A}$ 形如 $\boldsymbol{A}=\begin{pmatrix}\boldsymbol{A}_1 & & & \\ & \boldsymbol{A}_2 & & \\ & & \ddots & \\ & & & \boldsymbol{A}_p\end{pmatrix}$,即主对角线以外的子块均为零子块,且对角子块 $\boldsymbol{A}_1$, $\boldsymbol{A}_2$, $\cdots$, $\boldsymbol{A}_p$ 都是方阵(阶数可以不相等),则称 $\boldsymbol{A}$ 为**块对角矩阵**(block diagonal matrix);若 n 阶方阵 $\boldsymbol{B}$ 形如 $\boldsymbol{B}=\begin{pmatrix} & & & \boldsymbol{B}_1\\ & & \boldsymbol{B}_2 & \\ & \iddots & & \\ \boldsymbol{B}_q & & & \end{pmatrix}$,即次对角线以外的分块均为零分块,且次对角子块 $\boldsymbol{B}_1$, $\boldsymbol{B}_2$, $\cdots$, $\boldsymbol{B}_q$ 都是方阵(阶数可以不相等),则称 $\boldsymbol{B}$ 为**块次对角矩阵**(block subdiagonal matrix).

块对角矩阵 $\boldsymbol{A}$ 的 k 次幂为(k 为任意自然数) $\boldsymbol{A}^k=\begin{pmatrix}\boldsymbol{A}_1^k & & & \\ & \boldsymbol{A}_2^k & & \\ & & \ddots & \\ & & & \boldsymbol{A}_p^k\end{pmatrix}$.

如果块对角矩阵 $\boldsymbol{A}$ 的所有对角子块 $\boldsymbol{A}_1$, $\boldsymbol{A}_2$, $\cdots$, $\boldsymbol{A}_p$ 都可逆,则 $\boldsymbol{A}$ 也可逆,且求逆公式为

$$\boldsymbol{A}^{-1}=\begin{pmatrix}\boldsymbol{A}_1^{-1} & & & \\ & \boldsymbol{A}_2^{-1} & & \\ & & \ddots & \\ & & & \boldsymbol{A}_p^{-1}\end{pmatrix}$$

如果块次对角矩阵 $\boldsymbol{B}$ 的所有次对角子块 $\boldsymbol{B}_1$, $\boldsymbol{B}_2$, $\cdots$, $\boldsymbol{B}_q$ 都可逆,则 $\boldsymbol{B}$ 也可逆,且求逆公式为

$$\boldsymbol{B}^{-1}=\begin{pmatrix} & & & \boldsymbol{B}_q^{-1}\\ & & \iddots & \\ & \boldsymbol{B}_2^{-1} & & \\ \boldsymbol{B}_1^{-1} & & & \end{pmatrix}$$

显然块次对角矩阵求逆公式中也出现了次对角矩阵求逆公式的"逆天"现象.

例 1.3.1 设 $\boldsymbol{A}=\begin{pmatrix}2 & 3 & 0 & 0\\ 1 & 2 & 0 & 0\\ 0 & 0 & 4 & 9\\ 0 & 0 & 2 & 7\end{pmatrix}$, $\boldsymbol{B}=\begin{pmatrix}0 & 0 & 3 & 2\\ 0 & 0 & 0 & 1\\ 1 & 0 & 4 & 1\\ 0 & 1 & 5 & 0\end{pmatrix}$,求 $\boldsymbol{A}+2\boldsymbol{B}$ 及 $\boldsymbol{AB}$.

分析: 矩阵 $\boldsymbol{A}$ 是前述的块对角矩阵,因此对矩阵 $\boldsymbol{B}$ 也进行相应的四分块,以保证乘积

$\boldsymbol{AB}$ 有意义.

解法一：手工计算.

记 $\boldsymbol{A}_{11}=\begin{pmatrix}2&3\\1&2\end{pmatrix}$, $\boldsymbol{A}_{22}=\begin{pmatrix}4&9\\2&7\end{pmatrix}$, $\boldsymbol{B}_{12}=\begin{pmatrix}3&2\\0&1\end{pmatrix}$, $\boldsymbol{B}_{22}=\begin{pmatrix}4&1\\5&0\end{pmatrix}$,则 $\boldsymbol{A}$, $\boldsymbol{B}$ 可分别记成

$$\boldsymbol{A}=\begin{bmatrix}\boldsymbol{A}_{11}&\boldsymbol{O}\\\boldsymbol{O}&\boldsymbol{A}_{22}\end{bmatrix},\ \boldsymbol{B}=\begin{bmatrix}\boldsymbol{O}&\boldsymbol{B}_{12}\\\boldsymbol{I}&\boldsymbol{B}_{22}\end{bmatrix}$$

从而有

$$\boldsymbol{A}+2\boldsymbol{B}=\begin{bmatrix}\boldsymbol{A}_{11}&\boldsymbol{O}\\\boldsymbol{O}&\boldsymbol{A}_{22}\end{bmatrix}+2\begin{bmatrix}\boldsymbol{O}&\boldsymbol{B}_{12}\\\boldsymbol{I}&\boldsymbol{B}_{22}\end{bmatrix}=\begin{bmatrix}\boldsymbol{A}_{11}&2\boldsymbol{B}_{12}\\2\boldsymbol{I}&\boldsymbol{A}_{22}+2\boldsymbol{B}_{22}\end{bmatrix}=\begin{bmatrix}2&3&6&4\\1&2&0&2\\2&0&12&11\\0&2&12&7\end{bmatrix},$$

$$\boldsymbol{AB}=\begin{bmatrix}\boldsymbol{A}_{11}&\boldsymbol{O}\\\boldsymbol{O}&\boldsymbol{A}_{22}\end{bmatrix}\begin{bmatrix}\boldsymbol{O}&\boldsymbol{B}_{12}\\\boldsymbol{I}&\boldsymbol{B}_{22}\end{bmatrix}=\begin{bmatrix}\boldsymbol{A}_{11}\cdot\boldsymbol{O}+\boldsymbol{O}\cdot\boldsymbol{I}&\boldsymbol{A}_{11}\cdot\boldsymbol{B}_{12}+\boldsymbol{O}\cdot\boldsymbol{B}_{22}\\\boldsymbol{O}\cdot\boldsymbol{O}+\boldsymbol{A}_{22}\cdot\boldsymbol{I}&\boldsymbol{O}\cdot\boldsymbol{B}_{12}+\boldsymbol{A}_{22}\cdot\boldsymbol{B}_{22}\end{bmatrix}$$

$$=\begin{bmatrix}\boldsymbol{O}&\boldsymbol{A}_{11}\boldsymbol{B}_{12}\\\boldsymbol{A}_{22}&\boldsymbol{A}_{22}\boldsymbol{B}_{22}\end{bmatrix}=\begin{bmatrix}0&0&6&7\\0&0&3&4\\4&9&61&4\\2&7&43&2\end{bmatrix}.$$

小明发现,如果直接使用普通的矩阵乘法,计算乘积 $\boldsymbol{AB}$ 的每个元素,都需要数的 7 次运算(4 次乘法和 3 次加法),共计 $7\times16=112$ 次运算. 而利用分块矩阵计算时,只计算了两次二阶矩阵的乘积,乘积的每个元素使用了数的 3 次运算(2 次乘法和 1 次加法),共计 $3\times4\times2=24$ 次运算. 居然节约了大约 80% 的计算量,分块矩阵真是太厉害了!

解法二：MATLAB 计算.(文件名为 ex1301.m)

```
A11=[2,3;1,2];A22=[4,9;2,7];   % A 矩阵的两个对角子块
B12=[3,2;0,1];B22=[4,1;5,0];
I=eye (2);O=zeros (2);          % O 是 2 阶零矩阵
A=[A11,O;O,A22]        % 矩阵 A 是 2* 2 分块矩阵,注意它的生成方式
% 也可用内置函数 blkdiag(block diagonal)来生成 A,语句为 A= blkdiag(A11,
A22)
B=[O,B12;I,B22]
X=A+2*B,Y=A*B
```

例 1.3.2　设 $\boldsymbol{A}=\begin{bmatrix}0&1&0\\0&0&2\\3&0&0\end{bmatrix}$,求 $\boldsymbol{A}^{-1}$.

解法一：手工计算.

记 $\boldsymbol{A}_1=\begin{pmatrix}1&0\\0&2\end{pmatrix}$,则 $\boldsymbol{A}=\left[\begin{array}{c:cc}0&1&0\\0&0&2\\\hdashline 3&0&0\end{array}\right]=\begin{bmatrix}&\boldsymbol{A}_1\\3&\end{bmatrix}$是块次对角矩阵,故(注意要逆天)

$$A^{-1} = \begin{pmatrix} & 3^{-1} \\ A_1^{-1} & \end{pmatrix} = \begin{pmatrix} 0 & 0 & \frac{1}{3} \\ 1 & 0 & 0 \\ 0 & \frac{1}{2} & 0 \end{pmatrix}$$

解法二：MATLAB 计算.（文件名为 ex1302.m）

```
v=1:3;A=diag(v);      % 先定 A 的骨架
A=A(:,[3,1:2])        % 再调整
B=inv(A)
```

对于次对角矩阵，在 MATLAB 中可先生成对角矩阵，再利用 fliplr 等内置函数进行调整. 比之于逐元素输入法，这种生成矩阵的方式显然可以推广到高维的情形. 教材、教学和考试中由于种种限制，一般多以低阶矩阵为例，但其目的大多是用简单、直观的低维表象来类比和阐释复杂、抽象的高维，因此读者不能拘泥于低阶矩阵的某些特性特法，而应该尽可能寻找其中的通性通法. 事实上，对问题进行一般化抽象是数学的一种主要研究方法，这一点在矩阵里表现得非常明显.

例 1.3.3　设 3 阶矩阵 $\boldsymbol{A}$, $\boldsymbol{B}$ 满足关系式 $\boldsymbol{A}+\boldsymbol{B}=\boldsymbol{AB}$. 若 $\boldsymbol{A}=\begin{pmatrix} 2 & 1 & 0 \\ 3 & 5 & 0 \\ 0 & 0 & 11 \end{pmatrix}$，求矩阵 $\boldsymbol{B}$.

解法一：利用基本矩阵方程.

由于 $\boldsymbol{A}=\boldsymbol{AB}-\boldsymbol{B}=(\boldsymbol{A}-\boldsymbol{I})\boldsymbol{B}$，且 $\boldsymbol{A}-\boldsymbol{I}$ 是块对角矩阵，这是因为

$$\boldsymbol{A}-\boldsymbol{I} = \begin{pmatrix} 1 & 1 & 0 \\ 3 & 4 & 0 \\ 0 & 0 & 10 \end{pmatrix} = \begin{pmatrix} \boldsymbol{C} & \\ & 10 \end{pmatrix}，其中 \boldsymbol{C} = \begin{pmatrix} 1 & 1 \\ 3 & 4 \end{pmatrix}$$

注意到 $\boldsymbol{C}$ 是可逆矩阵，故 $\boldsymbol{A}-\boldsymbol{I}$ 也可逆，而且

$$(\boldsymbol{A}-\boldsymbol{I})^{-1} = \begin{pmatrix} \boldsymbol{C}^{-1} & \\ & 10^{-1} \end{pmatrix} = \begin{pmatrix} 4 & -1 & 0 \\ -3 & 1 & 0 \\ 0 & 0 & 0.1 \end{pmatrix}$$

根据基本矩阵方程，可知

$$\boldsymbol{B} = (\boldsymbol{A}-\boldsymbol{I})^{-1}\boldsymbol{A} = \begin{pmatrix} 4 & -1 & 0 \\ -3 & 1 & 0 \\ 0 & 0 & 0.1 \end{pmatrix}\begin{pmatrix} 2 & 1 & 0 \\ 3 & 5 & 0 \\ 0 & 0 & 11 \end{pmatrix} = \begin{pmatrix} 5 & -1 & 0 \\ -3 & 2 & 0 \\ 0 & 0 & 1.1 \end{pmatrix}$$

解法二：利用矩阵代数恒等式.

原关系式可变形为 $\boldsymbol{AB}-\boldsymbol{A}-\boldsymbol{B}=\boldsymbol{O}$. 进一步联想到字母恒等式 $(a-1)(b-1)=ab-a-b+1$，可得矩阵恒等式 $(\boldsymbol{A}-\boldsymbol{I})(\boldsymbol{B}-\boldsymbol{I})=\boldsymbol{I}$. 鉴于解法一中已求出 $\boldsymbol{A}-\boldsymbol{I}$ 的逆矩阵，故 $\boldsymbol{B}-\boldsymbol{I}=(\boldsymbol{A}-\boldsymbol{I})^{-1}$，从而

$$B=(A-I)^{-1}+I=\begin{pmatrix}4&-1&0\\-3&1&0\\0&0&0.1\end{pmatrix}+\begin{pmatrix}1&0&0\\0&1&0\\0&0&1\end{pmatrix}=\begin{pmatrix}5&-1&0\\-3&2&0\\0&0&1.1\end{pmatrix}$$

与解法一相比,显然解法二中利用代数技巧,成功地避开了繁琐的矩阵乘法运算.

解法三:MATLAB 计算.(文件名为 ex1303.m)

```
A=[2,1,0;3,5,0;0,0,11];I=eye(3);
B=inv(A-I)*A  % 算法 1
B=inv(A-I)+I  % 算法 2
```

例 1.3.4(块三角矩阵的求逆公式) 设 A, D 分别为 m 阶和 n 阶方阵,B 为 $m\times n$ 矩阵,C 为 $n\times m$ 矩阵,则称四分块矩阵 $U=\begin{pmatrix}A&B\\O&D\end{pmatrix}$ 为**块上三角矩阵**,称四分块矩阵 $L=\begin{pmatrix}A&O\\C&D\end{pmatrix}$ 为**块下三角矩阵**. 当 A, D 皆为可逆矩阵时,求 U 和 L 的逆矩阵.

解:使用**待定矩阵法**. 令 $U^{-1}=\begin{pmatrix}\overset{m}{X_1}&\overset{n}{X_2}\\X_3&X_4\end{pmatrix}\begin{matrix}m\\n\end{matrix}$,则由 $UU^{-1}=I$,可知

$$\begin{pmatrix}A&B\\O&D\end{pmatrix}\begin{pmatrix}X_1&X_2\\X_3&X_4\end{pmatrix}=\begin{pmatrix}AX_1+BX_3&AX_2+BX_4\\DX_3&DX_4\end{pmatrix}=\begin{pmatrix}I_m&O\\O&I_n\end{pmatrix}$$

由此可得矩阵方程组

$$AX_1+BX_3=I_m,\ AX_2+BX_4=O,\ DX_3=O,\ DX_4=I_n$$

注意到 A, D 都可逆,可依次解得

$$X_3=O,\ X_4=D^{-1},\ X_1=A^{-1},\ X_2=-A^{-1}BD^{-1}$$

于是块上三角矩阵的求逆公式为

$$U^{-1}=\begin{pmatrix}A^{-1}&-A^{-1}BD^{-1}\\O&D^{-1}\end{pmatrix}$$

类似地,块下三角矩阵的求逆公式为

$$L^{-1}=\begin{pmatrix}A^{-1}&O\\-D^{-1}CA^{-1}&D^{-1}\end{pmatrix}$$

更一般地,小明百度得知,当 A, D 都可逆时,四分块矩阵 $\begin{pmatrix}A&B\\C&D\end{pmatrix}$ 有多个求逆公式. 例如

$$\begin{pmatrix}A&B\\C&D\end{pmatrix}^{-1}=\begin{pmatrix}(A-BD^{-1}C)^{-1}&-(A-BD^{-1}C)^{-1}BD^{-1}\\-(D-CA^{-1}B)^{-1}CA^{-1}&(D-CA^{-1}B)^{-1}\end{pmatrix}$$

1.3.3 分块矩阵的应用

既然按照分块法，矩阵向量积 $\boldsymbol{Ax}$ 可视为 $\boldsymbol{A}$ 的列向量组 $\boldsymbol{\alpha}_1, \boldsymbol{\alpha}_2, \cdots, \boldsymbol{\alpha}_n$ 的线性表示，那么矩阵乘积 $\boldsymbol{AB}$ 又当如何？小明首先考虑其中一个因子为对角矩阵的特殊情形.

定理 1.3.1(矩阵的伸缩变换) 矩阵左乘对角矩阵的效果，就是各行均乘以对角矩阵相应行的对角元；矩阵右乘对角矩阵的效果，就是各列均乘以对角矩阵相应列的对角元.

证明：考虑列的情形. 设 $m \times n$ 矩阵 $\boldsymbol{A}$ 被列分块为 $\boldsymbol{A} = (\boldsymbol{\alpha}_1, \boldsymbol{\alpha}_2, \cdots, \boldsymbol{\alpha}_n)$，$\boldsymbol{D} = \mathrm{diag}(\lambda_1, \lambda_2, \cdots, \lambda_n)$ 为对角矩阵，则

$$\boldsymbol{AD} = (\boldsymbol{\alpha}_1, \boldsymbol{\alpha}_2, \cdots, \boldsymbol{\alpha}_n)\begin{pmatrix} \lambda_1 & & & \\ & \lambda_2 & & \\ & & \ddots & \\ & & & \lambda_n \end{pmatrix} = (\lambda_1\boldsymbol{\alpha}_1, \lambda_2\boldsymbol{\alpha}_2, \cdots, \lambda_n\boldsymbol{\alpha}_n)$$

显然 $\boldsymbol{AD}$ 的第 j 列 $\lambda_j\boldsymbol{\alpha}_j$ 就是 $\boldsymbol{A}$ 的第 j 列 $\boldsymbol{\alpha}_j$ 乘以 $\boldsymbol{D}$ 的第 j 个对角元 λ_j.

类似地，对 $\boldsymbol{A}$ 做行分块，可证明行的情形. ■

显然，当对角矩阵 $\boldsymbol{D}$ 退化为数量阵 $\lambda\boldsymbol{I}$，上述效果就特殊为矩阵的数乘 $\lambda\boldsymbol{A}$. 因此矩阵的伸缩变换可视为数乘运算的推广形式.

小明接下来继续考虑矩阵乘积.

设 $\boldsymbol{A}$ 为 $m \times p$ 矩阵，$\boldsymbol{B}$ 为 $p \times n$ 矩阵，分别将 $\boldsymbol{A}$ 行分块，将 $\boldsymbol{B}$ 列分块，得

$$\boldsymbol{A} = \begin{pmatrix} \boldsymbol{\alpha}_1^T \\ \boldsymbol{\alpha}_2^T \\ \vdots \\ \boldsymbol{\alpha}_m^T \end{pmatrix}, \boldsymbol{B} = (\boldsymbol{\beta}_1, \boldsymbol{\beta}_2, \cdots, \boldsymbol{\beta}_n)$$

其中 $\boldsymbol{\alpha}_i^T$ 为矩阵 $\boldsymbol{A}$ 的第 i 行，$\boldsymbol{\beta}_j$ 为矩阵 $\boldsymbol{B}$ 的第 j 列 $(i = 1, 2, \cdots, m, j = 1, 2, \cdots, n)$，则

$$\boldsymbol{AB} = \begin{pmatrix} \boldsymbol{\alpha}_1^T \\ \boldsymbol{\alpha}_2^T \\ \vdots \\ \boldsymbol{\alpha}_m^T \end{pmatrix}(\boldsymbol{\beta}_1, \boldsymbol{\beta}_2, \cdots, \boldsymbol{\beta}_n) = \begin{pmatrix} \boldsymbol{\alpha}_1^T\boldsymbol{\beta}_1 & \boldsymbol{\alpha}_1^T\boldsymbol{\beta}_2 & \cdots & \boldsymbol{\alpha}_1^T\boldsymbol{\beta}_n \\ \boldsymbol{\alpha}_2^T\boldsymbol{\beta}_1 & \boldsymbol{\alpha}_2^T\boldsymbol{\beta}_2 & \cdots & \boldsymbol{\alpha}_2^T\boldsymbol{\beta}_n \\ \vdots & \vdots & & \vdots \\ \boldsymbol{\alpha}_m^T\boldsymbol{\beta}_1 & \boldsymbol{\alpha}_m^T\boldsymbol{\beta}_2 & \cdots & \boldsymbol{\alpha}_m^T\boldsymbol{\beta}_n \end{pmatrix}$$

即乘积矩阵 $\boldsymbol{AB}$ 中 (i, j) 位置上的元素为 $\boldsymbol{\alpha}_i^T\boldsymbol{\beta}_j$. 这显然就是矩阵乘法的行乘列法则.

例 1.3.5(正交矩阵的几何意义) 当 $\boldsymbol{A}$ 为 n 阶正交矩阵即 $\boldsymbol{A}^T\boldsymbol{A} = \boldsymbol{I}$ 时，设 $\boldsymbol{A}$ 的列分块为 $\boldsymbol{A} = (\boldsymbol{\alpha}_1, \boldsymbol{\alpha}_2, \cdots, \boldsymbol{\alpha}_n)$，则

$$\boldsymbol{A}^T\boldsymbol{A} = \begin{pmatrix} \boldsymbol{\alpha}_1^T \\ \boldsymbol{\alpha}_2^T \\ \vdots \\ \boldsymbol{\alpha}_n^T \end{pmatrix}(\boldsymbol{\alpha}_1, \boldsymbol{\alpha}_2, \cdots, \boldsymbol{\alpha}_n) = \begin{pmatrix} \boldsymbol{\alpha}_1^T\boldsymbol{\alpha}_1 & \boldsymbol{\alpha}_1^T\boldsymbol{\alpha}_2 & \cdots & \boldsymbol{\alpha}_1^T\boldsymbol{\alpha}_n \\ \boldsymbol{\alpha}_2^T\boldsymbol{\alpha}_1 & \boldsymbol{\alpha}_2^T\boldsymbol{\alpha}_2 & \cdots & \boldsymbol{\alpha}_2^T\boldsymbol{\alpha}_n \\ \vdots & \vdots & & \vdots \\ \boldsymbol{\alpha}_n^T\boldsymbol{\alpha}_1 & \boldsymbol{\alpha}_n^T\boldsymbol{\alpha}_2 & \cdots & \boldsymbol{\alpha}_n^T\boldsymbol{\alpha}_n \end{pmatrix} = \begin{pmatrix} 1 & 0 & \cdots & 0 \\ 0 & 1 & \cdots & 0 \\ \vdots & \vdots & & \vdots \\ 0 & 0 & \cdots & 1 \end{pmatrix}$$

因此 $\boldsymbol{\alpha}_i^T\boldsymbol{\alpha}_j = \begin{cases} 1, & i = j \\ 0, & i \neq j \end{cases}$. 这说明正交矩阵列向量组中的每个列向量都是单位列向量，任何两个列向量对应元素的乘积之和（即内积）为 0. 事实上，这正是正交矩阵一词中“正交”的意义所在. 没明白？好吧，以后再解释.

如果说对于块三角阵这样的**特型矩阵**，分块法可以凸显出其中蕴涵的结构，尚属正常的话，那么对正交矩阵这样的**特性矩阵**，通过矩阵分块，居然也能显化出隐藏于其中的各种关系，就绝对令人匪夷所思了. 事实上，矩阵分块的确是一种非常重要的计算技巧与方法，尤其是在大型科学计算的研究中.

最后小明研究了乘积 $\boldsymbol{AI}$（不是人工智能），其中 $m\times n$ 矩阵 $\boldsymbol{A} = (a_{ij})$ 的列分块为 $\boldsymbol{A} = (\boldsymbol{\alpha}_1, \boldsymbol{\alpha}_2, \cdots, \boldsymbol{\alpha}_n)$，$\boldsymbol{I}$ 的列分块为 $\boldsymbol{I} = (\boldsymbol{e}_1, \boldsymbol{e}_2, \cdots, \boldsymbol{e}_n)$. 由

$$(\boldsymbol{\alpha}_1, \boldsymbol{\alpha}_2, \cdots, \boldsymbol{\alpha}_n) = \boldsymbol{A} = \boldsymbol{AI} = (\boldsymbol{Ae}_1, \boldsymbol{Ae}_2, \cdots, \boldsymbol{Ae}_n)$$

即得

$$\boldsymbol{\alpha}_j = \boldsymbol{Ae}_j (j = 1, 2, \cdots, n)$$

类似地，考虑乘积 $\boldsymbol{IA}$（同样不是智能增强）及 $\boldsymbol{A}$, $\boldsymbol{I}$ 的行分块，则有

$$\boldsymbol{e}_i^T\boldsymbol{A} = \boldsymbol{\beta}_i^T (i = 1, 2, \cdots, m)$$

其中 $\boldsymbol{\beta}_i^T$ 为 $\boldsymbol{A}$ 的第 i 行. 进一步地，有

$$a_{ij} = \boldsymbol{\beta}_i^T\boldsymbol{e}_j = \boldsymbol{e}_i^T\boldsymbol{Ae}_j$$

例 1.3.6 设 $\boldsymbol{A}$ 为 $m\times n$ 矩阵，$\boldsymbol{x}$, $\boldsymbol{y}$ 分别为任意 n 维和 m 维列向量，则：

(1) $\boldsymbol{Ax} = \boldsymbol{0} \Leftrightarrow \boldsymbol{A} = \boldsymbol{O}$;

(2) $\boldsymbol{y}^T\boldsymbol{Ax} = 0 \Leftrightarrow \boldsymbol{A} = \boldsymbol{O}$.

证明：(1) 显然当 $\boldsymbol{A} = \boldsymbol{O}$ 时，有 $\boldsymbol{Ax} = \boldsymbol{Ox} = \boldsymbol{0}$.

反之，当 $\boldsymbol{Ax} = \boldsymbol{0}$ 时，由 $\boldsymbol{x}$ 的任意性，取 $\boldsymbol{x} = \boldsymbol{e}_j$，则 $\boldsymbol{Ae}_j = \boldsymbol{0}$，从而有 $\boldsymbol{\alpha}_j = \boldsymbol{Ae}_j = \boldsymbol{0}$，即矩阵 $\boldsymbol{A}$ 的第 j 列为零向量. 由 j 的任意性，即得 $\boldsymbol{A} = \boldsymbol{O}$.

(2) 显然当 $\boldsymbol{A} = \boldsymbol{O}$ 时，有 $\boldsymbol{y}^T\boldsymbol{Ax} = \boldsymbol{y}^T\boldsymbol{Ox} = \boldsymbol{y}^T\boldsymbol{0} = 0$.

反之，当 $\boldsymbol{y}^T\boldsymbol{Ax} = 0$ 时，由 $\boldsymbol{x}$, $\boldsymbol{y}$ 的任意性，取 $\boldsymbol{x} = \boldsymbol{e}_j$ 及 $\boldsymbol{y} = \boldsymbol{e}_i$，则 $\boldsymbol{e}_i^T\boldsymbol{Ae}_j = 0$. 注意到 $a_{ij} = \boldsymbol{e}_i^T\boldsymbol{Ae}_j$，则 $a_{ij} = 0$. 由 i 和 j 的任意性，即得 $\boldsymbol{A} = \boldsymbol{O}$.

本章 MATLAB 实验及解答

实验一：矩阵恒等式的验证

1. 当 $\boldsymbol{X}$ 依次取单位矩阵 $\boldsymbol{I}$，任意的对角矩阵 $\boldsymbol{D}$ 和任意矩阵 $\boldsymbol{B}$ 时，对任意同阶矩阵 $\boldsymbol{A}$，恒等式

$$(\mathrm{I}): (\boldsymbol{A}+\boldsymbol{X})(\boldsymbol{A}-\boldsymbol{X}) = \boldsymbol{A}^2 - \boldsymbol{X}^2$$

是否成立？给出你的理由.

解：由可交换矩阵的性质，当且仅当 $\boldsymbol{AX}=\boldsymbol{XA}$ 即 $\boldsymbol{A}$，$\boldsymbol{X}$ 可交换时(I) 式恒成立. 因此 $\boldsymbol{X}=\boldsymbol{I}$ 时(I) 式成立；$\boldsymbol{X}=\boldsymbol{D}$ 或 $\boldsymbol{X}=\boldsymbol{B}$ 时(I) 式都不成立.

2. 利用 rand，round，diag 和 eye 等内置函数，生成 2 阶的单位矩阵 $\boldsymbol{I}$ 和随机整数矩阵 $\boldsymbol{D}$，$\boldsymbol{A}$，$\boldsymbol{B}$，要求 $\boldsymbol{D}$，$\boldsymbol{A}$，$\boldsymbol{B}$ 的元素为 0 与 100 之间的随机整数，且 $\boldsymbol{D}$ 是对角矩阵. 然后依次取 $\boldsymbol{X}=\boldsymbol{I}$，$\boldsymbol{D}$，$\boldsymbol{B}$，验证等式(I)是否正确. 给出你的代码.

解：MATLAB 代码如下所示.（文件名为 sy1102. m）

```
I=eye(2);A=round(100*rand(2));B=round(100*rand(2));
D=round(100*rand(2));v=diag(D),D=diag(v)
if  (A+ I)*(A-I)==A^2-I^2
    disp'(A+I)* (A-I)=A^2-I^2 成立'
else
    disp'(A+I)*(A-I)=A^2-I^2 不成立'
end
if  (A+D)*(A-D)==A^2-D^2
    disp'(A+D)*(A-D)=A^2-D^2 成立'
else
    disp'(A+D)* (A-D)=A^2-D^2 不成立'
end
if  (A+B)*(A-B)==A^2-B^2
    disp'(A+B)* (A-B)=A^2-B^2 成立'
else
    disp'(A+B)*(A-B)=A^2-B^2 不成立'
end
```

实验二：特殊矩阵的生成

1. 利用内置函数 fliplr，编写函数 Zmat(n)，用于生成 n 阶字母矩阵 $\boldsymbol{Z}=\begin{pmatrix}1 & \cdots & 1\\ & \iddots & \\ 1 & \cdots & 1\end{pmatrix}$（试问字母 Z 在何处，我是认真的），给出函数 Zmat 的完整代码. 然后通过机算 $\boldsymbol{Z}$，$\boldsymbol{Z}^2$，$\boldsymbol{Z}^3$，⋯ 猜测 $\boldsymbol{Z}^k$ 中元素的规律，这里 k 为任意正整数. 给出 $\boldsymbol{Z}^k$ 的理论结果.

解：函数 Zmat 的代码如下所示.（文件名为 Zmat. m）

```
function  Z=Zmat(n)
I=eye(n);Z=fliplr(I);  % 定骨架
Z(1,:)=ones(1,n);      % 调整第 1 行元素
Z(n,:)=ones(1,n);      % 调整第 n 行元素
end
```

本题的机算代码如下所示.(文件名为 sy1201.m)

```
n=input('输入非负整数 n=   ')  % 键盘输入 n 的具体值
Z=Zmat(n);          % 调用自定义函数 Zmat,生成所需的 n 阶字母矩阵 Z
for  k=1:6          % 计算前 6 个 Z^k,寻找规律
  str=sprintf('第% d 个',k); disp(str);
  Zk=Z^k
End
```

根据机算结果,可知 n 阶矩阵 $\boldsymbol{Z}^k$ 的理论结果为

$$\boldsymbol{Z}^k=\begin{pmatrix} 2^{k-1} & 2^k-1 & \cdots & 2^k-1 & 2^{k-1} \\ & & & 1 & \\ & & \iddots & & \\ & 1 & & & \\ 2^{k-1} & 2^k-1 & \cdots & 2^k-1 & 2^{k-1} \end{pmatrix}(k\text{ 为奇数})$$

或

$$\boldsymbol{Z}^k=\begin{pmatrix} 2^{k-1} & 2^k-1 & \cdots & 2^k-1 & 2^{k-1} \\ & 1 & & & \\ & & \ddots & & \\ & & & 1 & \\ 2^{k-1} & 2^k-1 & \cdots & 2^k-1 & 2^{k-1} \end{pmatrix}(k\text{ 为偶数})$$

特别地, $n=1$ 时 $\boldsymbol{Z}^k=1$; $n=2$ 时 $\boldsymbol{Z}^k=\begin{pmatrix} 2^{k-1} & 2^{k-1} \\ 2^{k-1} & 2^{k-1} \end{pmatrix}$.

2. 利用 MATLAB 命令 a=1: n 生成的向量 a,并结合内置函数 ones,生成 n 阶矩阵

$$\boldsymbol{A}=\begin{pmatrix} 1 & \cdots & n-1 & 1 \\ 2 & \cdots & n & 1 \\ \vdots & & \vdots & \vdots \\ n & \cdots & 2(n-1) & 1 \end{pmatrix}$$

然后计算 $n=4$ 时矩阵 $\boldsymbol{A}$ 的矩阵多项式 $f(\boldsymbol{A})$,这里

$$f(x)=x^8-10x^7-12x^6+x+2$$

分析: 除最后一列为全 1 列外,矩阵 $\boldsymbol{A}$ 自第 2 列起,各列元素依次比上一列大 1.

解: 矩阵的生成代码如下所示.(文件名为 mat1202.m)

```
function A=mat1202(n)
a=1:n;a=a';e=ones(n,1);
A=[];t=a;          % 矩阵 A 初始为空矩阵,工作列 t 赋初值
for  i=1:(n-1)
    A=[A,t]     % 扩张矩阵 A 的列
```

```
    t=t+e;        % 更新工作列
end
A=[A,e]           % 加入最后一列
end
```

本题的机算代码如下所示.(文件名为 sy1202.m)

```
A=mat1202(4);                  % 调用自定义函数 mat1202,生成所需矩阵
f=[1,-10,-12,0,0,0,0,1,2]      % 多项式的系数向量,降幂排列
fA=polyvalm(f,A)               % 使用内置函数 polyvalm
```

3. 已知 3 阶矩阵 $\boldsymbol{A}=\begin{pmatrix}1&1&1\\1&3&5\\1&5&7\end{pmatrix}$. 若语句 A = mat1203 (3) 生成了矩阵 $\boldsymbol{A}$,请给出自定义函数 mat1203(n) 的实现代码,并加以测试.

分析: 在矩阵右下角的 $n-1$ 阶子矩阵 $\boldsymbol{B}$ 中,第一行元素为奇数构成的向量,其后各行元素依次比上一行大 2.

解: 矩阵的生成代码如下所示.(文件名为 mat1203.m)

```
function  A=mat1203(n)
e=ones (1,n-1);
t=3:2: (2*n-1);       % 工作行 t 赋初值
B=[];                 % 矩阵 B 初始为空矩阵,对应 n=1 的情形
for  i=1: (n-1)
  B=[B; t];           % 扩张矩阵 B 的行
  t=t+2*e;            % 更新工作行
end
A=[1  e;e'  B]        % 添上上侧的全 1 行和左侧的全 1 列
end
```

测试代码如下所示.(文件名为 sy1203.m)

```
n=input('输入正整数 n=  ')   % 键盘输入 n 的具体值
A=mat1203(n)                 % 调用自定义函数 mat1203,生成所需矩阵
```

习题一

1.1 设 $\boldsymbol{A}=\begin{pmatrix}1&3&-1\\2&5&0\end{pmatrix}$, $\boldsymbol{B}=\begin{pmatrix}0&-2&0\\3&0&1\end{pmatrix}$,求 $2\boldsymbol{A}-3\boldsymbol{B}$, $\boldsymbol{B}^T-3\boldsymbol{A}^T$.

1.2 设 $\boldsymbol{A}=\begin{pmatrix}3&-1\\1&5\end{pmatrix}$, $\boldsymbol{B}=\begin{pmatrix}7&5\\2&-1\end{pmatrix}$, $\boldsymbol{C}=\mathrm{diag}(3,-2)$. 求 $\boldsymbol{AB}-\boldsymbol{BA}$, $\boldsymbol{AC}-\boldsymbol{CA}$ 及 $2\boldsymbol{A}^T-\boldsymbol{CB}$.

1.3 求解矩阵方程 $3\boldsymbol{A}-2\boldsymbol{X}=\boldsymbol{B}+4\boldsymbol{I}$,其中 $\boldsymbol{A}=\begin{pmatrix}2&1\\0&-6\end{pmatrix}$, $\boldsymbol{B}=\begin{pmatrix}4\\2\end{pmatrix}(3,\ 0)$.

1.4 求 $\begin{pmatrix}0 & 1 & 0\\0 & 0 & 1\end{pmatrix}\begin{pmatrix}a_{11} & a_{12} & a_{13}\\a_{21} & a_{22} & a_{23}\\a_{31} & a_{32} & a_{33}\end{pmatrix}\begin{pmatrix}1 & 0\\0 & 1\\0 & 0\end{pmatrix}$.

1.5 二元函数 $f(x_1, x_2) = 3x_1^2 + 4x_1x_2 + 5x_2^2$ 可表示为**二次型** $(x_1, x_2)\begin{pmatrix}3 & 2\\2 & 5\end{pmatrix}\begin{pmatrix}x_1\\x_2\end{pmatrix}$,验算这种表示,并进一步确定三元函数 $f(x_1, x_2, x_3) = 2x_1^2 + 7x_2^2 + 6x_2^2 + 8x_1x_2 + 6x_1x_3$ 的二次型表示.

1.6 求与 $\boldsymbol{A} = \begin{pmatrix}0 & 1 & 0\\0 & 0 & 1\\0 & 0 & 0\end{pmatrix}$ 可交换的所有矩阵的表示形式.

1.7 设 $\boldsymbol{A}$ 为任意 n 阶方阵,则 n 阶方阵 $\boldsymbol{B}$ 与 $\boldsymbol{A}$ 可交换的充要条件是 $\boldsymbol{B}$ 为数量阵,即 $\boldsymbol{B} = k\boldsymbol{I}$.

1.8 举反例说明下列命题是错误的.

(1) 若 $\boldsymbol{A}^2 = \boldsymbol{O}$,则 $\boldsymbol{A} = \boldsymbol{O}$;

(2) 若 $\boldsymbol{A}^2 = \boldsymbol{A}$,则 $\boldsymbol{A} = \boldsymbol{O}$ 或 $\boldsymbol{A} = \boldsymbol{I}$;

(3) 若 $\boldsymbol{AX} = \boldsymbol{AY}$ 且 $\boldsymbol{A} \neq \boldsymbol{O}$,则 $\boldsymbol{X} = \boldsymbol{Y}$.

1.9 已知 $\boldsymbol{\alpha} = (1, -2)$, $\boldsymbol{\beta} = (-2, 3)$,设 $\boldsymbol{A} = \boldsymbol{\alpha}^T\boldsymbol{\beta}$, $\boldsymbol{B} = \boldsymbol{\beta}\boldsymbol{\alpha}^T$,求 $\boldsymbol{A}$、$\boldsymbol{B}$ 及 $\boldsymbol{A}^n$.

1.10 设矩阵 $\boldsymbol{A} = \begin{pmatrix}1 & -\sqrt{3}\\\sqrt{3} & 1\end{pmatrix}$,求 $\boldsymbol{AA}^T$、$\boldsymbol{A}^6$ 及 $\boldsymbol{A}^{2016}$.

1.11 设 n 阶方阵 $\boldsymbol{A}$ 满足 $\boldsymbol{A}^2 = 2\boldsymbol{A}$. 证明:$(\boldsymbol{I} + \boldsymbol{A})^k = \boldsymbol{I} + \frac{1}{2}(3^k - 1)\boldsymbol{A}$, $k \in \mathbf{N}$.

1.12 设 $\boldsymbol{A} = \begin{pmatrix}1 & 0 & 1\\0 & 2 & 0\\1 & 0 & 1\end{pmatrix}$, $n \geqslant 2$ 为任意正整数,求 $\boldsymbol{A}^n - 2\boldsymbol{A}^{n-1}$.

1.13 (**矩阵多项式**)对矩阵 $\boldsymbol{A} = \begin{pmatrix}1 & 2 & 3\\1 & -1 & 0\\0 & 0 & 3\end{pmatrix}$ 及下列多项式

$$f(x) = x^4 - 12x^2 + 2x + 9,\ g(x) = x^3 - 3x^2 - 3x + 9,\ h(x) = 2x - 18$$

计算矩阵多项式 $f(\boldsymbol{A})$, $g(\boldsymbol{A})$ 和 $h(\boldsymbol{A})$. 你又有什么天才发现?

1.14 矩阵 $\boldsymbol{J} = \begin{pmatrix}\lambda & 1 & 0\\0 & \lambda & 1\\0 & 0 & \lambda\end{pmatrix}$ 为 3 阶 **Jordan 矩阵**(Jordan matrix),求 $\boldsymbol{J}^n$,其中 n 为正整数.

1.15 已知 $\boldsymbol{A}$ 为 n 阶对称阵,$\boldsymbol{B}$ 为 n 阶反对称矩阵. 判定下列矩阵是否为对称或反对称矩阵:

(1) $\boldsymbol{AB} + \boldsymbol{BA}$; (2) $\boldsymbol{BAB}$; (3) $\boldsymbol{A}^2$; (4) $\boldsymbol{B}^2$.

1.16 证明任何一个 n 阶方阵都可以分解为一个对称矩阵与一个反对称矩阵之和.

定义域对称的任意函数是否也具有类似的性质?

1.17 若 $\boldsymbol{T}$ 是上三角矩阵且 $\boldsymbol{T}\boldsymbol{T}^T=\boldsymbol{T}^T\boldsymbol{T}$,则 $\boldsymbol{T}$ 是对角矩阵.

1.18 满足 $\boldsymbol{A}^2=\boldsymbol{A}$ 的方阵 $\boldsymbol{A}$ 称为**幂等矩阵**(idempotent matrix). 设 n 阶方阵 $\boldsymbol{A}$, $\boldsymbol{B}$ 及和矩阵 $\boldsymbol{A}+\boldsymbol{B}$ 都是幂等矩阵. 证明: $\boldsymbol{AB}=\boldsymbol{O}$.

1.19 试推导出 2 阶正交矩阵的一般形式.

1.20 证明:(1)正交矩阵的逆矩阵仍然是正交矩阵;(2)两个正交矩阵的乘积仍然是正交矩阵.

1.21 已知 n 阶对称矩阵 $\boldsymbol{A}$ 满足 $\boldsymbol{A}^2=2\boldsymbol{A}$. 证明 $\boldsymbol{A}-\boldsymbol{I}$ 是正交矩阵.

1.22 (**矩阵的迹**)我们称 n 阶方阵 $\boldsymbol{A}=(a_{ij})$ 的对角元之和为**矩阵 A 的迹**(trace),记为 $\mathrm{tr}(\boldsymbol{A})$,即

$$tr(\boldsymbol{A})=a_{11}+a_{22}+\cdots+a_{nn}=\sum_{i=1}^{n}a_{ii}$$

请证明矩阵迹的下列性质:

(1) $\mathrm{tr}(c_1\boldsymbol{A}+c_2\boldsymbol{B})=c_1\mathrm{tr}(\boldsymbol{A})+c_2\mathrm{tr}(\boldsymbol{B})$,其中 $\boldsymbol{A}$, $\boldsymbol{B}$ 均为 n 阶方阵, c_1, c_2 为任意实数;

(2) $\mathrm{tr}(\boldsymbol{A})=\mathrm{tr}(\boldsymbol{A}^T)$;

(3) $\mathrm{tr}(\boldsymbol{AB})=\mathrm{tr}(\boldsymbol{BA})$,其中 $\boldsymbol{A}$ 为 $m\times n$ 矩阵, $\boldsymbol{B}$ 为 $n\times m$ 矩阵. 特别地,有 $\boldsymbol{y}^T\boldsymbol{x}=\mathrm{tr}(\boldsymbol{x}\boldsymbol{y}^T)$,其中 $\boldsymbol{x}$, $\boldsymbol{y}$ 为 n 维列向量.

(4) $\mathrm{tr}(\boldsymbol{ABC})=\mathrm{tr}(\boldsymbol{BCA})=\mathrm{tr}(\boldsymbol{CAB})$,其中 $\boldsymbol{A}$ 为 $m\times n$ 矩阵, $\boldsymbol{B}$ 为 $n\times p$ 矩阵, $\boldsymbol{C}$ 为 $p\times m$ 矩阵. 特别地,有 $\mathrm{tr}(\boldsymbol{x}^T\boldsymbol{A}\boldsymbol{x})=\mathrm{tr}(\boldsymbol{A}\boldsymbol{x}\boldsymbol{x}^T)$,其中 $\boldsymbol{x}$, $\boldsymbol{y}$ 为 n 维列向量, $\boldsymbol{A}$ 为 n 阶方阵.

(5) 若 $\boldsymbol{A}$ 为 $m\times n$ 矩阵,则 $\mathrm{tr}(\boldsymbol{A}^T\boldsymbol{A})=0\Leftrightarrow\boldsymbol{A}=\boldsymbol{O}_{m\times n}$. 特别地,当 $\boldsymbol{A}$ 是实对称矩阵时,有 $\mathrm{tr}(\boldsymbol{A}^2)=0\Leftrightarrow\boldsymbol{A}=\boldsymbol{O}$.

1.23 若 $\boldsymbol{A}$ 为 $m\times n$ 矩阵, $\boldsymbol{x}$ 为任意 n 维列向量,则 $\boldsymbol{A}^T\boldsymbol{A}\boldsymbol{x}=\boldsymbol{0}\Leftrightarrow\boldsymbol{A}\boldsymbol{x}=\boldsymbol{0}$.

1.24 若 $\boldsymbol{A}$ 为 n 阶方阵, $\boldsymbol{x}$ 为任意 n 维列向量,则 $\boldsymbol{A}$ 是反对称矩阵当且仅当 $\boldsymbol{x}^T\boldsymbol{A}\boldsymbol{x}=0$.

1.25 已知 $\boldsymbol{A}=\begin{pmatrix}1&-5\\-1&4\end{pmatrix}$, $\boldsymbol{B}=\begin{pmatrix}3&2\\1&4\end{pmatrix}$,解矩阵方程 $\boldsymbol{AX}=\boldsymbol{B}$ 及 $\boldsymbol{YA}=\boldsymbol{B}$.

1.26 已知矩阵 $\boldsymbol{A}$, $\boldsymbol{X}$ 满足 $\boldsymbol{AX}-\boldsymbol{I}=\boldsymbol{X}-\boldsymbol{A}^3$,且 $\boldsymbol{A}=\begin{bmatrix}4&0&1\\0&2&0\\0&0&3\end{bmatrix}$,求矩阵 $\boldsymbol{X}$.

1.27 设 $\begin{pmatrix}6&0\\0&3\end{pmatrix}\boldsymbol{X}=\begin{pmatrix}12&18&0\\0&-6&9\end{pmatrix}$,求矩阵 $\boldsymbol{X}$.

1.28 已知矩阵 $\boldsymbol{P}=\begin{pmatrix}1&1\\1&-1\end{pmatrix}$, $\boldsymbol{\Lambda}=\boldsymbol{P}^{-1}\boldsymbol{AP}=\begin{pmatrix}2&0\\0&4\end{pmatrix}$,求 $\boldsymbol{A}^5$.

1.29 已知 $\boldsymbol{A}=\begin{pmatrix}2&4\\1&4\end{pmatrix}$,求 $(\boldsymbol{A}-\boldsymbol{I})^{-1}(\boldsymbol{A}^2-\boldsymbol{I})$.

1.30 已知方阵 $\boldsymbol{A}$ 满足 $\boldsymbol{A}^2-\boldsymbol{A}-2\boldsymbol{I}=\boldsymbol{O}$. 证明 $\boldsymbol{A}$ 及 $\boldsymbol{A}+2\boldsymbol{I}$ 可逆,并用 $\boldsymbol{A}$ 表示 $\boldsymbol{A}^{-1}$ 及 $(\boldsymbol{A}+2\boldsymbol{I})^{-1}$.

1.31 设 n 阶方阵 $\boldsymbol{A}, \boldsymbol{B}, \boldsymbol{C}$ 满足关系式 $\boldsymbol{ABC}=\boldsymbol{I}$,则必有【　　】

(A) $\boldsymbol{ACB}=\boldsymbol{I}$　　(B) $\boldsymbol{CBA}=\boldsymbol{I}$　　(C) $\boldsymbol{BAC}=\boldsymbol{I}$　　(D) $\boldsymbol{BCA}=\boldsymbol{I}$

1.32 设已知矩阵 $\boldsymbol{A}$ 满足 $\boldsymbol{A}^3=2\boldsymbol{I}$,证明 $\boldsymbol{A}-2\boldsymbol{I}$ 可逆,并用 $\boldsymbol{A}$ 表示 $(\boldsymbol{A}-2\boldsymbol{I})^{-1}$.

1.33 对于方阵 $\boldsymbol{A}$,若存在正整数 k,使得 $\boldsymbol{A}^k=\boldsymbol{O}$,则称 $\boldsymbol{A}$ 为 k 次**幂零矩阵**(nilpotent matrix). 设 $\boldsymbol{A}$ 为幂零矩阵,证明 $\boldsymbol{I}\pm\boldsymbol{A}$ 可逆,并用 $\boldsymbol{A}$ 表示 $(\boldsymbol{I}\pm\boldsymbol{A})^{-1}$.

1.34 设 n 阶方阵 $\boldsymbol{A}=\boldsymbol{I}-\boldsymbol{\alpha\alpha}^T$,其中 $\boldsymbol{\alpha}$ 为 n 维非零列向量. 证明:

(1) $\boldsymbol{A}$ 为幂等矩阵的充要条件是 $\boldsymbol{\alpha}$ 为单位列向量,即 $\boldsymbol{\alpha}^T\boldsymbol{\alpha}=1$;

(2) 当 $\boldsymbol{\alpha}^T\boldsymbol{\alpha}=1$ 时,$\boldsymbol{A}$ 为不可逆矩阵.

1.35 设 $\boldsymbol{\alpha}$ 是 3 维列向量,且 $\boldsymbol{A}=\boldsymbol{\alpha\alpha}^T=\begin{pmatrix}1 & -1 & 1\\ -1 & 1 & -1\\ 1 & -1 & 1\end{pmatrix}$,求 $\boldsymbol{\alpha}^T\boldsymbol{\alpha}$ 及 $\boldsymbol{A}^n$.

1.36 设 n 维列向量 $\boldsymbol{\alpha}=(b, 0, \cdots, 0, b)^T$ 且 $\boldsymbol{A}=\boldsymbol{I}-\boldsymbol{\alpha\alpha}^T$, $\boldsymbol{B}=\boldsymbol{I}+b^{-1}\boldsymbol{\alpha\alpha}^T$. 若 $\boldsymbol{A}$, $\boldsymbol{B}$ 互为逆矩阵,求常数 b.

1.37 设 n 阶矩阵 $\boldsymbol{A}=(a_{ij})$, $\boldsymbol{e}=(1, 1, \cdots, 1)^T$ 为 n 维列向量.

(1) 计算列向量 $\boldsymbol{Ae}$. 你有何发现?

(2) 若 $\boldsymbol{A}$ 是可逆矩阵,且其每一行元素之和都为常数 c,则 $\boldsymbol{A}^{-1}$ 的每一行元素之和都为常数 c^{-1}.

1.38 (1) 设 $\boldsymbol{A}=\begin{pmatrix}1 & -1 & -1 & -1\\ -1 & 1 & -1 & -1\\ -1 & -1 & 1 & -1\\ -1 & -1 & -1 & 1\end{pmatrix}$,求 $\boldsymbol{A}^n$ 及 $\boldsymbol{A}^{-1}$.

(2) 设 $\boldsymbol{e}$ 是元素全为 1 的 n 维列向量,矩阵 $\boldsymbol{J}=\boldsymbol{ee}^T$,则矩阵 $\boldsymbol{A}=\begin{pmatrix}a & b & \cdots & b\\ b & a & \cdots & b\\ \vdots & \vdots & \ddots & \vdots\\ b & b & \cdots & a\end{pmatrix}(a\neq b)$ 可表示为 $\boldsymbol{A}=(a-b)\boldsymbol{I}+b\boldsymbol{J}$,且其逆矩阵为 $\boldsymbol{A}^{-1}=\dfrac{1}{a-b}\left[\boldsymbol{I}-\dfrac{b}{a+(n-1)b}\boldsymbol{J}\right]$.

1.39 已知矩阵 $\boldsymbol{A}$ 及 $\boldsymbol{I}-\boldsymbol{A}$ 都可逆,求矩阵 $\boldsymbol{G}=(\boldsymbol{I}-\boldsymbol{A})^{-1}-\boldsymbol{I}$ 的逆矩阵.

1.40 已知 $\boldsymbol{A}, \boldsymbol{B}$ 均为 3 阶矩阵且 $\boldsymbol{AB}=2\boldsymbol{A}+\boldsymbol{B}$,其中 $\boldsymbol{B}=\begin{pmatrix}2 & 0 & 2\\ 0 & 4 & 0\\ 2 & 0 & 2\end{pmatrix}$.

(1) 证明 $\boldsymbol{A}-\boldsymbol{I}$ 可逆;(2) 求矩阵 $\boldsymbol{A}$.

1.41 已知矩阵 $\boldsymbol{A}=\begin{pmatrix}3 & 0 & 2\\ 0 & 5 & 0\\ 0 & 0 & 3\end{pmatrix}$, $\boldsymbol{B}=(\boldsymbol{A}-\boldsymbol{I})^{-1}(\boldsymbol{A}+\boldsymbol{I})$,求 $(\boldsymbol{B}-\boldsymbol{I})^{-1}$.

1.42 设 $\boldsymbol{A}, \boldsymbol{B}, \boldsymbol{C}$ 均为 n 阶方阵. 若 $\boldsymbol{B}=\boldsymbol{I}+\boldsymbol{AB}$, $\boldsymbol{C}=\boldsymbol{A}+\boldsymbol{CA}$,则 $\boldsymbol{B}-\boldsymbol{C}$ 为【　　】

(A) $\boldsymbol{I}$　　(B) $-\boldsymbol{I}$　　(C) $\boldsymbol{A}$　　(D) $-\boldsymbol{A}$

1.43 已知矩阵 $\boldsymbol{A}=\begin{pmatrix}0&1&0&0\\0&0&0&2\\0&0&3&0\\4&0&0&0\end{pmatrix}$,求 $\boldsymbol{A}^{-1}$.

1.44 已知分块矩阵 $\boldsymbol{W}=\begin{pmatrix}\boldsymbol{W}_{11}&\boldsymbol{W}_{12}\\\boldsymbol{W}_{21}&\boldsymbol{O}\end{pmatrix}$,求 $\boldsymbol{W}^T$.

1.45 [M]已知 $\boldsymbol{A}=\begin{pmatrix}1&0&1\\0&1&0\\1&0&2\end{pmatrix}$, $\boldsymbol{B}=\begin{pmatrix}8&4&1\\0&5&9\\0&0&7\end{pmatrix}$, $\boldsymbol{C}=\begin{pmatrix}-1&0&0\\0&1&1\\0&2&1\end{pmatrix}$,机算

$$\boldsymbol{U}=[\boldsymbol{B}(\boldsymbol{C}^T)^{-1}-\boldsymbol{I}]^T(\boldsymbol{A}\boldsymbol{B}^{-1})^T+[(\boldsymbol{B}\boldsymbol{A}^{-1})^T]^{-1}$$

1.46 [M]设 $\boldsymbol{A}=\begin{pmatrix}0.4&0.2&0.3\\0.3&0.6&0.3\\0.3&0.2&0.4\end{pmatrix}$. 机算 $\boldsymbol{A}^2$, $\boldsymbol{A}^3$, $\boldsymbol{A}^4$, … 并据此猜测 $\boldsymbol{A}^n$,你的神奇发现是什么?

1.47 [M]设 $\boldsymbol{B}=\begin{pmatrix}-1&-1\\1&1\end{pmatrix}$, $\boldsymbol{A}=\begin{pmatrix}\boldsymbol{O}&\boldsymbol{I}\\\boldsymbol{I}&\boldsymbol{B}\end{pmatrix}$,其中 $\boldsymbol{I}$ 为 2 阶单位矩阵,

(1) 机算 $\boldsymbol{A}^2$, $\boldsymbol{A}^4$, $\boldsymbol{A}^6$, …并据此猜测 $\boldsymbol{A}^{2n}$,并用 $\boldsymbol{I}$, $\boldsymbol{B}$ 和 $\boldsymbol{O}$ 表示 $\boldsymbol{A}^{2n}$;

(2) 机算 $\boldsymbol{A}^3$, $\boldsymbol{A}^5$, $\boldsymbol{A}^7$, …并据此猜测 $\boldsymbol{A}^{2n+1}$,并用 $\boldsymbol{I}$, $\boldsymbol{B}$ 和 $\boldsymbol{O}$ 表示 $\boldsymbol{A}^{2n+1}$.

1.48 [M]随机生成 s 阶方阵 $\boldsymbol{A}_1$ 和 t 阶方阵 $\boldsymbol{A}_2$,验证当 $\boldsymbol{A}=\begin{pmatrix}&\boldsymbol{A}_1\\\boldsymbol{A}_2&\end{pmatrix}$ 时,有 $\boldsymbol{A}^n\neq\begin{pmatrix}&\boldsymbol{A}_1^n\\\boldsymbol{A}_2^n&\end{pmatrix}$.

1.49 [M]随机生成元素值在 0 与 10 之间的 6 阶整数矩阵 $\boldsymbol{A}$. 令 $\boldsymbol{B}=\boldsymbol{A}^T\boldsymbol{A}$. 将 $\boldsymbol{B}$ 四分块为四个 3×3 矩阵,即 $\boldsymbol{B}=\begin{pmatrix}\boldsymbol{B}_{11}&\boldsymbol{B}_{12}\\\boldsymbol{B}_{21}&\boldsymbol{B}_{22}\end{pmatrix}$. 令 $\boldsymbol{C}=\boldsymbol{B}_{11}^{-1}$, $\boldsymbol{E}=\boldsymbol{B}_{21}\boldsymbol{C}$, $\boldsymbol{F}=\boldsymbol{B}_{22}-\boldsymbol{B}_{12}^T\boldsymbol{C}\boldsymbol{B}_{12}$. 进一步构造 $\boldsymbol{L}=\begin{pmatrix}\boldsymbol{I}&\boldsymbol{O}\\\boldsymbol{E}&\boldsymbol{I}\end{pmatrix}$ 及 $\boldsymbol{D}=\begin{pmatrix}\boldsymbol{B}_{11}&\boldsymbol{O}\\\boldsymbol{O}&\boldsymbol{F}\end{pmatrix}$,计算 $\boldsymbol{H}=\boldsymbol{L}\boldsymbol{D}\boldsymbol{L}^T$ 及 $\boldsymbol{H}-\boldsymbol{B}$. 你的神奇发现是什么?请从理论上说明其原因.

1.50 [M]设 $\boldsymbol{A}_n$ 是主对角线元素为 0 其余元素为 1 的 n 阶方阵,对 $n=2, 3, 4, 5, 6, \cdots$ 机算 $\boldsymbol{A}_n^{-1}$,并据此猜测 $\boldsymbol{A}_n^{-1}$ 的一般形式.

1.51 [M]设 $\boldsymbol{H}$ 是 n 阶希尔伯特方阵,对 $n=12, 13, 14, \cdots$ 机算 $\boldsymbol{H}^{-1}$. 如何理解结果中出现的警告信息"Results may be inaccurate"? 机算 $\boldsymbol{H}\boldsymbol{H}^{-1}-\boldsymbol{I}$,你的发现是什么?

1.52 [M](**轮换矩阵的生成**)对 n 维行向量 $\boldsymbol{v}=(c_1, c_2, \cdots, c_n)$ 和 n 阶方阵 $\boldsymbol{C}=\begin{pmatrix}&1&&\\&&\ddots&\\&&&1\\1&&&\end{pmatrix}$,计算乘积 $\boldsymbol{v}\boldsymbol{C}$. 你的发现是什么?利用这个发现,可生成**轮换矩阵**(circulant matrix)，它的行向量的每个元素都是前一个行向量各元素依次右移一个位置，并将最右边的溢出元素挪到左边第一个位置而得到的结果，即

$$\boldsymbol{A}=\begin{pmatrix} c_1 & c_2 & c_3 & \cdots & c_n \\ c_n & c_1 & c_2 & \cdots & c_{n-1} \\ c_{n-1} & c_n & c_1 & \cdots & c_{n-2} \\ \cdots & \cdots & \cdots & \cdots & \cdots \\ c_2 & c_3 & c_4 & \cdots & c_1 \end{pmatrix}$$

对键盘输入的 n 维行向量 $\boldsymbol{v}=(c_1, c_2, \cdots, c_n)$，编写自定义函数 circ(v)，实现此功能. 提示：可使用 ATLAST 函数 cyclic 来生成矩阵 $\boldsymbol{C}$.

第 2 章 行列式

矩阵博士小明误打误撞闯进了行列式女王的神秘王国，发现了可以求解线性方程组的克莱姆法则，并领略到行列式的许多瑰丽风景. 借助于矩阵的行乘列法则，他还惊奇地发现了基于行列式的伴随矩阵求逆法，这却给他带来更多的困惑.

2.1 行列式的定义

2.1.1 二三阶行列式的定义

在上一章里，尽管矩阵博士小明用矩阵方程 $\boldsymbol{Ax}=\boldsymbol{b}$ 简洁地表达了线性方程组，得到了解的矩阵表示 $\boldsymbol{x}=\boldsymbol{A}^{-1}\boldsymbol{b}$，而且还求出了一些特殊矩阵的逆矩阵，但这些工作显然与彻底求解线性方程组相去甚远. 俗话说“不忘初心，方得始终”. 小明重新回到当初的起点，期冀能有新的发现.

重新审视二元一次线性方程组

$$\begin{cases}a_{11}x_1+a_{12}x_2=b_1 & ① \\ a_{21}x_1+a_{22}x_2=b_2 & ②\end{cases} \tag{2.1.1}$$

及其解

$$x_1=\frac{b_1a_{22}-b_2a_{12}}{a_{11}a_{22}-a_{12}a_{21}},\ x_2=\frac{b_2a_{11}-b_1a_{21}}{a_{11}a_{22}-a_{12}a_{21}} \tag{2.1.2}$$

他注意到 x_1 和 x_2 的分母相同，且都与系数矩阵有关. 如果规定系数矩阵的一个标量函数，即自变量为矩阵、应变量为数的那种函数（也就是矩阵进去数出来），那么分母的记号显然可以简化. 问题是如何命名这种函数呢?

小明决定先百度一下. 真是“不查不知道，一查吓一跳”，原来这种函数居然是赫赫有名的行列式，早在莱布尼兹的信中就已经被独立地提出来了. 遗憾的是那封信当时几乎没产生什么影响，因为直到莱布尼兹去世 150 年后它才被公之于众. 如今行列式由一位行踪飘忽不定江湖人称行列式女王的神秘高人统辖.

定义 2.1.1（二阶矩阵的行列式） 对二阶矩阵 $\boldsymbol{A}=\begin{pmatrix}a_{11} & a_{12}\\ a_{21} & a_{22}\end{pmatrix}$，称数 $a_{11}a_{22}-a_{12}a_{21}$ 为矩阵 $\boldsymbol{A}$ 的**二阶行列式**(determinant)，记为

$$D=|\boldsymbol{A}|=\begin{vmatrix}a_{11} & a_{12}\\ a_{21} & a_{22}\end{vmatrix}=+a_{11}a_{22}-a_{12}a_{21} \tag{2.1.3}$$

小明马上注意到二阶行列式满足一种“**对角线法则**”，即其展开后的表达式由主对角元的乘积项和次对角元的乘积项组成，前者前取可省略的“+”号，后者前则取“−”号.

小明还注意到行列式与矩阵的三点区别：

(1) 两者的记号不同：矩阵用的是小括号；行列式用的则是与绝对值符号相同的两道竖线.

(2) 本质不同：矩阵本质上是一堆数，表现为一张数字表格；行列式本质上是方阵的标量函数，即方阵的一个数值特征.

(3) 行数与列数取值情况不同：矩阵可以是长方阵，即行数未必等于列数；行列式的行数必须等于列数，即它对应的是一个方阵.

事实上，行列式这个中文译名充分反映了它的二重性，即它既有“行列”所蕴含的“矩阵的形”，又有“式”所指出的“代数上的数”(即行列式的值). 当然，**行列式本质上是个数.**

回到前面的问题. 既然 x_1 和 x_2 的分母可以使用简化的行列式记号，那么它们的分子是否也能如此简化呢？小明注意到 x_1 的分子中用 b_1 和 b_2 分别替换了 a_{11} 和 a_{21}，即矩阵 $\boldsymbol{A}$ 的第一列，x_2 中则是 b_1 和 b_2 分别替换了第二列中的 a_{12} 和 a_{22}. 若引入记号

$$D_1=\begin{vmatrix} b_1 & a_{12} \\ b_2 & a_{22} \end{vmatrix}, D_2=\begin{vmatrix} a_{11} & b_1 \\ a_{21} & b_2 \end{vmatrix}$$

显然 $D_1=b_1a_{22}-b_2a_{12}$, $D_2=b_2a_{11}-b_1a_{21}$，则当 $D\neq 0$ 时，二元一次线性方程组(2.1.1)的解就可简洁地表示为

$$x_1=\frac{D_1}{D},\ x_2=\frac{D_2}{D} \tag{2.1.4}$$

至此，解方程组(2.1.1)就变成求行列式 D, D_1 和 D_2，显然这更易于记忆和计算.

三元一次线性方程组(1.1.5)的解 x_1, x_2 和 x_3，即式(1.1.7)～(1.1.9)是否也有类似的形式呢？小明马上注意到 x_1, x_2 和 x_3 的分母也完全相同，并且也与方程组(1.1.5)的系数矩阵有关，因此仿照二阶的情形，可以定义三阶矩阵的行列式.

定义 2.1.2(三阶矩阵的行列式)　对三阶方阵 $\boldsymbol{A}=(a_{ij})$，称数

$$a_{11}a_{22}a_{33}+a_{12}a_{23}a_{31}+a_{13}a_{21}a_{32}-a_{13}a_{22}a_{31}-a_{12}a_{21}a_{33}-a_{11}a_{23}a_{32}$$

为矩阵 $\boldsymbol{A}$ 的三阶行列式(determinant)，记为 D 或 $|\boldsymbol{A}|$，即

$$\begin{aligned} D&=\begin{vmatrix} a_{11} & a_{12} & a_{13} \\ a_{21} & a_{22} & a_{23} \\ a_{31} & a_{32} & a_{33} \end{vmatrix} \\ &=a_{11}a_{22}a_{33}+a_{12}a_{23}a_{31}+a_{13}a_{21}a_{32}-a_{13}a_{22}a_{31}-a_{12}a_{21}a_{33}-a_{11}a_{23}a_{32} \end{aligned} \tag{2.1.5}$$

类似地，他注意到 x_1, x_2 和 x_3 的分子中也是用常数列的元素分别替换了矩阵 $\boldsymbol{A}$ 的第一列，第二列以及第三列的相应元素，因此也可引入类似的记号

$$D_1=\begin{vmatrix} b_1 & a_{12} & a_{13} \\ b_2 & a_{22} & a_{23} \\ b_3 & a_{32} & a_{33} \end{vmatrix}, D_2=\begin{vmatrix} a_{11} & b_1 & a_{13} \\ a_{21} & b_2 & a_{23} \\ a_{31} & b_3 & a_{33} \end{vmatrix}, D_3=\begin{vmatrix} a_{11} & a_{12} & b_1 \\ a_{21} & a_{22} & b_2 \\ a_{31} & a_{32} & b_3 \end{vmatrix}$$

而且按照式(2.1.5),可算得

$$D_1 = b_1a_{22}a_{33} + a_{12}a_{23}b_3 + a_{13}b_2a_{32} - a_{13}a_{22}b_3 - a_{12}b_2a_{33} - b_1a_{23}a_{32}$$
$$D_2 = a_{11}b_2a_{33} + b_1a_{23}a_{31} + a_{13}a_{21}b_3 - a_{13}b_2a_{31} - b_1a_{21}a_{33} - a_{11}a_{23}b_3$$
$$D_3 = a_{11}a_{22}b_3 + a_{12}b_2a_{31} + b_1a_{21}a_{32} - b_1a_{22}a_{31} - a_{12}a_{21}b_3 - a_{11}b_2a_{32}$$

则当 $D\neq 0$ 时,三元一次线性方程组(1.1.5)的解 x_1, x_2 和 x_3 就被简洁地记作

$$x_1 = \frac{D_1}{D},\ x_2 = \frac{D_2}{D},\ x_3 = \frac{D_3}{D} \tag{2.1.6}$$

至此,解方程组(1.1.5)也变成了求更易记忆和计算的行列式 D, D_1, D_2 和 D_3.

通过简单的类比推广,小明自然产生了这样的想法:对更一般的 n 阶方阵 $\boldsymbol{A}$,如果能类似地定义其行列式 D 以及相应的 D_1, D_2, $\cdots$, D_n,那么对以 $\boldsymbol{A}$ 为系数矩阵的 n 元一次线性方程组(即"正方形"方程组)(1.1.10),其解应该为

$$x_1 = \frac{D_1}{D},\ x_2 = \frac{D_2}{D},\ \cdots,\ x_n = \frac{D_n}{D} \tag{2.1.7}$$

我的天,居然能用行列式给出"正方形"方程组(1.1.10)的求解公式! 这个伟大的想法太让小明震撼了,看来行列式的赫赫威名,果然不是浪得虚名.

尽管小明对自己的这个发现有点沾沾自喜,但一向谨慎的他明白这么简单的方法,自己肯定不会是最先的发现者.通过百度他获悉这原来就是著名的**克莱姆法则**,是由克莱姆在 1750 年出版的《代数曲线的分析引论》中首先使用的.通过进一步的八卦式追踪,他最终得知这个法则事实上最早是由苏格兰数学家麦克劳林(Colin Maclaurin, 1698—1746)创立于 1729 年,并写入了他 1748 年出版的遗作《代数学》之中.因此这个法则的准确名称应该是"麦克劳林法则".当然,小明清晰地明白这种更名仅仅是自己的想法而已,因为一个庞大的数学共同体乃至科学共同体已经习惯了旧的名称.联想到当代科学史专家斯蒂芬·施蒂格勒(Stephen Stigler)那个戏谑性的"误称定律",即"Nothing in mathematics is ever named after the person who discovered it"(数学中从来没有任何东西是以发现者的名字命名的),他更是唏嘘不已,原来人的惯性居然能如此可怕.

回看克莱姆法则,小明注意到方程组的解尽管变得更易记忆和计算,但由式(2.1.5)可知,每个三阶行列式的结果都由 3 正 3 负共六项组成,共涉及 12 次乘法和 5 次加减法,而且系数矩阵的 9 个元素都要摆在适当的地方,这显然极度繁琐.联想到二阶行列式有直观形象的对角线法则,其中每项都是对角线上的两个元素相乘,而且正负项各占一半.作为对比,这里不仅正负项也各占一半,而且每项都是三个元素相乘,因此他自然希望三阶行列式也有类似的"对角线法则".

经过百度,小明找到了三阶行列式(2.1.5)的两个**对角线法则**,如图 2.1 所示.左图中的对角线法则是日本和算大师关孝和(Seki Takakazu, 1642—1708)于 1683 年提出的,其中每条实线连接的三个元素,它们的乘积项前取"+"号,如此得到项前符号为"+"号的三项;每条虚线连接的三个元素,它们的乘积项前则取"−"号,从而得到项前符号为"−"号的三项.至于右图中的对角线法则,又称为沙路法则,是由法国数学家沙路(Pierre

Frédéric Sarrus，1798—1861)提出的.

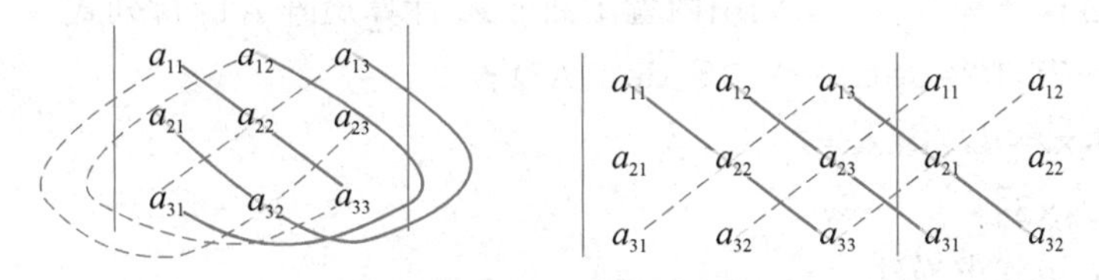

图 2.1 三阶行列式的对角线法则

在提出对角线法则的同时，关孝和还建立了行列式的概念及算法.他的这些发现借鉴了我国古代的数学专著《九章算术》.该书定本约成书于公元一世纪.后世的中国古代数学家，大都是从《九章算术》开始学习和研究数学，魏晋时期的数学家刘徽(约 225—295)还曾为它作过注释.尽管关孝和的这些发现比莱布尼兹还早十年，但由于当时东西方文化交流的匮乏，他的理论影响没有超出日本本土.事实上，直到大约 50 年后，随着克莱姆法则的发表和传播，行列式作为解线性方程组的一种工具才逐渐为数学界所熟悉.

例 2.1.1 解线性方程组 $\begin{cases} x_1 + 2x_2 - x_3 = 0, \\ 3x_1 + x_2 = -1, \\ -x_1 - x_2 - 2x_3 = 1. \end{cases}$

解法一：手工计算.

按照对角线法则，可得

$$D = \begin{vmatrix} 1 & 2 & -1 \\ 3 & 1 & 0 \\ -1 & -1 & -2 \end{vmatrix}$$

$$= 1\times1\times(-2)+2\times0\times(-1)+(-1)\times3\times(-1)-(-1)\times1\times(-1)-2\times 3\times(-2)-1\times0\times(-1)=12,$$

$$D_1 = \begin{vmatrix} 0 & 2 & -1 \\ -1 & 1 & 0 \\ 1 & -1 & -2 \end{vmatrix} = -4,\ D_2 = \begin{vmatrix} 1 & 0 & -1 \\ 3 & -1 & 0 \\ -1 & 1 & -2 \end{vmatrix} = 0,$$

$$D_3 = \begin{vmatrix} 1 & 2 & 0 \\ 3 & 1 & -1 \\ -1 & -1 & 1 \end{vmatrix} = -4.$$

于是根据克莱姆法则，有

$$x_1 = \frac{D_1}{D} = \frac{-4}{12} = -\frac{1}{3},\ x_2 = \frac{D_2}{D} = 0,\ x_3 = \frac{D_3}{D} = -\frac{1}{3}$$

解法二：MATLAB 计算.(文件名为 ex2101.m)

```
A=[1,2,-1;3,1,0;-1,-1,-2];b=[0  -1  1]';
%  算法 1：克莱姆法则
A1=A;A1(:,1)=b;       % 先定骨架后调整，A(:,1)表示 A 的第 1 列
A2=A;A2(:,2)=b;
```

```
A3=A;A3(:,3)=b;
D=det(A);                % 调用内置函数 det 计算矩阵 A 的行列式
D1=det(A1);D2=det(A2);D3=det(A3);
x1=D1/D,x2=D2/D,x3=D1/D,
x=[x1,x2,x3]'
% 算法 2：矩阵求逆法
x=inv(A)*b     % 使用内置函数 inv
x=A^(-1)*b     % 使用幂运算符^
x=A\b          % 使用左除运算符\
```

思考 MATLAB 是否提供了克莱姆法则的内置函数？为什么？

例 2.1.2 计算行列式 $D=\begin{vmatrix} a-b & b-c & c-a \\ c-a & a-b & b-c \\ b-c & c-a & a-b \end{vmatrix}$.

解法一：**手工计算.**

$$D=(a-b)^3+(b-c)^3+(c-a)^3-(c-a)(a-b)(b-c)-(b-c)(c-a)(a-b)-(a-b)(b-c)(c-a)$$
$$=[(a-b)+(b-c)+(c-a)]^3=0,$$

其中使用了恒等式 $(x+y+z)^3=x^3+y^3+z^3+3(x+y)(y+z)(z+x)$.

解法二：**MATLAB 计算.**（文件名为 ex2102.m）

```
syms  a  b  c        % 声明符号变量 a,b,c
A=[a-b,b-c,c-a;c-a,a-b,b-c;b-c,c-a,a-b]
D=det (A)            % 内置函数 det 支持符号运算
```

思考 本题中的矩阵显然是习题 1.52 中给出的轮换矩阵，其中的向量 $\boldsymbol{v}=(a-b, b-c, c-a)$. 因此解法一明显地简单粗暴，彻底地摧残了一颗脆弱的心，因为它完全没有考虑到此行列式的这个显著特征. 试问这个行列式的正确打开方式到底是什么？

例 2.1.3（爱情行列式） 计算行列式 $D=\begin{vmatrix} 我 & 0 & 生 \\ 0 & 有 & 0 \\ 你 & 0 & 幸 \end{vmatrix}$.

解：$D=$ 我有幸 $+0+0-$ 生有你 $-0-0$

$=$ 我有幸 $-$ 生有你

行列式里居然也有爱情！俗话说“不浪漫则已，一浪漫就要你的命”.

2.1.2 二三阶行列式的几何意义

“行列式是其行向量所构成的超平行多面体的有向体积”，这是小明最近百度到的一句话.“我读书少，体积居然还会有方向？”小明嘟囔道. 真相是小明果然读书少，这也太残忍了.

小明开始着手修补自己的脑洞. 他知道在二维平面里体积对应的是面积，于是先考虑最特殊的二阶对角行列式 $\begin{vmatrix} d_1 & 0 \\ 0 & d_2 \end{vmatrix} = d_1d_2$. 显然乘积 d_1d_2 让他想到以行向量 $(0, d_1)$ 和 $(d_2, 0)$ 为邻边的长方形的面积. 问题是 d_1, d_2 未必都是正数,难道所谓的"有向"与乘积 d_1d_2 的正负有关?

考虑任意的二阶行列式 $\begin{vmatrix} a_1 & b_1 \\ a_2 & b_2 \end{vmatrix} = a_1b_2 - a_2b_1$. 按上述思路,小明令列向量 $\boldsymbol{a} = (a_1, a_2)^T$, $\boldsymbol{b} = (b_1, b_2)^T$,并在 x_1ox_2 平面内以它们为邻边作一平行四边形(如图 2.2 所示),那么此平行四边形的面积 $S(\boldsymbol{a}, \boldsymbol{b})$ 应当是有向的!这让他联想到高等数学中的向量叉积 $\boldsymbol{a} \times \boldsymbol{b}$(高等数学中列向量被视同为行向量),因为 $\boldsymbol{a} \times \boldsymbol{b}$ 的大小就是此平行四边形的面积,而且 $\boldsymbol{a} \times \boldsymbol{b}$ 有反交换性: $\boldsymbol{a} \times \boldsymbol{b} = -\boldsymbol{b} \times \boldsymbol{a}$. 因此按照右手法则,叉积 $\boldsymbol{a} \times \boldsymbol{b}$ 的正方向可规定为由向量 $\boldsymbol{a}$ 转向向量 $\boldsymbol{b}$ 时右手大拇指所确定的方向,即图中从页面指向读者的方向."有向"有了着落,接下来只要能推出 $S(\boldsymbol{a}, \boldsymbol{b}) = a_1b_2 - a_2b_1$ 即可.

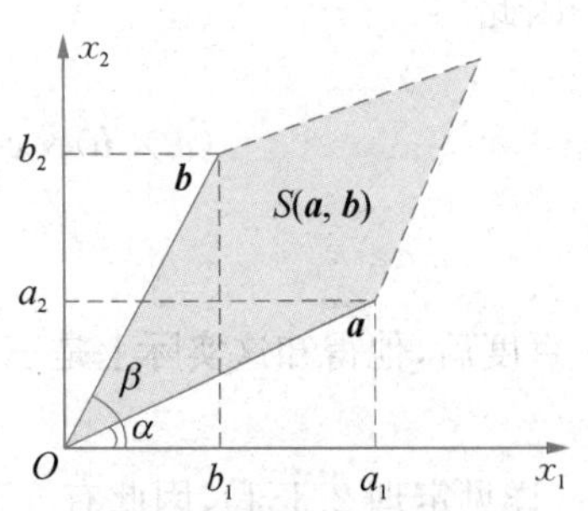

图 2.2　二阶行列式的几何意义:平行四边形的有向面积

由于 $S(\boldsymbol{a}, \boldsymbol{b}) = ab\sin\theta$,其中 a 和 b 分别表示向量 $\boldsymbol{a}$, $\boldsymbol{b}$ 的长度,θ 为向量 $\boldsymbol{a}$, $\boldsymbol{b}$ 的夹角. 注意到 $\theta = \beta - \alpha$,且

$$\sin\theta = \sin(\beta - \alpha) = \sin\beta\cos\alpha - \cos\beta\sin\alpha = \frac{b_2}{b} \cdot \frac{a_1}{a} - \frac{b_1}{b} \cdot \frac{a_2}{a}$$

从而有

$$S(\boldsymbol{a}, \boldsymbol{b}) = a_1b_2 - a_2b_1 = \begin{vmatrix} a_1 & b_1 \\ a_2 & b_2 \end{vmatrix}$$

也就是说"**二阶行列式是其列向量所构成的平行四边形的有向面积**".

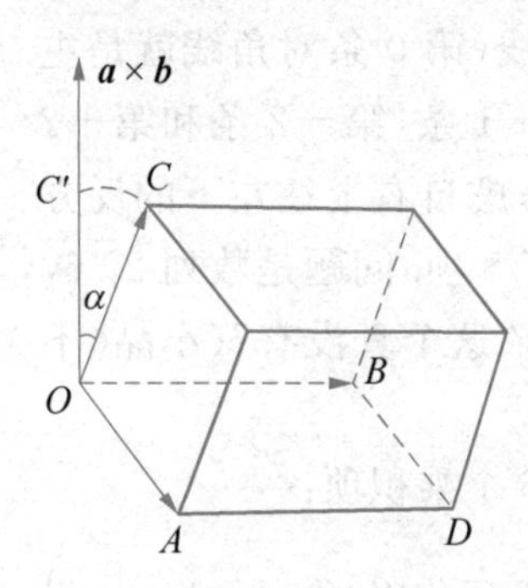

图 2.3　三阶行列式的几何意义:平行六面体的有向体积

推广到三阶行列式,对列向量 $\boldsymbol{a} = (a_1, a_2, a_3)^T$, $\boldsymbol{b} = (b_1, b_2, b_3)^T$, $\boldsymbol{c} = (c_1, c_2, c_3)^T$,以 $\overrightarrow{OA} = \boldsymbol{a}$, $\overrightarrow{OB} = \boldsymbol{b}$, $\overrightarrow{OC} = \boldsymbol{c}$ 为相邻棱作一平行六面体(如图 2.3 所示),其底面即平行四边形 $OADB$ 的面积就是 $\boldsymbol{a} \times \boldsymbol{b}$ 的大小 $|\boldsymbol{a} \times \boldsymbol{b}|$,其高 h 等于向量 $\boldsymbol{c}$ 在 $\boldsymbol{a} \times \boldsymbol{b}$ 上的投影 $|\boldsymbol{c}|\cos\alpha$,故此平行六面体的体积为

$$V(\boldsymbol{a}, \boldsymbol{b}, \boldsymbol{c}) = \text{底面积} \times \text{高} = |\boldsymbol{a} \times \boldsymbol{b}| \cdot |\boldsymbol{c}| \cos\alpha = (\boldsymbol{a} \times \boldsymbol{b}) \cdot \boldsymbol{c}$$

显然 $\boldsymbol{a} \times \boldsymbol{b}$ 的"有向"性决定了 $V(\boldsymbol{a}, \boldsymbol{b}, \boldsymbol{c})$ 是个"有向"的体积. 具体而言,对于 $\boldsymbol{a}$, $\boldsymbol{b}$ 所确定的平面,考虑向量 $\boldsymbol{c}$ 与按右手法则确定的向量 $\boldsymbol{a} \times \boldsymbol{b}$,如果它们位于该平面同侧,则它们的夹角 α 为锐角,即 $\cos\alpha$ 为正,从而体积 $V(\boldsymbol{a}, \boldsymbol{b}, \boldsymbol{c})$ 为正;如果它们位于该平面两侧,则它们的夹角 α 为钝角,即 $\cos\alpha$ 为负,从而体积 $V(\boldsymbol{a}, \boldsymbol{b}, \boldsymbol{c})$ 也为负. 因此向量 $\boldsymbol{a}$, $\boldsymbol{b}$, $\boldsymbol{c}$ 的混合积 $(\boldsymbol{a} \times \boldsymbol{b}) \cdot \boldsymbol{c}$(即框积 $[\boldsymbol{a}, \boldsymbol{b}, \boldsymbol{c}]$)表示的就是此平行六面体的有向体积 $V(\boldsymbol{a}, \boldsymbol{b}, \boldsymbol{c})$.

小明接下来考虑混合积$(\boldsymbol{a}\times\boldsymbol{b})\cdot\boldsymbol{c}$的计算表达式. 根据高等数学知识,他注意到

$$\boldsymbol{a}\times\boldsymbol{b}=(a_2b_3-a_3b_2,\ a_3b_1-a_1b_3,\ a_1b_2-a_2b_1)=\left(\begin{vmatrix}a_2 & b_2\\ a_3 & b_3\end{vmatrix},-\begin{vmatrix}a_1 & b_1\\ a_3 & b_3\end{vmatrix},\begin{vmatrix}a_1 & b_1\\ a_2 & b_2\end{vmatrix}\right)$$

因此

$$(\boldsymbol{a}\times\boldsymbol{b})\cdot\boldsymbol{c}=c_1\begin{vmatrix}a_2 & b_2\\ a_3 & b_3\end{vmatrix}-c_2\begin{vmatrix}a_1 & b_1\\ a_3 & b_3\end{vmatrix}+c_3\begin{vmatrix}a_1 & b_1\\ a_2 & b_2\end{vmatrix}$$

百度后,他得知这实际上是三阶行列式$\begin{vmatrix}a_1 & b_1 & c_1\\ a_2 & b_2 & c_2\\ a_3 & b_3 & c_3\end{vmatrix}$按第 3 行展开后的拉普拉斯展开式(详见定理 2.1.1),因此有

$$V(\boldsymbol{a},\ \boldsymbol{b},\ \boldsymbol{c})=\begin{vmatrix}a_1 & b_1 & c_1\\ a_2 & b_2 & c_2\\ a_3 & b_3 & c_3\end{vmatrix}$$

也就是说"**三阶行列式是其列向量所构成的平行六面体的有向体积**".

思考 几何上四阶行列式会是啥样呢? 那画面会不会美到不敢看(画美不看)?

2.1.3 *n* 阶行列式的递推定义

小明发现前面的研究思路都是先解出方程组,然后再引出相应阶数的行列式的定义. 根据矩阵的经验,小明知道由于计算繁琐,这种代数思路在推广上也应当是困难重重. 这不,通过考察对角线法则,他发现这种方法对定义四阶乃至 n 阶行列式等高阶行列式根本行不通. 这是因为二三阶行列式都具备对角线法则,高阶貌似也"这个必须有". 他注意到二阶行列式的展开式是 2 项,三阶是 6 项,因此如果按照对角线法则,对于四阶行列式,按自左上往右下的正方向,有第-3~第$+3$ 条共 7 条平行的对角线(第 0 条对角线就是主对角线),再按每条上必须有四个元素,依次合并第-3 条和第$+1$ 条,第-2 条和第$+2$ 条,第-1 条和第$+3$ 条,最终可得到 4 条正向对角线. 同样地,考虑自右上往左下的反方向,也可得到 4 条反向对角线,这样合在一起,四阶行列式应该有 8 项. 问题是数列 2, 6, 8, …显然没有明显的规律. 由此可见四阶行列式的对角线法则,"这个真没有"(小品《不差钱》台词).

看来得另辟蹊径. 小明再次审视三阶行列式(2.1.5)右侧的 6 个乘积项:

$$a_{11}a_{22}a_{33}+a_{12}a_{23}a_{31}+a_{13}a_{21}a_{32}-a_{13}a_{22}a_{31}-a_{12}a_{21}a_{33}-a_{11}a_{23}a_{32} \tag{2.1.8}$$

发现有"+"号的三项在前,有"−"号的三项在后. 联想到自己现在正处身于行列式女王的神秘王国,他突然脑洞一开: 俗话说"男女搭配干活不累",上式中的正负项就好比舞会中的男女生,如果硬性地将正负项分开,这也太不人性了! 当然这种一一配对不能"霸王硬上弓",而必须要考虑某种配对规则(比如按两者的因子中所包含的第一行元素来配对,以便两者有"共同语言"),这样就可将式(2.1.8)变形成

$$a_{11}(a_{22}a_{33}-a_{23}a_{32})-a_{12}(a_{21}a_{33}-a_{23}a_{31})+a_{13}(a_{21}a_{32}-a_{22}a_{31})$$

括号中的部分显然可视为三个二阶行列式，将其中的元素按下标行列号从小到大排列位置，则三阶行列式(2.1.5)就变成了

$$D=\begin{vmatrix} a_{11} & a_{12} & a_{13} \\ a_{21} & a_{22} & a_{23} \\ a_{31} & a_{32} & a_{33} \end{vmatrix}=a_{11}\begin{vmatrix} a_{22} & a_{23} \\ a_{32} & a_{33} \end{vmatrix}-a_{12}\begin{vmatrix} a_{21} & a_{23} \\ a_{31} & a_{33} \end{vmatrix}+a_{13}\begin{vmatrix} a_{21} & a_{22} \\ a_{31} & a_{32} \end{vmatrix}$$

其中的三个二阶行列式，显然是原来的三阶行列式中分别划去元素 a_{11}，a_{12}，a_{13}（即这三个二阶行列式前的乘法因子）所在的行和列后，剩余的元素按照原来的次序构成的**子行列式**（简称**余子式**，minor），分别记为

$$M_{11}=\begin{vmatrix} a_{22} & a_{23} \\ a_{32} & a_{33} \end{vmatrix},\ M_{12}=\begin{vmatrix} a_{21} & a_{23} \\ a_{31} & a_{33} \end{vmatrix},\ M_{13}=\begin{vmatrix} a_{21} & a_{22} \\ a_{31} & a_{32} \end{vmatrix}$$

这样小明就得到了三阶行列式(2.1.5)**按第1行元素的余子式展开**(minor expansion)，即

$$D=+a_{11}M_{11}-a_{12}M_{12}+a_{13}M_{13} \tag{2.1.9}$$

上式中的“－”号显然是个问题. 在式(2.1.9)中，小明进一步发现了各项前的“＋”、“－”号与元素 a_{11}，a_{12}，a_{13} 的下标之和的关系，即“＋”号对应的下标之和为偶数，“－”号对应的下标之和为奇数，因此他再次引入下面的**代数余子式**(cofactor)

$$A_{11}=(-1)^{1+1}M_{11},\ A_{12}=(-1)^{1+2}M_{12},\ A_{13}=(-1)^{1+3}M_{13}$$

最终得到了三阶行列式(2.1.5)更加简洁的**代数余子式展开**(cofactor expansion)

$$D=a_{11}A_{11}+a_{12}A_{12}+a_{13}A_{13}=\sum_{j=1}^{3}a_{1j}A_{1j} \tag{2.1.10}$$

如果配对规则修改为按各项中所包含的第一列元素来配对，小明可得到三阶行列式(2.1.5)**按第1列元素的余子式展开和代数余子式展开**

$$D=a_{11}M_{11}-a_{21}M_{21}+a_{31}M_{31}=a_{11}A_{11}+a_{21}A_{21}+a_{31}A_{31}=\sum_{i=1}^{3}a_{i1}A_{i1}$$

其中

$$M_{21}=\begin{vmatrix} a_{12} & a_{13} \\ a_{32} & a_{33} \end{vmatrix},\ M_{31}=\begin{vmatrix} a_{12} & a_{13} \\ a_{22} & a_{23} \end{vmatrix},\ A_{21}=(-1)^{2+1}M_{21},\ A_{31}=(-1)^{3+1}M_{31}$$

更一般地，通过修改配对规则，小明可得到三阶行列式(2.1.5)**按第 i 行元素的余子式展开和代数余子式展开**($i=1, 2, 3$)

$$D=a_{i1}A_{i1}+a_{i2}A_{i2}+a_{i3}A_{i3}=\sum_{j=1}^{3}a_{ij}A_{ij} \tag{2.1.11}$$

以及**按第 j 列元素的余子式展开和代数余子式展开** ($j=1, 2, 3$)

$$D = a_{1j}A_{1j} + a_{2j}A_{2j} + a_{3j}A_{3j} = \sum_{i=1}^{3} a_{ij}A_{ij} \tag{2.1.12}$$

其中的 $A_{ij}\,(i,\ j=1,\ 2,\ 3)$ 是**元素 a_{ij} 的代数余子式**，其值为 $A_{ij}=(-1)^{i+j}M_{ij}$，而 M_{ij} 则是**元素 a_{ij} 的余子式**，即行列式(2.1.5)中删除元素 a_{ij} 所在的第 i 行和第 j 列后剩余的元素按照原来的次序构成的二阶子行列式.

“千呼万唤始出来”，至此，小明觉得自己越来越接近神秘莫测的行列式女王，因为上述展开式显然可推广至任意 n 阶方阵.

定义 2.1.3(n 阶方阵的行列式的递推定义) 对 n 阶方阵 $\boldsymbol{A}=(a_{ij})$，称记号

$$D = |\boldsymbol{A}| = \begin{vmatrix} a_{11} & a_{12} & \cdots & a_{1n} \\ a_{21} & a_{22} & \cdots & a_{2n} \\ \vdots & \vdots & \ddots & \vdots \\ a_{n1} & a_{n2} & \cdots & a_{nn} \end{vmatrix}$$

表示的数或式为矩阵 $\boldsymbol{A}$ 的 n **阶行列式**(determinant)，其值为

$$D = a_{11}A_{11} + a_{12}A_{12} + \cdots + a_{1n}A_{1n} = \sum_{k=1}^{n} a_{1k}A_{1k} \tag{2.1.13}$$

其中 $A_{ij}\,(i,\ j=1,\ 2,\ \cdots,\ n)$ 是**元素 a_{ij} 的代数余子式**，其值为 $A_{ij}=(-1)^{i+j}M_{ij}$，而

$$M_{ij} = \begin{vmatrix} a_{11} & \cdots & a_{1,\,j-1} & a_{1,\,j+1} & \cdots & a_{1n} \\ \vdots & & \vdots & & & \vdots \\ a_{i-1,\,1} & \cdots & a_{i-1,\,j-1} & a_{i-1,\,j+1} & \cdots & a_{i-1,\,n} \\ a_{i+1,\,1} & \cdots & a_{i+1,\,j-1} & a_{i+1,\,j+1} & \cdots & a_{i+1,\,n} \\ \vdots & & \vdots & & & \\ a_{n1} & \cdots & a_{n,\,j-1} & a_{n,\,j+1} & \cdots & a_{nn} \end{vmatrix}$$

则是**元素 a_{ij} 的余子式**，即矩阵 $\boldsymbol{A}$ 中删除元素 a_{ij} 所在的第 i 行和第 j 列后，剩余的元素按照原来的相对次序构成的 $n-1$ 阶子矩阵 $\boldsymbol{A}_{ij}$ 的行列式.

几点说明：

(1) 按规定一阶行列式 $|a|=a$，显然行列式此时与绝对值完全相混淆，因此方阵 $\boldsymbol{A}$ 的行列式也可以表示为 $\det \boldsymbol{A}$.

(2) 按递推定义式(2.1.13)计算 n 阶行列式 $|\boldsymbol{A}|$，实际上计算的是它按第一行元素的展开式. 这本质上是一种**化归思想**，即把一个 n 阶行列式的计算化归为 n 个 $n-1$ 阶行列式的计算. 如果用 $f(n)$ 表示 n 阶行列式的计算时间，那么显然可有 $f(n)=nf(n-1)$，从而有

$$f(n) = \cdots = f(1) \cdot n!$$

这显然是所谓的"NP 问题",其计算时间是"不可能完成的"$n!$ 级. 所以行列式的递推定义在理论上非常重要,但作为计算公式则十分繁琐和耗时.

(3) 实际计算时,如果 $\mathbf{A}$ 的第一行元素中零元素越多,则式(2.1.13)中真正需要计算的代数余子式就越少,行列式 $|\mathbf{A}|$ 的计算也就越简单.

(4) 一个元素 a_{ij} 的余子式 M_{ij} 以及代数余子式 A_{ij},显然只与 a_{ij} 所处位置有关,而与它的值没有丝毫关系. 与 a_{ij} 的值有关系的是行列式 $|\mathbf{A}|$.

(5) **行向量,列向量和长方阵没有行列式,只有方阵才有行列式.**(请重复说三遍)

(6) 随着行号和列号的增大,代数余子式 A_{ij} 中因子 $(-1)^{i+j}$ 的正负性依次交错,这显然与国际象棋的黑白格(如图 2.4 所示)完全类似,即黑格为正,白格为负.

图 2.4　代数余子式 A_{ij} 中因子 $(-1)^{i+j}$ 正负性的示意图

思考　矩阵行列式傍地走,如何辨别谁雌雄?

一瞬间,小明觉得行列式女王应该是个古典美女,因为正如杨贵妃"三千宠爱在一身",行列式 $|\mathbf{A}|$ 这个矩阵 $\mathbf{A}$ 的标量函数 $|\mathbf{A}|=f(\mathbf{A})$,本质上是个"集 $n\times n$ 个元素的宠爱在一身"的数或式.

根据三阶行列式修改配对规则的经验,小明知道 n 阶行列式也可以按任意一行或任意一列来展开. 这种思想早已被所谓的"拉普拉斯定理"所接棻.

定理 2.1.1(拉普拉斯展开定理)　对 n 阶方阵 $\mathbf{A}=(a_{ij})$ 的行列式 $D=|\mathbf{A}|$,其第 i 行的代数余子式展开为(即按第 i 行展开)

$$D=a_{i1}A_{i1}+a_{i2}A_{i2}+\cdots+a_{in}A_{in}=\sum_{j=1}^{n}a_{ij}A_{ij} \tag{2.1.14}$$

第 j 列的代数余子式展开为(即按第 j 列展开)

$$D=a_{1j}A_{1j}+a_{2j}A_{2j}+\cdots+a_{nj}A_{nj}=\sum_{i=1}^{n}a_{ij}A_{ij} \tag{2.1.15}$$

推论 2.1.1　若行列式 D 中有一行(列)的元素全为零,则行列式 $D=0$.

显然行列式的递推定义即为拉普拉斯展开定理按第一行展开的特殊情形. 发现这个定理的法国数学家拉普拉斯(Pierre-Simon Laplace, 1749—1827),在 1772 年的一篇文章里,依次就 $n=2, 3, 4, 5, 6, \cdots$ 的情形详细解释了这个展开方法. 他在天体力学、宇宙体系和分析概率(线性代数上居然只是客串)上成就更加斐然,因而被誉为"法国的牛顿". 他提出了拉普拉斯妖(Démon de Laplace)的科学假设,这个"恶魔"知道宇宙中每个原子确切的位置和动量,从而能够使用牛顿定律来展现宇宙事件的过去、现在及未来. 拉普拉斯还是拿破仑的老师,并担任元老院的掌玺大臣,但拿破仑曾讥笑他把无穷小量精神(对数学的一种调侃性称呼)带到了内阁里,因为他总是效忠于得势的一边(拿破仑,你到底啥意思).

例 2.1.4 计算行列式 $D=\begin{vmatrix}1&-5&3&-4\\0&2&1&-1\\1&3&-1&2\\-5&1&3&-3\end{vmatrix}$.

分析：第 1 列有个零元素，故按第 1 列展开. 当然，按第 2 行展开也可以.

解法一：**手工计算**.

$D=1\times A_{11}+0+1\times A_{31}+(-5)\times A_{41}=M_{11}+M_{31}-(-5)M_{41}$（注意黑白格）

$\quad=(-5)+35+5\times(-46)=-200.$

解法二：**MATLAB 计算**.（文件名为 ex2104.m）

```
% 算法一：调用自定义函数 LExpansion,详见本章实验一
A=[1,-5,3,4;0,2,1,-1;1,3,-1,2;-5,1,3,-3];
D=LExpansion (A,1,false)  % 按第 1 列展开
D=LExpansion (A,2,true)  % 按第 2 行展开
% 算法二：调用内置函数 det
D=det(A)
```

定理 2.1.2(上下三角阵的行列式) 上下三角阵的行列式为其所有对角元的乘积，即

$$|\boldsymbol{L}|=|\boldsymbol{U}|=a_{11}a_{22}\cdots a_{nn} \tag{2.1.16}$$

其中的下三角矩阵 $\boldsymbol{L}$ 和上三角矩阵 $\boldsymbol{U}$ 分别为

$$\boldsymbol{L}=\begin{pmatrix}a_{11}&0&\cdots&0\\a_{21}&a_{22}&\ddots&\vdots\\\vdots&\vdots&\ddots&0\\a_{n1}&a_{n2}&\cdots&a_{nn}\end{pmatrix},\boldsymbol{U}=\begin{pmatrix}a_{11}&a_{12}&\cdots&a_{1n}\\0&a_{22}&\cdots&a_{2n}\\\vdots&\vdots&\ddots&\vdots\\0&\cdots&0&a_{nn}\end{pmatrix}$$

证明：不断按第一行递推展开下三角行列式，可得 $|\boldsymbol{L}|=a_{11}a_{22}\cdots a_{nn}$. 类似地，不断按第一列递推展开上三角行列式，可得 $|\boldsymbol{U}|=a_{11}a_{22}\cdots a_{nn}$. ■

显然，**对角矩阵的行列式为其所有对角元的乘积**. 特别地，**单位矩阵的行列式** $|\boldsymbol{I}|=1$.

小明觉得三角矩阵中，各行(列)中的零元素“不肥不瘦”，恰到好处，因此三角行列式真可谓行列式王国中的绝代佳人. 至于对角矩阵的行列式，则是“增一分则肥，减一分则瘦”，也就是美到窒息，让人无以形容.

例 2.1.5(X 形行列式) 求行列式 $D=\begin{vmatrix}a&0&0&b\\0&a&b&0\\0&c&d&0\\c&0&0&d\end{vmatrix}$.

解法一：手工计算.

按第1行展开，得

$$D=(-1)^{1+1}a\begin{vmatrix}a&b&0\\c&d&0\\0&0&d\end{vmatrix}+(-1)^{1+4}b\begin{vmatrix}0&a&b\\0&c&d\\c&0&0\end{vmatrix}$$
$$=ad(ad-bc)-bc(ad-bc)=(ad-bc)^2.$$

解法二：MATLAB 计算.(文件名为 ex2105.m)

```
syms  a  b  c  d       % 声明符号变量 a,b,c,d
A=[a,0,0,b;0,a,b,0;0,c,d,0;c,0,0,d]
D=det(A)
```

2.1.4 n 阶行列式的逆序定义

既然行列式是用矩阵 $\boldsymbol{A}$ 的元素算出的一个数，即矩阵的一个数值特征，而三阶行列式(2.1.5)中每一项又都是用矩阵 $\boldsymbol{A}$ 的元素来表达的，那么是否存在只用矩阵元素表达的通项公式呢？

小明再次审视式(2.1.5)右侧的6项：

$$a_{11}a_{22}a_{33}+a_{12}a_{23}a_{31}+a_{13}a_{21}a_{32}-a_{13}a_{22}a_{31}-a_{12}a_{21}a_{33}-a_{11}a_{23}a_{32} \tag{2.1.17}$$

他发现每一项的三个元素的行号次序都是123，而列号则是1～3这三个数字的所有可能的排列次序，个数为 $3!=6$，正好与项数吻合.二阶行列式每一项的两个元素的列号则是1，2这两个数字的所有可能的排列次序，个数为 $2!=2$，也正好与项数吻合.按此逻辑，四阶行列式每一项的四个元素的行号次序都是1234，而列号则应是1～4这4个数字的所有可能的排列次序，且项数应该是 $4!=24$ 项.经过验算，小明发现这些判断是正确的.

问题是如何确定每一项前的正负号，即何时加正号，何时加负号？

定义 2.1.4(排列及其逆序数) 由 $1,2,\cdots,n$ 组成的一个有序数列 $j_1j_2\cdots j_n$ 称为一个 n 级**排列**(permutation)，记为 σ.在一个 n 级排列 σ 中，如果较大的数排在较小的数之前，则称这两个数构成一个逆序(inverted order).一个排列 σ 中的逆序总数称为该排列的**逆序数**(number of inverted order)，记为 $n(\sigma)$.逆序数为偶数的排列 σ 称为偶排列(even permutation)，逆序数为奇数的排列 σ 称为奇排列(odd permutation).称 $\operatorname{sgn}\sigma=(-1)^{n(\sigma)}$ 为表示排列 σ 奇偶性的**奇偶因子**(parity factor)，即 $\operatorname{sgn}\sigma=-1$ 时 σ 为奇排列，$\operatorname{sgn}\sigma=1$ 时 σ 则为偶排列.

三阶行列式(2.1.5)中，加正号的3项的列号的排列分别为123、231和312，它们的逆序数分别为 $n(123)=0$、$n(231)=2$(逆序为21和31)和 $n(312)=2$(逆序为31和32)，都是偶数，故奇偶因子都为1；加负号的3项的列号的排列分别为321、213和132，逆序数分别为 $n(321)=3$(逆序为21、31和32)、$n(213)=1$(逆序为21)和 $n(132)=1$(逆序为32)，都是奇数，故奇偶因子都为-1.二阶行列式(2.1.3)也是如此.

定义 2.1.5(n 阶方阵的行列式的逆序定义) 对于 n 阶方阵 $\boldsymbol{A}=(a_{ij})$,称所有可能的取自 $\boldsymbol{A}$ 的不同行及不同列的 n 个元素的乘积的代数和为矩阵 $\boldsymbol{A}$ 的 n **阶行列式**(determinant),即

$$|\boldsymbol{A}|=\sum_{\sigma=(j_1j_2\cdots j_n)\in S_n}(\operatorname{sgn}\sigma)a_{1j_1}a_{2j_2}\cdots a_{nj_n} \tag{2.1.18}$$

其中的 S_n 表示所有的 n 级排列 σ 的集合.

几点注意:

(1) n 阶行列式本质上是 $n!$ 个乘积项的代数和,乘积项前的正负号由相应的奇偶因子 $\operatorname{sgn}\sigma$ 确定.

(2) n 阶行列式中的每一项都是位于不同行和不同列的 n 个元素的乘积,即这 n 个元素的位置之间必须满足**"避让原则"**:每个元素所在的行和列里不再有其他元素.

小明对自己能将 n^2 个元素统一为矩阵 $\boldsymbol{A}$,已经颇为自得,但没想到如此庞大的 $n!$ 项,居然能被统一为一个表达式,行列式女王真是太厉害了! 面对行列式女王的逆序定义这副新面孔,小明不仅喟叹道:行列式果然风情万种,端的是常看常新,让人每每都有惊喜的发现. 在喟叹之余,他也深知这两副面孔各有千秋,实际碰到时要根据问题情境灵活对待.

定理 2.1.3(左右三角阵的行列式) 左右三角阵的行列式为其所有对角元的代数乘积,即

$$|\boldsymbol{L}_t|=|\boldsymbol{R}_t|=(\operatorname{sgn}\sigma)a_{1n}a_{2,\,n-1}\cdots a_{n1}=(-1)^{\frac{n(n-1)}{2}}a_{1n}a_{2,\,n-1}\cdots a_{n1} \tag{2.1.19}$$

其中的 $\sigma=(n,\ n-1,\ \cdots,\ 1)\in S_n$,并且左三角矩阵(lefttriangular matrix)$\boldsymbol{L}_t$ 和右三角矩阵(right triangular matrix)$\boldsymbol{R}_t$ 分别为

$$\boldsymbol{L}_t=\begin{pmatrix}a_{11}&\cdots&a_{1,\,n-1}&a_{1n}\\a_{21}&\cdots&a_{2,\,n-1}&0\\\vdots&⋰&\vdots&\vdots\\a_{n1}&\cdots&0&0\end{pmatrix},\ \boldsymbol{R}_t=\begin{pmatrix}0&\cdots&0&a_{1n}\\0&\cdots&a_{2,\,n-1}&a_{2n}\\\vdots&⋰&\vdots&\vdots\\a_{n1}&\cdots&a_{n,\,n-1}&a_{nn}\end{pmatrix}$$

证明:使用行列式的逆序定义. 考虑左三角行列式 $|\boldsymbol{L}_t|$ 的通用乘积项 $a_{1j_1}a_{2j_2}\cdots a_{nj_n}$. 注意到 $j_n\neq 1$ 时 $a_{nj_n}=0$,相应的乘积项为零,因此只需考虑 $j_n=1$ 的情形. 同样地,$j_{n-1}\neq 1,\ 2$ 时 $a_{n-1,\,j_{n-1}}=0$,因此只需考虑 $j_{n-1}=1,\ 2$ 的情形. 按照避让原则,有 $j_{n-1}\neq 1$,因此 $j_{n-1}=2$. 以此类推,$j_{n-2}=3,\ \cdots,\ j_1=n$,即非零乘积项仅有 $a_{1n}a_{2,\,n-1}\cdots a_{n1}$,其逆序数为 $n(\sigma)=(n-1)+(n-2)+\cdots+1=\dfrac{1}{2}n(n-1)$,这里排列 $\sigma=(n,\ n-1,\ \cdots,\ 1)\in S_n$,从而有

$$|\boldsymbol{L}_t| = (\operatorname{sgn}\sigma)a_{1n}a_{2,n-1}\cdots a_{n1} = (-1)^{\frac{n(n-1)}{2}}a_{1n}a_{2,n-1}\cdots a_{n1} \tag{2.1.20}$$

对 $|\boldsymbol{R}_t|$ 可类似地进行证明. ■

思考 如何使用拉普拉斯展开定理来证明此定理?

例 2.1.6 已知函数 $f(x)=\begin{vmatrix} x & 1 & 1 & 2 \\ 1 & x & 1 & -1 \\ 3 & 2 & x & 1 \\ 1 & 1 & 2x & 5 \end{vmatrix}$,求 x^3 的系数及常数项.

解法一:手工计算.

观察发现乘积项 $a_{1j_1}a_{2j_2}a_{3j_3}a_{4j_4}$ 中含有 x^3 的只有两项,带上奇偶因子,即为

$$(-1)^{n(1234)}a_{11}a_{22}a_{33}a_{44}=5x^3,\ (-1)^{n(1243)}a_{11}a_{22}a_{34}a_{43}=-2x^3$$

它们的和为 $5x^3-2x^3=3x^3$,故所求 x^3 的系数为 3.

函数 $f(x)$ 的常数项即为 $f(0)$,故所求常数项为

$$f(0)=\begin{vmatrix} 0 & 1 & 1 & 2 \\ 1 & 0 & 1 & -1 \\ 3 & 2 & 0 & 1 \\ 1 & 1 & 0 & 5 \end{vmatrix}=1\cdot A_{13}+1\cdot A_{23}=8+12=20$$

解法二:MATLAB 计算.(文件名为 ex2106.m)

```
syms  x  % 声明符号变量 x
A=[x,1,1,2;1,x,1,-1;3,2,x,1;1,1,2*x,5];
f=det (A);              % f 是多项式
p=sym2poly (f);         % p 为多项式 f 的系数向量,降幂排列
c3=p (1)                % 第 1 个元素即为所求 x^3 的系数 c3
f0=polyval (p,0)        % 多项式求值,要求其系数向量降幂排列
```

2.2 行列式的性质和计算

2.2.1 行列式的性质

对任意 n 阶行列式而言,小明发现无论是递推定义还是逆序定义,作为计算公式都十分繁琐和耗时.当然也有计算简便的行列式.他马上联想到那四个三角行列式(上、下、左、右),她们简直是天生丽质难自弃的四大美女.至于那些芸芸众生般的行列式女汉子,如果让她们也焕发出青春和自信,显然可以对这些行列式进行适当的变换,以"整容"成特殊的行列式.

问题是可以考虑哪些变换?变换前后的行列式又有怎样的数量关系?结合矩阵的运算经验,小明又一头扎进对行列式的探索之中.下面就是他汇总的一些行列式性质.

定理 2.2.1(行列式的转置变换) 行列式经过转置,其值不变,即对任意 n 阶方阵 $\boldsymbol{A}=(a_{ij})$,有

$$\begin{vmatrix} a_{11} & a_{21} & \vdots & a_{1n} \\ a_{12} & a_{22} & \vdots & a_{2n} \\ \vdots & \vdots & \vdots & \vdots \\ a_{1n} & a_{2n} & & a_{1n} \end{vmatrix} = \begin{vmatrix} a_{11} & a_{12} & \cdots & a_{1n} \\ a_{21} & a_{22} & \cdots & a_{2n} \\ \cdots & \cdots & \cdots & \cdots \\ a_{n1} & a_{n2} & \cdots & a_{nn} \end{vmatrix}$$

从符号层面看,此即

$$|\boldsymbol{A}^T| = |\boldsymbol{A}| = |\boldsymbol{A}|^T \tag{2.2.1}$$

证明:对矩阵 $\boldsymbol{A}$ 的阶数 n 使用数学归纳法即可.

行列式的转置变换说明行列式中行与列具有对等的地位(**对等原则**),因此凡是对"行"成立的性质,对"列"也同样成立,反之亦然.看来行列式王国实现了真正的男女平等,是真正的平权社会.

定理 2.2.2 若行列式中有两列元素对应成比例,则行列式等于零.

证明:对矩阵 $\boldsymbol{A}$ 的阶数 n 使用数学归纳法即可.

显然推论 2.1.1 可以看成此定理的特殊情形,即比例系数为零的情形.另外两列成比例让小明联想到几何上这两个列向量平行,结合行列式的几何意义,可知 $n=2$ 时平行四边形退化为线段,故面积为零;$n=3$ 时平行六面体退化为平行四边形,故体积为零.

定理 2.2.3(行列式的拆分变换) 若行列式的某一列的元素都是两项之和,则此行列式等于拆分这一列而其他列保持不变后所得到的两个行列式之和,即对矩阵 $\boldsymbol{A}=(a_{ij})$, $\boldsymbol{B}=(b_{ij})$ 和 $\boldsymbol{C}=(c_{ij})$,若有

$$a_{ik}=b_{ik}=c_{ik} \text{ 及 } a_{ij}=b_{ij}+c_{ij} \ (i,\ k=1,\ 2,\ \cdots,\ n \text{ 且 } k\neq j)$$

则从符号层面看,有

$$|\boldsymbol{A}| = |\boldsymbol{B}| + |\boldsymbol{C}|$$

从元素层面,此即

$$\begin{vmatrix} a_{11} & \cdots & a_{1j} & \cdots & a_{1n} \\ a_{21} & \cdots & a_{2j} & \cdots & a_{2n} \\ \vdots & & \vdots & & \vdots \\ a_{n1} & \cdots & a_{nj} & \cdots & a_{nn} \end{vmatrix} = \begin{vmatrix} a_{11} & \cdots & b_{1j} & \cdots & a_{1n} \\ a_{21} & \cdots & b_{2j} & \cdots & a_{2n} \\ \vdots & & \vdots & & \vdots \\ a_{n1} & \cdots & b_{nj} & \cdots & a_{nn} \end{vmatrix} + \begin{vmatrix} a_{11} & \cdots & c_{1j} & \cdots & a_{1n} \\ a_{21} & \cdots & c_{2j} & \cdots & a_{2n} \\ \vdots & & \vdots & & \vdots \\ a_{n1} & \cdots & c_{nj} & \cdots & a_{nn} \end{vmatrix}$$

从向量层面看，若有某个 n 维列向量 $\boldsymbol{\alpha}_j$ 满足 $\boldsymbol{\alpha}_j = \boldsymbol{\beta}_j + \boldsymbol{\gamma}_j$，则有

$$|\boldsymbol{\alpha}_1, \cdots, \overset{\text{第}j\text{列}}{\boldsymbol{\alpha}_j}, \cdots, \boldsymbol{\alpha}_n| = |\boldsymbol{\alpha}_1, \cdots, \overset{\text{第}j\text{列}}{\boldsymbol{\beta}_j}, \cdots, \boldsymbol{\alpha}_n| + |\boldsymbol{\alpha}_1, \cdots, \overset{\text{第}j\text{列}}{\boldsymbol{\gamma}_j}, \cdots, \boldsymbol{\alpha}_n| \tag{2.2.2}$$

证明：按第 j 列展开行列式 $D = |\boldsymbol{A}|$，则有

$$D = |\boldsymbol{A}| = \sum_{i=1}^{n} a_{ij}A_{ij} = \sum_{i=1}^{n}(b_{ij} + c_{ij})A_{ij} = \sum_{i=1}^{n} b_{ij}A_{ij} + \sum_{i=1}^{n} c_{ij}A_{ij} = D_1 + D_2$$

显然 $D_1 = \sum\limits_{i=1}^{n} b_{ij}A_{ij}$ 和 $D_2 = \sum\limits_{i=1}^{n} c_{ij}A_{ij}$ 分别是 $|\boldsymbol{B}|$ 和 $|\boldsymbol{C}|$ 按第 j 列的拉普拉斯展开式. 故结论成立. ■

倒过来看行列式的拆分变换，则是行列式的加法运算. 但是小明马上发现三个行列式除第 j 列不同外，其余的列则对应相同，看来**行列式的加法是按列(行)相加**. 这与矩阵加法的对应相加明显不同，因为行列式能够相加的两个矩阵必须“长得非常像”. 这也说明任意两个 n 阶方阵 $\boldsymbol{A}$，$\boldsymbol{B}$ 之和的行列式未必等于它们行列式的和，即

$$|\boldsymbol{A}+\boldsymbol{B}| \neq |\boldsymbol{A}| + |\boldsymbol{B}|$$

例如 $n = 2$ 时，若取 $\boldsymbol{A} = \boldsymbol{B} = \boldsymbol{I}$，有 $|\boldsymbol{A}| + |\boldsymbol{B}| = 2|\boldsymbol{I}| = 2$，而 $|\boldsymbol{A}+\boldsymbol{B}| = |2\boldsymbol{I}| = 4$.

定理 2.2.4（行列式的数乘变换）　将方阵 $\boldsymbol{A} = (a_{ij})$ 的第 j 列元素乘以数 k 后得到矩阵 $\boldsymbol{B} = (b_{ij})$，即 $b_{ik} = a_{ik}$ 及 $b_{ij} = ka_{ij}$ $(i, k = 1, 2, \cdots, n$ 且 $k \neq j)$，则

$$|\boldsymbol{B}| = k|\boldsymbol{A}|$$

即

$$\begin{vmatrix} a_{11} & \cdots & ka_{1j} & \cdots & a_{1n} \\ a_{21} & \cdots & ka_{2j} & \cdots & a_{2n} \\ \vdots & & \vdots & & \vdots \\ a_{n1} & \cdots & ka_{nj} & \cdots & a_{nn} \end{vmatrix} = k \begin{vmatrix} a_{11} & \cdots & a_{1j} & \cdots & a_{1n} \\ a_{21} & \cdots & a_{2j} & \cdots & a_{2n} \\ \vdots & & \vdots & & \vdots \\ a_{n1} & \cdots & a_{nj} & \cdots & a_{nn} \end{vmatrix} \tag{2.2.3}$$

也就是

$$|\boldsymbol{\alpha}_1, \cdots, \overset{\text{第}j\text{列}}{k\boldsymbol{\alpha}_j}, \cdots, \boldsymbol{\alpha}_n| = k|\boldsymbol{\alpha}_1, \cdots, \overset{\text{第}j\text{列}}{\boldsymbol{\alpha}_j}, \cdots, \boldsymbol{\alpha}_n| \tag{2.2.4}$$

证明：按第 j 列展开式(2.2.3)中左侧的行列式即可. ■

显然用数 k 乘行列式，等于用数 k 乘行列式的某一列中所有的元素. 这也意味着行列式中任何一列的公因子都可以提取到行列式外面(公因子外提). 另外同加法一样，**行列式的数乘也是按列(行)进行的**，这与矩阵数乘的阳光普照明显不同，说明 $|k\boldsymbol{A}| \neq k|\boldsymbol{A}|$. 例如 $n = 2$ 时，显然有 $|2\boldsymbol{I}| \neq 2|\boldsymbol{I}|$.

推论 2.2.1 对 n 阶方阵 $\boldsymbol{A}$,有 $|k\boldsymbol{A}|=k^n|\boldsymbol{A}|$.

证明: 显然 $|k\boldsymbol{A}|$ 的每一列都可以提取公因子 k.

定理 2.2.5(行列式的倍加变换,即行列式等值变形法则) 将方阵 $\boldsymbol{A}=(a_{ij})$ 的第 i 列元素乘以数 k 后加到第 j 列的对应位置,得到矩阵 $\boldsymbol{B}=(b_{ij})$,即 $b_{st}=a_{st}$ 及 $b_{sj}=ka_{si}+a_{sj}(s, t=1, 2, \cdots, n$ 且 $t\neq j)$,则

$$|\boldsymbol{B}|=|\boldsymbol{A}|$$

即

$$\begin{vmatrix} a_{11} & \cdots & a_{1i} & \cdots & a_{1j}+ka_{1i} & \cdots & a_{1n} \\ a_{21} & \cdots & a_{2i} & \cdots & a_{2j}+ka_{2i} & \cdots & a_{2n} \\ \vdots & & \vdots & & \vdots & & \vdots \\ a_{n1} & \cdots & a_{ni} & \cdots & a_{nj}+ka_{ni} & \cdots & a_{nn} \end{vmatrix}=\begin{vmatrix} a_{11} & \cdots & a_{1i} & \cdots & a_{1j} & \cdots & a_{1n} \\ a_{21} & \cdots & a_{2i} & \cdots & a_{2j} & \cdots & a_{2n} \\ \vdots & & \vdots & & \vdots & & \vdots \\ a_{n1} & \cdots & a_{ni} & \cdots & a_{nj} & \cdots & a_{nn} \end{vmatrix}$$

也就是

$$|\boldsymbol{\alpha}_1, \cdots, \overset{\text{第}i\text{列}}{\boldsymbol{\alpha}_i}, \cdots, \overset{\text{第}j\text{列}}{k\boldsymbol{\alpha}_i+\boldsymbol{\alpha}_j}, \cdots, \boldsymbol{\alpha}_n|=|\boldsymbol{\alpha}_1, \cdots, \overset{\text{第}i\text{列}}{\boldsymbol{\alpha}_i}, \cdots, \overset{\text{第}j\text{列}}{\boldsymbol{\alpha}_j}, \cdots, \boldsymbol{\alpha}_n| \tag{2.2.5}$$

证明: 根据定理 2.2.2 和定理 2.2.3,有

$$\begin{aligned} & |\boldsymbol{\alpha}_1, \cdots, \boldsymbol{\alpha}_i, \cdots, k\boldsymbol{\alpha}_i+\boldsymbol{\alpha}_j, \cdots, \boldsymbol{\alpha}_n| \\ =& |\boldsymbol{\alpha}_1, \cdots, \boldsymbol{\alpha}_i, \cdots, k\boldsymbol{\alpha}_i, \cdots, \boldsymbol{\alpha}_n|+|\boldsymbol{\alpha}_1, \cdots, \boldsymbol{\alpha}_i, \cdots, \boldsymbol{\alpha}_j, \cdots, \boldsymbol{\alpha}_n| \\ =& 0+|\boldsymbol{\alpha}_1, \cdots, \boldsymbol{\alpha}_i, \cdots, \boldsymbol{\alpha}_j, \cdots, \boldsymbol{\alpha}_n|=|\boldsymbol{\alpha}_1, \cdots, \boldsymbol{\alpha}_i, \cdots, \boldsymbol{\alpha}_j, \cdots, \boldsymbol{\alpha}_n| \end{aligned}$$

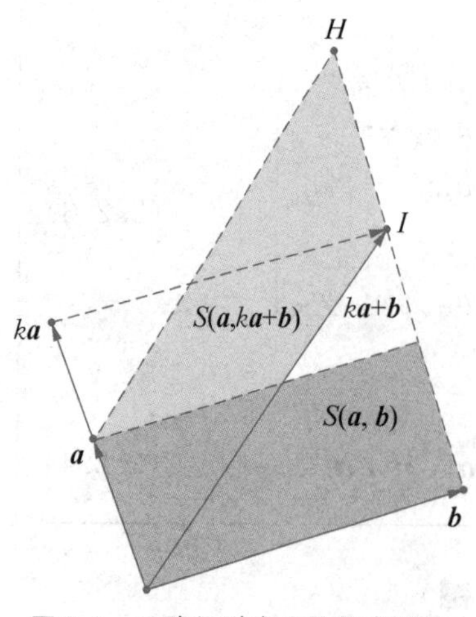

图 2.5 二阶行列式的等值变形法则: 平行四边形同底等高

把行列式某一列(行)各元素的 k 倍加到另一列(行)的对应元素上去,行列式的值居然不变! 小明觉得这个性质有点匪夷所思,难以理解. 借助于文献[23]中给出的丰富几何阐释,他明白了平行四边形的同底等高现象,原来就是等值变形法则在二阶行列式上的表现. 如图 2.5,记列向量 $\boldsymbol{a}=(a_1, a_2)^T$, $\boldsymbol{b}=(b_1, b_2)^T$,以它们为邻边的平行四边形的有向面积为 $S(\boldsymbol{a}, \boldsymbol{b})$. 显然

$$S(\boldsymbol{a}, \boldsymbol{b})=S(\boldsymbol{a}, k\boldsymbol{a}+\boldsymbol{b}), \text{即} \begin{vmatrix} a_1 & b_1 \\ a_2 & b_2 \end{vmatrix}=\begin{vmatrix} a_1 & ka_1+b_1 \\ a_2 & ka_2+b_2 \end{vmatrix}$$

说明把二阶行列式一列(行)的 k 倍加到另一列(行)的操作,实际上就是对原平行四边形做了一次**剪切变换**(shear transformation).

至于三阶行列式,如图 2.6 所示,图中两个平行六面体同底等高,而且正方向相同,因此它们的有向体积相同,即

$$V(\boldsymbol{a},\ \boldsymbol{b},\ \boldsymbol{c})=V(\boldsymbol{a},\ \boldsymbol{b},\ k\boldsymbol{a}+\boldsymbol{c}),\text{即}\begin{vmatrix} a_1 & b_1 & c_1 \\ a_2 & b_2 & c_2 \\ a_3 & b_3 & c_3 \end{vmatrix}=\begin{vmatrix} a_1 & b_1 & ka_1+c_1 \\ a_2 & b_2 & ka_2+c_2 \\ a_3 & b_3 & ka_3+c_3 \end{vmatrix}$$

因此把三阶行列式一列的 k 倍加到另一列的操作，实际上就是对原平行六面体做了一次剪切变换. 常用的比喻就是把平行六面体想象成一摞书，那么图中的剪切就相当于用大力神掌自右向左推这摞书. 由于受力不同，越靠近顶部的地方，向左移动的距离越大，越靠近底部的地方，向左移动的距离越小. 好吧，这武功也忒厉害了，居然改变了这摞书的倾斜方向.

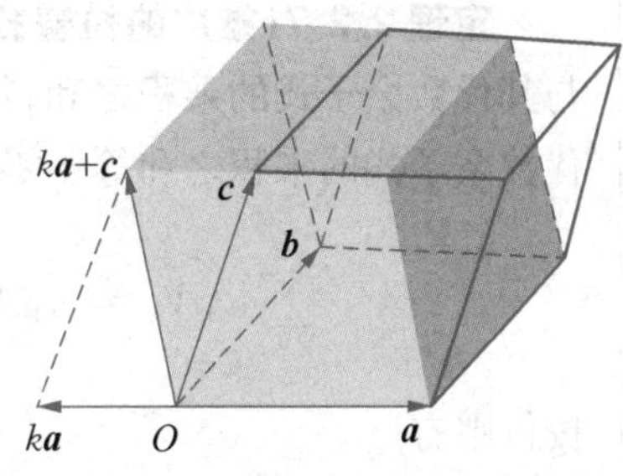

图 2.6 三阶行列式的等值变形法则：平行六面体同底等高

定理 2.2.6(行列式的对换变换) 将方阵 $\boldsymbol{A}=(a_{ij})$ 的第 i 列元素与第 j 列对换，得到矩阵 $\boldsymbol{B}=(b_{ij})$，即 $b_{st}=a_{st}$，$b_{si}=a_{sj}$，$b_{sj}=a_{si}(s,\ t=1,\ 2,\ \cdots,\ n$ 且 $t\neq i,\ j)$，则

$$|\boldsymbol{B}|=-|\boldsymbol{A}|$$

即

$$\begin{vmatrix} a_{11} & \cdots & a_{1j} & \cdots & a_{1i} & \cdots & a_{1n} \\ a_{21} & \cdots & a_{2j} & \cdots & a_{2i} & \cdots & a_{2n} \\ \vdots & & \vdots & & \vdots & & \vdots \\ a_{n1} & \cdots & a_{nj} & \cdots & a_{ni} & \cdots & a_{nn} \end{vmatrix}=-\begin{vmatrix} a_{11} & \cdots & a_{1i} & \cdots & a_{1j} & \cdots & a_{1n} \\ a_{21} & \cdots & a_{2i} & \cdots & a_{2j} & \cdots & a_{2n} \\ \vdots & & \vdots & & \vdots & & \vdots \\ a_{n1} & \cdots & a_{ni} & \cdots & a_{nj} & \cdots & a_{nn} \end{vmatrix}$$

也就是

$$|\boldsymbol{\alpha}_1,\ \cdots,\ \overset{\text{第}i\text{列}}{\boldsymbol{\alpha}_j},\ \cdots,\ \overset{\text{第}j\text{列}}{\boldsymbol{\alpha}_i},\ \cdots,\ \boldsymbol{\alpha}_n|=-|\boldsymbol{\alpha}_1,\ \cdots,\ \overset{\text{第}i\text{列}}{\boldsymbol{\alpha}_i},\ \cdots,\ \overset{\text{第}j\text{列}}{\boldsymbol{\alpha}_j},\ \cdots,\ \boldsymbol{\alpha}_n| \tag{2.2.6}$$

证明：根据定理 2.2.4 和定理 2.2.5，有

$$\begin{aligned} |\boldsymbol{B}| &\overset{c_{ij}(1)}{=} |\boldsymbol{\alpha}_1,\ \cdots,\ \boldsymbol{\alpha}_j,\ \cdots,\ \boldsymbol{\alpha}_j+\boldsymbol{\alpha}_i,\ \cdots,\ \boldsymbol{\alpha}_n| \\ &\overset{c_{ji}(-1)}{=} |\boldsymbol{\alpha}_1,\ \cdots,\ -\boldsymbol{\alpha}_i,\ \cdots,\ \boldsymbol{\alpha}_j+\boldsymbol{\alpha}_i,\ \cdots,\ \boldsymbol{\alpha}_n| \overset{c_{ij}(1)}{=} |\boldsymbol{\alpha}_1,\ \cdots,\ -\boldsymbol{\alpha}_i,\ \cdots,\ \boldsymbol{\alpha}_j,\ \cdots,\ \boldsymbol{\alpha}_n| \\ &=-|\boldsymbol{\alpha}_1,\ \cdots,\ \boldsymbol{\alpha}_i,\ \cdots,\ \boldsymbol{\alpha}_j,\ \cdots,\ \boldsymbol{\alpha}_n|=-|\boldsymbol{A}|\ (\text{公因子外提}) \end{aligned}$$

其中的记号 $c_{ij}(k)$ 表示将行列式的第 i 列乘以 k 后加到第 j 列.

行列式的对换变换说明对换行列式任意两列(行)的对应元素，行列式要变号. 这显然与奇偶排列有关，说明对换会改变排列 σ 的奇偶性.

行列式的对换变换、数乘变换和倍加变换统称为**行列式的初等变换**. 小明发现行列式的对换变换和转置变换一样，仅仅改变了元素的位置，只有倍加变换，能够改变目标位置

上的元素值. 在对行列式$|\boldsymbol{A}|$执行倍加变换 $r_{ij}(k)$时,第 i 行元素不变,而第 j 行元素发生改变. 这说明倍加变换是"整容"的核心技术.

定理 2.2.7(推广的拉普拉斯展开定理) 行列式等于它任意一列(行)的各元素与其代数余子式的乘积之和;行列式任意一列(行)的各元素与另一列(行)对应元素的代数余子式的乘积之和等于零. 即对任意方阵 $\boldsymbol{A}=(a_{ij})$,按列有

$$\sum_{k=1}^{n} a_{ki}A_{kj} = a_{1i}A_{1j} + a_{2i}A_{2j} + \cdots + a_{ni}A_{nj} = \begin{cases} D, & i=j \\ 0, & i \neq j \end{cases} \tag{2.2.7}$$

按行则有

$$\sum_{k=1}^{n} a_{ik}A_{jk} = a_{i1}A_{j1} + a_{i2}A_{j2} + \cdots + a_{in}A_{jn} = \begin{cases} D, & i=j \\ 0, & i \neq j \end{cases} \tag{2.2.8}$$

证明: 构造矩阵 $\boldsymbol{B}=(b_{ij})$,其中 $b_{ki}=a_{ki}$, $b_{kj}=a_{ki}(i, k=1, 2, \cdots, n$ 且 $i \neq j)$,即矩阵 $\boldsymbol{B}=(b_{ij})$ 的第 j 列与第 i 列对应相等,显然由定理 2.2.2 可知 $|\boldsymbol{B}|=0$. 再按第 j 列展开 $|\boldsymbol{B}|$,并注意到此时 $\boldsymbol{B}$ 的代数余子式 B_{kj} 就是 $\boldsymbol{A}$ 的代数余子式 A_{kj},则 $0=|\boldsymbol{B}|=\sum_{k=1}^{n} b_{kj}B_{kj} = \sum_{k=1}^{n} a_{ki}A_{kj}$. 结合拉普拉斯展开定理,可知式(2.2.7) 成立. 同理可证式(2.2.8) 成立. ■

定理 2.2.8(块三角矩阵的行列式) 对块下三角阵 $\boldsymbol{L}=\begin{pmatrix} \boldsymbol{A} & \boldsymbol{O} \\ \boldsymbol{D} & \boldsymbol{B} \end{pmatrix}$和块上三角阵 $\boldsymbol{U}=\begin{pmatrix} \boldsymbol{A} & \boldsymbol{C} \\ \boldsymbol{O} & \boldsymbol{B} \end{pmatrix}$,其中 $\boldsymbol{A}$ 是 n 阶方阵,$\boldsymbol{B}$ 是 m 阶方阵,有

$$|\boldsymbol{L}|=|\boldsymbol{U}|=|\boldsymbol{A}||\boldsymbol{B}| \tag{2.2.9}$$

特别地,块对角矩阵的行列式为

$$\begin{vmatrix} \boldsymbol{A} & \boldsymbol{O} \\ \boldsymbol{O} & \boldsymbol{B} \end{vmatrix} = |\boldsymbol{A}||\boldsymbol{B}| \tag{2.2.10}$$

块次对角矩阵的行列式为

$$\begin{vmatrix} \boldsymbol{O} & \boldsymbol{A} \\ \boldsymbol{B} & \boldsymbol{O} \end{vmatrix} = (-1)^{mn}|\boldsymbol{A}||\boldsymbol{B}| \tag{2.2.11}$$

思考 能否用转置变换证明式(2.2.11)? 为什么?

定理 2.2.9(柯西定理) 矩阵乘积的行列式等于它们行列式的乘积. 即对 n 阶方阵 $\boldsymbol{A}$, $\boldsymbol{B}$,有

$$|\boldsymbol{AB}|=|\boldsymbol{A}||\boldsymbol{B}| \tag{2.2.12}$$

若先计算 $\boldsymbol{AB}$,再计算 $|\boldsymbol{AB}|$,显然运算量较大,利用柯西定理,则可分别计算 $|\boldsymbol{A}|$ 和 $|\boldsymbol{B}|$,再把它们相乘,相当简便. 看来发现这个定理的法国数学家柯西(Augustin Louis Cauchy, 1789—1857)才是个超级大牛! 事实上,柯西于 1821 年出版的《分析教程》铸就了 19 世纪微积分教程的标准和典范. 据说他写了如此之多的高水平文章,以至于当时的法国科学院学报只好出台政策,强行限制任何个人发表文章的数量,否则学报就会"沦落"为柯西的个人文集. 柯西在 1815 年首次系统地处理了行列式理论,给出了柯西定理,证明了克莱姆法则,并使用术语"determinant(行列式)"及缩写记号$(a_{1,n})$来表示矩阵(他称为"symmetic system"). 可以说他才是行列式理论最终的创始人,现在大学教材中许多有关行列式的结果都归功于他.

定理 2.2.10(矩阵幂的行列式) 方阵 $\boldsymbol{A}$ 的 k 次幂的行列式等于其行列式的 k 次幂,即

$$|\boldsymbol{A}^k|=|\boldsymbol{A}|^k \tag{2.2.13}$$

这里 $k\geqslant 0$ 为自然数. 特别地,当 $\boldsymbol{A}$ 可逆时,k 可以取负整数,且有

$$|\boldsymbol{A}^{-1}|=|\boldsymbol{A}|^{-1} \tag{2.2.14}$$

证明: 显然对任意自然数 k,根据柯西定理,有 $|\boldsymbol{A}^k|=|\boldsymbol{AA}\cdots\boldsymbol{A}|=|\boldsymbol{A}|^k$.

当 $\boldsymbol{A}$ 可逆时,成立 $\boldsymbol{AA}^{-1}=\boldsymbol{I}$. 两边求行列式,并利用柯西定理,则有

$$|\boldsymbol{AA}^{-1}|=|\boldsymbol{A}||\boldsymbol{A}^{-1}|=|\boldsymbol{I}|=1,\text{即 } |\boldsymbol{A}^{-1}|=|\boldsymbol{A}|^{-1}$$

对任意负整数 k,递推可知仍然有 $|\boldsymbol{A}^k|=|\boldsymbol{A}|^k$. ■

定理 2.2.11(四分块矩阵的行列式) 对于四分块矩阵$\begin{pmatrix}\boldsymbol{A} & \boldsymbol{B}\\ \boldsymbol{C} & \boldsymbol{D}\end{pmatrix}$,其中 $\boldsymbol{A}$, $\boldsymbol{D}$ 分别为 n 阶和 m 阶方阵. 当 $\boldsymbol{A}$ 可逆时,有

$$\begin{vmatrix}\boldsymbol{A} & \boldsymbol{B}\\ \boldsymbol{C} & \boldsymbol{D}\end{vmatrix}=|\boldsymbol{A}||\boldsymbol{D}-\boldsymbol{CA}^{-1}\boldsymbol{B}| \tag{2.2.15}$$

当 $\boldsymbol{D}$ 可逆时,则有

$$\begin{vmatrix}\boldsymbol{A} & \boldsymbol{B}\\ \boldsymbol{C} & \boldsymbol{D}\end{vmatrix}=|\boldsymbol{D}||\boldsymbol{A}-\boldsymbol{BD}^{-1}\boldsymbol{C}| \tag{2.2.16}$$

证明：当 $\boldsymbol{A}$ 可逆时，注意到等式

$$\begin{pmatrix} \boldsymbol{A} & \boldsymbol{B} \\ \boldsymbol{C} & \boldsymbol{D} \end{pmatrix} = \begin{pmatrix} \boldsymbol{A} & \boldsymbol{O} \\ \boldsymbol{C} & \boldsymbol{D}-\boldsymbol{C}\boldsymbol{A}^{-1}\boldsymbol{B} \end{pmatrix} \begin{pmatrix} \boldsymbol{I} & \boldsymbol{A}^{-1}\boldsymbol{B} \\ \boldsymbol{O} & \boldsymbol{I} \end{pmatrix}$$

两边求行列式，并根据柯西定理和定理 2.2.8 以及 $|\boldsymbol{I}|=1$，可知式(2.2.15)成立.

类似地，当 $\boldsymbol{D}$ 可逆时，注意到等式

$$\begin{pmatrix} \boldsymbol{A} & \boldsymbol{B} \\ \boldsymbol{C} & \boldsymbol{D} \end{pmatrix} = \begin{pmatrix} \boldsymbol{A}-\boldsymbol{B}\boldsymbol{D}^{-1}\boldsymbol{C} & \boldsymbol{B} \\ \boldsymbol{O} & \boldsymbol{D} \end{pmatrix} \begin{pmatrix} \boldsymbol{I} & \boldsymbol{O} \\ \boldsymbol{D}^{-1}\boldsymbol{C} & \boldsymbol{I} \end{pmatrix}$$

可知式(2.2.16)也成立. ■

思考 行列式的性质显然都是以拉普拉斯展开定理为理论依据，这说明行列式女王严重依赖拉普拉斯勋爵. 问题是展开定理天生是个“NP 完全问题”，正如拉普拉斯勋爵政治上的墙头草特性，这对行列式以及行列式王国又会有何影响？

2.2.2 行列式的计算

拉普拉斯展开定理和上述的各种性质，显然给行列式的计算提供了两种典型思路：其一是**转化法**，即寻找高阶行列式与低阶行列式之间的递推关系，将高阶行列式的计算转化为低阶行列式的计算；其二是**变换法**，即将一般行列式变换为特殊行列式. 小明知道，转化法一般要求行列式天生丽质，这个后天难以强求，因此对于 N 多的各种行列式，通过变换成诸如三角行列式这样的特殊行列式，不失为一种现实的选择.

例 2.2.1 计算行列式 $D=\begin{vmatrix} 1 & -5 & 3 & -4 \\ 0 & 2 & 1 & -1 \\ 1 & 3 & -1 & 2 \\ -5 & 1 & 3 & -3 \end{vmatrix}$.

解：$D \xlongequal[r_{14}(5)]{r_{13}(-1)} \begin{vmatrix} 1 & -5 & 3 & -4 \\ 0 & 2 & 1 & -1 \\ 0 & 8 & -4 & 6 \\ 0 & -24 & 18 & -23 \end{vmatrix} \xlongequal[r_{24}(12)]{r_{23}(-4)} \begin{vmatrix} 1 & -5 & 3 & -4 \\ 0 & 2 & 1 & -1 \\ 0 & 0 & -8 & 10 \\ 0 & 0 & 30 & -25 \end{vmatrix}$

$\xlongequal{r_{34}\left(\frac{30}{8}\right)} \begin{vmatrix} 1 & -5 & 3 & -4 \\ 0 & 2 & 1 & -1 \\ 0 & 0 & -8 & 10 \\ 0 & 0 & 0 & 25/2 \end{vmatrix}$

$=1\times 2\times(-8)\times(25/2)=-200$

其中 $r_{13}(-1)$ 表示将第 1 行的 -1 倍加到第 3 行，其他以此类推.

与例 2.1.4 中强行使用拉普拉斯展开定理不同的是，这里通过不断实施倍加变换这种“造零术”，最终将长得还算对得起观众的女汉子打造成一位绝代佳人. 当然，如何变换或曰“整容”，可谓“法无定法”，需要根据女汉子的不同特质，采用不同的手术方案，从而确定正确的打开方式. 毕竟不是人人都能整成现代版西施，如果一昧蛮干整出个东施，那就

只能展示效颦的风姿了.

例 2.2.2　求行列式 $D=\begin{vmatrix} 1 & 1 & 1 & 1 \\ b+c & a & b & c \\ c+a & b & c & a \\ a+b & c & a & b \end{vmatrix}$.

分析：小明首先注意到第一行全为 1，于是将第 1 列的 -1 倍加到其余三列，然后按第 1 行展开. 可是接下来他发现需要计算的余子式虽然只有三阶，但计算却比较复杂. 进一步观察，他发现第 1 列明显与其他列不同，仔细审视后他终于发现：第 1 列的元素除常数外，都是第 3 列与第 4 列对应元素的和. 这才是打开这个行列式的正确方式.

解法一：手工计算.

$$D \xlongequal[c_{41}(-1)]{c_{31}(-1)} \begin{vmatrix} -1 & 1 & 1 & 1 \\ 0 & a & b & c \\ 0 & b & c & a \\ 0 & c & a & b \end{vmatrix} = (-1)\begin{vmatrix} a & b & c \\ b & c & a \\ c & a & b \end{vmatrix}$$

$$= a^3+b^3+c^3-3abc\text{（对角线法则）}$$

这里的 $c_{31}(-1)$ 表示表示将第 3 列的 -1 倍加到第 1 列，其他以此类推.

解法二：MATLAB 计算.（文件名为 ex2202.m）

```
syms  a  b  c  % 声明符号变量 a,b,c
A=[1,1,1,1;b+c,a,b,c;c+a,b,c,a;a+b,c,a,b]
D=det (A)
```

例 2.2.3　求行列式 $D=\begin{vmatrix} a-b & b-c & c-a \\ c-a & a-b & b-c \\ b-c & c-a & a-b \end{vmatrix}$.

分析：例 2.1.2 中已算得结果为 0，但那里使用的对角线法则适用于任何三阶行列式，根本没有考虑这个行列式的奥义所在. 小明注意到此行列式的轮换性，即各行（列）始终是三个元素在轮换，尽管它们的位置不同，但相加汇总后完全相同，而且都是零. 这才是打开这个行列式的最佳方式.

解：$D \xlongequal{c_{21}(1),\ c_{31}(1)} \begin{vmatrix} 0 & b-c & c-a \\ 0 & a-b & b-c \\ 0 & c-a & a-b \end{vmatrix} = 0.$

例 2.2.4　求 n 阶行列式 $D_n=\begin{vmatrix} x & a & a & \cdots & a \\ a & x & a & \cdots & a \\ a & a & x & \cdots & a \\ \vdots & \vdots & \vdots & \ddots & \vdots \\ a & a & a & \cdots & x \end{vmatrix}$.

解法一：先化成爪形，再化三角.

先将第 1 行的 -1 倍依次加到第 2, …, n 行，即得**爪形**（⌈↖）**行列式**

$$D_n=\begin{vmatrix} x & a & a & \cdots & a \\ a-x & x-a & 0 & \cdots & 0 \\ a-x & 0 & x-a & \cdots & 0 \\ \vdots & \vdots & \vdots & \ddots & \vdots \\ a-x & 0 & 0 & \cdots & x-a \end{vmatrix}$$

再将第 2, …, n 列依次加到第 1 列,可得上三角行列式

$$D_n=\begin{vmatrix} x+(n-1)a & a & a & \cdots & a \\ 0 & x-a & 0 & \cdots & 0 \\ 0 & 0 & x-a & \cdots & 0 \\ \vdots & \vdots & \vdots & \ddots & \vdots \\ 0 & 0 & 0 & \cdots & x-a \end{vmatrix}=[x+(n-1)a](x-a)^{n-1}$$

解法二:先汇总,再化三角.

注意到各行所有元素之和相等,故先将第 2, …, n 列依次加到第 1 列,并提出公因子,得

$$D_n=\begin{vmatrix} x+(n-1)a & a & a & \cdots & a \\ x+(n-1)a & x & a & \cdots & a \\ x+(n-1)a & a & x & \cdots & a \\ \vdots & \vdots & \vdots & \ddots & \vdots \\ x+(n-1)a & a & a & \cdots & x \end{vmatrix}=[x+(n-1)a]\begin{vmatrix} 1 & a & a & \cdots & a \\ 1 & x & a & \cdots & a \\ 1 & a & x & \cdots & a \\ \vdots & \vdots & \vdots & \ddots & \vdots \\ 1 & a & a & \cdots & x \end{vmatrix}$$

再将第 1 行的 -1 倍依次加到第 2, …, n 行,即得

$$D_n=[x+(n-1)a]\begin{vmatrix} 1 & a & a & \cdots & a \\ 0 & x-a & 0 & \cdots & 0 \\ 0 & 0 & x-a & \cdots & 0 \\ \vdots & \vdots & \vdots & \ddots & \vdots \\ 0 & 0 & 0 & \cdots & x-a \end{vmatrix}=[x+(n-1)a](x-a)^{n-1}$$

解法三:先拆分,再递推.

按第 1 列将 D_n 拆分成两个行列式,再将第二个行列式第 1 行的 -1 倍依次加到第 2, …, n 行,即

$$D_n=\begin{vmatrix} x-a & a & a & \cdots & a \\ 0 & x & a & \cdots & a \\ 0 & a & x & \cdots & a \\ \vdots & \vdots & \vdots & \ddots & \vdots \\ 0 & a & a & \cdots & x \end{vmatrix}+\begin{vmatrix} a & a & a & \cdots & a \\ a & x & a & \cdots & a \\ a & a & x & \cdots & a \\ \vdots & \vdots & \vdots & \ddots & \vdots \\ a & a & a & \cdots & x \end{vmatrix}$$

$$= (x-a)D_{n-1} + \begin{vmatrix} a & a & a & \cdots & a \\ 0 & x-a & 0 & \cdots & 0 \\ 0 & 0 & x-a & \cdots & 0 \\ \vdots & \vdots & \vdots & \ddots & \vdots \\ 0 & 0 & 0 & \cdots & x-a \end{vmatrix}$$

于是有递推公式

$$D_n = (x-a)D_{n-1} + a(x-a)^{n-1},\ n = 2,\ 3,\ \cdots,\ D_1 = x$$

反复使用这个递推公式,可得

$$\begin{aligned} D_n &= (x-a)[(x-a)D_{n-2} + a(x-a)^{n-2}] + a(x-a)^{n-1} \\ &= (x-a)^2 D_{n-2} + 2a(x-a)^{n-1} = \cdots = (x-a)^{n-1}D_1 + (n-1)a(x-a)^{n-1} \\ &= (x-a)^{n-1}x + (n-1)a(x-a)^{n-1} = [x+(n-1)a](x-a)^{n-1} \end{aligned}$$

解法四:加边法.

当 $x = a$ 时,显然 $D_n = 0$. 当 $x \neq a$ 时,有

$$D_n = \begin{vmatrix} 1 & 0 & 0 & \cdots & 0 \\ 1 & x & a & \cdots & a \\ 1 & a & x & \cdots & a \\ \vdots & \vdots & \vdots & \ddots & \vdots \\ 1 & a & a & \cdots & x \end{vmatrix}_{n+1} \xlongequal[j=2,\cdots,n+1]{c_{1j}(-a)} \begin{vmatrix} 1 & -a & -a & \cdots & -a \\ 1 & x-a & 0 & \cdots & 0 \\ 1 & 0 & x-a & \cdots & 0 \\ \vdots & \vdots & \vdots & \ddots & \vdots \\ 1 & 0 & 0 & \cdots & x-a \end{vmatrix}_{n+1}$$

$$\xlongequal[j=2,\cdots,n+1]{c_{j1}\left(\frac{-1}{x-a}\right)} \begin{vmatrix} 1+\dfrac{na}{x-a} & -a & -a & \cdots & -a \\ 0 & x-a & 0 & \cdots & 0 \\ 0 & 0 & x-a & \cdots & 0 \\ \vdots & \vdots & \vdots & \ddots & \vdots \\ 0 & 0 & 0 & \cdots & x-a \end{vmatrix}_{n+1}$$

$$= \left(1+\frac{na}{x-a}\right)(x-a)^n = [x+(n-1)a](x-a)^{n-1}$$

解法五:MATLAB 计算.(文件名为 ex2204. m)

```
syms  x  a
n=input('n=');
A=a*ones (n);                % 先定骨架
I=eye (n);A=A+ (x-a) *I      % 再调整对角线元素
D=det (A)                    % 算得的 D 是 n 次多项式
D=factor (D)                 % 表示成因式分解的形式
```

如果说前面的例 2.2.1 和 2.2.2 只是单手开弓,因为前者只使用了行变换,后者只使用了列变换,那么本题的解法一和解法二则充分利用了行列式计算可以"**左右开弓**"的特性. 解法一中先化出爪形行列式,因为再将爪形行列式的各列的适当倍数都加到第一列,就能进一步将之化为三角行列式;解法二则充分利用了各行所有元素之和均相等这个特性,因此将它

们汇总后，就可以提取公因子，得到全 1 列；解法三中，对拆分得到的第二个行列式也使用了化三角技术；最让人脑洞大开的是解法四这种加边法：人家都在辛辛苦苦降阶，它却采用反其道而行之的逆向思维！小明联想到高等数学中求多元函数条件极值的拉格朗日乘子法，采用的也是类似的增元策略. 这样的方法果然独出机杼，只能被模仿，难以被超越.

例 2.2.5(X 形行列式) 求六阶行列式 $D_6 = \begin{vmatrix} a & & & & & b \\ & a & & & b & \\ & & a & b & & \\ & & c & d & & \\ & c & & & d & \\ c & & & & & d \end{vmatrix}$.

解法一：化三角.

小明发现如果能够消去 X 形行列式的半条对角线，它显然就变成了三角行列式.

当 $a \neq 0$ 时，依次将第 1, 2, 3 行的 $-\frac{c}{a}$ 倍分别加到第 6, 5, 4 行，并记 $t = d - \frac{bc}{a}$，即得

$$D_6 = \begin{vmatrix} a & & & & & b \\ & a & & & b & \\ & & a & b & & \\ & & 0 & t & & \\ & 0 & & & t & \\ 0 & & & & & t \end{vmatrix} = a^3 t^3 = a^3\left(d - \frac{bc}{a}\right)^3 = (ad - bc)^3$$

当 $a = 0$ 时，行列式退化为右三角行列式，按公式(2.1.19)，并注意到 $ad = 0$，则有

$$D_6 = (-1)^{\frac{6(6-1)}{2}} b^3 c^3 = (0 - bc)^3 = (ad - bc)^3$$

综合上述，可知 $D_6 = (ad - bc)^3$.

解法二：乾坤大挪移.

小明注意到六阶行列式中包含三个同心圆(乾坤圈)，如图 2.7(1)所示. 如果能够抽取出最里面的乾坤圈，那么外侧的两个乾坤圈自然会向内收缩，结果如图 2.7(2)所示. 这也可以理解成外面的乾坤圈向内收缩，自然会挤出最里面的那个乾坤圈. 继续这个过程，可以把它们变成三个依次摆放的乾坤圈，如图 2.7(3)所示.

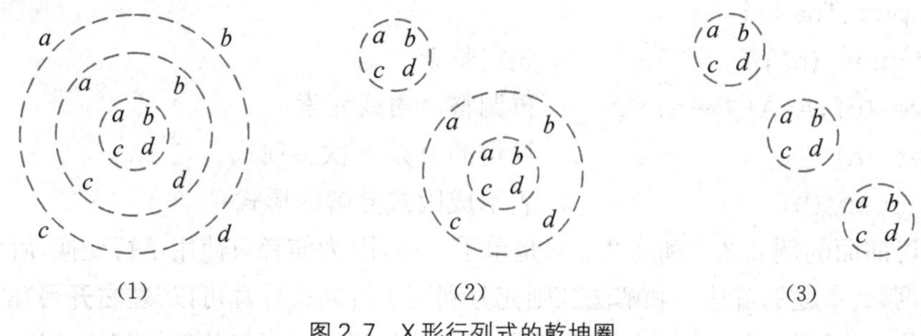

图 2.7　X 形行列式的乾坤圈

先将第 6 列依次与第 5 列、第 4 列、…、第 2 列交换，然后将第 6 行依次第 5 行、第 4

行、…、第 2 行交换(活脱脱的乾坤大挪移)，并注意到交换总次数为偶数，则有

$$D_6 = \begin{vmatrix} a & b & & & & \\ c & d & & & & \\ & & a & & & b \\ & & & a & b & \\ & & & c & d & \\ & & c & & & d \end{vmatrix}$$

继续上述的乾坤大挪移. 先将第 6 列依次第 5 列、第 4 列交换，将第 6 行依次第 5 行、第 4 行交换. 显然交换总次数仍为偶数. 记 $\boldsymbol{A} = \begin{pmatrix} a & b \\ c & d \end{pmatrix}$，并注意到块对角矩阵的行列式公式(2.2.10)，则

$$D_6 = \begin{vmatrix} a & b & & & & \\ c & d & & & & \\ & & a & b & & \\ & & c & d & & \\ & & & & a & b \\ & & & & c & d \end{vmatrix} = \begin{vmatrix} \boldsymbol{A} & & \\ & \boldsymbol{A} & \\ & & \boldsymbol{A} \end{vmatrix} = |\boldsymbol{A}|^3 = (ad-bc)^3$$

显然上述乾坤大挪移之术可推广至下面的 $2n$ 阶 X 形行列式 D_{2n}，即有

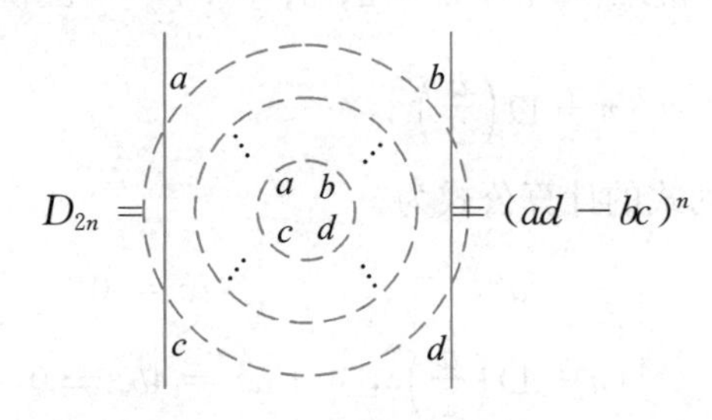

解法三：MATLAB 计算. (文件名为 ex2205. m)

```
syms  a  b  c  d    % 声明符号变量 a,b,c,d
syms  n
n=input('输入非负整数 n=');
A11=a*eye(n); A22=d*eye(n);   % 生成对角块
I=eye(n);J=fliplr(I);         % 内置函数 fliplr 左右翻转矩阵
A12=b*J;A21=c*J;              % 生成次对角块
A=[A11,A12;A21,A22];          % 生成 2n 阶 X 形矩阵
D=det(A)
```

例 2.2.6(三对角行列式)　**三对角矩阵 $\boldsymbol{A}$** 的行列式 D_n 称为**三对角行列式**，其中

$$\boldsymbol{A} = \boldsymbol{A}(a,b,c) = \begin{pmatrix} a & b & & & \\ c & a & b & & \\ & \ddots & \ddots & \ddots & \\ & & c & a & b \\ & & & c & a \end{pmatrix}_{n\times n}, \quad D_n = |\boldsymbol{A}| = \begin{vmatrix} a & b & & & \\ c & a & b & & \\ & \ddots & \ddots & \ddots & \\ & & c & a & b \\ & & & c & a \end{vmatrix}$$

试求三对角行列式 D_n 的计算公式.

解：显然 $D_1 = a$，$D_2 = a^2 - bc$. 按第一行展开三对角行列式 D_n，可得递推公式

$$D_n = aD_{n-1} - bcD_{n-2}, \ n = 3, 4, \cdots \tag{2.2.17}$$

当 $bc = 0$ 时，有 $D_n = aD_{n-1} = \cdots = a^{n-1}D_1 = a^n$.

当 $bc \neq 0$ 时，令 $x^2 - ax + bc = (x-u)(x-v)$，则有 $u+v = a$，$uv = bc$. 由递推公式(2.2.17)，进而可知

$$U_n \equiv D_n - uD_{n-1} = vD_{n-1} - uvD_{n-2} = vU_{n-1}, \ V_n \equiv D_n - vD_{n-1} = uD_{n-1} - uvD_{n-2} = uV_{n-1}$$

且 $U_2 = D_2 - uD_1 = a^2 - bc - au = v^2$，$V_2 = D_2 - vD_1 = a^2 - bc - av = u^2$，因此

$$U_n = vU_{n-1} = \cdots = v^{n-2}U_2 = v^n, \ V_n = uV_{n-1} = \cdots = u^{n-2}V_2 = u^n$$

即

$$D_n - uD_{n-1} = v^n, \ D_n - vD_{n-1} = u^n, \ n = 2, 3, \cdots$$

因此当 $u \neq v$ 即 $a^2 \neq 4bc$ 时，有 $D_n = \dfrac{u^{n+1} - v^{n+1}}{u - v}$；当 $u = v$ 即 $a^2 = 4bc$ 时，有

$$D_n = uD_{n-1} + u^n, \ n = 2, 3, \cdots, \ D_1 = a = 2u$$

递推可知 $D_n = (n+1)u^n = (n+1)\left(\dfrac{a}{2}\right)^n$.

综上可知，三对角行列式的计算公式为

$$D_n = \begin{cases} a^n, & bc = 0 \\ (n+1)\left(\dfrac{a}{2}\right)^n, & a^2 = 4bc \neq 0 \\ \dfrac{u^{n+1} - v^{n+1}}{u - v}, & bc \neq 0 \text{ 且 } a^2 \neq 4bc \end{cases} \tag{2.2.18}$$

其中 $u = \dfrac{a + \sqrt{a^2 - 4bc}}{2}$，$v = \dfrac{a - \sqrt{a^2 - 4bc}}{2}$.

解法三：MATLAB 计算.（文件名为 ex2206. m）

```
syms  a  b  c  n
n=input('输入非负整数 n=');
% 调用自定义函数 TriD,详见附录 A 的例 A.13
TriA=TriD(a,b,c,n)  % 生成三对角矩阵
D=det(TriA)         % 结果为多项式形式
D=factor(D)         % 用因式分解形式表示结果
```

思考 为什么要研究三对角矩阵及其行列式，尤其是在三对角行列式的计算公式如此繁琐的情况之下？其意义何在？提示：请百度三对角矩阵和三次样条曲线.

例 2.2.7 设 4 阶方阵 $\boldsymbol{A} = (\boldsymbol{\alpha}, \boldsymbol{\gamma}_2, \boldsymbol{\gamma}_3, \boldsymbol{\gamma}_4)$，$\boldsymbol{B} = (\boldsymbol{\beta}, \boldsymbol{\gamma}_2, \boldsymbol{\gamma}_3, \boldsymbol{\gamma}_4)$ 且 $|\boldsymbol{A}| = 3$，$|\boldsymbol{B}| = -2$. 求行列式 $|\boldsymbol{A} + 2\boldsymbol{B}|$ 的值.

解：由于 $\boldsymbol{A}+2\boldsymbol{B}=(\boldsymbol{\alpha}, \boldsymbol{\gamma}_2, \boldsymbol{\gamma}_3, \boldsymbol{\gamma}_4)+(2\boldsymbol{\beta}, 2\boldsymbol{\gamma}_2, 2\boldsymbol{\gamma}_3, 2\boldsymbol{\gamma}_4)=(\boldsymbol{\alpha}+2\boldsymbol{\beta}, 3\boldsymbol{\gamma}_2, 3\boldsymbol{\gamma}_3, 3\boldsymbol{\gamma}_4)$，因此根据行列式的加法和数乘运算，即得

$$\begin{aligned} |\boldsymbol{A}+2\boldsymbol{B}| &= |\boldsymbol{\alpha}+2\boldsymbol{\beta}, 3\boldsymbol{\gamma}_2, 3\boldsymbol{\gamma}_3, 3\boldsymbol{\gamma}_4| = 27\,|\boldsymbol{\alpha}+2\boldsymbol{\beta}, \boldsymbol{\gamma}_2, \boldsymbol{\gamma}_3, \boldsymbol{\gamma}_4| \\ &= 27(|\boldsymbol{\alpha}, \boldsymbol{\gamma}_2, \boldsymbol{\gamma}_3, \boldsymbol{\gamma}_4|+2\,|\boldsymbol{\beta}, \boldsymbol{\gamma}_2, \boldsymbol{\gamma}_3, \boldsymbol{\gamma}_4|) = 27(3-2\times 2) = -27 \end{aligned}$$

2.3 行列式的应用

2.3.1 伴随矩阵求逆法

尽管已经被各种行列式绕得晕头转向，但小明好歹还记得自己孜孜以求的是矩阵求逆难题，毕竟这才是他要求取的真经. 他注意到，当 $\boldsymbol{A}$ 可逆时，由 $|\boldsymbol{A}||\boldsymbol{A}^{-1}|=1$ 可知 $|\boldsymbol{A}|\neq 0$，即可逆的矩阵，其行列式必不为零. 这个结论的逆命题是否成立?联想到二阶矩阵两调一除求逆公式的充要条件就是其行列式不为零，小明觉得这个逆命题成立应该是八九不离十，这样问题就转化为如何证明这个推断.

按照矩阵的观点重新审视式(2.2.7)和(2.2.8)，他发现它们的左侧都是矩阵 $\boldsymbol{A}=(a_{ij})$ 的各行(列)与某个以代数余子式 A_{ij} 为元素的矩阵的乘积，因此按照行乘列法则，可以构造如下的矩阵.

定义 2.3.1(伴随矩阵) n 阶方阵 $\boldsymbol{A}$ 的所有代数余子式按下列摆放方式构成的矩阵

$$\begin{pmatrix} A_{11} & A_{21} & \cdots & A_{n1} \\ A_{12} & A_{22} & \cdots & A_{n2} \\ \vdots & \vdots & & \vdots \\ A_{1n} & A_{2n} & \cdots & A_{nn} \end{pmatrix}$$

称为矩阵 $\boldsymbol{A}$ 的**伴随矩阵**(adjoint matrix)，记为 $\boldsymbol{A}^*$ 或 adj$\boldsymbol{A}$.

显然在伴随矩阵 $\boldsymbol{A}^*$ 中，代数余子式 A_{ij} 的下标 i, j 与其所在位置(第 j 行第 i 列)正好相反，即有 $\boldsymbol{A}^*=(A_{ij})^T$ 以及 $(\boldsymbol{A}^*)^T=(\boldsymbol{A}^T)^*$.

这样按照矩阵记号，式(2.2.7)和(2.2.8)可简洁地表示为

$$\boldsymbol{A}^*\boldsymbol{A}=D\boldsymbol{I},\ \boldsymbol{A}\boldsymbol{A}^*=D\boldsymbol{I}，\text{其中 } D=|\boldsymbol{A}|$$

对矩阵求逆特别敏感的小明马上联想到例 1.2.1 中那些求逆技巧，这两个式子难道不正好说明可以用 $\boldsymbol{A}^*$ 求出 $\boldsymbol{A}^{-1}$ 吗?

定理 2.3.1 任意 n 阶方阵 $\boldsymbol{A}$ 及其伴随矩阵 $\boldsymbol{A}^*$ 都满足恒等式

$$\boldsymbol{A}^*\boldsymbol{A}=\boldsymbol{A}\boldsymbol{A}^*=|\boldsymbol{A}|\boldsymbol{I} \tag{2.3.1}$$

定理 2.3.2(伴随矩阵求逆公式) 任意 n 阶方阵 $\boldsymbol{A}$ 可逆的充要条件是其行列式 $|\boldsymbol{A}| \neq 0$，并且有求逆公式

$$\boldsymbol{A}^{-1} = \frac{1}{|\boldsymbol{A}|}\boldsymbol{A}^* \tag{2.3.2}$$

证明：必要性已在本节开始给出.下证充分性.

当 $|\boldsymbol{A}| \neq 0$ 时，将式(2.3.1)变形为

$$\left(\frac{1}{|\boldsymbol{A}|}\boldsymbol{A}^*\right)\boldsymbol{A} = \boldsymbol{A}\left(\frac{1}{|\boldsymbol{A}|}\boldsymbol{A}^*\right) = \boldsymbol{I}$$

再根据逆矩阵的唯一性，即有 $\boldsymbol{A}^{-1} = \dfrac{1}{|\boldsymbol{A}|}\boldsymbol{A}^*$. ■

显然根据式(2.3.1)，当 $|\boldsymbol{A}| \neq 0$ 时，也可得到

$$\boldsymbol{A}^* = |\boldsymbol{A}|\boldsymbol{A}^{-1} \tag{2.3.3}$$

用 $\boldsymbol{A}^{-1}$ 替换式(2.3.3)中的 $\boldsymbol{A}$，并利用式(2.3.1)，进而可得

$$(\boldsymbol{A}^{-1})^* = |\boldsymbol{A}^{-1}|(\boldsymbol{A}^{-1})^{-1} = \frac{1}{|\boldsymbol{A}|}\boldsymbol{A} = (\boldsymbol{A}^*)^{-1} \tag{2.3.4}$$

用 $k\boldsymbol{A}$ 替换式(2.3.3)中的 $\boldsymbol{A}$，并再次利用式(2.3.3)以及推论 2.2.1，可得

$$(k\boldsymbol{A})^* = |k\boldsymbol{A}|(k\boldsymbol{A})^{-1} = k^n|\boldsymbol{A}|\cdot k^{-1}\boldsymbol{A}^{-1} = k^{n-1}\boldsymbol{A}^* \tag{2.3.5}$$

即 $(k\boldsymbol{A})^*$ 的元素是 $\boldsymbol{A}^*$ 对应元素的 k^{n-1} 倍. 当 $k=0$ 时式(2.3.5)显然也成立.

对 n 阶可逆矩阵 $\boldsymbol{A}$，$\boldsymbol{B}$，由式(2.3.3)和柯西定理，显然也有

$$(\boldsymbol{AB})^* = |\boldsymbol{AB}|(\boldsymbol{AB})^{-1} = |\boldsymbol{A}||\boldsymbol{B}|\boldsymbol{B}^{-1}\boldsymbol{A}^{-1} = |\boldsymbol{B}|\boldsymbol{B}^{-1}\cdot|\boldsymbol{A}|\boldsymbol{A}^{-1} = \boldsymbol{B}^*\boldsymbol{A}^* \tag{2.3.6}$$

伴随矩阵求逆公式身手如何？小明决定先拿二阶矩阵 $\boldsymbol{A} = \begin{pmatrix} a & b \\ c & d \end{pmatrix}$ 小试牛刀. 由于 $A_{11} = d$，$A_{12} = -c$，$A_{21} = -b$，$A_{22} = a$，因此当 $|\boldsymbol{A}| = ad - bc \neq 0$ 时，根据公式(2.3.2)，有

$$\boldsymbol{A}^{-1} = \frac{1}{ad-bc}\begin{pmatrix} d & -b \\ -c & a \end{pmatrix}$$

这不就是两调一除公式吗？

行列式女王果然厉害！自己孜孜以求的矩阵求逆难题，居然被她如此轻松地化解. 再加上前面计算行列式涉及的各种技巧，小明越发感觉到女侠的道行高深莫测，对她的崇拜之情也遽然上升到五体投地的地步.

定理 2.3.3(矩阵互逆的充要条件)　设 $\boldsymbol{A}$, $\boldsymbol{B}$ 都为 n 阶方阵,则 $\boldsymbol{A}$, $\boldsymbol{B}$ 互逆的充要条件是 $\boldsymbol{AB}=\boldsymbol{I}$ 或 $\boldsymbol{BA}=\boldsymbol{I}$.

证明: 必要性显然成立. 下证充分性.

由 $\boldsymbol{AB}=\boldsymbol{I}$ 或 $\boldsymbol{BA}=\boldsymbol{I}$,两边取行列式并利用柯西定理,可知 $|\boldsymbol{A}||\boldsymbol{B}|=1$,故有 $|\boldsymbol{A}|\neq 0$ 且 $|\boldsymbol{B}|\neq 0$,此即 $\boldsymbol{A}$, $\boldsymbol{B}$ 都可逆,再利用逆矩阵的唯一性,可知 $\boldsymbol{A}$, $\boldsymbol{B}$ 互逆. ■

定义 2.3.2(矩阵的奇异性)　对于 n 阶方阵 $\boldsymbol{A}$,当 $|\boldsymbol{A}|\neq 0$ 时,称矩阵 $\boldsymbol{A}$ 为**非奇异矩阵**(non-singular matrix),否则称 $\boldsymbol{A}$ 为**奇异矩阵**(singular matrix).

根据定理 2.3.2,显然可逆矩阵就是非奇异矩阵,即矩阵的可逆性与非奇异性等价,矩阵的不可逆性与奇异性等价.

小明接着从行列式角度考察式(2.3.1). 利用柯西定理,可知 $|\boldsymbol{A}||\boldsymbol{A}^*|=||\boldsymbol{A}|\boldsymbol{I}|=|\boldsymbol{A}|^n$. 当 $\boldsymbol{A}$ 非奇异即 $|\boldsymbol{A}|\neq 0$ 时,显然有 $|\boldsymbol{A}^*|=|\boldsymbol{A}|^{n-1}$. 这个等式对奇异矩阵是否也成立呢?

定理 2.3.4(伴随矩阵的行列式)　任意 n 阶方阵 $\boldsymbol{A}$ 的伴随矩阵 $\boldsymbol{A}^*$ 的行列式计算公式为

$$|\boldsymbol{A}^*|=|\boldsymbol{A}|^{n-1} \tag{2.3.7}$$

证明: $|\boldsymbol{A}|\neq 0$ 的情形前已说明.

当 $|\boldsymbol{A}|=0$ 时,分两种情况: (1) 若 $\boldsymbol{A}=\boldsymbol{O}$,则由定义可知 $\boldsymbol{A}^*=\boldsymbol{O}$,因此 $|\boldsymbol{A}^*|=0=|\boldsymbol{A}|^{n-1}$; (2) 若 $\boldsymbol{A}\neq\boldsymbol{O}$,则 $|\boldsymbol{A}^*|=0$ 也成立,否则 $|\boldsymbol{A}^*|\neq 0$ 意味着 $\boldsymbol{A}^*$ 可逆,再结合式(2.3.1) 可知矩阵 $\boldsymbol{A}=|\boldsymbol{A}|(\boldsymbol{A}^*)^{-1}=0(\boldsymbol{A}^*)^{-1}=\boldsymbol{O}$,与条件 $\boldsymbol{A}\neq\boldsymbol{O}$ 矛盾. ■

以 $\boldsymbol{A}^*$ 替换式(2.3.3)中的 $\boldsymbol{A}$,并结合式(2.3.4)和(2.3.7),则有

$$(\boldsymbol{A}^*)^*=|\boldsymbol{A}^*|(\boldsymbol{A}^*)^{-1}=|\boldsymbol{A}|^{n-1}\frac{1}{|\boldsymbol{A}|}\boldsymbol{A}=|\boldsymbol{A}|^{n-2}\boldsymbol{A} \tag{2.3.8}$$

即 $(\boldsymbol{A}^*)^*$ 中的元素仅仅是 $\boldsymbol{A}$ 中对应元素的某个相同的倍数.

例 2.3.1　已知 $\boldsymbol{A}=\begin{pmatrix}1 & 2 & -1\\ 3 & 1 & 0\\ -1 & -1 & -2\end{pmatrix}$,求 $\boldsymbol{A}^{-1}$ 及 $(\boldsymbol{A}^*)^{-1}$.

解法一: 手工计算.

由于 $|\boldsymbol{A}|=12\neq 0$,所以矩阵 $\boldsymbol{A}$ 可逆.

计算可知 $A_{11}=-2$, $A_{12}=6$, $A_{13}=-2$, $A_{21}=5$, $A_{22}=-3$, $A_{23}=-1$, $A_{31}=1$, $A_{32}=-3$, $A_{33}=-5$,因此

$$A^{-1}=\frac{1}{|A|}A^{*}=\frac{1}{12}\begin{pmatrix}-2&5&1\\6&-3&-3\\-2&-1&-5\end{pmatrix},\ (A^{*})^{-1}=\frac{1}{|A|}A=\frac{1}{12}\begin{pmatrix}1&2&-1\\3&1&0\\-1&-1&-2\end{pmatrix}$$

说明：若以 A^{*} 替换公式(2.3.2)中的 A，则有 $(A^{*})^{-1}=\frac{1}{|A^{*}|}(A^{*})^{*}$. 与公式 $(A^{*})^{-1}=\frac{1}{|A|}A$ 相比，前者的计算明显复杂很多. 可见作为 A 的伴随矩阵，A^{*} 在背后默默做了很多辛勤的工作，才换来后者的简便快捷，即计算 $(A^{*})^{-1}$ 时只需将 A 乘以 $|A|^{-1}$ 倍即可.

解法二：MATLAB 计算.（文件名为 ex2301.m）

```
A=[1,2,-1;3,1,0;-1,-1,-2];
% 算法一：使用自定义函数 InvByAdj，详见本章实验二
B1=InvByAdj (A)
% 算法二：使用内置函数 inv
B2=inv (A)
% 算法三：使用幂运算符^
B3=A^(-1)
% 算法四：使用右除运算符/
[m,n]=size(A);I=eye(n);B4=I/A
% 算法五：使用左除运算符\
[m,n]=size(A);I=eye(n);B5=A\I
```

思考　MATLAB 中实现内置函数 inv、左(右)除运算符和幂运算符的算法，是否就是伴随矩阵求逆法？为什么 MATLAB 中没有提供使用伴随矩阵求逆法的特定内置函数？

例 2.3.2　已知 $A=\mathrm{diag}(1,-2,1)$ 且满足关系式 $A^{*}BA=2BA-8I$，求矩阵 B.

解：由 $|A|=-2\neq 0$ 可知 A 可逆. 已知关系式两边右乘 A^{-1}，并整理后，可得

$$A^{*}B=2B-8A^{-1}$$

两边再左乘 A，可得

$$AA^{*}B=2AB-8AA^{-1}$$

利用恒等式(2.3.1)并注意到 $|A|=-2$，即得 $-2B=2AB-8I$，也就是

$$(A+I)B=4I$$

由于 $A+I=\mathrm{diag}(2,-1,2)$ 也是可逆矩阵，因此

$$B=4(A+I)^{-1}==4\mathrm{diag}\left(\frac{1}{2},-1,\frac{1}{2}\right)=\mathrm{diag}(2,-4,2)$$

2.3.2　克莱姆法则

在 2.1.1 节中小明已经脑洞出 n 元一次线性方程组的克莱姆法则，顺带还八卦出一

个误称定律，只是当时羽翼未丰，没法给出克莱姆法则的证明. 先上车，后买票，小明觉得如今对行列式也算是小有所得，那就该顺手攻克这座城堡，向行列式女王献上一份大礼.

定理 2.3.5(克莱姆法则)　对于系数矩阵 $\boldsymbol{A}$ 为 n 阶方阵的线性方程组 $\boldsymbol{Ax}=\boldsymbol{b}$(即"正方形"方程组)，若其系数行列式 $D=|\boldsymbol{A}|\neq 0$，则方程组 $\boldsymbol{Ax}=\boldsymbol{b}$ 有唯一解

$$\boldsymbol{x}=(x_1,\ x_2,\ \cdots,\ x_n)^T=\left(\frac{D_1}{D},\ \frac{D_2}{D},\ \cdots,\ \frac{D_n}{D}\right)^T \tag{2.3.9}$$

其中 $D_j(j=1,\ 2,\ \cdots,\ n)$ 为用常数列 $\boldsymbol{b}$ 替换 D 中第 j 列而得到的行列式.

证明： 设系数矩阵的列分块为 $\boldsymbol{A}=(\boldsymbol{\alpha}_1,\ \cdots,\ \boldsymbol{\alpha}_j,\ \cdots,\ \boldsymbol{\alpha}_n)$，单位矩阵的列分块为 $\boldsymbol{I}=(\boldsymbol{e}_1,\ \cdots,\ \boldsymbol{e}_j,\ \cdots,\ \boldsymbol{e}_n)$. 显然 $\boldsymbol{Ae}_j=\boldsymbol{\alpha}_j$. 令 $\boldsymbol{A}_j(\boldsymbol{b})=(\boldsymbol{\alpha}_1,\ \cdots,\ \boldsymbol{b},\ \cdots,\ \boldsymbol{\alpha}_n)$，$\boldsymbol{I}_j(\boldsymbol{x})=(\boldsymbol{e}_1,\ \cdots,\ \boldsymbol{x},\ \cdots,\ \boldsymbol{e}_n)$，则当 $\boldsymbol{Ax}=\boldsymbol{b}$ 时，有

$$\boldsymbol{AI}_j(\boldsymbol{x})=\boldsymbol{A}(\boldsymbol{e}_1,\ \cdots,\ \boldsymbol{x},\ \cdots,\ \boldsymbol{e}_n)=(\boldsymbol{Ae}_1,\ \cdots,\ \boldsymbol{Ax},\ \cdots,\ \boldsymbol{Ae}_n)=(\boldsymbol{\alpha}_1,\ \cdots,\ \boldsymbol{b},\ \cdots,\ \boldsymbol{\alpha}_n)=\boldsymbol{A}_j(\boldsymbol{b})$$

两边取行列式，并注意到按第 j 行展开 $|\boldsymbol{I}_j(\boldsymbol{x})|$ 可得 $|\boldsymbol{I}_j(\boldsymbol{x})|=x_j$，因此根据柯西定理，有

$$|\boldsymbol{A}|\,x_j=|\boldsymbol{A}|\,|\boldsymbol{I}_j(\boldsymbol{x})|=|\boldsymbol{AI}_j(\boldsymbol{x})|=|\boldsymbol{A}_j(\boldsymbol{b})|$$

由于 $D=|\boldsymbol{A}|$，$D_j=|\boldsymbol{A}_j(\boldsymbol{b})|$，因此 $x_j=\dfrac{D_j}{D}$，$j=1,\ 2,\ \cdots,\ n$. ■

小明知道一元的线性方程 $ax=b$ 是 $n=1$ 的情形，自然也满足克莱姆法则，即系数 $a\neq 0$ 时由 $ax=b$ 可得 $x=\dfrac{b}{a}$. 但与高维的情形相比，这差别也忒大了点，简直是霄壤之别.

另外，既然几何上行列式表示的是有向面积(体积)，那么 $x_j=\dfrac{D_j}{D}$ 显然可以理解为两个有向面积(体积)之比. 以二阶为例，考虑线性方程组 $\boldsymbol{Ax}=\boldsymbol{c}$，其中二阶矩阵 $\boldsymbol{A}$ 的列分块为 $\boldsymbol{A}=(\boldsymbol{a},\ \boldsymbol{b})$，记 $\boldsymbol{x}=(x,\ y)^T$，$S=S(\boldsymbol{a},\ \boldsymbol{b})$，$S_1=S(\boldsymbol{c},\ \boldsymbol{b})$，$S_2=S(\boldsymbol{a},\ \boldsymbol{c})$. 注意到 $\boldsymbol{Ax}=\boldsymbol{c}$ 的向量方程为 $x\boldsymbol{a}+y\boldsymbol{b}=\boldsymbol{c}$，因此

$$S_1=S(\boldsymbol{c},\ \boldsymbol{b})=S(x\boldsymbol{a}+y\boldsymbol{b},\ \boldsymbol{b})=S(x\boldsymbol{a},\ \boldsymbol{b})=xS(\boldsymbol{a},\ \boldsymbol{b})=xS$$

类似地，有 $S_2=yS$，于是可得 $x=\dfrac{S_1}{S}$，$y=\dfrac{S_2}{S}$. 结合行列式等值变形法则的几何意义，可知有向面积 $S=S(\boldsymbol{a},\ \boldsymbol{b})$ 先伸缩为有向面积 $S(x\boldsymbol{a},\ \boldsymbol{b})$，再剪切为有向面积 $S(x\boldsymbol{a}+y\boldsymbol{b},\ \boldsymbol{b})$，而 x 即为伸缩前后的两个有向面积之比，如图 2.8 所示. 对 y 可做类似的理解.

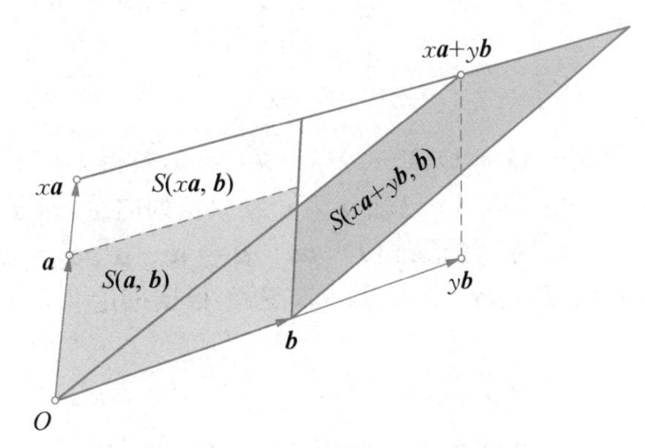

图 2.8　二阶克莱姆法则的几何意义

定义 2.3.3 称线性方程组 $\boldsymbol{Ax}=\boldsymbol{b}$ 为**非齐次线性方程组**(nonhomogeneous linear equations). 特别地,当常数项全为零即 $\boldsymbol{b}=\boldsymbol{0}$ 时,称相应的方程组 $\boldsymbol{Ax}=\boldsymbol{0}$ 为**齐次线性方程组**(homogeneous linear equations). 显然 $\boldsymbol{A0}=\boldsymbol{0}$ 恒成立,即 $\boldsymbol{x}=\boldsymbol{0}$(即 $x_1=x_2=\cdots=x_n=0$) 必为 $\boldsymbol{Ax}=\boldsymbol{0}$ 的解,称为**零解**(null solution, zero solution) 或**平凡解**(trivial solution). 相应地,如果 $\boldsymbol{Ax}=\boldsymbol{0}$ 的解 $\boldsymbol{x}$ 的各分量 $x_1, x_2, \cdots, x_n$ 中至少有一个不为零,则称为**非零解**(nonzero solution) 或**非平凡解**(nontrivial solution). 注意非零解 $\boldsymbol{x}$ 中也可以有零元素,只要元素不全为零即可.

说明: 特别要注意齐次线性方程组与非齐次线性方程组之间不是你死我活的水火不相容关系,而是特殊与一般的关系,即齐次线性方程组应当被视为特殊的非齐次线性方程组. 这里的"非"表达的不是否定或"不"的意思(想吐槽的请注意提升修养).

推论 2.3.1 当 $\boldsymbol{A}$ 可逆时,$\boldsymbol{Ax}=\boldsymbol{0}$ 的唯一解就是零解 $\boldsymbol{x}=\boldsymbol{0}$;反之,如果系数矩阵为 n 阶方阵的齐次线性方程组 $\boldsymbol{Ax}=\boldsymbol{0}$ 有非零解,则其系数行列式 $D=|\boldsymbol{A}|=0$.

推论 2.3.2 对任意 n 阶矩阵 $\boldsymbol{A}$ 和矩阵方程 $\boldsymbol{AX}=\boldsymbol{O}$,若 $n\times p$ 阶矩阵 $\boldsymbol{X}\neq\boldsymbol{O}$,则 $|\boldsymbol{A}|=0$.

证明: 将矩阵 $\boldsymbol{X}$ 列分块为 $\boldsymbol{X}=(\boldsymbol{\alpha}_1, \boldsymbol{\alpha}_2, \cdots, \boldsymbol{\alpha}_p)$,则 $\boldsymbol{AX}=\boldsymbol{O}$ 即为

$$\boldsymbol{A}(\boldsymbol{\alpha}_1, \boldsymbol{\alpha}_2, \cdots, \boldsymbol{\alpha}_p)=(\boldsymbol{A\alpha}_1, \boldsymbol{A\alpha}_2, \cdots, \boldsymbol{A\alpha}_p)=(\boldsymbol{0}, \boldsymbol{0}, \cdots, \boldsymbol{0})$$

这说明 $\boldsymbol{\alpha}_1, \boldsymbol{\alpha}_2, \cdots, \boldsymbol{\alpha}_p$ 都是齐次线性方程组 $\boldsymbol{Ax}=\boldsymbol{0}$ 的解. 再由条件 $\boldsymbol{X}\neq\boldsymbol{O}$,可知 $\boldsymbol{\alpha}_1, \boldsymbol{\alpha}_2, \cdots, \boldsymbol{\alpha}_p$ 中至少有一个不是零向量,因此 $\boldsymbol{Ax}=\boldsymbol{0}$ 有非零解,故其系数行列式 $|\boldsymbol{A}|=0$. ■

思考 这么强大的克莱姆法则,为什么 MATLAB 中就没有给出相应的内置函数?

例 2.3.3 已知齐次线性方程组

$$\begin{cases}(3-\lambda)x_1-2x_2+2x_3=0,\\ 2x_1+(5-\lambda)x_2-4x_3=0,\\ -2x_1-4x_2+(5-\lambda)x_3=0\end{cases}$$

有非零解,求 λ 的值.

解: 根据推论 2.3.1,可知系数行列式为零. 计算可知系数行列式为

$$\begin{vmatrix}3-\lambda & -2 & 2\\ 2 & 5-\lambda & -4\\ -2 & -4 & 5-\lambda\end{vmatrix}=\begin{vmatrix}3-\lambda & 0 & 2\\ 2 & 1-\lambda & -4\\ -2 & 1-\lambda & 5-\lambda\end{vmatrix}=-(\lambda-1)(\lambda-5)(\lambda-7)$$

因此 $-(\lambda-1)(\lambda-5)(\lambda-7)=0$,解得 $\lambda=1$ 或 $\lambda=5$ 或 $\lambda=7$.

例 2.3.4 已知 $\boldsymbol{\alpha}$ 为 n 维单位列向量,即 $\boldsymbol{\alpha}^T\boldsymbol{\alpha}=1$. 证明 $|\boldsymbol{I}-\boldsymbol{\alpha\alpha}^T|=0$.

证明: 注意到 $(\boldsymbol{I}-\boldsymbol{\alpha\alpha}^T)\boldsymbol{\alpha}=\boldsymbol{\alpha}-\boldsymbol{\alpha}^T\boldsymbol{\alpha\alpha}=\boldsymbol{\alpha}-\boldsymbol{\alpha}=\boldsymbol{0}$,且 $\boldsymbol{\alpha}\neq\boldsymbol{0}$,因此 $\boldsymbol{\alpha}$ 是齐次线性方程组 $(\boldsymbol{I}-\boldsymbol{\alpha\alpha}^T)\boldsymbol{x}=\boldsymbol{0}$ 的非零解,根据推论 2.3.1,可知其系数行列式 $|\boldsymbol{I}-\boldsymbol{\alpha\alpha}^T|=0$.

2.3.3 多项式插值

小明知道,两点确定一条直线(即一元一次函数),三点可确定一条抛物线(即一元二

次函数). 按此逻辑,确定一元 $n-1$ 次多项式曲线

$$y = c_0 + c_1 x + \cdots + c_{n-1} x^{n-1} \tag{2.3.10}$$

显然需要一组共 n 个点 (x_i, y_i), $i = 1, 2, \cdots, n$. 假设要收集这样的一组数据点,那么它们应满足什么要求?又该如何计算多项式曲线的这些系数?

小明将这些点的坐标代入式(2.3.10),即得

$$\begin{cases} c_0 + c_1 x_1 + c_2 x_1^{n-1} + \cdots + c_{n-1} x_1^{n-1} = y_1 \\ c_0 + c_1 x_2 + c_2 x_2^{n-1} + \cdots + c_{n-1} x_2^{n-1} = y_2 \\ \cdots\cdots\cdots\cdots\cdots \\ c_0 + c_1 x_n + c_2 x_n^{n-1} + \cdots + c_{n-1} x_n^{n-1} = y_n \end{cases} \tag{2.3.11}$$

这显然是一个关于系数 $c_0, c_1, \cdots, c_{n-1}$ 的 n 元一次线性方程组,它对应的矩阵方程为

$$\boldsymbol{V}_n^T \boldsymbol{c} = \boldsymbol{y} \tag{2.3.12}$$

其中的系数矩阵 $\boldsymbol{V}_n^T$ 的转置矩阵

$$\boldsymbol{V}_n = \boldsymbol{V}_n(x_1, x_2, \cdots, x_n) = \begin{pmatrix} 1 & 1 & \cdots & 1 \\ x_1 & x_2 & \cdots & x_n \\ x_1^2 & x_2^2 & \cdots & x_n^2 \\ \vdots & \vdots & & \vdots \\ x_1^{n-1} & x_2^{n-1} & \cdots & x_n^{n-1} \end{pmatrix}$$

称为**范德蒙**(Vandermonde)**矩阵**,其行列式称为**范德蒙行列式**,记为 V_n. 另外 $\boldsymbol{c} = (c_0, c_1, \cdots, c_{n-1})^T$ 为系数向量,$\boldsymbol{y} = (y_1, y_2, \cdots, y_n)^T$ 为纵坐标向量.

根据克莱姆法则,当系数矩阵的行列式 $|V_n^T| = |V_n| = V_n \neq 0$,即范德蒙矩阵 $\boldsymbol{V}_n$ 可逆时,方程组(2.3.11) 有唯一解. 这样问题就转化为如何计算 V_n.

先考察低阶的情形,进而归纳出结果和计算的一般规律,这种归纳推理显然是正常人都具备的一种思维方式. 小明也是正常人,因此他先考察了 $n=2$, 3 的情形.

$$V_2 = \begin{vmatrix} 1 & 1 \\ x_1 & x_2 \end{vmatrix} = x_2 - x_1$$

$$V_3 = \begin{vmatrix} 1 & 1 & 1 \\ x_1 & x_2 & x_3 \\ x_1^2 & x_2^2 & x_3^2 \end{vmatrix} = \begin{vmatrix} 1 & 1 & 1 \\ 0 & x_2 - x_1 & x_3 - x_1 \\ 0 & x_2^2 - x_1^2 & x_3^2 - x_1^2 \end{vmatrix} = (x_2 - x_1)(x_3 - x_1) \begin{vmatrix} 1 & 1 \\ x_2 + x_1 & x_3 + x_1 \end{vmatrix}$$

$$= \prod_{1 \leqslant j < i \leqslant 3} (x_i - x_j)$$

至此,利用归纳逻辑,小明推测应成立 $V_n = \prod\limits_{1 \leqslant j < i \leqslant n} (x_i - x_j)$.

定理 2.3.6(范德蒙行列式)　范德蒙行列式的计算公式为

$$V_n = \prod_{1 \leqslant j < i \leqslant n} (x_i - x_j) \tag{2.3.13}$$

证明: 对范德蒙行列式的阶数使用数学归纳法.

$n=2$, 3 的情形前已验证. 假设 $n-1$ 阶时结论成立.

对于 n 阶的情形,小明首先想到的是推广上面计算 V_3 时采用的策略,也就是将第一行的 $-x_1$ 倍, $-x_1^2$ 倍,…, $-x_1^{n-1}$ 倍分别加到第 2 行,第 3 行,…,第 n 行,接着按第 1 列展开,即

$$V_n=\begin{vmatrix}1&1&\cdots&1\\x_1&x_2&\cdots&x_n\\x_1^2&x_2^2&\cdots&x_n^2\\\vdots&\vdots&&\vdots\\x_1^{n-1}&x_2^{n-1}&\cdots&x_n^{n-1}\end{vmatrix}=\begin{vmatrix}x_2-x_1&\cdots&x_n-x_1\\x_2^2-x_1^2&\cdots&x_n^2-x_1^2\\\vdots&&\vdots\\x_2^{n-1}-x_1^{n-1}&\cdots&x_n^{n-1}-x_1^{n-1}\end{vmatrix}_{n-1}$$

同 $n=3$ 时的情形一样,上面的 $n-1$ 阶行列式中,每一列也都可以提取公因式(看上去很美). 可是小明很快发现了不对劲的地方: 以第一列为例,提取了公因式 x_2-x_1 后,最后一个元素居然变成了"又臭又长"的 $x_2^{n-1}+x_2^{n-2}x_1+\cdots+x_2x_1^{n-2}+x_1^{n-1}$,简直让人不堪其苦!

"上天他比天要高,下海他比海更大……"小明的脑海里又回荡起最爱的旋律. 想当初小哪吒手持火尖枪,脚踏风火轮,直搅得龙宫翻江倒海. V_n 中相邻两行元素之间的次数既然只相差一次,应当也可以使用这种**翻江倒海术: 从底部逐行向上翻倒**. 于是小明就从最后一行开始,每行减去其前一行的 x_1 倍,接着按第 1 列展开并提取公因式,即得

$$V_n=\begin{vmatrix}1&1&\cdots&1\\0&x_2-x_1&\cdots&x_n-x_1\\0&x_2(x_2-x_1)&\cdots&x_n(x_n-x_1)\\\vdots&\vdots&&\vdots\\0&x_2^{n-2}(x_2-x_1)&\cdots&x_n^{n-2}(x_n-x_1)\end{vmatrix}=\prod_{1<i\leqslant n}(x_i-x_1)\begin{vmatrix}1&1&\cdots&1\\x_2&x_3&\cdots&x_n\\x_2^2&x_3^3&\cdots&x_n^2\\\vdots&\vdots&&\vdots\\x_2^{n-2}&x_3^{n-2}&\cdots&x_n^{n-2}\end{vmatrix}_{n-1}$$

显然上面的 $n-1$ 阶行列式是关于 $x_2, x_3, \cdots, x_n$ 的范德蒙行列式. 根据归纳假设,它等于 $\prod\limits_{2\leqslant j<i\leqslant n}(x_i-x_j)$,因此

$$V_n=\prod_{1<i\leqslant n}(x_i-x_1)\cdot\prod_{2\leqslant j<i\leqslant n}(x_i-x_j)=\prod_{1\leqslant j<i\leqslant n}(x_i-x_j)$$

故结论成立. ■

定理 2.3.7(插值多项式的存在性与唯一性) 当且仅当 $x_1, x_2, \cdots, x_n$ 两两不等时,用一组数据点 $(x_i, y_i)(i=1, 2, \cdots, n)$ 进行数据插值,得到的插值多项式(2.3.10) 存在且唯一.

证明: 当且仅当 $x_1, x_2, \cdots, x_n$ 两两不等时,显然 $V_n=\prod\limits_{1\leqslant j<i\leqslant n}(x_i-x_j)\neq 0$,即范德蒙矩阵 $\boldsymbol{V}_n$ 可逆,根据克莱姆法则,此时方程组(2.3.11) 有唯一解.

2.3.4 行列式与矩阵的关系

领略了行列式王国的各种瑰丽，同时也感悟到了行列式的各种困窘之后，小明逐渐从对行列式女王的单纯狂热崇拜中冷静下来，他开始从矩阵的各种代数运算出发，着手梳理它们与行列式运算之间的关系. 他发现，尽管对 n 阶方阵 $\boldsymbol{A}$，$\boldsymbol{B}$ 而言，和的行列式不等于行列式的和，数乘的行列式也不等于行列式的数乘，即

$$|\boldsymbol{A}+\boldsymbol{B}| \neq |\boldsymbol{A}|+|\boldsymbol{B}|,\ |k\boldsymbol{A}| \neq k|\boldsymbol{A}|$$

但是更多的是惊奇：乘积的行列式等于行列式的乘积，转置的行列式等于行列式的转置，幂的行列式等于行列式的幂，逆的行列式等于行列式的逆，即

$$|\boldsymbol{AB}|=|\boldsymbol{A}||\boldsymbol{B}|,\ |\boldsymbol{A}^T|=|\boldsymbol{A}|^T,\ |\boldsymbol{A}^k|=|\boldsymbol{A}|^k,\ |\boldsymbol{A}^{-1}|=|\boldsymbol{A}|^{-1}$$

也就是说，除了行列式的加法和数乘是按行(列)进行的之外，在其他矩阵运算上，行列式都可以与之互换运算次序.

利用矩阵的可逆性与非奇异性之间的等价关系，如今再看自己当时说不清子丑寅卯的消去律推广：当 $\boldsymbol{A}$ 可逆时，$\boldsymbol{AB}=\boldsymbol{AC}\Rightarrow\boldsymbol{B}=\boldsymbol{C}$，小明恍然大悟：原来消去律也是可以推广的. 因为 $\boldsymbol{A}$ 可逆等价于 $|\boldsymbol{A}|\neq 0$，因此当 $\boldsymbol{A}$ 退化到一阶时，$|\boldsymbol{A}|\neq 0$ 即退化为字母代数消去律中的条件 $a\neq 0$. 俗话说总有一扇门为你而开，这就是所谓成长的领悟.

至于希尔伯特矩阵 $\boldsymbol{H}_n$ 何以称为病态矩阵的问题，小明决定从行列式的视角入手. 借助于 MATLAB 代码

```
n = 3,H = hilb(n),D = det(H)
```

并不断地修改 n 的值，他发现 $n=3, 4, 5, 6, 7, \cdots$ 时，行列式 $|\boldsymbol{H}_n|$ 的值依次是

$$\frac{1}{2160},\frac{1}{6\,048\,000},\frac{1}{266\,716\,800\,000},\frac{1}{186\,313\,420\,358\,008\,900},\frac{1}{2\,067\,909\,054\,651\,263\,000\,000\,000},\cdots$$

显然 $\lim\limits_{n\to\infty}|\boldsymbol{H}_n|=0$. 但如此夸张变态的趋零速度，也是让人醉了.

这样几乎不可逆(即奇异)的希尔伯特矩阵如果求逆，又该是怎样的画面呢？

借助于 MATLAB 代码

```
n = 3,H = hilb(n),B = inv(H)
```

并不断地修改 n 的值，终于从 $n=12$ 开始出现了他预期的东西：

Warning：Matrix is close to singular or badly scaled. Results may be inaccurate. RCOND=2.692153e−017.

(警告：矩阵接近奇异，或者有两行或两列几乎成比例. 结果可能不准确.)

难怪希尔伯特矩阵被称为**病态矩阵**(ill-conditioned matrix)！想想也是，condition，就像在冷热转换如此剧烈的魔都，哪家空调(air conditioner)受得了这番折腾？要知道，计算机对微小的误差非常敏感，“差之毫厘，谬以千里”，很小的误差都会导致最终结果偏差很大.

另外，关于希尔伯特矩阵求逆，MATLAB 专门提供了内置函数 invhilb.

既然说到计算，那就从计算角度重新审视伴随矩阵求逆公式(2.3.2). 小明发现按照公式(2.3.2)来求矩阵的逆，实质上也是个“NP 完全问题”. 因为根据拉普拉斯展开定理，计算 n 个 $n-1$ 阶代数余子式相当于计算一个 n 阶行列式，即 $f(n)=nf(n-1)$，而伴随矩阵求逆法中需要计算 n^2 个 $n-1$ 阶代数余子式，相当于 n 个 n 阶行列式，再加上分母中的那个 n 阶行列式，总共 $n+1$ 个 n 阶行列式，相当于一个 $n+1$ 阶行列式，因此伴随矩阵求逆法的计算时间是更加耗时的 $(n+1)!$ 级. 与此类似，克莱姆法则也需要计算 $n+1$ 个 n 阶行列式，因此计算时间也是 $(n+1)!$ 级. 当然，话说回来，武功高深莫测的行列式女王好歹给出了矩阵求逆和线性方程组求解的实用解决方案，尤其是在当时所研究的问题大都是低阶的历史背景之下.

至此，小明终于在眼泪中再次恍然大悟：计算量如此 NP，难怪 MATLAB 中没有提供它们的内置函数！当然，作为教学和编程训练，小明知道自己可以编写这样的函数，详见本章实验.

同时小明也欣慰地看到，使用矩阵符号，$\boldsymbol{A}$ 可逆时方程组 $\boldsymbol{Ax}=\boldsymbol{b}$ 的唯一解可表示成 $\boldsymbol{x}=\boldsymbol{A}^{-1}\boldsymbol{b}$，与克莱姆法则的 $\boldsymbol{x}=\left(\frac{D_1}{D},\frac{D_2}{D},\cdots,\frac{D_n}{D}\right)^T$ 相比较，显然后者笨重迟缓，而前者则轻巧敏捷. 这样的局面，毕竟不枉自己以矩阵博士自居.

另外从政治体制上看，行列式将矩阵变成了数，是“三千宠爱在一身”，体现的似乎是“帝王体制”；矩阵则讲究“民主共和，人人作主”，每个元素的变动都对最终的结果有影响.

看来矩阵与行列式的关系真可谓“剪不断，理还乱”，因为行列式既有矩阵的“形”，又有最终的“数”. 小明发现凯莱早就精辟地指出了两者之间的关系，即“逻辑上，矩阵的概念应该先于行列式的概念，然而历史上，两者的次序正好相反.”果然是矩阵行列式傍地走，难以辨别谁雌雄.

结合自己的学习体会，小明觉得的确如此，因为矩阵知识明显比行列式浅显易懂，适合先学，但是行列式的诞生却比矩阵早大约 150 年. 当然，创立较晚的矩阵理论，肯定可以从行列式理论中获得许多启迪和教训. 小明了解到，行列式在 19 世纪后半叶是数学家的研究热点，出现了大量成果，它们后来被学者 Thomas Muir 汇编成煌煌四大卷《The Theory of Determinants in the Historical Order of Development》，为矩阵理论的发展提供了基础.

当然无论孰优孰劣，小明很快发现，就线性方程组求解而言，尽管自己已经用 $\boldsymbol{Ax}=\boldsymbol{b}$ 一统江湖，但系数矩阵 $\boldsymbol{A}$ 不可逆时如何判断“正方形”方程组 $\boldsymbol{Ax}=\boldsymbol{b}$ 是否有解？有解的话，又该如何求？更一般地，系数矩阵 $\boldsymbol{A}$ 是 $m\times n$ 阶长方阵时，相应的“长方形”线性方程组 $\boldsymbol{Ax}=\boldsymbol{b}$ 又是否有解？有解的话，又该如何求？面对如此众多的困惑，看来目前唯一靠谱的答复只能是：“且听下回分解，如何？”

本章 MATLAB 实验及解答

实验一：拉普拉斯展开法的实现

1. 编写自定义函数 Mij=Minor(A,i,j)，功能为计算余子式 Mij，其中 A 为行列式对应的矩阵，i 和 j 为指定的行号和列号. 进一步，利用 Minor 编写自定义函数 Aij=Cofactor(A,i,j)，功能为计算代数余子式 Aij.

解：函数 Minor 的实现代码如下.（文件名为 Minor. m）

```
function Mij=Minor(A,i,j)
A(i,:)=[];  % 先删去 A 的第 i 行
A(:,j)=[];  % 再删去 A 的第 j 列,此时 A 收缩为余子式矩阵
Mij=det(A);  % 计算余子式 Mij
End
```

函数 Cofactor 的实现代码如下.（文件名为 Cofactor. m）

```
function Aij=Cofactor(A,i,j)
Mij=Minor(A,i,j);% 调用自定义函数 Minor,计算余子式 Mij
if  rem(i+j,2)==0  % 奇偶因子
  sign=1;
else
  sign=-1;
end
Aij=sign*Mij;     % 计算代数余子式 Aij
end
```

2. 利用自定义函数 Cofactor，编写自定义函数 D=LExpansion(A,k,rc)，功能为按拉普拉斯展开计算矩阵 A 的行列式值，其中参数 k 表示指定的行号或列号(缺省值为 1)，布尔变量 rc 用于指定展开的方式，缺省值 true 表示按行展开，false 则表示按列展开.

解：函数 LExpansion 的代码如下.（文件名为 LExpansion. m）

```
function D=LExpansion(A,k,rc)
if  nargin==1, k=1;rc=true;end  % 缺省为按第 1 行展开
if  nargin==2,rc=true;end        % 缺省展开方式为按行展开
[m,n]=size (A);D=0;             % 行列式 D 初值为 0
if(rc==true)  % 按行展开
  i=k;  % 按第 k 行展开
  for j=1: n
    Aij=Cofactor(A,i,j);  % 调用自定义函数 Cofactor 计算 Aij
    D=D+A(i,j)*Aij;  % 将第 j 个乘积 aij*Aij 累加到 D 中
  end
else  % 按列展开
  j=k;  % 按第 j 列展开
  for i=1: n
    Aij=Cofactor(A,i,j);  % 调用自定义函数 Cofactor 计算 Aij
    D=D+A(i,j)*Aij;  % 将第 i 个乘积 aij* Aij 累加到 D 中
  end
end
end
```

实验二：伴随矩阵求逆法的实现

1. 利用自定义函数 Cofactor，编写自定义函数 B＝Adj(A)，功能为计算矩阵 A 的伴随矩阵.

解：函数 Adj 的实现代码如下.(文件名为 Adj.m)

```
function B=Adj (A)
[m,n]=size (A);
B=[];              % 表示伴随矩阵,初值为空矩阵
for  i=1：n
    d=[];      % 临时列向量,存放同一行元素的代数余子式
    for  j=1：n
      Aij=Cofactor(A,i,j);  % 计算代数余子式 Aij
      d=[d;Aij];          % 添加到 d 的末尾
    end
    B=[B,d];      % 为伴随矩阵添加新列 d
end
end
```

2. 利用自定义函数 Adj，编写自定义函数 B＝InvByAdj(A)，功能为按伴随矩阵求逆法计算矩阵 A 的逆矩阵.

解：函数 InvByAdj 的实现代码如下.(文件名为 InvByAdj.m)

```
% InvByAdj.m
function B=InvByAdj (A)
B=Adj(A)/det(A);  % 用伴随矩阵求逆公式计算逆矩阵
end
```

3. 运行下面的文件 sy2203.m，得到的结果是什么？若将 $n=3$ 依次修改为 $n=4, 5, 6, 7,\cdots$ 又会有何新发现？

```
n=3;  % 依次修改 n 的值为 4,5,6,……
A=hilb(n);I=eye(n);% A 为 n 阶希尔伯特矩阵,最著名的病态矩阵
t=[];% t 是估计的运算时间,开始计时用 tic,结束计时用 toc
% 三种求逆法
tic,B1=InvByAdj (A);t(1)=toc;% 估计计算时间,仅供参考
tic,B2=inv(A);t(2)=toc;
tic,B3=I/A;t(3)=toc
% 内置函数 norm(A)计算矩阵 A 的 2 范数,即其所有元素平方和的平方根
e1=norm(B1*A-I),e2=norm(B2*A-I),e3=norm(B3*A-I)
r1=e1/e2,r2=e1/e3,r3=e2/e3
```

解：运行时间(与机器及系统有关，每次运行都不相同，仅供参考)为

$$t(1) = 0.0040,\ t(2) = 0.0001,\ t(3) = 0.0001$$

误差为 e1 = 2.1125e−014，e2 = 7.1607e−015，e3 = 7.2156e−015；

比值为 r1 = 2.9501，r2 = 2.9277，r3 = 0.9924.

运行结果说明三种求逆实现中，后面两种 MATLAB 内置实现的计算时间和误差都旗鼓相当，但与它们相比，自定义函数 InvByAdj 的计算时间和误差都较大. 对于时间上的差距，显然在 2.3.4 节中已经给出了粗略的解释.

另外随着 n 的增大，误差 e1 和比值 r1 都迅速增长，比如 n=12 时 e1=1.3865e+011，r1=7.2992e+011，这说明随着 n 的增大，自定义函数 InvByAdj 与两种内置实现的差距越来越大，给出的计算结果也越来越不准确. 有意思的是与误差 e1 和比值 r1 相比，时间 t(1)的增长比较平缓.

实验三：使用克莱姆法则求解线性方程组

1. 编写自定义函数 x=Cramer(A,b)，功能为按克莱姆法则求解方程组 Ax=b，其中的参数 A 表示系数矩阵，b 表示常数向量.

解：函数 Cramer 的实现代码如下所示.（文件名为 Cramer.m）

```
function x=Cramer(A,b)
[m,n]=size(A);
if  m~=n return;      % 矩阵为长方阵，无法计算
else
    D=det(A);          % 系数行列式
    if  D~=0           % 系数矩阵可逆，有唯一解
      for  j=1: n
        Aj=A;Aj(: ,j)=b;  % 先定骨架，再修改
        Dj=det(Aj);        % 计算第 j 个分子行列式 Dj
        x(j)=Dj/D;         % 计算 x 的第 j 个分量
      end
    end
end
x=x';          % 返回结果是列向量
end
```

2. 运行下面的文件 sy2302.m，得到的结果是什么？将鼠标光标停留在下述代码中的函数 inv 上，会出现蓝色的提示信息：INV is slow and inaccurate. Use A\b for INV(A) * b and b/A for b * INV(A). 这该如何理解？

```
n=12;
A=hilb(n);                  % A 为 n 阶希尔伯特矩阵，最著名的病态矩阵
x=ones(n,1); b=A*x;   % 全 1 列向量 x 是理论解
t=[];           % t 是估计的运算时间，开始计时用 tic，结束计时用 toc
```

```
% 方程组 Ax=b 的三种解法
tic,x1=Cramer(A,b),t(1)=toc;  % 估计计算时间,结果与机器及系统有关
tic,x2=inv(A)*b,t(2)=toc;
tic,x3=A\b,t(3)=toc
% 内置函数 norm(x)计算向量 x 的 2 范数,即其所有元素平方和的平方根
e1=norm(x1-x),e2=norm(x2-x),e3=norm(x3-x)
```

解:运行时间(仅供参考)为 t(1) = 0.0026, t(2) = 0.0010, t(3) = 0.0005;误差为 e1 = 0.2703, e2 = 6.7786e+10, e3 = 0.6300.

运行结果说明三种解法中,自定义函数 Cramer 在运行时间上明显略逊一筹.

蓝色提示信息说明 MATLAB 不鼓励使用内置函数 inv,而是更推荐左除运算符和右除运算符,尽管它们在误差上未必是最小的.

实验四:验证凯莱—哈密尔顿定理

1. 多项式 $p(\lambda)=|\boldsymbol{A}-\lambda\boldsymbol{I}|$ 被称为方阵 $\boldsymbol{A}$ 的特征多项式.小明注意到若以 $\boldsymbol{A}$ 代 λ,显然有 $p(\boldsymbol{A})=|\boldsymbol{A}-\boldsymbol{A}\boldsymbol{I}|=|\boldsymbol{A}-\boldsymbol{A}|=|\boldsymbol{O}|=0$,这不正好说明 $p(\lambda)$ 就是自己曾经苦苦寻觅的零化多项式吗?

做个数学发现,岂能如此简单?稍加分析小明就发现了上述推理的破绽:$p(\boldsymbol{A})$是矩阵多项式,结果是矩阵,怎么会等于数 0?如果 $p(\lambda)$果真是 $\boldsymbol{A}$ 的零化多项式,那么成立的应是 $p(\boldsymbol{A})=\boldsymbol{O}$.

正常人小明先考察二阶矩阵.对任意的二阶矩阵 $\boldsymbol{A}=\begin{pmatrix} a & b \\ c & d \end{pmatrix}$.易知

$$p(\lambda)=|\boldsymbol{A}-\lambda\boldsymbol{I}|=\lambda^2-(a+d)\lambda+(ad-bc)$$

以 $\boldsymbol{A}$ 代 λ,他发现

$$p(\boldsymbol{A})=\boldsymbol{A}^2+(ad-bc)\boldsymbol{I}-(a+d)\boldsymbol{A}=\begin{pmatrix} a^2+ad & ab+bd \\ ac+cd & d^2+ad \end{pmatrix}-(a+d)\begin{pmatrix} a & b \\ c & d \end{pmatrix}=\boldsymbol{O}$$

即 $p(\boldsymbol{A})=\boldsymbol{O}$ 居然是成立的,小明差点晕过去了.

2. 对于一般的方阵,手算肯定不堪其苦,好在现在可以借助于软件编程来验证.试对元素取值在-10 与 10 之间的任意 n 阶矩阵 $\boldsymbol{A}$,编程验证 $p(\boldsymbol{A})=\boldsymbol{O}$ 是否成立?

解:验证的实现代码如下所示.(文件名为 sy2402.m)

```
syms  n
n=input('输入非负整数 n='),
A=- 10* ones(n)+ 20*rand(n);  % 生成随机矩阵,元素取值在-10 与 10 之间
p=poly(A)                     % p 为特征多项式的系数向量,降幂排列
pA=polyvalm(p,A)              % 内置函数 polyvalm 计算矩阵多项式 p(A)
O=zeros(n);
e=norm(pA-O)                  % e 为矩阵 pA 与零矩阵 O 之间的误差
```

运行后小明发现误差 e 一般都非常小. 考虑到计算机的计算误差,这说明 $p(\boldsymbol{A})=\boldsymbol{O}$ 对任意 n 阶方阵 $\boldsymbol{A}$ 应该都是成立的. 百度后小明得知这就是鼎鼎大名的**凯莱—哈密尔顿定理:任意方阵 $\boldsymbol{A}$ 的特征多项式都是其零化多项式,即每一个方阵都满足它的特征方程.** 有意思的是,矩阵理论的创始人凯莱就是通过使用有破绽的上述推理得到它的. 对于二、三阶矩阵的情形他给出了证明,但特意说明没有必要去验证一般的方阵. "WTF! 早生 200 年,这就是小明定理!"小明不禁有些忿忿.

习题二

2.1　计算下列行列式:

(1) $\begin{vmatrix} a+b & c & c \\ a & b+c & a \\ b & b & c+a \end{vmatrix}$;　(2) $\begin{vmatrix} 104 & 100 & 205 \\ 201 & 200 & 396 \\ 407 & 400 & 798 \end{vmatrix}$;　(3) $\begin{vmatrix} 5 & 2 & 1 \\ 1 & 2 & 5 \\ 34 & 1 & 34 \end{vmatrix}$;

(4) $\begin{vmatrix} x & y & x+y \\ y & x+y & x \\ x+y & x & y \end{vmatrix}$;　(5) $\begin{vmatrix} a+1 & a+2 & a+3 \\ b+1 & b+4 & b+6 \\ c+1 & c+6 & c+9 \end{vmatrix}$.

2.2　用克莱姆法则解下列线性方程组:

(1) $\begin{cases} x_1+2x_2=8, \\ 3x_1-x_2=3; \end{cases}$　(2) $\begin{cases} x_1+x_2+x_3=6, \\ 2x_1+3x_2-x_3=5, \\ 4x_1+9x_2+x_3=25. \end{cases}$

2.3　已知 4 阶方阵 $\boldsymbol{A}$ 的第一行元素为 $-1, 0, 1, 2$,它们的余子式分别为 $1, 2, -2, -1$,求 $|\boldsymbol{A}|$.

2.4　设 $f(x)=\begin{vmatrix} x & x & 1 & 0 \\ 1 & x & 2 & 3 \\ 2 & 3 & x & 2 \\ 1 & 1 & 2 & x \end{vmatrix}$,求 $f(x)$ 的常数项及 x^3 项.

2.5　证明恒等式: $\begin{vmatrix} a_1+2b_1 & b_1+2c_1 & c_1+2a_1 \\ a_2+2b_2 & b_2+2c_2 & c_2+2a_2 \\ a_3+2b_3 & b_3+2c_3 & c_3+2a_3 \end{vmatrix}=9\begin{vmatrix} a_1 & b_1 & c_1 \\ a_2 & b_2 & c_2 \\ a_3 & b_3 & c_3 \end{vmatrix}$.

2.6　设为一元三次方程 $x^3+px+q=0$ 的三个根,证明: $\begin{vmatrix} a & b & c \\ c & a & b \\ b & c & a \end{vmatrix}=0$.

2.7　计算下列行列式:

(1) $\begin{vmatrix} 1+x & 1 & 1 & 1 \\ 1 & 1-x & 1 & 1 \\ 1 & 1 & 1+y & 1 \\ 1 & 1 & 1 & 1-y \end{vmatrix}$;

(2) $\begin{vmatrix} 1+a & 1 & 1 & 1 \\ 1 & 1+b & 1 & 1 \\ 1 & 1 & 1+c & 1 \\ 1 & 1 & 1 & 1+d \end{vmatrix}$，其中 $abcd \neq 0$.

2.8　求函数 $f(x) = \begin{vmatrix} x-2 & x-1 & x-2 & x-3 \\ 2x-2 & 2x-1 & 2x-2 & 2x-3 \\ 3x-3 & 3x-2 & 4x-5 & 3x-5 \\ 4x & 4x-3 & 5x-7 & 4x-3 \end{vmatrix}$ 的表达式.

2.9　若 $abcd = 1$，证明：$D = \begin{vmatrix} a^2+\frac{1}{a^2} & a & \frac{1}{a} & 1 \\ b^2+\frac{1}{b^2} & b & \frac{1}{b} & 1 \\ c^2+\frac{1}{c^2} & c & \frac{1}{c} & 1 \\ d^2+\frac{1}{d^2} & d & \frac{1}{d} & 1 \end{vmatrix} = 0$.

2.10　求下列 n 阶行列式的值：

(1) $D_n = \begin{vmatrix} 0 & \cdots & 0 & 1 & 0 \\ 0 & \cdots & 2 & 0 & 0 \\ \vdots & \iddots & \vdots & \vdots & \vdots \\ n-1 & \cdots & 0 & 0 & 0 \\ 0 & \cdots & 0 & 0 & n \end{vmatrix}$；　(2) $D_n = \begin{vmatrix} 1 & 2 & 2 & \cdots & 2 \\ 2 & 2 & 2 & \cdots & 2 \\ 2 & 2 & 3 & \cdots & 2 \\ \vdots & \vdots & \vdots & & \vdots \\ 2 & 2 & 2 & \cdots & n \end{vmatrix}$；

(3) $D_n = \begin{vmatrix} a & & & b \\ & a & & \\ & & \ddots & \\ b & & & a \end{vmatrix}$；　(4) $D_n = \begin{vmatrix} a & & & b \\ b & a & & \\ & \ddots & \ddots & \\ & & b & a \end{vmatrix}$；

(5) $D_n = \begin{vmatrix} 1+x_1 & 1 & \cdots & 1 \\ 1 & 1+x_2 & \cdots & 1 \\ \vdots & \vdots & \ddots & \vdots \\ 1 & 1 & \cdots & 1+x_n \end{vmatrix}$；(6) $D_n = \begin{vmatrix} 2a & 1 & & & \\ a^2 & 2a & 1 & & \\ & a^2 & 2a & \ddots & \\ & & \ddots & \ddots & 1 \\ & & & a^2 & 2a \end{vmatrix}$.

2.11　计算 $D_4 = \begin{vmatrix} a_1 & 0 & 0 & b_1 \\ 0 & a_2 & b_2 & 0 \\ 0 & c_2 & d_2 & 0 \\ c_1 & 0 & 0 & d_1 \end{vmatrix}$ 及 $D_{2n} = \begin{vmatrix} a_1 & & & & & b_1 \\ & \ddots & & & \iddots & \\ & & a_n & b_n & & \\ & & c_n & d_n & & \\ & \iddots & & & \ddots & \\ c_1 & & & & & d_1 \end{vmatrix}$.

2.12　利用欧拉公式 $e^{i\theta} = \cos\theta + i\sin\theta$，证明：

$$D_n=\begin{vmatrix}2\cos\theta & 1 & & & \\ 1 & 2\cos\theta & 1 & & \\ & 1 & 2\cos\theta & \ddots & \\ & & \ddots & \ddots & 1 \\ & & & 1 & 2\cos\theta\end{vmatrix}=\frac{\sin(n+1)\theta}{\sin\theta}.$$

2.13　设 $\boldsymbol{\alpha}_1, \boldsymbol{\alpha}_2, \boldsymbol{\alpha}_3$ 都是3维列向量,且 $|\boldsymbol{\alpha}_1, 3\boldsymbol{\alpha}_2, \boldsymbol{\alpha}_3|=6$,求 $|2\boldsymbol{\alpha}_1, \boldsymbol{\alpha}_2, 5\boldsymbol{\alpha}_3|$.

2.14　设 $\boldsymbol{\alpha}_1, \boldsymbol{\alpha}_2, \boldsymbol{\beta}, \boldsymbol{\gamma}$ 都是3维列向量,方阵 $\boldsymbol{A}=(\boldsymbol{\alpha}_1, \boldsymbol{\alpha}_2, \boldsymbol{\beta})$, $\boldsymbol{B}=(\boldsymbol{\alpha}_1, \boldsymbol{\alpha}_2, \boldsymbol{\gamma})$,且 $|\boldsymbol{A}|=2$, $|\boldsymbol{B}|=2$,求 $|\boldsymbol{A}-2\boldsymbol{B}|$.

2.15　设 $\boldsymbol{\alpha}_1, \boldsymbol{\alpha}_2, \boldsymbol{\alpha}_3$ 都是3维列向量,方阵 $\boldsymbol{A}=(\boldsymbol{\alpha}_1, \boldsymbol{\alpha}_2, \boldsymbol{\alpha}_3)$, $\boldsymbol{B}=(\boldsymbol{\alpha}_1-2\boldsymbol{\alpha}_2, 2\boldsymbol{\alpha}_1+3\boldsymbol{\alpha}_2, 3\boldsymbol{\alpha}_2+4\boldsymbol{\alpha}_3)$,且 $|\boldsymbol{A}|=2$,求 $|\boldsymbol{B}|$.

2.16　设 n 阶行列式 $|\boldsymbol{A}|$ 经过若干次初等变换变成行列式 $|\boldsymbol{B}|$,则下列命题中正确的是【　　】

(A) 若 $|\boldsymbol{A}|>0$,则必有 $|\boldsymbol{B}|>0$　　(B) 若 $|\boldsymbol{A}|\neq 0$,则未必有 $|\boldsymbol{B}|\neq 0$

(C) 若 $|\boldsymbol{A}|=0$,则必有 $|\boldsymbol{B}|=0$　　(D) $|\boldsymbol{A}|=|\boldsymbol{B}|$ 恒成立

2.17　设 $\boldsymbol{\alpha}_1, \boldsymbol{\alpha}_2, \boldsymbol{\alpha}_3$ 都是3维列向量,且行列式 $|\boldsymbol{\alpha}_1, \boldsymbol{\alpha}_2, \boldsymbol{\alpha}_3|=1$,求下列行列式的值:

(1) $|\boldsymbol{\alpha}_3, \boldsymbol{\alpha}_2, \boldsymbol{\alpha}_1|$;　　(2) $|\boldsymbol{\alpha}_1, 2\boldsymbol{\alpha}_1+3\boldsymbol{\alpha}_2, 2\boldsymbol{\alpha}_2+3\boldsymbol{\alpha}_3|$;

(3) $|\boldsymbol{\alpha}_1+\boldsymbol{\alpha}_2, \boldsymbol{\alpha}_2+\boldsymbol{\alpha}_3, \boldsymbol{\alpha}_3+\boldsymbol{\alpha}_1|$;　　(4) $|\boldsymbol{\alpha}_1-\boldsymbol{\alpha}_2, \boldsymbol{\alpha}_2-\boldsymbol{\alpha}_3, \boldsymbol{\alpha}_3-\boldsymbol{\alpha}_1|$.

2.18　已知矩阵 $\boldsymbol{A}=\begin{pmatrix}1 & -1 & 1\\ 2 & 3 & 0\\ 0 & 4 & 5\end{pmatrix}$,求矩阵 $\boldsymbol{A}$ 的所有余子式之和.

2.19　设4阶行列式 $D_4=\begin{vmatrix}a & b & c & d\\ c & b & d & a\\ d & b & c & a\\ a & b & d & c\end{vmatrix}$,求 $\sum\limits_{i=1}^{4}\sum\limits_{j=1}^{4}A_{ij}$.

2.20　证明正交矩阵的行列式为常数.

2.21　设 $\boldsymbol{A}$ 为 n 阶**对合矩阵**(involutory matrix),即 $\boldsymbol{A}^2=\boldsymbol{I}$,证明 $\boldsymbol{A}$ 的行列式为常数.

2.22　设 $\boldsymbol{A}$ 为 k 次幂零矩阵,即 $\boldsymbol{A}^k=\boldsymbol{O}$,证明 $\boldsymbol{A}$ 必为奇异矩阵.

2.23　证明奇数阶反对称矩阵必为奇异矩阵.

2.24　设 $\boldsymbol{A}, \boldsymbol{B}$ 为 n 阶方阵,则下列命题中正确的是【　　】.

(A) 若 $\boldsymbol{A}, \boldsymbol{B}$ 都可逆,则 $\boldsymbol{A}+\boldsymbol{B}$ 必可逆　　(B) 若 $\boldsymbol{A}, \boldsymbol{B}$ 都不可逆,则 $\boldsymbol{A}+\boldsymbol{B}$ 必不可逆

(C) 若 $\boldsymbol{AB}$ 可逆,则 $\boldsymbol{A}, \boldsymbol{B}$ 都可逆　　(D) 若 $\boldsymbol{AB}$ 不可逆,则 $\boldsymbol{A}, \boldsymbol{B}$ 都不可逆

2.25　设 $\boldsymbol{A}, \boldsymbol{B}$ 均为3阶方阵,且 $|\boldsymbol{A}|=3$, $|\boldsymbol{B}|=2$, $|\boldsymbol{A}^{-1}+\boldsymbol{B}|=2$,求 $|\boldsymbol{A}+\boldsymbol{B}^{-1}|$.

2.26　设 $\boldsymbol{A}$ 为 n 阶方阵,$\boldsymbol{B}$ 为 m 阶方阵,且 $|\boldsymbol{A}|=a$, $|\boldsymbol{B}|=b$,则 $\begin{vmatrix}\boldsymbol{O} & 3\boldsymbol{A}\\ -\boldsymbol{B} & \boldsymbol{O}\end{vmatrix}=$【　　】.

(A) $-3ab$　　(B) $(-1)^m 3^n ab$

(C) $(-1)^{m(n+1)}3^n ab$　　　　(D) $(-1)^{n(m+1)}3^n ab$

2.27 设 $\boldsymbol{A}$, $\boldsymbol{B}$ 均为 n 阶方阵. 证明：$\begin{vmatrix} \boldsymbol{A} & \boldsymbol{B} \\ \boldsymbol{B} & \boldsymbol{A} \end{vmatrix} = |\boldsymbol{A}+\boldsymbol{B}||\boldsymbol{A}-\boldsymbol{B}|$.

2.28 已知 $\boldsymbol{A}$ 为 3 阶方阵，且 $|\boldsymbol{A}|=3$，求下列行列式的值：

(1) $|-3\boldsymbol{A}^T|$；(2) $|(2\boldsymbol{A})^{-1}|$；(3) $|3\boldsymbol{A}^{-1}\boldsymbol{A}^*|$；(4) $|(3^{-1}\boldsymbol{A})^{-1}-4\boldsymbol{A}^*|$；

(5) $|(3\boldsymbol{A})^*|$；(6) $|(\boldsymbol{A}^*)^*|$；(7) $\begin{vmatrix} \boldsymbol{O} & \boldsymbol{A}^{-1}\boldsymbol{A}^T \\ \boldsymbol{A}^* & \boldsymbol{O} \end{vmatrix}$.

2.29 设 3 阶方阵 $\boldsymbol{A}=\begin{pmatrix} 2 & 1 & 0 \\ 1 & 2 & 0 \\ 0 & 0 & 1 \end{pmatrix}$，矩阵 $\boldsymbol{B}$ 满足 $\boldsymbol{ABA}^*=2\boldsymbol{BA}^*+\boldsymbol{I}$，求 $|\boldsymbol{B}|$.

2.30 设 3 阶方阵 $\boldsymbol{A}=\begin{pmatrix} 1 & 0 & 0 \\ 2 & 2 & 0 \\ 3 & 4 & 5 \end{pmatrix}$，求 $(\boldsymbol{A}^*)^{-1}$.

2.31 设 3 阶方阵 $\boldsymbol{A}=(a_{ij})$ 满足关系式 $a_{ij}+A_{ij}=0$，求 $|\boldsymbol{A}|$.

2.32 设 $\boldsymbol{A}$, $\boldsymbol{B}$ 均为 2 阶方阵，且 $|\boldsymbol{A}|=2$, $|\boldsymbol{B}|=3$，则块次对角矩阵 $\begin{pmatrix} \boldsymbol{O} & \boldsymbol{A} \\ \boldsymbol{B} & \boldsymbol{O} \end{pmatrix}$ 的伴随矩阵为【　】.

(A) $\begin{bmatrix} \boldsymbol{O} & 2\boldsymbol{A}^* \\ 3\boldsymbol{B}^* & \boldsymbol{O} \end{bmatrix}$　(B) $\begin{bmatrix} \boldsymbol{O} & 3\boldsymbol{A}^* \\ 2\boldsymbol{B}^* & \boldsymbol{O} \end{bmatrix}$　(C) $\begin{bmatrix} \boldsymbol{O} & 2\boldsymbol{B}^* \\ 3\boldsymbol{A}^* & \boldsymbol{O} \end{bmatrix}$　(D) $\begin{bmatrix} \boldsymbol{O} & 3\boldsymbol{B}^* \\ 2\boldsymbol{A}^* & \boldsymbol{O} \end{bmatrix}$

2.33 设 $\boldsymbol{A}$ 为 3 阶方阵，且 $|\boldsymbol{A}|=3$. 若交换 $\boldsymbol{A}$ 的第 1 行与第 2 行得到矩阵 $\boldsymbol{B}$，求 $|\boldsymbol{BA}^*|$.

2.34 用克莱姆法则解线性方程组 $\begin{cases} 2x_1+3x_2+11x_3+5x_4=6, \\ x_1+x_2+5x_3+2x_4=2, \\ 2x_1+x_2+3x_3+4x_4=2, \\ x_1+x_2+3x_3+4x_4=2. \end{cases}$

2.35 用克莱姆法则解线性方程组 $\begin{cases} x_1+a_1x_1+a_1^2x_2\cdots+a_1^{n-1}x_n=1, \\ x_1+a_2x_1+a_2^2x_2\cdots+a_2^{n-1}x_n=1, \\ \cdots\cdots\cdots\cdots \\ x_1+a_nx_1+a_n^2x_2\cdots+a_n^{n-1}x_n=1 \end{cases}$，其中 a_1, a_2, …, a_n 互不相同.

2.36 已知齐次线性方程组 $\begin{cases} \lambda x_1+x_2-x_3=0, \\ x_1+\lambda x_2-x_3=0, \\ 2x_1-x_2+x_3=0 \end{cases}$ 有非零解，求常数 λ 的值.

2.37 [M]编写自定义函数 A=TriD(a, b, c, n)，用于生成 n 阶三对角矩阵 $\boldsymbol{A}=\boldsymbol{A}(a, b, c, n)$，然后利用 TriD 生成五阶三对角矩阵 $\boldsymbol{A}=\boldsymbol{A}(1-x, x, -1, 5)$，并解关于 x 的方程 $|\boldsymbol{A}|=0$.

2.38 [M]分别编程计算习题 2.10 中前 4 个行列式的值，并与手工计算结果相对照，其中 n 由键盘输入.

2.39　[M]利用自定义函数 Minor，编写自定义函数 s=SumMinors(A)，计算 $|\boldsymbol{A}|$ 的所有余子式之和，并用习题 2.18 测试你的函数.

2.40　[M]利用自定义函数 Cofactor，编写自定义函数 s=SumCofactors(A)，计算 $|\boldsymbol{A}|$ 的所有代数余子式之和，并用习题 2.19 测试你的函数.

2.41　[M]利用内置函数 randn 和 round 构造一个 n 阶随机整数矩阵 $\boldsymbol{A}$，然后分别按下列要求生成矩阵 $\boldsymbol{B}$，并判断等式 $|\boldsymbol{B}|=|\boldsymbol{A}|$ 或 $|\boldsymbol{B}|=-|\boldsymbol{A}|$ 是否成立. 其中 n, i, j, k 都由键盘输入($1\leqslant i, j\leqslant n$).

(1) 将 $\boldsymbol{A}$ 转置后得矩阵 $\boldsymbol{B}$；

(2) 对换 $\boldsymbol{A}$ 的第 i 行与第 j 行后得矩阵 $\boldsymbol{B}$；

(3) 将 $\boldsymbol{A}$ 的第 i 列的 k 倍加到第 j 行后得矩阵 $\boldsymbol{B}$；

2.42　[M]构造一个 n 阶随机整数矩阵 $\boldsymbol{A}$，然后利用自定义函数 Adj 生成矩阵 $\boldsymbol{A}^*$，并判断等式 $\boldsymbol{A}\boldsymbol{A}^*=\boldsymbol{A}^*\boldsymbol{A}=|\boldsymbol{A}|\boldsymbol{I}$ 是否成立. 其中 n 由键盘输入.

2.43　[M]已知齐次线性方程组 $\begin{cases}\lambda x_1+x_2+x_3=0,\\ x_1+\lambda x_2+x_3=0,\\ x_1+x_2+\lambda x_3=0\end{cases}$ 有非零解，求常数 λ 的值.

第3章 矩阵的秩与线性方程组

年轻的矩阵博士小明虽然用矩阵符号一统江湖，但却深囿于矩阵求逆问题之中. 历经一番机缘巧合，他在行列式女王那里觅到了婀娜多姿的伴随矩阵求逆法，但它天生的“不足之症”却让人扼腕叹息. 回到住处后小明闭关修行，期间精研各类文献和典籍，如此九九八十一天，终于从字里行间窥测出求解这个问题的根本大法. 运用此法，他不仅一举攻克矩阵求逆这座堡垒，更悟得在沧海桑田、斗转星移中“我自岿然不动”的根本观念，进而彻底解决了线性方程组求解的千年难题.

3.1 初等变换求逆法

3.1.1 从高斯消元法到矩阵的标准形

矩阵博士小明尽管用矩阵方程 $\boldsymbol{Ax}=\boldsymbol{b}$ 简洁地表达了线性方程组，得到了解的矩阵表示 $\boldsymbol{x}=\boldsymbol{A}^{-1}\boldsymbol{b}$，并求出了一些特殊矩阵的逆矩阵，但这些工作显然与彻底求解线性方程组相去甚远. 闭关期间，小明细细回味行列式王国的一番游历，发现那些天生丽质难自弃的行列式，自然可以充分享用拉普拉斯展开定理等各种工具，但对那些“貌似无盐”的行列式，使用行列式的初等变换尤其是倍加变换，也能做到“化丑嫫为美妍”. 同时小明也想起，自己在初次接触矩阵时，也曾经使用过类似的加减消元法. 俗话说“不忘初心，方得始终”. 带着这样的新领悟，小明重新考察了例 2.1.1 中的线性方程组.

例 3.1.1 用消元法重解线性方程组(I)：$\begin{cases} x_1+2x_2-x_3=0, & ① \\ 3x_1+x_2=-1, & ② \\ -x_1-x_2-2x_3=1, & ③ \end{cases}$.

解：消元过程：

$$(\mathrm{I}) \xrightarrow[1\times①+③]{(-3)\times①+②} \begin{cases} x_1+2x_2-x_3=0, & ① \\ -5x_2+3x_3=-1, & ② \\ x_2-3x_3=1, & ③ \end{cases} \xrightarrow{5\times③+②} \begin{cases} x_1+2x_2-x_3=0, & ① \\ -12x_3=4, & ② \\ x_2-3x_3=1, & ③ \end{cases}$$

$$\xrightarrow{②\leftrightarrow③} (\mathrm{II})\text{：}\begin{cases} x_1+2x_2-x_3=0, & ① \\ x_2-3x_3=1, & ② \\ -12x_3=4, & ③ \end{cases}$$

回代过程：

$$(\mathrm{II}) \xrightarrow{\left(-\frac{1}{12}\right)\times③} \begin{cases} x_1+2x_2-x_3=0, & ① \\ x_2-3x_3=1, & ② \\ x_3=-1/3, & ③ \end{cases} \xrightarrow[1\times③+①]{3\times③+②} \begin{cases} x_1+2x_2=-\dfrac{1}{3}, & ① \\ x_2=0, & ② \\ x_3=-\dfrac{1}{3}, & ③ \end{cases}$$

$$\xrightarrow{(-2)\times②+①} (\mathrm{III})\text{：}\begin{cases} x_1=-\dfrac{1}{3}, & ① \\ x_2=0, & ② \\ x_3=-\dfrac{1}{3}. & ③ \end{cases}$$

显然方程组(III)中的解满足方程组(I)，可见消元法就是不断对方程组施行同解变换，最终得到方程组的解. 在上述的消元过程中，小明再次注意到下列三类可逆的同解变换，因为它们与行列式中曾经出现的三类初等变换几乎雷同：

(1) 对换变换，即对换其中两个方程的位置；

(2) 数乘变换，即用一个非零常数乘以某一个方程；

(3) 倍加变换，即某方程的常数倍加到另一个方程上.

这三种变换统称为**线性方程组的初等变换**(elementary transformation).

作为矩阵博士，小明马上联想到每个线性方程组都可简洁地表示为一个增广矩阵，因此线性方程组的初等变换应该可以等价地表示为对应增广矩阵的初等变换. 按此想法，小明给出了矩阵初等变换的定义.

定义 3.1.1(矩阵的初等变换)　下面三类变换统称为矩阵的**初等行(列)变换**(elementary row/column transformation). 矩阵的初等行变换和初等列变换统称为**矩阵的初等变换**(elementary transformation).

(1) **对换变换**，即对换矩阵中任意的两行(列). 用记号 r_{ij} (c_{ij})表示对换 i, j 两行(列).

(2) **数乘变换**，即用一个非零常数乘以矩阵中的某一行(列)的所有元素. 用记号 $r_i(k)$($c_i(k)$)表示用常数 k 乘以矩阵的第 i 行(列).

(3) **倍加变换**，将矩阵某行(列)的所有元素的常数倍加到另一行(列)的对应元素上去. 用记号 $r_{ij}(k)$($c_{ij}(k)$)表示将第 i 行(列)的 k 倍加到第 j 行(列).

显然，矩阵初等变换的逆变换仍为初等变换，且变换类型相同. 具体而言，r_{ij} 的逆变换仍然是 r_{ij}，$r_i(k)$的逆变换是 $r_i\left(\frac{1}{k}\right)$，而 $r_{ij}(k)$的逆变换则是 $r_{ij}(-k)$. 果然是肥水不落外人田.

按照矩阵及其初等变换的记号，小明将前面的求解过程简洁地表示如下.

$$\overline{\mathbf{A}}=\left(\begin{array}{ccc:c}1&2&-1&0\\3&1&0&-1\\-1&-1&-2&1\end{array}\right)\xrightarrow[r_{13}(1)]{r_{12}(-3)}\left(\begin{array}{ccc:c}1&2&-1&0\\0&-5&3&-1\\0&1&-3&1\end{array}\right)\xrightarrow{r_{32}(5)}\left(\begin{array}{ccc:c}1&2&-1&0\\0&0&-12&4\\0&1&-3&1\end{array}\right)$$

$$\xrightarrow{r_{23}}\left(\begin{array}{ccc:c}1&2&-1&0\\0&1&-3&1\\0&0&-12&4\end{array}\right)\xrightarrow{r_3\left(-\frac{1}{12}\right)}\left(\begin{array}{ccc:c}1&2&-1&0\\0&1&-3&1\\0&0&1&-\frac{1}{3}\end{array}\right)$$

$$\xrightarrow[r_{31}(1)]{r_{32}(3)}\left(\begin{array}{ccc:c}1&2&0&-\frac{1}{3}\\0&1&0&0\\0&0&1&-\frac{1}{3}\end{array}\right)\xrightarrow{r_{21}(-2)}\left(\begin{array}{ccc:c}1&0&0&-\frac{1}{3}\\0&1&0&0\\0&0&1&-\frac{1}{3}\end{array}\right)$$

小明注意到初等变换前后的矩阵可以用符号“→”或“～”连接起来，但千万不能用“＝”来连接，因为只有两个矩阵相等时才用“＝”来连接，而变换前后的两个矩阵肯定不相等.

这些变换是怎么给出解答的呢？仔细观察后，小明发现通过一系列初等行变换，最终增广矩阵被化成了一个比较特殊的矩阵，具体地说，增广矩阵左侧的系数矩阵先化成了一个上三角矩阵(对应的是消元过程)，然后一路高奏凯歌(对应的是回代过程)，最终化成了单位矩阵. 此时增广矩阵的最后一列即常数列则化成了原方程组的解向量. 用矩阵符号表示，就是当 $\boldsymbol{A}$ 可逆时，对方程组 $\boldsymbol{Ax}=\boldsymbol{b}$，有

$$\overline{\boldsymbol{A}}=(\boldsymbol{A}\mid\boldsymbol{b})\xrightarrow{\text{消元}}(◥\mid *)\xrightarrow{\text{回代}}(\boldsymbol{I}\mid\boldsymbol{A}^{-1}\boldsymbol{b})$$

例 3.1.2 求解矩阵方程 $\boldsymbol{Ax}=\boldsymbol{b}$，其中 $\boldsymbol{A}=\begin{pmatrix}1&2&3\\2&2&1\\3&4&3\end{pmatrix}$，$\boldsymbol{b}=\begin{pmatrix}2\\3\\4\end{pmatrix}$.

解法一：手工计算.

$$\overline{\boldsymbol{A}}=\left(\begin{array}{ccc:c}1&2&3&2\\2&2&1&3\\3&4&3&4\end{array}\right)\xrightarrow[r_{13}(-3)]{r_{12}(-2)}\left(\begin{array}{ccc:c}1&2&3&2\\0&-2&-5&-1\\0&-2&-6&-2\end{array}\right)\xrightarrow{r_{23}(-1)}\left(\begin{array}{ccc:c}1&2&3&2\\0&-2&-5&-1\\0&0&-1&-1\end{array}\right)$$

$$\xrightarrow{r_3(-1)}\left(\begin{array}{ccc:c}1&2&3&2\\0&-2&-5&-1\\0&0&1&1\end{array}\right)\xrightarrow[r_{32}(5)]{r_{31}(-3)}\left(\begin{array}{ccc:c}1&2&0&-1\\0&-2&0&4\\0&0&1&1\end{array}\right)\xrightarrow[r_2\left(-\frac{1}{2}\right)]{r_{21}(1)}\left(\begin{array}{ccc:c}1&0&0&3\\0&1&0&-2\\0&0&1&1\end{array}\right)$$

简单验算可知 $\boldsymbol{x}=(3,\ -2,\ 1)^T$ 确实是原矩阵方程的解.

解法二：MATLAB 计算.(文件名为 ex3102.m)

```
% 初等行变换法(教学用逐步观察版)
% 其中 ATLAST 函数 rowscale 和 rowcomb 见本章实验一
A=[1,2,3;2,2 1;3,4,3],b=[2,3,4]',Ab=[A,b]
Ab1=rowcomb (Ab,1,2,-2)      % 对 Ab 施行初等行变换 r12(-2)
Ab2=rowcomb (Ab1,1,3,-3)     % 对 Ab1 施行初等行变换 r13(-3)
Ab3=rowcomb (Ab2,2,3,-1)     % 对 Ab2 施行初等行变换 r23(-1)
Ab4=rowscale (Ab3,3,-1)      % 对 Ab3 施行初等行变换 r3(-1)
Ab5=rowcomb (Ab4,3,1,-3)     % 对 Ab4 施行初等行变换 r31(-3)
Ab6=rowcomb (Ab5,3,2,5)      % 对 Ab5 施行初等行变换 r32(5)
Ab7=rowcomb (Ab6,2,1,1)      % 对 Ab6 施行初等行变换 r21(1)
Ab8=rowscale (Ab7,2,-1/2)    % 对 Ab7 施行初等行变换 r2(-1/2)
```

小明注意到，因为行列对等的缘故，行列式计算在使用初等变换时可以“**左右开弓**”，即既可以选择初等行变换，也可以考虑初等列变换，而这里则始终是“**单曲循环**”，即从头到尾使用的都是初等行变换. 百度后小明得知上述方法称为解线性方程组的**初等行变换法**(elementary row transformation). 至于它的源头，西方起初认为出自被著名数学家高

斯(Johann Carl Friedrich Gauss，1777—1855)重新发现的消元法(即所谓**高斯消元法**).但事实上，这个方法最早见诸中国的数学古籍《九章算术》. 即使国外最严谨的数学史家卡茨(V. J. Katz)也承认：“事实上，中国人的解法实质上与高斯消元法一致，而且是用矩阵的形式表示出来的. ”然而中国人毕竟没有发展出矩阵理论. 卡茨遗憾地将这种情况的出现归之于中国人习惯于用文字表达所有问题及其解，却从未采用过“能使类似问题解起来毫不费力的符号系统”. 对此，如今已深刻领悟到矩阵符号威力的矩阵博士小明唏嘘不已.

对于可逆矩阵，变换的终极目标显然是单位矩阵. 问题在于不是每个矩阵都可逆，那么对任意矩阵，经过一系列初等变换，变换的终极目标则应该是与单位矩阵类似的、“形状简单”的特殊矩阵，这就是所谓标准形.

定理 3.1.1(矩阵标准形的存在性)　任意 $m\times n$ 阶矩阵 $\boldsymbol{A}$ 经过有限次初等变换，必能化成如下形式的标准形 $\boldsymbol{N}$：

$$\boldsymbol{N}=\begin{pmatrix}\boldsymbol{I}_r & \boldsymbol{O}\\ \boldsymbol{O} & \boldsymbol{O}\end{pmatrix}\begin{matrix}r\\ n-r\end{matrix}$$

其中的自然数 r 与 $\boldsymbol{A}$ 有关，但不超过 $\min(m, n)$. 另外，当 $r=0$ 时，我们约定 $\boldsymbol{I}_0$ 为零矩阵.

3.1.2　初等行变换求逆法

仔细审视初等行变换法，小明发现其核心是变换，而变换即操作，也就是一种将一物变换成另一物的“函数”或映射. 比如加法运算就是把两个数变换成它们的和，乘法运算就是把两个数变换成它们的积，数乘运算就是把一个数变换成它的倍数. 以此观之，矩阵的乘法运算就是把两个矩阵变换成另一个矩阵(它们的积)，数乘运算就是把一个矩阵变换成另一个矩阵，而行列式运算则是把一个方阵变换成一个数. 这样矩阵博士小明就极大地扩充了自己对“函数”的理解. 这样的“函数”，其自变量是矩阵或向量(退化到一维就是数)，应变量则是矩阵、向量或数. 具体到线性方程组，就是线性变换的概念.

定义 3.1.2(线性变换)　从变量 $x_1, x_2, \cdots, x_n$ 到变量 $y_1, y_2, \cdots, y_m$ 的线性变换(linear transformation)为

$$\begin{cases}y_1=a_{11}x_1+a_{12}x_2+\cdots+a_{1n}x_n,\\ y_2=a_{21}x_1+a_{22}x_2+\cdots+a_{2n}x_n,\\ \cdots\cdots\cdots\cdots\cdots\cdots\cdots\cdots\\ y_m=a_{m1}x_1+a_{m2}x_2+\cdots+a_{mn}x_n\end{cases}$$

即存在线性变换(仍记为 $\boldsymbol{A}$)，使得向量 $\boldsymbol{x}=(x_1, x_2, \cdots, x_n)^T$ 被映射为向量 $\boldsymbol{y}=(y_1, y_2, \cdots, y_m)^T$，即

$$\boldsymbol{A}: \boldsymbol{x}\mapsto \boldsymbol{y}(\boldsymbol{x})=\boldsymbol{A}\boldsymbol{x}$$

几点说明：

(1) 线性变换 $\boldsymbol{y}=\boldsymbol{A}\boldsymbol{x}$ 是线性函数 $y=kx$ 的推广，这里单变量 x，y 分别对应向量 $\boldsymbol{x}$，$\boldsymbol{y}$ 表示的多变量，至于斜率 k 的对应，真的要开开脑洞，因为它与矩阵 $\boldsymbol{A}$ 相对应.

(2) 经过线性变换 $\boldsymbol{A}$ 的作用，向量 $\boldsymbol{x}$ 被映射为向量 $\boldsymbol{y}$，但这种映射是"线性"的，即用矩阵 $\boldsymbol{A}$ 左乘向量 $\boldsymbol{x}$ 得到向量 $\boldsymbol{y}$. 用几何语言来讲，就是线性变换 $\boldsymbol{A}$ 作用在原像 $\boldsymbol{x}$ 上，将**原像** $\boldsymbol{x}$ "变换"成了**像** $\boldsymbol{A}\boldsymbol{x}$. 因此线性变换与矩阵一一对应，一言以蔽之，"**变换即矩阵**".

(3) 若有 $\boldsymbol{A}\boldsymbol{x}=\boldsymbol{u}$，$\boldsymbol{A}\boldsymbol{y}=\boldsymbol{v}$，则 $\boldsymbol{A}(\boldsymbol{x}+\boldsymbol{y})=\boldsymbol{A}\boldsymbol{x}+\boldsymbol{A}\boldsymbol{y}=\boldsymbol{u}+\boldsymbol{v}$，$\boldsymbol{A}(\lambda\boldsymbol{x})=\lambda(\boldsymbol{A}\boldsymbol{x})=\lambda\boldsymbol{u}$，这说明线性变换 $\boldsymbol{A}$ 将 $\boldsymbol{x}+\boldsymbol{y}$ "变换"成了 $\boldsymbol{u}+\boldsymbol{v}$，将 $\lambda\boldsymbol{x}$ "变换"成了 $\lambda\boldsymbol{u}$，即和的像等于像的和，数乘的像等于像的数乘，也就是说**线性变换对加法和数乘运算保持封闭性**. 是不是觉得"似曾相识"？的确，微积分的三大运算（极限、导数和积分）也都对线性运算保存封闭. 不过，其中的变换已经不是矩阵，而是更加泛化的东西（数学里称为"算子"）.

(4) 线性方程组 $\boldsymbol{A}\boldsymbol{x}=\boldsymbol{b}$ 实际上就是方程组的解 $\boldsymbol{x}$ 被线性变换 $\boldsymbol{A}$ 映射成了常数项 $\boldsymbol{b}$.

(5) "变换"的观点非常直观和形象，使我们能够"一览众山小"，从更高的层面看待矩阵，而不会深陷在矩阵元素层面，"只见树木，不见森林".

(6) 正如变量的引入将初等数学提升为高等数学一样，在线性代数中，线性变换的引入也使矩阵从静态的一张表、一堆数跃升为动态的操作、算子，从而使我们能够研究事物的运动变化过程以及其中的不变量.

说到变换，小明搜到一则小笑话. 汤教授（即开尔文勋爵，"西朵乌云"的著名演讲就是他发表的）某日因事不能去上课，事先在教室里贴出如下通知：Professor Tang will be unable to meet his classes today. 一学生顽劣，上前将 classes 之 c 擦去，众阅之，哄堂大笑（lasses，女朋友的复数）. 讵料教授责任心强，办完事后就匆忙赶回. 看到学生的恶作剧，他并未勃然大怒，而是略加思索，然后又把 lasses 的首字母擦去. 众生阅之，皆大呼小叫，恍若驴鸣（asses，驴的复数）.

小笑话里无非把一个单词变换成了另一个单词，而线性变换则是将一个向量变换成另一个向量，至于初等变换则是将矩阵 $\boldsymbol{A}$ 变换成矩阵 $\boldsymbol{B}$（即矩阵进去矩阵出来）. 既然线性变换 $\boldsymbol{A}$ 可用等式 $\boldsymbol{y}=\boldsymbol{A}\boldsymbol{x}$ 表示，那么类比可知，对每个初等行变换，是否也存在某个"初等矩阵" $\boldsymbol{R}$，使得变换前后的矩阵 $\boldsymbol{A}$，$\boldsymbol{B}$ 满足 $\boldsymbol{B}=\boldsymbol{R}\boldsymbol{A}$？问题是如果这是正确的，那么初等变换应该对应什么样的初等矩阵呢？考虑到变换后必须是初等矩阵，小明觉得变换前的矩阵应该是单位矩阵.

> **定义 3.1.3（初等矩阵的定义）** 由单位矩阵 $\boldsymbol{I}$ 经过<u>一次</u>初等变换后得到的方阵统称为**初等矩阵**（elementary matrix）. 三种初等变换分别对应三种初等矩阵，按使用的行变换，分别记为 $\boldsymbol{R}_{ij}$，$\boldsymbol{R}_i(\lambda)$ 和 $\boldsymbol{R}_{ij}(k)$，按使用的列变换，则分别记为 $\boldsymbol{C}_{ij}$，$\boldsymbol{C}_i(\lambda)$ 和 $\boldsymbol{C}_{ij}(k)$.

初等矩阵到底长啥样？从矩阵元素层面，小明得到了它们的下列表示.

(1) 第一类初等矩阵：

$$
\boldsymbol{R}_{ij}=\boldsymbol{C}_{ij}=\begin{pmatrix}
1 & & & & & & & & & & \\
 & \ddots & & & & & & & & & \\
 & & 1 & & & & & & & & \\
 & & & 0 & & & & 1 & & & \\
 & & & & 1 & & & & & & \\
 & & & & & \ddots & & & & & \\
 & & & & & & 1 & & & & \\
 & & & 1 & & & & 0 & & & \\
 & & & & & & & & 1 & & \\
 & & & & & & & & & \ddots & \\
 & & & & & & & & & & 1
\end{pmatrix}\begin{matrix} \\ \\ \\ \text{第} i \text{行} \\ \\ \\ \\ \text{第} j \text{行} \\ \\ \\ \\ \end{matrix}
$$

第 i 列　　　第 j 列

(2) 第二类初等矩阵：

$$
\boldsymbol{R}_{i}(k)=\boldsymbol{C}_{i}(k)=\begin{pmatrix}
1 & & & & & & \\
 & \ddots & & & & & \\
 & & 1 & & & & \\
 & & & k & & & \\
 & & & & 1 & & \\
 & & & & & \ddots & \\
 & & & & & & 1
\end{pmatrix}\begin{matrix} \\ \\ \\ \text{第} i \text{行} \\ \\ \\ \\ \end{matrix}
$$

第 i 列

(3) 第三类初等矩阵：

$$
\boldsymbol{R}_{ij}(k)=\boldsymbol{C}_{ji}(k)=\begin{pmatrix}
1 & & & & & & \\
 & \ddots & & & & & \\
 & & 1 & & & & \\
 & & & \ddots & & & \\
 & & k & & 1 & & \\
 & & & & & \ddots & \\
 & & & & & & 1
\end{pmatrix}\begin{matrix} \\ \\ \text{第} i \text{行} \\ \\ \text{第} j \text{行} \\ \\ \\ \end{matrix}
$$

第 i 列　第 j 列

以三阶矩阵为例,有

$$
\boldsymbol{R}_{12}=\boldsymbol{C}_{12}=\begin{pmatrix}0&1&0\\1&0&0\\0&0&1\end{pmatrix},\ \boldsymbol{R}_{2}(5)=\boldsymbol{C}_{2}(5)=\begin{pmatrix}1&0&0\\0&5&0\\0&0&1\end{pmatrix},
$$

$$\boldsymbol{R}_{23}(-2)=\boldsymbol{C}_{32}(-2)=\begin{pmatrix}1&0&0\\0&1&0\\0&-2&1\end{pmatrix}$$

从矩阵符号层面，小明发现 $\boldsymbol{C}_{ij}=\boldsymbol{R}_{ij}$, $\boldsymbol{C}_i(\lambda)=\boldsymbol{R}_i(\lambda)$, $\boldsymbol{C}_{ij}(k)=\boldsymbol{R}_{ji}(k)=[\boldsymbol{R}_{ij}(k)]^T$，即列初等矩阵都可改写成相应的行初等矩阵. 特别地，在 $\boldsymbol{C}_{ij}(k)=\boldsymbol{R}_{ji}(k)$ 中，两个矩阵下标中的行列号是相反的.

定理 3.1.2(初等变换与矩阵乘法) 对任意 $m\times n$ 矩阵 $\boldsymbol{A}$ 施行一次初等行变换(初等列变换)，相当于在 $\boldsymbol{A}$ 的左边(右边)乘以相应的 m 阶(n 阶)初等矩阵 $\boldsymbol{R}(\boldsymbol{C})$，即

$$\boldsymbol{A}\xrightarrow{\text{一次初等行变换}}\boldsymbol{B}\Leftrightarrow\boldsymbol{B}=\boldsymbol{RA},\ A\xrightarrow{\text{一次初等列变换}}\boldsymbol{B}\Leftrightarrow\boldsymbol{B}=\boldsymbol{AC}. \tag{3.1.1}$$

根据定理 3.1.2，可将矩阵乘法转化为矩阵的初等变换，这简直有种高大上的王谢堂前燕飞入寻常百姓家的感觉，因为矩阵乘法需要以矩阵的相关知识为依托，而矩阵的初等变换，显然年幼无知的黄口孺子都能迅速领会. 当然，也要注意将矩阵的初等变换转化为矩阵乘法. 总之，该定理可以实现计算繁杂的矩阵乘法与操作简易的初等变换之间的互相转化.

例如，根据初等变换的意义和定理 3.1.2，显然可知(其中 $\lambda\neq 0$)

$$\boldsymbol{I}\xrightarrow{r_{ij}}\boldsymbol{R}_{ij}\xrightarrow{r_{ij}}\boldsymbol{I}\Leftrightarrow\boldsymbol{R}_{ij}\cdot\boldsymbol{R}_{ij}=\boldsymbol{I}$$

$$\boldsymbol{I}\xrightarrow{r_i(\lambda)}\boldsymbol{R}_i(\lambda)\xrightarrow{r_i\left(\frac{1}{\lambda}\right)}\boldsymbol{I}\Leftrightarrow\boldsymbol{R}_i\left(\frac{1}{\lambda}\right)\cdot\boldsymbol{R}_i(\lambda)=\boldsymbol{I}$$

$$\boldsymbol{I}\xrightarrow{r_{ij}(k)}\boldsymbol{R}_{ij}(k)\xrightarrow{r_{ij}(-k)}\boldsymbol{I}\Leftrightarrow\boldsymbol{R}_{ij}(-k)\cdot\boldsymbol{R}_{ij}(k)=\boldsymbol{I}$$

因此有

$$\boldsymbol{R}_{ij}^{-1}=\boldsymbol{R}_{ij},\ \boldsymbol{R}_i^{-1}(\lambda)=\boldsymbol{R}_i\left(\frac{1}{\lambda}\right),\ \boldsymbol{R}_{ij}^{-1}(k)=\boldsymbol{R}_{ij}(-k) \tag{3.1.2}$$

对列初等矩阵，也有类似结论：

$$\boldsymbol{C}_{ij}^{-1}=\boldsymbol{C}_{ij},\ \boldsymbol{C}_i^{-1}(\lambda)=\boldsymbol{C}_i\left(\frac{1}{\lambda}\right),\ \boldsymbol{C}_{ij}^{-1}(k)=\boldsymbol{C}_{ij}(-k) \tag{3.1.3}$$

定理 3.1.3(初等矩阵的逆矩阵) 初等矩阵都可逆，且其逆矩阵仍为同类初等矩阵.

例 3.1.3 求解矩阵方程 $\begin{pmatrix}0&1&0\\1&0&0\\0&0&1\end{pmatrix}\boldsymbol{X}\begin{pmatrix}1&0&0\\0&1&0\\0&-2&1\end{pmatrix}=\begin{pmatrix}1&3&2\\6&1&-3\\0&7&0\end{pmatrix}$.

解：方程形式上即为基本矩阵方程 $\boldsymbol{AXB}=\boldsymbol{C}$，这里 $\boldsymbol{A}=\boldsymbol{R}_{12}$，$\boldsymbol{B}=\boldsymbol{C}_{32}(-2)$. 注意到 $\boldsymbol{R}_{12}^{-1}=\boldsymbol{R}_{12}$，$\boldsymbol{C}_{32}^{-1}(-2)=\boldsymbol{C}_{32}(2)$，再利用式(3.1.1)，可知

$$\boldsymbol{X}=\begin{pmatrix}0&1&0\\1&0&0\\0&0&1\end{pmatrix}\begin{pmatrix}1&3&2\\6&1&-3\\0&7&0\end{pmatrix}\begin{pmatrix}1&0&0\\0&1&0\\0&2&1\end{pmatrix}=\begin{pmatrix}6&1&-3\\1&3&2\\0&7&0\end{pmatrix}\begin{pmatrix}1&0&0\\0&1&0\\0&2&1\end{pmatrix}\text{（交换第1行与第2行）}$$

$$=\begin{pmatrix}6&-5&-3\\1&7&2\\0&7&0\end{pmatrix}\text{（第3列的2倍加到第2列）}$$

如果将矩阵初等变换的次数推广到若干次的情形，即得下述定理.

定理 3.1.4(初等变换与可逆矩阵)　对 $m\times n$ 阶矩阵 $\boldsymbol{A}$ 施行一系列初等行变换 $r_1, r_2, \cdots, r_s$(初等列变换 $c_1, c_2, \cdots, c_t$)，相当于在 $\boldsymbol{A}$ 的左边(右边)乘以相应的 m 阶可逆矩阵 $\boldsymbol{R}=\boldsymbol{R}_s\cdots\boldsymbol{R}_2\boldsymbol{R}_1$($n$ 阶可逆矩阵 $\boldsymbol{C}=\boldsymbol{C}_1\boldsymbol{C}_2\cdots\boldsymbol{C}_t$)，即

$$\boldsymbol{A}\xrightarrow{r_1,\,r_2,\,\cdots,\,r_s}\boldsymbol{B}\Leftrightarrow\boldsymbol{B}=\boldsymbol{RA},\ \boldsymbol{A}\xrightarrow{c_1,\,c_2,\,\cdots,\,c_t}\boldsymbol{B}\Leftrightarrow\boldsymbol{B}=\boldsymbol{AC}\qquad(3.1.4)$$

其中的行初等矩阵 $\boldsymbol{R}_i$ 对应 r_i，列初等矩阵 $\boldsymbol{C}_j$ 对应 c_j($i=1, 2, \cdots, s$; $j=1, 2, \cdots, t$).

按定理 3.1.4，如果 $m\times n$ 阶矩阵 $\boldsymbol{A}$ 经过一系列初等变换化为同维矩阵 $\boldsymbol{B}$，意味着存在 m 阶可逆矩阵 $\boldsymbol{R}$ 及 n 阶可逆矩阵 $\boldsymbol{C}$，使得

$$\boldsymbol{RAC}=\boldsymbol{B}\qquad(3.1.5)$$

此时我们称矩阵 $\boldsymbol{A}$ 与 $\boldsymbol{B}$ **等价**(equivalence)，记为 $\boldsymbol{A}\sim\boldsymbol{B}$. 若只采用了初等行变换，即 $\boldsymbol{C}=\boldsymbol{I}$，则称矩阵 $\boldsymbol{A}$ 与 $\boldsymbol{B}$ **行等价**(row equivalence)，记为 $\boldsymbol{A}\overset{r}{\sim}\boldsymbol{B}$；若只采用了初等列变换，即 $\boldsymbol{R}=\boldsymbol{I}$，则称矩阵 $\boldsymbol{A}$ 与 $\boldsymbol{B}$ **列等价**(column equivalence)，记为 $\boldsymbol{A}\overset{c}{\sim}\boldsymbol{B}$.

易证矩阵的等价关系(包括特殊的行等价与列等价)满足著名的**等价三性**(反身性，对称性和传递性)，即

(1) (反身性)$\boldsymbol{A}\sim\boldsymbol{B}$；

(2) (对称性)若 $\boldsymbol{A}\sim\boldsymbol{B}$，则 $\boldsymbol{B}\sim\boldsymbol{A}$；

(3) (传递性)若 $\boldsymbol{A}\sim\boldsymbol{B}$，$\boldsymbol{B}\sim\boldsymbol{C}$，则 $\boldsymbol{A}\sim\boldsymbol{C}$.

对于任意 $m\times n$ 阶矩阵 $\boldsymbol{A}$，根据矩阵标准形的存在性，显然存在 m 阶可逆矩阵 $\boldsymbol{P}$ 和 n 阶可逆矩阵 $\boldsymbol{Q}$，使得

$$\boldsymbol{PAQ}=\boldsymbol{N}\qquad(3.1.6)$$

其中 $\boldsymbol{N}$ 为矩阵 $\boldsymbol{A}$ 的标准形. 也就是说，存在 m 阶可逆矩阵 $\boldsymbol{P}'=\boldsymbol{P}^{-1}$ 和 n 阶可逆矩阵 $\boldsymbol{Q}'=\boldsymbol{Q}^{-1}$，使得矩阵 $\boldsymbol{A}$ 存在**标准形分解**(canonical decomposition)

$$\boldsymbol{A}=\boldsymbol{P}'\boldsymbol{N}\boldsymbol{Q}'\qquad(3.1.7)$$

特别地,对于 n 阶方阵 $\boldsymbol{A}$,根据定理 3.1.4 以及定理 3.1.1,可知存在一系列行初等矩阵 $\boldsymbol{P}_1, \boldsymbol{P}_2, \cdots, \boldsymbol{P}_s$ 和一系列列初等矩阵 $\boldsymbol{Q}_1, \boldsymbol{Q}_2, \cdots, \boldsymbol{Q}_t$,使得

$$\boldsymbol{P}_s \cdots \boldsymbol{P}_2 \boldsymbol{P}_1 \boldsymbol{A} \boldsymbol{Q}_1 \boldsymbol{Q}_2 \cdots \boldsymbol{Q}_t = \boldsymbol{N}$$

两边取行列式,可得 $|\boldsymbol{P}_s| \cdots |\boldsymbol{P}_2||\boldsymbol{P}_1||\boldsymbol{A}||\boldsymbol{Q}_1||\boldsymbol{Q}_2| \cdots |\boldsymbol{Q}_t| = |\boldsymbol{N}|$. 注意到初等矩阵都是可逆矩阵,即其行列式都不为零,因此 $\boldsymbol{A}$ 可逆即 $|\boldsymbol{A}| \neq 0$ 的充要条件是 $|\boldsymbol{N}| \neq 0$,故 $\boldsymbol{N} = \boldsymbol{I}$,即

$$\boldsymbol{P}_s \cdots \boldsymbol{P}_2 \boldsymbol{P}_1 \boldsymbol{A} \boldsymbol{Q}_1 \boldsymbol{Q}_2 \cdots \boldsymbol{Q}_t = \boldsymbol{I}$$

根据逆矩阵的定义,可知 $\boldsymbol{P}_s \cdots \boldsymbol{P}_2 \boldsymbol{P}_1 \boldsymbol{A}$ 与 $\boldsymbol{Q}_1 \boldsymbol{Q}_2 \cdots \boldsymbol{Q}_t$ 互为逆矩阵,从而有 $\boldsymbol{Q}_1 \boldsymbol{Q}_2 \cdots \boldsymbol{Q}_t \boldsymbol{P}_s \cdots \boldsymbol{P}_2 \boldsymbol{P}_1 \boldsymbol{A} = \boldsymbol{I}$. 记 $\boldsymbol{Q}_t = \boldsymbol{P}_{s+1}, \boldsymbol{Q}_{t-1} = \boldsymbol{P}_{s+2}, \cdots, \boldsymbol{Q}_1 = \boldsymbol{P}_{s+t}$,即得

$$\boldsymbol{P}_{s+t} \cdots \boldsymbol{P}_{s+2} \boldsymbol{P}_{s+1} \boldsymbol{P}_s \cdots \boldsymbol{P}_2 \boldsymbol{P}_1 \boldsymbol{A} = \boldsymbol{I} \tag{3.1.8}$$

再根据定理 3.1.4,这说明通过一系列初等行变换 $\boldsymbol{P}_1, \boldsymbol{P}_2, \cdots, \boldsymbol{P}_{s+t}$,可将可逆矩阵 $\boldsymbol{A}$ 化成单位矩阵.

定理 3.1.5 n 阶方阵 $\boldsymbol{A}$ 可逆的充要条件是经过有限次初等行变换必能将 $\boldsymbol{A}$ 化成单位矩阵,即 $\boldsymbol{A} \overset{r}{\sim} \boldsymbol{I}$.

小明发现,若将 $\boldsymbol{P}_{s+t} \cdots \boldsymbol{P}_2 \boldsymbol{P}_1$ 看成一个"超级大变换"$\boldsymbol{P}$,则式(3.1.8)即简化为

$$\boldsymbol{P}\boldsymbol{A} = \boldsymbol{I}$$

此时初等行变换法即为

$$\boldsymbol{P}: \overline{\boldsymbol{A}} = (\boldsymbol{A} \mid \boldsymbol{b}) \mapsto (\boldsymbol{I} \mid \boldsymbol{x}) \tag{3.1.9}$$

按照式(3.1.4),此即 $\boldsymbol{P}\overline{\boldsymbol{A}} = \boldsymbol{P}(\boldsymbol{A} \mid \boldsymbol{b}) = (\boldsymbol{P}\boldsymbol{A} \mid \boldsymbol{P}\boldsymbol{b}) = (\boldsymbol{I} \mid \boldsymbol{x})$,故 $\boldsymbol{P}\boldsymbol{A} = \boldsymbol{I}, \boldsymbol{P}\boldsymbol{b} = \boldsymbol{x}$,从而有 $\boldsymbol{P} = \boldsymbol{A}^{-1}, \boldsymbol{x} = \boldsymbol{P}\boldsymbol{b} = \boldsymbol{A}^{-1}\boldsymbol{b}$. 至此,初等行变换法的原理终于水落石出.

还没到欢呼雀跃的时候,"不可沽名学霸王",小明告诫自己. 既然初等行变换法中涉及逆矩阵,那么其中也一定隐藏着矩阵求逆的方法.

当系数矩阵 $\boldsymbol{A}$ 可逆时,线性方程组 $\boldsymbol{A}\boldsymbol{x} = \boldsymbol{b}$ 的解为 $\boldsymbol{x} = \boldsymbol{A}^{-1}\boldsymbol{b}$. 若能求出 $\boldsymbol{A}^{-1}$,即可求得线性方程组的解. 设 $\boldsymbol{P}\boldsymbol{A} = \boldsymbol{I}$,也就是 $\boldsymbol{P} = \boldsymbol{A}^{-1}$,此时 $\boldsymbol{P}\boldsymbol{A} = \boldsymbol{I}$ 显然可理解成 $\boldsymbol{A} = \boldsymbol{A}^1$ 被一个"超级大变换"$\boldsymbol{P}$(包含一系列初等行变换 $r_1, r_2, \cdots, r_s$)变换成了 $\boldsymbol{P}\boldsymbol{A} = \boldsymbol{I} = \boldsymbol{A}^0$,此时矩阵 $\boldsymbol{A}$ 的幂由 1 降为 0,即"超级大变换"$\boldsymbol{P}$ 的效果就是将矩阵 $\boldsymbol{A}$ 降一次幂. 因此若想得到 $\boldsymbol{A}^{-1}$,显然只需将同样的这个"超级大变换"$\boldsymbol{P}$ 作用到 $\boldsymbol{I} = \boldsymbol{A}^0$ 上,也就是变换前的矩阵需选择 $\boldsymbol{A}^0 = \boldsymbol{I}$. 这样难点就变成了如何保证这个"超级大变换"$\boldsymbol{P}$ 的并行性. 联想到式(3.1.9)和配钥匙原理之间的相似性,小明将式(3.1.9)中的 $\boldsymbol{b}$ 替换为 $\boldsymbol{I}$,即得

$$\boldsymbol{P}: (\boldsymbol{A} \mid \boldsymbol{I}) \mapsto (\boldsymbol{I} \mid \boldsymbol{X}) \tag{3.1.10}$$

则 $\boldsymbol{P}(\boldsymbol{A} \mid \boldsymbol{I}) = (\boldsymbol{P}\boldsymbol{A} \mid \boldsymbol{P}\boldsymbol{I}) = (\boldsymbol{I} \mid \boldsymbol{X})$,故有 $\boldsymbol{P}\boldsymbol{A} = \boldsymbol{I}, \boldsymbol{P}\boldsymbol{I} = \boldsymbol{X}$,从而可得 $\boldsymbol{P} = \boldsymbol{A}^{-1}, \boldsymbol{X} = \boldsymbol{P}\boldsymbol{I} = \boldsymbol{A}^{-1}$.

先拿个简单的矩阵测试下.

例 3.1.4　用初等行变换法求矩阵 $\boldsymbol{A}=\begin{pmatrix}1&1&-1\\0&1&1\\0&0&1\end{pmatrix}$ 的逆.

解法一：手工计算.

显然 $|\boldsymbol{A}|=1\neq 0$，因此 $\boldsymbol{A}$ 可逆.

$$(\boldsymbol{A}\vdots\boldsymbol{I})=\left(\begin{array}{ccc:ccc}1&1&-1&1&0&0\\0&1&1&0&1&0\\0&0&1&0&0&1\end{array}\right)\xrightarrow[r_{31}(1)]{r_{32}(-1)}\left(\begin{array}{ccc:ccc}1&1&0&1&0&1\\0&1&0&0&1&-1\\0&0&1&0&0&1\end{array}\right)$$

$$\xrightarrow{r_{21}(-1)}\left(\begin{array}{ccc:ccc}1&0&0&1&-1&2\\0&1&0&0&1&-1\\0&0&1&0&0&1\end{array}\right)，故\ \boldsymbol{A}^{-1}=\begin{pmatrix}1&-1&2\\0&1&-1\\0&0&1\end{pmatrix}.$$

解法二：MATLAB 计算.（文件名为 ex3104.m）

```
A=[1,1,-1;0,1,1;0,0,1];I=eye(3);
InvA1=inv(A)        % 方法一：使用内置函数 inv
InvA2=A\I           % 方法二：使用左除运算符\
InvA3=A^(-1)        % 方法三：使用幂运算符^
```

运行程序后，可知三种方法的计算结果与手工计算完全一致. 再看一例.

例 3.1.5　用矩阵求逆法重解例 3.1.1.

解：

$$(\boldsymbol{A}\vdots\boldsymbol{I})=\left(\begin{array}{ccc:ccc}1&2&-1&1&0&0\\3&1&0&0&1&0\\-1&-1&-2&0&0&1\end{array}\right)\xrightarrow[r_{13}(1)]{r_{12}(-3)}\left(\begin{array}{ccc:ccc}1&2&-1&1&0&0\\0&-5&3&-3&1&0\\0&1&-3&1&0&1\end{array}\right)$$

$$\xrightarrow{r_{32}(5)}\left(\begin{array}{ccc:ccc}1&2&-1&1&0&0\\0&0&-12&2&1&5\\0&1&-3&1&0&1\end{array}\right)\xrightarrow{r_{23}}\left(\begin{array}{ccc:ccc}1&2&-1&1&0&0\\0&1&-3&1&0&1\\0&0&-12&2&1&5\end{array}\right)$$

$$\xrightarrow{r_3\left(-\frac{1}{12}\right)}\left(\begin{array}{ccc:ccc}1&2&-1&1&0&0\\0&1&-3&1&0&1\\0&0&1&-\frac{1}{6}&-\frac{1}{12}&-\frac{5}{12}\end{array}\right)\xrightarrow[r_{31}(1)]{r_{32}(3)}\left(\begin{array}{ccc:ccc}1&2&0&\frac{5}{6}&-\frac{1}{12}&-\frac{5}{12}\\0&1&0&\frac{1}{2}&-\frac{1}{4}&-\frac{1}{4}\\0&0&1&-\frac{1}{6}&-\frac{1}{12}&-\frac{5}{12}\end{array}\right)$$

$$\xrightarrow{r_{21}(-2)}\left(\begin{array}{ccc:ccc}1&0&0&-\frac{1}{6}&\frac{5}{12}&\frac{1}{12}\\0&1&0&\frac{1}{2}&-\frac{1}{4}&-\frac{1}{4}\\0&0&1&-\frac{1}{6}&-\frac{1}{12}&-\frac{5}{12}\end{array}\right).$$

故 $A^{-1}=\begin{pmatrix}-\frac{1}{6} & \frac{5}{12} & \frac{1}{12}\\ \frac{1}{2} & -\frac{1}{4} & -\frac{1}{4}\\ -\frac{1}{6} & -\frac{1}{12} & -\frac{5}{12}\end{pmatrix}=\frac{1}{12}\begin{pmatrix}-2 & 5 & 1\\ 6 & -3 & -3\\ -2 & -1 & -5\end{pmatrix}$，从而

$$x=A^{-1}b=\left(-\frac{1}{3},0,-\frac{1}{3}\right)^T$$

计算结果与前面也完全相同. 至此，矩阵求逆这个堡垒被彻底攻破！

对同一个线性方程组，矩阵博士小明使用了三种解法：克莱姆法则，初等行变换法以及矩阵求逆法. 挖掘机技术哪家强？令人意外的是，最简单的不是矩阵求逆法，而是初等行变换法. “我变我变我变变变”，面对初等变换这个根本大法，端着香槟酒杯的小明不禁感慨：只有不断审时度势，与时俱进，方能识得时务，成就一番霸业. 一句话，变换是王道. 诚哉斯言.

例 3.1.6 已知矩阵 $A=\begin{pmatrix}1 & 1 & -1\\ 0 & 1 & 1\\ 0 & 0 & 1\end{pmatrix}$，且 $A^2-AB=I$，求矩阵 B.

解法一：手工计算.

例 3.1.4 中已求得 $A^{-1}=\begin{pmatrix}1 & -1 & 2\\ 0 & 1 & -1\\ 0 & 0 & 1\end{pmatrix}$. 故由 $A^2-AB=I$ 可知

$$B=A^{-1}(A^2-I)=A-A^{-1}\text{（为什么要化简?提示：考虑运算量）}$$
$$=\begin{pmatrix}1 & 1 & -1\\ 0 & 1 & 1\\ 0 & 0 & 1\end{pmatrix}-\begin{pmatrix}1 & -1 & 2\\ 0 & 1 & -1\\ 0 & 0 & 1\end{pmatrix}=\begin{pmatrix}0 & 2 & -3\\ 0 & 0 & 2\\ 0 & 0 & 0\end{pmatrix}$$

解法二：MATLAB 计算.（文件名为 ex3106.m）

```
A=[1,1,-1;0,1,1;0,0,1];I=eye(3);
B=inv(A)*(A^2-I)  % 方法一：未化简版，运算量较大
B=A-inv(A)        % 方法二：化简版
```

例 3.1.7 求解矩阵方程 $AX=B$，其中

$$A=\begin{pmatrix}1 & 2 & 3\\ 2 & 2 & 1\\ 3 & 4 & 3\end{pmatrix},\ B=\begin{pmatrix}2 & 5\\ 3 & 1\\ 4 & 3\end{pmatrix}$$

分析： 显然 $AX=B$ 类似于矩阵方程 $Ax=b$，而初等行变换法是求解后者的最佳技术，因此类比式(3.1.9)，可知求解 $AX=B$ 的初等行变换法为

$$P:(A\mid B)\mapsto(I\mid X) \tag{3.1.11}$$

其中 $X=A^{-1}B$ 即为矩阵方程 $AX=B$ 的解.

解法一：手工计算.

$$(\boldsymbol{A} \vdots \boldsymbol{B}) = \left(\begin{array}{ccc:cc} 1 & 2 & 3 & 2 & 5 \\ 2 & 2 & 1 & 3 & 1 \\ 3 & 4 & 3 & 4 & 3 \end{array}\right) \xrightarrow[r_{13}(-3)]{r_{12}(-2)} \left(\begin{array}{ccc:cc} 1 & 2 & 3 & 2 & 5 \\ 0 & -2 & -5 & -1 & -9 \\ 0 & -2 & -6 & -2 & -12 \end{array}\right)$$

$$\xrightarrow[r_{23}(-1)]{r_{21}(1)} \left(\begin{array}{ccc:cc} 1 & 0 & -2 & 1 & -4 \\ 0 & -2 & -5 & -1 & -9 \\ 0 & 0 & -1 & -1 & -3 \end{array}\right) \xrightarrow[r_{32}(-5)]{r_{31}(-2)} \left(\begin{array}{ccc:cc} 1 & 0 & 0 & 3 & 2 \\ 0 & -2 & 0 & 4 & 6 \\ 0 & 0 & -1 & -1 & -3 \end{array}\right)$$

$$\xrightarrow[r_3(-1)]{r_2\left(-\frac{1}{2}\right)} \left(\begin{array}{ccc:cc} 1 & 0 & 0 & 3 & 2 \\ 0 & 1 & 0 & -2 & -3 \\ 0 & 0 & 1 & 1 & 3 \end{array}\right), \text{故 } \boldsymbol{X} = \boldsymbol{A}^{-1}\boldsymbol{B} = \begin{pmatrix} 3 & 2 \\ -2 & -3 \\ 1 & 3 \end{pmatrix}.$$

解法二：MATLAB 计算.（文件名为 ex3107.m）

```
A=[1,2,3;2,2,1;3,4,3];B=[2,5;3,1;4,3];I=eye(3);
% 算法 1：求逆公式法
X=inv(A)*B          % 调用内置函数 inv,X 为矩阵方程 AX=B 的解
% 算法 2：左除法
X=A\B               % 注意左除运算符号\的方向
% 算法 3：初等行变换法(教学用逐步观察版)
AB=[A,B];
AB1=rowcomb(AB,1,2,-2),AB2=rowcomb(AB1,1,3,-3),
AB3=rowcomb(AB2,2,1,1),AB4=rowcomb(AB3,2,3,-1),
AB5=rowcomb(AB4,3,1,-2),AB6=rowcomb(AB5,3,2,-5),
AB7=rowscale(AB6,2,-1/2),AB8=rowscale(AB7,3,-1),
X=AB8(:,4:5)         % 取出解 X
```

3.1.3　线性变换再探

初等矩阵对应初等变换，反之初等变换也对应初等矩阵，两者可视为同一事物的不同表现，追根溯源，是因为矩阵即变换. 小明禁不住脑洞渐开：那些生活中经常涉及的变换，比如旋转变换、投影变换和反射变换，还有行列式王国中出现过的切变变换，它们是否都是线性变换？如果是，它们对应的又是什么样的矩阵？

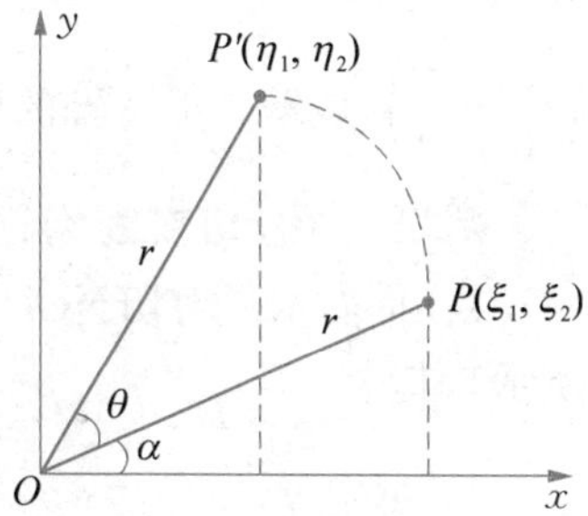

图 3.1　旋转变换

例 3.1.8(旋转变换或 Givens 变换)　将任意向量 $\overrightarrow{OP} = (\xi_1, \xi_2)$ 绕原点逆时针旋转(规定逆时针为正方向) 角 θ 至 $\overrightarrow{OP'} = (\eta_1, \eta_2)$(如图 3.1 所示)，显然

$$\eta_1 = r\cos(\alpha+\theta) = r\cos\alpha\cos\theta - r\sin\alpha\sin\theta = \xi_1\cos\theta - \xi_2\sin\theta$$
$$\eta_2 = r\sin(\alpha+\theta) = r\sin\alpha\cos\theta + r\cos\alpha\sin\theta = \xi_2\cos\theta + \xi_1\sin\theta$$

因此像(η_1, η_2)与原像(ξ_1, ξ_2)之间的关系为

$$\begin{pmatrix}\eta_1\\ \eta_2\end{pmatrix}=\begin{pmatrix}\cos\theta & -\sin\theta\\ \sin\theta & \cos\theta\end{pmatrix}\begin{pmatrix}\xi_1\\ \xi_2\end{pmatrix} \tag{3.1.12}$$

易证旋转变换(3.1.12)是线性变换,对应的矩阵就是 **Givens 矩阵**或**旋转矩阵**(rotation matrix)

$$\boldsymbol{G}=\boldsymbol{G}(\theta)=\begin{pmatrix}\cos\theta & -\sin\theta\\ \sin\theta & \cos\theta\end{pmatrix} \tag{3.1.13}$$

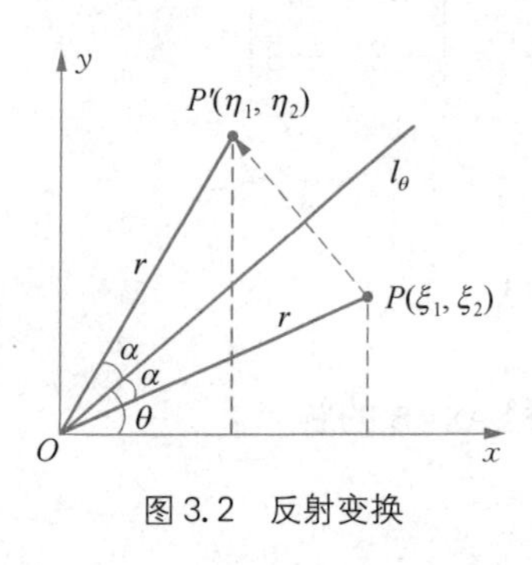

图 3.2 反射变换

例 3.1.9(反射变换或 Householder 变换) 如图 3.2 所示,设向量 l_θ 为与 x 轴正向夹角为 θ 且过原点的向量. 将任意向量 $\overrightarrow{OP}=(\xi_1, \xi_2)$ 以 l_θ 为轴反射至 $\overrightarrow{OP'}=(\eta_1, \eta_2)$. 显然

$$\begin{aligned}\eta_1 &= r\cos(\alpha+\theta)=r\cos(2\theta-(\theta-\alpha))\\ &= r\cos(\theta-\alpha)\cos 2\theta+r\sin(\theta-\alpha)\sin 2\theta\\ &= \xi_1\cos 2\theta+\xi_2\sin 2\theta\\ \eta_2 &= r\sin(\alpha+\theta)=r\cos(\theta-\alpha)\sin 2\theta-r\sin(\theta-\alpha)\cos 2\theta\\ &= \xi_1\sin 2\theta-\xi_2\cos 2\theta\end{aligned}$$

因此像(η_1, η_2)与原像(ξ_1, ξ_2)之间的关系为

$$\begin{pmatrix}\eta_1\\ \eta_2\end{pmatrix}=\begin{pmatrix}\cos 2\theta & \sin 2\theta\\ \sin 2\theta & -\cos 2\theta\end{pmatrix}\begin{pmatrix}\xi_1\\ \xi_2\end{pmatrix} \tag{3.1.14}$$

易证反射变换(3.1.14)是线性变换,对应的是**初等反射矩阵**或 **Householder 矩阵**

$$\boldsymbol{H}=\begin{pmatrix}\cos 2\theta & \sin 2\theta\\ \sin 2\theta & -\cos 2\theta\end{pmatrix}$$

特别地,当 $\theta=0$ 时,有 $\boldsymbol{H}=\begin{pmatrix}1 & 0\\ 0 & -1\end{pmatrix}$,表示关于 x 轴的反射变换;当 $\theta=\frac{\pi}{2}$ 时,有 $\boldsymbol{H}=\begin{pmatrix}-1 & 0\\ 0 & 1\end{pmatrix}$,表示关于 y 轴的反射变换.

例 3.1.10(切变变换) 将任意向量 $\overrightarrow{OP}=(\xi_1, \xi_2)$ 向右水平剪切至 $\overrightarrow{OP'}=(\eta_1, \eta_2)$(如图 3.3 所示),其中

$$\eta_1=\xi_1+k\xi_2,\ \eta_2=\xi_2$$

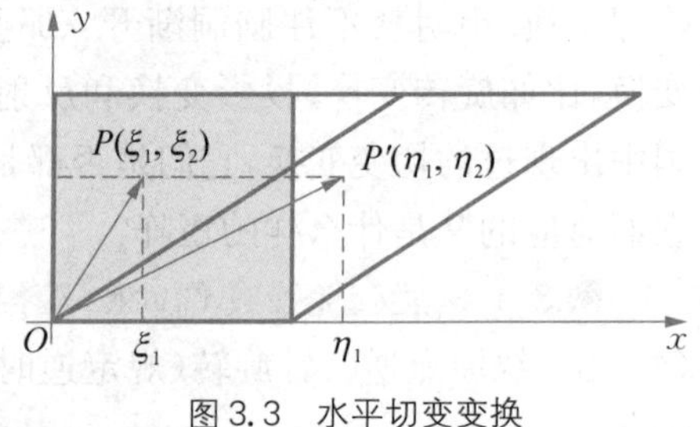

图 3.3 水平切变变换

因此像(η_1, η_2)与原像(ξ_1, ξ_2)之间的关系为

$$\begin{pmatrix}\eta_1\\ \eta_2\end{pmatrix}=\begin{pmatrix}1 & k\\ 0 & 1\end{pmatrix}\begin{pmatrix}\xi_1\\ \xi_2\end{pmatrix} \tag{3.1.15}$$

易证水平切变变换(3.1.15)是线性变换,对应的是**水平切变矩阵**(horizontal shear

matrix) $\boldsymbol{K}=\begin{pmatrix}1 & k\\ 0 & 1\end{pmatrix}$. 类似地，矩阵 $\boldsymbol{K}'=\begin{pmatrix}1 & 0\\ k & 1\end{pmatrix}$ 表征的是垂直切变变换，称为**垂直切变矩阵**(vertical shear matrix).

例 3.1.11(字符图形)　设数据矩阵

$$\boldsymbol{X}=\begin{pmatrix}0 & 0.50 & 0.50 & 6.00 & 6.00 & 5.50 & 5.50 & 0\\ 0 & 0 & 6.42 & 0 & 8.00 & 8.00 & 1.58 & 8.00\end{pmatrix}$$

表示英文大写字母 N 图形的各个节点，其列向量依次表示的是各个节点的横纵坐标(如图 3.4 所示). 取 $\boldsymbol{A}=\begin{pmatrix}1 & 0.25\\ 0 & 1\end{pmatrix}$，画出 $\boldsymbol{X}$ 和 $\boldsymbol{Y}=\boldsymbol{AX}$ 的图形.

解：为了使画出的图形封闭，需要在画图前，在给定的数据右方补上第一点的坐标. 具体代码如下所示.(文件名为 ex3111.m)

```
X=[0,0.5,0.5,6,6,5.5,5.5,0;0,0,6.42,0,8,8,1.58,8];
X=[X,X(: ,1)];                % 在末顶点之后补上首顶点坐标
A=[1,0.25;0,1];Y=A*X;
subplot(1,2,1),plot(X(1,: ),X(2,: ))
subplot(1,2,2),plot(Y(1,: ),Y(2,: ))
```

运行结果如图 3.4 所示，显然矩阵 $\boldsymbol{X}$ 代表的正体字母 N，经过矩阵 $\boldsymbol{A}$ 代表的水平切变，变成了矩阵 $\boldsymbol{Y}$ 代表的斜体字母 *N*.

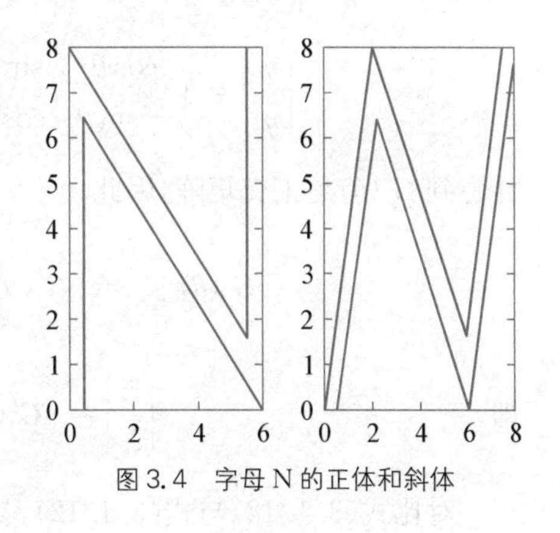

图 3.4　字母 N 的正体和斜体

例 3.1.12(伸缩变换)　将任意向量 $\overrightarrow{OP}=(\xi_1,\xi_2)$ 的两个分量分别拉伸 a 倍和 b 倍后变成 $\overrightarrow{OP'}=(\eta_1,\eta_2)$，显然这时像 (η_1,η_2) 与原像 (ξ_1,ξ_2) 之间的关系为

$$\begin{pmatrix}\eta_1\\ \eta_2\end{pmatrix}=\begin{pmatrix}a & 0\\ 0 & b\end{pmatrix}\begin{pmatrix}\xi_1\\ \xi_2\end{pmatrix} \tag{3.1.16}$$

经过此变换，显然单位圆 $x^2+y^2=1$ 变成了椭圆 $\dfrac{x^2}{a^2}+\dfrac{y^2}{b^2}=1$.

易证伸缩变换(3.1.16)是线性变换，对应的是对角矩阵 $\boldsymbol{D}=\begin{pmatrix}a & 0\\ 0 & b\end{pmatrix}$.

至此，脑洞大开的小明再发奇想：连续进行两次乃至 N 次线性变换，也就是线性变换的**复合**(composition)，效果又当如何呢？

设 $\boldsymbol{A}$ 是 $m\times p$ 矩阵，$\boldsymbol{B}$ 是 $p\times n$ 矩阵且 $\boldsymbol{B}=(\boldsymbol{b}_1,\boldsymbol{b}_2,\cdots,\boldsymbol{b}_n)$，列向量 $\boldsymbol{x}=(x_1,x_2,\cdots,x_n)^T$，注意到 $\boldsymbol{A}$ 代表的线性变换是线性的，则有

$$\begin{aligned}\boldsymbol{A}(\boldsymbol{Bx})&=\boldsymbol{A}(x_1\boldsymbol{b}_1+x_2\boldsymbol{b}_2+\cdots+x_n\boldsymbol{b}_n)\\ &=x_1\boldsymbol{Ab}_1+x_2\boldsymbol{Ab}_2+\cdots+x_n\boldsymbol{Ab}_n=(\boldsymbol{Ab}_1,\boldsymbol{Ab}_2,\cdots,\boldsymbol{Ab}_n)\boldsymbol{x}=(\boldsymbol{AB})\boldsymbol{x}\end{aligned}$$

即 $\boldsymbol{AB}$ 将向量 $\boldsymbol{x}$ 变换到 $\boldsymbol{A}(\boldsymbol{Bx})$，这说明对向量 $\boldsymbol{x}$，乘以 $\boldsymbol{B}$ 再乘以 $\boldsymbol{A}$，也就是线性变换 $\boldsymbol{A}$ 与 $\boldsymbol{B}$

的复合，其效果与乘以 $\boldsymbol{AB}$ 相同. 从线性变换的角度看，这说明两个矩阵的乘法可以视为连续进行两次线性变换，如图 3.5 所示.

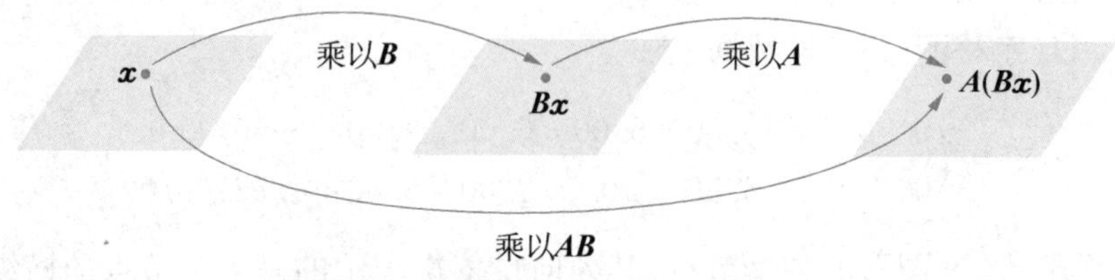

图 3.5 矩阵乘法对应线性变换的复合

类似地，矩阵的幂 $\boldsymbol{A}^k$ 可视为连续进行 k 次相同的线性变换 $\boldsymbol{A}$.

特别地，当方阵 $\boldsymbol{A}$, $\boldsymbol{B}$ 满足 $\boldsymbol{AB}=\boldsymbol{I}$，即 $\boldsymbol{A}$, $\boldsymbol{B}$ 互逆时，有 $(\boldsymbol{AB})\boldsymbol{x}=\boldsymbol{Ix}=\boldsymbol{x}$，即

$$\boldsymbol{x}=\boldsymbol{By}\underset{\boldsymbol{B}}{\overset{\boldsymbol{A}}{\rightleftharpoons}}\boldsymbol{y}=\boldsymbol{Ax} \tag{3.1.17}$$

从线性变换的观点看，这意味着矩阵 $\boldsymbol{A}$ 对应的变换与其逆矩阵 $\boldsymbol{B}=\boldsymbol{A}^{-1}$ 对应的变换互为逆变换.

例 3.1.13(旋转变换的逆变换) 将任意向量 $\overrightarrow{OP}=(\xi_1,\ \xi_2)$ 绕原点顺时针旋转角 θ 至 $\overrightarrow{OP'}=(\eta_1,\ \eta_2)$，则

$$\begin{pmatrix}\eta_1\\ \eta_2\end{pmatrix}=\begin{pmatrix}\cos\theta & \sin\theta\\ -\sin\theta & \cos\theta\end{pmatrix}\begin{pmatrix}\xi_1\\ \xi_2\end{pmatrix}\leftrightarrow\boldsymbol{G}'(\theta)=\begin{pmatrix}\cos\theta & \sin\theta\\ -\sin\theta & \cos\theta\end{pmatrix}$$

注意到 $\boldsymbol{G}'(\theta)$ 是正交矩阵，因此

$$[\boldsymbol{G}'(\theta)]^{-1}=[\boldsymbol{G}'(\theta)]^T=\begin{pmatrix}\cos\theta & -\sin\theta\\ \sin\theta & \cos\theta\end{pmatrix}=\boldsymbol{G}(-\theta)$$

即
$$\begin{pmatrix}\xi_1\\ \xi_2\end{pmatrix}=[\boldsymbol{G}'(\theta)]^{-1}\begin{pmatrix}\eta_1\\ \eta_2\end{pmatrix}=\boldsymbol{G}(-\theta)\begin{pmatrix}\eta_1\\ \eta_2\end{pmatrix} \tag{3.1.18}$$

对比式(3.1.18)与式(3.1.12)，易知旋转变换的逆变换(即顺时针方向)与旋转矩阵 $\boldsymbol{G}(\theta)$ 的逆矩阵 $\boldsymbol{G}(-\theta)$ 对应，因此 θ 为正时 $G(\theta)$ 代表逆时针方向(正方向)的旋转变换，θ 为负时 $G(\theta)$ 则代表顺时针方向(负方向)的旋转变换.

3.2 矩阵的秩与线性方程组

3.2.1 站在初等变换法的肩膀上

初等变换对矩阵的维数没有要求，而线性方程组与增广矩阵一一对应，因此对于方程个数和未知数个数都任意的线性方程组(俗称“长方形方程组”)，小明觉得用初等变换法来处理，应该是前景一片光明的. 考虑到系数矩阵未必有逆矩阵，为防止可能出现的异常情况，小明仍然决定先采用高斯消元法摸清情况，再用初等行变换法给出完整解答.

例 3.2.1　解线性方程组 $\begin{cases} x_1+x_2+x_3=1, & ① \\ x_2+x_3=1, & ② \\ x_1+2x_2+2x_3=2, & ③ \\ x_2-x_3=3. & ④ \end{cases}$

解：原方程组 $\xrightarrow{(-1)\times①+③} \begin{cases} x_1+x_2+x_3=1, & ① \\ x_2+x_3=1, & ② \\ x_2+x_3=1, & ③ \\ x_2-x_3=3, & ④ \end{cases}$

$$\xrightarrow[(-1)\times②+④]{(-1)\times②+③} \begin{cases} x_1+x_2+x_3=1, & ① \\ x_2+x_3=1, & ② \\ 0=0, & ③ \\ -2x_3=2. & ④ \end{cases}$$

且慢！有情况. 方程③变成了恒等式 $0=0$. 这说明在原方程组中，它是个**冗余方程**(redundant equation)，即原方程组中真正“独当一面”的方程只有三个. 接下来容易求得 $x_1=0$，$x_2=2$，$x_3=-1$，即方程组有唯一解.

从此例中，小明马上发现：方程组是否有解，与方程的个数没有必然联系. 最极端的情形，就是十万个方程中，居然有 99 999 个冗余方程，也就是说第一个方程是母本，其余的都是她的克隆体(可怕的克隆人大军). 若以人事来比喻，那么方程组中的冗余方程就仿佛是那些“滥竽充数”的“南郭处士”，因此要“打假”，以保证剩下的个个都能独当一面.

使用矩阵语言，那么上述求解过程就是对原方程组的增广矩阵进行初等行变换，具体过程如下：

$$\overline{\boldsymbol{A}}=(\boldsymbol{A},\ \boldsymbol{b})=\left(\begin{array}{ccc:c} 1 & 1 & 1 & 1 \\ 0 & 1 & 1 & 1 \\ 1 & 2 & 2 & 2 \\ 0 & 1 & -1 & 3 \end{array}\right) \xrightarrow{r_{13}(-1)} \left(\begin{array}{ccc:c} 1 & 1 & 1 & 1 \\ 0 & 1 & 1 & 1 \\ 0 & 1 & 1 & 1 \\ 0 & 1 & -1 & 3 \end{array}\right)$$

$$\xrightarrow[r_{24}(-1)]{r_{23}(-1)} \left(\begin{array}{ccc:c} 1 & 1 & 1 & 1 \\ 0 & 1 & 1 & 1 \\ 0 & 0 & 0 & 0 \\ 0 & 0 & -2 & 2 \end{array}\right) \xrightarrow{r_{34}} \left(\begin{array}{ccc:c} 1 & 1 & 1 & 1 \\ 0 & 1 & 1 & 1 \\ 0 & 0 & -2 & 2 \\ 0 & 0 & 0 & 0 \end{array}\right)=\overline{\boldsymbol{R}}$$

小明在末尾添加了一次行对换变换 r_{34}，这是因为冗余方程在方程组中可直接去掉，但初等变换前后的矩阵却是同维的. 经过初等行变换后，显然系数矩阵和增广矩阵都变成了所谓的行阶梯矩阵.

定义 3.2.1(行阶梯矩阵)　$m\times n$ 矩阵称为**行阶梯矩阵**(row echelon form)，如果它满足下列两个条件：

(1) 若某行是零行(即没有非零元)，则其下所有行(如果有的话)都是零行；

(2) 若某行是非零行，则其首个非零元(简称为**首元**)的列号必大于上一行(如果有的话)首元的列号.

小明马上就注意到：首元除了是所在行的第一个非零元之外，也是所在列的最后一个非零元.

小明继续对前面得到的行阶梯矩阵使用初等行变换法：

$$\overline{R}\xrightarrow[r_{32}(-1)\atop r_{31}(-1)]{r_3\left(-\frac{1}{2}\right)}\left(\begin{array}{ccc:c}1&1&0&2\\0&1&0&2\\0&0&1&-1\\0&0&0&0\end{array}\right)\xrightarrow{r_{21}(-1)}\left(\begin{array}{ccc:c}1&0&0&0\\0&1&0&2\\0&0&1&-1\\0&0&0&0\end{array}\right)$$

最后他得到了一个行最简矩阵，它对应的方程组为：

$$x_1=0,\ x_2=2,\ x_3=-1$$

显然这已经是原方程组的解.

定义 3.2.2(行最简矩阵) 首元均为 1 且首元所在列无其他非零元的行阶梯矩阵，称为**行最简矩阵**(row simplest matrix).

例如矩阵$\begin{pmatrix}0&1&4&0&9\\0&0&0&1&8\end{pmatrix}$就是一个行最简矩阵，它的两个首元分别在第 2 列和第 4 列.

特别要注意的是，行最简矩阵是个特殊的行阶梯矩阵. 显然，利用矩阵工具将增广矩阵化成行最简矩阵，也就等价于将原方程组化成了最简单的方程组，这样的方程组称为原方程组的**最简方程组**.

例 3.2.2 解线性方程组
$$\begin{cases}x_1+x_2+x_3=1, & ①\\ x_2+x_3=1, & ②\\ x_1+2x_2+2x_3=4, & ③\\ x_2-x_3=3. & ④\end{cases}$$

解：原方程组
$$\xrightarrow{(-1)\times①+③}\begin{cases}x_1+x_2+x_3=1, & ①\\ x_2+x_3=1, & ②\\ x_2+x_3=3, & ③\\ x_2-x_3=3, & ④\end{cases}$$

$$\xrightarrow[(-1)\times②+④]{(-1)\times②+③}\begin{cases}x_1+x_2+x_3=1, & ①\\ x_2+x_3=1, & ②\\ 0=2, & ③\\ -2x_3=2. & ④\end{cases}$$

又出现了新情况！方程③变成了矛盾等式 0=2. 这说明在原方程组中，它是个**矛盾方程**(inconsistent equation)，即它与原方程组中其他方程不相容，也就是说，原方程组是个**不相容线性方程组**(inconsistent linear system)，因此原方程组无解.

使用矩阵语言，上述求解过程意味着对增广矩阵进行了一系列初等行变换，即：

$$\overline{\mathbf{A}}=\left(\begin{array}{ccc:c}1&1&1&1\\0&1&1&1\\1&2&2&4\\0&1&-1&3\end{array}\right)\xrightarrow{r_{13}(-1)}\left(\begin{array}{ccc:c}1&1&1&1\\0&1&1&1\\0&1&1&3\\0&1&-1&3\end{array}\right)$$

$$\xrightarrow[r_{24}(-1)]{r_{23}(-1)}\left(\begin{array}{ccc:c}1&1&1&1\\0&1&1&1\\0&0&0&2\\0&0&-2&2\end{array}\right)\xrightarrow{r_{34}}\left(\begin{array}{ccc:c}1&1&1&1\\0&1&1&1\\0&0&-2&2\\0&0&0&2\end{array}\right)$$

最后得到的仍然是行阶梯矩阵.这里没必要再继续变换成行最简矩阵,因为在行阶梯矩阵中,最后一个首元出现在最后一列,也就是常数列,此时显然已经能看出原方程组是无解的.

例 3.2.3 解线性方程组$\begin{cases}x_1+x_2+x_3=1, & ①\\ x_2+x_3=1, & ②\\ x_1+2x_2+2x_3=2. & ③\end{cases}$

解:原方程组$\xrightarrow{(-1)\times①+③}\begin{cases}x_1+x_2+x_3=1, & ①\\ x_2+x_3=1, & ②\\ x_2+x_3=1, & ③\end{cases}$

$$\xrightarrow{(-1)\times②+③}\begin{cases}x_1+x_2+x_3=1, & ①\\ x_2+x_3=1, & ②\\ 0=0. & ③\end{cases}$$

将 x_3 视为取值任意的常数,则可得原方程组的解为 $x_1=0$, $x_2=1-x_3$.这一次出现的情况是方程组有无数个解.

使用矩阵语言,上述求解过程可表示如下:

$$\overline{\mathbf{A}}=\left(\begin{array}{ccc:c}1&1&1&1\\0&1&1&1\\1&2&2&2\end{array}\right)\xrightarrow{r_{13}(-1)}\left(\begin{array}{ccc:c}1&1&1&1\\0&1&1&1\\0&1&1&1\end{array}\right)$$

$$\xrightarrow{r_{23}(-1)}\left(\begin{array}{ccc:c}1&1&1&1\\0&1&1&1\\0&0&0&0\end{array}\right)\xrightarrow{r_{21}(-1)}\left(\begin{array}{ccc:c}1&0&0&0\\0&1&1&1\\0&0&0&0\end{array}\right).$$

经过一系列初等行变换,最后得到的行最简矩阵对应的最简方程组为:

$$\begin{cases}x_1=0,\\ x_2+x_3=1\end{cases}$$

令 $x_3=c$,则得原方程组的通解为 $x_1=0$, $x_2=1-c$, $x_3=c$,这里 c 为任意实数.

经过初等行变换,上述示例中的系数矩阵 $\mathbf{A}$ 和增广矩阵$\overline{\mathbf{A}}$都能化成行阶梯矩阵以及行最简矩阵.结合定理 3.1.1 的证明,可知这个结论对任意矩阵都成立.

定理 3.2.1(行阶梯形及行最简形的存在性) 任意矩阵经过有限次初等行变换，必能化成行阶梯矩阵以及行最简矩阵. 即对任意 $m\times n$ 阶矩阵 $\boldsymbol{A}$，存在 m 阶可逆矩阵 $\boldsymbol{P}$ 及 $\boldsymbol{P}'$，以及行阶梯矩阵 $\boldsymbol{R}_A$ 和行最简矩阵 $\boldsymbol{U}_A$，使得

$$\boldsymbol{PA}=\boldsymbol{R}_A,\ \boldsymbol{P'A}=\boldsymbol{U}_A \tag{3.2.1}$$

MATLAB 中提供了内置函数 rref(**r**educed **r**ow **e**chelon **f**orm)，可将矩阵 $\boldsymbol{A}$ 化成其行最简矩阵 $\boldsymbol{U}_A$，并返回主元列的列号. 其调用格式为

```
[R,jb] = rref(A)
```

其中 R 表示 A 的行最简矩阵，向量 jb(help 可知原文如此)表示各首元的列号，其长度就是下一节中论述的秩 r，因此 R(1: r,jb)是 r 阶单位矩阵.

以例 3.2.1 为例，其 MATLAB 解法如下所示：(文件名为 ex3201. m)

```
A=[1,1,1;0,1,1;1,2,2;0,1,-1];b=[1,1,2,3]';
Ab=[A,b];              % 增广矩阵
[R,jb]=rref(Ab)        % 调用内置函数 rref
R(: ,jb)=[];           % 重要技巧: 删去主元列
r=1: length(jb);       % r 即为下一节的 rank(A)
x=R(r,: )              % 取出答案
```

通过举例，小明在前面说明了线性方程组解的三种可能性：有唯一解，无解，有无数个解. 有解的方程组称为**相容的方程组**(consistent linear systern)，否则称为**不相容的方程组**(inconsistent linear system). 另外，他发现在工程实践中，常将有唯一解的线性方程组称为**适定方程组**(determined system of equation)，有无穷多个解的线性方程组称为**欠定方程组**(underdetermined system of equation)，无解的线性方程组称为**超定方程组**(overdetermined system of equation).

综合上述例题，可知在求解线性方程组时，需要考虑以下几个基本问题：

(1) 方程组是否有解，即方程组是否是相容的?

(2) 方程组有解时解的个数是否唯一? 如何求解? 有多解时各解之间的关系如何?

(3) 方程组无解即方程组不相容时，能否找到近似解? 确定近似解依据的是什么准则?

3.2.2 矩阵中的黄金——矩阵的秩

就一般的线性方程组(1.1.11)即 $\boldsymbol{Ax}=\boldsymbol{b}$ 而言，小明注意到其中的冗余方程的个数虽然是不确定的(最少 0 个最多 $m-1$ 个)，但矛盾方程的个数却最多只有一个. 这是因为若有两个矛盾方程，显然可将其中一个变换成冗余方程. 因此对该方程组的增广矩阵$\overline{\boldsymbol{A}}$施以一系列初等行变换，可将其化为行阶梯矩阵$\overline{\boldsymbol{R}}$. 小明还发现，对$\overline{\boldsymbol{R}}$中首元所在的列，可根据需要适当调整，使得$\overline{\boldsymbol{R}}$的左上角为上三角矩阵. 例如$\overline{\boldsymbol{R}}=\begin{pmatrix}0&1&4&2&9\\0&0&0&2&3\end{pmatrix}$可被调整为$\overline{\boldsymbol{R}}'$

$=\begin{pmatrix}1 & 2 & 0 & 4 & 9\\ 0 & 2 & 0 & 0 & 3\end{pmatrix}$，这当然会相应地调整系数矩阵的列，但不会影响常数列，也不会影响$\overline{\boldsymbol{R}}$中包含的首元个数. 事实上，若令

$$y_1=x_2,\ y_2=x_4,\ y_3=x_1,\ y_4=x_3$$

则$\overline{\boldsymbol{R}}$对应的最简方程组就变成了$\overline{\boldsymbol{R}}'$对应的最简方程组，即

$$\begin{cases}x_2+4x_3+2x_4=9\\ 2x_4=3\end{cases}\longrightarrow\begin{cases}y_1+2y_2+4y_4=9\\ 2y_2=3\end{cases}$$

因此为了表述简洁，小明假定在对线性方程组(1.1.11)的变换过程中，可根据需要适当调整未知数的顺序，于是有：

$$\overline{\boldsymbol{A}}\longrightarrow\overline{\boldsymbol{R}}=(\boldsymbol{R},\ \boldsymbol{d})=\left(\begin{array}{ccccccc:c}c_{11} & c_{12} & \cdots & c_{1r} & c_{1,\ r+1} & \cdots & c_{1n} & d_1\\ 0 & c_{22} & \cdots & c_{2r} & c_{2,\ r+1} & \cdots & c_{2n} & d_2\\ \vdots & \vdots & \ddots & \vdots & \vdots & & \vdots & \vdots\\ 0 & 0 & \cdots & c_{rr} & c_{r,\ r+1} & \cdots & c_{rn} & d_r\\ 0 & 0 & \cdots & 0 & 0 & \cdots & 0 & d_{r+1}\\ 0 & 0 & \cdots & 0 & 0 & \cdots & 0 & 0\\ \vdots & \vdots & \vdots & \vdots & \vdots & & \vdots & \vdots\\ 0 & 0 & \cdots & 0 & 0 & \vdots & 0 & 0\end{array}\right)\tag{3.2.2}$$

其中$\overline{\boldsymbol{R}}$中去掉最后一列后所得的矩阵(系由系数矩阵 $\boldsymbol{A}$ 变换而来)也是行阶梯矩阵，记为 $\boldsymbol{R}$. 显然 $\boldsymbol{R}$ 左上角的 r 阶上三角子矩阵是可逆矩阵，其所有对角元即首元 $c_{ii}\neq 0(i=1,\ 2,\ \cdots,\ r)$. 另外，小明发现整数 r 相当重要，因为它表示了对方程组“打假”后保留下来的方程个数(不计矛盾方程 $0=d_{r+1}$)，这些方程相互独立，不可替代，并最终决定了解的状态.

定义 3.2.3(行阶梯矩阵的秩)　$\boldsymbol{R}$ 是任意的 $m\times n$ 阶行阶梯矩阵，则称 $\boldsymbol{R}$ 中非零行的个数(即首元的个数)为**行阶梯矩阵 $\boldsymbol{R}$ 的秩**(rank)，记为 $r(\boldsymbol{R})$. 另外规定零矩阵的秩为零，即 $r(\boldsymbol{O})=0$.

由式(3.2.2)中的$\overline{\boldsymbol{R}}$，易得与原方程组同解的所谓**阶梯形方程组**

$$\begin{cases}c_{11}y_1+c_{12}y_2+\cdots+c_{1r}y_r+\cdots+c_{1n}y_n=d_1\\ c_{22}y_2+\cdots+c_{2r}y_r+\cdots+c_{2n}y_n=d_2\\ \cdots\cdots\cdots\cdots\cdots\cdots\\ c_{rr}y_r+\cdots+c_{rn}y_n=d_r\\ 0=d_{r+1}\\ 0=0\\ \cdots\\ 0=0\end{cases}\tag{3.2.3}$$

其中为理解方便,小明保留了最后 $m-(r+1)$ 个冗余方程,实际使用时当然可以略去.

至此,结合式(3.2.2)和方程组(3.2.3),小明做出了如下经验概括:

(1) 当 $d_{r+1}\neq 0$ 即 $r(\boldsymbol{R})\neq r(\overline{\boldsymbol{R}})$ 时,方程组(3.2.3)中出现矛盾方程 $0=d_{r+1}$,原方程组(1.1.11)无解.

(2) 当 $d_{r+1}=0$ 即 $r(\boldsymbol{R})=r(\overline{\boldsymbol{R}})$ 时,原方程组有解.此时可具体分为两种情况.

第一,当 $r(\boldsymbol{R})=r(\overline{\boldsymbol{R}})=n$ 时,独立方程个数 r 恰好等于未知数个数 n,其系数矩阵即为 $\boldsymbol{R}$ 左上角的可逆上三角子矩阵,因此阶梯形方程组(3.2.3)有唯一解,与之同解的原方程组(1.1.11)当然也有唯一解;

第二,当 $r(\boldsymbol{R})=r(\overline{\boldsymbol{R}})<n$ 时,阶梯形方程组(3.2.3)中独立方程个数 r 小于未知数个数 n,将有 $n-r$ 个未知数可以任意取值(它们被称为**自由变量**,free variable).自由变量任意取定一组值后,其余 r 个未知数也就随之确定,因此原方程组有无数个解.此时我们称方程组全部解的表达式为方程组的**通解**(general solution).

在例3.2.1中,$r(\boldsymbol{R})=r(\overline{\boldsymbol{R}})=3=n$,原方程组有唯一解;在例3.2.2中,最后一个首元出现在常数列,故 $r(\boldsymbol{R})=3<4=r(\overline{\boldsymbol{R}})$,原方程组无解;在例3.2.3中,$r(\boldsymbol{R})=r(\overline{\boldsymbol{R}})=2<3=n$,原方程组有无数个解.

例 3.2.4 解线性方程组 $\begin{cases}x_1+x_2-x_3=3,\\2x_1+x_2-3x_3=1,\\x_1-2x_2+x_3=-2,\\3x_1+x_2-5x_3=-1.\end{cases}$

解法一:手工计算.

先用初等行变换将增广矩阵化为行最简矩阵,即

$$\overline{\boldsymbol{A}}=\left(\begin{array}{ccc:c}1&1&-1&3\\2&1&-3&1\\1&-2&1&-2\\3&1&-5&-1\end{array}\right)\xrightarrow[r_{14}(-3)]{r_{12}(-2)\atop r_{13}(-1)}\left(\begin{array}{ccc:c}1&1&-1&3\\0&-1&-1&-5\\0&-3&2&-5\\0&-2&-2&-10\end{array}\right)$$

$$\xrightarrow[r_{23}(3)\atop r_{24}(2)]{r_2(-1)}\left(\begin{array}{ccc:c}1&0&-2&-2\\0&1&1&5\\0&0&5&10\\0&0&0&0\end{array}\right)\xrightarrow[r_{32}(-1)\atop r_{31}(2)]{r_3\left(\frac{1}{5}\right)}\left(\begin{array}{ccc:c}1&0&0&2\\0&1&0&3\\0&0&1&2\\0&0&0&0\end{array}\right)$$

显然 $r(\boldsymbol{R})=r(\overline{\boldsymbol{R}})=3=n$,故原方程组有唯一解 $\boldsymbol{x}=(2,\ 3,\ 2)^T$.

解法二:MATLAB 计算.(文件名为 ex3204.m)

```
A=[1,1,-1;2,1,-3;1,-2,1;3,1,-5];b=[3,1,-2,-1]';
Ab=[A,b];[R,jb]=rref(Ab);R(:,jb)=[];
r=1:length(jb);x=R(r,:)
```

例 3.2.5 解线性方程组 $\begin{cases}x_1+x_2+4x_3=4,\\-x_1+4x_2+x_3=16,\\x_1-x_2+2x_3=-4.\end{cases}$

解：先用初等行变换将增广矩阵化为行最简矩阵，即

$$\overline{\boldsymbol{A}} = \left(\begin{array}{ccc:c} 1 & 1 & 4 & 4 \\ -1 & 4 & 1 & 16 \\ 1 & -1 & 2 & -4 \end{array}\right) \xrightarrow[r_{13}(-1)]{r_{12}(1)} \left(\begin{array}{ccc:c} 1 & 1 & 4 & 4 \\ 0 & 5 & 5 & 20 \\ 0 & -2 & -2 & -8 \end{array}\right)$$

$$\xrightarrow[r_{23}(2)]{r_2\left(\frac{1}{5}\right)} \left(\begin{array}{ccc:c} 1 & 1 & 4 & 4 \\ 0 & 1 & 1 & 4 \\ 0 & 0 & 0 & 0 \end{array}\right) \xrightarrow{r_{21}(-1)} \left(\begin{array}{ccc:c} 1 & 0 & 3 & 0 \\ 0 & 1 & 1 & 4 \\ 0 & 0 & 0 & 0 \end{array}\right) = \overline{\boldsymbol{R}}$$

由于 $r(\boldsymbol{R}) = r(\overline{\boldsymbol{R}}) = 2 < 3 = n$，故原方程组有无数个解，此时最简方程组为

$$\begin{cases} x_1 + 3x_3 = 0, \\ x_2 + x_3 = 4 \end{cases}$$

取 x_3 为自由变量，并令 $x_3 = c$，则原方程组的通解为

$$\boldsymbol{x} = \begin{pmatrix} -3c \\ -c+4 \\ c \end{pmatrix} = c\begin{pmatrix} -3 \\ -1 \\ 1 \end{pmatrix} + \begin{pmatrix} 0 \\ 4 \\ 0 \end{pmatrix}, \ c \text{ 为任意实数.}$$

至此，通过对几只麻雀的解剖，小明似乎概括出了鸟类的普遍特性. 这种概括方式本质上是归纳推理，当然不能作为论证的理由. 那么上述概括的理论依据又在哪里呢？小明毕竟是矩阵博士，他很快发现只要解决以下几个问题即可：

(1) 秩的概念虽然通俗易懂，但仅适用于行阶梯矩阵，能否定义任意矩阵的秩？

(2) 任意矩阵能否化成行阶梯矩阵？

(3) 初等变换对矩阵的秩是否有影响，即变换前后的矩阵是否同秩？

问题2可以归结为定理3.2.1，这个已解决. 至于问题1，显然与问题3密切相关，因为直觉上谁都希望初等变换是保秩的，因为变中求恒也是人之常理，否则“一颗永流传”的广告就白做了. 由于行阶梯矩阵是一种特殊矩阵，因此一般矩阵秩的定义必须与行阶梯矩阵秩的定义相容，这实际上仍然是丹齐克的固本原则.

小明知道行列式的三种初等变换至多只改变行列式的数值大小和符号，但绝对不会将值非零的行列式变成值为零的行列式. 这就是说，对方阵 $\boldsymbol{A}$ 而言，**矩阵的三种初等变换都不会改变其非奇异性(可逆性)**，可逆矩阵(即非奇异矩阵)变换后仍然可逆，不可逆矩阵(即奇异矩阵)无论怎么变都不会变成可逆矩阵. 这正如民谚所言：“龙生龙，凤生凤，老鼠的儿子会打洞”，也应验了印度老电影《流浪者》(1954)中的那句经典台词：“法官的儿子永远是法官，贼的儿子永远是贼”. 有点生物遗传的味道，但小明知道，这正合所需.

按此思路，小明接下来把目光投向了由一般矩阵 $\boldsymbol{A}$ 变换出的行阶梯矩阵 $\boldsymbol{R}$. 他注意到在式(3.2.2)中，$\boldsymbol{R}$ 的左上角的可逆上三角子矩阵的最大阶数就是 $\boldsymbol{R}$ 的秩 r，而且在 $\boldsymbol{R}$ 内选取的任意 $r+1$ 阶行列式中，都至少包含一个零行，因此这些行列式的值全为零. 遗憾的是，由于在初等行变换过程中可能使用过对换变换，故此上三角子矩阵的来源已难以“一一细考”，加上变换过程中还可能调整过未知数的次序，因此要考察一般矩阵 $\boldsymbol{A}$ 的秩，小明只能把网撒得更大一些，即必须考虑 $\boldsymbol{A}$ 的所有的行和列. 当然他心中牢记的是：r 这个数

才是关键所在.

定义 3.2.4(子矩阵和子式) 对任意给定的 $m\times n$ 阶矩阵 $\boldsymbol{A}$,任取其 s 行 t 列($1\leqslant s\leqslant m,\ 1\leqslant t\leqslant n$),位于交叉位置上的 st 个元素可按原来的相对位置构成一个 $s\times t$ 矩阵,称为 $\boldsymbol{A}$ 的**子矩阵**(submatrix). $\boldsymbol{A}$ 的 k 阶方子矩阵的行列式简称为矩阵 $\boldsymbol{A}$ 的 k **阶子式**(minor).

定义 3.2.5(矩阵的秩) 对任意给定的 $m\times n$ 阶矩阵 $\boldsymbol{A}$,称其一切非零子式(显然此时相应的方子矩阵可逆)的最高阶数 r 为矩阵 $\boldsymbol{A}$ 的**秩**(rank),记为 $r(\boldsymbol{A})$. 另外,零矩阵的秩规定为零.

根据定义,对任意的 $m\times n$ 阶矩阵 $\boldsymbol{A}$,显然有 $r(\boldsymbol{A})\leqslant \min(m,\ n)$. 另外,根据行列式的性质,可知 $r(\boldsymbol{A})=r(\boldsymbol{A}^T)$, $r(\lambda\boldsymbol{A})=r(\boldsymbol{A})$,其中 λ 为任意非零常数. 当 $\boldsymbol{A}$ 特殊为 n 阶方阵时,显然有 $r(\boldsymbol{A})\leqslant n$. 特别地,当 $|\boldsymbol{A}|\neq 0$ 即 $|\boldsymbol{A}|$ 自身是最高阶非零子式时,显然有 $r(\boldsymbol{A})=n$,此时称 $\boldsymbol{A}$ 为**满秩阵**(full rank matrix). **可见对方阵而言,满秩阵、可逆矩阵和非奇异阵说的是一回事**,区别无非是它们是从三个不同角度(矩阵秩、矩阵运算和非奇异性)而来的. 对于任意 $m\times n$ 阶矩阵 $\boldsymbol{A}$,当 $r(\boldsymbol{A})=n$ 时称 $\boldsymbol{A}$ 是**列满秩矩阵**(column full rank matrix);当 $r(\boldsymbol{A})=m$ 时称 $\boldsymbol{A}$ 是**行满秩矩阵**(row full rank matrix).

MATLAB 中提供了内置函数 rank,可以计算任意矩阵 $\boldsymbol{A}$ 的秩 $r(\boldsymbol{A})$. 其调用格式为

```
rank(A)
```

例 3.2.6 求矩阵 $\boldsymbol{A}=\begin{pmatrix}1 & -2 & 3 & 0 & 5\\ 0 & 4 & 2 & -5 & 1\\ 0 & 0 & 8 & -2 & 3\\ 0 & 0 & 0 & 0 & 0\end{pmatrix}$ 的秩 $r(\boldsymbol{A})$.

解法一:非零行计数法.

显然矩阵 $\boldsymbol{A}$ 是行阶梯矩阵,有三个非零行(首元依次是 1, 4 和 8),故 $r(\boldsymbol{A})=3$.

解法二:非零子式法.

由于 $\boldsymbol{A}$ 的左上角的三阶子式 $\begin{vmatrix}1 & -2 & 3\\ 0 & 4 & 2\\ 0 & 0 & 8\end{vmatrix}=32\neq 0$,而 $\boldsymbol{A}$ 的所有四阶子式必定都包含第四行(全零行),也就是说 $\boldsymbol{A}$ 的所有四阶子式都为零,且有三阶非零子式,因此 $r(\boldsymbol{A})=3$.

解法三:MATLAB 计算.(文件名为 ex3206.m)

```
A=[1,-2,3,0,5;0,4,2,-5,1;0,0,8,-2,3;0,0,0,0,0];
r=rank(A)   % 使用内置函数 rank
```

解法一如此简单幼稚,简直是秀智商下限,但是其计算结果却与解法二(非零子式法)

完全吻合，这再次说明用非零子式法定义矩阵秩的这种推广，是满足固本原则的.

例 3.2.7　求矩阵 $A=\begin{pmatrix}2&0&3&1\\3&-5&4&2\\1&5&2&0\end{pmatrix}$ 的秩 $r(A)$.

解法一：手工计算.

由于 A 的所有 4 个 3 阶子式全为零(算得好辛苦)，所以 $r(A)<3$. 观察可知 A 的左上角的 2 阶子式 $\begin{vmatrix}2&0\\3&-5\end{vmatrix}=-10\neq 0$，因此 $r(A)\geqslant 2$. 综上可知 $r(A)=2$.

解法二：MATLAB 计算.（文件名为 ex3207.m）

```
A=[2,0,3,1;3,-5,4,2,;1,5,2,0];
% 算法一：化成行阶梯矩阵，再计数非零行
[R,jb]=rref(A);r=length(jb)
% 算法二：直接使用内置函数 rank
r=rank(A)
```

本例中需要计算 4 个三阶子式，很不方便. 一般地，当矩阵维数较大时，计算量会非常惊人(真相是你将被虐得体无完肤). 例如，对任意的 5×4 阶矩阵 A，如果 $r(A)=2$，那么首先需要计算 $C_5^4=5$ 个四阶子式和 $C_5^3C_4^3=45$ 个三阶子式(好辛苦)，它们应该全是值为零的子式，然后对 $C_5^2C_4^2=60$ 个二阶子式，运气好点的话可能第一个就是非零的，最坏的情况则是第 60 个二阶子式才是非零的(简直要算到手脱臼). 可见与行阶梯矩阵求秩的非零行计数法相比，任意矩阵求秩的非零子式法显然蠢笨之极. 至此，小明更加热切地盼望初等变换不改变矩阵的秩. 而这一点其实前面已经指出来了，因为**矩阵的初等变换不会改变方阵的非奇异性**，因此，对矩阵的所有方子矩阵而言，矩阵的初等变换不会改变它们的非奇异性，从而也不会改变它们的子式的非零性，因此也不会改变最高阶非零子式的非零性，即不改变矩阵的秩.

定理 3.2.2(初等变换的保秩性)　有限次初等变换不改变矩阵的秩，即 $A\sim B$ 时，有

$$r(A)=r(B) \tag{3.2.4}$$

也就是说，对任意 $m\times n$ 阶矩阵 A，任意 m 阶可逆矩阵 P 以及任意 n 阶可逆矩阵 Q，有

$$r(PA)=r(AQ)=r(PAQ)=r(A) \tag{3.2.5}$$

注意定理 3.2.2 的逆命题未必成立，即 $r(A)=r(B)$ 时未必有 $A\sim B$. 例如对矩阵

$$A=\begin{pmatrix}1&0\\0&0\end{pmatrix},\ B=\begin{pmatrix}1&0&0\\0&0&0\\0&0&0\end{pmatrix}$$

显然有 $r(A)=r(B)=1$，但 A，B 不是等价矩阵，因为 A，B 不是同维矩阵.

例 3.2.8　用初等变换法求矩阵 $\boldsymbol{A}=\begin{pmatrix}2&0&3&1\\3&-5&4&2\\1&5&2&0\end{pmatrix}$ 的秩.

解：对矩阵 $\boldsymbol{A}$ 做初等行变换，可知

$$\boldsymbol{A}=\begin{pmatrix}2&0&3&1\\3&-5&4&2\\1&5&2&0\end{pmatrix}\xrightarrow[r_{32}(-3)]{r_{31}(-2)}\begin{pmatrix}0&-10&-1&1\\0&-20&-2&2\\1&5&2&0\end{pmatrix}\xrightarrow[r_{13},\ r_{23}]{r_{12}(-2)}\begin{pmatrix}1&5&2&0\\0&-10&-1&1\\0&0&0&0\end{pmatrix}=\boldsymbol{R},$$

所得行阶梯矩阵 $\boldsymbol{R}$ 的秩为 $r(\boldsymbol{R})=2$，而初等变换不改变矩阵的秩，因此 $r(\boldsymbol{A})=r(\boldsymbol{R})=2$.

说明：与例 3.2.7 中的非零子式法相比较，显然初等变换法计算量较少.

例 3.2.9　求矩阵 $\boldsymbol{A}=\begin{pmatrix}3&2&0&5&0\\3&-2&3&6&-1\\2&0&1&5&-3\\1&6&-4&-1&4\end{pmatrix}$ 的秩 $r(\boldsymbol{A})$，并求出 $\boldsymbol{A}$ 的一个最高阶非零子式.

解法一：手工计算.

$$\boldsymbol{A}\xrightarrow{r_{14}}\begin{pmatrix}1&6&-4&-1&4\\3&-2&3&6&-1\\2&0&1&5&-3\\3&2&0&5&0\end{pmatrix}\xrightarrow{r_{42}(-1)}\begin{pmatrix}1&6&-4&-1&4\\0&-4&3&1&-1\\2&0&1&5&-3\\3&2&0&5&0\end{pmatrix}$$

$$\xrightarrow[r_{14}(-3)]{r_{13}(-2)}\begin{pmatrix}1&6&-4&-1&4\\0&-4&3&1&-1\\0&-12&9&7&-11\\0&-16&12&8&-12\end{pmatrix}\xrightarrow[r_{24}(-4)]{r_{23}(-3)}\begin{pmatrix}1&6&-4&-1&4\\0&-4&3&1&-1\\0&0&0&4&-8\\0&0&0&4&-8\end{pmatrix}$$

$$\xrightarrow{r_{34}(-1)}\begin{pmatrix}1&6&-4&-1&4\\0&-4&3&1&-1\\0&0&0&4&-8\\0&0&0&0&0\end{pmatrix}=\boldsymbol{R}，因此\ r(\boldsymbol{A})=r(\boldsymbol{R})=3.$$

考察 $\boldsymbol{A}$ 的阶梯形矩阵 $\boldsymbol{R}$，易知 $\boldsymbol{R}$ 中首元所在的列中有一个 3 阶非零子式. 由于我们只进行了初等行变换，这说明了 $\boldsymbol{R}$ 的首元列是由矩阵 $\boldsymbol{A}$ 的相应列变来的.

令 $\boldsymbol{A}=(\boldsymbol{\alpha}_1,\boldsymbol{\alpha}_2,\boldsymbol{\alpha}_3,\boldsymbol{\alpha}_4,\boldsymbol{\alpha}_5)$，$\boldsymbol{B}=(\boldsymbol{\alpha}_1,\boldsymbol{\alpha}_2,\boldsymbol{\alpha}_4)$，显然

$$\boldsymbol{B}=\begin{pmatrix}3&2&5\\3&-2&6\\2&0&5\\1&6&-1\end{pmatrix}\longrightarrow\begin{pmatrix}1&6&-1\\0&-4&1\\0&0&4\\0&0&0\end{pmatrix}$$

即 $r(\boldsymbol{B})=3$，所以 $\boldsymbol{B}$ 有三阶非零子式，经计算可知 $\boldsymbol{B}$ 左上角的三阶子式非零，即所求为

$$\begin{vmatrix} 3 & 2 & 5 \\ 3 & -2 & 6 \\ 2 & 0 & 5 \end{vmatrix} = -16$$

解法二：MATLAB 计算.（文件名为 ex3209.m）

```
A=[3,2,0,5,0;3,-2,3,6,-1;2,0,1,5,-3;1,6,-4,-1,4];
[R,jb]=rref(A)   % 调用内置函数 rref
r=rank(A);       % 计算矩阵 A 的秩
B=A(1: r,jb)     % 提取最高阶非零子式中的方子矩阵 B
D=det(B)         % 计算最高阶非零子式的值
```

思考　$\boldsymbol{A}$ 的最高阶非零子式一般不唯一. 如果令 $\boldsymbol{B}=(\boldsymbol{\alpha}_1, \boldsymbol{\alpha}_2, \boldsymbol{\alpha}_5)$，能否得到另一个最高阶非零子式？如果令 $\boldsymbol{B}=(\boldsymbol{\alpha}_1, \boldsymbol{\alpha}_2, \boldsymbol{\alpha}_3)$，情况又如何？能否依据 $\boldsymbol{A}$ 的行阶梯形矩阵来确定 $\boldsymbol{A}$ 的所有最高阶非零子式？

例 3.2.10　求矩阵 $\boldsymbol{A}=\begin{pmatrix} a & b & b \\ b & a & b \\ b & b & a \end{pmatrix}$ 的秩 $r(\boldsymbol{A})$.

分析：在第二章中计算过此矩阵的行列式，当时采用的是“左右开弓”的技巧. 小明注意到根据定理 3.2.2，用初等变换法计算矩阵的秩时，也是可以左右开弓的.

解：将第 2，3，4 列都加到第一列后，再将第 1 行的 -1 倍加到其余各行，即

$$\boldsymbol{A}=\begin{pmatrix} a & b & b \\ b & a & b \\ b & b & a \end{pmatrix} \xrightarrow[j=2,\,3]{c_{j1}(1)} \begin{pmatrix} a+2b & b & b \\ a+2b & a & b \\ a+2b & b & a \end{pmatrix} \xrightarrow[j=2,\,3]{r_{1j}(-1)} \begin{pmatrix} a+2b & b & b \\ 0 & a-b & 0 \\ 0 & 0 & a-b \end{pmatrix}$$

因此当 $a \neq b$ 且 $a \neq -2b$ 时 $r(\boldsymbol{A})=3$；当 $a \neq b$ 且 $a=-2b$ 时 $r(\boldsymbol{A})=2$；当 $a=b\neq 0$ 时 $r(\boldsymbol{A})=1$；当 $a=b=0$ 时 $r(\boldsymbol{A})=0$.

问世间秩为何物，直教人稀里糊涂. 小明注意到，矩阵 $\boldsymbol{A}$ 的秩既是矩阵中非零子式的最高阶数，也与齐次线性方程组 $\boldsymbol{Ax}=\boldsymbol{0}$“打假”后剩下的独立方程的个数有关. 查《现代汉语词典》，他得知：秩，书面语，次序. 也就是说，秩是无论世界如何斗转星移，“我自巍然不动”的、本质性的东西. 因此，矩阵的秩应指的是矩阵变换过程中保持不变的东西，是矩阵经过“千锤百炼后提取出来的黄金”. 越是本质的东西越难以理解. 事实上，关于秩，若能说出些子丑寅卯来，线性代数也就学得八九不离十了.

3.2.3　矩阵秩的性质

至此，从矩阵运算的角度，小明总结了矩阵秩的一些性质，罗列如下.

定理 3.2.3（秩不超过维数）　设 $\boldsymbol{A}$ 为任意 $m\times n$ 阶矩阵，则 $r(\boldsymbol{A}) \leqslant \min\{m, n\}$.

定理 3.2.4(转置不变性)　设 $\boldsymbol{A}$ 为任意 $m\times n$ 阶矩阵,则 $r(\boldsymbol{A})=r(\boldsymbol{A}^T)$.

定理 3.2.5(数乘不变性)　设 $\boldsymbol{A}$ 为任意 $m\times n$ 阶矩阵,则对任意非零实数 k,有

$$r(\boldsymbol{A})=r(k\boldsymbol{A}).$$

定理 3.2.6(乘积的秩不超过因子的秩)　设 $\boldsymbol{A}$ 为任意 $m\times n$ 阶矩阵,$\boldsymbol{B}$ 为任意 $n\times p$ 阶矩阵,则

$$r(\boldsymbol{AB})\leqslant\min\{r(\boldsymbol{A}),\ r(\boldsymbol{B})\}\tag{3.2.6}$$

显然定理 3.2.2 是定理 3.2.6 的特殊情况,即等号成立的特殊情形.

定理 3.2.7(矩阵的秩不超过其各个列分块的秩之和)　设 $\boldsymbol{A}$ 为任意 $m\times n$ 阶矩阵,$\boldsymbol{B}$ 为任意 $m\times p$ 阶矩阵,则

$$r(\boldsymbol{A},\ \boldsymbol{B})\leqslant r(\boldsymbol{A})+r(\boldsymbol{B})\tag{3.2.7}$$

定理 3.2.8(和的秩不超过秩的和)　设 $\boldsymbol{A}$, $\boldsymbol{B}$ 都为任意的 $m\times n$ 阶矩阵,则

$$r(\boldsymbol{A}+\boldsymbol{B})\leqslant r(\boldsymbol{A})+r(\boldsymbol{B})\tag{3.2.8}$$

证明: 根据定理 3.2.2 和定理 3.2.7,可知

$$r(\boldsymbol{A}+\boldsymbol{B})\leqslant r(\boldsymbol{A}+\boldsymbol{B},\ \boldsymbol{B})=r\left((\boldsymbol{A},\ \boldsymbol{B})\begin{pmatrix}\boldsymbol{I}&\boldsymbol{O}\\\boldsymbol{I}&\boldsymbol{I}\end{pmatrix}\right)=r(\boldsymbol{A},\ \boldsymbol{B})\leqslant r(\boldsymbol{A})+r(\boldsymbol{B})$$

故 $r(\boldsymbol{A}+\boldsymbol{B})\leqslant r(\boldsymbol{A})+r(\boldsymbol{B})$.

在式(3.2.8)中,以 $-\boldsymbol{B}$ 代 $\boldsymbol{B}$,并注意到定理 3.2.5,可知“差的秩不超过秩的和”也成立,即

$$r(\boldsymbol{A}-\boldsymbol{B})\leqslant r(\boldsymbol{A})+r(-\boldsymbol{B})=r(\boldsymbol{A})+r(\boldsymbol{B})\tag{3.2.9}$$

定理 3.2.9(西尔维斯特定理)　设 $\boldsymbol{A}$ 为任意 $m\times n$ 阶矩阵,$\boldsymbol{B}$ 为任意 $n\times p$ 阶矩阵,则

$$r(\boldsymbol{A})+r(\boldsymbol{B})-n\leqslant r(\boldsymbol{AB})\tag{3.2.10}$$

推论 3.2.1　设 $\boldsymbol{A}$ 为 $m\times n$ 阶矩阵,$\boldsymbol{B}$ 为 $n\times p$ 阶矩阵,且 $\boldsymbol{AB}=\boldsymbol{O}$,则

$$r(\boldsymbol{A})+r(\boldsymbol{B})\leqslant n$$

定理 3.2.9 被西尔维斯特称之为**零性律**. 按西尔维斯特的定义,矩阵的"**零性**"指的是矩阵的阶数与秩的差,因此西尔维斯特定理就被他叙述为:"两个矩阵乘积的零性不能比任意因子的零性小,也不能比组成这一乘积的因子的零性之和大". 即对两个任意 n 阶矩阵 $\boldsymbol{A}$, $\boldsymbol{B}$,有

$$n-r(\boldsymbol{AB})\geqslant n-r(\boldsymbol{A}),\ n-r(\boldsymbol{AB})\geqslant n-r(\boldsymbol{B})$$

以及 $n-r(\boldsymbol{AB})\leqslant n-r(\boldsymbol{A})+n-r(\boldsymbol{B})$. 整理后即得式(3.2.6) 和式(3.2.10).

定理 3.2.10(伴随矩阵的秩)　设 $\boldsymbol{A}$ 为 n 阶方阵,则

$$r(\boldsymbol{A}^*)=\begin{cases}n, & r(\boldsymbol{A})=n\\ 1, & r(\boldsymbol{A})=n-1\\ 0, & r(\boldsymbol{A})\leqslant n-2\end{cases} \tag{3.2.11}$$

证明: 当 $r(\boldsymbol{A})=n$ 时, $|\boldsymbol{A}|\neq 0$,因此 $|\boldsymbol{A}^*|=|\boldsymbol{A}|^{n-1}\neq 0$,故 $\boldsymbol{A}^*$ 是可逆矩阵,即 $r(\boldsymbol{A}^*)=n$.

当 $r(\boldsymbol{A})=n-1$ 时, $|\boldsymbol{A}|=0$ 且 $\boldsymbol{A}$ 至少有一个 $n-1$ 阶子式不为零,因此 $\boldsymbol{A}^*=(A_{ij})^T\neq\boldsymbol{O}$,即 $r(\boldsymbol{A}^*)\geqslant 1$. 注意到此时 $\boldsymbol{AA}^*=|\boldsymbol{A}|\boldsymbol{I}=\boldsymbol{O}$,故由推论 3.2.1 可知 $r(\boldsymbol{A}^*)+r(\boldsymbol{A})\leqslant n$,此即 $r(\boldsymbol{A}^*)\leqslant 1$. 综合前述,可知 $r(\boldsymbol{A}^*)=1$.

当 $r(\boldsymbol{A})\leqslant n-2$ 时,$\boldsymbol{A}$ 的所有 $n-1$ 阶子式都为零,因此 $\boldsymbol{A}^*=(A_{ij})^T=\boldsymbol{O}$,即 $r(\boldsymbol{A}^*)=0$.

例 3.2.11　设 $\boldsymbol{A}$ 是三阶对合矩阵,即 $\boldsymbol{A}^2=\boldsymbol{I}$. 又已知 $\boldsymbol{A}\neq\pm\boldsymbol{I}$, 则必有【　　】

(A) $r(\boldsymbol{A}-\boldsymbol{I})=1$　　(B) $r(\boldsymbol{A}-\boldsymbol{I})=2$

(C) $(r(\boldsymbol{A}-\boldsymbol{I})-1)(r(\boldsymbol{A}+\boldsymbol{I})-1)=0$　　(D) $(r(\boldsymbol{A}-\boldsymbol{I})-1)(r(\boldsymbol{A}+\boldsymbol{I})-1)=1$

解: 由于 $\boldsymbol{A}\neq\pm\boldsymbol{I}$,因此 $r(\boldsymbol{A}+\boldsymbol{I})\geqslant 1$ 且 $r(\boldsymbol{A}-\boldsymbol{I})\geqslant 1$. 再由 $\boldsymbol{A}^2=\boldsymbol{I}$ 可得 $(\boldsymbol{A}+\boldsymbol{I})(\boldsymbol{A}-\boldsymbol{I})=\boldsymbol{O}$,根据推论 3.2.1,显然有 $r(\boldsymbol{A}+\boldsymbol{I})+r(\boldsymbol{A}-\boldsymbol{I})\leqslant 3$. 又由定理 3.2.5 和定理 3.2.8,可知

$$3=r(2\boldsymbol{I})=r(\boldsymbol{A}+\boldsymbol{I}+\boldsymbol{I}-\boldsymbol{A})\leqslant r(\boldsymbol{A}+\boldsymbol{I})+r(\boldsymbol{I}-\boldsymbol{A})=r(\boldsymbol{A}+\boldsymbol{I})+r(\boldsymbol{A}-\boldsymbol{I})$$

因此 $r(\boldsymbol{A}+\boldsymbol{I})+r(\boldsymbol{A}-\boldsymbol{I})=3$. 故 $r(\boldsymbol{A}+\boldsymbol{I})$ 和 $r(\boldsymbol{A}-\boldsymbol{I})$ 中一个为 1,另一个为 2.(具体谁为 1,不确定) 从而有 $(r(\boldsymbol{A}-\boldsymbol{I})-1)(r(\boldsymbol{A}+\boldsymbol{I})-1)=0$. 故选(C).

例 3.2.12　设 $\boldsymbol{A}$ 是 $m\times n$ 矩阵,$\boldsymbol{B}$ 是 $n\times m$ 矩阵. 若 $\boldsymbol{AB}=\boldsymbol{I}$,则【　　】

(A) $r(\boldsymbol{A})=r(\boldsymbol{B})=m$　　(B) $r(\boldsymbol{A})=m,\ r(\boldsymbol{B})=n$

(C) $r(\boldsymbol{A})=n,\ r(\boldsymbol{B})=m$　　(D) $r(\boldsymbol{A})=r(\boldsymbol{B})=n$

解: 显然 $r(\boldsymbol{AB})=r(\boldsymbol{I})=m$. 由于 $r(\boldsymbol{AB})\leqslant r(\boldsymbol{A})$ 且 $r(\boldsymbol{AB})\leqslant r(\boldsymbol{B})$,因此有

$$m\leqslant r(\boldsymbol{A}),\ m\leqslant r(\boldsymbol{B})$$

又因为 $\boldsymbol{A}$ 是 $m\times n$ 矩阵,$\boldsymbol{B}$ 是 $n\times m$ 矩阵,故 $r(\boldsymbol{A})\leqslant m$, $r(\boldsymbol{B})\leqslant m$. 因此 $r(\boldsymbol{A})=r(\boldsymbol{B})=$

m. 故选(A).

问世间秩为何物,直教人稀里糊涂. 事实上,只有等到后来矩阵博士小明掌握了向量空间知识,再回首时才明白,原来矩阵的秩才是那只三月兔,它把自己带入了奇妙的世界,并打开了其中的"潘多拉魔盒",从而给自己和现代数学带来了"无穷无尽的痛苦". 限于目前的能力,对于矩阵秩,小明暂时只能"阐之未尽".

3.2.4 线性方程组解的基本定理

用秩的眼光回头再看 3.2.2 小节中的那段经验概括,小明马上得到了如下定理.

定理 3.2.11(非齐次线性方程组有解的判定定理) 非齐次线性方程组 $\boldsymbol{Ax}=\boldsymbol{b}$ 有解的充要条件是其系数矩阵的秩等于增广矩阵的秩,即 $r(\boldsymbol{A})=r(\overline{\boldsymbol{A}})$.

证明: 必要性. 当非齐次线性方程组 $\boldsymbol{Ax}=\boldsymbol{b}$ 有解时,如果 $r(\boldsymbol{A})<r(\overline{\boldsymbol{A}})$,那么在式(3.2.3) 中应有一个矛盾方程 $0=d_{r+1}$,即方程组无解,显然这与原方程组有解相矛盾. 所以只能有 $r(\boldsymbol{A})=r(\overline{\boldsymbol{A}})$.

充分性. 设 $r(\boldsymbol{A})=r(\overline{\boldsymbol{A}})=r\leqslant n$,则$\overline{\boldsymbol{A}}$ 的行阶梯形矩阵中只有 r 个非零行,从而可知其含有 $n-r$ 个自由变量,所以由式(3.2.3) 可知

$$\begin{cases} c_{11}y_1+c_{12}y_2+\cdots+c_{1r}y_r=d_1-c_{1,r+1}y_{r+1}-\cdots-c_{1n}y_n \\ \qquad\quad c_{22}y_2+\cdots+c_{2r}y_r=d_2-c_{2,r+1}y_{r+1}-\cdots-c_{2n}y_n \\ \qquad\qquad\qquad\cdots\cdots\cdots \qquad\qquad \cdots\cdots\cdots\cdots\cdots \\ \qquad\qquad\qquad\quad c_{rr}y_r=d_r-c_{r,r+1}y_{r+1}-\cdots-c_{rn}y_n \end{cases}$$

令 $y_{r+i}=k_i(1\leqslant i\leqslant n-r)$,利用回代,显然可以得到含有 $n-r$ 个任意实数 $k_1,k_2,\cdots,k_{n-r}$ 的解,也就是非齐次方程组 $\boldsymbol{Ax}=\boldsymbol{b}$ 的通解式. ■

值得一提的是,数学家道吉森(Charles Lutwidge Dodgson, 1832—1898)在 1867 年给出并证明了系数矩阵的秩小于方程个数(即 $r<m$)的情形. 说起这位道吉森,一般公众可能闻所未闻,其实他真得不简单,因为他就是那位大名鼎鼎的文学家卡罗尔(Lewis Carroll),文学名著《爱丽丝奇境历险记》(他后来还写了续集《爱丽丝镜中奇遇记》,两书合称《爱丽丝漫游仙境》)的作者. 作为牛津大学的数学教师,他生性腼腆,患有口吃病,不善交际,但在小说、诗歌、逻辑学等多个领域却都有很深的造诣.《爱丽丝漫游仙境》是卡罗尔根据自己给友人的女儿爱丽丝所讲的故事修订而成,是一本蕴含深刻哲理的旷世杰作,甚至成为语言哲学教授指定的研究生必读书,重要性比维特根斯坦(Ludwig Wittgenstein, 1889—1951)的《哲学研究》还高. 兔子洞,柴郡猫,三月兔,疯帽匠,红皇后,白皇后,……看似荒诞不经,实则处处皆有所指. 比如一百多年后,卡罗尔的校友就指出,书中有很多地方影射了当年的虚数理论、符号代数、连续性原理、四元数等数学研究. 该书屡屡被搬上银幕,最新版的是迪斯尼出品的系列电影(2010 和 2016,如图 3.6 所示),其中疯帽匠的饰演者是德普(Johnny Depp)大叔.

图 3.6　电影《爱丽丝梦游仙境》海报

实际使用时,定理 3.2.11 常被细化为下面的形式,这显然与小明前面的概括完全对应.

> **定理 3.2.12(线性方程组解的基本定理)**　对 n 元线性方程组 $\boldsymbol{Ax}=\boldsymbol{b}$,有如下结论:
>
> (1) 当且仅当 $r(\boldsymbol{A})\neq r(\overline{\boldsymbol{A}})$ 时,方程组无解;
>
> (2) 当且仅当 $r(\boldsymbol{A})=r(\overline{\boldsymbol{A}})$ 时,方程组有解. 此时,
>
> ① 当且仅当 $r(\boldsymbol{A})=n$ 时,方程组有唯一解;
>
> ② 当且仅当 $r(\boldsymbol{A})<n$ 时,方程组有无数个解,其通解式中含有 $n-r(\boldsymbol{A})$ 个自由变量.

说明:

(1) 根据基本定理,在求解非齐次线性方程组时,只需先把它的增广矩阵化成行阶梯矩阵或行最简矩阵,就可以判断方程组解的状态,并在有解时求出它的解.

(2) 定理中的 n 表示的是未知数的个数,这再一次说明"**方程组是否有解,与方程的个数之间没有必然联系.**"

(3) 方程组有唯一解的条件中包含 $r(\boldsymbol{A})=n$. 当 $\boldsymbol{A}$ 是方阵时 $r(\boldsymbol{A})=n$ 等价于 $\boldsymbol{A}$ 可逆,也即 $D=|\boldsymbol{A}|\neq 0$,此时方程组的唯一解为 $\boldsymbol{x}=\boldsymbol{A}^{-1}\boldsymbol{b}$,也就是克莱姆法则描述的结果

$$\boldsymbol{x}=\left(\frac{D_1}{D},\frac{D_2}{D},\cdots,\frac{D_n}{D}\right)^T$$

(4) 从几何上看,线性方程组

$$\begin{cases}a_{11}x_1+a_{12}x_2+a_{13}x_3=b_1\\a_{21}x_1+a_{22}x_2+a_{23}x_3=b_2\end{cases}$$

的每个方程表示一个平面,因此方程组是否有解就相当于两个平面有没有交点.

当 $r(\boldsymbol{A})=r(\overline{\boldsymbol{A}})=1$ 时,$\overline{\boldsymbol{A}}$ 的两行对应成比例,因而两平面重合,即方程组有无数个解;当 $r(\boldsymbol{A})=1$ 而 $r(\overline{\boldsymbol{A}})=2$ 时,$\boldsymbol{A}$ 的两行对应成比例,因而两平面平行,但 $\overline{\boldsymbol{A}}$ 的两行不对应成比例,因此两平面不重合,即方程组无解;当 $r(\boldsymbol{A})=2$ 时显然 $r(\overline{\boldsymbol{A}})=2$,此时 $\boldsymbol{A}$ 的两行不对应成比例,两平面也不平行,因而两平面必相交于一直线,即方程组有无数个解.

(5) 求秩本身可以"左右开弓",即行列变换并用,但如果需要进一步求出方程组的通解,则从一开始就只能"单曲循环",即只能采用行变换.

(6) 正如第一章已经指出的那样,对于线性方程组尤其是非齐次线性方程组而言,两个矩阵(系数矩阵和增广矩阵)处于非常重要的地位,因为它们本质上是线性方程组的符号表示和数据抽象.

"矩秩一出天下白",至此,利用秩这个"无论世界如何斗转星移,我自岿然不动"的根本观念,小明彻底解决了前述的求解线性方程组的两个基本问题. 如果把求解线性方程组比作一首交响乐的话,那么经过克莱姆法则的曲折低徊,矩阵求逆法的似明似晦,再到用矩阵的秩来统摄线性方程组的求解时,则已是气势磅礴,豪迈威武,达到了一个华美的小高潮.

当非齐次线性方程组 $\boldsymbol{Ax}=\boldsymbol{b}$ 特殊为齐次线性方程组 $\boldsymbol{Ax}=\boldsymbol{0}$ 时,显然有 $r(\boldsymbol{A})=r(\overline{\boldsymbol{A}})$. 小明注意到 $\boldsymbol{A0}=\boldsymbol{0}$ 恒成立,因此方程组 $\boldsymbol{Ax}=\boldsymbol{0}$ 有唯一解就是只有零解,有无数个解则意味着有非零解. 由此即得下述推论.

推论 3.2.1(齐次线性方程组解的基本定理) 对 n 元齐次线性方程组 $\boldsymbol{Ax}=\boldsymbol{0}$:

(1) 当且仅当 $r(\boldsymbol{A})=n$ 时,方程组只有零解;

(2) 当且仅当 $r(\boldsymbol{A})<n$ 时,方程组有非零解,且其通解式中带有 $n-r(\boldsymbol{A})$ 个自由变量.

推论 3.2.2 若 $\boldsymbol{A}$ 是 n 阶方阵,则齐次线性方程组 $\boldsymbol{Ax}=\boldsymbol{0}$ 有非零解的充要条件是 $|\boldsymbol{A}|=0$.

例 3.2.13 求解齐次线性方程组

$$(\text{I}):\begin{cases}x_1+x_2+x_3+4x_4-3x_5=0,\\x_1-x_2+3x_3-2x_4-x_5=0,\\2x_1+x_2+3x_3+5x_4-5x_5=0.\end{cases}$$

解法一:手工计算.

对系数矩阵进行初等行变换,将之变换为行最简矩阵,即

$$\boldsymbol{A}=\begin{pmatrix}1&1&1&4&-3\\1&-1&3&-2&-1\\2&1&3&5&-5\end{pmatrix}\xrightarrow[r_{13}(-2)]{r_{12}(-1)}\begin{pmatrix}1&1&1&4&-3\\0&-2&2&-6&2\\0&-1&1&-3&1\end{pmatrix}$$

$$\xrightarrow{r_{23}\left(-\frac{1}{2}\right)}\begin{pmatrix}1&1&1&4&-3\\0&-2&2&-6&2\\0&0&0&0&0\end{pmatrix}\xrightarrow[r_{21}(-1)]{r_2\left(-\frac{1}{2}\right)}\begin{pmatrix}1&0&2&1&-2\\0&1&-1&3&-1\\0&0&0&0&0\end{pmatrix}$$

显然 $r(\boldsymbol{A})=2<5=n$, 因此原方程组有非零解,其同解方程组为

$$\begin{cases}x_1+2x_3+x_4-2x_5=0\\x_2-x_3+3x_4-x_5=0\end{cases}$$

取 x_3, x_4, x_5 为自由变量,并令 $x_3=c_1$, $x_4=c_2$, $x_5=c_3$, 则得

$$x_1 = -2c_1 - c_2 + 2c_3,\ x_2 = c_1 - 3c_2 + c_3$$

因此原方程组的通解，写成向量形式，则为（$c_1 = c_2 = c_3 = 0$ 时表示的是方程组的零解）

$$\begin{pmatrix} x_1 \\ x_2 \\ x_3 \\ x_4 \\ x_5 \end{pmatrix} = \begin{pmatrix} -2c_1 - c_2 + 2c_3 \\ c_1 - 3c_2 + c_3 \\ c_1 \\ c_2 \\ c_3 \end{pmatrix} = c_1\begin{pmatrix} -2 \\ 1 \\ 1 \\ 0 \\ 0 \end{pmatrix} + c_2\begin{pmatrix} -1 \\ -3 \\ 0 \\ 1 \\ 0 \end{pmatrix} + c_3\begin{pmatrix} 2 \\ 1 \\ 0 \\ 0 \\ 1 \end{pmatrix} (c_1,\ c_2,\ c_3 \in \mathbf{R})$$

若记 $\boldsymbol{x} = (x_1,\ x_2,\ x_3,\ x_4,\ x_5)^T$，并记

$$\boldsymbol{\alpha}_1 = (-2,\ 1,\ 1,\ 0,\ 0)^T,\ \boldsymbol{\alpha}_2 = (-1,\ -3,\ 0,\ 1,\ 0)^T,\ \boldsymbol{\alpha}_3 = (2,\ 1,\ 0,\ 0,\ 1)^T$$

则方程组的上述通解可表达为

$$\boldsymbol{x} = c_1\boldsymbol{\alpha}_1 + c_2\boldsymbol{\alpha}_2 + c_3\boldsymbol{\alpha}_3 (c_1,\ c_2,\ c_3 \in \mathbf{R})$$

其中的解向量组 $\boldsymbol{\alpha}_1$，$\boldsymbol{\alpha}_2$，$\boldsymbol{\alpha}_3$ 称为本题中的齐次方程组(I)的一个**基础解系**(详见下一章)．显然一旦确定了 $\boldsymbol{\alpha}_1$，$\boldsymbol{\alpha}_2$，$\boldsymbol{\alpha}_3$ 这“三个代表”，就完全确定了方程组(I)的通解.

MATLAB 中提供了内置函数 null，可用于返回任意的齐次线性方程组 $\boldsymbol{Ax}=\boldsymbol{0}$ 的一个基础解系．其调用格式为

```
Z = null(A,'r')
```

其中返回的矩阵 $\boldsymbol{Z}$ 为齐次线性方程组 $\boldsymbol{Ax}=\boldsymbol{0}$ 的某个基础解系按列拼接而成的矩阵，只有零解时则返回空矩阵；参数‘r’表示用有理数(rational number)格式显示结果.

ATLAST 程序包中也提供了库函数 nulbasis(basis for the null space of A，矩阵 $\boldsymbol{A}$ 的零空间的基，详见下一章)，用于计算齐次线性方程组 $\boldsymbol{Ax}=\boldsymbol{0}$ 的基础解系．其调用格式为

```
Z = nulbasis  (A)
```

解法二：MATLAB 计算.（文件名为 ex3213. m）

```
A=[1,1,1,4,-3;1,-1,3,-2,-1;2,1,3,5,-5];
% 算法一：调用内置函数 null
Z=null(A,'r')   % 参数 r 表示使用有理数显示格式
% 算法二：调用 ATLAST 库函数 nulbasis
Z=nulbasis (A)
```

运行程序后，两种算法返回的矩阵都为：

```
Z=

    -2    -1     2
     1    -3     1
     1     0     0
```

```
     0     1     0
     0     0     1
```

这显然是由题中的齐次方程组(I)的基础解系 $\boldsymbol{\alpha}_1$, $\boldsymbol{\alpha}_2$, $\boldsymbol{\alpha}_3$ 按列拼接而成的矩阵 $\boldsymbol{Z}=(\boldsymbol{\alpha}_1, \boldsymbol{\alpha}_2, \boldsymbol{\alpha}_3)$.

例 3.2.14 求解非齐次线性方程组

$$(\mathrm{I}):\begin{cases}x_1+x_2+x_3+4x_4-3x_5=6,\\x_1-x_2+3x_3-2x_4-x_5=-6,\\2x_1+x_2+3x_3+5x_4-5x_5=6.\end{cases}$$

解法一：手工计算.

对增广矩阵进行初等行变换，将之变换为行最简矩阵，即

$$\overline{\boldsymbol{A}}=\begin{pmatrix}1&1&1&4&-3&6\\1&-1&3&-2&-1&-6\\2&1&3&5&-5&6\end{pmatrix}\xrightarrow[r_{13}(-2)]{r_{12}(-1)}\begin{pmatrix}1&1&1&4&-3&6\\0&-2&2&-6&2&-12\\0&-1&1&-3&1&-6\end{pmatrix}$$

$$\xrightarrow{r_{23}\left(-\frac{1}{2}\right)}\begin{pmatrix}1&1&1&4&-3&6\\0&-2&2&-6&2&-12\\0&0&0&0&0&0\end{pmatrix}\xrightarrow[r_{21}(-1)]{r_2\left(-\frac{1}{2}\right)}\begin{pmatrix}1&0&2&1&-2&0\\0&1&-1&3&-1&6\\0&0&0&0&0&0\end{pmatrix}$$

显然 $r(\boldsymbol{A})=r(\overline{\boldsymbol{A}})=2<5=n$，因此原方程组(I) 有无数个解，其同解方程组为

$$\begin{cases}x_1+2x_3+x_4-2x_5=0\\x_2-x_3+3x_4-x_5=6\end{cases}$$

取 x_3, x_4, x_5 为自由变量，并令 $x_3=c_1$, $x_4=c_2$, $x_5=c_3$，则得

$$x_1=-2c_1-c_2+2c_3,\ x_2=6+c_1-3c_2+c_3$$

因此原方程组(I)的通解，写成向量形式，则为(当 $c_1=c_2=c_3=0$ 时，表示方程组(I) 的某个特解)

$$\begin{pmatrix}x_1\\x_2\\x_3\\x_4\\x_5\end{pmatrix}=\begin{pmatrix}-2c_1-c_2+2c_3\\6+c_1-3c_2+c_3\\c_1\\c_2\\c_3\end{pmatrix}=\begin{pmatrix}0\\6\\0\\0\\0\end{pmatrix}+c_1\begin{pmatrix}-2\\1\\1\\0\\0\end{pmatrix}+c_2\begin{pmatrix}-1\\-3\\0\\1\\0\end{pmatrix}+c_3\begin{pmatrix}2\\1\\0\\0\\1\end{pmatrix}\ (c_1, c_2, c_3\in\mathbf{R})$$

沿袭例 3.2.13 中的记号 $\boldsymbol{x}$, $\boldsymbol{\alpha}_1$, $\boldsymbol{\alpha}_2$, $\boldsymbol{\alpha}_3$，并记 $\boldsymbol{\beta}=(0, 6, 0, 0, 0)^T$，则原方程组的通解可表达为

$$\boldsymbol{x}=\boldsymbol{\beta}+c_1\boldsymbol{\alpha}_1+c_2\boldsymbol{\alpha}_2+c_3\boldsymbol{\alpha}_3$$

其中 $\boldsymbol{\beta}$ 称为原方程组(I)的**特解**.

一般地，对于任意的非齐次线性方程组 $\boldsymbol{Ax}=\boldsymbol{b}$，可编写自定义函数 gsolution，其调用格式为

```
[x0,Z] = gsolution(A,b)
```

其中 x0 表示特解，矩阵 Z 为齐次线性方程组 $\boldsymbol{Ax}=\boldsymbol{0}$ 的基础解系按列拼接而成的矩阵，只有零解时返回空矩阵. 函数 gsolution 的具体实现请参阅第 4 章的实验三.

解法二：MATLAB 计算.（文件名为 ex3214. m）

```
A=[1,1,1,4,-3;1,-1,3,-2,-1;2,1,3,5,-5];b=[6,-6,6]';
[x0,Z]=gsolution(A,b)
```

程序的运行结果为

```
x0=              Z =
     0              -2         -1        2
     6               1         -3        1
     0               1          0        0
     0               0          1        0
     0               0          0        1
```

例 3.2.15　求解线性方程组 $\boldsymbol{Ax}=\boldsymbol{b}$，其中 $\boldsymbol{A}=\begin{pmatrix}1&-2&3&-1\\3&-1&5&-3\\2&1&2&-2\end{pmatrix}$，$\boldsymbol{b}=\begin{pmatrix}1\\2\\3\end{pmatrix}$.

解法一：手工计算.

$$\overline{\boldsymbol{A}}=(\boldsymbol{A}\mid\boldsymbol{b})=\left(\begin{array}{cccc|c}1&-2&3&-1&1\\3&-1&5&-3&2\\2&1&2&-2&3\end{array}\right)\xrightarrow[r_{13}(-2)]{r_{12}(-3)}\left(\begin{array}{cccc|c}1&-2&3&-1&1\\0&5&-4&0&-1\\0&5&-4&0&1\end{array}\right)$$

$$\xrightarrow{r_{23}(-1)}\left(\begin{array}{cccc|c}1&-2&3&-1&1\\0&5&-4&0&-1\\0&0&0&0&2\end{array}\right)$$

因此 $r(\boldsymbol{A})=2<r(\overline{\boldsymbol{A}})=3$，方程组无解.

解法二：MATLAB 计算.（文件名为 ex3215. m）

```
A=[1,-2,3,-1;3,-1,5,-3;2,1,2,-2];b=[1,2,3]';
% 算法一：调用自定义函数 SolutionState,详见本章实验二
state=SolutionState (A,b)
% 算法二：调用调用自定义函数 gsolution
[x0,Z]=gsolution (A,b)
```

程序的运行结果为：state=0 以及 x0=[],Z=[]，显然两个算法的结果都表示方程组 $\boldsymbol{Ax}=\boldsymbol{b}$ 无解. 这个判断也与手工计算一致.

例 3.2.16　求解线性方程组 $\boldsymbol{Ax}=\boldsymbol{b}$，其中 $\boldsymbol{A}=\begin{pmatrix}2&0&3\\3&-5&4\\1&5&2\end{pmatrix}$，$\boldsymbol{b}=\begin{pmatrix}1\\2\\0\end{pmatrix}$.

解法一：手工计算.

根据例 3.2.8，可知增广矩阵

$$\overline{\boldsymbol{A}}=(\boldsymbol{A}\,\vdots\,\boldsymbol{b})=\begin{pmatrix}2&0&3&\vdots&1\\3&-5&4&\vdots&2\\1&5&2&\vdots&0\end{pmatrix}\longrightarrow\begin{pmatrix}1&5&2&\vdots&0\\0&-10&-1&\vdots&1\\0&0&0&\vdots&0\end{pmatrix}\xrightarrow[r_{21}(-2)]{r_2(-1)}\begin{pmatrix}1&-15&0&\vdots&2\\0&10&1&\vdots&-1\\0&0&0&\vdots&0\end{pmatrix}=\overline{\boldsymbol{R}}$$

因此 $r(\boldsymbol{A})=r(\overline{\boldsymbol{A}})=2<3=n$,方程组有无数个解.

为了避免出现分数,导致结果复杂,小明并没有将$\overline{\boldsymbol{R}}$进一步化成行最简矩阵.事实上,取自由变量时,未必一定非要如(3.2.3)中所暗示的那样取后面 $n-r(\boldsymbol{A})$个未知数.

矩阵$\overline{\boldsymbol{R}}$对应同解方程组$\begin{cases}x_1-15x_2=2,\\10x_2+x_3=-1\end{cases}$,此即$\begin{cases}x_1=15x_2+2,\\x_3=-10x_2-1\end{cases}$.

取 x_2 为自由变量,并令 $x_2=c$,则得原方程组的通解为

$$\boldsymbol{x}=\begin{pmatrix}15c+2\\c\\-10c-1\end{pmatrix}=c\begin{pmatrix}15\\1\\-10\end{pmatrix}+\begin{pmatrix}2\\0\\-1\end{pmatrix},\ c\text{ 为任意实数}$$

解法二:MATLAB 计算.(文件名为 ex3216.m)

```
A=[3,1,-2,4;2,3,-3,1;5,-3,0,10];b=[3,2,5]';
% 调用自定义函数 gsolution,详见第 4 章实验三
[x0,Z]=gsolution(A,b)
```

程序的运行结果为:

```
x0 =                Z=
  1/2                 -3/2
  -1/10               -1/10
  0                    1
```

因此原方程组的通解为

$$\boldsymbol{x}=c'\begin{pmatrix}-3/2\\-1/10\\1\end{pmatrix}+\begin{pmatrix}1/2\\-1/10\\0\end{pmatrix}\quad(c_1',\ c_2'\in\mathbf{R})$$

显然取 $c'=-10c$ 时上述通解的第一部分与手工计算一致,而且取 $c'=-1$ 时有 $\boldsymbol{x}=(2,\ 0,\ -1)^T$,此即手工计算的第二部分.

例 3.2.17 当 k 为何值时,线性方程组

$$\begin{cases}x_1+x_2+kx_3=4,\\-x_1+kx_2+x_3=k^2,\\x_1-x_2+2x_3=-4.\end{cases}$$

(1) 有唯一解;(2) 无解;(3) 有无数个解?并在有无数个解时求其通解.

解法一:初等行变换法.

对增广矩阵进行初等行变换,将之变换为形式上的行阶梯矩阵,即

$$\overline{\mathbf{A}}=(\mathbf{A}\mid \boldsymbol{b})=\left(\begin{array}{ccc:c}1&1&k&4\\-1&k&1&k^2\\1&-1&2&-4\end{array}\right)\xrightarrow[r_{31}(-1)]{r_{32}(1)}\left(\begin{array}{ccc:c}0&2&k-2&8\\0&k-1&3&k^2-4\\1&-1&2&-4\end{array}\right)$$

$$\xrightarrow{r_{13}}\left(\begin{array}{ccc:c}1&-1&2&-4\\0&k-1&3&k^2-4\\0&2&k-2&8\end{array}\right)\xrightarrow{r_{32}\left(-\frac{k-1}{2}\right)}\left(\begin{array}{ccc:c}1&-1&2&-4\\0&0&-\frac{1}{2}(k-4)(k+1)&k(k-4)\\0&2&k-2&8\end{array}\right)$$

$$\xrightarrow{r_{23}}\left(\begin{array}{ccc:c}1&-1&2&-4\\0&2&k-2&8\\0&0&-\frac{1}{2}(k-4)(k+1)&k(k-4)\end{array}\right)$$

(1) 当 $(k-4)(k+1)\neq 0$,即 $k\neq 4$ 且 $k\neq -1$ 时,$r(\mathbf{A})=r(\overline{\mathbf{A}})=3=n$,方程组有唯一解;

(2) 当 $(k-4)(k+1)=0$ 且 $k(k-4)\neq 0$,即 $k=-1$ 时,$r(\mathbf{A})=2<r(\overline{\mathbf{A}})=3=n$,方程组无解;

(3) 当 $(k-4)(k+1)=0$ 且 $k(k-4)=0$,即 $k=4$ 时,$r(\mathbf{A})=2=r(\overline{\mathbf{A}})<3=n$,方程组有无数个解. 此时原方程组即为例 3.2.5 中的方程组,因此其通解为

$$\boldsymbol{x}=\begin{pmatrix}-3c\\-c+4\\c\end{pmatrix}=c\begin{pmatrix}-3\\-1\\1\end{pmatrix}+\begin{pmatrix}0\\4\\0\end{pmatrix},\ c\text{ 为任意实数}$$

解法二:行列式法.

注意到系数矩阵是方阵,根据推论 3.2.2,可求系数行列式,而行列式计算可“左右开弓”,比初等行变换更灵活. 因此这里可通过求系数行列式先摸清楚参数 k 的取值情况.

$$|\mathbf{A}|=\begin{vmatrix}1&1&k\\-1&k&1\\1&-1&2\end{vmatrix}=\begin{vmatrix}1&1&k\\0&k+1&k+1\\0&-2&2-k\end{vmatrix}=(k+1)(4-k)$$

(1) 当 $|\mathbf{A}|\neq 0$ 时,即 $k\neq 4$ 且 $k\neq -1$ 时,由克莱姆法则可知,方程组有唯一解;

(2) 当 $k=-1$ 时,

$$\overline{\mathbf{A}}=\left(\begin{array}{ccc:c}1&1&-1&4\\-1&-1&1&1\\1&-1&2&-4\end{array}\right)\xrightarrow[r_{13}(-1)]{r_{12}(1)}\left(\begin{array}{ccc:c}1&1&-1&4\\0&0&0&5\\0&-2&3&-8\end{array}\right)\xrightarrow{r_{23}}\left(\begin{array}{ccc:c}1&1&-1&4\\0&-2&3&-8\\0&0&0&5\end{array}\right),$$

因此 $r(\mathbf{A})=2<r(\overline{\mathbf{A}})=3=n$,方程组无解;

(3) $k=4$ 时,同例 3.2.5,略去.

本例中的增广矩阵含待定字母(参数). 同行列式中的情形类似,在解法一中,小明深知采用倍加变换时要尽量避免分式计算,尤其是分母含有参数的情形,以避免分类讨论. 其中的倍加变换 $r_{32}\left(-\frac{k-1}{2}\right)$ 基于的就是这种考虑. 当然,小明也注意到本例中充分利用

了增广矩阵的第三行不含字母的特点.

事实上,对于含有字母(参数)的线性方程组(尤其是系数矩阵为 $m\times n$ 维的"长方形"方程组),一般仍然用初等行变换法将增广矩阵化成行阶梯矩阵,然后分类进行讨论. 初等行变换法的优点是逻辑性较强,但掣肘它的是变换的难度,因为它只能采取**"单曲循环"**的策略. 与之相对的行列式法,其优点是进行初等变换时可以**左右开弓**,非常灵活方便,但在使用时却处处受到束缚: 首先需要计算系数行列式,其次要求行列式不等于零,再次是它只能针对系数矩阵为 $n\times n$ 维的"正方形"方程组,最后还可能会根据字母(参数)的不同取值,多次使用初等行变换法.

例 3.2.18 设 $\boldsymbol{A}$ 是 $m\times n$ 矩阵,$\boldsymbol{B}$ 是 $n\times m$ 矩阵,则线性方程组 $(\boldsymbol{AB})\boldsymbol{x}=\boldsymbol{0}$【　　】

(A) 当 $n>m$ 时仅有零解　　　　(B) 当 $n>m$ 时必有非零解

(C) 当 $m>n$ 时仅有零解　　　　(D) 当 $m>n$ 时必有非零解

解: $\boldsymbol{AB}$ 是 m 阶矩阵,因此 $(\boldsymbol{AB})\boldsymbol{x}=\boldsymbol{0}$ 仅有零解当且仅当 $r(\boldsymbol{AB})=m$. 又因为 $r(\boldsymbol{AB})\leqslant r(\boldsymbol{B})\leqslant\min(m,n)$,因此当 $m>n$ 时,必有 $r(\boldsymbol{AB})\leqslant r(\boldsymbol{B})\leqslant\min(m,n)=n<m$,即 $(\boldsymbol{AB})\boldsymbol{x}=\boldsymbol{0}$ 有非零解. 故选(D).

例 3.2.19 设 $\boldsymbol{A}$ 是 $m\times n$ 矩阵,则对非齐次线性方程组 $\boldsymbol{Ax}=\boldsymbol{b}$ 和相应的齐次线性方程组 $\boldsymbol{Ax}=\boldsymbol{0}$,下列命题中正确的是【　　】

(A) 若 $\boldsymbol{Ax}=\boldsymbol{0}$ 仅有零解,则 $\boldsymbol{Ax}=\boldsymbol{b}$ 有唯一解

(B) 若 $\boldsymbol{Ax}=\boldsymbol{0}$ 有非零解,则 $\boldsymbol{Ax}=\boldsymbol{b}$ 有无数个解

(C) 若 $\boldsymbol{Ax}=\boldsymbol{b}$ 有无数个解,则 $\boldsymbol{Ax}=\boldsymbol{0}$ 仅有零解

(D) 若 $\boldsymbol{Ax}=\boldsymbol{b}$ 有无数个解,则 $\boldsymbol{Ax}=\boldsymbol{0}$ 有非零解

解: 由于 $\boldsymbol{Ax}=\boldsymbol{0}$ 是 $\boldsymbol{Ax}=\boldsymbol{b}$ 的特殊情况,因此从关于 $\boldsymbol{Ax}=\boldsymbol{0}$ 的结论中,一般难以推断出关于 $\boldsymbol{Ax}=\boldsymbol{b}$ 的结论,因为后者增加了常数项 $\boldsymbol{b}$ 这部分信息. 所以可以排除命题(A)和(B). 注意到命题(C)和(D)的结论是相悖的,故二者必居其一.

当 $\boldsymbol{Ax}=\boldsymbol{b}$ 有无数个解时,有 $r(\boldsymbol{A})=r(\overline{\boldsymbol{A}})<n$,即 $r(\boldsymbol{A})<n$,根据推论 2.3.1,可知 $\boldsymbol{Ax}=\boldsymbol{0}$ 必有非零解. 故选(D).

例 3.2.20(投入产出模型) 列昂惕夫(Leontiff)因为用计算机解出了投入产出模型而获得 1973 年诺贝尔经济学奖. 这里主要介绍他用线性方程组理论创建并求解这个经济模型的思路.

假定一个国家的经济被分解为 n 个产业,它们都有生产产品或服务的功能. 用 n 维列向量 $\boldsymbol{x}$ 表示这些产业的总产出. 该国生产的产品首先要满足自身需求,即各产业之间的交叉需求,同时还要有一些产品能够出口到国外. 用列向量 $\boldsymbol{d}$ 表示出口数量,其中各个分量分别表示各产业的出口数量.

列昂惕夫提出的问题是: 各产业应该维持怎样的生产水平,即各产业的产出 $\boldsymbol{x}$ 应该是多少,才能既满足内部需求,又能满足外部需求?

为使问题简化,我们采用以下假设:

(1) 每个产业用固定的投入比例或要素组合生产其产品;

(2) 每个产业的生产服从常数规模报酬,即所有投入增加 k 倍,产出也将恰好增加 k 倍.

一般地，技术工艺水平在短期内是相对稳定的. 因此根据上述假设，为产出一个单位的 j 产品，需要投入的第 i 种商品的数量为固定值 a_{ij}. 例如 $a_{31}=0.1$ 就表示如果第1个产业产出100个单位的产品，需要向第3个产业生产购买10个单位的产品. 我们称这样的矩阵 $\boldsymbol{A}=(a_{ij})$ 为该国经济的**直接消耗矩阵**(consumption matrix).

假定直接消耗矩阵 $\boldsymbol{A}=(\boldsymbol{\alpha}_1, \boldsymbol{\alpha}_2, \cdots, \boldsymbol{\alpha}_n)$，那么 $x_1\boldsymbol{\alpha}_1$ 就表示第一个产业若生产出 x_1 份产品，所分别需要的 n 个产业产品的数量；$x_2\boldsymbol{\alpha}_2$ 就表示第二个产业若生产出 x_2 份产品，所分别需要的 n 个产业产品的数量；其他以此类推. 因此该国的内部总需求为

$$x_1\boldsymbol{\alpha}_1+x_2\boldsymbol{\alpha}_2+\cdots+x_n\boldsymbol{\alpha}_n=\boldsymbol{A}\boldsymbol{x}$$

由于 $\boldsymbol{x}=\{\text{内部需求}\}+\{\text{外部需求}\}$，这样我们就得到了列昂惕夫的投入产出模型：

$$\boldsymbol{x}=\boldsymbol{A}\boldsymbol{x}+\boldsymbol{d}$$

此即线性方程组

$$(\boldsymbol{I}-\boldsymbol{A})\boldsymbol{x}=\boldsymbol{d}$$

思考　本例中引入的两个假设起到了什么作用? 能否替换成其他假设?

例 3.2.21(人口迁徙问题)　设某小城市共有30万人从事农、工、商三业. 假定这个总人数始终保持不变. 社会调查显示：

(1) 目前有15万人务农，9万人务工，6万人经商；

(2) 在务农人员中，每年约有20%改为务工，10%改为经商；

(3) 在务工人员中，每年约有20%改为务农，10%改为经商；

(4) 在经商人员中，每年约有10%改为务农，10%改为务工.

试分析从事这三种职业的人员总数的变化趋势.

若用向量 $\boldsymbol{\alpha}_i=(x_i, y_i, z_i)^T$ 表示第 i 年后从事这三种职业的人员总数，则初始向量为 $\boldsymbol{\alpha}_0=(15, 9, 6)^T$. 根据题意，1年后从事这三种职业的人员总数应为

$$\begin{cases} x_1=0.7x_0+0.2y_0+0.1z_0 \\ y_1=0.2x_0+0.7y_0+0.1z_0 \\ z_1=0.1x_0+0.1y_0+0.8z_0 \end{cases}$$

写成矩阵形式，即 $\boldsymbol{\alpha}_1=\boldsymbol{A}\boldsymbol{\alpha}_0=(12.9, 9.9, 7.2)^T$，这里 $\boldsymbol{A}=\begin{pmatrix} 0.7 & 0.2 & 0.1 \\ 0.2 & 0.7 & 0.1 \\ 0.1 & 0.1 & 0.8 \end{pmatrix}$ 称为**迁移矩阵**.

同理可知，$\boldsymbol{\alpha}_2=\boldsymbol{A}\boldsymbol{\alpha}_1=(11.73, 10.23, 8.04)^T$，$\boldsymbol{\alpha}_3=\boldsymbol{A}\boldsymbol{\alpha}_2=(11.06, 10.31, 8.63)^T$，$\boldsymbol{\alpha}_4=\boldsymbol{A}\boldsymbol{\alpha}_3=(10.07, 10.30, 9.04)^T$，依次类推，一般地，我们得到如下**马尔可夫链**：

$$\boldsymbol{\alpha}_{k+1}=\boldsymbol{A}\boldsymbol{\alpha}_k, \ k=0, 1, 2, \cdots$$

可以证明，极限 $\lim\limits_{k\to\infty}\boldsymbol{\alpha}_k$ 存在. 若令 $\lim\limits_{k\to\infty}\boldsymbol{\alpha}_k=\boldsymbol{\alpha}$，则 $\boldsymbol{\alpha}=\lim\limits_{k\to\infty}\boldsymbol{\alpha}_{k+1}=\boldsymbol{A}\lim\limits_{k\to\infty}\boldsymbol{\alpha}_k=\boldsymbol{A}\boldsymbol{\alpha}$，即得齐次线性方程组

$$(\boldsymbol{A}-\boldsymbol{I})\boldsymbol{\alpha}=\boldsymbol{0}$$

解之得通解 $\boldsymbol{\alpha}=c(1, 1, 1)^T$. 本题中 $c=10$,因此极限值 $\boldsymbol{\alpha}=(10, 10, 10)^T$. 这说明若干年后从事这三种职业的人员总数趋于相同,真正实现了"职业无贵贱,劳动最光荣".

3.3 最小二乘法及其应用

最后,小明开始探索 3.2.1 小节提到的第(3)个基本问题,即对于超定方程组,也就是不相容的线性方程组 $\boldsymbol{Ax}=\boldsymbol{b}$,能否找出其在某种规则下的最优近似解?由于该方程组没有精确解,因此近似解的选取,必须保证某种误差取到最小值. 小明注意到度量误差的常见方法是差的绝对值或平方,而高等数学的知识告诉他,判断极值一般需要求导,问题是绝对值函数不易求导,因此他选择用差的平方来度量误差.

3.3.1 最小二乘法

定义 3.3.1(最小二乘解及其误差) 设 $\boldsymbol{A}=(a_{ij})$, $\boldsymbol{b}=(b_1, b_2, \cdots, b_m)^T$, $\boldsymbol{x}=(x_1, x_2, \cdots, x_n)^T$. 若有 $\tilde{\boldsymbol{x}}=(\tilde{x}_1, \tilde{x}_2, \cdots, \tilde{x}_n)^T$,使得

$$f(x_1, x_2, \cdots, x_n)=\sum_{i=1}^{m}(a_{i1}x_1+a_{i2}x_2+\cdots+a_{in}x_n-b_i)^2 \qquad (3.3.1)$$

取到最小值,则称 $\tilde{\boldsymbol{x}}$ 为线性方程组 $\boldsymbol{Ax}=\boldsymbol{b}$ 的**最小二乘解**(least square solution),称求最小二乘解的方法为**最小二乘法**(least square method),称向量 $\boldsymbol{r}=\boldsymbol{b}-\boldsymbol{A}\tilde{\boldsymbol{x}}$ 为**最小二乘误差向量**,并称此最小值为**最小二乘误差**(least square error, LSE).

从高等数学的眼光来看,根据多元函数的极值理论,$f(x_1, x_2, \cdots, x_n)$ 的最小值满足条件

$$\frac{\partial f}{\partial x_k}=0 \quad (k=1, 2, \cdots, n)$$

此即

$$0=\sum_{i=1}^{m}2a_{ik}(a_{i1}x_1+a_{i2}x_2+\cdots+a_{in}x_n-b_i)$$

写成矩阵形式,则为

$$\begin{pmatrix} a_{11} & a_{21} & \cdots & a_{m1} \\ a_{12} & a_{22} & \cdots & a_{m2} \\ \vdots & \vdots & & \vdots \\ a_{1n} & a_{2n} & \cdots & a_{mn} \end{pmatrix}\begin{pmatrix} a_{11}x_1+a_{12}x_2+\cdots+a_{1n}x_n-b_1 \\ a_{21}x_1+a_{22}x_2+\cdots+a_{2n}x_n-b_2 \\ \vdots \\ a_{m1}x_1+a_{m2}x_2+\cdots+a_{mn}x_n-b_m \end{pmatrix}=\begin{pmatrix} 0 \\ 0 \\ \vdots \\ 0 \end{pmatrix}$$

也就是**法方程**或**正规方程**(normal equation)

$$\boldsymbol{A}^T(\boldsymbol{A}\boldsymbol{x}-\boldsymbol{b})=\boldsymbol{0} \tag{3.3.2}$$

当系数矩阵 $\boldsymbol{A}^T\boldsymbol{A}$ 可逆时,其解为

$$\tilde{\boldsymbol{x}}=(\boldsymbol{A}^T\boldsymbol{A})^{-1}\boldsymbol{A}^T\boldsymbol{b} \tag{3.3.3}$$

显然,如果残差向量 $\boldsymbol{r}=\boldsymbol{b}-\boldsymbol{A}\tilde{\boldsymbol{x}}$ 是零向量,那么 $\tilde{\boldsymbol{x}}$ 就是方程组 $\boldsymbol{A}\boldsymbol{x}=\boldsymbol{b}$ 的精确解 $\boldsymbol{x}$,否则 $\boldsymbol{r}=\boldsymbol{b}-\boldsymbol{A}\tilde{\boldsymbol{x}}$ 的大小就是 $\tilde{\boldsymbol{x}}$ 离真解 $\boldsymbol{x}$ 远近的一种度量,即向量 $\boldsymbol{r}=(r_1, r_2, \cdots, r_m)^T$ 的大小的平方

$$r_1^2+r_2^2+\cdots+r_m^2$$

就是最小二乘误差 LSE.

在 MATLAB 中,运算 $(\boldsymbol{A}^T\boldsymbol{A})^{-1}\boldsymbol{A}^T$ 被单独编写成一个内置函数 pinv,这里 pinv 是 Moore-Penrose pseudoinverse(M－P 伪逆或广义逆)的缩称. 其调用格式为

```
B = pinv(A)
```

这样求超定方程组 $\boldsymbol{A}\boldsymbol{x}=\boldsymbol{b}$ 最小二乘解的调用格式就是

```
xmin = pinv(A)* b
```

这显然在形式上相当于求适定方程组 $\boldsymbol{A}\boldsymbol{x}=\boldsymbol{b}$ 的解的调用格式

```
x = inv(A)* b
```

另外,在 MATLAB 中,内置函数 norm 可用于计算向量 $\boldsymbol{r}$ 的大小,因此计算最小二乘误差 LSE 的调用格式为

```
LSE = norm(r)^2
```

例 3.3.1　求不相容线性方程组 $\boldsymbol{A}\boldsymbol{x}=\boldsymbol{b}$ 的最小二乘解 $\tilde{\boldsymbol{x}}$,并计算其最小二乘误差 LSE,其中

$$\boldsymbol{A}=\begin{pmatrix}1 & 1\\ 1 & -1\\ 1 & 1\end{pmatrix},\ \boldsymbol{b}=\begin{pmatrix}2\\ 1\\ 3\end{pmatrix}$$

解法一:手工计算.

计算可知

$$\boldsymbol{A}^T\boldsymbol{A}=\begin{pmatrix}3 & 1\\ 1 & 3\end{pmatrix},\ \boldsymbol{A}^T\boldsymbol{b}=\begin{pmatrix}6\\ 4\end{pmatrix}$$

因此最小二乘解为

$$\tilde{\boldsymbol{x}}=(\boldsymbol{A}^T\boldsymbol{A})^{-1}(\boldsymbol{A}^T\boldsymbol{b})=\frac{1}{8}\begin{pmatrix}3 & -1\\ -1 & 3\end{pmatrix}\begin{pmatrix}6\\ 4\end{pmatrix}=\begin{pmatrix}1.75\\ 0.75\end{pmatrix}$$

此时最小二乘误差向量

$$\boldsymbol{r}=\boldsymbol{b}-\boldsymbol{A}\tilde{\boldsymbol{x}}=\begin{pmatrix}2\\1\\3\end{pmatrix}-\begin{pmatrix}1&1\\1&-1\\1&1\end{pmatrix}\begin{pmatrix}1.75\\0.75\end{pmatrix}=\begin{pmatrix}2\\1\\3\end{pmatrix}-\begin{pmatrix}2.5\\1\\2.5\end{pmatrix}=\begin{pmatrix}-0.5\\0\\0.5\end{pmatrix}$$

从而最小二乘误差

$$\mathrm{LSE}=(-0.5)^2+0^2+(0.5)^2=0.5$$

解法二：MATLAB 计算.（文件名为 ex3301.m）

```
A=[1,1;1,-1;1,1];b=[2,1,3]';
% 算法一：使用法方程
xmin=inv(A'*A)*A'*b
r=b-A*xmin            % 计算最小二乘误差向量
LSE=norm(r)^2         % 计算最小二乘误差
% 算法二：使用内置函数 pinv
xmin=pinv(A)*b
r=b-A*xmin            % 计算最小二乘误差向量
LSE=norm(r)^2         % 计算最小二乘误差
```

最小二乘法最早是由法国数学家勒让德(Adrien-Marie Legendre，1752—1833)提出的，见于他 1805 年出版的一本关于确定彗星轨道的著作的附录之中，但他的叙述比较含糊. 后来高斯在《天体运动理论》(1809)的附录中清晰地阐述了这个方法，其中没有提到勒让德. 最要命的是，高斯还宣称自己自 1795 年以来一直在使用这个原理，由此引发了多年的优先权之争. 不管怎么说，最小二乘法如今已广泛应用于信号处理、自动控制、物理学、统计学、经济学等科学与工程领域. 有数学史家甚至感慨：**或许 19 世纪最重要的统计方法是最小二乘法.**

3.3.2 多项式拟合

对于一组数据点$(x_i, y_i)(i=1, 2, \cdots, m)$，利用上一章介绍的多项式插值，可以得到经过每一个数据点的 $m-1$ 次多项式曲线，问题是小明总觉得多项式插值很高端但不实用：数据点数既不能多不能少，而且各 x_i 必须满足两两不等，否则相应的范德蒙矩阵不可逆. 小明知道，在实践中，数据来自测量，误差在所难免，而且一般为保证结果的可靠性，还会进行多次测量，比如对同一个 x_i，可能会有多个 y_i，因此对这种存在冗余数据的情形，抛弃其中部分数据，显然有失公允，因为万物生而平等，数据亦然。

事实上，利用上述的最小二乘法，就能解决小明的困惑，这就是所谓**多项式拟合**(polynomial fitting)，即寻找 n 次代数多项式曲线(n 一般远小于 m)

$$y(x)=c_0+c_1x+\cdots+c_nx^n$$

使得

$$f(c_0,c_1,\cdots,c_n)=\sum_{i=1}^{m}[y(x_i)-y_i]^2=\sum_{i=1}^{m}(c_0+c_1x_i+\cdots+c_nx_i^n-y_i)^2 \tag{3.3.4}$$

取得最小值. 显然,与式(3.3.1)类比可知,这里的 $c_0,c_1,\cdots,c_n$ 相当于那里的 $x_1,x_2,\cdots,x_n$; $y_1,y_2,\cdots,y_m$ 相当于那里的 $b_1,b_2,\cdots,b_m$; $1,x_i,\cdots,x_i^n$ 相当于那里的 $a_{i1},a_{i2},\cdots,a_{in}$,因此上述的最小二乘法也适用于代数多项式曲线拟合的计算,而且拟合误差向量 $\boldsymbol{r}=(r_1,r_2,\cdots,r_m)^T$ 为

$$\boldsymbol{r}=\boldsymbol{y}-\boldsymbol{Ac}$$

其中 $\boldsymbol{y}=(y_1,y_2,\cdots,y_m)^T$, $\boldsymbol{c}=(c_0,c_1,\cdots,c_n)^T$,因此**拟合误差**(fitting error, FE)为

$$\mathrm{FE}=r_1^2+r_2^2+\cdots+r_m^2$$

例 3.3.2　试用代数多项式曲线拟合下列数据,并计算拟合误差:

x_i	1	3	4	5	6	7	8	9	10
y_i	10	5	4	2	1	1	2	3	4

解法一:手工计算.

如图 3.7 所示,这组数据的变化趋势接近于抛物线,故设所求代数多项式为

$$y(x)=c_0+c_1x+c_2x^2$$

将这组数据代入线性方程组 $\boldsymbol{Ac}=\boldsymbol{b}$, 这里

$$\boldsymbol{A}=(x_i^j)_{9\times3},\ i=1,\cdots,9;\ j=0,1,2;$$

$$\boldsymbol{c}=(c_0,c_1,c_2)^T;\ \boldsymbol{b}=(10,5,4,2,1,1,2,3,4)^T$$

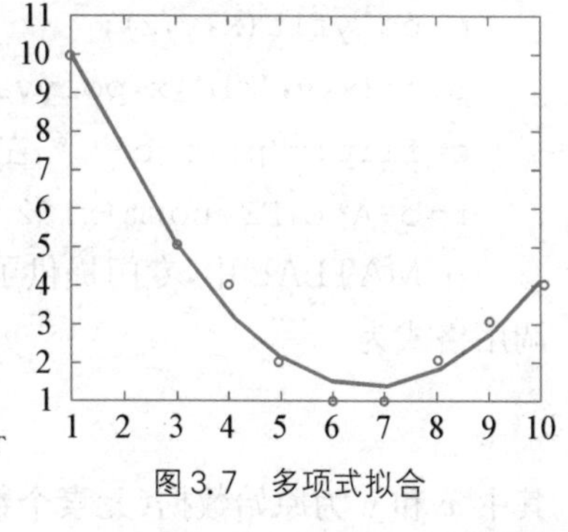

图 3.7　多项式拟合

即得法方程 $\boldsymbol{A}^T\boldsymbol{Ac}=\boldsymbol{A}^T\boldsymbol{b}$,其中

$$\boldsymbol{A}^T\boldsymbol{A}=\begin{pmatrix}9&53&381\\53&381&3017\\381&3017&25\,317\end{pmatrix},\ \boldsymbol{A}^T\boldsymbol{b}=\begin{pmatrix}32\\147\\1025\end{pmatrix}$$

解法方程,得系数向量 $\boldsymbol{c}=(\boldsymbol{A}^T\boldsymbol{A})^{-1}(\boldsymbol{A}^T\boldsymbol{b})=(13.4597,-3.6053,0.2676)^T$,故所求多项式曲线为

$$y=13.4597-3.6053x+0.2676x^2$$

相应的拟合误差向量为

$$\boldsymbol{r}=\boldsymbol{y}-\boldsymbol{Ac}=(-0.1219,-0.0519,\cdots,-0.1636)^T$$

从而拟合误差为

$$\mathrm{FE}=(-0.1219)^2+(-0.0519)^2+\cdots+(-0.1636)^2=1.0113$$

解法二：MATLAB 计算.（文件名为 ex3302.m）

```
x=[1,3,4,5,6,7,8,9,10];y=[10,5,4,2,1,1,2,3,4];
A=[x.^0;x.^1;x.^2]';b=y';  % 注意元素群的幂运算符".^"
% 算法一：使用法方程
c=inv(A'*A)*A'*b      % c 为多项式的系数列向量,升幂排列
% 上下对调 c 的元素,改为降幂排列,以符合函数 polyval 的需要
p=flipud(c);
plot(x,y,'ob',x,polyval(p,x),'-r');% 绘制图 3.7
r=b-A*c;FE=norm(r)^2         % 计算拟合误差向量及拟合误差
% 算法二：使用内置函数 pinv
c=pinv(A)*b
p=flipud(c);
plot(x,y,'ob',x,polyval(p,x),'-r')
r=b-A*c;FE=norm(r)^2
% 算法三：使用内置函数 polyfit
% 参数值 2 表示多项式的次数,多项式的系数以降幂方式保存在向量 p 中
p=polyfit(x,y,2);
plot(x,y,'ob',x,polyval(p,x),'-r')
c=fliplr(p),c=c'  % 左右对调 p 的元素,改为升幂排列,并转置为列向量
r=b-A*c,FE=norm(r)^2
```

在 MATLAB 中,专门提供了内置函数 polyfit,用以实现代数多项式曲线的拟合. 其调用格式为

```
p = polyfit(x,y,n)
```

其中 x 和 y 为原始数据(元素个数相同),n 为希望拟合的代数多项式曲线的次数,返回的向量 p,以降幂方式保存拟合的代数多项式的系数.

显然,对于同一组数据点,可以用不同次数的多项式曲线来拟合,因此衡量拟合好坏的关键就是拟合误差. 一般而言,拟合误差越小当然越好,但在拟合误差差距不大的情形下,显然应该是多项式曲线的次数越低越好.

本章 MATLAB 实验及解答

实验一：矩阵初等变换的实现及其应用

1. ATLAST 中给出了三类初等行变换的实现,即函数 rowswap, rowscale 和 rowcomb,具体如下所示. 请据此山寨出三类初等列变换的实现.

```
function[B]=rowswap(A,i,j)
% 第一类行变换,即行对换
```

```
% A 为输入矩阵,B 为变换后的输出矩阵,i, j 为被对换的行号
[m,n]=size(A);
if  i< 1|i> m|j< 1|j> m,error('下标越界'),end
B=A;B([i,j],: )=B([j,i],: );
end
function  [B]=rowscale(A,i,c)
% 第二类行变换,即行倍乘
% A 为输入矩阵,B 为变换后的输出矩阵,i 为被乘以数 c 的行的行号
[m,n]=size(A);
if  i< 1|i> m,error('下标越界'),end
B=A;B(i,: )=c*B(i,: );
end
function  [B]=rowcomb(A,i,j,c)
% 第三类行变换,即行倍加(高斯变换)
% A 为输入矩阵,B 为变换后的输出矩阵
% A 的第 i 行乘以数 c 后加到第 j 行,替换第 j 行
[m,n]=size(A);
if  i< 1|i> m,error('下标越界'),end
if  i==j,error('非法的行操作'),end
B=A;B(j,: )=c*B(i,: )+ B(j,: );
end
```

解: 三类初等列变换的实现代码如下.

```
function  [B]=colswap(A,i,j)
% 第一类列变换,即列对换
% A 为输入矩阵,B 为变换后的输出矩阵,i,j 为被对换的列号
[m,n]=size(A);
if  i< 1|i> m|j< 1|j> m,error('下标越界'),end
B=A;B(:,[i,j])=B(:,[j,i]);
end
function  [B]=colscale(A, i, c)
% 第二类列变换,即列倍乘
% A 为输入矩阵,B 为变换后的输出矩阵,i 为被乘以数 c 的列的列号
[m,n]=size(A);
if  i< 1|i> m,error('下标越界'),end
B=A;B(: ,i)=c*B(: ,i);
end
function  [B]=col3(A,i,j,c)
% 第三类列变换,即列倍加(高斯变换)
```

```
% A为输入矩阵,B为变换后的输出矩阵
% A的第i列乘以数c后加到第j列,替换第j列
[m,n]=size(A);
if  i< 1|i> m,error('下标越界'),end
if  i==j,error('非法的行操作'),end
B=A;B(: ,j)=c*B(: ,i)+ B(: ,j);
end
```

2. 利用 ATLAST 的三类行变换函数 rowswap，rowscale 和 rowcomb,求解线性方程组 $\boldsymbol{Ax}=\boldsymbol{b}$,其中

$$\boldsymbol{A}=\begin{pmatrix}1&2&-1\\-1&-1&-2\\3&1&0\end{pmatrix},\ \boldsymbol{b}=\begin{pmatrix}0\\1\\-1\end{pmatrix}$$

解：MATLAB 代码如下所示.（文件名为 sy3102. m）

```
format  rat
A=[1,2,-1;-1,-1,-2;3,1,0];b=[0,1,-1]';Ab=[A,b];
Ab1=rowcomb(Ab,1,2,1)          % 对 Ab 施行初等行变换 r12(1)
Ab2=rowcomb(Ab1,1,3,-3)        % 对 Ab1 施行初等行变换 r13(-3)
Ab3=rowcomb(Ab2,2,3,5)         % 对 Ab2 施行初等行变换 r23(5)
Ab4=rowscale(Ab3,3,-1/12)      % 对 Ab3 施行初等行变换 r3(-1/12)
Ab5=rowcomb(Ab4,3,1,1)         % 对 Ab4 施行初等行变换 r31(1)
Ab6=rowcomb(Ab5,3,2,3)         % 对 Ab5 施行初等行变换 r32(3)
Ab7=rowcomb(Ab6,2,1,-2)        % 对 Ab6 施行初等行变换 r21(-2)
x=Ab7(: ,4)
```

3. 用多种方法求解上一题中的线性方程组 $\boldsymbol{Ax}=\boldsymbol{b}$.

解：MATLAB 代码如下所示.（文件名为 sy3103. m）

```
format  rat
A=[1,2,-1;-1,-1,-2;3,1,0];b=[0,1,-1]';Ab=[A,b];
x=inv(A)*b          % 算法一：矩阵求逆法
x=A^(-1)*b          % 算法二：矩阵求幂法
x=A\b               % 算法三：左除运算符
% 算法四：初等行变换法
[R,jb]=rref(Ab);R(: ,jb)=[];x=R
```

注意算法三返回的结果为

```
x=

      -1/3
      -1/30023997515803308
      -1/3
```

其中第 2 个分量显然可视为 0.

实验二：判定线性方程组解的状态

1. 编写自定义函数 SolutionState，用于判断线性方程组 $\boldsymbol{Ax}=\boldsymbol{b}$ 的解的状态，其调用格式为

```
state = SolutionState(A,b)
```

其中 state=0 表示无解，state=1 表示有唯一解，state=2 表示有无数个解.

特别地，对于齐次线性方程组 $\boldsymbol{Ax}=\boldsymbol{0}$，即 $\boldsymbol{b}=\boldsymbol{0}$ 的情形，调用格式改为

```
state = SolutionState (A)
```

其中 state=1 表示仅有零解，state=2 表示有非零解.

要求使用内置函数 rank 分别计算系数矩阵和增广矩阵的秩.

解：函数 SolutionState 的实现如下所示.（文件名为 SolutionState. m）

```
function  state=SolutionState(A,b)
[m,n]=size(A);r1=rank(A);
if nargin ==1     % b=0 的情形
  state=1;        % 缺省为仅有零解
  if(r1~=n)
      state=2;  % 有非零解
  end
else
  r2=rank([A,b]);state=0;  % 缺省为无解
  if(r1==r2)
    if(r1==n)
        state=1;  % 有唯一解
    else
        state=2;  % 有无数个解
    end
  end
end
```

2. 使用非齐次线性方程组 $\boldsymbol{Ax}=\boldsymbol{b}$ 测试自定义函数 SolutionState，其中

$$\boldsymbol{A}=\begin{pmatrix}1&1\\1&4\\1&6\\1&8\end{pmatrix},\ \boldsymbol{b}=\begin{pmatrix}7\\10\\12\\14\end{pmatrix}$$

解：测试文件如下所示.（文件名为 sy3202. m）

```
A=[1,1,1,1;1,4,6,8]';b=[7,10,12,14]';
```

```
state=SolutionState (A,b)
```

运行结果为 state=1,表示原方程组有唯一解.显然与手工计算结果一致.

3. 使用齐次线性方程组 $\boldsymbol{Ax}=\boldsymbol{0}$ 测试自定义函数 SolutionState,其中

$$\boldsymbol{A}=\begin{pmatrix}2 & -4 & -2\\ 6 & -9 & -5\\ 2 & -7 & -3\\ 4 & -2 & -2\end{pmatrix}$$

解:测试文件如下所示.(文件名为 sy3203.m)

```
A=[2,-4,-2;6,-9,-5;2,-7,-3;4,-2,-2];
state=SolutionState(A)
```

运行结果为 state=2,表示原方程组有无数个解.与手工计算结果一致.

4. 阅读自定义函数 rank1 和 rank2,给出其实现原理,并完善%%后的注释.

函数 rank1 的代码如下所示:(文件名为 rank1.m)

```
function  b=rank1(A)
%   A 为输入矩阵,b 为非零行个数
[m,n]=size(A);
R=rref(A);     %% 将矩阵 A 化为阶梯形矩阵 R
b=0;           %% b 是计数器
for  i=1: m
%% 内置函数 any(v),只要向量 v 中有非零分量就取 1(true),否则取 0(false)
  if  any(R(i,: ))
      b=b+1;
  end
end
end
```

函数 rank2 的代码如下所示:(文件名为 rank2.m)

```
function  r=rank2(A)
[R,jp]=rref(A);     %% 将矩阵 A 化为行阶梯形矩阵 R
r=length(jp);       %% 计数主元列个数
end
```

解:两个自定义函数都是先将矩阵 $\boldsymbol{A}$ 化为行最简矩阵 $\boldsymbol{R}$,接下来 rank1 通过计算非零行的个数,得到矩阵的秩,而 rank2 则是通过计算主元列的个数,得到矩阵的秩.

实验三:多项式拟合

1. 对于四个数据点:(1, 7),(4, 4),(6, 1)和(8, 2),求出经过这些点的三次插值多项式

$$y = c_0 + c_1x + c_2x^2 + c_3x^3$$

解：MATLAB 代码如下所示.（文件名为 sy3301.m）

```
v=[1,4,6,8];V=vander(v);V=fliplr(V)   % 生成范德蒙矩阵
y=[7;4;1;2];
c=V\y   % 计算系数向量,升幂排列
```

2. 令

```
x=[1,4,6,8];y=[7,4,1,2];
```

再用 MATLAB 命令

```
axis([0,10,0,10]);hold on;plot(x,y,'.k','MarkerSize',20)
```

设置坐标范围和绘出数据散点图. 然后用 MATLAB 命令

```
ezplot('c0+c1*x+c2*x^2+c3*x^3-y',[0,10])
```

在同一张图上绘出插值多项式 $y = c_0 + c_1x + c_2x^2 + c_3x^3$，其中的 $c0$、$c1$、$c2$、$c3$ 替换为第 1 小题中计算出的数据.

观察得到的数据散点图，可知能够用抛物线 $y = p(1)x^2 + p(2)x + p(3)$ 来拟合这 4 个数据点. 试问用 MATLAB 命令

```
p=polyfit(x,y,2)
```

得到的拟合二次多项式是什么？（系数用分数表示，下同）

接着用 MATLAB 命令

```
hold on;z=0:0.05:10;plot(z,polyval(p,z),'ro')
```

在同一张图上绘出此二次多项式，并观看其拟合效果.

继续用直线即一次多项式 $y = q(1)x + q(2)$ 拟合这四个数据点. 使用参数 'g*' 在同一张图上绘出此直线，并观看其拟合效果.

解：求解的 MATLAB 代码如下所示.（文件名为 sy3302.m）

```
x=[1,4,6,8];y=[7,4,1,2];
axis([0,10,0,10]);hold on
% 绘出数据散点图
plot(x,y,'.k','MarkerSize',20)
% 绘出三次插值多项式
h=ezplot('5.5429+2.4143*x-1.0429*x^2+0.0857*x^3-y',[0,10])
set(h,'LineWidth',4,'color','b');
% 用二次多项式(抛物线)拟合数据点
p=polyfit(x,y,2)
hold on;
```

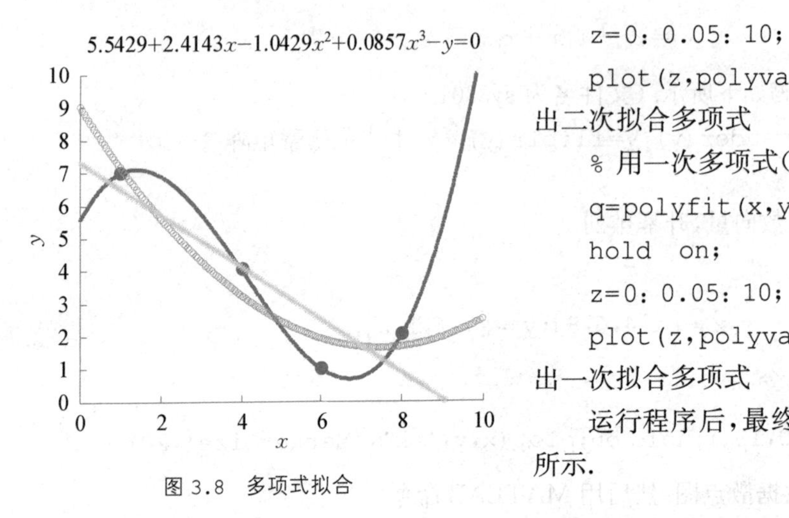

图 3.8　多项式拟合

```
z=0:0.05:10;
plot(z,polyval(p,z),'ro')  %绘出二次拟合多项式
% 用一次多项式(直线)拟合数据点
q=polyfit(x,y,1)
hold  on;
z=0:0.05:10;
plot(z,polyval(q,z),'g* ')%绘出一次拟合多项式
```

运行程序后，最终绘出的图形如图 3.8 所示.

习题三

3.1　用高斯消元法解下列线性方程组：

(1) $\begin{cases} x_1+x_2+2x_3=-2, \\ x_1-2x_2+x_3=5, \\ x_2-x_3=3; \end{cases}$　　(2) $\begin{cases} 2x_1+x_3=1, \\ -x_1+x_2+2x_3=-1, \\ x_1+x_3=5. \end{cases}$

3.2　用初等行变换法解矩阵方程 $\boldsymbol{Ax}=\boldsymbol{b}$，其中：

(1) $\boldsymbol{A}=\begin{pmatrix} 1 & 2 & -1 \\ 2 & 5 & 1 \\ -1 & 4 & 2 \end{pmatrix}$，$\boldsymbol{b}=\begin{pmatrix} 23 \\ 43 \\ 10 \end{pmatrix}$；　(2) $\boldsymbol{A}=\begin{pmatrix} 2 & -1 & 3 \\ 4 & 2 & 5 \\ 0 & 1 & 1 \end{pmatrix}$，$\boldsymbol{b}=\begin{pmatrix} 1 \\ 4 \\ 3 \end{pmatrix}$.

3.3　用初等行变换法解下列线性方程组：

(1) $\begin{cases} x_1+x_2+x_3=6, \\ 2x_1+3x_2-x_3=5, \\ 4x_1+9x_2+x_3=25; \end{cases}$　　(2) $\begin{cases} 2x_1-x_2+x_3-2x_4=7, \\ x_1+2x_2-3x_3=-4, \\ -x_1-x_2+x_3+4x_4=4, \\ 3x_1+x_2-x_3-6x_4=0. \end{cases}$

3.4　分别求六个初等矩阵的行列式.

3.5　下列矩阵中，是初等矩阵的是【　　】

(A) $\begin{pmatrix} 1 & 0 & 0 \\ 0 & -2 & 0 \\ 0 & 0 & 3 \end{pmatrix}$　(B) $\begin{pmatrix} 1 & 0 & 0 \\ 0 & -2 & 0 \\ 0 & 2 & 1 \end{pmatrix}$　(C) $\begin{pmatrix} 1 & 0 & 3 \\ 0 & 1 & 0 \\ 0 & 0 & 1 \end{pmatrix}$　(D) $\begin{pmatrix} 0 & 1 & 0 \\ 0 & 0 & 1 \\ 1 & 0 & 0 \end{pmatrix}$

3.6　已知 $\boldsymbol{B}=\begin{pmatrix} a_{21} & a_{22} & a_{23} \\ a_{11} & a_{12} & a_{13} \\ a_{31} & a_{32} & a_{33} \end{pmatrix}$，$\boldsymbol{P}_1=\begin{pmatrix} 0 & 1 & 0 \\ 1 & 0 & 0 \\ 0 & 0 & 1 \end{pmatrix}$，$\boldsymbol{P}_2=\begin{pmatrix} 1 & 0 & 0 \\ 0 & 1 & 0 \\ 1 & 0 & 1 \end{pmatrix}$，且 $\boldsymbol{P}_1\boldsymbol{AP}_2=\boldsymbol{B}$，求 $\boldsymbol{A}$.

3.7　已知$\boldsymbol{A}=\begin{pmatrix} a_{11} & a_{12} & a_{13} \\ a_{21} & a_{22} & a_{23} \\ a_{31} & a_{32} & a_{33} \end{pmatrix}$，$\boldsymbol{B}=\begin{pmatrix} a_{21} & a_{23} & a_{22} \\ a_{11} & a_{13} & a_{12} \\ a_{31} & a_{33} & a_{32} \end{pmatrix}$，$\boldsymbol{P}_1=\begin{pmatrix} 0 & 1 & 0 \\ 1 & 0 & 0 \\ 0 & 0 & 1 \end{pmatrix}$，且$\boldsymbol{P}_1\boldsymbol{A}\boldsymbol{P}_2=\boldsymbol{B}$，求$\boldsymbol{P}_2$.

3.8　已知$\boldsymbol{A}=\begin{pmatrix} a_{11} & a_{12} & a_{13} \\ a_{21} & a_{22} & a_{23} \\ a_{31} & a_{32} & a_{33} \end{pmatrix}$，$\boldsymbol{B}=\begin{pmatrix} a_{21} & a_{22} & a_{23} \\ a_{11} & a_{12} & a_{13} \\ a_{31}-a_{21} & a_{32}-a_{22} & a_{33}-a_{23} \end{pmatrix}$，$\boldsymbol{P}_1=\begin{pmatrix} 0 & 1 & 0 \\ 1 & 0 & 0 \\ 0 & 0 & 1 \end{pmatrix}$，且$\boldsymbol{P}_2\boldsymbol{P}_1\boldsymbol{A}=\boldsymbol{B}$，则$\boldsymbol{P}_2=$【　　】

(A) $\begin{pmatrix} 1 & 0 & 0 \\ 0 & 1 & 0 \\ 1 & 0 & 1 \end{pmatrix}$　(B) $\begin{pmatrix} 1 & 0 & 0 \\ 0 & 1 & 0 \\ -1 & 0 & 1 \end{pmatrix}$　(C) $\begin{pmatrix} 1 & 0 & 1 \\ 0 & 1 & 0 \\ 0 & 0 & 1 \end{pmatrix}$　(D) $\begin{pmatrix} 1 & 0 & -1 \\ 0 & 1 & 0 \\ 0 & 0 & 1 \end{pmatrix}$

3.9　已知$\boldsymbol{A}=\begin{pmatrix} a_{11} & a_{12} & a_{13} \\ a_{21} & a_{22} & a_{23} \\ a_{31} & a_{32} & a_{33} \end{pmatrix}$，$\boldsymbol{B}=\begin{pmatrix} a_{21} & a_{22} & a_{23} \\ a_{11} & a_{12} & a_{13} \\ a_{31}+a_{11} & a_{32}+a_{12} & a_{33}+a_{13} \end{pmatrix}$，$\boldsymbol{P}_1=\begin{pmatrix} 0 & 1 & 0 \\ 1 & 0 & 0 \\ 0 & 0 & 1 \end{pmatrix}$，$\boldsymbol{P}_2=\begin{pmatrix} 1 & 0 & 0 \\ 0 & 1 & 0 \\ 1 & 0 & 1 \end{pmatrix}$，则必有【　　】

(A) $\boldsymbol{A}\boldsymbol{P}_1\boldsymbol{P}_2=\boldsymbol{B}$　(B) $\boldsymbol{A}\boldsymbol{P}_2\boldsymbol{P}_1=\boldsymbol{B}$　(C) $\boldsymbol{P}_1\boldsymbol{P}_2\boldsymbol{A}=\boldsymbol{B}$　(D) $\boldsymbol{P}_2\boldsymbol{P}_1\boldsymbol{A}=\boldsymbol{B}$

3.10　$\boldsymbol{A}=\begin{pmatrix} a_{11} & a_{12} & a_{13} \\ a_{21} & a_{22} & a_{23} \\ a_{31} & a_{32} & a_{33} \end{pmatrix}$，$\boldsymbol{B}=\begin{pmatrix} a_{21} & a_{22}+2a_{23} & a_{23} \\ a_{31} & a_{32}+2a_{33} & a_{33} \\ a_{11} & a_{12}+2a_{13} & a_{13} \end{pmatrix}$，$\boldsymbol{P}_1=\begin{pmatrix} 0 & 1 & 0 \\ 0 & 0 & 1 \\ 1 & 0 & 0 \end{pmatrix}$，$\boldsymbol{P}_2=\begin{pmatrix} 1 & 0 & 0 \\ 0 & 1 & 0 \\ 0 & 2 & 1 \end{pmatrix}$，则$\boldsymbol{A}=$【　　】

(A) $\boldsymbol{P}_1^{-1}\boldsymbol{B}\boldsymbol{P}_2^{-1}$　(B) $\boldsymbol{P}_2^{-1}\boldsymbol{B}\boldsymbol{P}_1^{-1}$　(C) $\boldsymbol{P}_1^{-1}\boldsymbol{P}_2^{-1}\boldsymbol{B}$　(D) $\boldsymbol{B}\boldsymbol{P}_1^{-1}\boldsymbol{P}_2^{-1}$

3.11　设n阶方阵$\boldsymbol{A}$可逆，且$\boldsymbol{A}\xrightarrow{r_{ij}}\boldsymbol{B}$. 证明$\boldsymbol{B}$可逆，求$\boldsymbol{A}\boldsymbol{B}^{-1}$，并证明$\boldsymbol{A}^{-1}$交换第$i$、$j$列后可得矩阵$\boldsymbol{B}^{-1}$.

3.12　设n阶方阵$\boldsymbol{A}$可逆，若$\boldsymbol{A}$的第i行上每一个元素乘同一个常数$k(k\neq 0)$后得到矩阵$\boldsymbol{B}$.

(1) 证明矩阵$\boldsymbol{B}$可逆；(2) 求初等矩阵$\boldsymbol{C}$，使得$\boldsymbol{B}^{-1}=\boldsymbol{A}^{-1}\boldsymbol{C}$；(3) 求$\boldsymbol{A}\boldsymbol{B}^{-1}$及$\boldsymbol{B}\boldsymbol{A}^{-1}$.

3.13　将3阶方阵$\boldsymbol{A}$的第1列与第2列对换后得到矩阵$\boldsymbol{B}$，再把$\boldsymbol{B}$的第2列加到第3列后得到矩阵$\boldsymbol{C}$，则满足$\boldsymbol{A}\boldsymbol{Q}=\boldsymbol{C}$的可逆矩阵$\boldsymbol{Q}$为【　　】

(A) $\begin{pmatrix} 0 & 1 & 0 \\ 1 & 0 & 0 \\ 1 & 0 & 1 \end{pmatrix}$　(B) $\begin{pmatrix} 0 & 1 & 0 \\ 1 & 0 & 1 \\ 0 & 0 & 1 \end{pmatrix}$　(C) $\begin{pmatrix} 0 & 1 & 0 \\ 1 & 0 & 0 \\ 0 & 1 & 1 \end{pmatrix}$　(D) $\begin{pmatrix} 0 & 1 & 1 \\ 1 & 0 & 0 \\ 0 & 0 & 1 \end{pmatrix}$

3.14 将3阶方阵 $\boldsymbol{A}$ 的第2行加到第1行后得到矩阵 $\boldsymbol{B}$，再把 $\boldsymbol{B}$ 的第1列的 -1 倍加到第2列后得到矩阵 $\boldsymbol{C}$，记 $\boldsymbol{P}=\begin{pmatrix}1&1&0\\0&1&0\\0&0&1\end{pmatrix}$，则【　　】

(A) $\boldsymbol{C}=\boldsymbol{P}^{-1}\boldsymbol{AP}$　　(B) $\boldsymbol{C}=\boldsymbol{PAP}^{-1}$　　(C) $\boldsymbol{C}=\boldsymbol{P}^{T}\boldsymbol{AP}$　　(D) $\boldsymbol{C}=\boldsymbol{PAP}^{T}$

3.15 设 $n(n\geqslant 2)$ 阶方阵 $\boldsymbol{A}$ 可逆，对换 $\boldsymbol{A}$ 的第1行与第2行后得矩阵 $\boldsymbol{B}$. $\boldsymbol{A}^*$，$\boldsymbol{B}^*$ 分别是 $\boldsymbol{A}$，$\boldsymbol{B}$ 的伴随矩阵，则【　　】

(A) 对换 $\boldsymbol{A}^*$ 的第1列与第2列后得矩阵 $\boldsymbol{B}^*$

(B) 对换 $\boldsymbol{A}^*$ 的第1行与第2行后得矩阵 $\boldsymbol{B}^*$

(C) 对换 $\boldsymbol{A}^*$ 的第1列与第2列后得矩阵 $-\boldsymbol{B}^*$

(D) 对换 $\boldsymbol{A}^*$ 的第1行与第2行后得矩阵 $-\boldsymbol{B}^*$

3.16 设3阶方阵 $\boldsymbol{A}$ 满足 $\boldsymbol{AB}=\begin{pmatrix}1&-1&0\\0&1&0\\0&0&1\end{pmatrix}$，其中 $\boldsymbol{B}=\begin{pmatrix}2&0&1\\3&1&2\\1&4&3\end{pmatrix}$，求 $\boldsymbol{A}^{-1}$.

3.17 用初等行变换法求下列矩阵的逆矩阵：

(1) $\begin{pmatrix}1&4&9\\0&2&6\\0&0&3\end{pmatrix}$；(2) $\begin{pmatrix}1&0&4\\2&2&7\\0&1&2\end{pmatrix}$；(3) $\begin{pmatrix}1&2&2\\3&0&0\\1&-4&4\end{pmatrix}$；(4) $\begin{pmatrix}-11&2&2\\-4&0&1\\6&-1&-1\end{pmatrix}$.

3.18 已知 $\boldsymbol{A}$ 为3阶矩阵，且 $\boldsymbol{A}^{-1}=\begin{pmatrix}1&1&1\\1&2&1\\1&1&3\end{pmatrix}$，求：(1) $\boldsymbol{A}$；(2) $|\boldsymbol{A}|$；(3) $(\boldsymbol{A}^{T})^{-1}$.

3.19 设 a 为任意实数，求解关于 $\boldsymbol{A}$ 的矩阵方程 $(2\boldsymbol{I}-\boldsymbol{C}^{-1}\boldsymbol{B})\boldsymbol{A}^{T}=\boldsymbol{C}^{-1}$，其中

$$\boldsymbol{B}=\begin{pmatrix}1&2&-3&-2\\0&1&2&-3\\0&0&1&2\\a&0&0&1\end{pmatrix},\ \boldsymbol{C}=\begin{pmatrix}1&2&0&1\\0&1&2&0\\0&0&1&2\\a&0&0&1\end{pmatrix}$$

3.20 设矩阵 $\boldsymbol{A}$ 的伴随矩阵为 $\boldsymbol{A}^*=\begin{pmatrix}1&0&0&0\\0&1&0&0\\1&0&1&0\\0&-3&0&8\end{pmatrix}$，且 $\boldsymbol{ABA}^{-1}=\boldsymbol{BA}^{-1}+3\boldsymbol{I}$，求矩阵 $\boldsymbol{B}$.

3.21 设 $\boldsymbol{A}=\begin{pmatrix}1&a&0&0\\0&1&a&0\\0&0&1&a\\a&0&0&1\end{pmatrix}$，$\boldsymbol{b}=\begin{pmatrix}1\\-1\\0\\0\end{pmatrix}$.

(1)计算行列式 $|\boldsymbol{A}|$；(2)当实数 a 为何值时，方程组 $\boldsymbol{Ax}=\boldsymbol{b}$ 有无数个解，并求其通解.

3.22 解下列矩阵方程：

(1) $\begin{pmatrix}3 & 7\\2 & 5\end{pmatrix}\boldsymbol{X}=\begin{pmatrix}4 & 0\\2 & -1\end{pmatrix}$；　　(2) $\boldsymbol{X}\begin{bmatrix}1 & 1 & -1\\0 & 2 & 2\\1 & -1 & 0\end{bmatrix}=\begin{pmatrix}2 & 0 & 1\\1 & 1 & 0\end{pmatrix}$；

(3) $\begin{bmatrix}-1 & 0 & 0\\0 & 1 & 0\\0 & -1 & 1\end{bmatrix}\boldsymbol{X}\begin{bmatrix}-1 & 0 & 0\\0 & 0 & 1\\0 & 1 & 0\end{bmatrix}=\begin{bmatrix}-11 & 1 & 2\\4 & 0 & 3\\6 & -1 & 5\end{bmatrix}$.

3.23　已知 $\boldsymbol{A}=\begin{bmatrix}1 & -1 & 1\\1 & 1 & 0\\2 & 1 & 2\end{bmatrix}$，$\boldsymbol{b}=\begin{bmatrix}2\\-1\\0\end{bmatrix}$.

(1)证明矩阵 $\boldsymbol{A}$ 可逆；(2)用初等行变换法求 $\boldsymbol{A}^{-1}$；(3)解矩阵方程 $\boldsymbol{Ax}=\boldsymbol{b}$.

3.24　设 $m\times n$ 矩阵 $\boldsymbol{A}$ 的秩为 r，则下列结论错误的是【　　】

(A) $\boldsymbol{A}$ 有 r 阶子式非零　　(B) $\boldsymbol{A}$ 的所有 $r+1$ 阶子式为零

(C) $\boldsymbol{A}$ 没有 r 阶子式为零　　(D) $r(\boldsymbol{A})\leqslant\min(m,\ n)$

3.25　设矩阵 $\boldsymbol{A}=\begin{bmatrix}1 & 1 & -2 & 3 & 0\\2 & 1 & -6 & 4 & 1\\3 & 2 & a & 7 & -1\\1 & -1 & -6 & -1 & b\end{bmatrix}$，求 $r(\boldsymbol{A})$.

3.26　已知 $\boldsymbol{A}=\begin{bmatrix}1 & a & -1 & 2\\1 & -1 & a & 2\\1 & 0 & -1 & 2\end{bmatrix}$ 且 $r(\boldsymbol{A})=2$，求常数 a.

3.27　设矩阵的 $\boldsymbol{A}=\begin{bmatrix}a & 1 & 1\\1 & a & 1\\1 & 1 & a\end{bmatrix}$ 的秩 $r(\boldsymbol{A})=2$，求常数 a.

3.28　设 n 阶方阵 $\boldsymbol{A}$ 的秩 $r(\boldsymbol{A})=n$. 证明：$r(\boldsymbol{A}^2)=n$.

3.29　设 n 阶方阵 $\boldsymbol{A}$ 是幂等矩阵，即 $\boldsymbol{A}^2=\boldsymbol{A}$. 证明：$r((\boldsymbol{A}-\boldsymbol{I})^2)+r(\boldsymbol{A}^2)=n$.

3.30(矩阵的秩 1 分解)　证明秩为 r 的矩阵可以分解为 r 个秩为 1 的矩阵之和.

3.31　用初等变换法解下列非齐次线性方程组：

(1) $\begin{cases}4x_1-x_2+x_3=1,\\x_1+2x_2+x_3=4,\\-x_1+x_2+x_3=0;\end{cases}$　　(2) $\begin{cases}x_1+2x_2+x_3+x_4=1,\\x_1+2x_2+x_3-x_4=-1,\\x_1+2x_2+x_3+5x_4=5;\end{cases}$

(3) $\begin{cases}x_1-2x_2+3x_3+2x_4=2,\\3x_1-x_2+5x_3-x_4=6,\\2x_1+x_2+2x_3-3x_4=8;\end{cases}$　　(4) $\begin{cases}x_1-5x_2+2x_3=11,\\-3x_1+x_2-4x_3=-5,\\-x_1-9x_2=17,\\5x_1+3x_2+6x_3=-1.\end{cases}$

3.32　用初等变换法解下列齐次线性方程组：

(1) $\begin{cases} x_1 - x_2 - 2x_3 + 3x_4 + 2x_5 = 0 \\ 3x_1 - 3x_2 - x_3 + 5x_4 - x_5 = 0 \\ 2x_1 - 2x_2 + x_3 + 2x_4 - 3x_5 = 0 \end{cases}$ (2) $\begin{cases} 2x_1 + 3x_2 + 7x_3 + 5x_4 = 0, \\ 3x_1 + x_2 + 2x_3 + 4x_4 = 0, \\ 4x_1 - x_2 - 3x_3 + 6x_4 = 0, \\ x_1 - 2x_2 - 4x_3 - x_3 = 0; \end{cases}$

3.33 n 元齐次线性方程组 $\boldsymbol{Ax}=\boldsymbol{0}$ 仅有零解的充要条件是________.

3.34 已知齐次线性方程组 $\boldsymbol{Ax}=\boldsymbol{0}$ 有非零解,则当________时非齐次线性方程组 $\boldsymbol{Ax}=\boldsymbol{b}$ 有无穷个解.

3.35 设 $\boldsymbol{A}$ 为 $m\times n$ 矩阵,且 $r(\boldsymbol{A})=m$,则当________时方程组 $\boldsymbol{Ax}=\boldsymbol{b}$ 时有唯一解;当________时方程组 $\boldsymbol{Ax}=\boldsymbol{b}$ 时有无穷个解.

3.36 设 $m\times n$ 矩阵 $\boldsymbol{A}$ 秩为 r,则非齐次线性方程组 $\boldsymbol{Ax}=\boldsymbol{b}$【 】

(A) 当 $r=m$ 时有解 (B) 当 $r=n$ 时有唯一解

(C) 当 $m=n$ 时有唯一解 (D) 当 $r<n$ 时有无数个解

3.37 设 $\boldsymbol{A}$ 为 3×2 矩阵,且齐次线性方程组 $\boldsymbol{Ax}=\boldsymbol{0}$ 只有零解,求 $r(\boldsymbol{A})$.

3.38 设 $\boldsymbol{A}$ 是 m 阶满秩阵,$\boldsymbol{B}$ 是 $m\times n$ 矩阵.

(1) 证明 $\boldsymbol{ABx}=\boldsymbol{0}$ 与 $\boldsymbol{Bx}=\boldsymbol{0}$ 是同解方程组;

(2) 利用齐次线性方程组的有关定理,证明 $r(\boldsymbol{AB})=r(\boldsymbol{B})$.

3.39 已知方程组 $\begin{cases} x_1 + 2x_2 + kx_3 = 1 \\ 2x_1 + 4x_2 + 8x_3 = 3 \end{cases}$ 无解,求常数 k.

3.40 问 λ 为何值时,线性方程组 $\begin{cases} (\lambda+3)x_1 + x_2 + 2x_3 = \lambda, \\ \lambda x_1 + (\lambda-1)x_2 + x_3 = 2\lambda, \\ 3(\lambda+1)x_1 + \lambda x_2 + (\lambda+3)x_3 = 5 \end{cases}$ 有无数个解?求出通解表达式.

3.41 说明齐次线性方程组 $\begin{cases} 4x_1 - x_2 + x_3 = 0, \\ x_1 + 2x_2 + x_3 = 0, \\ -3x_1 + 3x_2 = 0 \end{cases}$ 有非零解,并求其通解.

3.42 已知线性方程组 $\begin{pmatrix} 1 & 2 & 1 \\ 2 & 3 & a+2 \\ 1 & a & -2 \end{pmatrix}\begin{pmatrix} x_1 \\ x_2 \\ x_3 \end{pmatrix} = \begin{pmatrix} 1 \\ 3 \\ 0 \end{pmatrix}$ 有无数个解,求常数 a.

3.43 已知线性方程组 $\begin{pmatrix} a & 1 & 1 \\ 1 & a & 1 \\ 1 & 1 & a \end{pmatrix}\begin{pmatrix} x_1 \\ x_2 \\ x_3 \end{pmatrix} = \begin{pmatrix} 1 \\ 1 \\ -2 \end{pmatrix}$ 有无数个解,求常数 a.

3.44 已知线性方程组 $\begin{cases} x_1 - x_2 + 6x_3 = 0, \\ 4x_2 - 8x_3 = -4, \\ x_1 + 3x_2 - 2x_3 = -2a \end{cases}$ 有解,求常数 a.

3.45 若线性方程组 $\begin{pmatrix} 1 & 2 & 0 \\ 0 & 1 & 2 \\ 2 & k & 1 \end{pmatrix}\begin{pmatrix} x_1 \\ x_2 \\ x_3 \end{pmatrix} = \begin{pmatrix} 0 \\ 0 \\ 0 \end{pmatrix}$ 仅有零解,求常数 k.

3.46　问 λ 为何值时，齐次线性方程组 $\begin{cases}\lambda x_1+x_2+x_3=0,\\ x_1+\lambda x_2+x_3=0,\\ x_1+x_2+\lambda x_3=0\end{cases}$ 有非零解？给出你的理由，并求出通解.

3.47　已知 $\boldsymbol{A}=\begin{pmatrix}1 & 1 & -1\\ -1 & a & 1\\ 1 & 1 & b\end{pmatrix}$. 设 $\boldsymbol{\alpha}_1=(1,\ 0,\ 1)^T$ 和 $\boldsymbol{\alpha}_2=(0,\ 1,\ 1)^T$ 为齐次线性方程组 $\boldsymbol{Ax}=\boldsymbol{0}$ 的两个解，求常数 a 和 b.

3.48　已知方程组(I)：$\begin{cases}-2x_1+x_2+ax_3-5x_4=1\\ x_1+x_2-x_3+bx_4=4\\ 3x_1+x_2+x_3+2x_4=c\end{cases}$ 与(II)：$\begin{cases}x_1+x_4=1\\ x_2-2x_4=2\\ x_3+x_4=-1\end{cases}$ 同解，求常数 $a,\ b$ 和 c 的值.

3.49　问 λ 取何值时方程组 $\begin{cases}(1+\lambda)x_1+x_2+x_3=0\\ x_1+(1+\lambda)x_2+x_3=3\\ x_1+x_2+(1+\lambda)x_3=\lambda\end{cases}$ 有唯一解，无数个解，无解？并在有无数个解时求出其通解.

3.50　当 $a,\ b$ 为何值时，线性方程组 $\begin{cases}x_1+x_2+x_3+x_4+x_5=1\\ 3x_1+2x_2+x_3+x_4-3x_5=a\\ x_2+2x_3+2x_4+6x_5=3\\ 5x_1+4x_2+3x_3+3x_4-x_5=b\end{cases}$ 有无数个解？在有无数个解的情况下，求出它的通解.

3.51　设线性方程组 $\begin{cases}x_1+x_2+x_3=0\\ x_1+2x_2+ax_3=0\\ x_1+4x_2+a^2x_3=0\end{cases}$ 与方程 $x_1+2x_2+x_3=a-1$ 有公共解，求常数 a 的值及所有公共解.

3.52　用法方程法求不相容线性方程组 $\boldsymbol{Ax}=\boldsymbol{b}$ 的最小二乘解，其中：

(1) $\boldsymbol{A}=\begin{pmatrix}1 & 1\\ 1 & -1\\ 1 & 1\end{pmatrix}$, $\boldsymbol{b}=\begin{pmatrix}2\\ 1\\ 3\end{pmatrix}$; (2) $\boldsymbol{A}=\begin{pmatrix}1 & 0\\ 1 & 0\\ 1 & 0\end{pmatrix}$, $\boldsymbol{b}=\begin{pmatrix}1\\ 5\\ 6\end{pmatrix}$; (3) $\boldsymbol{A}=\begin{pmatrix}1 & 1 & 0\\ 0 & 1 & 1\\ 1 & 2 & 1\\ 1 & 0 & 1\end{pmatrix}$, $\boldsymbol{b}=\begin{pmatrix}2\\ 3\\ 5\\ 6\end{pmatrix}$.

3.53　求拟合下列数据点的最佳直线和最佳抛物线：

(1) (0, 0), (1, 3), (2, 3), (5, 6);　　(2) (1, 2), (3, 2), (4, 1), (6, 3).

3.54　[M]用初等行变换逐步求 $\boldsymbol{E}=(2\boldsymbol{C}-\boldsymbol{B})^T$ 的逆矩阵 $\boldsymbol{F}$，其中 $\boldsymbol{B},\ \boldsymbol{C}$ 见习题3.19.

3.55　[M]已知 $\boldsymbol{A}=\begin{pmatrix}1 & 2 & 3\\ 4 & 5 & 6\\ 7 & 8 & 9\end{pmatrix}$, $\boldsymbol{P}=\begin{pmatrix}0 & 0 & 1\\ 0 & 1 & 0\\ 1 & 0 & 0\end{pmatrix}$, $\boldsymbol{Q}=\begin{pmatrix}1 & 0 & 0\\ 0 & 0 & 1\\ 0 & 1 & 0\end{pmatrix}$，求 $\boldsymbol{P}^{100}\boldsymbol{AQ}^{101}$.

3.56　[M]已知 $\boldsymbol{A}=\begin{pmatrix}2&-1&1\\1&2&0\\2&1&2\end{pmatrix}$，$\boldsymbol{B}=\begin{pmatrix}1&2&-3\\2&0&4\\0&-1&5\end{pmatrix}$，且有 $\boldsymbol{XA}=\boldsymbol{X}+\boldsymbol{B}$，求 $\boldsymbol{X}$.

3.57　[M]求矩阵 $\boldsymbol{A}$ 的秩，这里 $\boldsymbol{A}=\begin{pmatrix}1&-1&2&1&1\\2&-2&4&2&-2\\3&-3&6&3&-1\\2&1&4&8&2\end{pmatrix}$，并给出一个最高阶非零子式 $|\boldsymbol{B}|$，其中 $\boldsymbol{B}$ 为 $\boldsymbol{A}$ 的相应子矩阵.

3.58　[M]解下列线性方程组：

(1) $\begin{cases}x_1+3x_2+x_3=5\\2x_1+x_2+x_3=2\\x_1+x_2+5x_3=-7\\2x_1+3x_2-3x_3=14\end{cases}$；　(2) $\begin{cases}x_1+2x_2+x_3+x_4=1\\x_1+2x_2+x_3-x_4=-1\\x_1+2x_2+x_3+5x_4=5\end{cases}$；

(3) $\begin{cases}2x_1+3x_2+11x_3+5x_4=6\\x_1+x_2+5x_3+2x_4=2\\2x_1+x_2+3x_3+4x_4=2\\x_1+x_2+3x_3+4x_4=2\end{cases}$；　(4) $\begin{cases}x_1+2x_2-x_3+x_4=0\\2x_1+3x_2+4x_4=0\\3x_1-7x_2-5x_3+x_4=0\end{cases}$；

(5) $\begin{cases}2x_1-4x_2+5x_3+3x_4=0\\3x_1-6x_2+4x_3-2x_4=0\\4x_1-8x_2+17x_3+11x_4=0\end{cases}$.

第 4 章 向量组及向量空间

万物复苏的季节，矩阵博士小明开始了亲密关系的探究之旅. 在考察了各种圈和团之后，他发现了向量组小伙伴之间的线性表示及线性相关性，以及更重要的三秩合一定理，并用新视角重新阐释了初等变换的保秩性. 通过进一步思索，他窥测到向量空间是将小伙伴升级为好基友的秘密所在，并将之应用于线性方程组的解集. 最后，借助于内积运算带来的几何视角，他寻觅到改造好基友为标准正交直男的 Schmidt 魔法，从而攀上了探究之旅的巅峰.

4.1 向量组的线性表示及线性相关性

4.1.1 向量组的线性表示

小明知道，n 维列向量 $\boldsymbol{\alpha}=(a_1, a_2, \cdots, a_n)^T$ 是由 n 个数 $a_1, a_2, \cdots, a_n$ 构成的有序数组，其中的 a_i 称为向量 $\boldsymbol{\alpha}$ 的第 i 个分量. 因为 n 维列向量本质上是 $n\times 1$ 矩阵，因此从代数上看，向量有下列线性运算(加法和数乘)，其中 $\boldsymbol{\beta}=(b_1, b_2, \cdots, b_n)^T$：

(1) 数乘：$k\boldsymbol{\alpha}=(ka_1, ka_2, \cdots, ka_n)^T$；

(2) 加法：$\boldsymbol{\alpha}+\boldsymbol{\beta}=(a_1+b_1, a_2+b_2, \cdots, a_n+b_n)^T$

n 维向量显然可作为现实世界客观事物数量属性的数学模型. 例如，运输过程中，每件货物都有价值、体积、重量、运输里程等数量信息，抽象出这 4 个数，就可以得到一个 4 维向量，用以表征这件货物.

小明也知道，二元一次线性方程 $ax+by=0$ 可抽象为 2 维向量 $(a, b)^T$，几何上就是过原点的直线；三元一次线性方程 $ax+by+cz=0$ 可抽象为 3 维向量 $(a, b, c)^T$，几何上就是过原点的平面；n 元一次线性方程

$$a_1x_1+a_2x_2+\cdots+a_nx_n=0$$

可抽象为 n 维向量 $(a_1, a_2, \cdots, a_n)^T$，几何上又是什么呢？小明一百度，答案原来是**超平面**(hyperplane). 看来难以想象的 n 维几何问题，可以轻松地转化为向量代数问题.

小明开始用向量视角重新考察线性方程组

$$\begin{cases} x_1+2x_2-x_3=0 & ① \\ 3x_1+x_2=-1 & ② \\ -7x_1+x_2-2x_3=3 & ③ \end{cases}$$

他获悉其中有一个冗余方程. 怎么个冗余法？经过一番摸索，他发现第三个方程是冗余方程，因为方程①的 2 倍减去方程②的 3 倍，就是方程③.

显然三个方程分别与三个列向量

$$\boldsymbol{\alpha}_1=\begin{pmatrix}1\\2\\-1\\0\end{pmatrix}, \boldsymbol{\alpha}_2=\begin{pmatrix}3\\1\\0\\-1\end{pmatrix}, \boldsymbol{\alpha}_3=\begin{pmatrix}-7\\1\\-2\\3\end{pmatrix}$$

相对应，因此它们之间的关系可表示为

$$\boldsymbol{\alpha}_3 = 2\boldsymbol{\alpha}_1 + (-3)\boldsymbol{\alpha}_2$$

也就是说列向量 $\boldsymbol{\alpha}_3$ 能够用 $\boldsymbol{\alpha}_1$，$\boldsymbol{\alpha}_2$ 线性表示.

定义 4.1.1(线性表示与线性组合)　若干个 n 维的列向量(或行向量)所组成的集合叫做**向量组**(vector sets). 如果存在一组实数 $x_1, x_2, \cdots, x_m$，使得

$$\boldsymbol{b} = x_1\boldsymbol{\alpha}_1 + x_2\boldsymbol{\alpha}_2 + \cdots + x_m\boldsymbol{\alpha}_m \tag{4.1.1}$$

则称向量 $\boldsymbol{b}$ 能由向量组 $\boldsymbol{\alpha}_1, \boldsymbol{\alpha}_2, \cdots, \boldsymbol{\alpha}_m$ **线性表示**(linear representation)，并称向量

$$x_1\boldsymbol{\alpha}_1 + x_2\boldsymbol{\alpha}_2 + \cdots + x_m\boldsymbol{\alpha}_m$$

为向量组 $\boldsymbol{\alpha}_1, \boldsymbol{\alpha}_2, \cdots, \boldsymbol{\alpha}_m$ 的一个**线性组合**(linear combination)，这里任意实数 x_1，$x_2, \cdots, x_m$ 为**组合系数**.

除非特别说明，本章中的向量缺省为 n 维列向量.

小明注意到向量组本质上是向量的集合，因此具有集合的无序性，即各向量 $\boldsymbol{\alpha}_j$ 的下标仅仅是为了方便叙述，标号为 1 的向量 $\boldsymbol{\alpha}_1$ 也可以标号为其他正整数. 但是向量组不具有集合的互异性，即向量组中的某些乃至全部向量可以是同一个向量.

思考　前文中的组合系数 2 和 -3 是观察出来的，问题是对于一般的向量组，又该如何求出这样的组合系数呢？另外，这样的组合系数一定存在吗？

小明注意到，若将向量组 $\boldsymbol{\alpha}_1, \boldsymbol{\alpha}_2, \cdots, \boldsymbol{\alpha}_m$ 排列成 $n\times m$ 矩阵 $\boldsymbol{A}$，即将向量组 $\boldsymbol{\alpha}_1, \boldsymbol{\alpha}_2, \cdots$，$\boldsymbol{\alpha}_m$ 视为 $\boldsymbol{A}$ 的列向量组，则向量 $\boldsymbol{b}$ 的线性表示可以写成

$$\boldsymbol{b} = x_1\boldsymbol{\alpha}_1 + x_2\boldsymbol{\alpha}_2 + \cdots + x_m\boldsymbol{\alpha}_m = (\boldsymbol{\alpha}_1, \boldsymbol{\alpha}_2, \cdots, \boldsymbol{\alpha}_m)\begin{pmatrix} x_1 \\ x_2 \\ \vdots \\ x_m \end{pmatrix} = \boldsymbol{A}\boldsymbol{x}$$

这样，“比较直观”的“向量 $\boldsymbol{b}$ 能否由向量组 $\boldsymbol{\alpha}_1, \boldsymbol{\alpha}_2, \cdots, \boldsymbol{\alpha}_m$ 线性表示”，就转化成了“线性方程组 $\boldsymbol{A}\boldsymbol{x}=\boldsymbol{b}$ 是否有解”，而且有解时解向量 $\boldsymbol{x}$ 就是相应的组合系数构成的向量(简称为**系数向量**)，这就实现了线性方程组的语言与向量组的语言之间的互译. 联想到线性方程组是否有解与两矩阵(即系数矩阵与增广矩阵)的秩之间的关系，这种语言间的互译让小明马上得到了下述结论.

定理 4.1.1(线性表示的判别法则)　向量 $\boldsymbol{b}$ 能由向量组 $\boldsymbol{\alpha}_1, \boldsymbol{\alpha}_2, \cdots, \boldsymbol{\alpha}_m$ 线性表示的充要条件是矩阵 $\boldsymbol{A} = (\boldsymbol{\alpha}_1, \boldsymbol{\alpha}_2, \cdots, \boldsymbol{\alpha}_m)$ 的秩等于矩阵 $\overline{\boldsymbol{A}} = (\boldsymbol{\alpha}_1, \boldsymbol{\alpha}_2, \cdots, \boldsymbol{\alpha}_m, \boldsymbol{b})$ 的秩，也就是说，向量 $\boldsymbol{b}$ 不能由向量组 $\boldsymbol{\alpha}_1, \boldsymbol{\alpha}_2, \cdots, \boldsymbol{\alpha}_m$ 线性表示的充要条件是矩阵 $\boldsymbol{A} = (\boldsymbol{\alpha}_1, \boldsymbol{\alpha}_2, \cdots, \boldsymbol{\alpha}_m)$ 的秩不等于(实际上是小于) 矩阵 $\overline{\boldsymbol{A}} = (\boldsymbol{\alpha}_1, \boldsymbol{\alpha}_2, \cdots, \boldsymbol{\alpha}_m, \boldsymbol{b})$ 的秩.

例 4.1.1 已知向量组

$$(\text{I}):\boldsymbol{\alpha}_1=\begin{pmatrix}1\\2\\-1\\0\end{pmatrix},\boldsymbol{\alpha}_2=\begin{pmatrix}3\\1\\0\\-1\end{pmatrix},\boldsymbol{\alpha}_3=\begin{pmatrix}-7\\1\\-2\\3\end{pmatrix}$$

求向量 $\boldsymbol{\alpha}_3$ 关于向量组(I)的部分组(II)：$\boldsymbol{\alpha}_1,\boldsymbol{\alpha}_2$ 的表达式.

解法一：手工计算.

设 $\boldsymbol{\alpha}_3=x_1\boldsymbol{\alpha}_1+x_2\boldsymbol{\alpha}_2$,即$(\boldsymbol{\alpha}_1,\boldsymbol{\alpha}_2)\begin{pmatrix}x_1\\x_2\end{pmatrix}=\boldsymbol{\alpha}_3$. 令 $\boldsymbol{A}=(\boldsymbol{\alpha}_1,\boldsymbol{\alpha}_2)$, $\boldsymbol{x}=\begin{pmatrix}x_1\\x_2\end{pmatrix}$,则问题转化为线性方程组 $\boldsymbol{Ax}=\boldsymbol{\alpha}_3$ 是否有解.

对增广矩阵作初等行变换,有

$$\overline{\boldsymbol{A}}=(\boldsymbol{\alpha}_1,\boldsymbol{\alpha}_2,\boldsymbol{\alpha}_3)=\left(\begin{array}{cc:c}1&3&-7\\2&1&1\\-1&0&-2\\0&-1&3\end{array}\right)\to\left(\begin{array}{cc:c}1&3&-7\\0&-5&15\\0&3&-9\\0&-1&3\end{array}\right)\to\left(\begin{array}{cc:c}1&0&2\\0&1&-3\\0&0&0\\0&0&0\end{array}\right)$$

显然系数向量 $\boldsymbol{x}=(2,-3)^T$,即所求为 $\boldsymbol{\alpha}_3=(\boldsymbol{\alpha}_1,\boldsymbol{\alpha}_2)\boldsymbol{x}=2\boldsymbol{\alpha}_1+(-3)\boldsymbol{\alpha}_2$.

解法二：MATLAB 计算.(文件名为 ex4101.m)

```
a1=[1,2,-1,0]';a2=[3,1,0,-1]';a3=[-7,1,-2,3]';
A=[a1,a2,a3];              % 向量组成为矩阵 A 的列向量组
[R,jb]=rref(A)             % 向量 jb 中按递增顺序保存矩阵 R 中首元的列号
r=length(jb);              % r 就是矩阵 A 的秩
x=R(1: r,3)                % x 是线性表示的系数向量
b=x(1)*a1+x(2)*a2          % 运算结果应该是 a3
```

进一步地,小明注意到：

$$\boldsymbol{\alpha}_1=1\boldsymbol{\alpha}_1+0\boldsymbol{\alpha}_2,\ \boldsymbol{\alpha}_2=0\boldsymbol{\alpha}_1+1\boldsymbol{\alpha}_2,\ \boldsymbol{\alpha}_3=2\boldsymbol{\alpha}_1+(-3)\boldsymbol{\alpha}_2$$

这说明向量组(I)：$\boldsymbol{\alpha}_1,\boldsymbol{\alpha}_2,\boldsymbol{\alpha}_3$ 可由向量组(II)：$\boldsymbol{\alpha}_1,\boldsymbol{\alpha}_2$ 线性表示;反之,也有

$$\boldsymbol{\alpha}_1=1\boldsymbol{\alpha}_1+0\boldsymbol{\alpha}_2+0\boldsymbol{\alpha}_3,\ \boldsymbol{\alpha}_2=0\boldsymbol{\alpha}_1+1\boldsymbol{\alpha}_2+0\boldsymbol{\alpha}_3$$

因此向量组(II)：$\boldsymbol{\alpha}_1,\boldsymbol{\alpha}_2$ 也可由向量组(I)：$\boldsymbol{\alpha}_1,\boldsymbol{\alpha}_2,\boldsymbol{\alpha}_3$ 线性表示. 这说明两向量组是等价的. 这个结果让小明顿感向量 $\boldsymbol{\alpha}_3$ 是个“滥竽充数”的家伙,应当被剔除出“革命队伍”.

> **定义 4.1.2(向量组等价)** 如果向量组(II)：$\boldsymbol{\beta}_1,\boldsymbol{\beta}_2,\cdots,\boldsymbol{\beta}_t$ 的每一个向量都能由向量组(I)：$\boldsymbol{\alpha}_1,\boldsymbol{\alpha}_2,\cdots,\boldsymbol{\alpha}_s$ 线性表示,则称向量组(II)能由向量组(I)线性表示. 如果两个向量组能够互相线性表示,则称这两个**向量组等价**(equivalent vector sets).

两向量组等价与以它们为列向量组的两矩阵的等价是有区别的.

例如,对于向量组

$$(\text{I}):\boldsymbol{\alpha}_1=\begin{pmatrix}1\\0\end{pmatrix},\ \boldsymbol{\alpha}_2=\begin{pmatrix}0\\1\end{pmatrix};\ (\text{II}):\boldsymbol{\beta}_1=\begin{pmatrix}1\\0\end{pmatrix},\ \boldsymbol{\beta}_2=\begin{pmatrix}0\\1\end{pmatrix},\ \boldsymbol{\beta}_3=\begin{pmatrix}1\\1\end{pmatrix}$$

显然向量组(I)与(II)等价,但是以它们为列向量组的矩阵 $\boldsymbol{A}=(\boldsymbol{\alpha}_1,\ \boldsymbol{\alpha}_2)=\begin{pmatrix}1&0\\0&1\end{pmatrix}$ 与 $\boldsymbol{B}=(\boldsymbol{\beta}_1,\ \boldsymbol{\beta}_2,\ \boldsymbol{\beta}_3)=\begin{pmatrix}1&0&1\\0&1&1\end{pmatrix}$ 显然不等价,因为等价的两矩阵必须是同维矩阵.

反之,向量组(I):$\boldsymbol{\alpha}=\begin{pmatrix}1\\0\end{pmatrix}$ 与(II):$\boldsymbol{\beta}=\begin{pmatrix}0\\1\end{pmatrix}$ 不能互相表示,但是矩阵 $\boldsymbol{A}=\boldsymbol{\alpha}=\begin{pmatrix}1\\0\end{pmatrix}$ 与 $\boldsymbol{B}=\boldsymbol{\beta}=\begin{pmatrix}0\\1\end{pmatrix}$ 却是等价的,即有 $\boldsymbol{B}=\boldsymbol{PAQ}$,其中 $\boldsymbol{P}=\begin{pmatrix}0&1\\1&0\end{pmatrix}$ 和 $\boldsymbol{Q}=\begin{pmatrix}1&0\\0&1\end{pmatrix}$ 都可逆.

因此向量组是否等价与它们对应的矩阵是否等价之间不存在必然联系. 类似地,两行向量组是否等价与它们对应的矩阵是否等价之间也不存在必然联系.

例 4.1.2　已知向量 $\boldsymbol{\alpha}_1=\begin{pmatrix}1+\lambda\\1\\1\end{pmatrix},\ \boldsymbol{\alpha}_2=\begin{pmatrix}1\\1+\lambda\\1\end{pmatrix},\ \boldsymbol{\alpha}_3=\begin{pmatrix}1\\1\\1+\lambda\end{pmatrix},\ \boldsymbol{\beta}=\begin{pmatrix}0\\\lambda\\\lambda^2\end{pmatrix}$. 问 λ 取何值时,

(1) 向量 $\boldsymbol{\beta}$ 可由向量组 $\boldsymbol{\alpha}_1,\ \boldsymbol{\alpha}_2,\ \boldsymbol{\alpha}_3$ 线性表示,且表达式唯一;

(2) 向量 $\boldsymbol{\beta}$ 可由向量组 $\boldsymbol{\alpha}_1,\ \boldsymbol{\alpha}_2,\ \boldsymbol{\alpha}_3$,但表达式不唯一;

(3) 向量 $\boldsymbol{\beta}$ 不能由向量组 $\boldsymbol{\alpha}_1,\ \boldsymbol{\alpha}_2,\ \boldsymbol{\alpha}_3$ 线性表示.

解法一:手工计算.

设 $\boldsymbol{\beta}=x_1\boldsymbol{\alpha}_1+x_2\boldsymbol{\alpha}_2+x_3\boldsymbol{\alpha}_3$,即 $(\boldsymbol{\alpha}_1,\ \boldsymbol{\alpha}_2,\ \boldsymbol{\alpha}_3)\boldsymbol{x}=\boldsymbol{\beta}$,其中 $\boldsymbol{x}=(x_1,\ x_2,\ x_3)^T$,则得线性方程组

$$\begin{pmatrix}1+\lambda&1&1\\1&1+\lambda&1\\1&1&1+\lambda\end{pmatrix}\begin{pmatrix}x_1\\x_2\\x_3\end{pmatrix}=\begin{pmatrix}0\\\lambda\\\lambda^2\end{pmatrix}$$

记 $\boldsymbol{A}=(\boldsymbol{\alpha}_1,\ \boldsymbol{\alpha}_2,\ \boldsymbol{\alpha}_3)$,则线性方程组 $\boldsymbol{Ax}=\boldsymbol{\beta}$ 的系数行列式为

$$|\boldsymbol{A}|=\begin{vmatrix}1+\lambda&1&1\\1&1+\lambda&1\\1&1&1+\lambda\end{vmatrix}=\lambda^2(\lambda+3)$$

(1) 当 $|\boldsymbol{A}|\neq0$,即 $\lambda\neq0$ 且 $\lambda\neq-3$ 时,方程组 $\boldsymbol{Ax}=\boldsymbol{\beta}$ 有唯一解,亦即 $\boldsymbol{\beta}$ 可由向量组 $\boldsymbol{\alpha}_1,\ \boldsymbol{\alpha}_2,\ \boldsymbol{\alpha}_3$ 唯一地线性表示;

(2) 当 $\lambda=0$ 时,方程组 $\boldsymbol{Ax}=\boldsymbol{\beta}$ 变成齐次线性方程组 $\boldsymbol{Ax}=\boldsymbol{0}$,并且 $r(\boldsymbol{A})=1<3$,因此方程组有无数个解,亦即 $\boldsymbol{\beta}$ 可由向量组 $\boldsymbol{\alpha}_1,\ \boldsymbol{\alpha}_2,\ \boldsymbol{\alpha}_3$ 线性表示,但表达式不唯一;

(3) 当 $\lambda=-3$ 时,对方程组 $\boldsymbol{Ax}=\boldsymbol{\beta}$ 的增广矩阵作初等行变换,有

$$\overline{A}=\begin{pmatrix}-2&1&1&0\\1&-2&1&-3\\1&1&-2&9\end{pmatrix}\xrightarrow[r_{31}(1)]{r_{21}(1)}\begin{pmatrix}0&0&0&6\\1&-2&1&-3\\1&1&-2&9\end{pmatrix}\rightarrow\begin{pmatrix}1&1&-2&9\\0&-3&3&-12\\0&0&0&6\end{pmatrix}$$

因此有 $r(\boldsymbol{A})=2<r(\overline{\boldsymbol{A}})=3$,这说明方程组 $\boldsymbol{Ax}=\boldsymbol{\beta}$ 无解,亦即 $\boldsymbol{\beta}$ 不能由向量组 $\boldsymbol{\alpha}_1, \boldsymbol{\alpha}_2, \boldsymbol{\alpha}_3$ 线性表示.

解法二: MATLAB 计算.(文件名为 ex4102.m)

```
syms k real
a1=[1+k,1,1]';a2=[1,1+k,1]';a3=[1,1,1+k]';b=[0,k,k*k]';
A=[a1,a2,a3];                  % 向量组成为矩阵 A 的列向量组
D=det(A);k=solve('D',k)        % 未解出 k 的值
k=solve('k^3+3*k^2',k)         % 解出全部三个解
%%(2)表达式不唯一,即方程组有无数个解的情形:
k=0;
a1=[1+k,1,1]';a2=[1,1+k,1]';a3=[1,1,1+k]';
A=[a1,a2,a3];b=[0,k,k*k]';
state=SolutionState(A,b)
%%(3)不能线性表示,即方程组无解的情形:
k=-3;
a1=[1+k,1,1]';a2=[1,1+k,1]';a3=[1,1,1+k]';
A=[a1,a2,a3];b=[0,k,k*k]';
state=SolutionState(A,b)
```

进一步地,小明用向量组的语言重新理解了分块矩阵的乘法.

在矩阵乘积 $\boldsymbol{C}=\boldsymbol{AB}$ 中,乘积 $\boldsymbol{C}$ 的第 j 列 $\boldsymbol{c}_j$ 是左乘矩阵 $\boldsymbol{A}$ 的列向量组 $\boldsymbol{a}_1, \boldsymbol{a}_2, \cdots, \boldsymbol{a}_n$ 的线性组合,并且组合系数就是右乘矩阵 $\boldsymbol{B}$ 的第 j 列元素 $b_{1j}, b_{2j}, \cdots, b_{nj}$,即

$$\boldsymbol{c}_j=b_{1j}\boldsymbol{a}_1+b_{2j}\boldsymbol{a}_2+\cdots+b_{nj}\boldsymbol{a}_n,\ j=1,2,\cdots,n$$

类似地,在矩阵乘积 $\boldsymbol{C}=\boldsymbol{AB}$ 中,乘积 $\boldsymbol{C}$ 的第 i 行 $\boldsymbol{c}'_i$ 是右乘矩阵 $\boldsymbol{B}$ 的行向量组 $\boldsymbol{b}'_1, \boldsymbol{b}'_2, \cdots, \boldsymbol{b}'_n$ 的线性组合,并且组合系数就是左乘矩阵 $\boldsymbol{A}$ 的第 i 行元素 $a_{i1}, a_{i2}, \cdots, a_{in}$,即

$$\boldsymbol{c}'_i=a_{i1}\boldsymbol{b}'_1+a_{i2}\boldsymbol{b}'_2+\cdots+a_{in}\boldsymbol{b}'_n,\ i=1,2,\cdots,n$$

特别地,当矩阵 $\boldsymbol{B}$ 特殊化为对角矩阵 $\boldsymbol{D}=diag(d_1, d_2, \cdots, d_n)$ 时,有

$$\boldsymbol{c}_j=d_j\boldsymbol{a}_j$$

也就是

$$\boldsymbol{C}=(\boldsymbol{c}_1, \boldsymbol{c}_2, \cdots, \boldsymbol{c}_n)=(d_1\boldsymbol{a}_1, d_2\boldsymbol{a}_2, \cdots, d_n\boldsymbol{a}_n)=\boldsymbol{AD}$$

即对角矩阵 $\boldsymbol{D}$ 右乘矩阵 $\boldsymbol{A}$ 的实质就是矩阵 $\boldsymbol{A}$ 的各列分别乘以 $\boldsymbol{D}$ 的相应对角元. 这与定理 1.3.1 中的结论显然吻合.

类似地，当矩阵 $\boldsymbol{A}$ 特殊化为对角矩阵 $\boldsymbol{D} = diag(d_1, d_2, \cdots, d_n)$ 时，有

$$\boldsymbol{c}_i' = d_i \boldsymbol{b}_i$$

也就是

$$\boldsymbol{C} = \begin{pmatrix} \boldsymbol{c}_1' \\ \boldsymbol{c}_2' \\ \vdots \\ \boldsymbol{c}_n' \end{pmatrix} = \begin{pmatrix} d_1 \boldsymbol{b}_1' \\ d_2 \boldsymbol{b}_2' \\ \vdots \\ d_n \boldsymbol{b}_n' \end{pmatrix} = \boldsymbol{DB}$$

即对角矩阵 $\boldsymbol{D}$ 左乘矩阵 $\boldsymbol{B}$ 的实质就是矩阵 $\boldsymbol{B}$ 的各行分别乘以 $\boldsymbol{D}$ 的相应对角元. 这与定理 1.3.1 中的结论也是吻合的.

按照这种向量语言，矩阵方程 $\boldsymbol{AX}=\boldsymbol{B}$ 有解的充要条件为矩阵 $\boldsymbol{B}$ 的诸列是矩阵 $\boldsymbol{A}$ 的诸列的线性组合，矩阵方程 $\boldsymbol{YB}=\boldsymbol{A}$ 有解的充要条件为矩阵 $\boldsymbol{A}$ 的诸行是矩阵 $\boldsymbol{B}$ 的诸行的线性组合.

例 4.1.3　已知向量组

$$(\text{I}): \boldsymbol{\alpha}_1 = \begin{pmatrix} 1 \\ 0 \\ 2 \end{pmatrix}, \boldsymbol{\alpha}_2 = \begin{pmatrix} 1 \\ 1 \\ 3 \end{pmatrix}, \boldsymbol{\alpha}_3 = \begin{pmatrix} 1 \\ -1 \\ a+2 \end{pmatrix}$$

和

$$(\text{II}): \boldsymbol{\beta}_1 = \begin{pmatrix} 1 \\ 2 \\ a+3 \end{pmatrix}, \boldsymbol{\beta}_2 = \begin{pmatrix} 2 \\ 1 \\ a+6 \end{pmatrix}, \boldsymbol{\beta}_3 = \begin{pmatrix} 2 \\ 1 \\ a+4 \end{pmatrix}$$

试问 a 取何值时，向量组(I)与(II)等价？

分析： 若对同一个 a，三个方程 $x_{1j}\boldsymbol{\alpha}_1 + x_{2j}\boldsymbol{\alpha}_2 + x_{3j}\boldsymbol{\alpha}_3 = \boldsymbol{\beta}_j (j = 1, 2, 3)$ 均有解，就说明向量组(II)可以由向量组(I)线性表示.

解： 向量组(II)可由向量组(I)线性表示，即存在组合系数 x_{ij}，$i, j = 1, 2, 3$，使得

$$x_{1j}\boldsymbol{\alpha}_1 + x_{2j}\boldsymbol{\alpha}_2 + x_{3j}\boldsymbol{\alpha}_3 = \boldsymbol{\beta}_j$$

也就是说三个方程均有解.

记 $\boldsymbol{A} = (\boldsymbol{\alpha}_1, \boldsymbol{\alpha}_2, \boldsymbol{\alpha}_3)$，$\boldsymbol{B} = (\boldsymbol{\beta}_1, \boldsymbol{\beta}_2, \boldsymbol{\beta}_3)$，$\boldsymbol{X} = (x_{ij})_{3\times 3}$. 于是三个方程均有解又等价于矩阵方程 $\boldsymbol{AX}=\boldsymbol{B}$ 有解.

由于 $|\boldsymbol{A}| = \begin{vmatrix} 1 & 1 & 1 \\ 0 & 1 & -1 \\ 2 & 3 & a+2 \end{vmatrix} = a+1$，因此当 $|\boldsymbol{A}| \neq 0$ 即 $a \neq -1$ 时 $\boldsymbol{A}$ 可逆，此时矩阵方程 $\boldsymbol{AX} = \boldsymbol{B}$ 有唯一解，从而向量组(II)可由向量组(I)线性表示.

类似地，向量组(I)可由向量组(II)线性表示，即三个方程

$$y_{1j}\boldsymbol{\beta}_1 + y_{2j}\boldsymbol{\beta}_2 + y_{3j}\boldsymbol{\beta}_3 = \boldsymbol{\alpha}_j, \ j = 1, 2, 3$$

均有解等价于矩阵方程 $\boldsymbol{BY}=\boldsymbol{A}$ 有解，这里 $\boldsymbol{Y}=(y_{ij})_{3\times 3}$.

由于 $|\boldsymbol{B}|=\begin{vmatrix}1 & 2 & 2\\ 2 & 1 & 1\\ a+3 & a+6 & a+4\end{vmatrix}=\begin{vmatrix}1 & 0 & 2\\ 2 & 0 & 1\\ a+3 & 2 & a+4\end{vmatrix}=6\neq 0$，因此对任意实数 a，$\boldsymbol{B}$ 都可逆，此即矩阵方程 $\boldsymbol{BY}=\boldsymbol{A}$ 恒有解，从而向量组(I)可由向量组(II)线性表示.

综合上述，当 $a\neq -1$ 时，向量组(I)与(II)等价.

例 4.1.4 设 $\boldsymbol{A}$，$\boldsymbol{B}$，$\boldsymbol{C}$ 均为 n 阶矩阵. 若 $\boldsymbol{AB}=\boldsymbol{C}$ 且 $\boldsymbol{B}$ 可逆，则【　　】

(A) 矩阵 $\boldsymbol{C}$ 的行向量组与矩阵 $\boldsymbol{A}$ 的行向量组等价

(B) 矩阵 $\boldsymbol{C}$ 的列向量组与矩阵 $\boldsymbol{A}$ 的列向量组等价

(C) 矩阵 $\boldsymbol{C}$ 的行向量组与矩阵 $\boldsymbol{B}$ 的行向量组等价

(D) 矩阵 $\boldsymbol{C}$ 的列向量组与矩阵 $\boldsymbol{B}$ 的列向量组等价

解：由于 $\boldsymbol{AB}=\boldsymbol{C}$，因此矩阵 $\boldsymbol{C}$ 的诸列是矩阵 $\boldsymbol{A}$ 的诸列的线性组合. 又由于 $\boldsymbol{B}$ 可逆，所以有 $\boldsymbol{A}=\boldsymbol{CB}^{-1}$，即矩阵 $\boldsymbol{A}$ 的诸列是矩阵 $\boldsymbol{C}$ 的诸列的线性组合. 故选(B).

4.1.2 向量组的线性相关性

探索了向量组小伙伴的线性表示问题之后，小明的脑洞有点开了：如果向量组中每一个向量都不能用其余向量线性表示，也就是说这组向量里没有多余的向量(正所谓“一个都不能少”)，是否又会出现神一样的奇迹呢?

观察例 3.2.13 的通解表达式，小明发现三个代表 $\boldsymbol{\alpha}_1$，$\boldsymbol{\alpha}_2$，$\boldsymbol{\alpha}_3$(它们显然也是原方程组的解向量)中，任何一个向量都不能用剩下的两个向量线性表示. 如若不然，假设 $\boldsymbol{\alpha}_3$ 能用 $\boldsymbol{\alpha}_1$，$\boldsymbol{\alpha}_2$ 线性表示，不妨设 $\boldsymbol{\alpha}_3=k_1\boldsymbol{\alpha}_1+k_2\boldsymbol{\alpha}_2$，则

$$\boldsymbol{x}=c_1\boldsymbol{\alpha}_1+c_2\boldsymbol{\alpha}_2+c_3(k_1\boldsymbol{\alpha}_1+k_2\boldsymbol{\alpha}_2)=(c_1+c_3k_1)\boldsymbol{\alpha}_1+(c_2+c_3k_2)\boldsymbol{\alpha}_2$$

这样通解的形式就变成了 $\boldsymbol{x}=l_1\boldsymbol{\alpha}_1+l_2\boldsymbol{\alpha}_2$，只剩下两个任意常数 l_1，l_2，这显然是有问题的，因为按照齐次线性方程组解的基本定理，方程组中自由变量的个数(也就是任意常数的个数)应该是 $n-r(\boldsymbol{A})=3$ 个.

既然三个代表 $\boldsymbol{\alpha}_1$，$\boldsymbol{\alpha}_2$，$\boldsymbol{\alpha}_3$ 不能互相线性表示，那么它们之间又存在怎样的关系呢? 这就需要引入线性相关和线性无关的概念.

定义 4.1.3(线性相关和线性无关) 若存在一组不全为零的数 x_1，x_2，…，x_m，使得下式成立：

$$x_1\boldsymbol{\alpha}_1+x_2\boldsymbol{\alpha}_2+\cdots+x_m\boldsymbol{\alpha}_m=\boldsymbol{0} \tag{4.1.2}$$

则称 n 维向量组 $\boldsymbol{\alpha}_1$，$\boldsymbol{\alpha}_2$，…，$\boldsymbol{\alpha}_m$ **线性相关**(linear dependence)，否则称 $\boldsymbol{\alpha}_1$，$\boldsymbol{\alpha}_2$，…，$\boldsymbol{\alpha}_m$ **线性无关**(linear independence).

显然例 4.1.1 中的向量组(I)：$\boldsymbol{\alpha}_1$，$\boldsymbol{\alpha}_2$，$\boldsymbol{\alpha}_3$ 是线性相关的，因为存在全不为零

(Attention please,这是不全为零的特殊情形)的组合系数 3, -2 和 -1,使得等式

$$3\boldsymbol{\alpha}_1+(-2)\boldsymbol{\alpha}_2+(-1)\boldsymbol{\alpha}_3=\mathbf{0}$$

成立. 至于部分组(II): $\boldsymbol{\alpha}_1$, $\boldsymbol{\alpha}_2$,显然是线性无关的. 这是因为,如果它们线性相关,则意味着存在不全为零的常数 k_1 和 k_2(不妨令 $k_1\neq 0$),使得 $\boldsymbol{\alpha}_1=-k_2\boldsymbol{\alpha}_2/k_1=\lambda\boldsymbol{\alpha}_2$,即两向量对应分量成比例.

几点说明:

(1) 单个向量构成的向量组线性无关,当且仅当该向量是非零向量;两个向量构成的向量组线性相关的充要条件是两向量的对应分量成比例,表现在几何上就是两向量平行或共线;三个向量构成的向量组线性相关,表现在几何上就是三向量共面. 因此从概念上看,线性相关是两向量共线及三向量共面的推广.

(2) 式(4.1.2)可以看成是零向量被向量组 $\boldsymbol{\alpha}_1$, $\boldsymbol{\alpha}_2$, …, $\boldsymbol{\alpha}_m$ 线性表示,但要特别注意向量组线性相关时要求组合系数 x_1, x_2, …, x_m **不全为零**(包括**全不为零**的特殊情形),而线性无关时则要求组合系数 x_1, x_2, …, x_m **全为零**. 作为对比,式(4.1.1)中只要求组合系数 x_1, x_2, …, x_m 全为实数即可.

(3) (**零向量法则**)任何含有零向量的向量组必线性相关. 这是因为当这个零向量的组合系数取非零实数而其余向量的组合系数都为零时(此时组合系数不全为零),式(4.1.2)仍然成立.

(4) 为方便叙述,对于涉及向量组线性相关亦或线性无关的论述,今后统称为**向量组的线性相关性**. 当然,这种称呼并不意味着向量组一定是线性相关的.

那么又该如何判定向量组 $\boldsymbol{\alpha}_1$, $\boldsymbol{\alpha}_2$, …, $\boldsymbol{\alpha}_m$ 的线性相关性呢?

小明注意到,如果记 $\boldsymbol{A}=(\boldsymbol{\alpha}_1, \boldsymbol{\alpha}_2, \cdots, \boldsymbol{\alpha}_m)$, $\boldsymbol{x}=(x_1, x_2, \cdots, x_m)^T$,则有

$$x_1\boldsymbol{\alpha}_1+x_2\boldsymbol{\alpha}_2+\cdots+x_m\boldsymbol{\alpha}_m=(\boldsymbol{\alpha}_1, \boldsymbol{\alpha}_2, \cdots, \boldsymbol{\alpha}_m)\begin{pmatrix}x_1\\x_2\\\vdots\\x_m\end{pmatrix}=\boldsymbol{A}\boldsymbol{x}$$

从而式(4.1.2)等价于齐次线性方程组 $\boldsymbol{A}\boldsymbol{x}=\mathbf{0}$,即问题转化为判定 $\boldsymbol{A}\boldsymbol{x}=\mathbf{0}$是否有非零解. 两种语言之间再一次实现了互译,因此根据齐次线性方程组的相关结论,可得下述判别法则.

> **定理 4.1.2(矩阵秩判别法)** 向量组 $\boldsymbol{\alpha}_1$, $\boldsymbol{\alpha}_2$, …, $\boldsymbol{\alpha}_m$ 线性相关的充要条件是它所构成的矩阵 $\boldsymbol{A}=(\boldsymbol{\alpha}_1, \boldsymbol{\alpha}_2, \cdots, \boldsymbol{\alpha}_m)$ 的秩小于向量个数 m,即 $r(\boldsymbol{A})<m$,也就是说,向量组 $\boldsymbol{\alpha}_1$, $\boldsymbol{\alpha}_2$, …, $\boldsymbol{\alpha}_m$ 线性无关的充要条件是它所构成的矩阵 $\boldsymbol{A}=(\boldsymbol{\alpha}_1, \boldsymbol{\alpha}_2, \cdots, \boldsymbol{\alpha}_m)$ 的秩等于向量个数 m,即 $r(\boldsymbol{A})=m$.

特别地,根据方阵的秩与其行列式之间的联系,可得下述定理.

定理 4.1.3(行列式判别法) n 个 n 维向量构成的向量组 $\boldsymbol{\alpha}_1, \boldsymbol{\alpha}_2, \cdots, \boldsymbol{\alpha}_n$ 线性相关的充要条件是它所构成的方阵 $\boldsymbol{A}=(\boldsymbol{\alpha}_1, \boldsymbol{\alpha}_2, \cdots, \boldsymbol{\alpha}_m)$ 的行列式 $|\boldsymbol{A}|=0$,即 n 个 n 维向量构成的向量组 $\boldsymbol{\alpha}_1, \boldsymbol{\alpha}_2, \cdots, \boldsymbol{\alpha}_n$ 线性无关的充要条件是它所构成的方阵 $\boldsymbol{A}=(\boldsymbol{\alpha}_1, \boldsymbol{\alpha}_2, \cdots, \boldsymbol{\alpha}_m)$ 的行列式 $|\boldsymbol{A}|\neq 0$.

注意行列式判别法仅适用于 $m=n$ 的特殊情形,即向量的维数 n 必须等于向量组 $\boldsymbol{\alpha}_1, \boldsymbol{\alpha}_2, \cdots, \boldsymbol{\alpha}_m$ 中向量的个数 m,否则就要使用矩阵秩判别法或定义法(见后文)等其他方法.

另外,向量组是否线性相关,只与向量组中向量个数有关,而与每个向量的维数无关,这显然与齐次线性方程组的相关结论是吻合的,即齐次线性方程组是否有非零解,仅与变量的个数有关,而与方程的个数无关.

上述判别法揭示了向量组、线性方程组、矩阵(乃至行列式)之间的联系,因此可以从线性方程组或矩阵视角来研究向量组的线性相关性.当然,小明也深知,目前自己向量组的知识相当匮乏,只能仰人鼻息.一旦羽翼丰满,那么如此“傻白甜”般通俗直观的向量语言,肯定比线性方程组或矩阵语言更具杀伤力.

思考 两两线性无关的向量组仍然线性无关吗?请举例说明.

例 4.1.5 已知向量组 $\boldsymbol{\alpha}_1=\begin{pmatrix}1\\2\\-1\end{pmatrix}, \boldsymbol{\alpha}_2=\begin{pmatrix}3\\1\\0\end{pmatrix}, \boldsymbol{\alpha}_3=\begin{pmatrix}-7\\1\\t\end{pmatrix}$,问 t 取何值时,向量组 $\boldsymbol{\alpha}_1, \boldsymbol{\alpha}_2, \boldsymbol{\alpha}_3$ 线性相关?

解法一:行列式法.

$$|\boldsymbol{\alpha}_1, \boldsymbol{\alpha}_2, \boldsymbol{\alpha}_3|=\begin{vmatrix}1&3&-7\\2&1&1\\-1&0&t\end{vmatrix}=-10-5t=0,$$
解得 $t=-2$.故当且仅当 $t=-2$ 时向量组 $\boldsymbol{\alpha}_1, \boldsymbol{\alpha}_2, \boldsymbol{\alpha}_3$ 线性相关.

解法二:矩阵秩法.

由于 $\boldsymbol{A}=(\boldsymbol{\alpha}_1, \boldsymbol{\alpha}_2, \boldsymbol{\alpha}_3)=\begin{pmatrix}1&3&-7\\2&1&1\\-1&0&t\end{pmatrix}\rightarrow\begin{pmatrix}1&3&-7\\0&-5&15\\0&3&t-7\end{pmatrix}\rightarrow\begin{pmatrix}1&3&-7\\0&-5&15\\0&0&t+2\end{pmatrix}$,因此当且仅当 $t+2=0$ 即 $t=-2$ 时 $r(\boldsymbol{A})=2<3$,即向量组 $\boldsymbol{\alpha}_1, \boldsymbol{\alpha}_2, \boldsymbol{\alpha}_3$ 线性相关.

显然 $t=-2$ 时,本例中的向量组 $\boldsymbol{\alpha}_1, \boldsymbol{\alpha}_2, \boldsymbol{\alpha}_3$ 两两线性无关,但 $\boldsymbol{\alpha}_1, \boldsymbol{\alpha}_2, \boldsymbol{\alpha}_3$ 却是线性相关的.

例 4.1.6 已知向量组 $\boldsymbol{\alpha}_1, \boldsymbol{\alpha}_2, \boldsymbol{\alpha}_3, \boldsymbol{\alpha}_4$ 线性无关,且

$$\boldsymbol{\beta}_1=\boldsymbol{\alpha}_1-3\boldsymbol{\alpha}_3, \boldsymbol{\beta}_2=\boldsymbol{\alpha}_2-4\boldsymbol{\alpha}_4, \boldsymbol{\beta}_3=\boldsymbol{\alpha}_3+\boldsymbol{\alpha}_1, \boldsymbol{\beta}_4=\boldsymbol{\alpha}_4+\boldsymbol{\alpha}_2,$$

证明向量组 $\boldsymbol{\beta}_1, \boldsymbol{\beta}_2, \boldsymbol{\beta}_3, \boldsymbol{\beta}_4$ 也线性无关.

解法一:定义法.

按照向量组线性无关的定义,考察向量组 $\boldsymbol{\beta}_1, \boldsymbol{\beta}_2, \boldsymbol{\beta}_3, \boldsymbol{\beta}_4$ 是否线性无关,也就是考察

是否存在一组全为零的数 x_1, x_2, x_3, x_4，使得 $x_1\boldsymbol{\beta}_1+x_2\boldsymbol{\beta}_2+x_3\boldsymbol{\beta}_3+x_4\boldsymbol{\beta}_4=\mathbf{0}$（∗）成立.

由于

$$\begin{aligned}&x_1\boldsymbol{\beta}_1+x_2\boldsymbol{\beta}_2+x_3\boldsymbol{\beta}_3+x_4\boldsymbol{\beta}_4\\=&x_1(\boldsymbol{\alpha}_1-3\boldsymbol{\alpha}_3)+x_2(\boldsymbol{\alpha}_2-4\boldsymbol{\alpha}_4)+x_3(\boldsymbol{\alpha}_3+\boldsymbol{\alpha}_1)+x_4(\boldsymbol{\alpha}_4+\boldsymbol{\alpha}_2)\\=&(x_1+x_3)\boldsymbol{\alpha}_1+(x_2+x_4)\boldsymbol{\alpha}_2+(x_3-3x_1)\boldsymbol{\alpha}_3+(x_4-4x_2)\boldsymbol{\alpha}_4\end{aligned}$$

于是考察（∗）式就转化为考察 $x_1'\boldsymbol{\alpha}_1+x_2'\boldsymbol{\alpha}_2+x_3'\boldsymbol{\alpha}_3+x_4'\boldsymbol{\alpha}_4=\mathbf{0}$. 注意到向量组 $\boldsymbol{\alpha}_1, \boldsymbol{\alpha}_2, \boldsymbol{\alpha}_3, \boldsymbol{\alpha}_4$ 线性无关，按照向量组线性无关的定义，可得 $x_1'=x_2'=x_3'=x_4'=0$，此即

$$\begin{cases}x_1+x_3=0\\x_2+x_4=0\\x_3-3x_1=0\\x_4-4x_2=0\end{cases},$$

解得 $x_1=x_2=x_3=x_4=0$，因此向量组 $\boldsymbol{\beta}_1, \boldsymbol{\beta}_2, \boldsymbol{\beta}_3, \boldsymbol{\beta}_4$ 线性无关.

解法二：矩阵秩法.

令 $\boldsymbol{A}=(\boldsymbol{\alpha}_1, \boldsymbol{\alpha}_2, \boldsymbol{\alpha}_3, \boldsymbol{\alpha}_4)$，$\boldsymbol{B}=(\boldsymbol{\beta}_1, \boldsymbol{\beta}_2, \boldsymbol{\beta}_3, \boldsymbol{\beta}_4)$.

首先，由于向量组 $\boldsymbol{\alpha}_1, \boldsymbol{\alpha}_2, \boldsymbol{\alpha}_3, \boldsymbol{\alpha}_4$ 是线性无关的，按照矩阵秩判别法，有 $r(\boldsymbol{A})=4$.

其次，注意到

$$\boldsymbol{\beta}_1=(\boldsymbol{\alpha}_1, \boldsymbol{\alpha}_2, \boldsymbol{\alpha}_3, \boldsymbol{\alpha}_4)\begin{pmatrix}1\\0\\-3\\0\end{pmatrix}, \boldsymbol{\beta}_2=(\boldsymbol{\alpha}_1, \boldsymbol{\alpha}_2, \boldsymbol{\alpha}_3, \boldsymbol{\alpha}_4)\begin{pmatrix}0\\1\\0\\-4\end{pmatrix},$$

$$\boldsymbol{\beta}_3=(\boldsymbol{\alpha}_1, \boldsymbol{\alpha}_2, \boldsymbol{\alpha}_3, \boldsymbol{\alpha}_4)\begin{pmatrix}1\\0\\1\\0\end{pmatrix}, \boldsymbol{\beta}_4=(\boldsymbol{\alpha}_1, \boldsymbol{\alpha}_2, \boldsymbol{\alpha}_3, \boldsymbol{\alpha}_4)\begin{pmatrix}0\\1\\0\\1\end{pmatrix}$$

因此有

$$\boldsymbol{B}=(\boldsymbol{\beta}_1, \boldsymbol{\beta}_2, \boldsymbol{\beta}_3, \boldsymbol{\beta}_4)=(\boldsymbol{\alpha}_1, \boldsymbol{\alpha}_2, \boldsymbol{\alpha}_3, \boldsymbol{\alpha}_4)\begin{pmatrix}1&0&1&0\\0&1&0&1\\-3&0&1&0\\0&-4&0&1\end{pmatrix}=\boldsymbol{AP}$$

通过交换 2，3 两行和 2，3 两列，可知矩阵 $\boldsymbol{P}$ 的行列式为

$$|\boldsymbol{P}|=\begin{vmatrix}1&0&1&0\\0&1&0&1\\-3&0&1&0\\0&-4&0&1\end{vmatrix}=\begin{vmatrix}1&1&0&0\\-3&1&0&0\\0&0&1&1\\0&0&-4&1\end{vmatrix}=\begin{vmatrix}1&1\\-3&1\end{vmatrix}\cdot\begin{vmatrix}1&1\\-4&1\end{vmatrix}=20\neq 0$$

因此$\boldsymbol{P}$是可逆矩阵. 根据初等变换的保秩性,有$r(\boldsymbol{AP})=r(\boldsymbol{A})=4$,此即$r(\boldsymbol{B})=r(\boldsymbol{AP})=4$,按照矩阵秩判别法,可知向量组$\boldsymbol{\beta}_1, \boldsymbol{\beta}_2, \boldsymbol{\beta}_3, \boldsymbol{\beta}_4$线性无关.

例 4.1.7 已知向量组$\boldsymbol{\alpha}_1, \boldsymbol{\alpha}_2, \boldsymbol{\alpha}_3$线性无关,则下列向量组线性相关的是【　　】

(A) $\boldsymbol{\alpha}_1-\boldsymbol{\alpha}_2, \boldsymbol{\alpha}_2-\boldsymbol{\alpha}_3, \boldsymbol{\alpha}_3-\boldsymbol{\alpha}_1$　　(B) $\boldsymbol{\alpha}_1+\boldsymbol{\alpha}_2, \boldsymbol{\alpha}_2+\boldsymbol{\alpha}_3, \boldsymbol{\alpha}_3+\boldsymbol{\alpha}_1$

(C) $\boldsymbol{\alpha}_1-2\boldsymbol{\alpha}_2, \boldsymbol{\alpha}_2-2\boldsymbol{\alpha}_3, \boldsymbol{\alpha}_3-2\boldsymbol{\alpha}_1$　　(D) $\boldsymbol{\alpha}_1+2\boldsymbol{\alpha}_2, \boldsymbol{\alpha}_2+2\boldsymbol{\alpha}_3, \boldsymbol{\alpha}_3+2\boldsymbol{\alpha}_1$

分析: 一般地,利用定义法或矩阵秩法逐一考察即可. 但有时要注意"出奇兵".

解: 本题的奇兵是观察法. 通过观察,可知

$$\boldsymbol{\beta}_1+\boldsymbol{\beta}_2+\boldsymbol{\beta}_3=(\boldsymbol{\alpha}_1-\boldsymbol{\alpha}_2)+(\boldsymbol{\alpha}_2-\boldsymbol{\alpha}_3)+(\boldsymbol{\alpha}_3-\boldsymbol{\alpha}_1)=\boldsymbol{0}$$

因此向量组$\boldsymbol{\beta}_1, \boldsymbol{\beta}_2, \boldsymbol{\beta}_3$线性相关,即向量组$\boldsymbol{\alpha}_1-\boldsymbol{\alpha}_2, \boldsymbol{\alpha}_2-\boldsymbol{\alpha}_3, \boldsymbol{\alpha}_3-\boldsymbol{\alpha}_1$线性相关,故应选(A).

例 4.1.8 已知n维向量组$\boldsymbol{\alpha}_1, \boldsymbol{\alpha}_2, \cdots, \boldsymbol{\alpha}_s$和$m\times n$矩阵$\boldsymbol{A}$,则下列命题中,正确的是【　　】

(A) 若向量组$\boldsymbol{\alpha}_1, \boldsymbol{\alpha}_2, \cdots, \boldsymbol{\alpha}_s$线性相关,则向量组$\boldsymbol{A\alpha}_1, \boldsymbol{A\alpha}_2, \cdots, \boldsymbol{A\alpha}_s$线性相关

(B) 若向量组$\boldsymbol{\alpha}_1, \boldsymbol{\alpha}_2, \cdots, \boldsymbol{\alpha}_s$线性相关,则向量组$\boldsymbol{A\alpha}_1, \boldsymbol{A\alpha}_2, \cdots, \boldsymbol{A\alpha}_s$线性无关

(C) 若向量组$\boldsymbol{\alpha}_1, \boldsymbol{\alpha}_2, \cdots, \boldsymbol{\alpha}_s$线性无关,则向量组$\boldsymbol{A\alpha}_1, \boldsymbol{A\alpha}_2, \cdots, \boldsymbol{A\alpha}_s$线性相关

(D) 若向量组$\boldsymbol{\alpha}_1, \boldsymbol{\alpha}_2, \cdots, \boldsymbol{\alpha}_s$线性无关,则向量组$\boldsymbol{A\alpha}_1, \boldsymbol{A\alpha}_2, \cdots, \boldsymbol{A\alpha}_s$线性无关

解: 使用矩阵秩法. 令$\boldsymbol{B}=(\boldsymbol{\alpha}_1, \boldsymbol{\alpha}_2, \cdots, \boldsymbol{\alpha}_s)$,注意到矩阵

$$(\boldsymbol{A\alpha}_1, \boldsymbol{A\alpha}_2, \cdots, \boldsymbol{A\alpha}_s)=\boldsymbol{A}(\boldsymbol{\alpha}_1, \boldsymbol{\alpha}_2, \cdots, \boldsymbol{\alpha}_s)=\boldsymbol{AB}$$

根据乘积的秩不超过因子的秩,可知

$$r(\boldsymbol{A\alpha}_1, \boldsymbol{A\alpha}_2, \cdots, \boldsymbol{A\alpha}_s)\leqslant r(\boldsymbol{B})=r(\boldsymbol{\alpha}_1, \boldsymbol{\alpha}_2, \cdots, \boldsymbol{\alpha}_s)$$

因此当向量组$\boldsymbol{\alpha}_1, \boldsymbol{\alpha}_2, \cdots, \boldsymbol{\alpha}_s$线性相关时,即$r(\boldsymbol{\alpha}_1, \boldsymbol{\alpha}_2, \cdots, \boldsymbol{\alpha}_s)<s$时,必有

$$r(\boldsymbol{A\alpha}_1, \boldsymbol{A\alpha}_2, \cdots, \boldsymbol{A\alpha}_s)\leqslant r(\boldsymbol{\alpha}_1, \boldsymbol{\alpha}_2, \cdots, \boldsymbol{\alpha}_s)<s$$

即向量组$\boldsymbol{A\alpha}_1, \boldsymbol{A\alpha}_2, \cdots, \boldsymbol{A\alpha}_s$也线性相关,故应选(A).

思考 当向量组$\boldsymbol{\alpha}_1, \boldsymbol{\alpha}_2, \cdots, \boldsymbol{\alpha}_s$线性无关时,若$r(\boldsymbol{A})=n$,可以证明向量组$\boldsymbol{A\alpha}_1, \boldsymbol{A\alpha}_2, \cdots, \boldsymbol{A\alpha}_s$也线性无关,否则向量组$\boldsymbol{A\alpha}_1, \boldsymbol{A\alpha}_2, \cdots, \boldsymbol{A\alpha}_s$也可以线性相关,因此选项(C)和(D)都不正确. 你能举例说明吗?

例 4.1.9 已知$\boldsymbol{A}$是$n\times m$矩阵,$\boldsymbol{B}$是$m\times n$矩阵,且$\boldsymbol{AB}=\boldsymbol{I}$. 证明$\boldsymbol{B}$的列向量组线性无关.

证明: 显然$r(\boldsymbol{B})\leqslant n$且$r(\boldsymbol{AB})\leqslant r(\boldsymbol{B})$. 注意到$\boldsymbol{AB}=\boldsymbol{I}$,因此$r(\boldsymbol{B})\geqslant r(\boldsymbol{I})=n$. 从而有$r(\boldsymbol{B})=n$,这里$n$为矩阵$\boldsymbol{B}$的列数,按矩阵秩判别法,此即$\boldsymbol{B}$的列向量组线性无关.

4.1.3 向量组线性相关性的性质

小明注意到例 4.1.1 与例 4.1.3 中两个向量组之间明显存在联系,即后者中每个向量都比前者中对应向量少了第四个分量,也就是后者是前者的"截短"向量,前者是后者的"加长"向量. 那么这两个向量组各自的线性相关性之间是否也存在联系呢? 经过求索,小

明发现这个联系就是拉长截短法则.

定理 4.1.4(拉长截短法则)　对于向量组

$$(\mathrm{I}): \boldsymbol{\alpha}_1 = \begin{pmatrix} a_{11} \\ \vdots \\ a_{s1} \end{pmatrix}, \boldsymbol{\alpha}_2 = \begin{pmatrix} a_{12} \\ \vdots \\ a_{s2} \end{pmatrix}, \cdots, \boldsymbol{\alpha}_t = \begin{pmatrix} a_{1t} \\ \vdots \\ a_{st} \end{pmatrix}$$

和

$$(\mathrm{II}): \boldsymbol{\alpha}'_1 = \begin{pmatrix} a_{11} \\ \vdots \\ a_{s1} \\ a_{s+1,1} \end{pmatrix}, \boldsymbol{\alpha}'_2 = \begin{pmatrix} a_{12} \\ \vdots \\ a_{s2} \\ a_{s+1,2} \end{pmatrix}, \cdots, \boldsymbol{\alpha}'_t = \begin{pmatrix} a_{1t} \\ \vdots \\ a_{st} \\ a_{s+1,t} \end{pmatrix}$$

如果向量组(I)线性无关,则向量组(II)也线性无关;反之,如果向量组(II)线性相关,则向量组(I)也线性相关. 一言以蔽之,**线性无关组拉长后仍然线性无关,线性相关组截短后仍然线性相关.**

证明:只证拉长的情形,因为截短的情形显然是前者的逆否命题.

令 $\boldsymbol{A} = (\boldsymbol{\alpha}_1, \boldsymbol{\alpha}_2, \cdots, \boldsymbol{\alpha}_t)$, $\boldsymbol{B} = (\boldsymbol{\alpha}'_1, \boldsymbol{\alpha}'_2, \cdots, \boldsymbol{\alpha}'_t)$. 根据矩阵秩判别法,因为向量组(I)线性无关,所以 $r(\boldsymbol{A}) = t$. 由于矩阵 $\boldsymbol{B}$ 比矩阵 $\boldsymbol{A}$ 多一行,所以 $r(\boldsymbol{B}) \geqslant r(\boldsymbol{A})$,即 $r(\boldsymbol{B}) \geqslant t$. 注意到矩阵 $\boldsymbol{B}$ 的列数为 t,故也成立 $r(\boldsymbol{B}) \leqslant t$. 至此得到 $r(\boldsymbol{B}) = t$,再根据矩阵秩判别法,此即向量组(II): $\boldsymbol{\alpha}_1, \boldsymbol{\alpha}_2, \cdots, \boldsymbol{\alpha}_t$ 线性无关. ■

显然拉长截短法则可以推广到向量组(II)的分量比向量组(I)多出 2 个及以上的情形,而且这些多出的分量未必一定都要在向量的末尾. 例如对某个 6 维向量组,取其各向量的第 2, 4, 5 个分量组成一个 3 维向量组,则两向量组仍然满足拉长截短法则.

例 4.1.10　证明 $\boldsymbol{\alpha}_1 = (-2, 1, 1, 0, 0)^T$, $\boldsymbol{\alpha}_2 = (-1, -3, 0, 1, 0)^T$, $\boldsymbol{\alpha}_3 = (2, 1, 0, 0, 1)^T$ 线性无关.

证明:注意到向量组 $\boldsymbol{\alpha}_1, \boldsymbol{\alpha}_2, \boldsymbol{\alpha}_3$ 的后三个分量构成的向量分别为

$$\boldsymbol{\alpha}'_1 = (1, 0, 0)^T, \boldsymbol{\alpha}'_2 = (0, 1, 0)^T, \boldsymbol{\alpha}'_3 = (0, 0, 1)^T$$

显然 $|\boldsymbol{\alpha}'_1, \boldsymbol{\alpha}'_2, \boldsymbol{\alpha}'_3| = 1 \neq 0$,根据行列式判别法,向量组 $\boldsymbol{\alpha}'_1, \boldsymbol{\alpha}'_2, \boldsymbol{\alpha}'_3$ 线性无关,因此按照拉长截短法则,可知向量组 $\boldsymbol{\alpha}_1, \boldsymbol{\alpha}_2, \boldsymbol{\alpha}_3$ 也线性无关.

拉长截短法则考察的是向量维数增减对向量组线性相关性的影响,小明接着求索向量组中向量个数与向量的维数之间的关系,得到了如下结论.

定理 4.1.5(个数超维数法则)　当 $m > n$ 时,任意 m 个 n 维向量构成的向量组 $\boldsymbol{\alpha}_1, \boldsymbol{\alpha}_2, \cdots, \boldsymbol{\alpha}_m$ 必线性相关,这就是说,**向量个数超过向量维数的向量组必定线性相关.**

证明：令 $\boldsymbol{A}=(\boldsymbol{\alpha}_1, \boldsymbol{\alpha}_2, \cdots, \boldsymbol{\alpha}_m)$. 显然 $r(\boldsymbol{A}) \leqslant \min(m, n)=n<m$. 按照矩阵秩判别法，可知向量组 $\boldsymbol{\alpha}_1, \boldsymbol{\alpha}_2, \cdots, \boldsymbol{\alpha}_m$ 线性相关. ■

按照个数与维数法则，3 个 2 维向量一定共面，4 个 3 维向量一定线性相关.

思考　向量个数未超过向量维数的向量组，可能是线性相关的，也可能是线性无关的. 请举例说明.

最后，小明将目光停留在向量组与其部分组之间的关系上，得到了如下结论.

定理 4.1.6(向量组与其部分组)　对于向量组

$$(\text{I}): \boldsymbol{\alpha}_1, \boldsymbol{\alpha}_2, \cdots, \boldsymbol{\alpha}_s, \boldsymbol{\alpha}_{s+1}, \cdots, \boldsymbol{\alpha}_t$$

及其任意部分组(考虑到向量组的无序性，不妨选前 s 个)

$$(\text{II}): \boldsymbol{\alpha}_1, \boldsymbol{\alpha}_2, \cdots, \boldsymbol{\alpha}_s$$

如果向量组(I)线性无关，则向量组(II)也线性无关；反之，如果向量组(II)线性相关，则向量组(I)也线性相关. 一言以蔽之，**线性无关组的部分组仍然线性无关，线性相关组增加向量后仍然线性相关(多无关则少无关，少相关则多相关)**.

证明：只证相关的情形，因为无关的情形显然是其逆否命题.

由于向量组(II)线性相关，按照向量组线性相关的定义，存在一组不全为零的数 $x_1, x_2, \cdots, x_s$，使得 $x_1\boldsymbol{\alpha}_1+x_2\boldsymbol{\alpha}_2+\cdots+x_s\boldsymbol{\alpha}_s=\mathbf{0}$. 取 $x_{s+1}=x_{s+2}=\cdots=x_t=0$，从而存在一组不全为零的数 $x_1, x_2, \cdots, x_t$，使得

$$x_1\boldsymbol{\alpha}_1+x_2\boldsymbol{\alpha}_2+\cdots+x_t\boldsymbol{\alpha}_t=\mathbf{0}$$

按照向量组线性相关的定义，这说明向量组(I)线性相关. ■

定理 4.1.6 说明线性相关的向量组经过扩充后得到的新向量组仍然是线性相关的，而线性无关向量组经过裁减向量个数后得到的部分组仍然是线性无关的. 前者让小明再一次想到“滥竽充数”，因此可以考虑“打假”，即裁减掉部分向量，以达到精兵简政的效果(当然，裁减掉哪些向量，显然是个巨坑，小明决定先绕行)；后者则让小明想到“独树一帜”，因此裁减的后果只能是缺失某些方面的“旗帜”.

在例 4.1.1 中，$\boldsymbol{\alpha}_3=2\boldsymbol{\alpha}_1-3\boldsymbol{\alpha}_2$，即 $\boldsymbol{\alpha}_1=\frac{3}{2}\boldsymbol{\alpha}_2+\frac{1}{2}\boldsymbol{\alpha}_3$ 且 $\boldsymbol{\alpha}_2=\frac{2}{3}\boldsymbol{\alpha}_1-\frac{1}{3}\boldsymbol{\alpha}_3$，这里向量组 $\boldsymbol{\alpha}_1, \boldsymbol{\alpha}_2, \boldsymbol{\alpha}_3$ 中每个向量都可以用其**剩余向量组**(即向量组中剩下的向量组成的向量组，这显然是原向量组的一种特殊部分组)线性表示，而原向量组是线性相关的. 这个结论是普遍的吗？很遗憾，不是！但是，小明却发现了下述结论.

定理 4.1.7(向量与其剩余向量组)　向量组(I)：$\boldsymbol{\alpha}_1, \boldsymbol{\alpha}_2, \cdots, \boldsymbol{\alpha}_s (s\geqslant 2)$ 线性相关的充要条件是向量组(I)中**至少有一个**向量可以用其剩余向量组线性表示；反之，向量组(I)：$\boldsymbol{\alpha}_1, \boldsymbol{\alpha}_2, \cdots, \boldsymbol{\alpha}_s (s\geqslant 2)$ 线性无关的充要条件是向量组(I)中**任何一个**向量都不可以用其剩余向量组线性表示.

那么需要补充什么样的条件，才能使得定理 4.1.7 中的"至少有一个"能够特殊为"有且仅有一个"（即唯一）呢？

定理 4.1.8(唯一表示定理)　已知向量组(I)：$\boldsymbol{\alpha}_1, \boldsymbol{\alpha}_2, \cdots, \boldsymbol{\alpha}_s$ 线性无关，则向量组(II)：$\boldsymbol{\alpha}_1, \boldsymbol{\alpha}_2, \cdots, \boldsymbol{\alpha}_s, \boldsymbol{b}$ 线性相关的充要条件是向量 $\boldsymbol{b}$ 能够用向量组(I)线性表示，而且表达式是唯一的.

证明：令 $\boldsymbol{A} = (\boldsymbol{\alpha}_1, \boldsymbol{\alpha}_2, \cdots, \boldsymbol{\alpha}_s)$，$\boldsymbol{B} = (\boldsymbol{\alpha}_1, \boldsymbol{\alpha}_2, \cdots, \boldsymbol{\alpha}_s, \boldsymbol{b})$.

必要性. 由向量组(I)线性无关可知 $r(\boldsymbol{A}) = s$. 又因为向量组(II)线性相关，因此 $r(\boldsymbol{B}) < s+1$. 注意到矩阵 $\boldsymbol{B}$ 比 $\boldsymbol{A}$ 多一列，因此 $r(\boldsymbol{B}) \geqslant r(\boldsymbol{A}) = s$. 于是有 $s = r(\boldsymbol{A}) \leqslant r(\boldsymbol{B}) < s+1$，即 $r(\boldsymbol{B}) = r(\boldsymbol{A}) = s$. 从唯一性联想到线性方程组的视角，注意到矩阵 $\boldsymbol{B}$ 是含有 s 个未知数的非齐次线性方程组 $\boldsymbol{Ax} = \boldsymbol{b}$ 的增广矩阵，因此 $\boldsymbol{Ax} = \boldsymbol{b}$ 有唯一解，即向量 $\boldsymbol{b}$ 能够用向量组(I)线性表示，而且表达式是唯一的.

充分性. 向量 $\boldsymbol{b}$ 能够用向量组(I)唯一地线性表示，因此非齐次线性方程组 $\boldsymbol{Ax} = \boldsymbol{b}$ 有唯一解，从而有 $r(\boldsymbol{B}) = r(\boldsymbol{A}) = s$. 注意到 $r(\boldsymbol{B}) = s$ 小于向量组(II)中向量的个数 $s+1$，因此按照矩阵秩判别法，可知向量组(II)线性相关.

例 4.1.11　下列向量组中，线性无关的是【　　】

(A) $(1, -1, 0, 2)^T, (0, 1, -1, 2)^T, (0, 0, 0, 0)^T$

(B) $(1, 2, 3)^T, (2, 3, 4)^T, (3, 4, 5)^T, (4, 5, 6)^T$

(C) $(3, 1, 8, 0, 0)^T, (4, 0, 7, 1, 0)^T, (9, 0, 5, 0, 1)^T$

(D) $(1, 2, 1, 5)^T, (1, 2, 3, 6)^T, (1, 2, 5, 7)^T, (0, 0, 0, 1)^T$

解：按零向量法则，(A)中的向量组必线性相关；按个数与维数法则，(B)中的 4 个 3 维列向量组必线性相关；截取(C)中各向量的第 2, 4, 5 个分量，可得：$(1, 0, 0)^T, (0, 1, 0)^T, (0, 0, 1)^T$. 显然这个新向量组是线性无关的，因此按拉长截短法则，(C)中的向量组必线性无关；由于

$$\begin{vmatrix} 1 & 1 & 1 & 0 \\ 2 & 2 & 2 & 0 \\ 1 & 3 & 5 & 0 \\ 5 & 6 & 7 & 1 \end{vmatrix} = \begin{vmatrix} 1 & 1 & 1 & 0 \\ 0 & 0 & 0 & 0 \\ 1 & 3 & 5 & 0 \\ 5 & 6 & 7 & 1 \end{vmatrix} = 0$$

按行列式法则，易知(D)中的向量组必线性相关. 故应选(C).

例 4.1.12　已知向量组 $\boldsymbol{\alpha}_1, \boldsymbol{\alpha}_2, \boldsymbol{\alpha}_3$ 线性相关，向量组 $\boldsymbol{\alpha}_2, \boldsymbol{\alpha}_3, \boldsymbol{\alpha}_4$ 线性无关，试问向量 $\boldsymbol{\alpha}_4$ 能否由向量组 $\boldsymbol{\alpha}_1, \boldsymbol{\alpha}_2, \boldsymbol{\alpha}_3$ 线性表示？并说明理由.

解：不能. 假设向量 $\boldsymbol{\alpha}_4$ 能由向量组 $\boldsymbol{\alpha}_1, \boldsymbol{\alpha}_2, \boldsymbol{\alpha}_3$ 线性表示，即存在一组数 k_1, k_2, k_3，使得

$$\boldsymbol{\alpha}_4 = k_1\boldsymbol{\alpha}_1 + k_2\boldsymbol{\alpha}_2 + k_3\boldsymbol{\alpha}_3 \quad ①$$

则由向量组 $\boldsymbol{\alpha}_2, \boldsymbol{\alpha}_3, \boldsymbol{\alpha}_4$ 线性无关，可知其部分组 $\boldsymbol{\alpha}_2, \boldsymbol{\alpha}_3$ 也线性无关. 又因为向量组 $\boldsymbol{\alpha}_1, \boldsymbol{\alpha}_2$,

$\boldsymbol{\alpha}_3$ 线性相关,因此根据唯一表示定理,向量 $\boldsymbol{\alpha}_1$ 能用向量组 $\boldsymbol{\alpha}_2$, $\boldsymbol{\alpha}_3$ 唯一地线性表示,即存在一组数 l_2, l_3,使得 $\boldsymbol{\alpha}_1 = l_2\boldsymbol{\alpha}_2 + l_3\boldsymbol{\alpha}_3$②. 将式 ② 代入式 ①, 整理后即得

$$\boldsymbol{\alpha}_4 = (k_1 l_2 + k_2)\boldsymbol{\alpha}_2 + (k_1 l_3 + k_3)\boldsymbol{\alpha}_3$$

这说明向量 $\boldsymbol{\alpha}_4$ 能由向量组 $\boldsymbol{\alpha}_2$, $\boldsymbol{\alpha}_3$ 线性表示,即向量组 $\boldsymbol{\alpha}_2$, $\boldsymbol{\alpha}_3$, $\boldsymbol{\alpha}_4$ 线性相关,与已知矛盾. 因此向量 $\boldsymbol{\alpha}_4$ 不能由向量组 $\boldsymbol{\alpha}_1$, $\boldsymbol{\alpha}_2$, $\boldsymbol{\alpha}_3$ 线性表示.

例 4.1.13 已知向量 $\boldsymbol{\beta}$ 可用向量组 $\boldsymbol{\alpha}_1, \boldsymbol{\alpha}_2, \cdots, \boldsymbol{\alpha}_s$ 线性表示,但不能由向量组 $\boldsymbol{\alpha}_1, \boldsymbol{\alpha}_2, \cdots, \boldsymbol{\alpha}_{s-1}$ 线性表示,试判断:

(1) 向量 $\boldsymbol{\alpha}_s$ 能否用向量组 $\boldsymbol{\alpha}_1, \boldsymbol{\alpha}_2, \cdots, \boldsymbol{\alpha}_{s-1}, \boldsymbol{\beta}$ 线性表示?

(2) 向量 $\boldsymbol{\alpha}_s$ 能否用向量组 $\boldsymbol{\alpha}_1, \boldsymbol{\alpha}_2, \cdots, \boldsymbol{\alpha}_{s-1}$ 线性表示?

解: 向量 $\boldsymbol{\alpha}_s$ 可用向量组 $\boldsymbol{\alpha}_1, \boldsymbol{\alpha}_2, \cdots, \boldsymbol{\alpha}_{s-1}, \boldsymbol{\beta}$ 线性表示,但不能用向量组 $\boldsymbol{\alpha}_1, \boldsymbol{\alpha}_2, \cdots, \boldsymbol{\alpha}_{s-1}$ 线性表示.

(1) 因为向量 $\boldsymbol{\beta}$ 可用向量组 $\boldsymbol{\alpha}_1, \boldsymbol{\alpha}_2, \cdots, \boldsymbol{\alpha}_s$ 线性表示,故存在一组数 $k_1, k_2, \cdots, k_s$,使得

$$\boldsymbol{\beta} = k_1\boldsymbol{\alpha}_1 + k_2\boldsymbol{\alpha}_2 + \cdots + k_s\boldsymbol{\alpha}_s \quad ①$$

则必有 $k_s \neq 0$,否则式 ① 变成了 $\boldsymbol{\beta} = k_1\boldsymbol{\alpha}_1 + k_2\boldsymbol{\alpha}_2 + \cdots + k_{s-1}\boldsymbol{\alpha}_{s-1}$,即向量 $\boldsymbol{\beta}$ 可由向量组 $\boldsymbol{\alpha}_1, \boldsymbol{\alpha}_2, \cdots, \boldsymbol{\alpha}_{s-1}$ 线性表示,与已知矛盾.

由式①,可知 $\boldsymbol{\alpha}_s = \dfrac{1}{k_s}(\boldsymbol{\beta} - k_1\boldsymbol{\alpha}_1 - k_2\boldsymbol{\alpha}_2 - \cdots - k_{s-1}\boldsymbol{\alpha}_{s-1})$,这说明向量 $\boldsymbol{\alpha}_s$ 可用向量组 $\boldsymbol{\alpha}_1, \boldsymbol{\alpha}_2, \cdots, \boldsymbol{\alpha}_{s-1}, \boldsymbol{\beta}$ 线性表示.

(2) 如果向量 $\boldsymbol{\alpha}_s$ 能用向量组 $\boldsymbol{\alpha}_1, \boldsymbol{\alpha}_2, \cdots, \boldsymbol{\alpha}_{s-1}$ 线性表示, 不妨设 $\boldsymbol{\alpha}_s = l_1\boldsymbol{\alpha}_1 + l_2\boldsymbol{\alpha}_2 + \cdots + l_{s-1}\boldsymbol{\alpha}_{s-1}$,将之代入式①,并整理后可知

$$\boldsymbol{\beta} = (k_1 + l_1 k_s)\boldsymbol{\alpha}_1 + (k_2 + l_2 k_s)\boldsymbol{\alpha}_2 + \cdots + (k_{s-1} + l_{s-1}k_s)\boldsymbol{\alpha}_{s-1}$$

这说明向量 $\boldsymbol{\beta}$ 可用向量组 $\boldsymbol{\alpha}_1, \boldsymbol{\alpha}_2, \cdots, \boldsymbol{\alpha}_{s-1}$ 线性表示,与已知矛盾. 因此向量 $\boldsymbol{\alpha}_s$ 不能用向量组 $\boldsymbol{\alpha}_1, \boldsymbol{\alpha}_2, \cdots, \boldsymbol{\alpha}_{s-1}$ 线性表示.

4.2 向量组的秩及其性质

4.2.1 向量组的秩

在例 4.1.1 中,向量组 $\boldsymbol{\alpha}_1, \boldsymbol{\alpha}_2, \boldsymbol{\alpha}_3$ 与它的部分组 $\boldsymbol{\alpha}_1, \boldsymbol{\alpha}_2$ 等价,而部分组 $\boldsymbol{\alpha}_1, \boldsymbol{\alpha}_2$ 是线性无关的. 这种现象说明该向量组 $\boldsymbol{\alpha}_1, \boldsymbol{\alpha}_2, \boldsymbol{\alpha}_3$ 中"人浮于事",具体地说就是 $\boldsymbol{\alpha}_3$ 在"滥竽充数",因为 $\boldsymbol{\alpha}_3 = 2\boldsymbol{\alpha}_1 - 3\boldsymbol{\alpha}_2$,因此"要打假",即裁减掉一些"冗余"的向量. 再次遭遇这个巨坑,小明决定仔细研究下它.

定义 4.2.1(极大无关组和向量组的秩) 在向量组(I): $\boldsymbol{\alpha}_1, \boldsymbol{\alpha}_2, \cdots, \boldsymbol{\alpha}_m$ 中选出 r 个向量构成的部分组,考虑到无序性,不妨记为(I_0): $\boldsymbol{\alpha}_1, \boldsymbol{\alpha}_2, \cdots, \boldsymbol{\alpha}_r$.

如果(I_0)线性无关,并且向量组(I)与它的部分组(I_0)等价,则称部分组(I_0)为向量组(I)的一个极(最)大线性无关向量组(maximal linearly independent systems,简称**极大无关组**),并且称部分组(I_0)中的向量个数 r 为**向量组(I)的秩**(rank of a vector set).

几点说明:

(1) 一言以蔽之,极大无关组就是向量组中向量个数最多的线性无关部分组.

(2) 由于极大无关组中每个向量显然可以用极大无关组线性表示,因此定义中的"向量组(I)与它的部分组(I_0)等价"可替换为:向量组(I)中除去极大无关组(I_0)后余下的向量(如果有的话)都能用极大无关组(I_0)线性表示.

(3) 对于只含有零向量的向量组,规定其秩为零.

(4) 线性无关组的极大无关组就是它自身,也就是说,向量组线性无关的充要条件是向量个数等于向量组的秩.换言之,向量组线性相关的充要条件是向量个数大于向量组的秩.

(5) 向量组的极大无关组未必是唯一的.当然,这些极大无关组的共性是它们的向量个数都是 r,即向量组的秩,而且它们是互相等价的.例如在例 4.1.1 中,$\boldsymbol{\alpha}_1$,$\boldsymbol{\alpha}_2$ 是一个极大无关组,但同时 $\boldsymbol{\alpha}_2$,$\boldsymbol{\alpha}_3$ 也是一个极大无关组,因为 $\boldsymbol{\alpha}_1=\frac{3}{2}\boldsymbol{\alpha}_2+\frac{1}{2}\boldsymbol{\alpha}_3$ 且 $\boldsymbol{\alpha}_2$,$\boldsymbol{\alpha}_3$ 线性无关.

极大无关组是原向量组中能找到的向量个数最多的线性无关部分组.基于对矩阵的敏感,这让矩阵博士小明联想到矩阵秩的类似观点,即 $r(\boldsymbol{A})$是 $\boldsymbol{A}$ 的最高阶非零子式的阶数,或者 $\boldsymbol{A}$ 的行最简形中所有非零行的个数.这再次说明矩阵语言与向量语言可以互相翻译.

事实上,按照向量语言,称矩阵 $\boldsymbol{A}$ 的列向量组的秩为矩阵 $\boldsymbol{A}$ 的**列秩**(column rank of matrix),记为 $r_C(\boldsymbol{A})$;称矩阵 $\boldsymbol{A}$ 的行向量组的秩为矩阵 $\boldsymbol{A}$ 的**行秩**(row rank of matrix),记为 $r_R(\boldsymbol{A})$.那么它们与矩阵 $\boldsymbol{A}$ 的秩之间又存在什么样的联系呢?

定理 4.2.1(三秩合一定理)　矩阵的秩既等于矩阵的列秩,也等于矩阵的行秩,即

$$r(\boldsymbol{A})=r_C(\boldsymbol{A})=r_R(\boldsymbol{A}) \tag{4.2.1}$$

证明: 令 $n\times m$ 矩阵 $\boldsymbol{A}$ 的秩为 $r(\boldsymbol{A})=r$,则必存在矩阵 $\boldsymbol{A}$ 的一个 r 阶非零子式 D_r,从而得到 $\boldsymbol{A}$ 的以 D_r 所在列构成的 $n\times r$ 子矩阵 $\boldsymbol{B}$.由于 $D_r\neq 0$,因此根据行列式判别法和拉长截短法则,可知矩阵 $\boldsymbol{B}$ 的列向量组线性无关,即 $\boldsymbol{A}$ 的列向量组中这 r 个列向量线性无关.由于 $\boldsymbol{A}$ 中所有 $r+1$ 阶子式全为零,所以 $\boldsymbol{A}$ 的列向量组中任意 $r+1$ 个列向量线性相关.因此 $\boldsymbol{B}$ 的列向量组是 $\boldsymbol{A}$ 的极大无关组,即 $\boldsymbol{A}$ 的列秩 $r_C(\boldsymbol{A})=r$.类似地,可证 $\boldsymbol{A}$ 的行秩 $r_R(\boldsymbol{A})=r$. ■

注意到矩阵 $\boldsymbol{A}$ 的列向量组就是 $\boldsymbol{A}^T$ 的行向量组,因此按照矩阵语言,三秩合一定理显然也意味着 $r(\boldsymbol{A})=r_C(\boldsymbol{A})=r_R(\boldsymbol{A}^T)=r(\boldsymbol{A}^T)$,即 $r(\boldsymbol{A})=r(\boldsymbol{A}^T)$.

矩阵的每一行可视为一个线性方程，因此按照三秩合一定理，矩阵的行向量组的线性相关性，反映的就是是否存在可“打假”的方程，而行向量组的极大无关组，则反映了由原方程组中部分方程所构成的、与原方程组同解的一个方程组，其中所含方程的个数，就是矩阵的秩或行向量组的秩.

特别地，关于 n 阶方阵 $\boldsymbol{A}$，基于不同视角的下述结论是互相等价的：

① $\boldsymbol{A}$ 是可逆方阵；

② 存在 n 阶方阵 $\boldsymbol{B}$，使得 $\boldsymbol{AB}=\boldsymbol{I}$ 或 $\boldsymbol{BA}=\boldsymbol{I}$；

③ $|\boldsymbol{A}|\neq 0$；

④ $\boldsymbol{A}\sim\boldsymbol{I}$；

⑤ $r(\boldsymbol{A})=n$，即 $\boldsymbol{A}$ 是满秩的；

⑥ $\boldsymbol{A}$ 的列(行)向量组线性无关；

⑦ $\boldsymbol{A}$ 有 n 个非零主元；

⑧ 线性变换 $\boldsymbol{x}\mapsto\boldsymbol{Ax}$ 是一对一的；

⑨ 非齐次线性方程组 $\boldsymbol{Ax}=\boldsymbol{b}$ 有唯一解；

⑩ 齐次线性方程组 $\boldsymbol{Ax}=\boldsymbol{0}$ 只有零解.

至此，矩阵博士小明开始遭遇向量组的三个基本问题：

(1) 如何求向量组的秩？

(2) 如何求向量组的一个极大无关组？

(3) 如何将向量组中除极大无关组外的剩余向量(如果有的话)用极大无关组线性表示出来？

小明觉得显然应当从三秩合一定理入手，因为它给出了矩阵秩的向量视角. 这就是说，借助于矩阵工具，首先可将“求向量组的秩”翻译为“求矩阵的秩”，即“向量组的秩等于以此向量组为列向量组的矩阵的秩”. 而求矩阵的秩，必然用到保秩的初等行变换. 那么，回译成向量语言的话，矩阵的初等行变换对矩阵的列向量组又意味着什么？

假定 $n\times m$ 矩阵 $\boldsymbol{A}$ 经过初等行变换变成新矩阵 $\boldsymbol{B}$，即存在 n 阶可逆方阵 $\boldsymbol{P}$，使得 $\boldsymbol{B}=\boldsymbol{PA}$，因此齐次线性方程组 $\boldsymbol{Ax}=\boldsymbol{0}$ 与 $\boldsymbol{Bx}=\boldsymbol{0}$ 同解. 翻译成向量语言，这就是说，向量方程

$$x_1\boldsymbol{\alpha}_1+x_2\boldsymbol{\alpha}_2+\cdots+x_m\boldsymbol{\alpha}_m=\boldsymbol{0} \text{ 与 } x_1\boldsymbol{\beta}_1+x_2\boldsymbol{\beta}_2+\cdots+x_m\boldsymbol{\beta}_m=\boldsymbol{0}$$

同解，其中 $\boldsymbol{\alpha}_1, \boldsymbol{\alpha}_2, \cdots, \boldsymbol{\alpha}_m$ 为 $\boldsymbol{A}$ 的列向量组，$\boldsymbol{\beta}_1, \boldsymbol{\beta}_2, \cdots, \boldsymbol{\beta}_m$ 为 $\boldsymbol{B}$ 的列向量组，于是有

$$x_1\boldsymbol{\alpha}_1+x_2\boldsymbol{\alpha}_2+\cdots+x_m\boldsymbol{\alpha}_m=x_1\boldsymbol{\beta}_1+x_2\boldsymbol{\beta}_2+\cdots+x_m\boldsymbol{\beta}_m=\boldsymbol{0} \tag{4.2.2}$$

这说明新旧矩阵的列向量组具有**线性相关不变性：经过保秩的初等行变换，新旧矩阵不仅列向量组的线性相关性保持不变，而且组合系数也保持不变**. 更一般地，$\boldsymbol{A}$ 的第 $j_1, j_2, \cdots, j_r$ 列构成的部分组与 $\boldsymbol{B}$ 的第 $j_1, j_2, \cdots, j_r$ 列构成的部分组也具有线性相关不变性，因为此时只要 $\boldsymbol{A}$ 与 $\boldsymbol{B}$ 中剩余列向量的组合系数都取零，则式(4.2.2)仍然成立.

当矩阵 $\boldsymbol{B}=(\boldsymbol{\beta}_1, \boldsymbol{\beta}_2, \cdots, \boldsymbol{\beta}_m)$ 是矩阵 $\boldsymbol{A}=(\boldsymbol{\alpha}_1, \boldsymbol{\alpha}_2, \cdots, \boldsymbol{\alpha}_m)$ 的行最简形时，显然能从矩阵 $\boldsymbol{B}$ 中很容易地看出向量组 $\boldsymbol{\beta}_1, \boldsymbol{\beta}_2, \cdots, \boldsymbol{\beta}_m$ 的秩以及极大无关组，并可以看出剩余列向量关于极大无关组的线性表示，这样利用上述的线性相关不变性，就能对应地解决向量组

$\boldsymbol{\alpha}_1, \boldsymbol{\alpha}_2, \cdots, \boldsymbol{\alpha}_m$ 的三个基本问题.这就是求极大无关组的**初等行变换法**.

例 4.2.1　已知向量组

$$\boldsymbol{\alpha}_1=\begin{pmatrix}1\\2\\-1\\0\end{pmatrix}, \boldsymbol{\alpha}_2=\begin{pmatrix}3\\1\\0\\-1\end{pmatrix}, \boldsymbol{\alpha}_3=\begin{pmatrix}-7\\1\\-2\\3\end{pmatrix}, \boldsymbol{\alpha}_4=\begin{pmatrix}0\\1\\-2\\0\end{pmatrix}, \boldsymbol{\alpha}_5=\begin{pmatrix}-3\\7\\-9\\2\end{pmatrix}$$

求此向量组的一个极大无关组,并用极大无关组线性表示剩余向量.

解法一:手工计算.

构造矩阵 $\boldsymbol{A}=(\boldsymbol{\alpha}_1, \boldsymbol{\alpha}_2, \boldsymbol{\alpha}_3, \boldsymbol{\alpha}_4, \boldsymbol{\alpha}_5)$,并进行初等行变换,可得

$$\boldsymbol{A}=\begin{pmatrix}1&3&-7&0&-3\\2&1&1&1&7\\-1&0&-2&-2&-9\\0&-1&3&0&2\end{pmatrix}\rightarrow\begin{pmatrix}1&0&2&0&3\\0&1&-3&0&-2\\0&0&0&1&3\\0&0&0&0&0\end{pmatrix}=\boldsymbol{B}$$

因此 $r(\boldsymbol{A})=r(\boldsymbol{B})=3$,故 $\boldsymbol{A}$ 的列秩为3,即 $\boldsymbol{A}$ 的列向量组的极大无关组含有3个向量.令 $\boldsymbol{B}=(\boldsymbol{\beta}_1, \boldsymbol{\beta}_2, \boldsymbol{\beta}_3, \boldsymbol{\beta}_4, \boldsymbol{\beta}_5)$.注意到 $\boldsymbol{B}$ 的3个首元依次出现在第1,2和4列(也称为**基本列**),故可取 $\boldsymbol{\beta}_1, \boldsymbol{\beta}_2, \boldsymbol{\beta}_4$ 为矩阵 $\boldsymbol{B}$ 的列向量组的一个极大无关组,进而根据线性相关不变性,可知列向量组 $\boldsymbol{\alpha}_1, \boldsymbol{\alpha}_2, \boldsymbol{\alpha}_3, \boldsymbol{\alpha}_4, \boldsymbol{\alpha}_5$ 的一个极大无关组为 $\boldsymbol{\alpha}_1, \boldsymbol{\alpha}_2, \boldsymbol{\alpha}_4$.

要用极大无关组 $\boldsymbol{\alpha}_1, \boldsymbol{\alpha}_2, \boldsymbol{\alpha}_4$ 来线性表示 $\boldsymbol{\alpha}_3$,只要观察 $\boldsymbol{A}$ 的行最简矩阵 $\boldsymbol{B}$,可得

$$\boldsymbol{\beta}_3=2\boldsymbol{\beta}_1+(-3)\boldsymbol{\beta}_2+0\boldsymbol{\beta}_4, \text{即 } 2\boldsymbol{\beta}_1+(-3)\boldsymbol{\beta}_2+(-1)\boldsymbol{\beta}_3+0\boldsymbol{\beta}_4+0\boldsymbol{\beta}_5=\mathbf{0}$$

根据线性相关不变性,即得

$$2\boldsymbol{\alpha}_1+(-3)\boldsymbol{\alpha}_2+(-1)\boldsymbol{\alpha}_3+0\boldsymbol{\alpha}_4+0\boldsymbol{\alpha}_5=\mathbf{0}$$

也就是 $\boldsymbol{\alpha}_3=2\boldsymbol{\alpha}_1+(-3)\boldsymbol{\alpha}_2+0\boldsymbol{\alpha}_4$.

类似地,可得 $\boldsymbol{\alpha}_5=3\boldsymbol{\alpha}_1+(-2)\boldsymbol{\alpha}_2+3\boldsymbol{\alpha}_4$.

说明:极大无关组 $\boldsymbol{\beta}_1, \boldsymbol{\beta}_2, \boldsymbol{\beta}_4$ 对应极大无关组 $\boldsymbol{\alpha}_1, \boldsymbol{\alpha}_2, \boldsymbol{\alpha}_4$ 的详细原因,是因为 $\boldsymbol{\beta}_1, \boldsymbol{\beta}_2, \boldsymbol{\beta}_4$ 线性无关,即当且仅当 $k_1=k_2=k_4=0$ 时有 $k_1\boldsymbol{\beta}_1+k_2\boldsymbol{\beta}_2+k_4\boldsymbol{\beta}_4=\mathbf{0}$,也就是 $k_1\boldsymbol{\beta}_1+k_2\boldsymbol{\beta}_2+0\boldsymbol{\beta}_3+k_4\boldsymbol{\beta}_4+0\boldsymbol{\beta}_5=\mathbf{0}$,根据线性相关不变性,此即 $k_1\boldsymbol{\alpha}_1+k_2\boldsymbol{\alpha}_2+0\boldsymbol{\alpha}_3+k_4\boldsymbol{\alpha}_4+0\boldsymbol{\alpha}_5=\mathbf{0}$,也就是 $k_1\boldsymbol{\alpha}_1+k_2\boldsymbol{\alpha}_2+k_4\boldsymbol{\alpha}_4=\mathbf{0}$.

思考　本题中,极大无关组是否也可以选 $\boldsymbol{\alpha}_1, \boldsymbol{\alpha}_2, \boldsymbol{\alpha}_5$? $\boldsymbol{\alpha}_1, \boldsymbol{\alpha}_3, \boldsymbol{\alpha}_5$ 呢? $\boldsymbol{\alpha}_1, \boldsymbol{\alpha}_4, \boldsymbol{\alpha}_5$ 为什么不可以?

解法二:MATLAB计算.(文件名为ex4201.m)

```
a1=[1,2,-1,0]';a2=[3,1,0,-1]';a3=[-7,1,-2,3]';
a4=[0,1,-2,0]';a5=[-3,7,-9,2]';
A=[a1,a2,a3,a4,a5]  % 向量组成为矩阵 A 的列向量组
% 调用自定义函数 VecTriProb,详见本章实验二
[r,V,B,A1]=VecTriProb(A)
```

例 4.2.2 设 $\boldsymbol{A}$ 为 $m\times n$ 矩阵,则 $r(\boldsymbol{A})=1$ 的充要条件是存在 m 维非零列向量 $\boldsymbol{\alpha}$ 和 n 维非零列向量 $\boldsymbol{\beta}$,使得 $\boldsymbol{A}=\boldsymbol{\alpha\beta}^T$.

证明: 必要性. 设 $r(\boldsymbol{A})=1$,按照三秩合一定理,此即 $\boldsymbol{A}$ 中任何两列都线性相关. 由于 $r(\boldsymbol{A})=1$,则 $\boldsymbol{A}$ 中必有元素为非零元素,否则 $\boldsymbol{A}=\boldsymbol{O}$,即 $r(\boldsymbol{A})=0$,出现矛盾.

设 $\boldsymbol{A}=(\boldsymbol{\alpha},\boldsymbol{\alpha}_2,\cdots,\boldsymbol{\alpha}_n)$,且不妨设 $\boldsymbol{\alpha}\neq\boldsymbol{0}$,则必存在常数 $b_i(i=2,3,\cdots,n)$,使得 $\boldsymbol{\alpha}_i=b_i\boldsymbol{\alpha}$. 记 $\boldsymbol{\beta}=(1,b_2,\cdots,b_n)^T$,则有 $\boldsymbol{\beta}\neq\boldsymbol{0}$,且 $\boldsymbol{A}=(\boldsymbol{\alpha},\boldsymbol{\alpha}_2,\cdots,\boldsymbol{\alpha}_n)=(\boldsymbol{\alpha},b_2\boldsymbol{\alpha},\cdots,b_n\boldsymbol{\alpha})=\boldsymbol{\alpha\beta}^T$.

充分性. 记 $\boldsymbol{\beta}=(b_1,b_2,\cdots,b_n)^T$,由于 $\boldsymbol{\beta}\neq\boldsymbol{0}$,因此不妨设 $b_1\neq 0$. 此时有 $\boldsymbol{A}=\boldsymbol{\alpha\beta}^T=(b_1\boldsymbol{\alpha},b_2\boldsymbol{\alpha},\cdots,b_n\boldsymbol{\alpha})$,即矩阵 $\boldsymbol{A}$ 的列向量组的一个极大无关组是 $b_1\boldsymbol{\alpha}$,按照三秩合一定理,此即 $r(\boldsymbol{A})=1$.

4.2.2 向量组秩的性质

> **定理 4.2.2(steinitz 替换定理)** 如果向量组(I)能用向量组(II)线性表示,则向量组(I)的秩不大于向量组(II)的秩.

证: 设向量组(I)的秩为 s,有一个极大无关组 $\boldsymbol{\alpha}_1,\boldsymbol{\alpha}_2,\cdots,\boldsymbol{\alpha}_s$;向量组(II)的秩为 t,有一个极大无关组 $\boldsymbol{\beta}_1,\boldsymbol{\beta}_2,\cdots,\boldsymbol{\beta}_t$. 由于向量组 $\boldsymbol{\alpha}_1,\boldsymbol{\alpha}_2,\cdots,\boldsymbol{\alpha}_s$ 能由向量组(I)线性表示,向量组(I)能由向量组(II)线性表示,向量组(II)能由向量组 $\boldsymbol{\beta}_1,\boldsymbol{\beta}_2,\cdots,\boldsymbol{\beta}_t$ 线性表示,故向量组 $\boldsymbol{\alpha}_1,\boldsymbol{\alpha}_2,\cdots,\boldsymbol{\alpha}_s$ 能由向量组 $\boldsymbol{\beta}_1,\boldsymbol{\beta}_2,\cdots,\boldsymbol{\beta}_t$ 线性表示. 因此向量组 $\boldsymbol{\beta}_1,\boldsymbol{\beta}_2,\cdots,\boldsymbol{\beta}_t$ 是新向量组

$$(\text{III}):\boldsymbol{\alpha}_1,\boldsymbol{\alpha}_2,\cdots,\boldsymbol{\alpha}_s,\boldsymbol{\beta}_1,\boldsymbol{\beta}_2,\cdots,\boldsymbol{\beta}_t$$

的一个极大无关组,即向量组(III)的秩为 t. 由于向量组(III)的部分组 $\boldsymbol{\alpha}_1,\boldsymbol{\alpha}_2,\cdots,\boldsymbol{\alpha}_s$ 线性无关,因此向量组(III)的秩不小于 s,从而有 $s\leqslant t$. ■

替换定理中的向量语言显然可翻译成矩阵语言. 不妨设向量组(I)对应矩阵 $\boldsymbol{A}$,向量组(II)对应矩阵 $\boldsymbol{B}$,则向量组(I)能用向量组(II)线性表示意味着存在系数矩阵 $\boldsymbol{P}$,使得 $\boldsymbol{A}=\boldsymbol{BP}$. 再由三秩合一定理,即得 $r(\boldsymbol{A})=r(\boldsymbol{BP})\leqslant r(\boldsymbol{B})$,也就是定理 3.2.6 的结论: 矩阵乘积的秩不超过因子的秩. 比之于那里的矩阵证法,显然上面的向量证法更加直观浅显,通俗易懂. 这种"傻白甜"的向量视角,简直仿若白居易的诗,童叟皆可解,妇孺皆可吟.

推论 4.2.1(等价必等秩) 等价的向量组必等秩.

小明发现此推论的逆命题未必成立,即等秩的向量组未必等价. 例如向量组(I): $\boldsymbol{\alpha}=\begin{pmatrix}1\\0\end{pmatrix}$与向量组(II): $\boldsymbol{\beta}=\begin{pmatrix}0\\1\end{pmatrix}$ 的秩都是 1,但显然两向量组不等价. 与之对应的是,两矩阵等价,当且仅当它们是等秩的同维矩阵.

基于百折不挠的探索精神,小明自然进一步追问道: 还需要满足何种条件,等秩的两向量组就一定能等价呢?

推论 4.2.2 向量组(II)能用向量组(I)线性表示,且它们的秩相等,则两向量组

等价.

证明：设向量组(I)和(II)的秩都为 r. 将两者合并成新向量组(III)：(I),(II). 由于向量组(II)能用向量组(I)线性表示,因此向量组(III)与向量组(I)等价,即向量组(III)的秩也为 r.

取向量组(II)的极大无关组(II_0),由于向量组(III)的秩也为 r,因此(II_0)也是向量组(III)的极大无关组,因此向量组(II_0)与向量组(III)等价.

由于向量组(I)与向量组(III)等价,向量组(III)与向量组(II_0)等价,向量组(II_0)与向量组(II)等价,所以根据等价关系的传递性,即得向量组(I)与向量组(II)等价. ■

同样可将上述推论中的向量语言翻译成矩阵语言. 设向量组(I)对应矩阵 $\boldsymbol{A}$,向量组(II)对应矩阵 $\boldsymbol{B}$,则向量组(II)能用向量组(I)线性表示意味着存在系数矩阵 $\boldsymbol{P}$,使得 $\boldsymbol{B}=\boldsymbol{AP}$. 由于 $r(\boldsymbol{A})=r(\boldsymbol{B})$,因此 $\boldsymbol{P}$ 为可逆方阵,从而有 $\boldsymbol{A}=\boldsymbol{BP}^{-1}$,这意味着向量组(I)也能用向量组(II)线性表示.

推论 4.2.3 若向量组(I)：$\boldsymbol{\alpha}_1, \boldsymbol{\alpha}_2, \cdots, \boldsymbol{\alpha}_s$ 可由向量组(II)：$\boldsymbol{\beta}_1, \boldsymbol{\beta}_2, \cdots, \boldsymbol{\beta}_t$ 线性表示,且 $s>t$,则向量组(I)：$\boldsymbol{\alpha}_1, \boldsymbol{\alpha}_2, \cdots, \boldsymbol{\alpha}_s$ 必线性相关. 这就是说,如果多数向量可以由少数向量线性表示,那么这多数向量必定线性相关.

证明：由替换定理,可知向量组(I)的秩不超过向量组(II)的秩,而向量组(II)的秩不超过其向量个数 t,又 $t<s$,所以向量组(I)的秩小于其向量个数 s,根据矩阵秩判别法,即得向量组(I)线性相关. ■

此推论也可翻译成矩阵语言. 设 $\boldsymbol{A}=(\boldsymbol{\alpha}_1, \boldsymbol{\alpha}_2, \cdots, \boldsymbol{\alpha}_s)$, $\boldsymbol{B}=(\boldsymbol{\beta}_1, \boldsymbol{\beta}_2, \cdots, \boldsymbol{\beta}_t)$,则向量组(I)线性相关意味着 $r(\boldsymbol{A})<s$. 事实上,向量组(I)能用向量组(II)线性表示意味着存在 $t\times s$ 系数矩阵 $\boldsymbol{P}$,使得 $\boldsymbol{A}=\boldsymbol{BP}$. 由于 $s>t$,因此 $r(\boldsymbol{P})\leqslant t<s$. 从而有 $r(\boldsymbol{A})=r(\boldsymbol{BP})\leqslant r(\boldsymbol{P})<s$.

推论 4.2.4 向量组(I)：$\boldsymbol{\alpha}_1, \boldsymbol{\alpha}_2, \cdots, \boldsymbol{\alpha}_s$ 与向量组(II)：$k\boldsymbol{\alpha}_1, k\boldsymbol{\alpha}_2, \cdots, k\boldsymbol{\alpha}_s (k\neq 0)$ 必等秩.

证明：显然向量组(I)与向量组(II)等价,因此两者也等秩. ■

这个推论对应的矩阵语言是显然的. 设 $\boldsymbol{A}=(\boldsymbol{\alpha}_1, \boldsymbol{\alpha}_2, \cdots, \boldsymbol{\alpha}_s)$, $\boldsymbol{B}=(k\boldsymbol{\alpha}_1, k\boldsymbol{\alpha}_2, \cdots, k\boldsymbol{\alpha}_s)$,根据三秩合一定理,显然有 $r(\boldsymbol{B})=r(k\boldsymbol{A})=r(\boldsymbol{A})$.

推论 4.2.5 向量组(III)：$\boldsymbol{\alpha}_1, \boldsymbol{\alpha}_2, \cdots, \boldsymbol{\alpha}_s, \boldsymbol{\beta}_1, \boldsymbol{\beta}_2, \cdots, \boldsymbol{\beta}_t$ 的秩不超过其部分组(I)：$\boldsymbol{\alpha}_1, \boldsymbol{\alpha}_2, \cdots, \boldsymbol{\alpha}_s$ 与(II)：$\boldsymbol{\beta}_1, \boldsymbol{\beta}_2, \cdots, \boldsymbol{\beta}_t$ 的秩之和. 特别地,当向量组(I)和(II)都线性无关时,向量组(III)的秩不超过 $s+t$(话说向量组的秩本来就不超过向量的个数).

证明：分别选取部分组(I)的极大无关组(I_0)及部分组(II)的极大无关组(II_0),并将两者合并成新向量组(IV)：(I_0),(II_0). 显然向量组(III)可以由向量组(IV)线性表示,因此向量组(III)的秩不超过向量组(IV)的秩,而向量组(IV)的秩不超过其向量个数,即向量组(I)的秩与向量组(II)的秩之和. ■

将此推论翻译成矩阵语言. 设 $\boldsymbol{A}=(\boldsymbol{\alpha}_1, \boldsymbol{\alpha}_2, \cdots, \boldsymbol{\alpha}_s)$, $\boldsymbol{B}=(\boldsymbol{\beta}_1, \boldsymbol{\beta}_2, \cdots, \boldsymbol{\beta}_t)$, $\boldsymbol{C}=(\boldsymbol{\alpha}_1, \boldsymbol{\alpha}_2, \cdots, \boldsymbol{\alpha}_s, \boldsymbol{\beta}_1, \boldsymbol{\beta}_2, \cdots, \boldsymbol{\beta}_t)$. 显然 $\boldsymbol{C}=(\boldsymbol{A}, \boldsymbol{B})$. 按照三秩合一定理,结论显然就是"矩阵的秩不超过其列分块的秩之和",也就是 $r(\boldsymbol{A}, \boldsymbol{B})\leqslant r(\boldsymbol{A})+r(\boldsymbol{B})$.

推论 4.2.6 向量组(III)：$\boldsymbol{\alpha}_1+\boldsymbol{\beta}_1, \boldsymbol{\alpha}_2+\boldsymbol{\beta}_2, \cdots, \boldsymbol{\alpha}_s+\boldsymbol{\beta}_s$ 的秩不超过向量组(I)：$\boldsymbol{\alpha}_1$,

$\boldsymbol{\alpha}_2, \cdots, \boldsymbol{\alpha}_s$ 与向量组(II)：$\boldsymbol{\beta}_1, \boldsymbol{\beta}_2, \cdots, \boldsymbol{\beta}_s$ 的秩之和.

证明：分别选取向量组(I)的极大无关组(I_0)及向量组(II)的极大无关组(II_0)，并将两者合并成新向量组(IV)：(I_0)，(II_0). 显然向量组(III)可以由向量组(IV)线性表示，因此向量组(III)的秩不超过向量组(IV)的秩，更不超过向量组(IV)中的向量个数. ■

此推论也可以翻译成矩阵语言. 设 $\boldsymbol{A}=(\boldsymbol{\alpha}_1, \boldsymbol{\alpha}_2, \cdots, \boldsymbol{\alpha}_s)$, $\boldsymbol{B}=(\boldsymbol{\beta}_1, \boldsymbol{\beta}_2, \cdots, \boldsymbol{\beta}_t)$, $\boldsymbol{C}=(\boldsymbol{\alpha}_1+\boldsymbol{\beta}_1, \boldsymbol{\alpha}_2+\boldsymbol{\beta}_2, \cdots, \boldsymbol{\alpha}_s+\boldsymbol{\beta}_s)$. 显然 $\boldsymbol{C}=\boldsymbol{A}+\boldsymbol{B}$. 按照三秩合一定理，结论显然就是"矩阵和的秩不超过秩之和"，也就是 $r(\boldsymbol{A}+\boldsymbol{B}) \leqslant r(\boldsymbol{A})+r(\boldsymbol{B})$.

回想起上一章里证明这些矩阵秩的性质时矩阵语言的笨重迟缓，再反观这里向量语言的轻巧灵动，矩阵博士小明突然惊觉自己已经爱死向量语言了. 事实上，他的反应也在情理之中，因为正如第一章已经提及的那样，向量组这种中观思维，既吸收了宏观上将矩阵视为符号 $\boldsymbol{A}$ 的抽象和概括，又兼具视矩阵为一堆数 a_{ij} 的具象和具体. 正所谓抽象与具象齐飞，概括共具体一色. 如果能够再辅以几何上的形象，那真是极好的.

例 4.2.3 已知向量组

$$\boldsymbol{\alpha}_1=\begin{pmatrix}1\\2\\-1\\0\end{pmatrix}, \boldsymbol{\alpha}_2=\begin{pmatrix}3\\1\\0\\-1\end{pmatrix}; \boldsymbol{\beta}_1=\begin{pmatrix}1\\2\\-1\\0\end{pmatrix}, \boldsymbol{\beta}_2=\begin{pmatrix}1\\-1\\-4\\3\end{pmatrix}, \boldsymbol{\beta}_3=\begin{pmatrix}1\\8\\5\\-6\end{pmatrix}$$

证明向量组 $\boldsymbol{\alpha}_1, \boldsymbol{\alpha}_2$ 与 $\boldsymbol{\beta}_1, \boldsymbol{\beta}_2, \boldsymbol{\beta}_3$ 等价.

分析：例 4.1.3 中已经解决过类似的问题. 记 $\boldsymbol{A}=(\boldsymbol{\alpha}_1, \boldsymbol{\alpha}_2)$, $\boldsymbol{B}=(\boldsymbol{\beta}_1, \boldsymbol{\beta}_2, \boldsymbol{\beta}_3)$. 要证向量组 $\boldsymbol{\alpha}_1, \boldsymbol{\alpha}_2$ 与 $\boldsymbol{\beta}_1, \boldsymbol{\beta}_2, \boldsymbol{\beta}_3$ 等价，也就是要寻找系数矩阵 $\boldsymbol{X}, \boldsymbol{Y}$，使得矩阵方程 $\boldsymbol{AX}=\boldsymbol{B}$ 和 $\boldsymbol{BY}=\boldsymbol{A}$ 同时有解. 遗憾的是这里矩阵 $\boldsymbol{A}, \boldsymbol{B}$ 都不是方阵，因此不能使用例 4.1.3 的解法.

事实上，向量组 $\boldsymbol{\alpha}_1, \boldsymbol{\alpha}_2$ 与 $\boldsymbol{\beta}_1, \boldsymbol{\beta}_2, \boldsymbol{\beta}_3$ 等价意味着它们都能够与向量组 $\boldsymbol{\alpha}_1, \boldsymbol{\alpha}_2, \boldsymbol{\beta}_1, \boldsymbol{\beta}_2, \boldsymbol{\beta}_3$ 互相线性表示，按照三秩合一定理，这等价于 $r(\boldsymbol{A})=r(\boldsymbol{A}, \boldsymbol{B})$ 及 $r(\boldsymbol{B})=r(\boldsymbol{B}, \boldsymbol{A})$，也就是

$$r(\boldsymbol{A})=r(\boldsymbol{B})=r(\boldsymbol{A}, \boldsymbol{B})$$

解法一：手工计算.

记 $\boldsymbol{A}=(\boldsymbol{\alpha}_1, \boldsymbol{\alpha}_2)$, $\boldsymbol{B}=(\boldsymbol{\beta}_1, \boldsymbol{\beta}_2, \boldsymbol{\beta}_3)$. 对 $(\boldsymbol{A}, \boldsymbol{B})$ 作初等行变换，即

$$(\boldsymbol{A}, \boldsymbol{B})=\left(\begin{array}{cc:ccc}1&3&-7&0&-3\\2&1&1&5&-11\\-1&0&-2&-3&6\\0&-1&3&1&-1\end{array}\right)\to\left(\begin{array}{cc:ccc}1&3&-7&0&-3\\0&-5&15&5&-5\\0&3&-9&-3&3\\0&-1&3&1&-1\end{array}\right)\to$$
$$\left(\begin{array}{cc:ccc}1&3&-7&0&-3\\0&1&-3&-1&1\\0&0&0&0&0\\0&0&0&0&0\end{array}\right)$$

可得 $r(\boldsymbol{A})=r(\boldsymbol{B})=r(\boldsymbol{A}, \boldsymbol{B})=2$，因此向量组 $\boldsymbol{\alpha}_1, \boldsymbol{\alpha}_2$ 与 $\boldsymbol{\beta}_1, \boldsymbol{\beta}_2, \boldsymbol{\beta}_3$ 等价.

解法二：MATLAB计算.（文件名为ex4203.m）

```
a1=[1,2,-1,0]';a2= [3,1,0,-1]';
b1=[-7,1,-2,3]';b2=[0,5,-3,1]';b3=[-3,-11,6,-1]';
A=[a1,a2];B=[b1,b2,b3];
r1=rank(A);r2=rank(B);r3=rank([A,B]);
if r1==r2 && r1==r3  %  三个秩都要相等
    disp'两向量组等价！'
else
    disp'两向量组不等价！'
end
```

例4.2.4 设有n维向量组(I)：$\boldsymbol{\alpha}_1, \boldsymbol{\alpha}_2, \cdots, \boldsymbol{\alpha}_m (m<n)$和(II)：$\boldsymbol{\beta}_1, \boldsymbol{\beta}_2, \cdots, \boldsymbol{\beta}_m$，且向量组(I)线性无关.证明向量组(II)线性无关的充分条件是向量组(I)可由向量组(II)线性表示.

证明： 设向量组(I)的秩为r_1，向量组(II)的秩为r_2. 因为向量组(I)线性无关，所以$r_1=m$. 又因为向量组(I)可由向量组(II)线性表示，所以由替换定理，可知$r_1 \leqslant r_2$，进而有$r_2 \geqslant m$. 注意到向量组(II)中有m个向量，因此又有$r_2 \leqslant m$. 故有$r_2=m$，即向量组(II)线性无关.■

上述充分条件是否也是必要条件呢？经过一番探究，小明很遗憾地一摊双手：不是！例如向量组

$$(\mathrm{I}):\boldsymbol{\alpha}_1=\begin{pmatrix}1\\0\\0\end{pmatrix},\boldsymbol{\alpha}_2=\begin{pmatrix}0\\1\\0\end{pmatrix}\text{和}(\mathrm{II}):\boldsymbol{\beta}_1=\begin{pmatrix}1\\0\\0\end{pmatrix},\boldsymbol{\beta}_2=\begin{pmatrix}0\\0\\1\end{pmatrix}$$

显然都线性无关，但向量组(I)不能由向量组(II)线性表示.

4.3 向量空间及其应用

4.3.1 向量空间的基本概念

在例3.2.13中，已求得齐次线性方程组

$$\begin{cases} x_1+x_2+x_3+4x_4-3x_5 &= 0, \\ x_1-x_2+3x_3-2x_4-x_5 &= 0, \\ 2x_1+x_2+3x_3+5x_4-5x_5 &= 0. \end{cases}$$

的通解为

$$\begin{pmatrix}x_1\\x_2\\x_3\\x_4\\x_5\end{pmatrix}=c_1\begin{pmatrix}-2\\1\\1\\0\\0\end{pmatrix}+c_2\begin{pmatrix}-1\\-3\\0\\1\\0\end{pmatrix}+c_3\begin{pmatrix}2\\1\\0\\0\\1\end{pmatrix},\text{即 }\boldsymbol{x}=c_1\boldsymbol{\alpha}_1+c_2\boldsymbol{\alpha}_2+c_3\boldsymbol{\alpha}_3$$

显然,选好三个代表 $\boldsymbol{\alpha}_1$, $\boldsymbol{\alpha}_2$, $\boldsymbol{\alpha}_3$ 这个基础解系之后,所求通解即为它的一切线性组合的集合:

$$S = \{\boldsymbol{x} = c_1\boldsymbol{\alpha}_1 + c_2\boldsymbol{\alpha}_2 + c_3\boldsymbol{\alpha}_3 \mid c_1, c_2, c_3 \in \mathbb{R}\}$$

分别取 $c_1 = c_2 = 1$, $c_3 = 0$,以及 $c_1 = 1$, $c_2 = c_3 = 0$,可知 S 对向量的线性运算(加法和数乘)都封闭,即

(1) (**可加性**)若 $\boldsymbol{\alpha}_1 \in S$, $\boldsymbol{\alpha}_2 \in S$,则 $\boldsymbol{\alpha}_1 + \boldsymbol{\alpha}_2 \in S$.

(2) (**齐次性**)若 $\boldsymbol{\alpha} \in S$,则 $k\boldsymbol{\alpha} \in S$.

鉴于形如 S 这样的集合大量存在,小明觉得有必要研究它们的公共性质,从而提炼出具有概括性的新概念.不过他时时提醒自己这个"文明人",要且行且思,慢慢享受这种抽象的过程.

定义 4.3.1(向量空间) 如果 n 维向量的非空集合 V 对于线性运算(加法及数乘)都封闭,则称集合 V 为**向量空间**(vector space).

例 4.3.1 易证全体 3 维向量的集合$\mathbb{R}^3$是一个向量空间.一般地,全体 n 维向量的集合$\mathbb{R}^n$是一个向量空间.另外仅有一个零向量的集合$\{(0, 0, \cdots, 0)^T\}$也是向量空间,称为**零空间**(zero space).

例 4.3.2 易证集合 $T = \{(x_1, x_2, 0)^T \mid x_1, x_2 \in \mathbb{R}\}$ 是一个向量空间.事实上,它是$\mathbb{R}^3$在 ox_1x_2 平面上的投影空间.

事实上,向量空间 T 是向量空间$\mathbb{R}^3$的子集,确切地说,T 是$\mathbb{R}^3$的一个子空间.

定义 4.3.2(子空间) 设有向量空间 V_1 及 V_2.如果 $V_1 \subseteq V_2$,则称 V_1 是 V_2 的**子空间**(subspace).

例如,前述的集合 S 就是一个向量空间,而且是$\mathbb{R}^5$的一个子空间.

显然任何向量空间 V 都是它自己的子空间,而零空间则是任何向量空间 V 的子空间.

例 4.3.3 向量空间$\mathbb{R}^2$不是 T 的子空间,更不是$\mathbb{R}^3$的子空间.这是因为$\mathbb{R}^2$中的元素是 2 维列向量,而 T 中的元素则是 3 维列向量,尽管这些向量的第 3 个分量恒为零.

接着小明把目光投向向量空间与其元素之间的关系上.

定义 4.3.3(张成空间) 设向量 $\boldsymbol{\alpha}$, $\boldsymbol{\beta} \in \mathbb{R}^n$,易知两者的全体线性组合的集合为一个向量空间,称为向量 $\boldsymbol{\alpha}$, $\boldsymbol{\beta}$ 的**张成空间**(span space),其中 $\boldsymbol{\alpha}$, $\boldsymbol{\beta} \in \mathbb{R}^n$称为**生成元**(generator),即

$$\operatorname{span}(\boldsymbol{\alpha}, \boldsymbol{\beta}) = \{k\boldsymbol{\alpha} + l\boldsymbol{\beta} \mid k, l \in \mathbb{R}\}$$

一般地,向量组 $\boldsymbol{\alpha}_1$, $\boldsymbol{\alpha}_2$, $\cdots$, $\boldsymbol{\alpha}_m$ 的张成空间为

$$\operatorname{span}(\boldsymbol{\alpha}_1, \boldsymbol{\alpha}_2, \cdots, \boldsymbol{\alpha}_m) = \{k_1\boldsymbol{\alpha}_1 + k_2\boldsymbol{\alpha}_2 + \cdots + k_m\boldsymbol{\alpha}_m \mid k_1, k_2, \cdots, k_m \in \mathbb{R}\}$$

如果令 $\boldsymbol{A}=(\boldsymbol{\alpha}_1, \boldsymbol{\alpha}_2, \cdots, \boldsymbol{\alpha}_m)$，则 $\mathrm{span}(\boldsymbol{\alpha}_1, \boldsymbol{\alpha}_2, \cdots, \boldsymbol{\alpha}_m)$ 也称为矩阵 $\boldsymbol{A}$ 的**列空间**(column space)，即矩阵 $\boldsymbol{A}$ 的列向量组的张成空间.

定理 4.3.1　等价向量组的张成空间完全相同.

证明：设向量组 $\boldsymbol{\alpha}_1, \boldsymbol{\alpha}_2, \cdots, \boldsymbol{\alpha}_s$ 与 $\boldsymbol{\beta}_1, \boldsymbol{\beta}_2, \cdots, \boldsymbol{\beta}_t$ 等价，且

$$V_1 = \mathrm{span}(\boldsymbol{\alpha}_1, \boldsymbol{\alpha}_2, \cdots, \boldsymbol{\alpha}_m),\ V_2 = \mathrm{span}(\boldsymbol{\beta}_1, \boldsymbol{\beta}_2, \cdots, \boldsymbol{\beta}_t)$$

对任意 $\boldsymbol{x} \in V_1$，由于 $\boldsymbol{x}$ 可由向量组 $\boldsymbol{\alpha}_1, \boldsymbol{\alpha}_2, \cdots, \boldsymbol{\alpha}_s$ 线性表示，而 $\boldsymbol{\alpha}_1, \boldsymbol{\alpha}_2, \cdots, \boldsymbol{\alpha}_s$ 可由 $\boldsymbol{\beta}_1, \boldsymbol{\beta}_2, \cdots, \boldsymbol{\beta}_t$ 线性表示，因此根据传递性，$\boldsymbol{x}$ 可由 $\boldsymbol{\beta}_1, \boldsymbol{\beta}_2, \cdots, \boldsymbol{\beta}_t$ 线性表示，即 $\boldsymbol{x} \in V_2$，故 $V_1 \subseteq V_2$. 同理可知 $V_2 \subseteq V_1$，所以 $V_1 = V_2$. ■

显然 $\mathrm{span}(\boldsymbol{\alpha}_1, \boldsymbol{\alpha}_2, \cdots, \boldsymbol{\alpha}_m)$ 可看成是由无数个向量构成的向量组，它与向量组 $\boldsymbol{\alpha}_1, \boldsymbol{\alpha}_2, \cdots, \boldsymbol{\alpha}_m$ 等价. 问题是 $\boldsymbol{\alpha}_1, \boldsymbol{\alpha}_2, \cdots, \boldsymbol{\alpha}_m$ 可能线性相关，因此需要裁减向量，也就是寻找 $\boldsymbol{\alpha}_1, \boldsymbol{\alpha}_2, \cdots, \boldsymbol{\alpha}_m$ 的极大无关组. “果然还是那种熟悉的味道”，小明不禁感慨道. 自感羽翼已经丰满，他终于决定跳入这个巨坑.

定义 4.3.4(向量空间的基，坐标和维数)　对给定的向量空间 V，如果其中存在一组向量 $\boldsymbol{\alpha}_1, \boldsymbol{\alpha}_2, \cdots, \boldsymbol{\alpha}_r$，使得：

(1) 向量组 $\boldsymbol{\alpha}_1, \boldsymbol{\alpha}_2, \cdots, \boldsymbol{\alpha}_r$ 线性无关，即向量组 $\boldsymbol{\alpha}_1, \boldsymbol{\alpha}_2, \cdots, \boldsymbol{\alpha}_r$ 的秩为 r.

(2) 任意 $\boldsymbol{\alpha} \in V$ 都能由 $\boldsymbol{\alpha}_1, \boldsymbol{\alpha}_2, \cdots, \boldsymbol{\alpha}_r$ 唯一地线性表示，即存在唯一的一组数 $x_1, x_2, \cdots, x_r$，使得

$$\boldsymbol{\alpha} = x_1\boldsymbol{\alpha}_1 + x_2\boldsymbol{\alpha}_2 + \cdots + x_r\boldsymbol{\alpha}_r \tag{4.3.1}$$

则称 $\boldsymbol{\alpha}_1, \boldsymbol{\alpha}_2, \cdots, \boldsymbol{\alpha}_r$ 为 V 的一组**基**(base)，称向量 $\boldsymbol{x}=(x_1, x_2, \cdots, x_r)^T$ 为向量 $\boldsymbol{\alpha}$ 在这组基下的**坐标向量**(coordinate vector)，并称分量 x_i 为向量 $\boldsymbol{\alpha}$ 在这组基下的第 i 个**坐标**(coordinate). 另外，称这组基中的向量个数 r 为向量空间 V 的**维数**(dimension)，记为 $\dim V=r$.

几点说明：

(1) 若令 $\boldsymbol{A}=(\boldsymbol{\alpha}_1, \boldsymbol{\alpha}_2, \cdots, \boldsymbol{\alpha}_r)$，则式(4.3.1)可以写成 $\boldsymbol{A}\boldsymbol{x}=\boldsymbol{\alpha}$，这样求向量 $\boldsymbol{\alpha}$ 在基 $\boldsymbol{\alpha}_1, \boldsymbol{\alpha}_2, \cdots, \boldsymbol{\alpha}_r$ 下的坐标 $x_1, x_2, \cdots, x_r$，即为求线性方程组 $\boldsymbol{A}\boldsymbol{x}=\boldsymbol{\alpha}$ 的解向量 $\boldsymbol{x}$. 显然有解时 $\boldsymbol{x}$ 是唯一的.

(2) 向量 $\boldsymbol{\alpha}$ 的坐标向量 $\boldsymbol{x}$ 既是 $\boldsymbol{\alpha}$ 的唯一标识，也反映了 $\boldsymbol{\alpha}$ 的构成方式，即以 x_i 为权重取基中的相应向量 $\boldsymbol{\alpha}_i$ 组合而成.

(3) 若把向量空间 V 看作无数个向量组成的向量组，那么 V 的基就是该向量组的极大无关组，V 的维数就是该向量组的秩.

(4) 注意一组基中的各个向量虽然是无序的，但一旦确定了它们的顺序，任意向量在

这组基下的坐标向量 $\boldsymbol{x}$ 就是有序的.

(5) 若向量组 $\boldsymbol{\alpha}_1, \boldsymbol{\alpha}_2, \cdots, \boldsymbol{\alpha}_r$ 是向量空间 V 的一组基,则 $V=\mathrm{span}(\boldsymbol{\alpha}_1, \boldsymbol{\alpha}_2, \cdots, \boldsymbol{\alpha}_r)$.

(6) 个数与向量空间 V 的维数相等的线性无关组都是 V 的基,因此基不是唯一的.

从数学上看,三维空间就是所有 3 维向量的集合,四维空间则是所有 4 维向量的集合,3 就是 3, 4 就是 4,泾渭分明,来不得半点含糊. 小明了解到,大约在 1870 年前后,n 维空间的概念已变成年轻一代数学家的必备知识. 之后这种观念传播到知识界,其中最为典型的文化事件就是艾伯特(Edwin A. Abbott, 1838—1926)撰写出科幻小说《平面国》(Flatland, 1884). 借助于文艺作品的可虚构性,在小说及 2007 年拍摄的电影里,二维空间的"方方 A"在"圆球公"的帮助下,游历了零维的点国、一维的线国和三维空间. 小明也知道,生活在三维物理空间里的我们,其实是进不了其他维空间的,尤其是难以想象的四维等高维空间. 然而在 1900 前后,人类终于在世纪之交开始了对四维空间的探索. 物理上,爱因斯坦引入了四维时空,其中第四个维度是不可逆的时间维,这显然诠释了陈子昂的诗句"前不见古人,后不见来者. 念天地之悠悠,独怆然而涕下". 超弦理论甚至认为"宇宙真正的时空,其实是一个十一维空间. "如今再加上分形中分数维的神补刀,更是令人抓狂不已. 问世间秩为何物,秩实际上就是维数,那么维数又是神马东西? 所谓"礼义廉耻,国之四维",这里的维又做何解? 我有迷魂招不得,小明只能深深地喟叹.

思考 既然例 3.2.13 中的向量组 $\boldsymbol{\alpha}_1, \boldsymbol{\alpha}_2, \boldsymbol{\alpha}_3$ 是解空间 S 的一组基,即 S 的维数为 $\dim S=3$. 但 S 中每个向量明明都是 5 维向量,这怎么破?

4.3.2 基变换与坐标变换

例 4.3.4 已知向量组

$$\boldsymbol{\alpha}_1=\begin{pmatrix}1\\2\\-1\end{pmatrix}, \boldsymbol{\alpha}_2=\begin{pmatrix}3\\1\\0\end{pmatrix}, \boldsymbol{\alpha}_3=\begin{pmatrix}-7\\1\\2\end{pmatrix} \text{和} \boldsymbol{\beta}_1=\begin{pmatrix}0\\5\\-3\end{pmatrix}, \boldsymbol{\beta}_2=\begin{pmatrix}-3\\-11\\6\end{pmatrix}, \boldsymbol{\beta}_3=\begin{pmatrix}-1\\3\\2\end{pmatrix}$$

证明 $\boldsymbol{\alpha}_1, \boldsymbol{\alpha}_2, \boldsymbol{\alpha}_3$ 是 $\mathbb{R}^3$ 的一组基,并求 $\boldsymbol{\beta}_1, \boldsymbol{\beta}_2, \boldsymbol{\beta}_3$ 在此基下的坐标.

分析: 若 $\boldsymbol{\alpha}_1, \boldsymbol{\alpha}_2, \boldsymbol{\alpha}_3$ 是 $\mathbb{R}^3$ 的一组基,则 $\boldsymbol{\alpha}_1, \boldsymbol{\alpha}_2, \boldsymbol{\alpha}_3$ 线性无关,即方阵 $\boldsymbol{A}=(\boldsymbol{\alpha}_1, \boldsymbol{\alpha}_2, \boldsymbol{\alpha}_3)$ 可逆. 至于求 $\boldsymbol{\beta}_1, \boldsymbol{\beta}_2, \boldsymbol{\beta}_3$ 在 $\boldsymbol{\alpha}_1, \boldsymbol{\alpha}_2, \boldsymbol{\alpha}_3$ 下的坐标,即寻找一组数 $x_{ij}\,(i, j=1, 2, 3)$, 满足向量方程

$$\boldsymbol{\beta}_j = x_{1j}\boldsymbol{\alpha}_1 + x_{2j}\boldsymbol{\alpha}_2 + x_{3j}\boldsymbol{\alpha}_3$$

也就是

$$(\boldsymbol{\beta}_1, \boldsymbol{\beta}_2, \boldsymbol{\beta}_3)=(\boldsymbol{\alpha}_1, \boldsymbol{\alpha}_2, \boldsymbol{\alpha}_3)\begin{pmatrix}x_{11} & x_{12} & x_{13}\\ x_{21} & x_{22} & x_{23}\\ x_{31} & x_{32} & x_{33}\end{pmatrix}$$

换成矩阵语言,即为求解矩阵方程 $\boldsymbol{AX}=\boldsymbol{B}$,这里 $\boldsymbol{B}=(\boldsymbol{\beta}_1, \boldsymbol{\beta}_2, \boldsymbol{\beta}_3)$, $\boldsymbol{X}=(x_{ij})$ 为坐标矩阵.

解法一: 手工计算.

令 $\boldsymbol{A}=(\boldsymbol{\alpha}_1, \boldsymbol{\alpha}_2, \boldsymbol{\alpha}_3)$, $\boldsymbol{B}=(\boldsymbol{\beta}_1, \boldsymbol{\beta}_2, \boldsymbol{\beta}_3)$. 因为 $|\boldsymbol{A}|\neq 0$,所以 $\boldsymbol{A}$ 可逆,因此 $\boldsymbol{\alpha}_1, \boldsymbol{\alpha}_2, \boldsymbol{\alpha}_3$ 线

性无关. 又由于 $\boldsymbol{\alpha}_1$, $\boldsymbol{\alpha}_2$, $\boldsymbol{\alpha}_3$ 中向量个数等于向量的维数,所以它是$\mathbb{R}^3$的一组基.

因为 $\boldsymbol{A}$ 可逆,因此 $\boldsymbol{AX}=\boldsymbol{B}$ 有唯一解. 对$(\boldsymbol{A} \mid \boldsymbol{B})$进行行初等变换,即

$$(\boldsymbol{A} \mid \boldsymbol{B}) = \left(\begin{array}{ccc:ccc} 1 & 3 & -7 & 0 & -3 & -1 \\ 2 & 1 & 1 & 5 & -11 & 3 \\ -1 & 0 & 2 & -3 & 6 & 2 \end{array}\right) \to \left(\begin{array}{ccc:ccc} 1 & 3 & -7 & 0 & -3 & -1 \\ 0 & -5 & 15 & 5 & -5 & 5 \\ 0 & 3 & -5 & -3 & 3 & 1 \end{array}\right)$$

$$\to \left(\begin{array}{ccc:ccc} 1 & 0 & 2 & 3 & -6 & 2 \\ 0 & 1 & -3 & -1 & 1 & -1 \\ 0 & 0 & 4 & 0 & 0 & 4 \end{array}\right) \to \left(\begin{array}{ccc:ccc} 1 & 0 & 0 & 3 & -6 & 0 \\ 0 & 1 & 0 & -1 & 1 & 2 \\ 0 & 0 & 1 & 0 & 0 & 1 \end{array}\right)$$

可得 $\boldsymbol{X} = \begin{pmatrix} 3 & -6 & 0 \\ -1 & 1 & 2 \\ 0 & 0 & 1 \end{pmatrix}$,因此 $\boldsymbol{\beta}_1$, $\boldsymbol{\beta}_2$, $\boldsymbol{\beta}_3$ 在 $\boldsymbol{\alpha}_1$, $\boldsymbol{\alpha}_2$, $\boldsymbol{\alpha}_3$ 下的坐标向量分别为$(3, -1, 0)^T$,$(-6, 1, 0)^T$ 和$(0, 2, 1)^T$.

显然 $|\boldsymbol{B}| \neq 0$,所以 $\boldsymbol{\beta}_1$, $\boldsymbol{\beta}_2$, $\boldsymbol{\beta}_3$ 也线性无关,从而 $\boldsymbol{\beta}_1$, $\boldsymbol{\beta}_2$, $\boldsymbol{\beta}_3$ 也是$\mathbb{R}^3$的一组基. 易知 $\boldsymbol{\alpha}_1$, $\boldsymbol{\alpha}_2$, $\boldsymbol{\alpha}_3$ 在 $\boldsymbol{\beta}_1$, $\boldsymbol{\beta}_2$, $\boldsymbol{\beta}_3$ 下的坐标矩阵为 $\boldsymbol{Y} = \boldsymbol{X}^{-1} = \dfrac{1}{3}\begin{pmatrix} -1 & -6 & 12 \\ -1 & -3 & 6 \\ 0 & 0 & 3 \end{pmatrix}$.

解法二:MATLAB 计算.(文件名为 ex4304.m)

```
a1=[1,2,-1]';a2=[3,1,0]';a3=[-7,1,2]';
b1=[0,5,-3]';b2=[-3,-11,6]';b3=[-1,3,2]';
A=[a1,a2,a3];B=[b1,b2,b3];
[R,jb]=rref([A,B])
X=R;X(: ,jb)= [];  % 矩阵 X=A^(- 1)*B
```

显然题中的矩阵 $\boldsymbol{X}$ 和 $\boldsymbol{Y}$ 起到了沟通两组基 $\boldsymbol{\alpha}_1$, $\boldsymbol{\alpha}_2$, $\boldsymbol{\alpha}_3$ 与 $\boldsymbol{\beta}_1$, $\boldsymbol{\beta}_2$, $\boldsymbol{\beta}_3$ 的作用,看来终于在线性代数里盼到了有点意思的内容. 在欣慰的同时,小明又有些隐隐的担忧:在这"兵荒马乱"的年头,友谊的小船说翻就翻,万一好基友瞬间秒变直男去了闵行华师,留下的只能是无尽的怨念. 尽管如此纠结,但小明明白上述的关系具有普遍性.

定义 4.3.5(基变换) 设(I):$\boldsymbol{\alpha}_1$, $\boldsymbol{\alpha}_2$, $\cdots$, $\boldsymbol{\alpha}_n$ 和(II):$\boldsymbol{\beta}_1$, $\boldsymbol{\beta}_2$, $\cdots$, $\boldsymbol{\beta}_n$ 是 n 维向量空间 V 的两组基,且存在可逆矩阵 $\boldsymbol{P}$,使得

$$(\boldsymbol{\beta}_1, \boldsymbol{\beta}_2, \cdots, \boldsymbol{\beta}_n) = (\boldsymbol{\alpha}_1, \boldsymbol{\alpha}_2, \cdots, \boldsymbol{\alpha}_n)\boldsymbol{P} \tag{4.3.2}$$

则称式(4.3.2)为旧基(I)到新基(II)的**基变换公式**(base transformation formula),称矩阵 $\boldsymbol{P}$ 为旧基(I)到新基(II)的**过渡矩阵**(transition matrix),且有

$$\boldsymbol{P} = (\boldsymbol{\alpha}_1, \boldsymbol{\alpha}_2, \cdots, \boldsymbol{\alpha}_n)^{-1}(\boldsymbol{\beta}_1, \boldsymbol{\beta}_2, \cdots, \boldsymbol{\beta}_n) \tag{4.3.3}$$

显然新基(II)到旧基(I)的过渡矩阵为

$$P^{-1} = (\boldsymbol{\beta}_1, \boldsymbol{\beta}_2, \cdots, \boldsymbol{\beta}_n)^{-1}(\boldsymbol{\alpha}_1, \boldsymbol{\alpha}_2, \cdots, \boldsymbol{\alpha}_n)$$

小明明白,对于 n 维向量空间 V 的不同基,显然同一个向量的坐标向量一般是不同的,否则过渡矩阵 $\boldsymbol{P}$ 就没有搞基的机会了. 问题是,随着基的改变,同一个向量的坐标向量如何改变呢?

事实上,若有 $\boldsymbol{\alpha} = (\boldsymbol{\alpha}_1, \cdots, \boldsymbol{\alpha}_n)\boldsymbol{x}$ 及 $\boldsymbol{\alpha} = (\boldsymbol{\beta}_1, \cdots, \boldsymbol{\beta}_n)\boldsymbol{y}$,由矩阵$(\boldsymbol{\alpha}_1, \cdots, \boldsymbol{\alpha}_n)$可逆及式(4.3.3),可知

$$\boldsymbol{x} = (\boldsymbol{\alpha}_1, \cdots, \boldsymbol{\alpha}_n)^{-1}\boldsymbol{\alpha} = (\boldsymbol{\alpha}_1, \cdots, \boldsymbol{\alpha}_n)^{-1}(\boldsymbol{\beta}_1, \cdots, \boldsymbol{\beta}_n)\boldsymbol{y} = \boldsymbol{P}\boldsymbol{y}$$

定理 4.3.2(坐标变换公式) 在 n 维向量空间 V 中,设向量 $\boldsymbol{\alpha}$ 在旧基(I)与新基(II)下的坐标向量分别为 $\boldsymbol{x}$ 和 $\boldsymbol{y}$, $\boldsymbol{P}$ 为旧基(I)到新基(II)的过渡矩阵,则成立**坐标变换公式**(coordinate transformation formula):

$$\boldsymbol{x} = \boldsymbol{P}\boldsymbol{y} \text{ 或 } \boldsymbol{y} = \boldsymbol{P}^{-1}\boldsymbol{x} \tag{4.3.4}$$

面对上面这些基情四溢的状况,小明顿感无语. 事实上,多年以后,在学习了更多的向量空间乃至线性空间知识以后,小明才会深深领悟到:一入基途深似海,从此女神是路人. 有兴趣的基友不妨继续阅读参考文献[19—21, 36—38].

例 4.3.4(续) 求向量 $\boldsymbol{\alpha}=(-66, 18, 12)^T$ 在基 $\boldsymbol{\alpha}_1, \boldsymbol{\alpha}_2, \boldsymbol{\alpha}_3$ 下的坐标向量 $\boldsymbol{x}$,并利用过渡矩阵 $\boldsymbol{P}$ 求向量 $\boldsymbol{\alpha}$ 在 $\boldsymbol{\beta}_1, \boldsymbol{\beta}_2, \boldsymbol{\beta}_3$ 下的坐标向量 $\boldsymbol{y}$.

解法一:手工计算.

由 $\boldsymbol{A}\boldsymbol{x} = \boldsymbol{\alpha}$,可知 $\boldsymbol{x} = \boldsymbol{A}^{-1}\boldsymbol{\alpha} = (6, -3, 9)^T$. 因为过渡矩阵

$$\boldsymbol{P} = (\boldsymbol{\alpha}_1, \boldsymbol{\alpha}_2, \boldsymbol{\alpha}_3)^{-1}(\boldsymbol{\beta}_1, \boldsymbol{\beta}_2, \boldsymbol{\beta}_3) = \boldsymbol{A}^{-1}\boldsymbol{B} = \boldsymbol{X}$$

所以

$$\boldsymbol{y} = \boldsymbol{P}^{-1}\boldsymbol{x} = \frac{1}{3}\begin{pmatrix} -1 & -6 & 12 \\ -1 & -3 & 6 \\ 0 & 0 & 3 \end{pmatrix}\begin{pmatrix} 6 \\ -3 \\ 9 \end{pmatrix} = \begin{pmatrix} 40 \\ 19 \\ 9 \end{pmatrix}$$

解法二:MATLAB 计算.(文件名为 ex4304.m)

```
a=[-66,18,12]';P=X;      % 矩阵 P 是基 A 到基 B 的过渡矩阵
x=inv(A)*a;              % 向量 a 在基 A 下的坐标
y=inv(P)*x               % 向量 a 在基 B 下的坐标
```

4.3.3 线性方程组解的结构

如前所述,向量组 $\boldsymbol{\alpha}_1, \boldsymbol{\alpha}_2, \boldsymbol{\alpha}_3$ 是向量空间 S 的一组基,也就是说向量组 $\boldsymbol{\alpha}_1, \boldsymbol{\alpha}_2, \boldsymbol{\alpha}_3$ 是例 3.2.13 中的齐次线性方程组的一个基础解系. 这个概念显然可以推广到任意的齐次线性方程组 $\boldsymbol{A}\boldsymbol{x}=\boldsymbol{0}$,因为它的全体解的集合 $N(\boldsymbol{A})$ 显然是一个向量空间.

事实上,任取 $\boldsymbol{u}, \boldsymbol{v} \in N(\boldsymbol{A})$,即当 $\boldsymbol{A}\boldsymbol{u} = \boldsymbol{0}$ 且 $\boldsymbol{A}\boldsymbol{v} = \boldsymbol{0}$ 时,有

$$\boldsymbol{A}(\boldsymbol{u}+\boldsymbol{v})=\boldsymbol{A}\boldsymbol{u}+\boldsymbol{A}\boldsymbol{v}=\boldsymbol{0}+\boldsymbol{0}=\boldsymbol{0},\ k\boldsymbol{A}\boldsymbol{u}=k\boldsymbol{0}=\boldsymbol{0}$$

因此 $\boldsymbol{u}+\boldsymbol{v}\in N(\boldsymbol{A})$ 且 $k\boldsymbol{u}\in N(\boldsymbol{A})$，即 $N(\boldsymbol{A})$ 对加法和数乘仍然封闭.

定义 4.3.6(解空间和基础解系)　称 n 元齐次线性方程组 $\boldsymbol{A}\boldsymbol{x}=\boldsymbol{0}$ 的全体解的集合 $N(\boldsymbol{A})$ 为 $\boldsymbol{A}\boldsymbol{x}=\boldsymbol{0}$ 的**解空间**(solution space)，也称为矩阵 $\boldsymbol{A}$ 的**零空间**(null space). 如果 $N(\boldsymbol{A})$ 中的一组解向量 $\boldsymbol{\xi}_1,\boldsymbol{\xi}_2,\cdots,\boldsymbol{\xi}_t$ 满足下列条件:

(1) $\boldsymbol{\xi}_1,\boldsymbol{\xi}_2,\cdots,\boldsymbol{\xi}_t$ 线性无关.

(2) $\boldsymbol{A}\boldsymbol{x}=\boldsymbol{0}$ 的任一解向量都可以用向量组 $\boldsymbol{\xi}_1,\boldsymbol{\xi}_2,\cdots,\boldsymbol{\xi}_t$ 线性表示，

则称 $\boldsymbol{\xi}_1,\boldsymbol{\xi}_2,\cdots,\boldsymbol{\xi}_t$ 为 $\boldsymbol{A}\boldsymbol{x}=\boldsymbol{0}$ 的一个**基础解系**(fundamental system of solutions)，其中的 $t=\dim N(\boldsymbol{A})$.

矩阵即变换，因此 $\boldsymbol{A}\boldsymbol{x}=\boldsymbol{0}$ 等价于 $\boldsymbol{A}:\ \boldsymbol{x}\mapsto\boldsymbol{0}$，即向量 $\boldsymbol{x}$ 被变换成了零向量，唯其如此，$N(\boldsymbol{A})$也被称为矩阵 $\boldsymbol{A}$ 的零空间，即所有被 $\boldsymbol{A}$ 变换成了零向量的那些向量构成的向量空间.

根据上一章的推论 3.2.1，小明推测出 $t=n-r(\boldsymbol{A})$. 以例 3.2.13 为例，未知数个数 $n=5$，且 $r(\boldsymbol{A})=2$，因而有 $t=5-2=3$，这正好与 $t=\dim S=3$ 相吻合.

定理 4.3.3(齐次线性方程解的结构定理)　对 n 元齐次线性方程组 $\boldsymbol{A}\boldsymbol{x}=\boldsymbol{0}$，若 $r(\boldsymbol{A})=r$，则 $\boldsymbol{A}\boldsymbol{x}=\boldsymbol{0}$ 的解空间 $N(\boldsymbol{A})$ 的维数为 $n-r$，且 $\boldsymbol{A}\boldsymbol{x}=\boldsymbol{0}$ 的通解表达式为

$$\boldsymbol{x}_h=c_1\boldsymbol{\xi}_1+c_2\boldsymbol{\xi}_2+\cdots+c_{n-r}\boldsymbol{\xi}_{n-r}\tag{4.3.5}$$

其中 $\boldsymbol{\xi}_1,\boldsymbol{\xi}_2,\cdots,\boldsymbol{\xi}_{n-r}$ 为 $\boldsymbol{A}\boldsymbol{x}=\boldsymbol{0}$ 的一个基础解系，$c_1,c_2,\cdots,c_{n-r}$ 为任意实数.

特别地，当 $r=n$ 时通解表达式退化为 $\boldsymbol{x}=\boldsymbol{0}$，因为此时方程组 $\boldsymbol{A}\boldsymbol{x}=\boldsymbol{0}$ 只有零解.

证明: 结合定理 3.2.11 的证明，并假定同解变换过程中不需要调整未知数的顺序，即 $\boldsymbol{A}\boldsymbol{x}=\boldsymbol{0}$ 被同解变换为

$$\begin{cases}x_1=-d_{1,r+1}x_{r+1}-\cdots-d_{1n}x_n\\x_2=-d_{2,r+1}x_{r+1}-\cdots-d_{2n}x_n\\\cdots\cdots\\x_r=-d_{r,r+1}x_{r+1}-\cdots-d_{rn}x_n\end{cases}\tag{4.3.6}$$

在方程组(4.3.6)中，任取自由变量 $x_{r+1},x_{r+2},\cdots,x_n$ 的一组值，即能唯一地确定 $x_1,x_2,\cdots,x_r$ 的值，从而得到方程组(4.3.6)的一个解向量，也就是原方程组的一个解向量.

首先，令 $x_{r+1}=1,\ x_{r+2}=0=\cdots=x_n=0$，由方程组(4.3.6)，可得

$$x_1=-d_{1,r+1},\ x_2=-d_{1,r+2},\ \cdots,\ x_r=-d_{r,r+1}$$

进而可得原方程组 $\boldsymbol{A}\boldsymbol{x}=\boldsymbol{0}$ 的一个解向量

$$\boldsymbol{\xi}_1=(-d_{1,r+1},\ \cdots,\ -d_{r,r+1},\ 1,\ 0,\ \cdots,\ 0)^T$$

类似地,可得原方程组 $\boldsymbol{Ax}=\boldsymbol{0}$ 的下列解向量

$$\boldsymbol{\xi}_2=(-d_{1,r+2},\cdots,-d_{r,r+2},0,1,\cdots,0)^T$$

$$\cdots\cdots\cdots\cdots$$

$$\boldsymbol{\xi}_{n-r}=(-d_{1,n},\cdots,-d_{r,n},0,0,\cdots,1)^T$$

接下来依次令 $x_{r+1}=c_1$, $x_{r+2}=c_2$, $\cdots$, $x_n=c_{n-r}$,则由方程组(4.3.6),可得原方程组的通解为

$$\boldsymbol{x}=c_1\boldsymbol{\xi}_1+c_2\boldsymbol{\xi}_2+\cdots+c_{n-r}\boldsymbol{\xi}_{n-r},\ c_1,c_2,\cdots,c_{n-r}\text{ 为任意实数}$$

最后,令 $\boldsymbol{B}=(\boldsymbol{\xi}_1,\boldsymbol{\xi}_2,\cdots,\boldsymbol{\xi}_{n-r})$. 观察可知 $\boldsymbol{B}$ 的最后 $n-r$ 行对应的子式不为零,因此 $r(\boldsymbol{B})=n-r$,从而由矩阵秩判别法,可知解向量组 $\boldsymbol{\xi}_1,\boldsymbol{\xi}_2,\cdots,\boldsymbol{\xi}_{n-r}$ 线性无关,因此解向量组 $\boldsymbol{\xi}_1,\boldsymbol{\xi}_2,\cdots,\boldsymbol{\xi}_{n-r}$ 是方程组 $\boldsymbol{Ax}=\boldsymbol{0}$ 的一个基础解系. ■

例 4.3.5 求齐次线性方程组

$$(\text{I}):\begin{cases}x_1+x_2+x_3+4x_4-3x_5=0\\x_1-x_2+3x_3-2x_4-x_5=0\\2x_1+x_2+3x_3+5x_4-5x_5=0\end{cases}$$

的一个基础解系和通解.

分析:例 3.2.13 中已求出一个基础解系 $\boldsymbol{\alpha}_1,\boldsymbol{\alpha}_2,\boldsymbol{\alpha}_3$ 及其通解 $\boldsymbol{x}=c_1\boldsymbol{\alpha}_1+c_2\boldsymbol{\alpha}_2+c_3\boldsymbol{\alpha}_3$. 为了说明基础解系的不唯一性,这里用新的方法另求一个基础解系.

解:将系数矩阵 $\boldsymbol{A}$ 化为行最简矩阵,即

$$\boldsymbol{A}=\begin{pmatrix}1&1&1&4&-3\\1&-1&3&-2&-1\\2&1&3&5&-5\end{pmatrix}\rightarrow\begin{pmatrix}1&0&2&1&-2\\0&1&-1&3&-1\\0&0&0&0&0\end{pmatrix}$$

因此最简方程组为

$$(\text{II}):\begin{cases}x_1=-2x_3-x_4+2x_5,\\x_2=x_3-3x_4+x_5,\end{cases}$$

由于 $r(\boldsymbol{A})=2$, $n-r(\boldsymbol{A})=5-2=3$,故解空间 $N(\boldsymbol{A})$ 是 3 维的. 任取一组线性无关的 3 维向量

$$\begin{pmatrix}x_3\\x_4\\x_5\end{pmatrix}=\begin{pmatrix}1\\0\\0\end{pmatrix},\begin{pmatrix}1\\1\\0\end{pmatrix},\begin{pmatrix}1\\1\\1\end{pmatrix}$$

并代入(II)中,可得

$$\begin{pmatrix}x_1\\x_2\end{pmatrix}=\begin{pmatrix}-2\\1\end{pmatrix},\begin{pmatrix}-3\\-2\end{pmatrix},\begin{pmatrix}-1\\-1\end{pmatrix}$$

从而得到原方程组(I)的一个基础解系

$$\boldsymbol{\xi}_1=\begin{pmatrix}-2\\1\\1\\0\\0\end{pmatrix},\boldsymbol{\xi}_2=\begin{pmatrix}-3\\-2\\1\\1\\0\end{pmatrix},\boldsymbol{\xi}_3=\begin{pmatrix}-1\\-1\\1\\1\\1\end{pmatrix}$$

以及通解表达式

$$\boldsymbol{x}=c_1\boldsymbol{\xi}_1+c_2\boldsymbol{\xi}_2+c_3\boldsymbol{\xi}_3,\ c_1,\ c_2,\ c_3\ \text{为任意实数}$$

思考　为什么此时不能使用公式(4.3.3)求基础解系 $\boldsymbol{\alpha}_1, \boldsymbol{\alpha}_2, \boldsymbol{\alpha}_3$ 到 $\boldsymbol{\xi}_1, \boldsymbol{\xi}_2, \boldsymbol{\xi}_3$ 的过渡矩阵 $\boldsymbol{P}$? 应该使用什么方法?

例 4.3.6　已知 $\boldsymbol{\alpha}_1, \boldsymbol{\alpha}_2, \boldsymbol{\alpha}_3$ 是 $\boldsymbol{Ax}=\boldsymbol{0}$ 的一个基础解系,证明

$$\boldsymbol{\beta}_1=\boldsymbol{\alpha}_1+\boldsymbol{\alpha}_2,\ \boldsymbol{\beta}_2=\boldsymbol{\alpha}_2+\boldsymbol{\alpha}_3,\ \boldsymbol{\beta}_3=\boldsymbol{\alpha}_3+\boldsymbol{\alpha}_1$$

也是 $\boldsymbol{Ax}=\boldsymbol{0}$ 的一个基础解系.

证明: 易知 $(\boldsymbol{\beta}_1, \boldsymbol{\beta}_2, \boldsymbol{\beta}_3)=(\boldsymbol{\alpha}_1, \boldsymbol{\alpha}_2, \boldsymbol{\alpha}_3)\boldsymbol{P}$,其中 $\boldsymbol{P}=\begin{pmatrix}1&0&1\\1&1&0\\0&1&1\end{pmatrix}$. 显然 $|\boldsymbol{P}|=2\neq 0$, 即矩阵 $\boldsymbol{P}$ 可逆,因此向量组 $\boldsymbol{\beta}_1, \boldsymbol{\beta}_2, \boldsymbol{\beta}_3$ 与 $\boldsymbol{\alpha}_1, \boldsymbol{\alpha}_2, \boldsymbol{\alpha}_3$ 等价. 既然 $\boldsymbol{\alpha}_1, \boldsymbol{\alpha}_2, \boldsymbol{\alpha}_3$ 是 $\boldsymbol{Ax}=\boldsymbol{0}$ 的一个基础解系,说明 $N(\boldsymbol{A})$ 的维数为 3,那么 $\boldsymbol{\beta}_1, \boldsymbol{\beta}_2, \boldsymbol{\beta}_3$ 自然也是 $\boldsymbol{Ax}=\boldsymbol{0}$ 的一个基础解系.

思考　如果 $\boldsymbol{\alpha}_1, \boldsymbol{\alpha}_2, \cdots, \boldsymbol{\alpha}_r$ 是 $\boldsymbol{Ax}=\boldsymbol{0}$ 的一个基础解系,方阵 $\boldsymbol{P}$ 是可逆矩阵,那么由

$$(\boldsymbol{\beta}_1, \boldsymbol{\beta}_2, \cdots, \boldsymbol{\beta}_r)=(\boldsymbol{\alpha}_1, \boldsymbol{\alpha}_2, \cdots, \boldsymbol{\alpha}_r)\boldsymbol{P}$$

过渡出的新向量组 $\boldsymbol{\beta}_1, \boldsymbol{\beta}_2, \cdots, \boldsymbol{\beta}_r$ 是否也是 $\boldsymbol{Ax}=\boldsymbol{0}$ 的一个基础解系? 如何证明?

接下来小明开始考察非齐次线性方程组 $\boldsymbol{Ax}=\boldsymbol{b}$ 的解集 $S(\boldsymbol{A}, \boldsymbol{b})$,遗憾的是,他发现 $S(\boldsymbol{A}, \boldsymbol{b})$ 不是向量空间,因为对任意 $\boldsymbol{u}\in S(\boldsymbol{A}, \boldsymbol{b})$,即当 $\boldsymbol{Au}=\boldsymbol{b}$ 时,有 $\boldsymbol{A}(2\boldsymbol{u})=2\boldsymbol{Au}=2\boldsymbol{b}\neq\boldsymbol{b}$, 即 $2\boldsymbol{u}\notin S(\boldsymbol{A}, \boldsymbol{b})$,也就是 $S(\boldsymbol{A}, \boldsymbol{b})$ 对数乘不封闭.

联想到 $\boldsymbol{Ax}=\boldsymbol{b}$ 与 $\boldsymbol{Ax}=\boldsymbol{0}$ 之间的关系,他进一步探寻两者的解之间的联系. 将例 3.2.14 中的经验加以推广,他得到了下述的结构定理.

定理 4.3.4(非齐次线性方程解的结构定理)　对 n 元非齐次线性方程组 $\boldsymbol{Ax}=\boldsymbol{b}$, 若 $r(\boldsymbol{A})=r(\overline{\boldsymbol{A}})=r$ 且 $\boldsymbol{x}_p$ 为 $\boldsymbol{Ax}=\boldsymbol{b}$ 的一个特解,则 $\boldsymbol{Ax}=\boldsymbol{b}$ 的通解表达式为

$$\boldsymbol{x}=\boldsymbol{x}_h+\boldsymbol{x}_p=c_1\boldsymbol{\xi}_1+c_2\boldsymbol{\xi}_2+\cdots+c_{n-r}\boldsymbol{\xi}_{n-r}+\boldsymbol{x}_p \tag{4.3.7}$$

其中 $\boldsymbol{x}_h=c_1\boldsymbol{\xi}_1+c_2\boldsymbol{\xi}_2+\cdots+c_{n-r}\boldsymbol{\xi}_{n-r}$ 为相应的齐次线性方程组 $\boldsymbol{Ax}=\boldsymbol{0}$ 的通解.

证明: 因为 $\boldsymbol{Ax}_h=\boldsymbol{0}$ 且 $\boldsymbol{Ax}_p=\boldsymbol{b}$,所以 $\boldsymbol{Ax}=\boldsymbol{A}(\boldsymbol{x}_h+\boldsymbol{x}_p)=\boldsymbol{Ax}_h+\boldsymbol{Ax}_p=\boldsymbol{0}+\boldsymbol{b}=\boldsymbol{b}$, 即式(4.3.7)为 $\boldsymbol{Ax}=\boldsymbol{b}$ 的通解表达式. ■

此结构定理表明,从几何上看,非齐次线性方程组 $\boldsymbol{Ax}=\boldsymbol{b}$ 的解集 $S(\boldsymbol{A}, \boldsymbol{b})$ 可以看作

是 $\boldsymbol{Ax}=\boldsymbol{0}$ 的解空间 $N(\boldsymbol{A})$“平移”后的结果.

思考 非齐次线性方程组的通解 $\boldsymbol{x}$,等于齐次的通解 $\boldsymbol{x}_h$,再加上非齐次的一个特解 $\boldsymbol{x}_p$,简称**“非通＝齐通＋非特”**. 这个结论显然不是形单影只. 事实上,在高等数学中,二阶线性非齐次微分方程通解的结构就与之类似. 问题是既然大家都是**“线性”**的,那么这个结论是否具有更大的普适性?

小明还发现,尽管 $\boldsymbol{Ax}=\boldsymbol{0}$ 的解的线性组合不可能成为 $\boldsymbol{Ax}=\boldsymbol{b}$ 的解,但反过来却是可以滴.

定理 4.3.5(非齐次线性方程解的性质) 设 $\boldsymbol{\eta}_1, \boldsymbol{\eta}_2, \cdots, \boldsymbol{\eta}_t$ 是 $\boldsymbol{Ax}=\boldsymbol{b}$ 的一组特解,$\boldsymbol{\eta}=c_1\boldsymbol{\eta}_1+c_2\boldsymbol{\eta}_2+\cdots+c_t\boldsymbol{\eta}_t$ 为它们的线性组合,则:

(1) 当 $c_1+c_2+\cdots+c_t=1$ 时,$\boldsymbol{\eta}$ 是 $\boldsymbol{Ax}=\boldsymbol{b}$ 的解.

(2) 当 $c_1+c_2+\cdots+c_t=0$ 时,$\boldsymbol{\eta}$ 为 $\boldsymbol{Ax}=\boldsymbol{0}$ 的解.

证明: (1) 当 $c_1+c_2+\cdots+c_t=1$ 时, 有

$$\begin{aligned}\boldsymbol{A\eta}&=\boldsymbol{A}(c_1\boldsymbol{\eta}_1+c_2\boldsymbol{\eta}_2+\cdots+c_t\boldsymbol{\eta}_t)=c_1\boldsymbol{A\eta}_1+c_2\boldsymbol{A\eta}_2+\cdots+c_t\boldsymbol{A\eta}_t\\&=(c_1+c_2+\cdots+c_t)\boldsymbol{b}=\boldsymbol{b}\end{aligned}$$

(2) 当 $c_1+c_2+\cdots+c_t=0$ 时, 则有 $\boldsymbol{A\eta}=(c_1+c_2+\cdots+c_t)\boldsymbol{b}=0\boldsymbol{b}=\boldsymbol{0}$.

特别地,当 $t=2$ 时,$\boldsymbol{\eta}=\boldsymbol{\eta}_1-\boldsymbol{\eta}_2$ 是 $\boldsymbol{Ax}=\boldsymbol{0}$ 的解,而 $\boldsymbol{\eta}=\frac{1}{2}(\boldsymbol{\eta}_1+\boldsymbol{\eta}_2)$ 则是 $\boldsymbol{Ax}=\boldsymbol{b}$ 的解.

例 4.3.7 已知 $\boldsymbol{\alpha}_1, \boldsymbol{\alpha}_2, \boldsymbol{\alpha}_3$ 是四元方程组 $\boldsymbol{Ax}=\boldsymbol{b}$ 的三个特解,且

$$\boldsymbol{\alpha}_1=(1,\ 1,\ 1,\ 1)^T,\ \boldsymbol{\alpha}_2+\boldsymbol{\alpha}_3=(2,\ 3,\ 4,\ 5)^T$$

若 $r(\boldsymbol{A})=3$, 试求该方程组的通解.

解: 由于 $r(\boldsymbol{A})=3$ 且 $n=4$,因此该方程组对应的齐次线性方程组 $\boldsymbol{Ax}=\boldsymbol{0}$ 的解空间 $N(\boldsymbol{A})$ 的维数为 $n-r(\boldsymbol{A})=1$. 根据 $\boldsymbol{Ax}=\boldsymbol{b}$ 的结构定理,可取特解为 $\boldsymbol{x}_p=\boldsymbol{\alpha}_1$,接下来只需求出 $\boldsymbol{Ax}=\boldsymbol{0}$ 的一个解向量 $\boldsymbol{\eta}$ 即可. 由于题中只给出了 $\boldsymbol{Ax}=\boldsymbol{b}$ 的几个特解 $\boldsymbol{\alpha}_1, \boldsymbol{\alpha}_2, \boldsymbol{\alpha}_3$ 的信息,因此需要使用定理 4.3.5 构造出 $\boldsymbol{\eta}$. 事实上, 可取

$$\boldsymbol{\eta}=-2\boldsymbol{\alpha}_1+(\boldsymbol{\alpha}_2+\boldsymbol{\alpha}_3)=-2(1,\ 1,\ 1,\ 1)^T+(2,\ 3,\ 4,\ 5)^T=(0,\ 1,\ 2,\ 3)^T$$

从而所求通解为 $\boldsymbol{x}=c\boldsymbol{\eta}+\boldsymbol{\alpha}_1=c(0,\ 1,\ 2,\ 3)^T+(1,\ 1,\ 1,\ 1)^T$, c 为任意实数.

例 4.3.8 已知 $\boldsymbol{\xi}_1, \boldsymbol{\xi}_2$ 是齐次线性方程组 $\boldsymbol{Ax}=\boldsymbol{0}$ 的一个基础解系,而 $\boldsymbol{\eta}_1, \boldsymbol{\eta}_2$ 是非齐次线性方程组 $\boldsymbol{Ax}=\boldsymbol{b}$ 的两个不同的解,t_1, t_2 是任意实数,则 $\boldsymbol{Ax}=\boldsymbol{b}$ 的通解是【　　】

(A) $\frac{1}{2}(\boldsymbol{\eta}_1-\boldsymbol{\eta}_2)+t_1\boldsymbol{\xi}_1+t_2(\boldsymbol{\xi}_1+\boldsymbol{\xi}_2)$　　(B) $\frac{1}{2}(\boldsymbol{\eta}_1+\boldsymbol{\eta}_2)+t_1\boldsymbol{\xi}_1+t_2(\boldsymbol{\xi}_1-\boldsymbol{\xi}_2)$

(C) $\frac{1}{2}(\boldsymbol{\eta}_1-\boldsymbol{\eta}_2)+t_1\boldsymbol{\xi}_1+t_2(\boldsymbol{\eta}_1+\boldsymbol{\eta}_2)$　　(D) $\frac{1}{2}(\boldsymbol{\eta}_1+\boldsymbol{\eta}_2)+t_1\boldsymbol{\xi}_1+t_2(\boldsymbol{\eta}_1-\boldsymbol{\eta}_2)$

解: 按照 $\boldsymbol{Ax}=\boldsymbol{b}$ 的结构定理,由于 $\frac{1}{2}(\boldsymbol{\eta}_1-\boldsymbol{\eta}_2)$ 是 $\boldsymbol{Ax}=\boldsymbol{0}$ 的解,而 $\frac{1}{2}(\boldsymbol{\eta}_1-\boldsymbol{\eta}_2)$ 仍然是 $\boldsymbol{Ax}=\boldsymbol{b}$ 的解, 因此排除(A) 和(C); 又因为 $(\boldsymbol{\xi}_1, \boldsymbol{\xi}_1-\boldsymbol{\xi}_2)=(\boldsymbol{\xi}_1, \boldsymbol{\xi}_2)\boldsymbol{P}$, 其中 $\boldsymbol{P}=$

$\begin{pmatrix}1 & 1\\0 & -1\end{pmatrix}$是可逆的，因此$\boldsymbol{\xi}_1, \boldsymbol{\xi}_1-\boldsymbol{\xi}_2$也是$\boldsymbol{Ax}=\boldsymbol{0}$的一个基础解系，故(B)正确；尽管$\boldsymbol{\eta}_1-\boldsymbol{\eta}_2$也是$\boldsymbol{Ax}=\boldsymbol{0}$的解，但无法确定它与$\boldsymbol{\xi}_1$是否线性无关，因此排除(D). 故选(B).

例 4.3.9　设$\boldsymbol{\eta}$是$\boldsymbol{Ax}=\boldsymbol{b}$的一个特解，$\boldsymbol{\xi}_1, \boldsymbol{\xi}_2, \cdots, \boldsymbol{\xi}_{n-r}$是$\boldsymbol{Ax}=\boldsymbol{0}$的一个基础解系，令

$$\boldsymbol{\eta}_0=\boldsymbol{\eta},\ \boldsymbol{\eta}_1=\boldsymbol{\eta}+\boldsymbol{\xi}_1,\ \cdots,\ \boldsymbol{\eta}_{n-r}=\boldsymbol{\eta}+\boldsymbol{\xi}_{n-r}$$

证明：(1) 向量组$\boldsymbol{\eta}_0, \boldsymbol{\eta}_1, \cdots, \boldsymbol{\eta}_{n-r}$线性无关.

(2) $\boldsymbol{Ax}=\boldsymbol{b}$的任意解都可以写成$\boldsymbol{\eta}_0, \boldsymbol{\eta}_1, \cdots, \boldsymbol{\eta}_{n-r}$的线性组合.

证明：(1) 因为$\boldsymbol{\xi}_1, \boldsymbol{\xi}_2, \cdots, \boldsymbol{\xi}_{n-r}$是$\boldsymbol{Ax}=\boldsymbol{0}$的一个基础解系，所以$\boldsymbol{\xi}_1, \boldsymbol{\xi}_2, \cdots, \boldsymbol{\xi}_{n-r}$线性无关，则$\boldsymbol{\eta}, \boldsymbol{\xi}_1, \boldsymbol{\xi}_2, \cdots, \boldsymbol{\xi}_{n-r}$也线性无关，否则$\boldsymbol{\eta}$可由$\boldsymbol{\xi}_1, \boldsymbol{\xi}_2, \cdots, \boldsymbol{\xi}_{n-r}$线性表示，即$\boldsymbol{\eta}$也是$\boldsymbol{Ax}=\boldsymbol{0}$的解，这与$\boldsymbol{\eta}$是$\boldsymbol{Ax}=\boldsymbol{b}$的解相矛盾.

令矩阵$\boldsymbol{B}=(\boldsymbol{\eta}, \boldsymbol{\xi}_1, \boldsymbol{\xi}_2, \cdots, \boldsymbol{\xi}_{n-r})$，$\boldsymbol{C}=(\boldsymbol{\eta}_0, \boldsymbol{\eta}_1, \cdots, \boldsymbol{\eta}_{n-r})$，则将矩阵$\boldsymbol{B}$的第1列加到其余各列后就得到矩阵$\boldsymbol{C}$，因此$\boldsymbol{B}\sim\boldsymbol{C}$，注意到$r(\boldsymbol{B})=n-r+1$，故有$r(\boldsymbol{C})=r(\boldsymbol{B})=n-r+1$，从而$\boldsymbol{\eta}_0, \boldsymbol{\eta}_1, \cdots, \boldsymbol{\eta}_{n-r}$也线性无关.

(2) 按照结构定理，对$\boldsymbol{Ax}=\boldsymbol{b}$的任意解$\boldsymbol{x}$，都存在常数$c_1, c_2, \cdots, c_{n-r}$，使得

$$\begin{aligned}\boldsymbol{x}&=\boldsymbol{\eta}+c_1\boldsymbol{\xi}_1+c_2\boldsymbol{\xi}_2+\cdots+c_{n-r}\boldsymbol{\xi}_{n-r}\\&=\boldsymbol{\eta}+c_1(\boldsymbol{\eta}_1-\boldsymbol{\eta})+c_2(\boldsymbol{\eta}_2-\boldsymbol{\eta})+\cdots+c_{n-r}(\boldsymbol{\eta}_{n-r}-\boldsymbol{\eta})\end{aligned}$$

即

$$\boldsymbol{x}=(1-c_1-c_2-\cdots-c_{n-r})\boldsymbol{\eta}_0+c_1\boldsymbol{\eta}_1+c_2\boldsymbol{\eta}_2+\cdots+c_{n-r}\boldsymbol{\eta}_{n-r}\tag{4.3.8}$$

也就是说$\boldsymbol{Ax}=\boldsymbol{b}$的任意解都可以写成$\boldsymbol{\eta}_0, \boldsymbol{\eta}_1, \cdots, \boldsymbol{\eta}_{n-r}$的线性组合. ■

由从某种程度上，小明觉得式(4.3.8)是式(4.3.5)的类比物：前者是$\boldsymbol{Ax}=\boldsymbol{b}$的线性无关解的线性组合，后者是$\boldsymbol{Ax}=\boldsymbol{0}$的基础解系的线性组合，唯一的遗憾是式(4.3.8)中的组合系数并不都是互相独立的任意常数，毕竟$\boldsymbol{Ax}=\boldsymbol{b}$的解集$S(\boldsymbol{A}, \boldsymbol{b})$不是向量空间.

4.4 向量组的正交化及其矩阵表示

4.4.1　向量的内积运算

小明记得在高等数学中定义了点积(数量积)以后，$\mathbb{R}^3$中的向量有了长度(模)和夹角. 特别是垂直概念可用于建立空间直角坐标系，进而借力于解析几何的方法，得到了许多优美的结果. 自然地，这些东西可以推广到一般的n维向量空间$\mathbb{R}^n$，从而使得几何上的n维向量也具有一些代数度量性质.

将$\mathbb{R}^3$中的点积推广到n维向量空间$\mathbb{R}^n$，毕竟是件鸟枪换炮的大事情，必须有一个高大上的名称与之相配，它就是向量的内积. 事实上，类似的术语升级后面还有很多.

定义 4.4.1(向量的内积)　对于$\mathbb{R}^n$中的两个n维向量$\boldsymbol{x}=(x_1, x_2, \cdots, x_n)^T$，$\boldsymbol{y}=(y_1, y_2, \cdots, y_n)^T$，称实数

$$(\boldsymbol{x}, \boldsymbol{y})=x_1y_1+x_2y_2+\cdots+x_ny_n$$

为向量 $\boldsymbol{x}$ 与 $\boldsymbol{y}$ 的内积(inner product),记为 $(\boldsymbol{x}, \boldsymbol{y})$. 写成矩阵记号形式,此即

$$(\boldsymbol{x}, \boldsymbol{y}) = \boldsymbol{x}^T\boldsymbol{y} = \boldsymbol{y}^T\boldsymbol{x} = (\boldsymbol{y}, \boldsymbol{x}) \tag{4.4.1}$$

注意 $(\boldsymbol{x}, \boldsymbol{y})$ 有时也表示列向量依次为 $\boldsymbol{x}$ 和 $\boldsymbol{y}$ 的矩阵,因此其具体含义请读者参考上下文来理解. 另外 $(\boldsymbol{x}, \boldsymbol{y})$ 与 (x, y) 的含义也不同,后者一般表示 $\mathbb{R}^2$ 中的点,或者维数为 2 的行向量.

由内积的定义可知

$$(\boldsymbol{x}, \boldsymbol{y}) = x_1y_1 + x_2y_2 + \cdots + x_ny_n = y_1x_1 + y_2x_2 + \cdots + y_nx_n = (\boldsymbol{y}, \boldsymbol{x})$$

从向量的线性运算(加法和数乘)的角度,并结合式(4.4.1),可得内积的下列性质.

定理 4.4.1(内积的性质) 对任意 $\boldsymbol{x}, \boldsymbol{y}, \boldsymbol{z} \in \mathbb{R}^n$ 及任意 $k \in \mathbb{R}$,内积具有下列性质:

(E1) 对称性:$(\boldsymbol{x}, \boldsymbol{y}) = (\boldsymbol{y}, \boldsymbol{x})$.

(E2) 双线性性:

$$\text{(E2a)}(\boldsymbol{x}+\boldsymbol{y}, \boldsymbol{z}) = (\boldsymbol{x}, \boldsymbol{z}) + (\boldsymbol{y}, \boldsymbol{z}), (k\boldsymbol{x}, \boldsymbol{y}) = k(\boldsymbol{x}, \boldsymbol{y}).$$

$$\text{(E2b)}(\boldsymbol{x}, \boldsymbol{y}+\boldsymbol{z}) = (\boldsymbol{x}, \boldsymbol{y}) + (\boldsymbol{x}, \boldsymbol{z}), (\boldsymbol{x}, k\boldsymbol{y}) = k(\boldsymbol{x}, \boldsymbol{y}).$$

(E3) 正性:当 $\boldsymbol{x} \neq \boldsymbol{0}$ 时,$(\boldsymbol{x}, \boldsymbol{x}) > 0$.

(E4) 定性:$(\boldsymbol{x}, \boldsymbol{x})=0$ 当且仅当 $\boldsymbol{x}=\boldsymbol{0}$.

显然双线性性使得内积所表示的实数具有与线性变换类似的线性性,因此我们称性质(E2a)为左线性性,(E2b)为右线性性. 根据性质(E1),显然可以从左线性性推出右线性性.

内积还满足 Cauchy-Schwarz 不等式(俗称"柯西洗袜子不等式").

定理 4.4.2(Cauchy-Schwarz 不等式) 对任意 $\boldsymbol{x}, \boldsymbol{y} \in \mathbb{R}^n$,恒有

$$(\boldsymbol{x}, \boldsymbol{y})^2 \leqslant (\boldsymbol{x}, \boldsymbol{x})(\boldsymbol{y}, \boldsymbol{y}) \tag{4.4.2}$$

用坐标形式来表示,即为

$$(x_1y_1 + x_2y_2 + \cdots + x_ny_n)^2 \leqslant (x_1^2 + x_2^2 + \cdots + x_n^2)(y_1^2 + y_2^2 + \cdots + y_n^2)$$

特别地,当 $\boldsymbol{x}, \boldsymbol{y}$ 线性相关时,等号成立.

证明: 对任意 $\lambda \in \mathbb{R}$,有

$$0 \leqslant (\boldsymbol{x}+\lambda\boldsymbol{y}, \boldsymbol{x}+\lambda\boldsymbol{y}) = (\boldsymbol{x}, \boldsymbol{x}) + 2\lambda(\boldsymbol{x}, \boldsymbol{y}) + \lambda^2(\boldsymbol{y}, \boldsymbol{y})$$

这是个关于 λ 的一元二次不等式,它成立的充要条件是 $\Delta \leqslant 0$,即

$$4(\boldsymbol{x}, \boldsymbol{y})^2 - 4(\boldsymbol{x}, \boldsymbol{x})(\boldsymbol{y}, \boldsymbol{y}) \leqslant 0$$

特别地，当等号成立时，有 $\boldsymbol{x}+\lambda\boldsymbol{y}=\boldsymbol{0}$，即 $\boldsymbol{x}, \boldsymbol{y}$ 线性相关. 进一步地，当 $\boldsymbol{y}\neq\boldsymbol{0}$ 时，有 $\lambda=-\dfrac{(\boldsymbol{x}, \boldsymbol{y})}{(\boldsymbol{y}, \boldsymbol{y})}$；反之，当 $\boldsymbol{x}, \boldsymbol{y}$ 线性相关时等号显然成立. ■

在 $\mathbb{R}$ 中，实数 a 的长度即为绝对值 $|a|=\sqrt{a\cdot a}$；在 $\mathbb{R}^2$ 中，点 $P(a, b)$ 到原点的距离即向量 $\overrightarrow{OP}=(a, b)$ 的长度为 $|\overrightarrow{OP}|=\sqrt{a^2+b^2}$；在 $\mathbb{R}^3$ 中，向量 $\boldsymbol{x}=(x_1, x_2, x_3)^T$ 的长度为

$$\sqrt{x_1^2+x_2^2+x_3^2}=\sqrt{(\boldsymbol{x}, \boldsymbol{x})}$$

推广到 $\mathbb{R}^n$，则将向量的长度更名为向量的范数，即 n 维向量 $\boldsymbol{x}=(x_1, x_2, \cdots, x_n)^T\in\mathbb{R}^n$ 的**范数**(norm)为

$$\|\boldsymbol{x}\| \equiv \sqrt{x_1^2+x_2^2+\cdots+x_n^2}=\sqrt{(\boldsymbol{x}, \boldsymbol{x})} \tag{4.4.3}$$

特别地，称范数 $\|\boldsymbol{x}\|=1$ 的向量 $\boldsymbol{x}$ 为**单位向量**(unit vector).

显然范数是长度的高大上版，而且范数 $\|\boldsymbol{x}\|$ 为 $\mathbb{R}^n\mapsto\mathbb{R}$ 的映射.

任意非零向量 $\boldsymbol{x}$，都可以经过**单位化**，即除以自己的范数，变成单位向量 $\dfrac{\boldsymbol{x}}{\|\boldsymbol{x}\|}$.

MATLAB 中提供了内置函数 norm，可用于计算向量 $\boldsymbol{x}\in\mathbb{R}^n$ 的范数，其调用格式为

```
norm(x)
```

从向量的线性运算的角度，易知 $\mathbb{R}^n$ 中的范数具有下列性质.

定理 4.4.3(范数的性质)　对任意 $\boldsymbol{x}, \boldsymbol{y}\in\mathbb{R}^n$ 及任意 $\lambda\in\mathbb{R}$，有：

(1) 正定性：$\|\boldsymbol{x}\|\geqslant 0$，$\|\boldsymbol{x}\|=0\Leftrightarrow\boldsymbol{x}=\boldsymbol{0}$.

(2) 正齐性：$\|\lambda\boldsymbol{x}\|=|\lambda|\|\boldsymbol{x}\|$.

(3) 三角不等式：$\|\boldsymbol{x}+\boldsymbol{y}\|\leqslant\|\boldsymbol{x}\|+\|\boldsymbol{y}\|$.

证明：从几何上看，这几个性质是一目了然的. 这里只给出三角不等式的证明.

由 Cauchy-Schwarz 不等式，可知 $(\boldsymbol{x}, \boldsymbol{y})\leqslant\|\boldsymbol{x}\|\|\boldsymbol{y}\|$，因此

$$\begin{aligned}\|\boldsymbol{x}+\boldsymbol{y}\|^2 &= (\boldsymbol{x}+\boldsymbol{y}, \boldsymbol{x}+\boldsymbol{y}) = (\boldsymbol{x}, \boldsymbol{x})+(\boldsymbol{y}, \boldsymbol{y})+2(\boldsymbol{x}, \boldsymbol{y}) \\ &\leqslant \|\boldsymbol{x}\|^2+\|\boldsymbol{y}\|^2+2\|\boldsymbol{x}\|\cdot\|\boldsymbol{y}\| = (\|\boldsymbol{x}\|+\|\boldsymbol{y}\|)^2\end{aligned}$$

此即 $\|\boldsymbol{x}+\boldsymbol{y}\|\leqslant\|\boldsymbol{x}\|+\|\boldsymbol{y}\|$. 显然当 $\boldsymbol{x}, \boldsymbol{y}$ 同向时等号成立. ■

对于任意的非零向量 $\boldsymbol{x}, \boldsymbol{y}\in\mathbb{R}^n$，由 Cauchy-Schwarz 不等式，可知 $\left|\dfrac{(\boldsymbol{x}, \boldsymbol{y})}{\|\boldsymbol{x}\|\cdot\|\boldsymbol{y}\|}\right|\leqslant 1$，因此类似于高等数学，可称 $\theta=\arccos\dfrac{(\boldsymbol{x}, \boldsymbol{y})}{\|\boldsymbol{x}\|\cdot\|\boldsymbol{y}\|}$ $(\theta\in[0, \pi])$ 为非零向量 $\boldsymbol{x}$ 与 $\boldsymbol{y}$ 的**夹角**(angle). 特别地，当 $(\boldsymbol{x}, \boldsymbol{y})=0$ 时 $\left(\text{此时 } \theta=\dfrac{\pi}{2}\right)$，称 $\boldsymbol{x}$ 与 $\boldsymbol{y}$ **正交**(orthogonal)，记为 $\boldsymbol{x}\perp\boldsymbol{y}$. 内积的性质(E1)保证了两向量的夹角与它们的顺序无关.

显然正交是垂直的高大上版. 另外这里的正交也与正交矩阵的几何意义(详见 1.3.3 节)吻合,即正交矩阵的任何两个列(行)向量互相正交,而且每个列(行)向量都是单位向量.

关于长度,最著名的莫过于勾股定理. 类似地,$\mathbb{R}^n$ 中的范数具有平行四边形公式.

定理 4.4.4(平行四边形公式) 对于任意的非零向量 $\boldsymbol{x}$, $\boldsymbol{y}\in\mathbb{R}^n$,有

$$||\boldsymbol{x}+\boldsymbol{y}||^2+||\boldsymbol{x}-\boldsymbol{y}||^2=2||\boldsymbol{x}||^2+2||\boldsymbol{y}||^2 \tag{4.4.4}$$

这里 $||\boldsymbol{x}+\boldsymbol{y}||$, $||\boldsymbol{x}-\boldsymbol{y}||$ 分别是以 $\boldsymbol{x}$, $\boldsymbol{y}$ 为邻边的平行四边形的两条对角线的长.

证明:
$$\begin{aligned}\text{左边}&=(\boldsymbol{x}+\boldsymbol{y},\ \boldsymbol{x}+\boldsymbol{y})+(\boldsymbol{x}-\boldsymbol{y},\ \boldsymbol{x}-\boldsymbol{y})\\&=(\boldsymbol{x},\ \boldsymbol{x})+(\boldsymbol{y},\ \boldsymbol{y})+2(\boldsymbol{x},\ \boldsymbol{y})+(\boldsymbol{x},\ \boldsymbol{x})+(\boldsymbol{y},\ \boldsymbol{y})-2(\boldsymbol{x},\ \boldsymbol{y})\\&=2(\boldsymbol{x},\ \boldsymbol{x})+2(\boldsymbol{y},\ \boldsymbol{y})=2||\boldsymbol{x}||^2+||\boldsymbol{y}||^2=\text{右边}.\end{aligned}$$

特别地,当 $||\boldsymbol{x}+\boldsymbol{y}||=||\boldsymbol{x}-\boldsymbol{y}||$ 即 $\boldsymbol{x}\perp\boldsymbol{y}$ 时,即得 $\mathbb{R}^n$ 中的勾股定理

$$||\boldsymbol{x}+\boldsymbol{y}||^2=||\boldsymbol{x}||^2+||\boldsymbol{y}||^2$$

4.4.2 向量组的正交化过程

接下来,小明准备将 $\mathbb{R}^2$ 中的平面直角坐标系以及 $\mathbb{R}^3$ 中的空间直角坐标系推广到 $\mathbb{R}^n$. 他知道,可以用代数上的向量表示几何上的坐标轴,因此坐标系就是一组基,即坐标轴可以视为基中向量的几何形象. 显然问题的关键是直角坐标系中,"直角"代表的垂直如何推广到正交?

定义 4.4.2(标准正交基) 如果 $\mathbb{R}^n$ 的一组基 $\boldsymbol{\varepsilon}_1$, $\boldsymbol{\varepsilon}_2$, …, $\boldsymbol{\varepsilon}_n$ 两两正交,就称之为**正交基**(orthogonal base). 如果正交基 $\boldsymbol{\varepsilon}_1$, $\boldsymbol{\varepsilon}_2$, …, $\boldsymbol{\varepsilon}_n$ 中每个向量都是单位向量,则称之为**标准正交基**(normal orthogonal base 或 orthonormal basis).

例 4.4.1 已知 $\boldsymbol{\alpha}_1=(1,\ 1,\ 1)^T$, $\boldsymbol{\alpha}_2=(1,\ 0,\ -1)^T$,求 $\boldsymbol{\alpha}_3$,使 $\boldsymbol{\alpha}_1$, $\boldsymbol{\alpha}_2$, $\boldsymbol{\alpha}_3$ 成为 $\mathbb{R}^3$ 的一组正交基.

解法一: 手工计算.

显然 $\boldsymbol{\alpha}_1^T\boldsymbol{\alpha}_2=0$,即 $\boldsymbol{\alpha}_1\perp\boldsymbol{\alpha}_2$. 题中还要求 $\boldsymbol{\alpha}_1^T\boldsymbol{\alpha}_3=\boldsymbol{\alpha}_2^T\boldsymbol{\alpha}_3=0$,故令 $\boldsymbol{A}=(\boldsymbol{\alpha}_1,\ \boldsymbol{\alpha}_2)$, $\boldsymbol{x}=(x_1,\ x_2,\ x_3)^T$,则问题变成解方程组

$$\boldsymbol{A}^T\boldsymbol{x}=\begin{bmatrix}\boldsymbol{\alpha}_1^T\\ \boldsymbol{\alpha}_2^T\end{bmatrix}\begin{bmatrix}x_1\\x_2\\x_3\end{bmatrix}=\begin{pmatrix}1&1&1\\1&0&-1\end{pmatrix}\begin{bmatrix}x_1\\x_2\\x_3\end{bmatrix}=\boldsymbol{0}$$

解得基础解系 $\boldsymbol{\xi}=(1,\ -2,\ 1)^T$. 取 $\boldsymbol{\alpha}_3=\boldsymbol{\xi}=(1,\ -2,\ 1)^T$,验证后即为所求.

解法二: MATLAB 计算. (文件名为 ex4401.m)

```
a1=[1,1,1]';a2=[1,0,-1]';
A=[a1,a2];
Z=null(A')  % 求 A'x=0 的一个基础解系
Z=null(A','r')  % 有理形式的基础解系
```

程序的运行结果为

```
Z=                     Z=
   0.4082              1
   -0.8165             - 2
   0.4082              1
```

显然前者是单位化$(1, -2, 1)^T$ 后所得的单位向量,即可取 $\boldsymbol{\alpha}_3 = \frac{1}{\sqrt{6}}(1, -2, 1)^T$.

思考　在本例中,$\boldsymbol{\alpha}_3$ 显然来自 $\boldsymbol{A}^T\boldsymbol{x}=\boldsymbol{0}$ 的解空间 $N(\boldsymbol{A}^T)$. 一般地,对于$\mathbb{R}^n$中的正交向量组$\boldsymbol{\alpha}_1, \boldsymbol{\alpha}_2, \cdots, \boldsymbol{\alpha}_m(m<n)$,又该如何将之扩充为$\mathbb{R}^n$的一组正交基呢?

小明注意到 $\mathbb{R}^3$中的标准基 $\boldsymbol{e}_1 = (1, 0, 0)^T$, $\boldsymbol{e}_2 = (0, 1, 0)^T$, $\boldsymbol{e}_3 = (0, 0, 1)^T$ 两两互相垂直,并且都是单位向量,因此它们是$\mathbb{R}^3$的一个标准正交基. 他还发现

$$\boldsymbol{x} = \begin{pmatrix} x_1 \\ x_2 \\ x_3 \end{pmatrix} = x_1\boldsymbol{e}_1 + x_2\boldsymbol{e}_2 + x_3\boldsymbol{e}_3 = (\boldsymbol{e}_1, \boldsymbol{e}_2, \boldsymbol{e}_3)\begin{pmatrix} x_1 \\ x_2 \\ x_3 \end{pmatrix} = (\boldsymbol{e}_1, \boldsymbol{e}_2, \boldsymbol{e}_3)\boldsymbol{x},$$

即向量的坐标分量即为对应的坐标! 难怪上天如此偏爱地球这个三维空间.

换一个新基 $\boldsymbol{\alpha}_1, \boldsymbol{\alpha}_2, \boldsymbol{\alpha}_3$ 又如何?向量 $\boldsymbol{x}$ 在新基下的坐标向量 $\boldsymbol{y}$ 是否仍是其自身呢?由坐标变换公式(4.3.4)可知,$\boldsymbol{y} = (\boldsymbol{\alpha}_1, \boldsymbol{\alpha}_2, \boldsymbol{\alpha}_3)^{-1}(\boldsymbol{e}_1, \boldsymbol{e}_2, \boldsymbol{e}_3)\boldsymbol{x} = \boldsymbol{P}^{-1}\boldsymbol{x} \neq \boldsymbol{x}$. 答案是 No!

为什么会有这种想法呢? 经过思考,小明发现问题的本质是希望能够比较方便地从向量 $\boldsymbol{x}$ 计算出坐标向量 $\boldsymbol{y}$.

从内积的观点看,对任意向量 $\boldsymbol{x}=(x_1, x_2, x_3)^T \in \mathbb{R}^3$,显然 x_1 就是 $\boldsymbol{x}$ 在 $\boldsymbol{e}_1$ 上的投影向量的代数长度(即带正负号的长度),从而有

$$x_1 = ||\boldsymbol{x}|| \cos(\boldsymbol{x}, \boldsymbol{e}_1) = ||\boldsymbol{x}|| \frac{(\boldsymbol{x}, \boldsymbol{e}_1)}{||\boldsymbol{x}|| \cdot ||\boldsymbol{e}_1||} = (\boldsymbol{x}, \boldsymbol{e}_1)$$

类似地有 $x_2 = (\boldsymbol{x}, \boldsymbol{e}_2)$, $x_3 = (\boldsymbol{x}, \boldsymbol{e}_3)$,因此 $\boldsymbol{x}$ 被分解为

$$\boldsymbol{x} = x_1\boldsymbol{e}_1 + x_2\boldsymbol{e}_2 + x_3\boldsymbol{e}_3 = (\boldsymbol{x}, \boldsymbol{e}_1)\boldsymbol{e}_1 + (\boldsymbol{x}, \boldsymbol{e}_2)\boldsymbol{e}_2 + (\boldsymbol{x}, \boldsymbol{e}_3)\boldsymbol{e}_3$$

即向量 $\boldsymbol{x}$ 被分解成了它在标准正交基的各个向量 $\boldsymbol{e}_s$ 上的投影向量$(\boldsymbol{x}, \boldsymbol{e}_s)\boldsymbol{e}_s$ 之和$(s = 1, 2, 3)$.

小明注意到单位矩阵 $\boldsymbol{I}$ 的列向量组$\boldsymbol{e}_1, \boldsymbol{e}_2, \cdots, \boldsymbol{e}_n$ 是$\mathbb{R}^n$的一个标准正交基,从而轻易地将上述分解表达式推广到$\mathbb{R}^n$.

定理 4.4.5(向量的正交分解定理 1)　任意 $\boldsymbol{x}=(x_1, x_2, \cdots, x_n)^T \in \mathbb{R}^n$在标准正交基$\boldsymbol{e}_1, \boldsymbol{e}_2, \cdots, \boldsymbol{e}_n$ 下的**正交分解**(orthogonal decomposition)**表达式**为

$$\boldsymbol{x} = (\boldsymbol{x}, \boldsymbol{e}_1)\boldsymbol{e}_1 + (\boldsymbol{x}, \boldsymbol{e}_2)\boldsymbol{e}_2 + \cdots + (\boldsymbol{x}, \boldsymbol{e}_n)\boldsymbol{e}_n \tag{4.4.5}$$

从标准正交基 $\boldsymbol{\varepsilon}_1, \boldsymbol{\varepsilon}_2, \cdots, \boldsymbol{\varepsilon}_n$ 的定义看,有三个要件:

(1) 它是向量个数与维数相等的线性无关向量组.

(2) 它是两两正交的向量组(称为**正交向量组**).

(3) 它的每个向量都是单位向量.

三要件互相之间是否有重叠呢? 具体地说,向量组的正交性与线性无关性之间有什么联系呢? 小明注意到两向量线性无关即不共线,也就是夹角不为 0 或 π,这自然也包括特殊的垂直,因此**正交性是特殊的线性无关性**.

定理 4.4.6(正交必无关) 若$\mathbb{R}^n$中的向量组 $\boldsymbol{\alpha}_1, \boldsymbol{\alpha}_2, \cdots, \boldsymbol{\alpha}_r$ 是正交向量组,并且其中没有零向量,则 $\boldsymbol{\alpha}_1, \boldsymbol{\alpha}_2, \cdots, \boldsymbol{\alpha}_r$ 必线性无关.

证明: 设有 $k_1, k_2, \cdots, k_r$,使得 $k_1\boldsymbol{\alpha}_1 + k_2\boldsymbol{\alpha}_2 + \cdots + k_r\boldsymbol{\alpha}_r = \boldsymbol{0}$ ①,以 $\boldsymbol{\alpha}_i^T (i = 1, 2, \cdots, r)$ 左乘 ① 式两端,得: $k_1\boldsymbol{\alpha}_i^T\boldsymbol{\alpha}_1 + k_2\boldsymbol{\alpha}_i^T\boldsymbol{\alpha}_2 + \cdots + k_r\boldsymbol{\alpha}_i^T\boldsymbol{\alpha}_r = \boldsymbol{0}$ ②.

由于 $\boldsymbol{\alpha}_i^T\boldsymbol{\alpha}_j = \delta_{ij} (i, j = 1, 2, \cdots, r)$,因此 ② 式即为 $k_i\boldsymbol{\alpha}_i^T\boldsymbol{\alpha}_i = 0$. 注意到 $\boldsymbol{\alpha}_i \neq \boldsymbol{0}$,即 $\boldsymbol{\alpha}_i^T\boldsymbol{\alpha}_i = ||\boldsymbol{\alpha}_i||^2 \neq 0$,故得 $k_i = 0$,即 $\boldsymbol{\alpha}_1, \boldsymbol{\alpha}_2, \cdots, \boldsymbol{\alpha}_r$ 线性无关. ■

定理 4.4.6 的逆命题不成立,即线性无关组未必是正交组,所以小明马上又有了新的困惑:一个线性无关组,在"拉齐了队伍",成为一组基之后,如何"更上一层楼",成为一组标准正交基?

根据定理 4.4.6,标准正交基 $\boldsymbol{\varepsilon}_1, \boldsymbol{\varepsilon}_2, \cdots, \boldsymbol{\varepsilon}_n$ 只剩下两个要件:

(1) 标准正交基是向量个数与维数相等的正交向量组.

(2) 标准正交基是每个向量都是单位向量的向量组.

其中第一个要件即正交性显然很不容易获得. 因此小明的困惑,本质上就是如何将一个基改造成为正交基.

设 $\boldsymbol{\alpha}_1, \boldsymbol{\alpha}_2, \cdots, \boldsymbol{\alpha}_n$ 是$\mathbb{R}^n$的一组基,$\boldsymbol{\beta}_1, \boldsymbol{\beta}_2, \cdots, \boldsymbol{\beta}_n$ 是我们希望得到的正交基. 显然,可令 $\boldsymbol{\beta}_1 = \boldsymbol{\alpha}_1$. 问题是如何得到 $\boldsymbol{\beta}_2$ 呢?

联想到向量的正交分解式(4.4.5),小明将 $\boldsymbol{\alpha}_2$ 正交分解为 $\boldsymbol{\alpha}_2 = k\boldsymbol{\beta}_1 + \boldsymbol{r}_1$(如图 4.1a),并考察向量 $\boldsymbol{\alpha}_2$ 在 $\boldsymbol{\beta}_1$ 上做正交投影后的残差向量 $\boldsymbol{r}_1$,即 $\boldsymbol{r}_1 = \boldsymbol{\alpha}_2 - k\boldsymbol{\beta}_1$ 且 $\boldsymbol{r}_1 \perp \boldsymbol{\beta}_1$,因此

$$0 = (\boldsymbol{r}_1, \boldsymbol{\beta}_1) = (\boldsymbol{\alpha}_2 - k\boldsymbol{\beta}_1, \boldsymbol{\beta}_1) = (\boldsymbol{\alpha}_2, \boldsymbol{\beta}_1) - k(\boldsymbol{\beta}_1, \boldsymbol{\beta}_1)$$

解得 $k = \dfrac{(\boldsymbol{\alpha}_2, \boldsymbol{\beta}_1)}{(\boldsymbol{\beta}_1, \boldsymbol{\beta}_1)}$. 故可令 $\boldsymbol{\beta}_2 = \boldsymbol{r}_1 = \boldsymbol{\alpha}_2 - \dfrac{(\boldsymbol{\alpha}_2, \boldsymbol{\beta}_1)}{(\boldsymbol{\beta}_1, \boldsymbol{\beta}_1)}\boldsymbol{\beta}_1$,显然此时$(\boldsymbol{\beta}_2, \boldsymbol{\beta}_1) = 0$.

小明继续考察 $\boldsymbol{\alpha}_3$ 在 $\boldsymbol{\beta}_1, \boldsymbol{\beta}_2$ 所张平面上作正交投影后的残差向量(如图 4-1b)

$$\boldsymbol{r}_2 = \boldsymbol{\alpha}_3 - k_1\boldsymbol{\beta}_1 - k_2\boldsymbol{\beta}_2,\ \boldsymbol{r}_2 \perp \boldsymbol{\beta}_1,\ \boldsymbol{r}_2 \perp \boldsymbol{\beta}_2$$

由 $(\boldsymbol{r}_2, \boldsymbol{\beta}_1) = (\boldsymbol{r}_2, \boldsymbol{\beta}_2) = 0$,并注意到$(\boldsymbol{\beta}_1, \boldsymbol{\beta}_2) = 0$,可求出

$$k_1 = \frac{(\boldsymbol{\alpha}_3, \boldsymbol{\beta}_1)}{(\boldsymbol{\beta}_1, \boldsymbol{\beta}_1)},\ k_2 = \frac{(\boldsymbol{\alpha}_3, \boldsymbol{\beta}_2)}{(\boldsymbol{\beta}_2, \boldsymbol{\beta}_2)}$$

故令

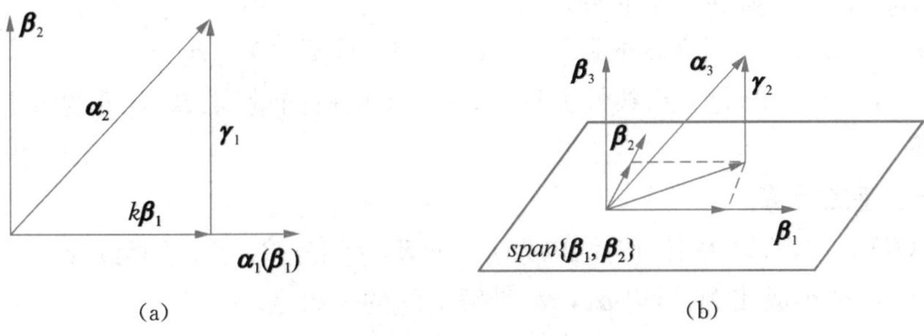

图 4.1　利用正交分解构造标准正交基

$$\boldsymbol{\beta}_3 = \boldsymbol{\alpha}_3 - \frac{(\boldsymbol{\alpha}_3, \boldsymbol{\beta}_1)}{(\boldsymbol{\beta}_1, \boldsymbol{\beta}_1)}\boldsymbol{\beta}_1 - \frac{(\boldsymbol{\alpha}_3, \boldsymbol{\beta}_2)}{(\boldsymbol{\beta}_2, \boldsymbol{\beta}_2)}\boldsymbol{\beta}_2$$

显然此时有 $(\boldsymbol{\beta}_3, \boldsymbol{\beta}_1) = (\boldsymbol{\beta}_3, \boldsymbol{\beta}_2) = 0$.

一般地,对 $j = 1, 2, 3, \cdots, n$,可令

$$\boldsymbol{\beta}_1 = \boldsymbol{\alpha}_1, \boldsymbol{\beta}_j = \boldsymbol{\alpha}_j - \sum_{k=1}^{j-1} \frac{(\boldsymbol{\alpha}_j, \boldsymbol{\beta}_k)}{(\boldsymbol{\beta}_k, \boldsymbol{\beta}_k)}\boldsymbol{\beta}_k \tag{4.4.6}$$

至此小明得到了矩阵计算中具有基础性作用的 **Gram-Schmidt 正交化方法**.

定理 4.4.7(Gram-Schmidt 正交化过程)　设 $\boldsymbol{\alpha}_1, \boldsymbol{\alpha}_2, \cdots, \boldsymbol{\alpha}_n$ 是 $\mathbb{R}^n$ 的一组基,则按式(4.4.6)构造出的 $\boldsymbol{\beta}_1, \boldsymbol{\beta}_2, \cdots, \boldsymbol{\beta}_n$ 就是 $\mathbb{R}^n$ 的正交基.

再将正交基 $\boldsymbol{\beta}_1, \boldsymbol{\beta}_2, \cdots, \boldsymbol{\beta}_n$ 单位化,就得到了 $\mathbb{R}^n$ 的一个标准正交基 $\boldsymbol{\varepsilon}_1, \boldsymbol{\varepsilon}_2, \cdots, \boldsymbol{\varepsilon}_n$,即

$$\boldsymbol{\varepsilon}_1 = \frac{\boldsymbol{\beta}_1}{||\boldsymbol{\beta}_1||}, \boldsymbol{\varepsilon}_2 = \frac{\boldsymbol{\beta}_2}{||\boldsymbol{\beta}_2||}, \cdots, \boldsymbol{\varepsilon}_n = \frac{\boldsymbol{\beta}_n}{||\boldsymbol{\beta}_n||}$$

要特别注意的是,Gram-Schmidt 正交化过程要求初始的向量组 $\boldsymbol{\alpha}_1, \boldsymbol{\alpha}_2, \cdots, \boldsymbol{\alpha}_n$ 线性无关,对于 $\boldsymbol{\alpha}_1, \boldsymbol{\alpha}_2, \cdots, \boldsymbol{\alpha}_n$ 线性相关的情形,该过程会出现所谓**中断现象**,即算得某个残差向量是零向量,导致程序无法继续执行下去.

MATLAB 中提供了内置函数 orth,可用于求矩阵 $\boldsymbol{A}=(\boldsymbol{\alpha}_1, \boldsymbol{\alpha}_2, \cdots, \boldsymbol{\alpha}_n)$ 的列空间的一组标准正交基,具体调用格式为

```
orth(A)
```

考虑到中断现象,这个内置函数不是基于 Gram-Schmidt 正交化方法实现的,因此也适用于 $\boldsymbol{\alpha}_1, \boldsymbol{\alpha}_2, \cdots, \boldsymbol{\alpha}_n$ 线性相关(即 $\boldsymbol{A}$ 不是列满秩矩阵)的情形.

为了教学的需要,ATLAST 库中提供了函数 gschmidt,采用的是上述 Gram-Schmidt 正交化方法. 其调用格式为

```
[Q,R] = gschmidt(A,1) 或[Q,R] = gschmidt(A)
```

其中矩阵 $\boldsymbol{Q}$ 的列向量组就是所求的标准正交基 $\boldsymbol{\varepsilon}_1, \boldsymbol{\varepsilon}_2, \cdots, \boldsymbol{\varepsilon}_n$,即 $\boldsymbol{Q}=(\boldsymbol{\varepsilon}_1, \boldsymbol{\varepsilon}_2, \cdots, \boldsymbol{\varepsilon}_n)$. 关

于此函数的深入信息,请参阅本章实验四.

例 4.4.2 设 5×4 矩阵 $\boldsymbol{B}$ 的秩为 2,$\boldsymbol{\alpha}_1=(1,1,2,3)^T$,$\boldsymbol{\alpha}_2=(-1,1,4,-1)^T$,$\boldsymbol{\alpha}_3=(5,-1,-8,9)^T$ 是齐次线性方程组 $\boldsymbol{Bx}=\boldsymbol{0}$ 的解向量,求 $\boldsymbol{Bx}=\boldsymbol{0}$ 的解空间的一个标准正交基.

解法一:手工计算.

因为 $r(\boldsymbol{B})=2$,所以解空间的维数为 $n-r(\boldsymbol{B})=4-2=2$. 注意到 $\boldsymbol{\alpha}_1$, $\boldsymbol{\alpha}_2$, $\boldsymbol{\alpha}_3$ 是解向量,而且 $\boldsymbol{\alpha}_1$, $\boldsymbol{\alpha}_2$ 不成比例,所以 $\boldsymbol{\alpha}_1$, $\boldsymbol{\alpha}_2$ 是解空间的一组基. 令

$$\boldsymbol{\beta}_1=\boldsymbol{\alpha}_1=(1,1,2,3)^T,$$

$$\boldsymbol{\beta}_2=\boldsymbol{\alpha}_2-\frac{(\boldsymbol{\alpha}_2,\boldsymbol{\beta}_1)}{(\boldsymbol{\beta}_1,\boldsymbol{\beta}_1)}\boldsymbol{\beta}_1=(-1,1,4,-1)^T-\frac{5}{15}(1,1,2,3)^T=\frac{2}{3}(-2,1,5,-3)^T$$

再单位化,有

$$\boldsymbol{\varepsilon}_1=\frac{1}{\sqrt{15}}(1,1,2,3)^T,\ \boldsymbol{\varepsilon}_2=\frac{1}{\sqrt{39}}(-2,1,5,-3)^T$$

解法二:MATLAB 计算.(文件名为 ex4402.m)

```
a1=[1,1,2,3]';a2=[-1,1,4,-1]';a3=[5,-1,-8,9]';
A=[a1,a2,a3];
V=[a1,a2];  % 实验二中改为[r,V,B,A1]=VecTriProb(A)
% 算法一:使用内置函数 orth
Z=orth(A)  % 求 A 的列空间的一组标准正交基
% 算法二:使用 ATLAST 函数 gschmidt
[Q,R]=gschmidt(V,1)   % 使用的是 CGS 算法
[U,jb]=rref([Q,Z])    % 可以用矩阵 Q 表示矩阵 Z
B=U;B(: ,jb)=[];
B=B(1: length(jb),: )   % 求用 Q 表示 Z 的表示矩阵 B,即 Z= Q*B
```

程序的运行结果为

```
Z=

   -0.3780    0.1624
    0.0846    0.2918
    0.6319    0.7130
   -0.6713    0.6165

Q=

    0.2582   -0.3203
    0.2582    0.1601
    0.5164    0.8006
    0.7746   -0.4804

B=
```

```
-0.2694    0.9630
 0.9630    0.2694
```

显然矩阵 $\boldsymbol{Q}$ 的列向量组与解法一中的 $\boldsymbol{\varepsilon}_1$, $\boldsymbol{\varepsilon}_2$ 吻合,并且 $\boldsymbol{Z}=\boldsymbol{QB}$,即矩阵 $\boldsymbol{Z}$ 的列向量都在矩阵 $\boldsymbol{Q}$ 的列空间 $\mathrm{span}(\boldsymbol{\varepsilon}_1, \boldsymbol{\varepsilon}_2)$ 之中.

定理 4.4.8(向量的正交分解定理 2)　若向量 $\boldsymbol{x}\in\mathbb{R}^n$ 在标准正交基 $\boldsymbol{\varepsilon}_1, \boldsymbol{\varepsilon}_2, \cdots, \boldsymbol{\varepsilon}_n$ 下的坐标向量为 $\boldsymbol{y}=(y_1, y_2, \cdots, y_n)^T$,即

$$\boldsymbol{x} = y_1\boldsymbol{\varepsilon}_1 + y_2\boldsymbol{\varepsilon}_2 + \cdots + y_n\boldsymbol{\varepsilon}_n (*)$$

则 $\boldsymbol{x}$ 在 $\boldsymbol{\varepsilon}_1, \boldsymbol{\varepsilon}_2, \cdots, \boldsymbol{\varepsilon}_n$ 下的正交分解表达式为

$$\boldsymbol{x} = (\boldsymbol{x}, \boldsymbol{\varepsilon}_1)\boldsymbol{\varepsilon}_1 + (\boldsymbol{x}, \boldsymbol{\varepsilon}_2)\boldsymbol{\varepsilon}_2 + \cdots + (\boldsymbol{x}, \boldsymbol{\varepsilon}_n)\boldsymbol{\varepsilon}_n \tag{4.4.7}$$

证明:由于 $(\boldsymbol{\varepsilon}_i, \boldsymbol{\varepsilon}_j) = \delta_{ij}$,因此

$$\begin{aligned}(\boldsymbol{x}, \boldsymbol{\varepsilon}_i) &= (y_1\boldsymbol{\varepsilon}_1 + y_2\boldsymbol{\varepsilon}_2 + \cdots + y_n\boldsymbol{\varepsilon}_n, \boldsymbol{\varepsilon}_i) = y_1(\boldsymbol{\varepsilon}_1, \boldsymbol{\varepsilon}_i) + y_2(\boldsymbol{\varepsilon}_2, \boldsymbol{\varepsilon}_i) + \cdots + y_n(\boldsymbol{\varepsilon}_n, \boldsymbol{\varepsilon}_i) \\ &= y_i(\boldsymbol{\varepsilon}_i, \boldsymbol{\varepsilon}_i) = y_i\end{aligned}$$

这说明向量的坐标分量仍是该向量与基中相应向量的内积. 将 $(\boldsymbol{x}, \boldsymbol{\varepsilon}_i)=y_i$ 代入($*$)式之中,即得式(4.4.7).

思考　定理 4.4.8 说明可以任意选择一个标准正交基,那么在建立坐标系上的这种自由度,自然会带来新的问题,即何种坐标系是最佳的?

例 4.4.3　设 $m\times n(m<n)$ 矩阵 $\boldsymbol{A}=(a_{ij})$,列向量组 $\boldsymbol{\alpha}_1, \boldsymbol{\alpha}_2, \cdots, \boldsymbol{\alpha}_m$ 线性无关,其中

$$\boldsymbol{\alpha}_i = (a_{i1}, a_{i2}, \cdots, a_{in})^T, i = 1, 2, \cdots, m$$

向量 $\boldsymbol{\beta}$ 是齐次线性方程组 $\boldsymbol{Ax}=\boldsymbol{0}$ 的非零解向量. 试判断向量组 $\boldsymbol{\alpha}_1, \boldsymbol{\alpha}_2, \cdots, \boldsymbol{\alpha}_m, \boldsymbol{\beta}$ 的线性相关性.

解:设有一组实数 $k_1, k_2, \cdots, k_m, l$,使得 $k_1\boldsymbol{\alpha}_1 + k_2\boldsymbol{\alpha}_2 + \cdots + k_m\boldsymbol{\alpha}_m + l\boldsymbol{\beta} = \boldsymbol{0}$ ①. 因为向量 $\boldsymbol{\beta}$ 是齐次线性方程组 $\boldsymbol{Ax} = \boldsymbol{0}$ 的非零解向量,因此 $\boldsymbol{\beta}\neq\boldsymbol{0}$ 且 $\boldsymbol{A\beta} = \boldsymbol{0}$. 注意到 $\boldsymbol{A}^T = (\boldsymbol{\alpha}_1, \boldsymbol{\alpha}_2, \cdots, \boldsymbol{\alpha}_m)$,则有

$$(0, 0, \cdots, 0) = (\boldsymbol{A\beta})^T = \boldsymbol{\beta}^T\boldsymbol{A}^T = \boldsymbol{\beta}^T(\boldsymbol{\alpha}_1, \boldsymbol{\alpha}_2, \cdots, \boldsymbol{\alpha}_m) = (\boldsymbol{\beta}^T\boldsymbol{\alpha}_1, \boldsymbol{\beta}^T\boldsymbol{\alpha}_2, \cdots, \boldsymbol{\beta}^T\boldsymbol{\alpha}_m)$$

此即 $\boldsymbol{\beta}^T\boldsymbol{\alpha}_1 = \boldsymbol{\beta}^T\boldsymbol{\alpha}_2 = \cdots = \boldsymbol{\beta}^T\boldsymbol{\alpha}_m = 0$　②.

用 $\boldsymbol{\beta}$ 左乘①式,并利用②式,可得 $l\boldsymbol{\beta}^T\boldsymbol{\beta} = 0$. 因为 $\boldsymbol{\beta}\neq\boldsymbol{0}$,所以 $\boldsymbol{\beta}^T\boldsymbol{\beta} > 0$,故必有 $l = 0$. 代入①式,得 $k_1\boldsymbol{\alpha}_1 + k_2\boldsymbol{\alpha}_2 + \cdots + k_m\boldsymbol{\alpha}_m = \boldsymbol{0}$. 注意到向量组 $\boldsymbol{\alpha}_1, \boldsymbol{\alpha}_2, \cdots, \boldsymbol{\alpha}_m$ 线性无关,因此 $k_1 = k_2 = \cdots = k_m = 0$,再加上 $l = 0$,从而向量组 $\boldsymbol{\alpha}_1, \boldsymbol{\alpha}_2, \cdots, \boldsymbol{\alpha}_m, \boldsymbol{\beta}$ 线性无关.

4.4.3　矩阵的 QR 分解

将向量语言翻译成等价的矩阵语言,Gram-Schmidt 正交化过程又意味着什么呢? 考察可逆矩阵 $\boldsymbol{A}$ 的列向量组 $\boldsymbol{\alpha}_1, \boldsymbol{\alpha}_2, \cdots, \boldsymbol{\alpha}_n$ 的 Gram-Schmidt 正交化过程,小明注意到

$$\boldsymbol{\varepsilon}_1=\frac{\boldsymbol{\beta}_1}{||\boldsymbol{\beta}_1||}\equiv t_{11}\boldsymbol{\alpha}_1,$$

$$\boldsymbol{\varepsilon}_2=\frac{\boldsymbol{\beta}_2}{||\boldsymbol{\beta}_2||}=\frac{1}{||\boldsymbol{\beta}_2||}(\boldsymbol{\alpha}_2-k\boldsymbol{\alpha}_1)\equiv t_{22}\boldsymbol{\alpha}_2+t_{12}\boldsymbol{\alpha}_1,$$

$$\boldsymbol{\varepsilon}_3=\frac{\boldsymbol{\beta}_3}{||\boldsymbol{\beta}_3||}=\frac{1}{||\boldsymbol{\beta}_3||}(\boldsymbol{\alpha}_3-k_1\boldsymbol{\alpha}_1-k_2\boldsymbol{\alpha}_2)\equiv t_{33}\boldsymbol{\alpha}_3+t_{23}\boldsymbol{\alpha}_2+t_{13}\boldsymbol{\alpha}_1$$

一般地，对 $j=1, 2, \cdots, n$，有

$$\boldsymbol{\varepsilon}_j=\frac{\boldsymbol{\beta}_j}{||\boldsymbol{\beta}_j||}=\frac{1}{||\boldsymbol{\beta}_j||}(\boldsymbol{\alpha}_j-k_1\boldsymbol{\alpha}_1-k_2\boldsymbol{\alpha}_2-\cdots-k_{j-1}\boldsymbol{\alpha}_{j-1})\equiv t_{jj}\boldsymbol{\alpha}_j+t_{j-1,j}\boldsymbol{\alpha}_{j-1}+\cdots+t_{1j}\boldsymbol{\alpha}_1 \tag{4.4.8}$$

其中 $t_{jj}=||\boldsymbol{\beta}_j||^{-1}\neq 0$. 这就是说，Gram-Schmidt 正交化过程实际上就是逐步扩张正交向量组 $\boldsymbol{\varepsilon}_1, \boldsymbol{\varepsilon}_2, \cdots, \boldsymbol{\varepsilon}_j$，使得

$$\mathrm{span}(\boldsymbol{\varepsilon}_1, \boldsymbol{\varepsilon}_2, \cdots, \boldsymbol{\varepsilon}_j)=\mathrm{span}(\boldsymbol{\alpha}_1, \boldsymbol{\alpha}_2, \cdots, \boldsymbol{\alpha}_j) \tag{4.4.9}$$

并且最终成立

$$(\boldsymbol{\varepsilon}_1, \boldsymbol{\varepsilon}_2, \cdots, \boldsymbol{\varepsilon}_n)=(\boldsymbol{\alpha}_1, \boldsymbol{\alpha}_2, \cdots, \boldsymbol{\alpha}_n)\begin{pmatrix} t_{11} & \cdots & t_{1n} \\ & \ddots & \vdots \\ & & t_{nn} \end{pmatrix}$$

使用矩阵语言，就是 $\boldsymbol{Q}=\boldsymbol{AT}$，这里 $\boldsymbol{A}=(\boldsymbol{\alpha}_1, \boldsymbol{\alpha}_2, \cdots, \boldsymbol{\alpha}_n)$，$\boldsymbol{Q}=(\boldsymbol{\varepsilon}_1, \boldsymbol{\varepsilon}_2, \cdots, \boldsymbol{\varepsilon}_n)$ 是正交矩阵，$\boldsymbol{T}=(t_{ij})$ 是上三角矩阵. 由于上三角矩阵的逆矩阵仍然是上三角矩阵，若记 $\boldsymbol{R}=(r_{ij})=\boldsymbol{T}^{-1}$，则得 $\boldsymbol{A}=\boldsymbol{QR}$，且上三角矩阵 $\boldsymbol{R}$ 的元素计算公式为

$$r_{jj}=||\boldsymbol{\beta}_j||\neq 0,\ r_{ij}=(\boldsymbol{Q}^T\boldsymbol{A})_{ij}=\boldsymbol{\varepsilon}_i^T\boldsymbol{\alpha}_j=(\boldsymbol{\alpha}_j, \boldsymbol{\varepsilon}_i) \tag{4.4.10}$$

其中 $i, j=1, 2, \cdots, n$ 且 $i<j$.

定义 4.4.3(QR 分解) 对 n 阶方阵 $\boldsymbol{A}$，如果存在正交矩阵 $\boldsymbol{Q}$ 和上三角矩阵 $\boldsymbol{R}$，使得

$$\boldsymbol{A}=\boldsymbol{QR} \tag{4.4.11}$$

则称式(4.4.11)为矩阵 $\boldsymbol{A}$ 的 **QR 分解**(decomposition)或**正交三角分解**(orthogonal triangular decomposition).

定理 4.4.9(QR 分解定理) 设 $\boldsymbol{A}$ 为 n 阶可逆矩阵，则存在 n 阶正交矩阵 $\boldsymbol{Q}$ 和非奇异上三角方阵 $\boldsymbol{R}$，使得矩阵 $\boldsymbol{A}=\boldsymbol{QR}$.

显然，当矩阵 $\boldsymbol{A}$ 可逆时，线性方程组 $\boldsymbol{Ax}=\boldsymbol{b}$ 变成了 $\boldsymbol{QRx}=\boldsymbol{b}$，也就是三角方程组 $\boldsymbol{Rx}=\boldsymbol{Q}^T\boldsymbol{b}$. 这里巧妙地利用正交矩阵的特性 $\boldsymbol{Q}^{-1}=\boldsymbol{Q}^T$，避开了一般矩阵的求逆问题.

MATLAB 提供了内置函数 qr,用于计算 $\boldsymbol{A}$ 的 QR 分解,其调用格式为

```
[Q,R]= qr(A)
```

而 ATLAST 库中提供的则是 gschmidt 函数,调用格式见上一小节.

在式(4.4.6)中,注意到

$$\frac{(\boldsymbol{\alpha}_j, \boldsymbol{\beta}_k)}{(\boldsymbol{\beta}_k, \boldsymbol{\beta}_k)}\boldsymbol{\beta}_k = \left(\boldsymbol{\alpha}_j, \frac{\boldsymbol{\beta}_k}{\sqrt{(\boldsymbol{\beta}_k, \boldsymbol{\beta}_k)}}\right)\frac{\boldsymbol{\beta}_k}{\sqrt{(\boldsymbol{\beta}_k, \boldsymbol{\beta}_k)}} = \left(\boldsymbol{\alpha}_j, \frac{\boldsymbol{\beta}_k}{||\boldsymbol{\beta}_k||}\right)\frac{\boldsymbol{\beta}_k}{||\boldsymbol{\beta}_k||} = (\boldsymbol{\alpha}_j, \boldsymbol{\varepsilon}_k)\boldsymbol{\varepsilon}_k = r_{kj}\boldsymbol{\varepsilon}_k$$

因此可得经典的 Gram-Schmidt(CGS)算法如下:

1. 令 $\boldsymbol{\beta}_1 = \boldsymbol{\alpha}_1$,计算 $r_{11} = ||\boldsymbol{\beta}_1||$ 及 $\boldsymbol{\varepsilon}_1 = \boldsymbol{\beta}_1/r_{11}$;
2. 对 $j=2, 3, \cdots, n$

(1) 计算 $r_{1j}, r_{2j}, \cdots, r_{j-1,j}$ 以及 $\boldsymbol{\beta}_j = \boldsymbol{\alpha}_j - \sum_{k=1}^{j-1} r_{kj}\boldsymbol{\varepsilon}_k$;

(2) 计算 $r_{jj} = ||\boldsymbol{\beta}_j||$ 以及 $\boldsymbol{\varepsilon}_j = \boldsymbol{\beta}_j/r_{jj}$.

以 $n=4$ 的情形为例,向量的产生过程为 $\boldsymbol{\beta}_1 \to \boldsymbol{\varepsilon}_1 \to \boldsymbol{\beta}_2 \to \boldsymbol{\varepsilon}_2 \to \boldsymbol{\beta}_3 \to \boldsymbol{\varepsilon}_3 \to \boldsymbol{\beta}_4 \to \boldsymbol{\varepsilon}_4$,如图 4.2 所示.

图 4-2　CGS 算法的向量产生过程

遗憾的是 CGS 迭代算法在数值上是不稳定的.

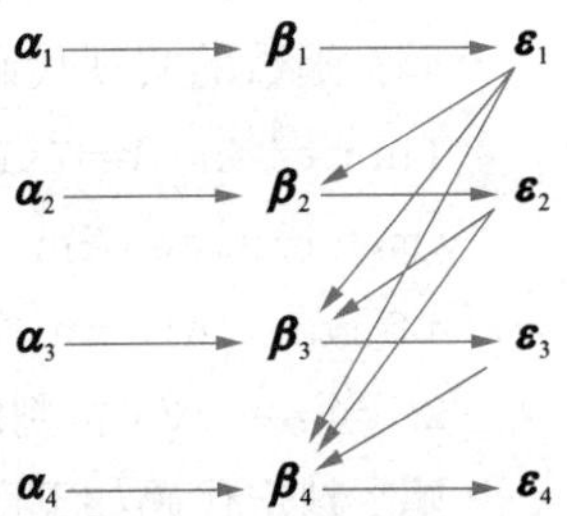

例 4.4.4　求矩阵 $\boldsymbol{A}=\begin{pmatrix} 0 & -3 & 1 \\ 2 & 1 & -6 \\ 0 & 4 & 2 \end{pmatrix}$ 的 QR 分解.

解法一:CGS 算法.

$\boldsymbol{\alpha}_1 = (0, 2, 0)^T$, $\boldsymbol{\beta}_1 = \boldsymbol{\alpha}_1 = (0, 2, 0)^T$,

$r_{11} = ||\boldsymbol{\beta}_1|| = 2$, $\boldsymbol{\varepsilon}_1 = \dfrac{\boldsymbol{\beta}_1}{r_{11}} = (0, 1, 0)^T$,

$r_{12} = (\boldsymbol{\alpha}_2, \boldsymbol{\varepsilon}_1) = 1$, $\boldsymbol{\beta}_2 = \boldsymbol{\alpha}_2 - r_{12}\boldsymbol{\varepsilon}_1 = (-3, 0, 4)^T$,

$r_{22} = ||\boldsymbol{\beta}_2|| = 5$, $\boldsymbol{\varepsilon}_2 = \dfrac{\boldsymbol{\beta}_2}{r_{22}} = \dfrac{1}{5}(-3, 0, 4)^T$,

$r_{13} = (\boldsymbol{\alpha}_3, \boldsymbol{\varepsilon}_1) = -6$, $r_{23} = (\boldsymbol{\alpha}_3, \boldsymbol{\varepsilon}_2) = 1$, $\boldsymbol{\beta}_3 = \boldsymbol{\alpha}_3 - r_{13}\boldsymbol{\varepsilon}_1 - r_{23}\boldsymbol{\varepsilon}_2 = \dfrac{1}{5}(8, 0, 6)^T$,

$r_{33} = ||\boldsymbol{\beta}_3|| = 2$, $\boldsymbol{\varepsilon}_3 = \dfrac{\boldsymbol{\beta}_3}{r_{33}} = \dfrac{1}{5}(4, 0, 3)^T$.

所以 $\boldsymbol{A}$ 的 QR 分解为:

$$\boldsymbol{Q} = (\boldsymbol{\varepsilon}_1, \boldsymbol{\varepsilon}_2, \boldsymbol{\varepsilon}_3) = \begin{pmatrix} 0 & -\frac{3}{5} & \frac{4}{5} \\ 1 & 0 & 0 \\ 0 & \frac{4}{5} & \frac{3}{5} \end{pmatrix}, \boldsymbol{R} = \boldsymbol{Q}^T\boldsymbol{A} = \begin{pmatrix} 2 & 1 & -6 \\ 0 & 5 & 1 \\ 0 & 0 & 2 \end{pmatrix}$$

解法二:MATLAB 计算.(文件名为 ex4404.m)

```
A=[0,-3,1;2,1,-6;0,4,2];
% 算法一:使用内置函数 qr
```

```
[Q,R]=qr(A)
% 算法二：使用 ATLAST 函数 gschmidt
[Q,R]=gschmidt(A,1)   % 使用的是 CGS 算法
[Q,R]=gschmidt(A)     % 使用的是 MGS 算法,详见本章实验四
```

思考　仔细分析 QR 分解的推导过程,你觉得不可逆方阵乃至长方阵,是否也存在形如式(4.4.11)的 QR 分解？欲知详情,可参阅文献[36, 38, 42, 45].

本章 MATLAB 实验及解答

实验一：向量组线性相关性的判定

1. 编写自定义函数 b=IsLinDepend(A),用于判断 A 的列向量组是否线性相关,b=1 表示线性相关,b=0 则表示线性无关.

解：函数的实现代码如下.

```
function  b=IsLinDepend(A)
[m,n]=size(A);
if rank(A)==n,b=0;else,b=1;end
```

2. 当 $t=-2$ 时,判定例 4.1.3 中的向量组 $\boldsymbol{\alpha}_1$, $\boldsymbol{\alpha}_2$, $\boldsymbol{\alpha}_3$ 的线性相关性.

解：判定代码如下所示.(文件名为 sy4102.m)

```
a1=[1,2,-1]';a2=[3,1,0]';a3=[-7,1,-2]';A=[a1,a2,a3];
b=IsLinDepend(A)
```

运行结果为 b=1,说明 $t=-2$ 时向量组 $\boldsymbol{\alpha}_1$, $\boldsymbol{\alpha}_2$, $\boldsymbol{\alpha}_3$ 线性相关,与例题吻合.

实验二：向量组的三个基本问题

1. 编写自定义函数[r, V, B, A1]=VecTriProb(A),用于求解 A 的列向量组的三个基本问题.返回值 r 表示列向量组的秩(即矩阵 A 的秩,也就是矩阵 V 的列数),V 的列向量组表示 A 的一个极大无关组,矩阵 B 的各个列向量表示剩余向量用极大无关组表示时的系数向量,A1 的列向量都是 A 的列向量组中不属于极大无关组的剩余向量,并且成立等式 A1=V*B.

解：函数 VecTriProb 的实现代码如下.(文件名为 VecTriProb.m)

```
function[r,V,B,A1]=VecTriProb(A)
[R,jb]=rref(A);        % 向量 jb 中按升序保存 A 的行最简矩阵 R 中首元的列号
V=A(:,jb);             % 矩阵 V 的列向量组就是原向量组的一个极大无关组
A1=A;A1(:,jb)=[];      % A1 的列向量都是 A 的列向量组中不属于极大无关组的
剩余向量
r=length(jb);          % 矩阵 A 的秩
% B 的列向量都是剩余向量用极大无关组线性表示时的系数向量
```

```
B=R(1: r,: );B(: ,jb)=[];
end
```

2. 在程序 ex4402. m 中，矩阵 V 是事先指定的. 事实上，利用自定义函数 VecTriProb，可自动求出矩阵 V. 试按此想法改进程序 ex4402. m.

解：在程序 ex4402. m 中，用语句`[r,V,B,A1]= VecTriProb(A)`替换语句 `V= [a1, a2]`即可.

实验三：求线性方程组的通解

1. 编写函数 gsolution，用于求线性方程组 $\boldsymbol{Ax}=\boldsymbol{b}$（及其特款 $\boldsymbol{Ax}=\boldsymbol{0}$）的通解. 其调用格式为

`[x0,Z]= gsolution(A,b)` 或`[x0,Z]= gsolution(A)`

其中 x0 是方程组 $\boldsymbol{Ax}=\boldsymbol{b}$ 的特解，矩阵 Z 的列向量组是相应的齐次线性方程组 $\boldsymbol{Ax}=\boldsymbol{0}$ 的一个基础解系.

解：函数 gsolution 的代码实现如下所示.（文件名为 gsolution. m）

```
function [x0,Z]=gsolution(A,b)
% A 为系数矩阵,b 为常数列向量;
% x0 为特解,矩阵 Z 的列向量组是 Ax=0 的基础解系
format rat;[m,n]=size(A);
if nargin==1          % 齐次线性方程组 Ax=0 的情形
    state=SolutionState(A);
    if(state==2)      % 有非零解的情形
      x0=[];          % 特解 x0 为空
      Z=null(A,'r');% 矩阵 Z 中按列存放齐次线性方程组的基础解系
    else              % 仅有零解的情形
      x0=zeros(n,1);Z=[];
    end
else                  % 非齐次线性方程组 Ax=b 的情形
    state=SolutionState(A,b);
    x0=zeros(n,1);  % 初始化特解 x0 为零向量
    if(state==0)      % 线性方程组 Ax=b 无解的情形
      x0=[];Z=[];
    else              % 线性方程组 Ax= b 有解的情形
      Ab=[A,b];          % 增广矩阵
      [R,jb]=rref(Ab);  % jb 中按升序存放阶梯形矩阵 R 中的首元列号
      Z=null(A,'r');      % 矩阵 Z 中按列存放齐次线性方程组的基础解系
      % 将常数列中基准行对应的元素填入特解的对应位置
      x0(jb,:)=R(1:length(jb),n+1);
```

```
        end
    end
end
```

2. 使用自定义函数 gsolution 求解线性方程组 $\boldsymbol{Ax}=\boldsymbol{b}$,其中

$$\boldsymbol{A}=\begin{pmatrix}1&1&1&1\\4&3&5&-1\\2&1&3&-3\end{pmatrix},\ \boldsymbol{b}=\begin{pmatrix}-1\\-1\\1\end{pmatrix}$$

解:求解代码如下所示.(文件名为 sy4302.m)

```
A=[1,1,1,1;4,3,5,-1;2,1,3,-3];b=[-1,-1,1]';
[x0,Z]=gsolution(A,b)
```

程序的运行结果为

```
x0=                                   Z=
     2                                   -2         4
    -3                                    1        -5
     0                                    1         0
     0                                    0         1
```

因此所求线性方程组的通解为

$$\boldsymbol{x}=\begin{pmatrix}2\\-3\\0\\0\end{pmatrix}+c_1\begin{pmatrix}-2\\1\\1\\0\end{pmatrix}+c_2\begin{pmatrix}4\\-5\\0\\1\end{pmatrix}$$

3. 使用自定义函数 gsolution 求解例 3.2.13 中的齐次线性方程组 $\boldsymbol{Ax}=\boldsymbol{0}$.

解:求解代码如下所示.(文件名为 sy4303.m)

```
A= [1,1,1,4,- 3;1,- 1,3,- 2,- 1;2,1,3,5,- 5];
[x0,Z]=gsolution(A)
```

程序的运行结果为

```
x0=              Z=
        []            -2            -1            2
                       1            -3            1
                       1             0            0
                       0             1            0
                       0             0            1
```

这显然与 ex3213.m 的运行结果相同,因为两种实现方法调用的都是内置函数 null.

实验四：Gram-Schmidt 过程的算法实现

1. 在 ATLAST 库中，调用格式

$$[Q,R] = \text{gschmidt}(A,1)$$

使用的是 CGS 算法，相关 MATLAB 代码块如下，请在%%后添加注释语句：

```
R=zeros(n);Q=A;  %%  赋初值
R(1,1)=norm(A(:,1));Q(:,1)=A(:,1)/R(1,1);  %%  计算 r11 和 ε1
for j=2:n
    R(1:j-1,j)=Q(:,1:j- 1)'*A(:,j);  %%  合并计算 r1j, r2j, …, rj-1,j
    Q(:,j)=A(:,j)-Q(:,1:j-1)*R(1:j-1,j);  %%  计算 βj
    R(j,j)=norm(Q(:,j));Q(:,j)=Q(:,j)/R(j,j);  %%  计算 rjj 和 εj
end
```

2. 在 ATLAST 库中，调用格式

$$[Q,R] = \text{gschmidt}(A)$$

使用的是 MGS(Modified Gram-Schmidt)算法，它是对 CGS 算法的一个简单修正.

MGS 算法的想法是每当产生一个新的 $\boldsymbol{\varepsilon}_j$ 后，就重新计算所有的后续向量 $\boldsymbol{\alpha}_{j+1}$，$\boldsymbol{\alpha}_{j+2}$，…，$\boldsymbol{\alpha}_{j+n}$，消去其中包含的 $\boldsymbol{\varepsilon}_j$ 成分(即与 $\boldsymbol{\varepsilon}_j$ 平行的分量)，从而使这些改变后的后续向量都与已计算出的 $\boldsymbol{\varepsilon}_1$，$\boldsymbol{\varepsilon}_2$，…，$\boldsymbol{\varepsilon}_j$ 正交(仿佛某人落网，后续的人要立马跟他切割).
MGS 算法的计算步骤具体如下：

(1) 令 $\boldsymbol{\beta}_1 = \boldsymbol{\alpha}_1$；

(2) 对 $k=1, 2, 3, \cdots, n$

① 计算 $r_{kk} = ||\boldsymbol{\beta}_k||$ 以及 $\boldsymbol{\varepsilon}_k = \boldsymbol{\beta}_k / r_{kk}$；

② 计算 $r_{k,k+1}$，$r_{k,k+2}$，…，$r_{k,n}$ 以及 $\boldsymbol{\beta}_l = \boldsymbol{\alpha}_l - \sum\limits_{i=1}^{l-1} r_{ik}\boldsymbol{\varepsilon}_i$，$l = k+1, k+2, \cdots, n.$

使用 MGS 算法的相关 MATLAB 代码块如下，请在%%后添加注释语句：

```
R=zeros(n);Q=A;  %%  赋初值
for k=1:n
    R(k,k)=norm(Q(:,k));  %% 计算 rkk
    Q(:,k)=Q(:,k)/R(k,k);  %% 计算 εk
    R(k,k+1:n)=Q(:,k)'*Q(:,k+1:n);  %% 合并计算 rk,k+1, rk,k+2, …, rkn
    Q(:,k+1:n)=Q(:,k+1:n)-Q(:,k)*R(k,k+1:n);  %% 更新 βk+1, βk+2,
…, βkn
end
```

习题四

4.1 已知向量 $\boldsymbol{\alpha}_1 = (\lambda, \lambda, \lambda)^T$，$\boldsymbol{\alpha}_2 = (\lambda, 2\lambda-1, \lambda)^T$，$\boldsymbol{\alpha}_3 = (2, 3, \lambda+3)^T$，$\boldsymbol{\beta} =$

$(1, 1, 2\lambda-1)^T$,问 λ 取何值时,

(1) $\boldsymbol{\beta}$ 可由 $\boldsymbol{\alpha}_1, \boldsymbol{\alpha}_2, \boldsymbol{\alpha}_3$ 线性表示,且表达式唯一?

(2) $\boldsymbol{\beta}$ 可由 $\boldsymbol{\alpha}_1, \boldsymbol{\alpha}_2, \boldsymbol{\alpha}_3$ 线性表示,且表达式不唯一?

(3) $\boldsymbol{\beta}$ 不可由 $\boldsymbol{\alpha}_1, \boldsymbol{\alpha}_2, \boldsymbol{\alpha}_3$ 线性表示?

4.2 已知 $\boldsymbol{\alpha}_1=(1, 4, 0, 2)^T$, $\boldsymbol{\alpha}_2=(2, 7, 1, 3)^T$, $\boldsymbol{\alpha}_3=(0, 1, -1, a)^T$, $\boldsymbol{\beta}=(3, 10, b, 4)^T$.

(1) 问 a, b 取何值时,向量 $\boldsymbol{\beta}$ 不能由向量组 $\boldsymbol{\alpha}_1, \boldsymbol{\alpha}_2, \boldsymbol{\alpha}_3$ 线性表示?

(2) 问 a, b 取何值时,向量 $\boldsymbol{\beta}$ 能由向量组 $\boldsymbol{\alpha}_1, \boldsymbol{\alpha}_2, \boldsymbol{\alpha}_3$ 线性表示? 并写出此表达式.

4.3 问 a 取何值时,向量组 $\boldsymbol{\beta}_1=(1, 2, a+3)^T$, $\boldsymbol{\beta}_2=(2, 1, a+6)^T$, $\boldsymbol{\beta}_3=(2, 1, a+4)^T$ 不能由向量组 $\boldsymbol{\alpha}_1=(1, 0, 2)^T$, $\boldsymbol{\alpha}_2=(1, 1, 3)^T$, $\boldsymbol{\alpha}_3=(1, -1, a+2)^T$ 线性表示?并用 $\boldsymbol{\beta}_1, \boldsymbol{\beta}_2, \boldsymbol{\beta}_3$ 线性表示 $\boldsymbol{\alpha}_1, \boldsymbol{\alpha}_2, \boldsymbol{\alpha}_3$

4.4 已知向量组 $\boldsymbol{\alpha}_1=(1, 1, a)^T$, $\boldsymbol{\alpha}_2=(1, a, 1)^T$, $\boldsymbol{\alpha}_3=(a, 1, 1)^T$ 和 $\boldsymbol{\beta}_1=(1, 1, a)^T$, $\boldsymbol{\beta}_2=(-2, a, 4)^T$, $\boldsymbol{\beta}_3=(-2, a, a)^T$. 确定常数 a,使向量组 $\boldsymbol{\alpha}_1, \boldsymbol{\alpha}_2, \boldsymbol{\alpha}_3$ 可由向量组 $\boldsymbol{\beta}_1, \boldsymbol{\beta}_2, \boldsymbol{\beta}_3$ 线性表示,但向量组 $\boldsymbol{\beta}_1, \boldsymbol{\beta}_2, \boldsymbol{\beta}_3$ 不能由向量组 $\boldsymbol{\alpha}_1, \boldsymbol{\alpha}_2, \boldsymbol{\alpha}_3$ 线性表示.

4.5 设向量组 $\boldsymbol{\alpha}_1, \boldsymbol{\alpha}_2, \cdots, \boldsymbol{\alpha}_n$ 中,前 $n-1$ 个向量线性相关,后 $n-1$ 个向量线性无关,试回答下列问题,并给出证明:

(1) $\boldsymbol{\alpha}_1$ 能否用 $\boldsymbol{\alpha}_2, \boldsymbol{\alpha}_3, \cdots, \boldsymbol{\alpha}_n$ 线性表示?

(2) $\boldsymbol{\alpha}_n$ 能否用 $\boldsymbol{\alpha}_1, \boldsymbol{\alpha}_2, \cdots, \boldsymbol{\alpha}_{n-1}$ 线性表示?

4.6 判别向量组 $\boldsymbol{\alpha}_1=(17, 8, -6, 0)^T$, $\boldsymbol{\alpha}_2=(3, 0, 0, 0)^T$, $\boldsymbol{\alpha}_3=(6, 15, 9, 23)^T$, $\boldsymbol{\alpha}_4=(29, -2, 0, 0)^T$ 的线性相关性.

4.7 已知 $\boldsymbol{\alpha}_1=(1, 2, 4)^T$, $\boldsymbol{\alpha}_2=(2, 0, t)^T$, $\boldsymbol{\alpha}_3=(3, 8, 10)^T$ 线性相关,求常数 t.

4.8 证明 $\boldsymbol{\alpha}_1=(1, 1, 0, 1)^T$, $\boldsymbol{\alpha}_2=(0, 1, 3, 4)^T$, $\boldsymbol{\alpha}_3=(2, 1, -2, -2)^T$ 线性无关.

4.9 向量组 $\boldsymbol{\alpha}_1=(1, 3, 0)^T$, $\boldsymbol{\alpha}_2=(5, 0, -3)^T$, $\boldsymbol{\alpha}_3=(2, 0, t)^T$ 线性相关,则 $t=$ ________,且 $\boldsymbol{\alpha}_3=(\quad)\boldsymbol{\alpha}_1+(\quad)\boldsymbol{\alpha}_2$.

4.10 设 $\boldsymbol{\alpha}_1=(0, 0, a)^T$, $\boldsymbol{\alpha}_2=(0, 1, b)^T$, $\boldsymbol{\alpha}_3=(1, -1, c)^T$, $\boldsymbol{\alpha}_4=(-1, 1, d)^T$, 其中 a, b, c, d 为任意常数,则下列向量组中,线性相关的是【　　】

(A) $\boldsymbol{\alpha}_1, \boldsymbol{\alpha}_2, \boldsymbol{\alpha}_3$　　(B) $\boldsymbol{\alpha}_1, \boldsymbol{\alpha}_2, \boldsymbol{\alpha}_4$　　(C) $\boldsymbol{\alpha}_1, \boldsymbol{\alpha}_3, \boldsymbol{\alpha}_4$　　(D) $\boldsymbol{\alpha}_2, \boldsymbol{\alpha}_3, \boldsymbol{\alpha}_4$

4.11 向量组 $\boldsymbol{\alpha}_1, \boldsymbol{\alpha}_2, \cdots, \boldsymbol{\alpha}_s$ 线性无关的充分必要条件是【　　】

(A) 存在全为零的一组数 $k_1, k_2, \cdots, k_s$,使 $k_1\boldsymbol{\alpha}_1+k_2\boldsymbol{\alpha}_2+\cdots+k_s\boldsymbol{\alpha}_s=\mathbf{0}$

(B) 存在不全为零的一组数 $k_1, k_2, \cdots, k_s$,使 $k_1\boldsymbol{\alpha}_1+k_2\boldsymbol{\alpha}_2+\cdots+k_s\boldsymbol{\alpha}_s\neq\mathbf{0}$

(C) 对于任何一组不全为零的数 $k_1, k_2, \cdots, k_s$,都有 $k_1\boldsymbol{\alpha}_1+k_2\boldsymbol{\alpha}_2+\cdots+k_s\boldsymbol{\alpha}_s\neq\mathbf{0}$

(D) 向量组 $\boldsymbol{\alpha}_1, \boldsymbol{\alpha}_2, \cdots, \boldsymbol{\alpha}_s$ 中任意两个向量线性无关

4.12 判断下列命题是否正确? 若正确给出证明,若错误举出反例.

(1) 若有不全为零的数 $k_1, k_2, \cdots, k_s$,使 $k_1\boldsymbol{\alpha}_1+k_2\boldsymbol{\alpha}_2+\cdots+k_s\boldsymbol{\alpha}_s\neq\mathbf{0}$,则向量组 $\boldsymbol{\alpha}_1, \boldsymbol{\alpha}_2, \cdots, \boldsymbol{\alpha}_s$ 线性无关.

(2) 若对任意的 $k_1, k_2, \cdots, k_s$,都有 $k_1\boldsymbol{\alpha}_1+k_2\boldsymbol{\alpha}_2+\cdots+k_s\boldsymbol{\alpha}_s=\mathbf{0}$,则 $\boldsymbol{\alpha}_1=\boldsymbol{\alpha}_2=\cdots=\boldsymbol{\alpha}_s=\mathbf{0}$.

(3) 若向量组 $\boldsymbol{\alpha}_1, \boldsymbol{\alpha}_2, \cdots, \boldsymbol{\alpha}_s$ 线性相关且 $s\geqslant 2$,则 $\boldsymbol{\alpha}_s$ 可由 $\boldsymbol{\alpha}_1, \boldsymbol{\alpha}_2, \cdots, \boldsymbol{\alpha}_{s-1}$ 线性表示.

(4) 若向量组 $\boldsymbol{\alpha}_1, \boldsymbol{\alpha}_2, \cdots, \boldsymbol{\alpha}_s$ 线性相关,向量组 $\boldsymbol{\beta}_1, \boldsymbol{\beta}_2, \cdots, \boldsymbol{\beta}_s$ 也线性相关,且 $s \geqslant 2$,则有不全为零的数 $k_1, k_2, \cdots, k_s$,使得 $k_1\boldsymbol{\alpha}_1 + k_2\boldsymbol{\alpha}_2 + \cdots + k_s\boldsymbol{\alpha}_s = \mathbf{0}$ 且 $k_1\boldsymbol{\beta}_1 + k_2\boldsymbol{\beta}_2 + \cdots + k_s\boldsymbol{\beta}_s = \mathbf{0}$.

4.13　设向量组 $\boldsymbol{\alpha}_1, \boldsymbol{\alpha}_2, \cdots, \boldsymbol{\alpha}_s$ 线性无关,向量组 $\boldsymbol{\beta}_1 = \boldsymbol{\alpha}_1 + \boldsymbol{\alpha}_2, \boldsymbol{\beta}_2 = \boldsymbol{\alpha}_2 + \boldsymbol{\alpha}_3, \cdots, \boldsymbol{\beta}_s = \boldsymbol{\alpha}_s + \boldsymbol{\alpha}_1$,试讨论向量组 $\boldsymbol{\beta}_1, \boldsymbol{\beta}_2, \cdots, \boldsymbol{\beta}_s$ 的线性相关性.

4.14　向量组 $\boldsymbol{\alpha}_1, \boldsymbol{\alpha}_2, \cdots, \boldsymbol{\alpha}_n$ 线性无关的充要条件是任意一个 n 维向量都可以被它线性表示.

4.15　设 $\boldsymbol{\alpha}_1 \neq \mathbf{0}$,证明向量组 $\boldsymbol{\alpha}_1, \boldsymbol{\alpha}_2, \cdots, \boldsymbol{\alpha}_n$ 线性无关的充要条件是每一个向量 $\boldsymbol{\alpha}_i$ $(i \geqslant 2)$ 都不能由其前面的部分向量组 $\boldsymbol{\alpha}_1, \boldsymbol{\alpha}_2, \cdots, \boldsymbol{\alpha}_{i-1}$ 线性表示.

4.16　设向量组 $\boldsymbol{\alpha}_1, \boldsymbol{\alpha}_2, \cdots, \boldsymbol{\alpha}_n$ 线性无关,向量 $\boldsymbol{\beta}_1$ 可由这组向量线性表示,而向量 $\boldsymbol{\beta}_2$ 不能由这组向量线性表示,证明:向量组 $\boldsymbol{\alpha}_1, \boldsymbol{\alpha}_2, \cdots, \boldsymbol{\alpha}_n, \boldsymbol{\beta}_1 + c\boldsymbol{\beta}_2$ 必线性无关(其中 c 为常数).

4.17　设 $\boldsymbol{A}$ 为 3 阶方阵,$\boldsymbol{\alpha}$ 为 3 维列向量,已知向量组 $\boldsymbol{\alpha}, \boldsymbol{A\alpha}, \boldsymbol{A}^2\boldsymbol{\alpha}$ 线性无关,且 $\boldsymbol{A}^3\boldsymbol{\alpha} = 5\boldsymbol{A\alpha} - 3\boldsymbol{A}^2\boldsymbol{\alpha}$,求证矩阵 $\boldsymbol{B} = (\boldsymbol{\alpha}, \boldsymbol{A\alpha}, \boldsymbol{A}^4\boldsymbol{\alpha})$ 可逆.

4.18(唯一表示定理的逆定理)　设向量 $\boldsymbol{b}$ 可由向量组 $\boldsymbol{\alpha}_1, \boldsymbol{\alpha}_2, \cdots, \boldsymbol{\alpha}_s$ 线性表示,且表达式唯一,则:

(1) 向量组 $\boldsymbol{\alpha}_1, \boldsymbol{\alpha}_2, \cdots, \boldsymbol{\alpha}_s$ 线性无关.

(2) 向量组 $\boldsymbol{\alpha}_1, \boldsymbol{\alpha}_2, \cdots, \boldsymbol{\alpha}_s, \boldsymbol{b}$ 线性相关.

4.19　求向量组 $\boldsymbol{\alpha}_1 = (1, -1, 2, 4)^T, \boldsymbol{\alpha}_2 = (0, 3, 1, 2)^T, \boldsymbol{\alpha}_3 = (3, 0, 7, 14)^T, \boldsymbol{\alpha}_4 = (-1, 2, 2, 0)^T, \boldsymbol{\alpha}_5 = (2, 1, 5, 10)^T$ 的一个极大无关组,并用极大无关组表示剩余向量.

4.20　已知向量组 $\boldsymbol{\alpha}_1 = (1+a, 1, 1, 1)^T, \boldsymbol{\alpha}_2 = (2, 2+a, 2, 2)^T, \boldsymbol{\alpha}_3 = (3, 3, 3+a, 3)^T, \boldsymbol{\alpha}_4 = (4, 4, 4, 4+a)^T$. 问 a 取何值时,向量组 $\boldsymbol{\alpha}_1, \boldsymbol{\alpha}_2, \boldsymbol{\alpha}_3, \boldsymbol{\alpha}_4$ 线性相关?此时求 $\boldsymbol{\alpha}_1, \boldsymbol{\alpha}_2, \boldsymbol{\alpha}_3, \boldsymbol{\alpha}_4$ 的一个极大无关组,并用此极大无关组表示剩余向量.

4.21　证明向量组 $\boldsymbol{\alpha}_1, \boldsymbol{\alpha}_2, \cdots, \boldsymbol{\alpha}_s$ 的任意两个极大无关组的向量个数必相等.

4.22　证明下列两个向量组是等价的.

(I): $\boldsymbol{\alpha}_1 = (3, -1, 1, 0)^T, \boldsymbol{\alpha}_2 = (1, 0, 3, 1)^T, \boldsymbol{\alpha}_3 = (-2, 1, 2, 1)^T$.

(II): $\boldsymbol{\beta}_1 = (0, 1, 8, 3)^T, \boldsymbol{\beta}_2 = (-1, 1, 5, 2)^T$.

4.23　已知向量组 $\boldsymbol{\alpha}_1 = (1, 2, -3)^T, \boldsymbol{\alpha}_2 = (3, 0, 1)^T, \boldsymbol{\alpha}_3 = (9, 6, -7)^T$ 与向量组 $\boldsymbol{\beta}_1 = (0, 1, -1)^T, \boldsymbol{\beta}_2 = (a, 2, 1)^T, \boldsymbol{\beta}_3 = (b, 1, 0)^T$ 等秩,且 $\boldsymbol{\beta}_3$ 可由向量组 $\boldsymbol{\alpha}_1, \boldsymbol{\alpha}_2, \boldsymbol{\alpha}_3$ 线性表示,求常数 a, b 的值.

4.24　已知向量组 (I): $\boldsymbol{\alpha}_1, \boldsymbol{\alpha}_2, \boldsymbol{\alpha}_3$ 和(II): $\boldsymbol{\alpha}_1, \boldsymbol{\alpha}_2, \boldsymbol{\alpha}_3, \boldsymbol{\alpha}_4$ 的秩都为 3,向量组(III): $\boldsymbol{\alpha}_1, \boldsymbol{\alpha}_2, \boldsymbol{\alpha}_3, \boldsymbol{\alpha}_5$ 的秩为 4. 证明向量组(IV): $\boldsymbol{\alpha}_1, \boldsymbol{\alpha}_2, \boldsymbol{\alpha}_3, \boldsymbol{\alpha}_5 - \boldsymbol{\alpha}_4$ 的秩为 4.

4.25　设(I): $\boldsymbol{\alpha}_1, \boldsymbol{\alpha}_2, \cdots, \boldsymbol{\alpha}_s$ 和(II): $\boldsymbol{\beta}_1, \boldsymbol{\beta}_2, \cdots, \boldsymbol{\beta}_t$ 是两个秩都为 r 的 n 维向量组,则【　　】

(A) 两个向量组等价

(B) 向量组(III): $\boldsymbol{\alpha}_1, \boldsymbol{\alpha}_2, \cdots, \boldsymbol{\alpha}_s, \boldsymbol{\beta}_1, \boldsymbol{\beta}_2, \cdots, \boldsymbol{\beta}_t$ 的秩也为 r

(C) 当其中一个向量组可由另一个向量组线性表示时,两个向量组等价

(D) 当 $s = t$ 时,两个向量组等价

4.26 设 $\boldsymbol{A}$ 为 $m\times n$ 矩阵，$\boldsymbol{B}$ 为 $n\times m$ 矩阵. 求证：

(1) 如果 $m>n$，则 $|\boldsymbol{AB}|=0$. (2) 如果 $m<n$ 且 $\boldsymbol{AB}=\boldsymbol{I}$，则 $r(\boldsymbol{B})=m$.

4.27 设向量组(I)：$\boldsymbol{\alpha}_1, \boldsymbol{\alpha}_2, \cdots, \boldsymbol{\alpha}_s$ 可由向量组(II)：$\boldsymbol{\beta}_1, \boldsymbol{\beta}_2, \cdots, \boldsymbol{\beta}_t$ 线性表示，则【　】

(A) 当 $s<t$ 时，向量组(II)必线性相关

(B) 当 $s>t$ 时，向量组(II)必线性相关

(C) 当 $s<t$ 时，向量组(I)必线性相关

(D) 当 $s>t$ 时，向量组(I)必线性相关

4.28 判断下列子集 V 是否构成 $\mathbb{R}^3$ 的子空间，给出你的理由，并给出 V 的几何解释.

(1) $V=\{(x, y, z)\mid x+2y-3z=0\}$.

(2) $V=\{(x, y, z)\mid x+2y-3z=1\}$.

(3) $V=\{(x, y, z)\mid z^2=x+2y\}$.

4.29 已知 $\boldsymbol{\alpha}_1=(1, 2, -3, 0)^T$，$\boldsymbol{\alpha}_2=(-1, -3, 5, 2)^T$，$\boldsymbol{\alpha}_3=(0, 1, -2, -2)^T$，$V=\mathrm{span}(\boldsymbol{\alpha}_1, \boldsymbol{\alpha}_2, \boldsymbol{\alpha}_3)$，求 V 的一组基及 V 的维数 $\dim V$.

4.30 已知 $\boldsymbol{\alpha}_1=(1, 2, -1, 0)^T$，$\boldsymbol{\alpha}_2=(1, 1, 0, 2)^T$，$\boldsymbol{\alpha}_3=(2, 1, 1, a)^T$，$V=\mathrm{span}(\boldsymbol{\alpha}_1, \boldsymbol{\alpha}_2, \boldsymbol{\alpha}_3)$，若 $\dim V=2$，求常数 a.

4.31 求基(I)：$\boldsymbol{\alpha}_1=(1, 1, 1)^T$，$\boldsymbol{\alpha}_2=(1, 2, 3)^T$，$\boldsymbol{\alpha}_3=(1, 0, 1)^T$ 到基(II)：$\boldsymbol{\beta}_1=(2, 1, 2)^T$，$\boldsymbol{\beta}_2=(1, 2, 3)^T$，$\boldsymbol{\beta}_3=(1, 1, 1)^T$ 的过渡矩阵 $\boldsymbol{P}$. 如果向量 $\boldsymbol{\alpha}$ 在基(I)下的坐标向量为 $\boldsymbol{x}=(1, 2, 3)^T$，求 $\boldsymbol{\alpha}$ 在基(II)下的坐标向量 $\boldsymbol{y}$.

4.32 设(I)：$\boldsymbol{\alpha}_1, \boldsymbol{\alpha}_2, \boldsymbol{\alpha}_3$ 是 $\mathbb{R}^3$ 的一组基，证明向量组(II)：$\boldsymbol{\alpha}_1, \frac{1}{2}\boldsymbol{\alpha}_2, \frac{1}{3}\boldsymbol{\alpha}_3$ 和向量组(III)：$\boldsymbol{\alpha}_1+\boldsymbol{\alpha}_2, \boldsymbol{\alpha}_2+\boldsymbol{\alpha}_3, \boldsymbol{\alpha}_3+\boldsymbol{\alpha}_1$ 都是 $\mathbb{R}^3$ 的一组基，并求基(II)到基(III)的过渡矩阵 $\boldsymbol{P}$.

4.33 求线性方程组 $\begin{pmatrix}3 & 2 & -4\\1 & 3 & 1\end{pmatrix}\begin{bmatrix}x_1\\x_2\\x_3\end{bmatrix}=\begin{pmatrix}0\\0\end{pmatrix}$ 的基础解系.

4.34 已知 $\boldsymbol{\xi}_1, \boldsymbol{\xi}_2, \boldsymbol{\xi}_3$ 是非齐次线性方程组 $\boldsymbol{Ax}=\boldsymbol{b}$ 的三个两两不相等的解，且 $\boldsymbol{\xi}_1+\boldsymbol{\xi}_2=(1, 3, 2)^T$，$\boldsymbol{\xi}_3=(1, 1, 0)^T$. 若 $r(\boldsymbol{A})=2$，求 $\boldsymbol{Ax}=\boldsymbol{b}$ 的通解.

4.35 设 $\boldsymbol{A}$ 为 4×3 矩阵，$\boldsymbol{\eta}_1, \boldsymbol{\eta}_2, \boldsymbol{\eta}_3$ 是非齐次线性方程组 $\boldsymbol{Ax}=\boldsymbol{b}$ 的 3 个线性无关的解，k_1, k_2 为任意常数，则 $\boldsymbol{Ax}=\boldsymbol{b}$ 的通解为【　】

(A) $\frac{1}{2}(\boldsymbol{\eta}_2+\boldsymbol{\eta}_3)+k_1(\boldsymbol{\eta}_2-\boldsymbol{\eta}_1)$

(B) $\frac{1}{2}(\boldsymbol{\eta}_2+\boldsymbol{\eta}_3)+k_1(\boldsymbol{\eta}_2-\boldsymbol{\eta}_1)+k_2(\boldsymbol{\eta}_3-\boldsymbol{\eta}_1)$

(C) $\frac{1}{2}(\boldsymbol{\eta}_2-\boldsymbol{\eta}_3)+k_1(\boldsymbol{\eta}_2-\boldsymbol{\eta}_1)$

(D) $\frac{1}{2}(\boldsymbol{\eta}_2-\boldsymbol{\eta}_3)+k_1(\boldsymbol{\eta}_2-\boldsymbol{\eta}_1)+k_2(\boldsymbol{\eta}_3-\boldsymbol{\eta}_1)$

4.36 已知 4 阶方阵 $\boldsymbol{A}$ 的列向量组为 $\boldsymbol{\alpha}_1, \boldsymbol{\alpha}_2, \boldsymbol{\alpha}_3, \boldsymbol{\alpha}_4$，其中 $\boldsymbol{\alpha}_2, \boldsymbol{\alpha}_3, \boldsymbol{\alpha}_4$ 线性无关，$\boldsymbol{\alpha}_1=2\boldsymbol{\alpha}_2-\boldsymbol{\alpha}_3$. 如果 $\boldsymbol{\beta}=\boldsymbol{\alpha}_1+\boldsymbol{\alpha}_2+\boldsymbol{\alpha}_3+\boldsymbol{\alpha}_4$，求线性方程组 $\boldsymbol{Ax}=\boldsymbol{\beta}$ 的通解.

4.37　设有齐次线性方程组

$$\begin{cases}(1+a)x_1+x_2+\cdots+x_n=0\\2x_1+(2+a)x_2+\cdots+2x_n=0\\\cdots\cdots\cdots\\nx_1+nx_2+\cdots+(n+a)x_n=0\end{cases}$$

试问 a 为何值时,该方程组有非零解,并求其通解.

4.38　设 $\boldsymbol{A}=\begin{pmatrix}1&-1&-1\\-1&1&1\\0&-4&-2\end{pmatrix}$, $\boldsymbol{\xi}_1=\begin{pmatrix}-1\\1\\-2\end{pmatrix}$

(1) 求满足 $\boldsymbol{A\xi}_2=\boldsymbol{\xi}_1$, $\boldsymbol{A}^2\boldsymbol{\xi}_3=\boldsymbol{\xi}_1$ 的所有向量 $\boldsymbol{\xi}_2$, $\boldsymbol{\xi}_3$.

(2) 对(1)中任意向量 $\boldsymbol{\xi}_2$, $\boldsymbol{\xi}_3$,证明 $\boldsymbol{\xi}_1$, $\boldsymbol{\xi}_2$, $\boldsymbol{\xi}_3$ 线性无关.

4.39　设向量组 $\boldsymbol{\xi}_1$, $\boldsymbol{\xi}_2$, $\cdots$, $\boldsymbol{\xi}_t$ 是齐次线性方程组 $\boldsymbol{Ax}=\boldsymbol{0}$ 的一个基础解系,向量 $\boldsymbol{\beta}$ 不是方程组 $\boldsymbol{Ax}=\boldsymbol{0}$ 的解,即 $\boldsymbol{A\beta}\neq\boldsymbol{0}$,试证明向量组 $\boldsymbol{\beta}$, $\boldsymbol{\beta}+\boldsymbol{\xi}_1$, $\boldsymbol{\beta}+\boldsymbol{\xi}_2$, $\cdots$, $\boldsymbol{\beta}+\boldsymbol{\xi}_t$ 线性无关.

4.40　设 $\boldsymbol{\eta}_1$, $\boldsymbol{\eta}_2$, $\cdots$, $\boldsymbol{\eta}_{n-r+1}$ 是非齐次线性方程组 $\boldsymbol{Ax}=\boldsymbol{b}$ 的 $n-r+1$ 个线性无关的解向量,其中矩阵 $\boldsymbol{A}$ 为 $m\times n$ 矩阵,且 $r(\boldsymbol{A})=r$. 证明 $\boldsymbol{\eta}_2-\boldsymbol{\eta}_1$, $\boldsymbol{\eta}_3-\boldsymbol{\eta}_2$, $\cdots$, $\boldsymbol{\eta}_{n-r+1}-\boldsymbol{\eta}_{n-r}$ 是相应的齐次线性方程组 $\boldsymbol{Ax}=\boldsymbol{0}$ 的一个基础解系.

4.41　设 $\boldsymbol{A}$ 为 $m\times n$ 阶矩阵,证明线性方程组 $\boldsymbol{Ax}=\boldsymbol{0}$ 与 $\boldsymbol{A}^T\boldsymbol{Ax}=\boldsymbol{0}$ 同解,并据此证明 $r(\boldsymbol{A}^T\boldsymbol{A})=r(\boldsymbol{A})$.

4.42　设 $\boldsymbol{A}$ 为 $l\times m$ 阶矩阵,且 $\boldsymbol{A}$ 为列满秩矩阵,即 $r(\boldsymbol{A})=m$, $\boldsymbol{B}$ 为 $m\times n$ 阶矩阵,证明线性方程组 $\boldsymbol{Bx}=\boldsymbol{0}$ 与 $\boldsymbol{ABx}=\boldsymbol{0}$ 同解,并据此证明 $r(\boldsymbol{AB})=r(\boldsymbol{B})$.

4.43　求 $\mathbb{R}^4$ 中与 $\boldsymbol{\alpha}_1=(1,1,-1,1)^T$, $\boldsymbol{\alpha}_2=(1,-1,-1,1)^T$, $\boldsymbol{\alpha}_3=(2,1,1,3)^T$ 都正交的单位向量.

4.44　试把 $\boldsymbol{\alpha}_1=(1,0,1,0)^T$, $\boldsymbol{\alpha}_2=(0,1,0,2)^T$ 扩充为 $\mathbb{R}^4$ 的一组正交基,再改造成 $\mathbb{R}^4$ 的一组标准正交基.

4.45　已知向量组 $\boldsymbol{\alpha}_1=(1,1,-1)^T$, $\boldsymbol{\alpha}_2=(-1,1,3)^T$, $\boldsymbol{\alpha}_3=(1,3,1)^T$.

(1) 求与向量组 $\boldsymbol{\alpha}_1$, $\boldsymbol{\alpha}_2$, $\boldsymbol{\alpha}_3$ 等价的一个标准正交向量组.

(2) 求与向量组 $\boldsymbol{\alpha}_1$, $\boldsymbol{\alpha}_2$, $\boldsymbol{\alpha}_3$ 正交的单位向量.

4.46　已知两个线性无关的 n 维($n\geqslant 4$)向量组(I): $\boldsymbol{\alpha}_1$, $\boldsymbol{\alpha}_2$ 和(II): $\boldsymbol{\beta}_1$, $\boldsymbol{\beta}_2$,且两向量组正交,证明: $\boldsymbol{\alpha}_1$, $\boldsymbol{\alpha}_2$, $\boldsymbol{\beta}_1$, $\boldsymbol{\beta}_2$ 线性无关.

4.47　试用 CGS 算法求矩阵 $\boldsymbol{A}=\begin{pmatrix}0&4&1\\1&1&1\\0&3&2\end{pmatrix}$ 的 QR 分解.

4.48　[M]判断向量 $\boldsymbol{\beta}=(1,1,1)^T$ 能否由向量组

$$\boldsymbol{\alpha}_1=(1,0,-3)^T,\ \boldsymbol{\alpha}_2=(2,0,5)^T,\ \boldsymbol{\alpha}_3=(6,0,8)^T$$

线性表示?若能,请表示出来.

4.49　[M]求下列向量组的秩,并求出一个最大无关组.

$$\boldsymbol{\alpha}_1=(1,1,2,4)^T,\ \boldsymbol{\alpha}_2=(0,3,1,2)^T,\ \boldsymbol{\alpha}_3=(3,0,7,2)^T,$$
$$\boldsymbol{\alpha}_4=(1,-1,2,0)^T,\ \boldsymbol{\alpha}_5=(2,1,5,6)^T$$

4.50 [M]阅读 ATLAST 库函数 nulbasis 的代码,并在%%后给出注释.

```
function N=nulbasis(A)
% NULBASIS(A) is a matrix whose columns form a basis
% for the null space of A.The basis is obtained from
% the reduced row echelon form of A.
%%
%%
[R,jb]=rref(A);  %%
[m,n]=size(A);
r=length(jb);    %%
nmr=n-r;         %%
N=zeros(n,nmr);  %%
% 调用 ATLAST 函数 other,返回剩余向量的列号,并按升序存放在向量 kp 中
kp=other(jb,n);
for q=1: nmr
  N(kp(q),q)=1;            %%
  N(jb,q)=-R(1: r,kp(q));  %%
end
```

4.51 [M]对向量组

$$(\text{I}):\boldsymbol{\alpha}_1=(1,0,2,1)^T,\ \boldsymbol{\alpha}_2=(1,2,0,1)^T,$$
$$\boldsymbol{\alpha}_3=(1,4,-2,1)^T,\ \boldsymbol{\alpha}_3=(2,5,-1,4)^T$$

(1) 判断向量组的线性相关性.

(2) 对于向量组(I),令 $\boldsymbol{A}=(\boldsymbol{\alpha}_1,\boldsymbol{\alpha}_2,\boldsymbol{\alpha}_3,\boldsymbol{\alpha}_4)$,调用 ATLAST 库函数:

```
Z1 = nulbasis(A)
```

写出返回的矩阵 Z1 的数值,并请解释其含义.

(3) 对于矩阵 $\boldsymbol{A}$,继续调用 MATLAB 内置函数:

```
Z = null(A)
```

写出矩阵 Z 的数值. 它与(2)中的 Z1 在数值上是否一致? 如果不一致,那么这个结果是否正确? 使用 format rat 格式后,情况又如何? 请给出说明.

(4) 对于矩阵 $\boldsymbol{A}$,最后运行 MATLAB 代码段

```
Z2 = nulbasis(A');C = Z1'* Z2
```

写出矩阵 Z2,并请解释其含义. 常数 C 等于什么? 由此,你觉得矩阵 Z1 和 Z2 之间存在什么关系? 写出你的猜测(不必证明).

第5章 矩阵对角化及其应用

在思考像与原像的最简关系时，小明遭遇了凸显矩阵个性的特征对. 通过区分线性变换与矩阵，小明又领略了相似矩阵家族的强大，品种繁多的相似不变量真让人羡慕嫉妒恨之极，他惊奇地发现可对角化矩阵家族中，由特征值构成的对角矩阵居然是它们的最佳代表，进而发现实对称矩阵居然可以正交对角化. 在进一步寻找任意方阵的代表矩阵时，小明还接触到了 Jordan 标准形的理论.

5.1 方阵的特征对

5.1.1 特征对的概念及其求法

小明知道，最简单的函数是线性函数，即 $y = kx$. 而在所有能用线性函数描述的定律中，胡克定律显然力拔头筹. 作为力学弹性理论中的一条基本定律，它指出：固体材料受力之后，材料中的应力与应变(单位变形量)之间成线性关系. 堂堂胡克(Robert Hooke, 1635－1703)，被史家誉为“伦敦的莱奥纳多(达芬奇)”，如今除了与牛顿关于光学的争论之外，留存下来的仅剩下这个定律. 小明禁不住有些感伤. 当然，小明也知道，越是简单的越重要，如此说来，这也足见胡克定律乃至线性函数的重要性.

在高等数学中，小明深知“线性化”更是利器. 比如微分的本质“以直代曲”(用切线代替曲线)，最终发展为用 n 次泰勒多项式 $p_n(x)$ 逼近曲线 $f(x)$. 这样问题就转化为求 $p_n(x)$ 的 $n+1$ 个系数，也就是线性方程组的求解问题.

第三章已经指出，按“变换”的观点，线性方程组 $\boldsymbol{y}=\boldsymbol{A}\boldsymbol{x}$ 可理解为

$$\boldsymbol{x} \mapsto \boldsymbol{y}(\boldsymbol{x}) = \boldsymbol{A}\boldsymbol{x}$$

显然“变换”$\boldsymbol{A}$ 越特殊，$\boldsymbol{y}$ 与 $\boldsymbol{x}$ 之间的关系越简单. 众所周知，两向量平行是最简单的一种关系，此时像 $\boldsymbol{y}$ 与原像 $\boldsymbol{x}$ 在方向上同向或反向，仅在大小上成倍数关系：倍数为正时两者同向；倍数为负时两者反向. 作为一个正常人，小明自然想到：对某些原像 $\boldsymbol{x}$，如果变换后的像 $\boldsymbol{y}$ 也具有这样的结果，那真是极好的. 变换即矩阵，对于矩阵而言，上述想法就催生出特征对这个概念.

定义 5.1.1(特征对) 对 n 阶实方阵 $\boldsymbol{A}$，如果存在数 λ 及非零向量 $\boldsymbol{x}$，使得

$$\boldsymbol{A}\boldsymbol{x} = \lambda\boldsymbol{x} \tag{5.1.1}$$

则称 λ 为 $\boldsymbol{A}$ 的**特征值**(eigenvalue，前缀 eigen-源自德语的“eigen”，意为“自身的”，“独一无二的”，“特定于……”)，称非零向量 $\boldsymbol{x}$ 为 $\boldsymbol{A}$ 的属于特征值 λ 的一个**特征向量**(eigenvector)，$(\lambda, \boldsymbol{x})$ 为 $\boldsymbol{A}$ 的一个**特征对**(eigenpair)，满足式(5.1.1)的所有向量 $\boldsymbol{x}$(也包括不是特征向量的零向量 $\boldsymbol{0}$)的集合 V_λ，称为 $\boldsymbol{A}$ 的属于特征值 λ 的**特征子空间**(eigensubspace).

从线性变换的角度，也可以将特征向量 $\boldsymbol{x}$ 理解成在矩阵 $\boldsymbol{A}$ 的变换下具有**线性不变性**，

即它变成了与其自身共线的向量 $\boldsymbol{Ax}$，所在直线在矩阵 $\boldsymbol{A}$ 的变换下保持不变，改变的只是特征值 λ，它使得向量 $\boldsymbol{x}$ 被伸长或缩短($\lambda>0$ 时)，或者反向伸长或缩短($\lambda>0$ 时)，甚至变为零向量($\lambda=0$ 时). 按此说法，特征向量不变，变的是特征值.

当 $\boldsymbol{Ax}=\lambda\boldsymbol{x}$ 时，对任意 $k\neq0$，显然有 $\boldsymbol{A}(k\boldsymbol{x})=\lambda(k\boldsymbol{x})$，即($\lambda$, $k\boldsymbol{x}$)也是 $\boldsymbol{A}$ 的特征对，因此特征向量仅仅用于确定方向，有时可忽略其长度. 后文中为了叙述方便，有时也称 $\boldsymbol{x}$ 为特征值 λ 对应的特征向量，尽管 $k\boldsymbol{x}$(k 为任意非零实数)才是其全部特征向量.

另外**零向量 0 不是特征向量**，尽管对任意的 λ，恒有

$$\boldsymbol{A0}=\lambda\boldsymbol{0}$$

事实上，如果允许零向量 $\boldsymbol{0}$ 作为特征向量，那么特征值 λ 可以是任意的数，也就没有什么"特征"而言. 一旦没有了这种凸显个性的"特征"，生活也就了无趣味了. 当然，为了构造特征子空间 V_λ，零向量 $\boldsymbol{0}$ 又必须被纳入其中. 对于零向量，反正就是这么纠结.

MATLAB 中提供了工具 eigshow，可用于动态显示二阶矩阵 $\boldsymbol{A}$ 对单位向量 $\boldsymbol{x}$ 的变换效果. 在命令窗中输入 eigshow，即可打开一个图形窗口(如图 5.1 所示)，图中同时显示原像 $\boldsymbol{x}$ 和像 $\boldsymbol{Ax}$. 可以在图形窗口顶部选择矩阵 $\boldsymbol{A}$，也可以通过 eigshow 命令的输入参数来指定 $\boldsymbol{A}$. 鼠标指向向量 $\boldsymbol{x}$，按下左键后拖动向量 $\boldsymbol{x}$ 绕着单位圆圆心(即 $\boldsymbol{x}$ 与 $\boldsymbol{Ax}$ 的交点)旋转(顺时针或逆时针都可以)，即可看到 $\boldsymbol{Ax}$ 随 $\boldsymbol{x}$ 的变化而变化.

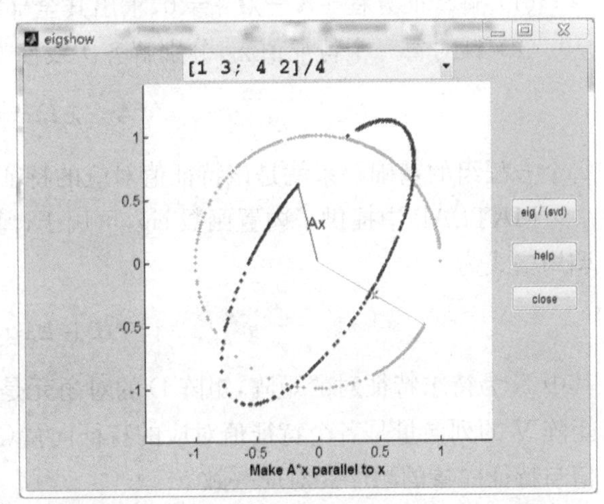

图 5.1　特征对演示工具 eigshow(仅限于二阶矩阵)

对图 5.1 中选择的矩阵$\boldsymbol{A}=\dfrac{1}{4}\begin{pmatrix}1&3\\4&2\end{pmatrix}$，观察易知单位圆被变换成了椭圆，并且 $\boldsymbol{x}$ 与 $\boldsymbol{Ax}$ 同向时确定了长轴方向(目测此时 $\boldsymbol{Ax}=1.25\boldsymbol{x}$)，$\boldsymbol{x}$ 与 $\boldsymbol{Ax}$ 反向时则确定了短轴方向(目测此时 $\boldsymbol{Ax}=-0.5\boldsymbol{x}$). 至于其他方向上，$\boldsymbol{x}$ 与 $\boldsymbol{Ax}$ 明显不共线. 关于工具 eigshow 的更多信息请参阅本章实验一.

式(5.1.1)显然可改写为

$$(\boldsymbol{A}-\lambda\boldsymbol{I})\boldsymbol{x}=\boldsymbol{0} \tag{5.1.2}$$

由于系数矩阵 $\boldsymbol{A}-\lambda\boldsymbol{I}$ 是 n 阶方阵，而 $\boldsymbol{x}$ 又是非零向量，按照线性方程组的理论，可知方程组(5.1.2)有解的充要条件是其行列式为零，即

$$|\boldsymbol{A}-\lambda\boldsymbol{I}|=0 \tag{5.1.3}$$

这是关于待求特征值 λ 的方程，称为方阵 $\boldsymbol{A}$ 的**特征方程**(characteristic equation)，其中的行列式

$$p(\lambda)=|\boldsymbol{A}-\lambda\boldsymbol{I}| \tag{5.1.4}$$

称为方阵 $\boldsymbol{A}$ 的**特征多项式**(eigenpolynomial; characteristic polynomial).

展开 $p(\lambda)$,可得首项系数为$(-1)^n$ 的关于λ 的一元n 次多项式. 这样行列式的问题就变成了解方程的问题,求矩阵 $\boldsymbol{A}$ 的特征值就变成了求特征多项式的零点即特征方程的根(特征根). 按照代数基本定理,即一元 n 次代数方程必有 n 个根(重根按重数计算),那么n 阶方阵$\boldsymbol{A}$ 必有n 个特征值.

注意: 代数基本定理指出,实系数代数方程可能有重复实根乃至成对的共轭虚根,特征向量亦如此. 因此实矩阵的特征值有可能是复数,特征向量有可能是复向量(即有元素为复数的向量). 这种**出墙红杏**现象是数学里最为有趣的现象,原因在于实数域在代数上不是封闭的,只有复数域才是代数上的闭域. 大家可以思考一下：为什么我们要强调向量空间对加法和数乘封闭?

由前所述,可总结出**求解矩阵特征对的步骤:**

(1) 解特征方程 $|\boldsymbol{A}-\lambda\boldsymbol{I}|=0$,求出其全部特征根,即 $\boldsymbol{A}$ 的全部特征值.

(2) 针对每一个特征值 λ_i,分别解齐次线性方程组

$$(\boldsymbol{A}-\lambda_i\boldsymbol{I})\boldsymbol{x}=\boldsymbol{0}$$

每个方程组的基础解系就是该特征值对应的特征向量.

MATLAB 中提供了内置函数 eig,可用于计算矩阵的特征对(特征值和特征向量),其调用格式为

```
[V,D]=eig(A)
```

其中 A 为待求特征对的矩阵,矩阵 D 的对角元是矩阵 A 的特征值(可称为**特征值矩阵**),矩阵 V 的列向量是各个特征值对应的特征向量(可称为**特征向量矩阵**). 特别要注意特征值与特征向量的顺序要对应一致.

另外,MATLAB 还提供了计算矩阵特征多项式的内置函数 charpoly 和 poly,其调用格式分别为

```
p=charpoly(A,'x'), pc=poly(A)
```

前者支持符号计算,返回的是关于变量 x 的特征多项式 p,可以接着用内置函数 solve 求特征值;后者仅支持数值计算,返回的是特征多项式的系数向量 pc,降幂排列,可用内置函数 roots 来求特征值,或者先用内置函数 poly2sym 将 pc 转换为带符号变量的多项式,再用 solve 求特征值.

接下来,小明打算从特殊到一般,即一路从形而下到形而上,逐一考察矩阵的特征对.

例 5.1.1(单位矩阵,数量矩阵和对角矩阵的特征对) 对 n 阶单位矩阵 $\boldsymbol{I}$,显然对任意非零向量 $\boldsymbol{x}$,有

$$\boldsymbol{I}\boldsymbol{x}=\boldsymbol{x}=1\boldsymbol{x}$$

所以$(1, \boldsymbol{x})$为单位矩阵 $\boldsymbol{I}$ 的特征对. 类似地,数量矩阵 $a\boldsymbol{I}$ 的特征对为$(a, \boldsymbol{x})$.

对 2 阶对角矩阵 $\boldsymbol{\Lambda}=\begin{pmatrix}\lambda_1 & \\ & \lambda_2\end{pmatrix}(\lambda_1\neq\lambda_2)$,如果成立 $\boldsymbol{\Lambda}\boldsymbol{x}=\lambda\boldsymbol{x}$,则可解得 $\lambda=\lambda_1$, $\boldsymbol{x}=$

$(c_1, 0)$，c_1 为非零实数；或者 $\lambda=\lambda_2$，$\boldsymbol{x}=(0, c_2)$，c_2 为非零实数.

一般地，**对角矩阵的特征值是其对角元.**

思考　三角矩阵的特征值是否仍然是其对角元？对称矩阵呢？进一步地，矩阵的对角元与特征值之间到底会存在何种关系？

例 5.1.2（三角矩阵的特征对）　求上三角阵 $\boldsymbol{A}=\begin{pmatrix}1&6&5\\0&2&4\\0&0&3\end{pmatrix}$ 的特征对.

解法一：手工计算.

由特征方程 $|\boldsymbol{A}-\lambda\boldsymbol{I}|=0$，即

$$|\boldsymbol{A}-\lambda\boldsymbol{I}|=\begin{vmatrix}1-\lambda&6&5\\0&2-\lambda&4\\0&0&3-\lambda\end{vmatrix}=(1-\lambda)(2-\lambda)(3-\lambda)=0$$

可得 $\boldsymbol{A}$ 的三个特征值为 $\lambda_1=1$，$\lambda_2=2$，$\lambda_3=3$.

解方程组 $(\boldsymbol{A}-\boldsymbol{I})\boldsymbol{x}=\boldsymbol{0}$，由

$$\boldsymbol{A}-\boldsymbol{I}=\begin{pmatrix}0&6&5\\0&1&4\\0&0&2\end{pmatrix}\sim\begin{pmatrix}0&0&0\\0&1&0\\0&0&1\end{pmatrix}$$

可知 x_1 可取任意实数，$x_2=x_3=0$，故基础解系为 $\boldsymbol{\xi}_1=(1, 0, 0)^T$，从而特征值 $\lambda_1=1$ 对应的全部特征向量为 $\boldsymbol{x}=c_1\boldsymbol{\xi}_1=c_1(1, 0, 0)^T$，$c_1$ 为非零实数.

解方程组 $(\boldsymbol{A}-2\boldsymbol{I})\boldsymbol{x}=\boldsymbol{0}$，由

$$\boldsymbol{A}-2\boldsymbol{I}=\begin{pmatrix}-1&6&5\\0&0&4\\0&0&1\end{pmatrix}\sim\begin{pmatrix}1&-6&0\\0&0&1\\0&0&0\end{pmatrix}$$

解得 $x_1=6x_2$，$x_3=0$，故基础解系为 $\boldsymbol{\xi}_2=(6, 1, 0)^T$，从而特征值 $\lambda_2=2$ 对应的全部特征向量为 $\boldsymbol{x}=c_2\boldsymbol{\xi}_2=c_2(6, 1, 0)^T$，$c_2$ 为非零实数.

解方程组 $(\boldsymbol{A}-3\boldsymbol{I})\boldsymbol{x}=\boldsymbol{0}$，由

$$\boldsymbol{A}-3\boldsymbol{I}=\begin{pmatrix}-2&6&5\\0&-1&4\\0&0&0\end{pmatrix}\sim\begin{pmatrix}1&0&-14.5\\0&1&-4\\0&0&0\end{pmatrix}$$

解得 $x_1=14.5x_3$，$x_2=4x_3$，故基础解系为 $\boldsymbol{\xi}_3=(14.5, 4, 1)^T$，从而特征值 $\lambda_3=3$ 对应的全部特征向量为 $\boldsymbol{x}=c_3\boldsymbol{\xi}_3=c_3(14.5, 4, 1)^T$，$c_3$ 为非零实数.

解法二：MATLAB 计算.（文件名 ex5102.m）

```
A=[1,6,5;0,2,4;0,0,3];
% 方法一:使用内置函数 eig
[V,D]=eig(A)
```

```
% 方法二;使用内置函数 jordan,具体见 5.3 节
[P,J]=jordan(A)
% 方法三:使用自定义函数 MyEig,具体见本章实验二
[P2,D2]=MyEig(A)
```

运行程序后,可得如下结果:

```
V=

    1.0000   0.9864    0.9619
         0   0.1644    0.2653
         0        0    0.0663
D=

    1    0    0
    0    2    0
    0    0    3
P=

   14.5000    1.0000    6.0000
    4.0000         0    1.0000
    1.0000         0         0
J=

    3    0    0
    0    1    0
    0    0    2
P2=

   14.5000    6.0000    1.0000
    4.0000    1.0000         0
    1.0000         0         0
D2=

    3.0000         0         0
         0    2.0000         0
         0         0    1.0000
```

分析这些计算结果,小明注意到 D, J 和 D2 都是特征值矩阵,因为它们的对角元都是矩阵 A 的特征值,区别仅在于顺序不同,这可能是因为三个函数在实现机理上存在差异. 矩阵 V, P 和 P2 显然都是特征向量矩阵,并且与相应的特征值在位置上相对应. 例如特征值 $\lambda_2 = 2$, 在 J 中是第三个对角元,因此对应 P 的第三列,在 D2 中是第二个对角元,故对应 P2 的第二列,而且这两个列向量显然就是特征值 $\lambda_2 = 2$ 对应的特征向量 $\boldsymbol{\xi}_2=(6, 1, 0)^T$. 至于矩阵 V 的第二列,则是单位化后的 $\boldsymbol{\xi}_2$, 即 $\frac{1}{||\boldsymbol{\xi}_2||}\boldsymbol{\xi}_2 = \frac{1}{\sqrt{37}}(6, 1, 0)^T$. 另外他发现这里的 V 不是正交矩阵.

说明: 从上例的计算过程,易知**三角矩阵的特征值是其对角元.**

例 5.1.3(对称矩阵的特征对)　求矩阵 $\boldsymbol{A}=\begin{pmatrix}1&2&2\\2&1&2\\2&2&1\end{pmatrix}$ 的特征对.

解法一：手工计算.

由特征方程 $|\boldsymbol{A}-\lambda\boldsymbol{I}|=0$，即

$$|\boldsymbol{A}-\lambda\boldsymbol{I}|=\begin{vmatrix}1-\lambda&2&2\\2&1-\lambda&2\\2&2&1-\lambda\end{vmatrix}=(5-\lambda)\begin{vmatrix}1&2&2\\1&1-\lambda&2\\1&2&1-\lambda\end{vmatrix}$$

$$=(5-\lambda)\begin{vmatrix}1&2&2\\0&-1-\lambda&0\\0&0&-1-\lambda\end{vmatrix}=(5-\lambda)(1+\lambda)^2=0$$

可得 $\boldsymbol{A}$ 的三个特征值为 $\lambda_1=5$，$\lambda_2=\lambda_3=-1$.（注意重根的表示方法）

解方程组 $(\boldsymbol{A}-5\boldsymbol{I})\boldsymbol{x}=\boldsymbol{0}$，可得基础解系为 $\boldsymbol{\xi}_1=(1,1,1)^T$，因此特征值 $\lambda_1=5$ 对应的全部特征向量为 $\boldsymbol{x}=c_1\boldsymbol{\xi}_1=c_1(1,1,1)^T$，$c_1$ 为非零实数.

解方程组 $(\boldsymbol{A}+\boldsymbol{I})\boldsymbol{x}=\boldsymbol{0}$，由

$$\boldsymbol{A}+\boldsymbol{I}=\begin{pmatrix}2&2&2\\2&2&2\\2&2&2\end{pmatrix}\sim\begin{pmatrix}1&1&1\\0&0&0\\0&0&0\end{pmatrix}$$

可得基础解系为 $\boldsymbol{\xi}_2=(-1,1,0)^T$，$\boldsymbol{\xi}_3=(-1,0,1)^T$，因此特征值 $\lambda_2=\lambda_3=-1$ 对应的全部特征向量为 $\boldsymbol{x}=c_2\boldsymbol{\xi}_2+c_3\boldsymbol{\xi}_3=c_2(-1,1,0)^T+c_3(-1,0,1)^T$，$c_2$，$c_3$ 为不全为零实数.

解法二：MATLAB 计算.（文件名 ex5103.m）

```
A=[1,2,2;2,1,2;2,2,1];
% 方法一：使用内置函数 eig
[V,D]=eig(A)
% 方法二;使用内置函数 jordan
[P,J]=jordan(A)
% 方法三：使用自定义函数 MyEig
[P2,D2]=MyEig(A)
b1=[-1,1,0]';b2=[-1,0,1]';
% UC 的三四两列说明 V 的前两列 v1,v2 是 b1,b2 的线性组合
[UC,ip]=rref([b1,b2,V])
```

运行程序后，可得如下结果：

```
V=
    0.6206   0.5306   0.5774
    0.1492  -0.8027   0.5774
```

```
    -0.7698    0.2722    0.5774
D=
    -1.0000         0         0
          0   -1.0000         0
          0         0    5.0000
P=
    1    -1    -1
    1     1     0
    1     0     1
J=
    5     0     0
    0    -1     0
    0     0    -1
P2=
    1.0000   -1.0000   -1.0000   -1.0000   -1.0000
    1.0000    1.0000         0    1.0000         0
    1.0000         0    1.0000         0    1.0000
D2=
    5.0000         0         0
         0   -1.0000         0
         0         0   -1.0000
UC=
    1.0000         0    0.1492   -0.8027         0
         0    1.0000   -0.7698    0.2722         0
         0         0         0         0    1.0000
```

小明首先注意到特征向量矩阵 P2 明显有异常,因为它的最后两列明显"克隆"了二三两列,这说明要使自定义函数 MyEig 适用于对称矩阵,需要进行修改. 特征向量矩阵 P 和 J 的计算结果与手算一致. 另外特征向量矩阵 V 的前两列 $\boldsymbol{v}_1$, $\boldsymbol{v}_2$ 与 $\boldsymbol{\xi}_2=(-1,1,0)^T$, $\boldsymbol{\xi}_3=(-1,0,1)^T$ 没有显而易见的倍数关系. 进一步分析矩阵 UC,他发现 $\boldsymbol{\xi}_2$, $\boldsymbol{\xi}_3$ 到 $\boldsymbol{v}_1$, $\boldsymbol{v}_2$ 的过渡矩阵是 $\begin{pmatrix} 0.1492 & -0.8027 \\ -0.7698 & 0.2722 \end{pmatrix}$, 而且这个矩阵是可逆的, 因此 $\text{span}(\boldsymbol{\xi}_2,\boldsymbol{\xi}_3)=\text{span}(\boldsymbol{v}_1,\boldsymbol{v}_2)$,即 $\boldsymbol{v}_1$, $\boldsymbol{v}_2$ 是特征值 $\lambda_2=\lambda_3=-1$ 的特征子空间的另一组基础解系.

经过简单的软件验算(怎么验算),小明还发现这里的特征向量矩阵 V 是正交矩阵. 事实上,经过一段摸爬滚打后,小明才痛苦地意识到,在机算中,如果需要正交的特征向量矩阵,必须使用 eig 函数,否则应该改用 jordan 函数,甚至自定义的 MyEig 函数(虽然它有一些缺点). 这是因为 eig 函数产生的特征向量矩阵 V,元素基本上都是小数,不利于观察,反观 jordan 函数和 MyEig 函数产生的特征向量矩阵 P,元素基本上都是整数,与手算非常合拍. 比之于繁琐臃肿的小数,人类更青睐简便轻盈的整数,多么痛的领悟!

例 5.1.4　求矩阵 $\boldsymbol{A}=\frac{1}{4}\begin{pmatrix}1 & 3\\4 & 2\end{pmatrix}$ 的特征对.

解法一：手工计算.

由特征方程

$$|\boldsymbol{A}-\lambda\boldsymbol{I}|=\begin{vmatrix}\frac{1}{4}-\lambda & \frac{3}{4}\\1 & \frac{1}{2}-\lambda\end{vmatrix}=\left(\lambda-\frac{5}{4}\right)\left(\lambda+\frac{1}{2}\right)=0$$

可得 $\boldsymbol{A}$ 的两个特征值为 $\lambda_1=-\frac{1}{2}$, $\lambda_2=\frac{5}{4}$.

解方程组 $\left(\boldsymbol{A}+\frac{1}{2}\boldsymbol{I}\right)\boldsymbol{x}=\boldsymbol{0}$,可知 $x_1=-x_2$,故基础解系为 $\boldsymbol{\xi}_1=(-1,\ 1)^T$,因此特征值 $\lambda_1=-\frac{1}{2}$ 对应的全部特征向量为 $\boldsymbol{x}=c_1\boldsymbol{\xi}_1=c_1(-1,\ 1)^T$, c_1 为非零实数.

解方程组 $\left(\boldsymbol{A}-\frac{5}{4}\boldsymbol{I}\right)\boldsymbol{x}=\boldsymbol{0}$,可知 $x_1=\frac{3}{4}x_2$,故基础解系为 $\boldsymbol{\xi}_2=(3,\ 4)^T$,因此特征值 $\lambda_2=\frac{5}{4}$ 对应的全部特征向量为 $\boldsymbol{x}=c_2\boldsymbol{\xi}_2=c_2(3,\ 4)^T$, c_2 为非零实数.

解法二：MATLAB 计算.（文件名 ex5104.m）

```
% ex5104.m
A=[1,3;4,2]/4;
% 方法一：使用内置函数 eig
[V,D]=eig(A)
% 方法二：使用内置函数 jordan
[P,J]=jordan(A)
% 方法三：使用自定义函数 MyEig
[P2,D2]=MyEig(A)
```

运行程序后,可得如下结果：

```
V=
    -0.7071  -0.6000
     0.7071  -0.8000
D=
    -0.5000        0
          0   1.2500
P=
    -1.0000   0.7500
     1.0000   1.0000
J=
    -0.5000        0
```

```
         0    1.2500
P2=
    0.7500   -1.0000
    1.0000    1.0000
D2=
    1.2500         0
         0   -0.5000
```

显然对调特征向量矩阵 P2 的一、二两列就得到了特征向量矩阵 P,这是因为相应的对角矩阵 D2 中,特征值的顺序也发生了改变. 矩阵 P 的第一列就是特征值 $\lambda_1=-\frac{1}{2}$ 对应的特征向量 $\boldsymbol{\xi}_1=(-1,\ 1)^T$,第二列则是特征值 $\lambda_2=\frac{5}{4}$ 对应的特征向量 $\frac{1}{4}\boldsymbol{\xi}_2=\left(\frac{3}{4},\ 1\right)^T$. 至于矩阵 V,第一列是单位化后的 $\boldsymbol{\xi}_1=(-1,\ 1)^T$,第二列则是单位化后的 $-\boldsymbol{\xi}_2=(-3,\ -4)^T$.

最后,小明遭遇了亏损矩阵. 他知道,是福不是祸,是祸躲不过.

例 5.1.5(亏损矩阵的特征对) 求矩阵 $\boldsymbol{A}=\begin{pmatrix}-1 & 1 & 0\\ -4 & 3 & 0\\ 1 & 0 & 2\end{pmatrix}$ 的特征对.

解法一:手工计算.

由特征方程 $|\boldsymbol{A}-\lambda\boldsymbol{I}|=0$, 即

$$|\boldsymbol{A}-\lambda\boldsymbol{I}|=\begin{vmatrix}-1-\lambda & 1 & 0\\ -4 & 3-\lambda & 0\\ 1 & 0 & 2-\lambda\end{vmatrix}=(2-\lambda)\begin{vmatrix}-1-\lambda & 1\\ -4 & 3-\lambda\end{vmatrix}=(2-\lambda)(\lambda-1)^2=0$$

可得 $\boldsymbol{A}$ 的三个特征值为 $\lambda_1=2,\ \lambda_2=\lambda_3=1$.

当 $\lambda_1=2$ 时,解方程组 $(\boldsymbol{A}-2\boldsymbol{I})\boldsymbol{x}=\boldsymbol{0}$,可知 $x_1=x_2=0,\ x_3$ 为任意实数,故基础解系为 $\boldsymbol{\xi}_1=(0,\ 0,\ 1)^T$,因此特征值 $\lambda_1=2$ 对应的全部特征向量为 $\boldsymbol{x}=c_1\boldsymbol{\xi}_1=c_1(0,\ 0,\ 1)^T$, c_1 为非零实数.

当 $\lambda_2=\lambda_3=1$ 时,解方程组 $(\boldsymbol{A}-\boldsymbol{I})\boldsymbol{x}=\boldsymbol{0}$, 由

$$\boldsymbol{A}-\boldsymbol{I}=\begin{pmatrix}-2 & 1 & 0\\ -4 & 2 & 0\\ 1 & 0 & 1\end{pmatrix}\sim\begin{pmatrix}1 & 0 & 1\\ 0 & 1 & 2\\ 0 & 0 & 0\end{pmatrix}$$

解得 $x_1=-x_3,\ x_2=-2x_3$,故基础解系为 $\boldsymbol{\xi}_2=(-1,\ -2,\ 1)^T$,因此特征值 $\lambda_2=\lambda_3=1$ 对应的全部特征向量为 $\boldsymbol{x}=c_2\boldsymbol{\xi}_2=c_2(-1,\ -2,\ 1)^T$, c_2 为非零实数.

解法二:MATLAB 计算.(文件名 ex5105.m)

```
A=[-1,1,0;-4,3,0;1,0,2];
% 方法一:使用内置函数 eig
[V,D]=eig(A)
% 方法二:使用内置函数 jordan
```

```
[P,J]=jordan(A)
% 方法三：使用自定义函数 MyEig
[P2,D2]=MyEig(A)
```

运行程序后，可得如下结果：

```
V=
         0    0.4082   0.4082
         0    0.8165   0.8165
    1.0000   -0.4082  -0.4082
D=
     2    0    0
     0    1    0
     0    0    1
P=
     0   -2    1
     0   -4    0
    -1    2    1
J=
     2    0    0
     0    1    1
     0    0    1
P2=
         0  -1.0000  -1.0000
         0  -2.0000  -2.0000
    1.0000   1.0000   1.0000
D2=
    2.0000        0        0
         0   1.0000        0
         0        0   1.0000
```

分析这些计算结果，小明注意到 D, J 和 D2 仍然是特征值矩阵，因为它们的对角元仍然是矩阵 A 的特征值，特征向量矩阵 V, P 和 P2 的第二列都是与特征值 $\lambda_2=\lambda_3=1$ 对应的特征向量，即 P2 中是 $\boldsymbol{\xi}_2=(-1,-2,1)^T$，P 中是 $2\boldsymbol{\xi}_2=(-2,-4,2)^T$，V 中则是单位化 $\boldsymbol{\xi}_2$ 后的 $-\dfrac{1}{||\boldsymbol{\xi}_2||}\boldsymbol{\xi}_2=-\dfrac{1}{\sqrt{6}}(-1,-2,1)^T$. 但是矩阵 V 和 P2 的第三列与其第二列完全相同，看来聪明的 MATLAB 软件为了防止函数 eig 出现运行崩溃，采取了一种善意的欺骗手段.

思考　矩阵 J 显然不是对角矩阵，因此特征向量矩阵 P 的第三列应该不是特征向量，那么它又是什么呢?

与此同时，小明还注意到，在上例中，若按特征值出现的重数计算，二重特征值 $\lambda_2=$

$\lambda_3 = 1$ 只对应了一个线性无关的特征向量 $\boldsymbol{\xi}_2 = (-1, -2, 1)^T$，也就是说这个特征值出现了一种“亏损”现象.

定义 5.1.2(特征值的重数) 设 λ 是 n 阶方阵 $\boldsymbol{A}$ 的一个特征值. 称 λ 作为特征方程 $|\boldsymbol{A}-\lambda\boldsymbol{I}|=0$ 的根的重数为特征值 λ 的**代数重数**(algebraic multiplicity)，记为 m_λ；称特征子空间 V_λ 的维数，即齐次方程组 $(\boldsymbol{A}-\lambda\boldsymbol{I})\boldsymbol{x}=\boldsymbol{0}$ 的解空间 $N(\boldsymbol{A}-\lambda\boldsymbol{I})$ 的维数 $\dim N(\boldsymbol{A}-\lambda\boldsymbol{I})=n-r(\boldsymbol{A}-\lambda\boldsymbol{I})$，也就是对应于 λ 的线性无关的特征向量的个数，为 λ 的**几何重数** (geometric multiplicity)，记为 ρ_λ.

定义 5.1.3(亏损矩阵) 如果对 n 阶方阵 $\boldsymbol{A}$ 的任意一个特征值 λ，都有 $m_\lambda = \rho_\lambda$，则称矩阵 $\boldsymbol{A}$ 为**非亏损矩阵**(non-defective matrix)，相应的特征值 λ 称为 $\boldsymbol{A}$ 的**非亏损特征值**(non-defective eigenvalue)，否则称 $\boldsymbol{A}$ 为**亏损矩阵**(defective matrix)，其中使得 $m_\lambda \neq \rho_\lambda$ 成立的特征值 λ，称为 $\boldsymbol{A}$ 的**亏损特征值**(defective eigenvalue).

在例 5.1.2 中，$m_{\lambda_1} = m_{\lambda_2} = m_{\lambda_3} = 1$，$\rho_{\lambda_1} = \rho_{\lambda_2} = \rho_{\lambda_3} = 1$，因此相应的矩阵 $\boldsymbol{A}$ 为非亏损矩阵，三个特征值都是非亏损特征值；在例 5.1.3 中，$m_{\lambda_1} = 1$，$m_{\lambda_2} = 2$，$\rho_{\lambda_1} = 1$，$\rho_{\lambda_2} = 2$，因此相应的矩阵 $\boldsymbol{A}$ 为非亏损矩阵，两个特征值(不计重数)都是非亏损特征值；在例 5.1.4 中，$m_{\lambda_1} = m_{\lambda_2} = 1$，$\rho_{\lambda_1} = \rho_{\lambda_2} = 1$，因此相应的矩阵 $\boldsymbol{A}$ 为非亏损矩阵，两个特征值都是非亏损特征值；在例 5.1.5 中，$m_{\lambda_1} = 1$，$m_{\lambda_2} = 2$，$\rho_{\lambda_1} = \rho_{\lambda_2} = 1$，尽管有 $m_{\lambda_1} = \rho_{\lambda_1}$，即 $\lambda_1 = 2$ 是相应的矩阵 $\boldsymbol{A}$ 的非亏损特征值，但出现了 $m_{\lambda_2} > \rho_{\lambda_2}$，因此 $\boldsymbol{A}$ 仍然是亏损矩阵，$\lambda_2 = 1$ 是其亏损特征值. 这说明只要有一个特征值是亏损的，相应的矩阵就是亏损矩阵.

思考 代数重数 m_λ 与几何重数 ρ_λ 之间到底存在什么样的关系？另外，上例中的对称矩阵是非亏损矩阵，这个结论是否具有普遍性？请改用其他对称矩阵验证之. 如果结论始终为真，你是否越来越相信它的正确性？又该如何证明？

例 5.1.6(复特征对) 求矩阵 $\boldsymbol{A}=\begin{pmatrix} 0 & -1 \\ 1 & 0 \end{pmatrix}$ 的特征值和特征向量.

解法一：手工计算.

由特征方程

$$|\boldsymbol{A}-\lambda\boldsymbol{I}| = \begin{vmatrix} 0-\lambda & -1 \\ 1 & 0-\lambda \end{vmatrix} = \lambda^2 + 1 = 0$$

可知 $\boldsymbol{A}$ 在实数域内没有特征值，在复数域内的两个特征值为 $\lambda_1 = i$，$\lambda_2 = -i$.

解方程组 $(\boldsymbol{A}-i\boldsymbol{I})\boldsymbol{x}=\boldsymbol{0}$，可知 $x_1 = ix_2$，因此特征值 $\lambda_1 = i$ 对应的特征向量为 $\boldsymbol{\xi}_1 = (i, 1)^T$；解方程组 $(\boldsymbol{A}+i\boldsymbol{I})\boldsymbol{x} = \boldsymbol{0}$，得 $x_1 = -ix_2$，因此特征值 $\lambda_2 = -i$ 对应的特征向量为 $\boldsymbol{\xi}_2 = (-i, 1)^T$.

解法二：MATLAB 计算.(文件名 ex5106.m)

```
A=[0,-1;1,0];
```

```
% 方法一：使用内置函数 eig
[V,D]=eig(A)
% 方法二：使用内置函数 jordan
[P,J]=jordan(A)
% 方法三：使用自定义函数 MyEig
[P2,D2]=MyEig(A)
```

运行程序后，可得如下结果：

```
V=
    0.7071+0.0000i  0.7071+0.0000i
    0.0000-0.7071i  0.0000+0.7071i
D=
    0.0000+1.0000i  0.0000+0.0000i
    0.0000+0.0000i  0.0000-1.0000i
P=
    0.0000-1.0000i  0.0000+1.0000i
    1.0000+0.0000i  1.0000+0.0000i
J=
    0.0000-1.0000i  0.0000+0.0000i
    0.0000+0.0000i  0.0000+1.0000i
P2=
    0.0000+1.0000i  0.0000-1.0000i
    1.0000+0.0000i  1.0000+0.0000i
D2=
    0.0000+1.0000i  0.0000+0.0000i
    0.0000+0.0000i  0.0000-1.0000i
```

特征向量矩阵 P1 的第二列和特征向量矩阵 P2 的第一列是特征值 $\lambda_1 = i$ 的特征向量 $\boldsymbol{\xi}_1 = (i, 1)^T$，特征向量矩阵 V 的第一列则是 $-\frac{i\sqrt{2}}{2}\boldsymbol{\xi}_1$；P1 的第一列和 P2 的第二列是特征值 $\lambda_2 = -i$ 的特征向量 $\boldsymbol{\xi}_2 = (-i, 1)^T$，V 的第二列则是 $\frac{i\sqrt{2}}{2}\boldsymbol{\xi}_2$.

例 5.1.7 设 $\boldsymbol{A}$ 为 2 阶矩阵，$\boldsymbol{\alpha}_1$，$\boldsymbol{\alpha}_2$ 为线性无关的 2 维列向量，且 $\boldsymbol{A\alpha}_1 = \boldsymbol{0}$，$\boldsymbol{A\alpha}_2 = 2\boldsymbol{\alpha}_1 + \boldsymbol{\alpha}_2$. 求 $\boldsymbol{A}$ 的特征对.

解：由于 $\boldsymbol{A\alpha}_1 = \boldsymbol{0} = 0\boldsymbol{\alpha}_1$，$\boldsymbol{A}(2\boldsymbol{\alpha}_1 + \boldsymbol{\alpha}_2) = 2\boldsymbol{A\alpha}_1 + \boldsymbol{A\alpha}_2 = \boldsymbol{0} + \boldsymbol{A\alpha}_2 = 1(2\boldsymbol{\alpha}_1 + \boldsymbol{\alpha}_2)$，再注意到矩阵 $\boldsymbol{A}$ 为 2 阶矩阵，所以 $\boldsymbol{A}$ 的特征对为$(0, \boldsymbol{\alpha}_1)$ 和$(1, 2\boldsymbol{\alpha}_1 + \boldsymbol{\alpha}_2)$.

5.1.2 特征对的性质

小明开始总结特征对的性质. 通过考察矩阵对角元与特征值之间的关系，他首先得到了特征值的和的性质.

定理 5.1.1(特征值的积与和) 设 n 阶方阵 $\boldsymbol{A}$ 的特征值为 $\lambda_1, \lambda_2, \cdots, \lambda_n$，则必有

$$\lambda_1\lambda_2\cdots\lambda_n = |\boldsymbol{A}| \tag{5.1.5}$$

$$\lambda_1 + \lambda_2 + \cdots + \lambda_n = \mathrm{tr}(\boldsymbol{A}) \tag{5.1.6}$$

这里 $\mathrm{tr}(\boldsymbol{A}) = a_{11} + a_{22} + \cdots + a_{nn}$ 是矩阵 $\boldsymbol{A}$ 的迹.

证明：根据多项式因式分解与方程根的关系，并注意到特征多项式 $p(\lambda)$ 的首项系数为 $(-1)^n$，可知成立如下恒等式

$$|\boldsymbol{A}-\lambda\boldsymbol{I}| = p(\lambda) = (-1)^n(\lambda-\lambda_1)(\lambda-\lambda_2)\cdots(\lambda-\lambda_n)$$

以 $\lambda = 0$ 代入上述恒等式，即得式(5.1.5).

为证式(5.1.6)，接下来比较上述恒等式两端 $(-\lambda)^n$ 的系数. 易知右端这个系数为 $\lambda_1 + \lambda_2 + \cdots + \lambda_n$. 再看左端，含 $(-\lambda)^n$ 的项只能来自行列式 $|\boldsymbol{A}-\lambda\boldsymbol{I}|$ 对角元的乘积项(为什么?)

$$(a_{11}-\lambda)(a_{22}-\lambda)\cdots(a_{nn}-\lambda)$$

因此 $(-\lambda)^n$ 的系数为 $a_{11} + a_{22} + \cdots + a_{nn} = \mathrm{tr}(\boldsymbol{A})$. 根据恒等式两边同次幂系数必相等，即得 $\lambda_1 + \lambda_2 + \cdots + \lambda_n = \mathrm{tr}(\boldsymbol{A})$.

小明敏锐地发现，特征值的和等于矩阵的迹这个性质，显然可用于检验软件计算出的特征值是否正确，尤其是实践中遇到的那些矩阵，它们的特征值几乎难以手工计算. 小明马上开始脑补《神探夏洛克》，发现大侦探们往往凭借着蛛丝马迹就能迅速破案. 问题是软件算的还会有错? 难道小明真的有些发烧了?

另外，根据式(5.1.5)，显然当 $\lambda_1\lambda_2\cdots\lambda_n \neq 0$，即 $|\boldsymbol{A}| \neq 0$ 时，矩阵 $\boldsymbol{A}$ 可逆；反之亦然.

推论 5.1.1 矩阵可逆的充要条件是它没有零特征值，即不可逆矩阵至少有一个特征值为零.

思考 当 n 阶方阵 $\boldsymbol{A}$ 不可逆时，能否通过诸如矩阵的秩 $r(\boldsymbol{A})$ 这样的已知量进一步确定其零特征值的重数?

接下来，小明开始思考矩阵的各种运算对特征值的影响，发现了经过转置、数乘、求幂和求逆等运算后新老特征值之间的联系.(为啥刻意遗漏了加减和乘积运算?)

定理 5.1.2(特征值的转置不变性) n 阶方阵 $\boldsymbol{A}$ 和 $\boldsymbol{A}^T$ 的特征值相同，而且代数重数也相同，但特征向量却未必相同.

证明：根据行列式的转置不变性，有 $|\boldsymbol{A}-\lambda\boldsymbol{I}| = |(\boldsymbol{A}-\lambda\boldsymbol{I})^T| = |\boldsymbol{A}^T-\lambda\boldsymbol{I}|$，此即方阵 $\boldsymbol{A}$ 和 $\boldsymbol{A}^T$ 的特征多项式相同，因此它们的特征值也相同，而且代数重数也相同.

取 $\boldsymbol{A} = \begin{pmatrix} 0 & 1 \\ 0 & 0 \end{pmatrix}$，显然 $\boldsymbol{A}$ 和 $\boldsymbol{A}^T$ 都是三角阵，特征值都为对角元，即 $\lambda_1 = \lambda_2 = 0$，但 $\boldsymbol{A}$ 的

特征向量为 $\boldsymbol{x}=c_1(1,0)^T$, $\boldsymbol{A}^T$ 的特征向量为 $\boldsymbol{x}=c_2(0,1)^T$,这里 c_1, c_2 为非零实数.

定理 5.1.3(数乘和幂的特征对)　设 n 阶方阵 $\boldsymbol{A}$ 有特征对 $(\lambda,\boldsymbol{x})$,则:

(1) 数乘矩阵 $k\boldsymbol{A}$ 有特征对 $(k\lambda,\boldsymbol{x})$,**即数乘的特征值等于特征值的数乘,而且特征向量不变;**

(2) 幂矩阵 $\boldsymbol{A}^m$ 有特征对 $(\lambda^m,\boldsymbol{x})$,**即幂的特征值等于特征值的幂,而且特征向量不变.**

证明:设方阵 $\boldsymbol{A}$ 有特征对 $(\lambda,\boldsymbol{x})$,即有 $\boldsymbol{A}\boldsymbol{x}=\lambda\boldsymbol{x}$. 则

(1) $(k\boldsymbol{A})\boldsymbol{x}=k(\boldsymbol{A}\boldsymbol{x})=k(\lambda\boldsymbol{x})=(k\lambda)\boldsymbol{x}$,即 $k\boldsymbol{A}$ 有特征对 $(k\lambda,\boldsymbol{x})$.

(2) 显然 $\boldsymbol{A}^2\boldsymbol{x}=\boldsymbol{A}(\boldsymbol{A}\boldsymbol{x})=\boldsymbol{A}(\lambda\boldsymbol{x})=\lambda\boldsymbol{A}\boldsymbol{x}=\lambda^2\boldsymbol{x}$.

一般地,由数学归纳法可知,对任意正整数 m,成立

$$\boldsymbol{A}^m\boldsymbol{x}=\boldsymbol{A}(\boldsymbol{A}^{m-1}\boldsymbol{x})=\boldsymbol{A}(\lambda^{m-1}\boldsymbol{x})=\lambda^{m-1}(\lambda\boldsymbol{x})=\lambda^m\boldsymbol{x}.$$

即 $\boldsymbol{A}^m$ 有特征对 $(\lambda^m,\boldsymbol{x})$. ■

更一般地,对于矩阵多项式,有如下结论.

定理 5.1.4(谱映射定理)　设 n 阶方阵 $\boldsymbol{A}$ 有特征对 $(\lambda,\boldsymbol{x})$,则矩阵多项式

$$\varphi(\boldsymbol{A})=a_m\boldsymbol{A}^m+\cdots+a_1\boldsymbol{A}+a_0\boldsymbol{I}$$

必有特征对 $(\varphi(\lambda),\boldsymbol{x})$,其中代数多项式为

$$\varphi(\lambda)=a_m\lambda^m+\cdots+a_1\lambda+a_0$$

例 5.1.8　满足 $\boldsymbol{A}^2=\boldsymbol{A}$ 的方阵 $\boldsymbol{A}$ 称为幂等矩阵. 证明幂等矩阵的特征值只能取 0 或 1.

解:设 $(\lambda,\boldsymbol{x})$ 为 $\boldsymbol{A}$ 的任一特征对,且 $\varphi(\lambda)=\lambda^2-\lambda$,则 $\boldsymbol{B}=\varphi(\boldsymbol{A})=\boldsymbol{A}^2-\boldsymbol{A}=\boldsymbol{O}$,且 $\boldsymbol{B}$ 的特征对为 $(\varphi(\lambda),\boldsymbol{x})$,因此 $\boldsymbol{B}\boldsymbol{x}=\boldsymbol{O}\boldsymbol{x}=\boldsymbol{0}=\varphi(\lambda)\boldsymbol{x}$. 注意到 $\boldsymbol{x}\neq\boldsymbol{0}$, 因此

$$\varphi(\lambda)=\lambda^2-\lambda=0$$

解得 $\lambda=0$ 或 $\lambda=1$, 即 $\boldsymbol{A}$ 的特征值的取值只能是 0 或 1.

思考　本例中 $\boldsymbol{A}$ 的特征值的取值只能是 0 或 1,指的是 $\boldsymbol{A}$ 的部分特征值为 0,另一部分特征值为 1,还是 $\boldsymbol{A}$ 的特征值只能全部取 0,亦或 $\boldsymbol{A}$ 的特征值只能全部取 1?提示:仅凭关系式 $\boldsymbol{A}^2=\boldsymbol{A}$ 只能确定特征值的可能取值,但不能具体确定 $\boldsymbol{A}$ 的特征值,因为满足这个关系式的矩阵不唯一. 一般地,如果代数多项式 $g(\lambda)$ 为方阵 $\boldsymbol{A}$ 的零化多项式,即 $g(\boldsymbol{A})=\boldsymbol{O}$,则 $\boldsymbol{A}$ 的特征值 λ 必满足多项式方程 $g(\lambda)=0$,但多项式方程 $g(\lambda)=0$ 的根不一定全是特征值. 你能举个例子吗?

定理 5.1.5(逆矩阵和伴随矩阵的特征对) n 阶可逆方阵 $\boldsymbol{A}$ 有特征对$(\lambda, \boldsymbol{x})$的充要条件是逆矩阵 $\boldsymbol{A}^{-1}$ 有特征对$(\lambda^{-1}, \boldsymbol{x})$，或者伴随矩阵 $\boldsymbol{A}^*$ 有特征对$(|\boldsymbol{A}|\lambda^{-1}, \boldsymbol{x})$.

证明：根据推论 5.1.1，方阵 $\boldsymbol{A}$ 可逆当且仅当 $\boldsymbol{A}$ 没有零特征值，因此

$$\boldsymbol{Ax} = \lambda\boldsymbol{x} \Leftrightarrow \boldsymbol{A}^{-1}\boldsymbol{Ax} = \lambda\boldsymbol{A}^{-1}\boldsymbol{x} \Leftrightarrow \lambda^{-1}\boldsymbol{x} = \boldsymbol{A}^{-1}\boldsymbol{x}$$

这里 $\boldsymbol{A}^{-1}\boldsymbol{x} = \lambda^{-1}\boldsymbol{x}$ 意味着 $\boldsymbol{A}^{-1}$ 有特征对$(\lambda^{-1}, \boldsymbol{x})$，即**逆的特征值等于特征值的逆，且特征向量不变.**

由于 $\boldsymbol{A}^* = |\boldsymbol{A}|\boldsymbol{A}^{-1}$，注意到 $|\boldsymbol{A}| \neq 0$，因此

$$\boldsymbol{A}^{-1}\boldsymbol{x} = \lambda^{-1}\boldsymbol{x} \Leftrightarrow |\boldsymbol{A}|\boldsymbol{A}^{-1}\boldsymbol{x} = |\boldsymbol{A}|\lambda^{-1}\boldsymbol{x} \Leftrightarrow \boldsymbol{A}^*\boldsymbol{x} = |\boldsymbol{A}|\lambda^{-1}\boldsymbol{x}$$

这里 $\boldsymbol{A}^*\boldsymbol{x} = |\boldsymbol{A}|\lambda^{-1}\boldsymbol{x}$ 意味着 $\boldsymbol{A}^*$ 有特征对$(|\boldsymbol{A}|\lambda^{-1}, \boldsymbol{x})$.

例 5.1.9 已知 $\boldsymbol{\alpha} = (1, b, 1)^T$ 是矩阵的 $\boldsymbol{A} = \begin{pmatrix} 2 & 1 & 1 \\ 1 & 2 & 1 \\ 1 & 1 & 2 \end{pmatrix}$ 的逆矩阵 $\boldsymbol{A}^{-1}$ 的特征向量，求常数 b 的值.

分析：一种思路是根据已知矩阵 $\boldsymbol{A}$ 求出 $\boldsymbol{A}^{-1}$，再求出 $\boldsymbol{A}^{-1}$ 的特征向量，最后与 $\boldsymbol{\alpha}$ 进行对比以求出常数 b. 显然这种思路涉及求逆以及求特征向量，计算量太大，实不可取. 因此必须转换已知条件，以便另辟蹊径.

解：设 $\boldsymbol{\alpha} = (1, b, 1)^T$ 对应 $\boldsymbol{A}^{-1}$ 的特征值 λ^{-1}，即 $\boldsymbol{A}^{-1}\boldsymbol{\alpha} = \lambda^{-1}\boldsymbol{\alpha}$，因此有 $\boldsymbol{A\alpha} = \lambda\boldsymbol{\alpha}$，也就是

$$\begin{pmatrix} 2 & 1 & 1 \\ 1 & 2 & 1 \\ 1 & 1 & 2 \end{pmatrix}\begin{pmatrix} 1 \\ b \\ 1 \end{pmatrix} = \lambda\begin{pmatrix} 1 \\ b \\ 1 \end{pmatrix}$$

此即 $2 + b + 1 = \lambda$，$1 + 2b + 1 = \lambda b$，$1 + b + 2 = \lambda$. 解得 $b = 1$ 或 $b = -2$.

小明进一步联想到逆矩阵 $\boldsymbol{A}^{-1}$ 即为 $\boldsymbol{A}$ 的 -1 次幂，因此如果把多项式 $\varphi(\lambda)$ 的指数推广到可取负整数的情形，即允许 $\varphi(\boldsymbol{A})$ 中出现含有形如 $\boldsymbol{A}^{-p}$ 的项，则谱映射定理可推广如下.

推论 5.1.2(谱映射定理的推广形式) 设 n 阶可逆方阵 $\boldsymbol{A}$ 有特征对$(\lambda, \boldsymbol{x})$，则矩阵多项式

$$\phi(\boldsymbol{A}) = a_m\boldsymbol{A}^m + \cdots + a_1\boldsymbol{A} + a_0\boldsymbol{I} + a_{-1}\boldsymbol{A}^{-1} + \cdots + a_{-p}\boldsymbol{A}^{-p}$$

必有特征对$(\phi(\lambda), \boldsymbol{x})$，其中代数多项式 $\phi(\lambda)$ 为

$$\phi(\lambda) = a_m\lambda^m + \cdots + a_1\lambda + a_0 + a_{-1}\lambda^{-1} + \cdots + a_{-p}\lambda^{-p}$$

例 5.1.10 设 3 阶矩阵 $\boldsymbol{A}$ 的特征对为$(1, \boldsymbol{\alpha}_1)$，$(2, \boldsymbol{\alpha}_2)$ 和$(-2, \boldsymbol{\alpha}_3)$，求矩阵 $\boldsymbol{B} = \boldsymbol{A}^5 - 4\boldsymbol{A}^3 + 5\boldsymbol{A}^{-2}$ 的特征对.

解：令 $\phi(\lambda) = \lambda^5 - 4\lambda^3 + 5\lambda^{-2}$，显然 $\boldsymbol{B} = \boldsymbol{A}^5 - 4\boldsymbol{A}^3 + 5\boldsymbol{A}^{-2} = \phi(\boldsymbol{A})$，因此按照推论 5.

1.2,可知 $\boldsymbol{B}$ 的特征对为 $(\phi(1), \boldsymbol{\alpha}_1)$，$(\phi(2), \boldsymbol{\alpha}_2)$ 和 $(\phi(-2), \boldsymbol{\alpha}_3)$，即 $(2, \boldsymbol{\alpha}_1)$，$\left(\frac{5}{4}, \boldsymbol{\alpha}_2\right)$ 和 $\left(\frac{5}{4}, \boldsymbol{\alpha}_3\right)$.

定理 5.1.6(相异特征值对应的特征向量线性无关)　设方阵 $\boldsymbol{A}$ 有 m 个特征对

$$(\lambda_1, \boldsymbol{x}_1), (\lambda_2, \boldsymbol{x}_2), \cdots, (\lambda_m, \boldsymbol{x}_m)$$

且 $\lambda_1, \lambda_2, \cdots, \lambda_m$ 互不相等,则 $\boldsymbol{x}_1, \boldsymbol{x}_2, \cdots, \boldsymbol{x}_m$ 线性无关.

为什么矩阵和的特征值不等于特征值的和？有了特征向量的上述结论,小明觉得自己就可以给出解释了.他知道,矩阵 $\boldsymbol{A}$ 的特征对 $(\lambda, \boldsymbol{x})$ 是**一对苦命鸳鸯**,仅仅依靠特征值 λ 这个数本身的单宿单飞,是无法臻于佳境的.特征向量 $\boldsymbol{x}$ 表征了方向,而特征值 λ 表征的则是该方向上的伸缩比例.根据平行四边形法则,两个不平行的特征向量之和一般又指向了一个全新的方向,因此一般而言,矩阵和的特征值不等于特征值的和.

具体而言,如果有 $\boldsymbol{A}\boldsymbol{x}_1=\lambda_1\boldsymbol{x}_1$，$\boldsymbol{A}\boldsymbol{x}_2=\lambda_2\boldsymbol{x}_2$ 且 $\lambda_1\neq\lambda_2$,则 $\boldsymbol{x}_1+\boldsymbol{x}_2$ 必定不是 $\boldsymbol{A}$ 的特征向量.如若不然,假设有 $\boldsymbol{A}(\boldsymbol{x}_1+\boldsymbol{x}_2)=\lambda(\boldsymbol{x}_1+\boldsymbol{x}_2)$,则必有

$$(\lambda_1-\lambda)\boldsymbol{x}_1+(\lambda_2-\lambda)\boldsymbol{x}_2=\boldsymbol{0}$$

由于 $\lambda_1\neq\lambda_2$,因此 $\boldsymbol{x}_1, \boldsymbol{x}_2$ 线性无关,故必有 $\lambda_1-\lambda=\lambda_2-\lambda=0$,即 $\lambda=\lambda_1=\lambda_2$,这与已知矛盾.

思考　为什么矩阵乘积的特征值不等于特征值的乘积？在何种条件下又是相等的？

5.2 矩阵的对角化

5.2.1　矩阵的相似变换

到目前为止,小明一直将线性变换与矩阵混为一谈,这样做的好处是给抽象的线性变换提供了直观形象的矩阵表示.他觉得现在该到了断的时候了.

假定定义在 n 维向量空间 V 上的线性变换 $T: \boldsymbol{x}\in V\to \boldsymbol{y}=T\boldsymbol{x}\in V$ 将原像 $\boldsymbol{x}$ 映射为像 $T\boldsymbol{x}$,这里 $T\boldsymbol{x}$ 是 $T(\boldsymbol{x})$ 的简写形式.

显然 V 的基 $\boldsymbol{x}_1, \boldsymbol{x}_2, \cdots, \boldsymbol{x}_n$ 被映射为 $T\boldsymbol{x}_1, T\boldsymbol{x}_2, \cdots, T\boldsymbol{x}_n$.由于 $T\boldsymbol{x}_i\in V$,即 $T\boldsymbol{x}_i$ 仍然是 $\boldsymbol{x}_1, \boldsymbol{x}_2, \cdots, \boldsymbol{x}_n$ 的线性组合,故可令

$$T\boldsymbol{x}_i=a_{1i}\boldsymbol{x}_1+a_{2i}\boldsymbol{x}_2+\cdots+a_{ni}\boldsymbol{x}_n=(\boldsymbol{x}_1, \boldsymbol{x}_2, \cdots, \boldsymbol{x}_n)\boldsymbol{\alpha}_i$$

其中 $\boldsymbol{\alpha}_i=(a_{1i}, a_{2i}, \cdots, a_{ni})^T$ 为 $T\boldsymbol{x}_i$ 的坐标向量.使用矩阵语言,则有

$$T(\boldsymbol{x}_1, \boldsymbol{x}_2, \cdots, \boldsymbol{x}_n)=(\boldsymbol{x}_1, \boldsymbol{x}_2, \cdots, \boldsymbol{x}_n)\boldsymbol{A} \tag{5.2.1}$$

这里 $T(\boldsymbol{x}_1, \boldsymbol{x}_2, \boldsymbol{x}_n)$ 是 $(T\boldsymbol{x}_1, T\boldsymbol{x}_2, \cdots, T\boldsymbol{x}_n)$ 的简写形式,且矩阵

$$\boldsymbol{A}=(\boldsymbol{\alpha}_1,\ \boldsymbol{\alpha}_2,\ \cdots,\ \boldsymbol{\alpha}_n)=\begin{pmatrix} a_{11} & a_{12} & \cdots & a_{1n} \\ a_{21} & a_{22} & \cdots & a_{2n} \\ \vdots & \vdots & & \vdots \\ a_{n1} & a_{n2} & \cdots & a_{nn} \end{pmatrix}$$

称为**线性变换 T 在基 $\boldsymbol{x}_1,\ \boldsymbol{x}_2,\ \cdots,\ \boldsymbol{x}_n$ 下的矩阵表示**.

如此看来,所谓"矩阵即变换"隐含了一定的前提条件,即与向量空间中一个基的默默支持密切相关.因此问题马上就来了:一旦这个基发生改变,线性变换的矩阵表示是否也随之改变?如果发生改变的话,新旧矩阵之间又存在何种关系?

假定 T 为 n 维向量空间 V 上的线性变换,它在基 $\boldsymbol{x}_1,\ \boldsymbol{x}_2,\ \cdots,\ \boldsymbol{x}_n$ 和 $\boldsymbol{y}_1,\ \boldsymbol{y}_2,\ \cdots,\ \boldsymbol{y}_n$ 下的矩阵表示分别为 $\boldsymbol{A}$ 和 $\boldsymbol{B}$,并且旧基 $\boldsymbol{x}_1,\ \boldsymbol{x}_2,\ \cdots,\ \boldsymbol{x}_n$ 到新基 $\boldsymbol{y}_1,\ \boldsymbol{y}_2,\ \cdots,\ \boldsymbol{y}_n$ 的过渡矩阵为 $\boldsymbol{P}$,即有

$$(\boldsymbol{y}_1,\ \boldsymbol{y}_2,\ \cdots,\ \boldsymbol{y}_n)=(\boldsymbol{x}_1,\ \boldsymbol{x}_2,\ \cdots,\ \boldsymbol{x}_n)\boldsymbol{P} \tag{5.2.2}$$

注意到 T 是线性变换以及式(5.2.1),则有

$$\begin{aligned} T(\boldsymbol{y}_1,\ \boldsymbol{y}_2,\ \cdots,\ \boldsymbol{y}_n) &= T[(\boldsymbol{x}_1,\ \boldsymbol{x}_2,\ \cdots,\ \boldsymbol{x}_n)\boldsymbol{P}]=T(\boldsymbol{x}_1,\ \boldsymbol{x}_2,\ \cdots,\ \boldsymbol{x}_n)\boldsymbol{P}(T\ \text{是线性变换}) \\ &= (\boldsymbol{x}_1,\ \boldsymbol{x}_2,\ \cdots,\ \boldsymbol{x}_n)\boldsymbol{AP} \end{aligned}$$

另一方面,由于矩阵 $\boldsymbol{B}$ 是 T 在基 $\boldsymbol{y}_1,\ \boldsymbol{y}_2,\ \cdots,\ \boldsymbol{y}_n$ 下的矩阵表示,因此按照式(5.2.1),有

$$T(\boldsymbol{y}_1,\ \boldsymbol{y}_2,\ \cdots,\ \boldsymbol{y}_n)=(\boldsymbol{y}_1,\ \boldsymbol{y}_2,\ \cdots,\ \boldsymbol{y}_n)\boldsymbol{B}$$

将式(5.2.2)代入上式,即得

$$T(\boldsymbol{y}_1,\ \boldsymbol{y}_2,\ \cdots,\ \boldsymbol{y}_n)=(\boldsymbol{x}_1,\ \boldsymbol{x}_2,\ \cdots,\ \boldsymbol{x}_n)\boldsymbol{PB}$$

因此有

$$(\boldsymbol{x}_1,\ \boldsymbol{x}_2,\ \cdots,\ \boldsymbol{x}_n)\boldsymbol{AP}=(\boldsymbol{x}_1,\ \boldsymbol{x}_2,\ \cdots,\ \boldsymbol{x}_n)\boldsymbol{PB}$$

注意到 $\boldsymbol{x}_1,\ \boldsymbol{x}_2,\ \cdots,\ \boldsymbol{x}_n$ 线性无关,因此 $\boldsymbol{AP}=\boldsymbol{PB}$,再由 $\boldsymbol{P}$ 可逆,可知 $\boldsymbol{P}^{-1}\boldsymbol{AP}=\boldsymbol{B}$.

定义 5.2.1(相似变换及其矩阵) 对 n 阶方阵 $\boldsymbol{A}$ 和 $\boldsymbol{B}$,如果存在可逆矩阵 $\boldsymbol{P}$,使得

$$\boldsymbol{P}^{-1}\boldsymbol{AP}=\boldsymbol{B} \tag{5.2.3}$$

则称矩阵 $\boldsymbol{A}$ 与 $\boldsymbol{B}$ **相似**(be similar),即矩阵 $\boldsymbol{A}$ 被矩阵 $\boldsymbol{P}$ **相似变换**(similar transformation)为矩阵 $\boldsymbol{B}$,并称矩阵 $\boldsymbol{P}$ 为**相似变换矩阵**(similar transformation matrix).

显然当基发生改变后,线性变换的矩阵表示也发生改变,但这些矩阵之间是相似的,相似变换矩阵就是旧基到新基的过渡矩阵.关于这一点,孟岩在著名的博文《理解矩阵》中,给出了一个很通俗的比喻:"猪照"论.他将相似的矩阵 $\boldsymbol{A}$, $\boldsymbol{B}$ 比喻成不同镜头位置上拍出的猪照,它们都是萌猪威尔伯(儿童文学经典《夏洛的网》中的主人猪)的描述,但又都不是威尔伯本身,因为线性变换 T 才是威尔伯本身.从线性变换的角度,应当将 $\boldsymbol{P}$ 所代表

的相似变换理解成左乘$\boldsymbol{P}^{-1}$及右乘$\boldsymbol{P}$的综合作用.

对比式(5.2.3)与式(3.1.5)，即$\boldsymbol{RAC}=\boldsymbol{B}$,可知相似关系是特殊的等价关系，即$\boldsymbol{RAC}=\boldsymbol{B}$中的$\boldsymbol{R}=\boldsymbol{P}^{-1}$，$\boldsymbol{C}=\boldsymbol{P}$，这也意味着相似关系也满足等价关系的三性(反身性,对称性和传递性).

定理 5.2.1(等价三性) 设有n阶方阵$\boldsymbol{A}$，$\boldsymbol{B}$，$\boldsymbol{C}$,则
(1) (反身性)$\boldsymbol{A}$与$\boldsymbol{A}$相似.
(2) (对称性)若$\boldsymbol{A}$与$\boldsymbol{B}$相似,则$\boldsymbol{B}$与$\boldsymbol{A}$相似.
(3) (传递性)若$\boldsymbol{A}$与$\boldsymbol{B}$相似,$\boldsymbol{B}$与$\boldsymbol{C}$相似,则$\boldsymbol{A}$与$\boldsymbol{C}$相似.

证明：(1) 显然取$\boldsymbol{P}=\boldsymbol{I}$时,有$\boldsymbol{P}^{-1}\boldsymbol{AP}=\boldsymbol{A}$.

(2) 因为$\boldsymbol{A}$与$\boldsymbol{B}$相似,故有可逆矩阵$\boldsymbol{P}$,使得$\boldsymbol{P}^{-1}\boldsymbol{AP}=\boldsymbol{B}$,从而存在可逆矩阵$\boldsymbol{Q}=\boldsymbol{P}^{-1}$，使得$\boldsymbol{Q}^{-1}\boldsymbol{BQ}=\boldsymbol{A}$,即$\boldsymbol{B}$与$\boldsymbol{A}$相似.

(3) 因为$\boldsymbol{A}$与$\boldsymbol{B}$相似,$\boldsymbol{B}$与$\boldsymbol{C}$相似,故有可逆矩阵$\boldsymbol{P}_1$，$\boldsymbol{P}_2$,使得$\boldsymbol{P}_1^{-1}\boldsymbol{AP}_1=\boldsymbol{B}$，$\boldsymbol{P}_2^{-1}\boldsymbol{BP}_2=\boldsymbol{C}$,因此有$\boldsymbol{C}=\boldsymbol{P}_2^{-1}\boldsymbol{P}_1^{-1}\boldsymbol{A}(\boldsymbol{P}_1\boldsymbol{P}_2)=(\boldsymbol{P}_1\boldsymbol{P}_2)^{-1}\boldsymbol{A}(\boldsymbol{P}_1\boldsymbol{P}_2)$，即有可逆矩阵$\boldsymbol{P}=\boldsymbol{P}_1\boldsymbol{P}_2$，使得$\boldsymbol{P}^{-1}\boldsymbol{AP}=\boldsymbol{C}$，也就是$\boldsymbol{A}$与$\boldsymbol{C}$相似.

定理 5.2.2(矩阵多项式相似) 设n阶方阵$\boldsymbol{A}$与$\boldsymbol{B}$相似,则矩阵多项式$f(\boldsymbol{A})$与$f(\boldsymbol{B})$相似,这里

$$f(\lambda)=a_m\lambda^m+\cdots+a_1\lambda+a_0$$

证明：显然由$\boldsymbol{P}^{-1}\boldsymbol{AP}=\boldsymbol{B}$,可知$\boldsymbol{B}^2=\boldsymbol{P}^{-1}\boldsymbol{APP}^{-1}\boldsymbol{AP}=\boldsymbol{P}^{-1}\boldsymbol{A}^2\boldsymbol{P}$.一般地,对任意正整数$k$,有$\boldsymbol{B}^k=\boldsymbol{P}^{-1}\boldsymbol{A}^k\boldsymbol{P}$，因此

$$\begin{aligned}f(\boldsymbol{B})&=a_m\boldsymbol{B}^m+\cdots+a_1\boldsymbol{B}+a_0\boldsymbol{I}=a_m\boldsymbol{P}^{-1}\boldsymbol{A}^m\boldsymbol{P}+\cdots+a_1\boldsymbol{P}^{-1}\boldsymbol{AP}+a_0\boldsymbol{P}^{-1}\boldsymbol{IP}\\&=\boldsymbol{P}^{-1}(a_m\boldsymbol{A}^m+\cdots+a_1\boldsymbol{A}+a_0\boldsymbol{I})\boldsymbol{P}=\boldsymbol{P}^{-1}f(\boldsymbol{A})\boldsymbol{P}\end{aligned}$$

即$f(\boldsymbol{A})$与$f(\boldsymbol{B})$相似.

定理 5.2.3(转置相似) 方阵$\boldsymbol{A}$与$\boldsymbol{B}$相似的充要条件是$\boldsymbol{A}^T$与$\boldsymbol{B}^T$相似.

证明：若方阵$\boldsymbol{A}$与$\boldsymbol{B}$相似,则有$\boldsymbol{P}^{-1}\boldsymbol{AP}=\boldsymbol{B}$,两边求转置,并注意到$\boldsymbol{P}^{-T}=(\boldsymbol{P}^{-1})^T=(\boldsymbol{P}^T)^{-1}$,则有$(\boldsymbol{P}^{-1}\boldsymbol{AP})^T=\boldsymbol{P}^T\boldsymbol{A}^T\boldsymbol{P}^{-T}=(\boldsymbol{P}^{-T})^{-1}\boldsymbol{A}^T\boldsymbol{P}^{-T}=\boldsymbol{B}^T$,因此$\boldsymbol{A}^T$与$\boldsymbol{B}^T$相似,且相似变换矩阵为$\boldsymbol{P}^{-T}$.

反之,若$\boldsymbol{A}^T$与$\boldsymbol{B}^T$相似,则有$\boldsymbol{C}^{-1}\boldsymbol{A}^T\boldsymbol{C}=\boldsymbol{B}^T$,两边求转置,可得$(\boldsymbol{C}^{-1}\boldsymbol{A}^T\boldsymbol{C})^T=\boldsymbol{C}^T\boldsymbol{AC}^{-T}=(\boldsymbol{C}^{-T})^{-1}\boldsymbol{AC}^{-T}=\boldsymbol{B}^T$,因此$\boldsymbol{A}$与$\boldsymbol{B}$相似.

定理 5.2.4(逆相似和伴随相似) 可逆方阵 A 与 B 相似的充要条件是 A^{-1} 与 B^{-1} 相似,或者 A^* 与 B^* 相似.

证明:必要性. 因为可逆方阵 A 与 B 相似,所以存在可逆矩阵 P,使得 $P^{-1}AP=B$,因此 $B^{-1}=(P^{-1}AP)^{-1}=P^{-1}A^{-1}(P^{-1})^{-1}=P^{-1}A^{-1}P$,即 A^{-1} 与 B^{-1} 相似,相似变换矩阵仍然是 P.

充分性. 因为 A^{-1} 与 B^{-1} 相似,即存在可逆矩阵 P,使得 $P^{-1}A^{-1}P=B^{-1}$,因此 $B=(B^{-1})^{-1}=P^{-1}(A^{-1})^{-1}(P^{-1})^{-1}=P^{-1}AP$,即 A 与 B 相似.

伴随相似的情形留作习题.

定理 5.2.5(相似不变量) 设方阵 A 与 B 相似,则

(1) A 与 B 有相同的特征多项式,相同的特征值及其代数重数.

(2) A 与 B 有相同的迹,即 $\mathrm{tr}(A)=\mathrm{tr}(B)$.

(3) A 与 B 有行列式值相等,即 $|A|=|B|$.

(4) A 与 B 有相同的秩,即 $r(A)=r(B)$.

证明:方阵 A 与 B 相似,故存在可逆矩阵 P,使得 $P^{-1}AP=B$,从而有

$$|B-\lambda I|=|P^{-1}AP-\lambda I|=|P^{-1}(A-\lambda I)P|=|P^{-1}||A-\lambda I||P|=|A-\lambda I|$$

即 A 与 B 有相同的特征多项式,从而有相同的特征值及其代数重数. 再根据特征值的积与和性质,可知 $\mathrm{tr}(A)=\mathrm{tr}(B)$ 及 $|A|=|B|$.

因为相似关系是特殊的等价关系,而秩是等价不变量,即两等价矩阵的秩相等,因此秩也是相似不变量. ■

这个定理说明**秩、特征值、迹及行列式都是相似不变量**. 因此,当两个矩阵的迹或行列式不相等时,它们必不相似. 当然,即使两矩阵迹或行列式相等,它们也未必相似. 因为上述定理的逆命题不成立. 例如矩阵 $A=\begin{pmatrix}1&0\\0&1\end{pmatrix}$ 和 $B=\begin{pmatrix}1&1\\0&1\end{pmatrix}$ 的特征多项式都是 $p(\lambda)=(\lambda-1)^2$,但是对任意 2 阶可逆矩阵,都有

$$P^{-1}AP=P^{-1}IP=I\neq B$$

即方阵 A 与 B 不相似.

例 5.2.1 设 A, B 都是可逆矩阵,且 A 与 B 相似,则下列结论中,错误的是【 】.

(A) A^T 与 B^T 相似　　(B) A^{-1} 与 B^{-1} 相似

(C) $A+A^T$ 与 $B+B^T$ 相似　　(D) $A+A^{-1}$ 与 $B+B^{-1}$ 相似

解:根据转置相似和逆相似,显然选项(A)和(B)是正确的. 当可逆矩阵 A 与 B 相似时,有 $P^{-1}AP=B$ 及 $P^{-1}A^{-1}P=B^{-1}$,因此 $P^{-1}(A+A^{-1})P=B+B^{-1}$,即 $A+A^{-1}$ 与 $B+B^{-1}$ 也相似,也就是说选项(D)是正确的. 按照排除法,选项(C)是错误的.

事实上,取 $A=\begin{pmatrix}1&1\\0&2\end{pmatrix}$, $B=\begin{pmatrix}1&0\\0&2\end{pmatrix}$,易知 A 与 B 相似,即有 $P=\begin{pmatrix}1&1\\0&1\end{pmatrix}$. 计算可知

$\boldsymbol{A}+\boldsymbol{A}^T$ 的特征值为 $\lambda=3\pm\sqrt{2}$，$\boldsymbol{B}+\boldsymbol{B}^T$ 的特征值为 $\lambda=2, 4$. 由于特征值是相似不变量，因此 $\boldsymbol{A}+\boldsymbol{A}^T$ 与 $\boldsymbol{B}+\boldsymbol{B}^T$ 不相似. 故选(C).

进一步地，小明开始思索：当 $\boldsymbol{A}$ 与 $\boldsymbol{B}$ 相似时，两者相同特征值的特征向量关系又如何?

假设有 $\boldsymbol{Ax}=\lambda\boldsymbol{x}$ 及 $\boldsymbol{P}^{-1}\boldsymbol{AP}=\boldsymbol{B}$，则 $(\boldsymbol{P}^{-1}\boldsymbol{AP})(\boldsymbol{P}^{-1}\boldsymbol{x})=\lambda(\boldsymbol{P}^{-1}\boldsymbol{x})$，即

$$\boldsymbol{B}(\boldsymbol{P}^{-1}\boldsymbol{x})=\lambda(\boldsymbol{P}^{-1}\boldsymbol{x})$$

定理 5.2.6(相似矩阵的特征对)　设方阵 $\boldsymbol{A}$ 与 $\boldsymbol{B}$ 相似，相似变换矩阵为 $\boldsymbol{P}$，且 $(\lambda, \boldsymbol{x})$ 为 $\boldsymbol{A}$ 的特征对，则 $(\lambda, \boldsymbol{P}^{-1}\boldsymbol{x})$ 为 $\boldsymbol{B}$ 的特征对.

思考　记 $\boldsymbol{y}=\boldsymbol{P}^{-1}\boldsymbol{x}$，显然矩阵 $\boldsymbol{P}^{-1}$ 将旧特征向量 $\boldsymbol{x}$ 变换成了新特征向量 $\boldsymbol{y}$，注意到 $\boldsymbol{y}=\boldsymbol{P}^{-1}\boldsymbol{x}$ 与坐标变换公式(4.3.4)的一致性，这又会泄漏给我们什么样的天机呢?

5.2.2　矩阵的相似对角化

小明知道，经过一系列初等变换，方阵 $\boldsymbol{A}$ 最终可化为标准形 $\boldsymbol{N}=\mathrm{diag}(1, \cdots, 1, 0, \cdots, 0)$，其中对角元 1 的个数为矩阵 $\boldsymbol{A}$ 的秩 $r(\boldsymbol{A})$，即有可逆矩阵 $\boldsymbol{R}, \boldsymbol{C}$，使得 $\boldsymbol{RAC}=\boldsymbol{N}$. 鉴于相似变换是两个特殊的初等变换的综合，他自然而然就有了这样的好奇：经过一系列相似变换(按传递性，它们最终可合成为一次相似变换)，最终又可将矩阵 $\boldsymbol{A}$ 化为什么样的标准形呢? 按照"猪照"论，这就是要找出一张萌猪威尔伯最萌的玉照.

小明注意到相似变换的特殊性，即对 $\boldsymbol{R}, \boldsymbol{C}$ 之间的关系有要求，因此作为平衡的代价，他觉得这样的标准形必定要比 $\boldsymbol{N}$ 更加一般化，那么它能否是对角矩阵呢?

定义 5.2.2(可对角化矩阵)　若经过相似变换 $\boldsymbol{P}$，可将 n 阶方阵 $\boldsymbol{A}$ 化为对角矩阵 $\boldsymbol{\Lambda}$，即有

$$\boldsymbol{P}^{-1}\boldsymbol{AP}=\boldsymbol{\Lambda} \tag{5.2.4}$$

则称矩阵 $\boldsymbol{A}$ 为**可对角化矩阵**(diagonalizable matrix)，也称矩阵 $\boldsymbol{A}$ **可对角化**(diagonalizable).

问题接踵而来：什么样的矩阵一定可对角化呢?

对 n 阶方阵 $\boldsymbol{A}$，设有可逆矩阵 $\boldsymbol{P}=(\boldsymbol{p}_1, \boldsymbol{p}_2, \cdots, \boldsymbol{p}_n)$ 使得 $\boldsymbol{P}^{-1}\boldsymbol{AP}=\boldsymbol{\Lambda}$，其中 $\boldsymbol{\Lambda}=\mathrm{diag}(\lambda_1, \lambda_2, \cdots, \lambda_n)$，则有 $\boldsymbol{P\Lambda}=\boldsymbol{AP}$，即

$$(\boldsymbol{p}_1, \boldsymbol{p}_2, \cdots, \boldsymbol{p}_n)\begin{pmatrix}\lambda_1 & & & \\ & \lambda_2 & & \\ & & \ddots & \\ & & & \lambda_n\end{pmatrix}=\boldsymbol{A}(\boldsymbol{p}_1, \boldsymbol{p}_2, \cdots, \boldsymbol{p}_n)$$

也就是

$$Ap_1 = \lambda_1 p_1,\ Ap_2 = \lambda_2 p_2,\ \cdots,\ Ap_n = \lambda_n p_n$$

对角矩阵 Λ 是特征值矩阵,相似变换矩阵 P 是特征向量矩阵! 这也太让人吃惊了吧. 这些推导小明都懂,可他的内心几乎是崩溃的,他现在真的是“方寸淆乱,灵台崩摧”. 看来能凸显个性的照片才是最萌的玉照,这也从数学上深刻地说明了那些 P 过的照片,为何让人不忍直视. 诸位亲爱的小伙伴,从今天起,关心素颜和真我,可否?

当然,要特别注意的是,P 是可逆矩阵,因此 $p_1,\ p_2,\ \cdots,\ p_n$ 线性无关,即矩阵 A 有完备的特征系统.

定理 5.2.7(判别法则 I) n 阶方阵 A 可对角化的充要条件是 A 有 n 个线性无关的特征向量.

证明: 必要性已如前述,充分性的证明请自行补上.

由 $P^{-1}AP = \Lambda$, 可知

$$A = P\Lambda P^{-1} \tag{5.2.5}$$

称此式为矩阵 A 的**相似标准形分解**(Similar canonical decomposition),其中的 Λ 称为矩阵 A 的**相似标准形**(Similar canonical form). 推广到多项式相似,显然有

$$A^n = P\Lambda^n P^{-1} \tag{5.2.6}$$

以及

$$f(A) = Pf(\Lambda)P^{-1} \tag{5.2.7}$$

其中 $f(\lambda) = a_m\lambda^m + \cdots + a_1\lambda + a_0$.

至此,小明收获了计算高次幂的一个简单方法. 与第一章中提到的归纳法和二项展开式法等相比,它显然更有普适性,因为可计算高次幂的矩阵已被拓广到更一般的可对角矩阵.

例 5.2.2 设方阵 A 与对角矩阵 Λ 相似,其中 $A = \begin{pmatrix} 2 & 0 & 0 \\ 0 & a & 2 \\ 0 & 2 & 3 \end{pmatrix}$, $\Lambda = \begin{pmatrix} 2 & 0 & 0 \\ 0 & 1 & 0 \\ 0 & 0 & b \end{pmatrix}$.

求: (1)常数 $a,\ b$ 的值; (2)可逆矩阵 P,使得 $P^{-1}AP = \Lambda$; (3)A^n.

解: (1) 因为 A 与 Λ 相似,所以 $\mathrm{tr}(A) = \mathrm{tr}(\Lambda)$, $|A| = |\Lambda|$. 注意到 $|A| = 2(3a-4)$, $|\Lambda| = 2b$, 因此

$$2 + a + 3 = 2 + 1 + b,\ 2(3a-4) = 2b$$

解得 $a = 3,\ b = 5$.

(2) 显然对角矩阵 Λ 的特征值为 $\lambda_1 = 2,\ \lambda_2 = 1,\ \lambda_3 = 5$. 因为 A 与 Λ 相似,因此它们也是 A 的特征值.

对 $\lambda_1 = 2$,解方程组 $(A-2I)x = 0$,得特征向量 $\xi_1 = (1,\ 0,\ 0)^T$;对 $\lambda_2 = 1$,解方程组 $(A-I)x = 0$,得特征向量 $\xi_2 = (0,\ -1,\ 1)^T$;对 $\lambda_3 = 5$,解方程组 $(A-5I)x = 0$,得特征

向量 $\boldsymbol{\xi}_3=(0,1,1)^T$. 故所求为 $\boldsymbol{P}=(\boldsymbol{\xi}_1,\boldsymbol{\xi}_2,\boldsymbol{\xi}_3)=\begin{pmatrix}1&0&0\\0&-1&1\\0&1&1\end{pmatrix}$.

(3) 由 $\boldsymbol{P}^{-1}\boldsymbol{AP}=\boldsymbol{\Lambda}$，可知

$$\boldsymbol{A}^n=\boldsymbol{P\Lambda}^n\boldsymbol{P}^{-1}=\begin{pmatrix}1&0&0\\0&-1&1\\0&1&1\end{pmatrix}\begin{pmatrix}2^n&0&0\\0&1^n&0\\0&0&5^n\end{pmatrix}\begin{pmatrix}1&0&0\\0&-1&1\\0&1&1\end{pmatrix}^{-1}$$

$$=\begin{pmatrix}2^n&0&0\\0&\frac{1}{2}(5^n+1)&\frac{1}{2}(5^n-1)\\0&\frac{1}{2}(5^n-1)&\frac{1}{2}(5^n+1)\end{pmatrix}$$

判别法则 I 要求计算出矩阵的所有特征向量，可众所周知，特征向量的计算比较麻烦，因此小明希望能找到回避这个麻烦的方法，最好是仅仅计算出特征值，就能据之确定矩阵是否可对角化. 联想到“相异特征值的特征向量必线性无关”，他得到了下面的充分条件.

定理 5.2.8(判别法则 II)　n 阶方阵 $\boldsymbol{A}$ 可对角化的充分条件是 $\boldsymbol{A}$ 有 n 个两两互异的特征值.

证明：因为 $\boldsymbol{A}$ 有 n 个两两互异的特征值，而相异特征值的特征向量必线性无关，因此 $\boldsymbol{A}$ 有 n 个线性无关的特征向量. 根据判别法则 I，方阵 $\boldsymbol{A}$ 可对角化.

判别法则 II 的条件似乎太高大上，因为它明显排斥了**重特征值**(代数重数至少为 2)的情形. 那么，对于重特征值，是否也存在相应的判别法则呢？联想到上一节的几个例子，尤其是令人心悸的亏损矩阵，小明直觉到非亏损矩阵应该可以对角化. 这显然要先解决两重数(代数重数与几何重数)之间的关系.

定理 5.2.9(几何重数不超过代数重数)　设 λ 是 n 阶方阵 $\boldsymbol{A}$ 的任意一个特征值，则恒有

$$1\leqslant\rho_\lambda\leqslant m_\lambda \tag{5.2.8}$$

至此，利用式(5.2.8)，小明大胆地给出了下述的判别法则.

定理 5.2.10(判别法则 III)　n 阶方阵 $\boldsymbol{A}$ 可对角化的充要条件是 $\boldsymbol{A}$ 为非亏损矩阵，即对 $\boldsymbol{A}$ 的任意特征值 λ，均有

$$\rho_\lambda=m_\lambda \tag{5.2.9}$$

小明发现，当 λ 是 $\boldsymbol{A}$ 的**单特征值**，即代数重数 $m_\lambda = 1$ 时，由式(5.2.8)，可知 $1 \leqslant \rho_\lambda \leqslant m_\lambda = 1$，即恒有 $\rho_\lambda = m_\lambda = 1$，这说明**单特征值 λ 永远是矩阵 $\boldsymbol{A}$ 的非亏损特征值**. 因此判别法则 II 可视为判别法则 III 的特殊情形，即所有的 n 个特征值都是非亏损的单特征值，因而它们两两互异. 与此同时，这也意味着一旦出现亏损特征值，矩阵必不可对角化，即不可对角化矩阵等价于亏损阵. 因此在使用判别法则 III 时，**只需要考察矩阵 $\boldsymbol{A}$ 的所有重特征值是否均为非亏损特征值**. 问题是仔细想来，对于判别准则 II，小明觉得判别法则 III 似乎有些"矫枉过正"，因为确定特征值的几何重数有时需要特征向量的相关信息. 这也足见特征值问题的复杂性.

至此，小明头脑中清晰地列出了判别方阵 $\boldsymbol{A}$ 是否可对角化的如下步骤：

第一步，解特征方程 $|\boldsymbol{A}-\lambda\boldsymbol{I}|=0$，求出 $\boldsymbol{A}$ 的全部特征值；

第二步，若特征值两两互异(即 $\boldsymbol{A}$ 的特征值全部为单特征值)，则根据判别法则 II，可知 $\boldsymbol{A}$ 必可对角化；

第三步，若 $\boldsymbol{A}$ 有重特征值，则逐个考察这些重特征值 λ 的两重数(代数重数 m_λ 与几何重数 ρ_λ)，一旦发现某个重特征值 λ 的两重数不相等，则 $\boldsymbol{A}$ 必不可对角化，否则如果均相等，则 $\boldsymbol{A}$ 必可对角化.

例 5.2.3 判定下列方阵是否可对角化.

$$(1)\ \boldsymbol{A}=\begin{pmatrix}1&6&5\\0&2&4\\0&0&3\end{pmatrix};(2)\boldsymbol{B}=\begin{pmatrix}1&2&2\\2&1&2\\2&2&1\end{pmatrix};(3)\boldsymbol{C}=\begin{pmatrix}-1&1&0\\-4&3&0\\1&0&2\end{pmatrix}.$$

解：(1) $\boldsymbol{A}$ 是上三角矩阵，其特征值为对角元 1, 2, 3. 显然 $\boldsymbol{A}$ 的特征值两两互异，因此根据判别准则 II，可知 $\boldsymbol{A}$ 是可对角化矩阵.

(2) 例 5.1.3 中已算得 $\boldsymbol{B}$ 的特征值为 5, −1, −1，其中重特征值 $\lambda=-1$ 的代数重数 $m_\lambda = 2$，几何重数 $\rho_\lambda = 2$，即有 $m_\lambda = \rho_\lambda$，因此 $\boldsymbol{B}$ 也是可对角化矩阵.

(3) 例 5.1.5 中已算得 $\boldsymbol{C}$ 的特征值为 2, 1, 1，其中重特征值 $\lambda = 1$ 的代数重数 $m_\lambda = 2$，几何重数 $\rho_\lambda = 1$，即有 $\rho_\lambda < m_\lambda$，因此 $\boldsymbol{C}$ 是不可对角化矩阵.

例 5.2.4 设方阵 $\boldsymbol{A}=\begin{pmatrix}2&2&0\\8&2&a\\0&0&6\end{pmatrix}$ 与对角矩阵 $\boldsymbol{\Lambda}$ 相似，试确定常数 a 的值，并求可逆矩阵 $\boldsymbol{P}$，使得 $\boldsymbol{P}^{-1}\boldsymbol{AP}=\boldsymbol{\Lambda}$.

解：由特征方程 $|\boldsymbol{A}-\lambda\boldsymbol{I}|=0$，可知

$$\begin{vmatrix}2-\lambda&2&0\\8&2-\lambda&a\\0&0&6-\lambda\end{vmatrix}=(6-\lambda)\begin{vmatrix}2-\lambda&2\\8&2-\lambda\end{vmatrix}=-(\lambda-6)^2(\lambda+2)=0$$

解得 $\boldsymbol{A}$ 的特征值为 $\lambda_1=\lambda_2=6$, $\lambda_3=-2$.

因为方阵 $\boldsymbol{A}$ 与对角矩阵 $\boldsymbol{\Lambda}$ 相似，而 $\lambda = 6$ 是二重特征值，因此根据判别法则 II，可知 $\lambda=6$ 对应两个线性无关的特征向量，即 $N(\boldsymbol{A}-6\boldsymbol{I})$ 的维数为 2，也就是 $r(\boldsymbol{A}-6\boldsymbol{I})=3-2=1$，从而由

$$\boldsymbol{A}-6\boldsymbol{I}=\begin{pmatrix}-4 & 2 & 0\\ 8 & -4 & a\\ 0 & 0 & 0\end{pmatrix}\sim\begin{pmatrix}4 & -2 & 0\\ 0 & 0 & a\\ 0 & 0 & 0\end{pmatrix}$$

知 $a=0$.

当 $\lambda=6$ 时，由 $(\boldsymbol{A}-6\boldsymbol{I})\boldsymbol{x}=\boldsymbol{0}$，可得对应的特征向量为 $\boldsymbol{\xi}_1=(1,2,0)^T$，$\boldsymbol{\xi}_2=(0,0,1)^T$.

当 $\lambda=-2$ 时，由 $(\boldsymbol{A}+2\boldsymbol{I})\boldsymbol{x}=\boldsymbol{0}$，可得对应的特征向量为 $\boldsymbol{\xi}_3=(1,-2,0)^T$.

令 $\boldsymbol{P}=(\boldsymbol{\xi}_1,\boldsymbol{\xi}_2,\boldsymbol{\xi}_3)=\begin{pmatrix}1 & 0 & 1\\ 2 & 0 & -2\\ 0 & 1 & 0\end{pmatrix}$，则有 $\boldsymbol{P}^{-1}\boldsymbol{A}\boldsymbol{P}=\boldsymbol{\Lambda}=\begin{pmatrix}6 & & \\ & 6 & \\ & & -2\end{pmatrix}$.

思考　本题中，若令 $\boldsymbol{P}=(\boldsymbol{\xi}_2,\boldsymbol{\xi}_1,\boldsymbol{\xi}_3)$，是否仍然有 $\boldsymbol{P}^{-1}\boldsymbol{A}\boldsymbol{P}=\boldsymbol{\Lambda}$? 提示：$\boldsymbol{P}$ 不唯一.

例 5.2.5　某试验性生产线每年一月份进行熟练工与非熟练工的人数统计，然后将 $\frac{1}{6}$ 熟练工支援到其他生产部门，其缺额由招收新的非熟练工补齐. 新、老非熟练工经过培训及实践，至年终考核后，选取其中的 $\frac{2}{5}$ 升级为熟练工. 设第 n 年一月份统计的熟练工与非熟练工所占百分比分别为 x_n 和 y_n，并记成向量 $\begin{pmatrix}x_n\\ y_n\end{pmatrix}$.

(1) 求 $\begin{pmatrix}x_{n+1}\\ y_{n+1}\end{pmatrix}$ 与 $\begin{pmatrix}x_n\\ y_n\end{pmatrix}$ 的关系式，并写成矩阵形式：$\begin{pmatrix}x_{n+1}\\ y_{n+1}\end{pmatrix}=\boldsymbol{A}\begin{pmatrix}x_n\\ y_n\end{pmatrix}$；

(2) 求 $\boldsymbol{A}$ 的特征值与特征向量；

(3) 当 $\begin{pmatrix}x_1\\ y_1\end{pmatrix}=\begin{pmatrix}\frac{1}{2}\\ \frac{1}{2}\end{pmatrix}$ 时，求 $\begin{pmatrix}x_{n+1}\\ y_{n+1}\end{pmatrix}$.

解：(1) 由题意，可知第 n 年度的新、老非熟练工总数为 $\frac{1}{6}x_n+y_n$. 注意到第 $n+1$ 年度的熟练工来自于上一年度的熟练工以及新升级的熟练工；第 $n+1$ 年度的非熟练工则来自于上一年度的非熟练工，因此有

$$\begin{cases}x_{n+1}=\frac{5}{6}x_n+\frac{2}{5}\left(\frac{1}{6}x_n+y_n\right)\\ y_{n+1}=\frac{3}{5}\left(\frac{1}{6}x_n+y_n\right)\end{cases},\text{即}\begin{cases}x_{n+1}=\frac{9}{10}x_n+\frac{2}{5}y_n\\ y_{n+1}=\frac{1}{10}x_n+\frac{3}{5}y_n\end{cases}$$

写成矩阵形式，即为 $\begin{pmatrix}x_{n+1}\\ y_{n+1}\end{pmatrix}=\begin{pmatrix}\frac{9}{10} & \frac{2}{5}\\ \frac{1}{10} & \frac{3}{5}\end{pmatrix}\begin{pmatrix}x_n\\ y_n\end{pmatrix}$，故 $\boldsymbol{A}=\begin{pmatrix}\frac{9}{10} & \frac{2}{5}\\ \frac{1}{10} & \frac{3}{5}\end{pmatrix}$.

(2) 由特征方程 $|\boldsymbol{A}-\lambda\boldsymbol{I}|=0$，可知 $\boldsymbol{A}$ 的特征值为 $\lambda_1=1$，$\lambda_2=\frac{1}{2}$.

当 $\lambda_1 = 1$ 时,由 $(\boldsymbol{A}-\boldsymbol{I})\boldsymbol{x}=\boldsymbol{0}$,可得对应的特征向量为 $\boldsymbol{\xi}_1=(4,\ 1)^T$.

当 $\lambda_2=\frac{1}{2}$ 时,由 $\left(\boldsymbol{A}-\frac{1}{2}\boldsymbol{I}\right)\boldsymbol{x}=\boldsymbol{0}$,可得对应的特征向量为 $\boldsymbol{\xi}_2=(-1,\ 1)^T$.

(3) 由于 $\begin{pmatrix} x_{n+1} \\ y_{n+1} \end{pmatrix}=\boldsymbol{A}\begin{pmatrix} x_n \\ y_n \end{pmatrix}=\boldsymbol{A}^2\begin{pmatrix} x_{n-1} \\ y_{n-1} \end{pmatrix}=\cdots=\boldsymbol{A}^n\begin{pmatrix} x_1 \\ y_1 \end{pmatrix}=\boldsymbol{A}^n\begin{pmatrix} \frac{1}{2} \\ \frac{1}{2} \end{pmatrix}$,因此问题转化为计算高次幂 $\boldsymbol{A}^n$.

方法一: 令 $\boldsymbol{P}=(\boldsymbol{\xi}_1,\ \boldsymbol{\xi}_2)=\begin{pmatrix} 4 & -1 \\ 1 & 1 \end{pmatrix}$, $\boldsymbol{\Lambda}=\begin{pmatrix} 1 & 0 \\ 0 & \frac{1}{2} \end{pmatrix}$,则 $\boldsymbol{P}^{-1}=\frac{1}{5}\begin{pmatrix} 1 & 1 \\ -1 & 4 \end{pmatrix}$,且

$$\boldsymbol{A}^n=\boldsymbol{P}\boldsymbol{\Lambda}^n\boldsymbol{P}^{-1}=\frac{1}{5}\begin{pmatrix} 4 & -1 \\ 1 & 1 \end{pmatrix}\begin{pmatrix} 1^n & 0 \\ 0 & \left(\frac{1}{2}\right)^n \end{pmatrix}\begin{pmatrix} 1 & 1 \\ -1 & 4 \end{pmatrix}=\frac{1}{5}\begin{pmatrix} 4+\left(\frac{1}{2}\right)^n & 4-4\left(\frac{1}{2}\right)^n \\ 1-\left(\frac{1}{2}\right)^n & 1+4\left(\frac{1}{2}\right)^n \end{pmatrix}$$

因此

$$\begin{pmatrix} x_{n+1} \\ y_{n+1} \end{pmatrix}=\boldsymbol{A}^n\begin{pmatrix} \frac{1}{2} \\ \frac{1}{2} \end{pmatrix}=\frac{1}{10}\begin{pmatrix} 8-3\left(\frac{1}{2}\right)^n \\ 2+3\left(\frac{1}{2}\right)^n \end{pmatrix}$$

方法二: 注意到 $\boldsymbol{\xi}_1$, $\boldsymbol{\xi}_2$ 线性无关,因此可作为$\mathbb{R}^2$的一组基,即向量 $(x_1,\ y_1)^T=\left(\frac{1}{2},\ \frac{1}{2}\right)^T$ 可由 $\boldsymbol{\xi}_1$, $\boldsymbol{\xi}_2$ 唯一地线性表示为

$$\begin{pmatrix} \frac{1}{2} \\ \frac{1}{2} \end{pmatrix}=\frac{1}{5}\boldsymbol{\xi}_1+\frac{3}{10}\boldsymbol{\xi}_2$$

注意到 $\boldsymbol{A}\boldsymbol{\xi}_1=\lambda_1\boldsymbol{\xi}_1$, $\boldsymbol{A}\boldsymbol{\xi}_2=\lambda_2\boldsymbol{\xi}_2$,因此 $\boldsymbol{A}^n\boldsymbol{\xi}_1=\lambda_1^n\boldsymbol{\xi}_1=\boldsymbol{\xi}_1$, $\boldsymbol{A}^n\boldsymbol{\xi}_2=\lambda_2^n\boldsymbol{\xi}_2=\left(\frac{1}{2}\right)^n\boldsymbol{\xi}_2$,从而有

$$\begin{pmatrix} x_{n+1} \\ y_{n+1} \end{pmatrix}=\boldsymbol{A}^n\begin{pmatrix} \frac{1}{2} \\ \frac{1}{2} \end{pmatrix}=\boldsymbol{A}^n\left(\frac{1}{5}\boldsymbol{\xi}_1+\frac{3}{10}\boldsymbol{\xi}_2\right)=\frac{1}{5}\boldsymbol{\xi}_1+\frac{3}{10}\left(\frac{1}{2}\right)^n\boldsymbol{\xi}_2=\frac{1}{10}\begin{pmatrix} 8-3\left(\frac{1}{2}\right)^n \\ 2+3\left(\frac{1}{2}\right)^n \end{pmatrix}$$

思考 方法二显然可推广到更一般的情形,请说说你的脑洞.

5.2.3 实对称矩阵的正交对角化

小明注意到实对称矩阵是一种特殊矩阵,所以比之于一般方阵,它应该在特征对方面具有一些凸显个性的特殊性质,才能不负“实对称矩阵”这个术语. 经过一番探索,小明汇

总出实对称矩阵的如下特性.

定理 5.2.11　实对称矩阵的特征值全是实数.

定理 5.2.12　实对称矩阵相异特征值的特征向量互相正交.

证明：设 $(\lambda, \boldsymbol{x})$ 和 $(\mu, \boldsymbol{y})$ 为实对称矩阵 $\boldsymbol{A}$ 的两个任意特征对，且实数 $\lambda \neq \mu$，此即

$$\boldsymbol{A}\boldsymbol{x} = \lambda \boldsymbol{x},\ \boldsymbol{A}\boldsymbol{y} = \mu \boldsymbol{y},\ \boldsymbol{x} \neq \boldsymbol{0},\ \boldsymbol{y} \neq \boldsymbol{0}$$

式 $\boldsymbol{A}\boldsymbol{x} = \lambda \boldsymbol{x}$ 两边同时求转置，并注意到 $\boldsymbol{A} = \boldsymbol{A}^T$，可得

$$\lambda \boldsymbol{x}^T = (\lambda \boldsymbol{x})^T = (\boldsymbol{A}\boldsymbol{x})^T = \boldsymbol{x}^T\boldsymbol{A}^T = \boldsymbol{x}^T\boldsymbol{A}$$

再右乘 $\boldsymbol{y}$，并注意到 $\boldsymbol{A}\boldsymbol{y}=\mu\boldsymbol{y}$，可得

$$\lambda \boldsymbol{x}^T\boldsymbol{y} = \boldsymbol{x}^T\boldsymbol{A}\boldsymbol{y} = \boldsymbol{x}^T(\boldsymbol{A}\boldsymbol{y}) = \boldsymbol{x}^T(\mu\boldsymbol{y}) = \mu\boldsymbol{x}^T\boldsymbol{y},$$

即 $(\lambda - \mu)\boldsymbol{x}^T\boldsymbol{y} = 0$. 由于 $\lambda \neq \mu$，因此 $\boldsymbol{x}^T\boldsymbol{y} = (\boldsymbol{x}, \boldsymbol{y}) = 0$，即 $\boldsymbol{x}$ 与 $\boldsymbol{y}$ 正交.

推论 5.2.1　实反对称矩阵的特征值全是纯虚数.

定理 5.2.13　实对称矩阵的特征值都是非亏损的，即实对称矩阵必定是可对角化矩阵.

定理 5.2.14　实对称矩阵 $\boldsymbol{A}$, $\boldsymbol{B}$ 相似的充要条件是 $\boldsymbol{A}$ 与 $\boldsymbol{B}$ 有相同的特征值.

证明：必要性是显然的，因为特征值是相似不变量.

充分性. 设 $\boldsymbol{A}$ 与 $\boldsymbol{B}$ 有相同的特征值 $\lambda_1, \lambda_2, \cdots, \lambda_n$，并令 $\boldsymbol{\Lambda} = \mathrm{diag}(\lambda_1, \lambda_2, \cdots, \lambda_n)$. 因为 $\boldsymbol{A}$ 是实对称矩阵，所以 $\boldsymbol{A}$ 与 $\boldsymbol{\Lambda}$ 相似. 同理 $\boldsymbol{B}$ 与 $\boldsymbol{\Lambda}$ 相似. 根据相似关系的等价三性，可知 $\boldsymbol{A}$ 与 $\boldsymbol{B}$ 相似. ■

根据定理 5.2.14，当两个对角矩阵 $\boldsymbol{\Lambda}_1$, $\boldsymbol{\Lambda}_2$ 对角线上的元素完全相同，仅仅是顺序不同时，它们是相似的，因为它们是实对称矩阵，而且特征值完全相同. 对可对角化矩阵（尤其是实对称矩阵）$\boldsymbol{A}$ 的对角化矩阵 $\boldsymbol{\Lambda}$ 来说，这也就解释了何以我们不太关心 $\boldsymbol{\Lambda}$ 中对角元的顺序.

根据定理 5.2.13，可知任意实对称矩阵 $\boldsymbol{A}$ 必可对角化，而且对 $\boldsymbol{A}$ 的每个特征值 λ，都可在特征子空间 $V_\lambda = N(\boldsymbol{A} - \lambda\boldsymbol{I})$ 中构造出一组标准正交基（必要时可以采用 Gram-Schmidt 正交化方法），再根据定理 5.2.12，可知对任意实对称矩阵 $\boldsymbol{A}$，有比式(5.2.4) 和式(5.2.5) 更强的结论，即存在正交矩阵 $\boldsymbol{Q}$，使得

$$\boldsymbol{Q}^{-1}\boldsymbol{A}\boldsymbol{Q} = \boldsymbol{Q}^T\boldsymbol{A}\boldsymbol{Q} = \boldsymbol{\Lambda} \tag{5.2.10}$$

也就是

$$\boldsymbol{A}=\boldsymbol{Q\Lambda Q}^{-1}=\boldsymbol{Q\Lambda Q}^{T} \tag{5.2.11}$$

其中对角矩阵 $\boldsymbol{\Lambda}=\mathrm{diag}(\lambda_1, \lambda_2, \cdots, \lambda_n)$ 的对角元都是实数. 结论(5.2.10)常被称为实对称矩阵的**正交对角化**(orthogonal diagonal),结论(5.2.11)则被称为实对称矩阵 $\boldsymbol{A}$ 的**谱分解**(spectral decomposition). 若将正交矩阵 $\boldsymbol{Q}$ 按列分块为 $\boldsymbol{Q}=(\boldsymbol{q}_1, \boldsymbol{q}_2, \cdots, \boldsymbol{q}_n)$,则式(5.2.11)可变形为

$$\boldsymbol{A}=\lambda_1\boldsymbol{q}_1\boldsymbol{q}_1^T+\lambda_2\boldsymbol{q}_2\boldsymbol{q}_2^T+\cdots+\lambda_n\boldsymbol{q}_n\boldsymbol{q}_n^T \tag{5.2.12}$$

其中 $(\boldsymbol{q}_i, \boldsymbol{q}_j)=\delta_{ij}, 1\leqslant i, j\leqslant n$.

另外,对于实对称矩阵 $\boldsymbol{A}$,计算矩阵高次幂的式(5.2.6)也特殊为

$$\boldsymbol{A}^n=\boldsymbol{Q\Lambda}^n\boldsymbol{Q}^{-1}=\boldsymbol{Q\Lambda}^n\boldsymbol{Q}^{T} \tag{5.2.13}$$

根据前面的结论,小明明白正交对角化是特殊的相似对角化,相应的**正交变换**(在正交对角化中,特指对矩阵 $\boldsymbol{A}$ 左乘 $\boldsymbol{Q}^{-1}$ 也就是 $\boldsymbol{Q}^T$ 再右乘 $\boldsymbol{Q}$ 的综合作用)是特殊的相似变换,所以将实对称矩阵 $\boldsymbol{A}$ 正交对角化为对角矩阵 $\boldsymbol{\Lambda}$,具体步骤为:

第一步,解特征方程 $|\boldsymbol{A}-\lambda\boldsymbol{I}|=0$,求出 $\boldsymbol{A}$ 的全部特征值;

第二步,计算 $\boldsymbol{A}$ 的所有特征值 λ 对应的特征向量;

第三步,对 $\boldsymbol{A}$ 的每个重特征值 λ,对其线性无关的特征向量组进行 Gram-Schmidt 正交化;

第四步,将特征向量全部单位化.

另外,通过百度,小明找到了矩阵 $\boldsymbol{A}$ 与 $\boldsymbol{B}$ 的四大关系(等价、相似、合同以及正交相似)之间的关系图,如图 5.2 所示. 图中的合同和正交合同详见下一章. 注意等价时 $\boldsymbol{A}, \boldsymbol{B}$ 只要求是同维矩阵(未必是方阵),但相似和合同时 $\boldsymbol{A}, \boldsymbol{B}$ 必须是同阶方阵.

小明知道,秩是等价不变量,而且还是相似不变量,其他的相似不变量还有特征值及

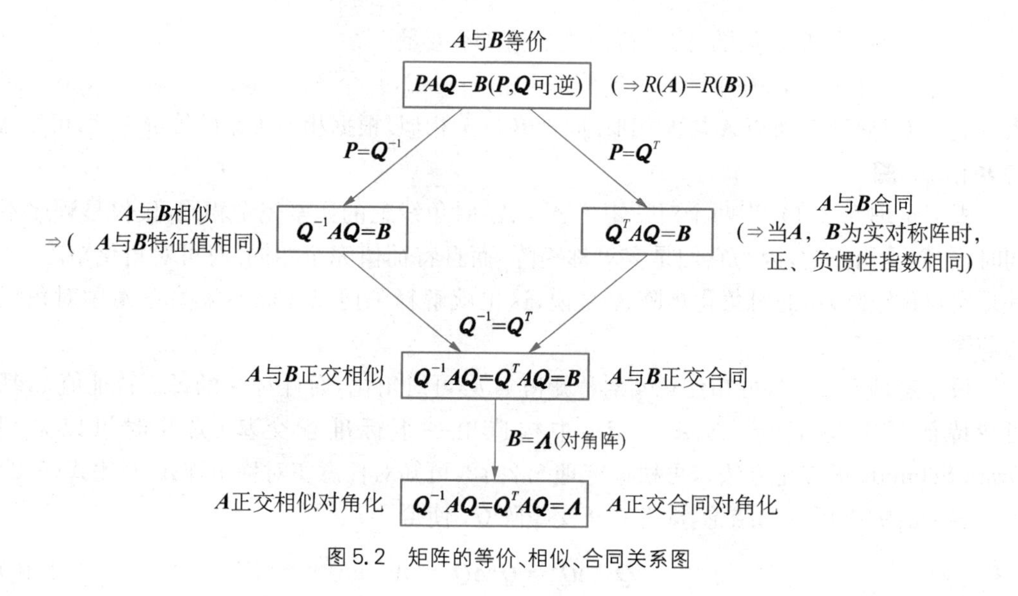

图 5.2　矩阵的等价、相似、合同关系图

其两重数(代数重数和几何重数)、行列式及迹,等等.

由于实对称矩阵 $\boldsymbol{A}$ 必可相似对角化为 $\boldsymbol{\Lambda}$,因此对于任意实对称矩阵 $\boldsymbol{A}$ 而言,$\boldsymbol{A}$ 与 $\boldsymbol{\Lambda}$ 的特征值相同,且 $r(\boldsymbol{A})=r(\boldsymbol{\Lambda})$. 小明联想到对角矩阵的特征值为其对角元,因此 $r(\boldsymbol{\Lambda})$ 为 $\boldsymbol{\Lambda}$ 的非零特征值的个数,也就是 $\boldsymbol{A}$ 的非零特征值的个数,因此 $\boldsymbol{A}$ 的零特征值的个数为 $n-r(\boldsymbol{A})$. 特别地,当 $r(\boldsymbol{A})=n$ 时,实对称矩阵 $\boldsymbol{A}$ 没有零特征值,即 $\boldsymbol{A}$ 必是可逆矩阵. 这就部分地回答了第一节的思考题.

小明还发现了正交相似对角化(即正交对角化)的好处,即对正交矩阵 $\boldsymbol{Q}$ 而言,求逆 $\boldsymbol{Q}^{-1}$ 的问题被转化为求其转置 $\boldsymbol{Q}^T$,这显然可以极大地方便手工计算.

例 5.2.6 求正交矩阵 $\boldsymbol{Q}$ 和对角矩阵 $\boldsymbol{\Lambda}$,将实对称矩阵 $\boldsymbol{A}=\begin{pmatrix}1&2&2\\2&1&2\\2&2&1\end{pmatrix}$ 正交对角化为 $\boldsymbol{\Lambda}$.

解法一:手工计算.

例 5.1.3 中已算得特征值 $\lambda_1=5$, $\lambda_2=\lambda_3=-1$,而且 $\lambda_1=5$ 对应的特征向量为 $\boldsymbol{\xi}_1=(1,1,1)^T$, $\lambda_2=\lambda_3=-1$ 对应的特征向量为 $\boldsymbol{\xi}_2=(-1,1,0)^T$, $\boldsymbol{\xi}_3=(-1,0,1)^T$.

显然 $(\boldsymbol{\xi}_2,\boldsymbol{\xi}_3)=1\neq0$,即 $\boldsymbol{\xi}_2$ 与 $\boldsymbol{\xi}_3$ 不正交. 对 $\boldsymbol{\xi}_2$, $\boldsymbol{\xi}_3$ 进行 Gram-Schmidt 正交化,得

$$\boldsymbol{\eta}_2=(-1,1,0)^T,\ \boldsymbol{\eta}_3=\boldsymbol{\xi}_3-\frac{(\boldsymbol{\xi}_3,\boldsymbol{\eta}_2)}{(\boldsymbol{\eta}_2,\boldsymbol{\eta}_2)}\boldsymbol{\eta}_2=\frac{1}{2}(-1,-1,2)^T$$

再依次将 $\boldsymbol{\xi}_1$, $\boldsymbol{\eta}_2$, $\boldsymbol{\eta}_3$ 单位化,得

$$\boldsymbol{q}_1=\frac{1}{||\boldsymbol{\xi}_1||}\boldsymbol{\xi}_1=\frac{1}{\sqrt{3}}(1,1,1)^T,\ \boldsymbol{q}_2=\frac{1}{||\boldsymbol{\eta}_2||}\boldsymbol{\eta}_2=\frac{1}{\sqrt{2}}(-1,1,0)^T,$$

$$\boldsymbol{q}_3=\frac{1}{||\boldsymbol{\eta}_3||}\boldsymbol{\eta}_3=\frac{1}{\sqrt{6}}(-1,-1,2)^T$$

因此取 $\boldsymbol{Q}=(\boldsymbol{q}_1,\boldsymbol{q}_2,\boldsymbol{q}_3)=\begin{pmatrix}\frac{1}{\sqrt{3}}&-\frac{1}{\sqrt{2}}&-\frac{1}{\sqrt{6}}\\\frac{1}{\sqrt{3}}&\frac{1}{\sqrt{2}}&-\frac{1}{\sqrt{6}}\\\frac{1}{\sqrt{3}}&0&\frac{2}{\sqrt{6}}\end{pmatrix}$, $\boldsymbol{\Lambda}=\begin{pmatrix}5&&\\&-1&\\&&-1\end{pmatrix}$,则有

$$\boldsymbol{Q}^{-1}\boldsymbol{A}\boldsymbol{Q}=\boldsymbol{Q}^T\boldsymbol{A}\boldsymbol{Q}=\boldsymbol{\Lambda}$$

解法二:MATLAB 计算.(文件名 ex5206.m)

```
A=[1,2,2;2,1,2;2,2,1];[V,D]=eig(A)
```

运行程序后,得结果如下:

```
V=

    0.6206    0.5306    0.5774
    0.1492   -0.8027    0.5774
   -0.7698    0.2722    0.5774

D=
```

```
-1.0000         0         0
      0   -1.0000         0
      0         0    5.0000
```

显然正交矩阵 V 的前两列 $\boldsymbol{v}_1$, $\boldsymbol{v}_2$ 与手工计算的 $\boldsymbol{q}_1$, $\boldsymbol{q}_2$ 不相同,但是两者都是特征子空间 $V_{-1}=N(\boldsymbol{A}+\boldsymbol{I})$ 的标准正交基. 至于何以不相同,小明后来才知道原因是两者的算法不同.

例 5.2.7 设 3 阶实对称矩阵 $\boldsymbol{A}$ 的各行元素之和均为 3,向量 $\boldsymbol{\xi}_1=(-1,2,-1)^T$, $\boldsymbol{\xi}_2=(0,-1,1)^T$ 是线性方程组 $\boldsymbol{Ax}=\boldsymbol{0}$ 的两个解. 求:

(1) $\boldsymbol{A}$ 的特征值与特征向量;(2) 正交矩阵 $\boldsymbol{Q}$ 和对角矩阵 $\boldsymbol{\Lambda}$,使得 $\boldsymbol{Q}^{-1}\boldsymbol{AQ}=\boldsymbol{\Lambda}$.

解: (1) 因为 $\boldsymbol{A\xi}_1=\boldsymbol{0}=0\boldsymbol{\xi}_1$, $\boldsymbol{A\xi}_2=\boldsymbol{0}=0\boldsymbol{\xi}_2$,而且 $\boldsymbol{\xi}_1$, $\boldsymbol{\xi}_2$ 线性无关,因此 $\boldsymbol{\xi}_1$, $\boldsymbol{\xi}_2$ 是矩阵 $\boldsymbol{A}$ 的特征值 $\lambda=0$ 对应的特征向量.

令 $\boldsymbol{\xi}_3=(1,1,1)^T$,又因为 $\boldsymbol{A\xi}_3=3\boldsymbol{\xi}_3$,所以 $\lambda=3$ 是矩阵 $\boldsymbol{A}$ 的特征值,$\boldsymbol{\xi}_3$ 是相应的特征向量.

(2) 因为 $\boldsymbol{\xi}_1$, $\boldsymbol{\xi}_2$ 不正交,即 $(\boldsymbol{\xi}_1,\boldsymbol{\xi}_2)=\boldsymbol{\xi}_1^T\boldsymbol{\xi}_2\neq 0$,因此需进行 Gram-Schmidt 正交化. 令

$$\boldsymbol{\beta}_1=\boldsymbol{\xi}_1=(-1,2,-1)^T,$$

$$\boldsymbol{\beta}_2=\boldsymbol{\xi}_2-\frac{(\boldsymbol{\xi}_2,\boldsymbol{\beta}_1)}{(\boldsymbol{\beta}_1,\boldsymbol{\beta}_1)}\boldsymbol{\beta}_1=(0,-1,1)^T-\frac{-3}{6}(-1,2,-1)^T=\frac{1}{2}(-1,0,1)^T$$

再单位化,得

$$\boldsymbol{\varepsilon}_1=\frac{\boldsymbol{\beta}_1}{||\boldsymbol{\beta}_1||}=\frac{1}{\sqrt{6}}(-1,2,-1)^T,\ \boldsymbol{\varepsilon}_2=\frac{\boldsymbol{\beta}_2}{||\boldsymbol{\beta}_2||}=\frac{1}{\sqrt{2}}(-1,0,1)^T,$$

$$\boldsymbol{\varepsilon}_3=\frac{\boldsymbol{\xi}_3}{||\boldsymbol{\xi}_3||}=\frac{1}{\sqrt{3}}(1,1,1)^T$$

至此,令 $\boldsymbol{Q}=(\boldsymbol{\varepsilon}_1,\boldsymbol{\varepsilon}_2,\boldsymbol{\varepsilon}_3)=\begin{pmatrix}-\frac{1}{\sqrt{6}} & -\frac{1}{\sqrt{2}} & \frac{1}{\sqrt{3}}\\ \frac{2}{\sqrt{6}} & 0 & \frac{1}{\sqrt{3}}\\ -\frac{1}{\sqrt{6}} & \frac{1}{\sqrt{2}} & \frac{1}{\sqrt{3}}\end{pmatrix}$, $\boldsymbol{\Lambda}=\begin{pmatrix}0 & & \\ & 0 & \\ & & 3\end{pmatrix}$,则必有 $\boldsymbol{Q}^{-1}\boldsymbol{AQ}=\boldsymbol{\Lambda}$.

一般地,如果 n 阶方阵 $\boldsymbol{A}$(未必是实对称的) 各行元素之和均为常数 a,则 $\lambda=a$ 必为 $\boldsymbol{A}$ 的特征值,相应的特征向量则为 n 维列向量 $\boldsymbol{\xi}=(1,1,\cdots,1)^T$.

例 5.2.8(特征值反问题) 设 3 阶实对称矩阵 $\boldsymbol{A}$ 的特征对为 $(\lambda_i,\boldsymbol{\xi}_i)$, $i=1,2,3$,其中 $\lambda_i=i$,并且有

$$\boldsymbol{\xi}_1=(-1,-1,1)^T,\ \boldsymbol{\xi}_2=(1,-2,-1)^T$$

求:(1)特征向量 $\boldsymbol{\xi}_3$;(2)实对称矩阵 $\boldsymbol{A}$.

分析: 本题是所谓的**特征值反问题**,即求矩阵 $\boldsymbol{A}$,使其具有预先给定的部分或全部特征值和(或)特征向量.

解：(1) 因为 $\boldsymbol{A}$ 是实对称矩阵，故 $\boldsymbol{\xi}_3$ 与 $\boldsymbol{\xi}_1$，$\boldsymbol{\xi}_2$ 正交，即 $\boldsymbol{\xi}_1^T\boldsymbol{\xi}_3=0$，$\boldsymbol{\xi}_2^T\boldsymbol{\xi}_3=0$. 令 $\boldsymbol{A}=\begin{pmatrix}\boldsymbol{\xi}_1^T\\ \boldsymbol{\xi}_2^T\end{pmatrix}$，$\boldsymbol{\xi}_3=(x_1,x_2,x_3)^T$，则 $\boldsymbol{\xi}_3$ 为齐次线性方程组

$$\boldsymbol{A\xi}_3=\boldsymbol{0}\text{，即}\begin{cases}-x_1-x_2+x_3=0\\ x_1-2x_2-x_3=0\end{cases}$$

的非零解. 解之可得基础解系 $\boldsymbol{\alpha}_3=(1,0,1)^T$，故可取 $\boldsymbol{\xi}_3=\boldsymbol{\alpha}_3=(1,0,1)^T$.

(2) **方法一：利用可对角化矩阵的相似标准形分解.**

令 $\boldsymbol{P}=(\boldsymbol{\xi}_1,\boldsymbol{\xi}_2,\boldsymbol{\xi}_3)=\begin{pmatrix}-1&1&1\\-1&-2&0\\1&-1&1\end{pmatrix}$，$\boldsymbol{\Lambda}=\begin{pmatrix}1&0&0\\0&2&0\\0&0&3\end{pmatrix}$，则

$$\boldsymbol{A}=\boldsymbol{P\Lambda P}^{-1}=\frac{1}{6}\begin{pmatrix}-1&1&1\\-1&-2&0\\1&-1&1\end{pmatrix}\begin{pmatrix}1&0&0\\0&2&0\\0&0&3\end{pmatrix}\begin{pmatrix}-2&-2&2\\1&-2&-1\\3&0&3\end{pmatrix}=\frac{1}{6}\begin{pmatrix}13&-2&5\\-2&10&2\\5&2&13\end{pmatrix}$$

方法二：利用实对称矩阵的谱分解.

由于 $\boldsymbol{A}$ 的三个特征值都是单重特征值，不需要 Gram-Schmidt 正交化(来，击下掌)，因此利用实对称矩阵的谱分解.

分别将 $\boldsymbol{\xi}_1$，$\boldsymbol{\xi}_2$，$\boldsymbol{\xi}_3$ 单位化，得 $\boldsymbol{\varepsilon}_1=\frac{1}{\sqrt{3}}\begin{pmatrix}-1\\-1\\1\end{pmatrix}$，$\boldsymbol{\varepsilon}_2=\frac{1}{\sqrt{6}}\begin{pmatrix}1\\-2\\-1\end{pmatrix}$，$\boldsymbol{\varepsilon}_3=\frac{1}{\sqrt{2}}\begin{pmatrix}1\\0\\1\end{pmatrix}$.

令 $\boldsymbol{Q}=(\boldsymbol{\varepsilon}_1,\boldsymbol{\varepsilon}_2,\boldsymbol{\varepsilon}_3)=\begin{pmatrix}-\frac{1}{\sqrt{3}}&\frac{1}{\sqrt{6}}&\frac{1}{\sqrt{2}}\\-\frac{1}{\sqrt{3}}&-\frac{2}{\sqrt{6}}&0\\\frac{1}{\sqrt{3}}&-\frac{1}{\sqrt{6}}&\frac{1}{\sqrt{2}}\end{pmatrix}$，$\boldsymbol{\Lambda}=\begin{pmatrix}1&0&0\\0&2&0\\0&0&3\end{pmatrix}$，则

$$\begin{aligned}\boldsymbol{A}&=\boldsymbol{Q\Lambda Q}^{-1}=\boldsymbol{Q\Lambda Q}^T\\&=\begin{pmatrix}-\frac{1}{\sqrt{3}}&\frac{1}{\sqrt{6}}&\frac{1}{\sqrt{2}}\\-\frac{1}{\sqrt{3}}&-\frac{2}{\sqrt{6}}&0\\\frac{1}{\sqrt{3}}&-\frac{1}{\sqrt{6}}&\frac{1}{\sqrt{2}}\end{pmatrix}\begin{pmatrix}1&0&0\\0&2&0\\0&0&3\end{pmatrix}\begin{pmatrix}-\frac{1}{\sqrt{3}}&-\frac{1}{\sqrt{3}}&\frac{1}{\sqrt{3}}\\\frac{1}{\sqrt{6}}&-\frac{2}{\sqrt{6}}&-\frac{1}{\sqrt{6}}\\\frac{1}{\sqrt{2}}&0&\frac{1}{\sqrt{2}}\end{pmatrix}=\frac{1}{6}\begin{pmatrix}13&-2&5\\-2&10&2\\5&2&13\end{pmatrix}\end{aligned}$$

小明注意到，方法一中涉及繁杂的矩阵求逆，而方法二中用正交矩阵成功避开了这个陷阱. 当然，有时也会“刚出狼窝又入虎口”，因为方法二可能会带来比较复杂的 Gram-Schmidt 正交化. 好在本例中小明“没掉进虎口”，因为特征值都是单特征值，不需要 Gram-Schmidt 正交化.

思考 两种方法求出的矩阵完全相同,这是否是偶然?如果改变基础解系的取法,从而改变相似变换矩阵 $\boldsymbol{P}$ 或正交矩阵 $\boldsymbol{Q}$,结果是否还会相同?

例 5.2.9 已知 $\boldsymbol{\alpha}=(a_1, a_2, a_3)^T$ 是 3 维单位列向量,试求矩阵 $\boldsymbol{A}=\boldsymbol{\alpha}\boldsymbol{\alpha}^T$ 的特征值与特征向量.

解:由于 $\boldsymbol{A}^T=(\boldsymbol{\alpha}\boldsymbol{\alpha}^T)^T=\boldsymbol{\alpha}\boldsymbol{\alpha}^T=\boldsymbol{A}$,因此 $\boldsymbol{A}$ 的特征值恒为实数.

注意到 $\boldsymbol{\alpha}^T\boldsymbol{\alpha}=1$,则

$$\boldsymbol{A}\boldsymbol{\alpha}=\boldsymbol{\alpha}\boldsymbol{\alpha}^T\boldsymbol{\alpha}=\boldsymbol{\alpha}(\boldsymbol{\alpha}^T\boldsymbol{\alpha})=\boldsymbol{\alpha}=1\boldsymbol{\alpha}$$

这说明 $\lambda_1=1$ 是 $\boldsymbol{A}$ 的一个特征值,相应的特征向量为 $\boldsymbol{\xi}_1=\boldsymbol{\alpha}$.

再由

$$\boldsymbol{A}^2=(\boldsymbol{\alpha}\boldsymbol{\alpha}^T)(\boldsymbol{\alpha}\boldsymbol{\alpha}^T)=\boldsymbol{\alpha}(\boldsymbol{\alpha}^T\boldsymbol{\alpha})\boldsymbol{\alpha}^T=(\boldsymbol{\alpha}^T\boldsymbol{\alpha})\boldsymbol{\alpha}\boldsymbol{\alpha}^T=\boldsymbol{\alpha}\boldsymbol{\alpha}^T=\boldsymbol{A}$$

可知 $|\boldsymbol{A}^2|=|\boldsymbol{A}|^2=|\boldsymbol{A}|$,此即 $|\boldsymbol{A}|=1$ 或 $|\boldsymbol{A}|=0$. 这里 $|\boldsymbol{A}|=0$ 意味着 0 可能是 $\boldsymbol{A}$ 的一个特征值.

利用特征值的积与和性质,可知 $\boldsymbol{A}$ 的三个特征值 $\lambda_1, \lambda_2, \lambda_3$ 满足下列关系式:

$$\lambda_1+\lambda_2+\lambda_3=\mathrm{tr}(\boldsymbol{A})=\mathrm{tr}(\boldsymbol{\alpha}\boldsymbol{\alpha}^T)=\mathrm{tr}(\boldsymbol{\alpha}^T\boldsymbol{\alpha})=1,\ \lambda_1\lambda_2\lambda_3=|\boldsymbol{A}|$$

其中利用了迹的性质 $\mathrm{tr}(\boldsymbol{AB})=\mathrm{tr}(\boldsymbol{BA})$(请参阅习题 1.20).

(1) 当 $|\boldsymbol{A}|=1$ 时,有 $\lambda_1=1$, $\lambda_1+\lambda_2+\lambda_3=1$, $\lambda_1\lambda_2\lambda_3=1$,解得 $\lambda_{2,3}=\pm i$,与 $\boldsymbol{A}$ 的特征值恒为实数相矛盾,舍去.

(2) 当 $|\boldsymbol{A}|=0$ 时,有 $\lambda_1=1$, $\lambda_1+\lambda_2+\lambda_3=1$, $\lambda_1\lambda_2\lambda_3=0$,解得 $\lambda_2=\lambda_3=0$.

注意到 $(\boldsymbol{A}-0\boldsymbol{I})\boldsymbol{x}=\boldsymbol{0}$ 即 $\boldsymbol{\alpha}\boldsymbol{\alpha}^T\boldsymbol{x}=\boldsymbol{0}$ 与 $\boldsymbol{\alpha}^T\boldsymbol{x}=0$ 同解. 解 $\boldsymbol{\alpha}^T\boldsymbol{x}=0$,可得基础解系

$$\boldsymbol{\xi}_2=(-a_2, a_1, 0)^T,\ \boldsymbol{\xi}_3=(-a_3, 0, a_1)^T$$

因此 $\boldsymbol{A}$ 的二重特征值 $\lambda_2=\lambda_3=0$ 对应的特征向量为 $\boldsymbol{\xi}_2, \boldsymbol{\xi}_3$.

例 5.2.10 经济计量学中常遇到矩阵

$$\boldsymbol{M}=\boldsymbol{I}-\boldsymbol{X}(\boldsymbol{X}^T\boldsymbol{X})^{-1}\boldsymbol{X}^T$$

其中 $\boldsymbol{X}$ 为 $n\times k$ 维实矩阵且 $r(\boldsymbol{X})=k\leqslant n$. 证明:

(1) $\boldsymbol{M}$ 为 n 阶实对称幂等矩阵;

(2) 存在正交矩阵 $\boldsymbol{Q}$,使得 $\boldsymbol{Q}^{-1}\boldsymbol{M}\boldsymbol{Q}=\boldsymbol{\Lambda}=\begin{pmatrix}\boldsymbol{I}_{n-k} & \\ & \boldsymbol{O}\end{pmatrix}$.

证明:(1) 由于 $(\boldsymbol{X}^T\boldsymbol{X})^{-T}=[(\boldsymbol{X}^T\boldsymbol{X})^T]^{-1}=(\boldsymbol{X}^T\boldsymbol{X})^{-1}$,因此

$$\boldsymbol{M}^T=\boldsymbol{I}-[\boldsymbol{X}(\boldsymbol{X}^T\boldsymbol{X})^{-1}\boldsymbol{X}^T]^T=\boldsymbol{I}-\boldsymbol{X}(\boldsymbol{X}^T\boldsymbol{X})^{-T}\boldsymbol{X}^T=\boldsymbol{I}-\boldsymbol{X}(\boldsymbol{X}^T\boldsymbol{X})^{-1}\boldsymbol{X}^T=\boldsymbol{M}$$

又因为

$$\begin{aligned}\boldsymbol{M}^2&=[\boldsymbol{I}-\boldsymbol{X}(X^T\boldsymbol{X})^{-1}\boldsymbol{X}^T][\boldsymbol{I}-\boldsymbol{X}(\boldsymbol{X}^T\boldsymbol{X})^{-1}\boldsymbol{X}^T]\\&=\boldsymbol{I}-2\boldsymbol{X}(\boldsymbol{X}^T\boldsymbol{X})^{-1}\boldsymbol{X}^T+\boldsymbol{X}(\boldsymbol{X}^T\boldsymbol{X})^{-1}\boldsymbol{X}^T\boldsymbol{X}(\boldsymbol{X}^T\boldsymbol{X})^{-1}\boldsymbol{X}^T\\&=\boldsymbol{I}-2\boldsymbol{X}(\boldsymbol{X}^T\boldsymbol{X})^{-1}\boldsymbol{X}^T+\boldsymbol{X}(\boldsymbol{X}^T\boldsymbol{X})^{-1}\boldsymbol{X}^T\\&=\boldsymbol{I}-\boldsymbol{X}(\boldsymbol{X}^T\boldsymbol{X})^{-1}\boldsymbol{X}^T=\boldsymbol{M}\end{aligned}$$

所以 $\boldsymbol{M}$ 是实对称幂等矩阵.

(2) 设 $r(\boldsymbol{M})=r$. 因为 $\boldsymbol{M}$ 是实对称幂等矩阵,而且例5.1.8中已证明幂等矩阵的特征值只能取0或1. 因此存在正交矩阵 $\boldsymbol{Q}$,使得 $\boldsymbol{Q}^{-1}\boldsymbol{M}\boldsymbol{Q}=\boldsymbol{\Lambda}=\begin{pmatrix}\boldsymbol{I}_r & \\ & \boldsymbol{O}\end{pmatrix}$. 下证 $r=n-k$ 即可.

由于秩和迹都是相似不变量,注意到 $r(\boldsymbol{\Lambda})=\mathrm{tr}(\boldsymbol{\Lambda})$ 以及迹的性质,有

$$
\begin{aligned}
r &= r(\boldsymbol{M})=r(\boldsymbol{\Lambda})=\mathrm{tr}(\boldsymbol{\Lambda})=\mathrm{tr}(\boldsymbol{M})\\
&=\mathrm{tr}[\boldsymbol{I}-\boldsymbol{X}(\boldsymbol{X}^T\boldsymbol{X})^{-1}\boldsymbol{X}^T]=\mathrm{tr}(\boldsymbol{I})-\mathrm{tr}[\boldsymbol{X}(\boldsymbol{X}^T\boldsymbol{X})^{-1}\boldsymbol{X}^T]\\
&=n-\mathrm{tr}[(\boldsymbol{X}^T\boldsymbol{X})^{-1}\boldsymbol{X}^T\boldsymbol{X}]=n-\mathrm{tr}(\boldsymbol{I}_k)=n-k.
\end{aligned}
$$

例5.2.11(人口迁徙问题再探)　在例3.2.21中,已建立了如下的马尔可夫链:

$$\boldsymbol{\alpha}_{k+1}=\boldsymbol{A}\boldsymbol{\alpha}_k,\ k=0,1,2,\cdots$$

其中的迁移矩阵 $\boldsymbol{A}=\begin{pmatrix}0.7 & 0.2 & 0.1\\ 0.2 & 0.7 & 0.1\\ 0.1 & 0.1 & 0.8\end{pmatrix}$,且初始向量 $\boldsymbol{\alpha}_0=(15,9,6)^T$.

注意到 $\boldsymbol{\alpha}_n=\boldsymbol{A}\boldsymbol{\alpha}_{n-1}=\boldsymbol{A}^2\boldsymbol{\alpha}_{n-2}=\cdots=\boldsymbol{A}^n\boldsymbol{\alpha}_0$,因此这个问题也可转化为求矩阵高次幂 $\boldsymbol{A}^n$.

由于 $\boldsymbol{A}^T=\boldsymbol{A}$,因此迁移矩阵 $\boldsymbol{A}$ 的特征值恒为实数. 事实上,由

$$
\begin{aligned}
|\boldsymbol{A}-\lambda\boldsymbol{I}| &= \begin{vmatrix}0.7-\lambda & 0.2 & 0.1\\ 0.2 & 0.7-\lambda & 0.1\\ 0.1 & 0.1 & 0.8-\lambda\end{vmatrix}=\begin{vmatrix}1-\lambda & 0.2 & 0.1\\ 1-\lambda & 0.7-\lambda & 0.1\\ 1-\lambda & 0.1 & 0.8-\lambda\end{vmatrix}\\
&=(1-\lambda)\begin{vmatrix}1 & 0.2 & 0.1\\ 0 & 0.5-\lambda & 0\\ 0 & -0.1 & 0.7-\lambda\end{vmatrix}=(1-\lambda)(0.5-\lambda)(0.7-\lambda)=0
\end{aligned}
$$

可算得 $\lambda_1=1,\lambda_2=0.7,\lambda_3=0.5$.

解 $(\boldsymbol{A}-\boldsymbol{I})\boldsymbol{x}=\boldsymbol{0}$,可得 $\lambda_1=1$ 对应的特征向量 $\boldsymbol{\xi}_1=(1,1,1)^T$;解 $(\boldsymbol{A}-0.7\boldsymbol{I})\boldsymbol{x}=\boldsymbol{0}$,可得 $\lambda_2=0.7$ 对应的特征向量 $\boldsymbol{\xi}_2=(1,1,-2)^T$;解 $(\boldsymbol{A}-0.5\boldsymbol{I})\boldsymbol{x}=\boldsymbol{0}$,可得 $\lambda_3=0.5$ 对应的特征向量 $\boldsymbol{\xi}_3=(-1,1,0)^T$.

方法一: 由于 $\boldsymbol{A}$ 的三个特征值都是单重特征值,不需要 Gram-Schmidt 正交化,因此利用实对称矩阵的谱分解.

依次单位化特征向量 $\boldsymbol{\xi}_1,\boldsymbol{\xi}_2,\boldsymbol{\xi}_3$,得 $\boldsymbol{q}_1=\frac{1}{\sqrt{3}}(1,1,1)^T$, $\boldsymbol{q}_2=\frac{1}{\sqrt{6}}(1,1,-2)^T$, $\boldsymbol{q}_3=\frac{1}{\sqrt{2}}(-1,1,0)^T$.

令 $\boldsymbol{Q}=(\boldsymbol{q}_1,\boldsymbol{q}_2,\boldsymbol{q}_3)=\begin{pmatrix}\frac{1}{\sqrt{3}} & \frac{1}{\sqrt{6}} & -\frac{1}{\sqrt{2}}\\ \frac{1}{\sqrt{3}} & \frac{1}{\sqrt{6}} & \frac{1}{\sqrt{2}}\\ \frac{1}{\sqrt{3}} & -\frac{2}{\sqrt{6}} & 0\end{pmatrix}$, $\boldsymbol{\Lambda}=\begin{pmatrix}1 & 0 & 0\\ 0 & 0.7 & 0\\ 0 & 0 & 0.5\end{pmatrix}$,则

$$A^n = Q\Lambda^n Q^{-1} = Q\Lambda^n Q^T = Q\begin{pmatrix} 1^n & 0 & 0 \\ 0 & 0.7^n & 0 \\ 0 & 0 & 0.5^n \end{pmatrix} Q^T$$

令$\lim\limits_{n\to\infty}\boldsymbol{\alpha}_n = \boldsymbol{\alpha}$,并注意到$\lim\limits_{n\to\infty}0.7^n = 0$及$\lim\limits_{n\to\infty}0.5^n = 0$,则

$$\begin{aligned}\boldsymbol{\alpha} &= \lim_{n\to\infty}\boldsymbol{\alpha}_n = \lim_{n\to\infty}A^n\boldsymbol{\alpha}_0 = Q(\lim_{n\to\infty}\Lambda^n)Q^T\boldsymbol{\alpha}_0 \\ &= \begin{pmatrix} \frac{1}{\sqrt{3}} & \frac{1}{\sqrt{6}} & -\frac{1}{\sqrt{2}} \\ \frac{1}{\sqrt{3}} & \frac{1}{\sqrt{6}} & \frac{1}{\sqrt{2}} \\ \frac{1}{\sqrt{3}} & -\frac{2}{\sqrt{6}} & 0 \end{pmatrix}\begin{pmatrix} 1 & 0 & 0 \\ 0 & 0 & 0 \\ 0 & 0 & 0 \end{pmatrix}\begin{pmatrix} \frac{1}{\sqrt{3}} & \frac{1}{\sqrt{3}} & \frac{1}{\sqrt{3}} \\ \frac{1}{\sqrt{6}} & \frac{1}{\sqrt{6}} & -\frac{2}{\sqrt{6}} \\ -\frac{1}{\sqrt{2}} & \frac{1}{\sqrt{2}} & 0 \end{pmatrix}\begin{pmatrix} 15 \\ 9 \\ 6 \end{pmatrix} = \begin{pmatrix} 10 \\ 10 \\ 10 \end{pmatrix}.\end{aligned}$$

这说明若干年后从事这三种职业的人员总数趋于相同,均为 10 万人.

方法二:仿照例 5.2.5 中方法二的思路.由于 A 的三个特征值都是单的,因此特征向量 $\boldsymbol{\xi}_1, \boldsymbol{\xi}_2, \boldsymbol{\xi}_3$ 线性无关,即向量组 $\boldsymbol{\xi}_1, \boldsymbol{\xi}_2, \boldsymbol{\xi}_3$ 可作为$\mathbb{R}^3$的一组基,并且 $\boldsymbol{\alpha}_0$ 可由 $\boldsymbol{\xi}_1, \boldsymbol{\xi}_2, \boldsymbol{\xi}_3$ 唯一地线性表示为

$$\boldsymbol{\alpha}_0 = 10\boldsymbol{\xi}_1 + 2\boldsymbol{\xi}_2 - 3\boldsymbol{\xi}_3$$

注意到 $A\boldsymbol{\xi}_i = \boldsymbol{\lambda}_i\boldsymbol{\xi}_i$,因此 $A^n\boldsymbol{\xi}_i = \boldsymbol{\lambda}_i^n\boldsymbol{\xi}_i$,从而有

$$A^n\boldsymbol{\alpha}_0 = 10A^n\boldsymbol{\xi}_1 + 2A^n\boldsymbol{\xi}_2 - 3A^n\boldsymbol{\xi}_3 = 10\boldsymbol{\xi}_1 + 2\times 0.7^n\boldsymbol{\xi}_2 - 3\times 0.5^n\boldsymbol{\xi}_3$$

最终可得

$$\begin{aligned}\boldsymbol{\alpha} &= \lim_{n\to\infty}\boldsymbol{\alpha}_n = \lim_{n\to\infty}A^n\boldsymbol{\alpha}_0 \\ &= 10\boldsymbol{\xi}_1 + 2\times(\lim_{n\to\infty}0.7^n)\boldsymbol{\xi}_2 - 3\times(\lim_{n\to\infty}0.5^n)\boldsymbol{\xi}_3 = 10\boldsymbol{\xi}_1 = (10, 10, 10)^T\end{aligned}$$

这说明若干年后从事这三种职业的人员总数趋于相同,均为 10 万人.

聪明的小明马上联想到,对于实对称矩阵 A,若设 $\boldsymbol{\alpha}_0 = k_1\boldsymbol{q}_1 + k_2\boldsymbol{q}_2 + \cdots + k_n\boldsymbol{q}_n$,则由式(5.2.13),可知

$$A^n = \lambda_1^n\boldsymbol{q}_1\boldsymbol{q}_1^T + \lambda_2^n\boldsymbol{q}_2\boldsymbol{q}_2^T + \cdots + \lambda_n^n\boldsymbol{q}_n\boldsymbol{q}_n^T \tag{5.2.14}$$

因此有

$$A^n\boldsymbol{\alpha}_0 = \boldsymbol{\lambda}_1^n\boldsymbol{q}_1\boldsymbol{q}_1^T\boldsymbol{\alpha}_0 + \boldsymbol{\lambda}_2^n\boldsymbol{q}_2\boldsymbol{q}_2^T\boldsymbol{\alpha}_0 + \cdots + \boldsymbol{\lambda}_n^n\boldsymbol{q}_n\boldsymbol{q}_n^T\boldsymbol{\alpha}_0$$

注意到 $(\boldsymbol{q}_i, \boldsymbol{\alpha}_0) = \boldsymbol{q}_i^T\boldsymbol{\alpha}_0 = k_i$, $i = 1, 2, \cdots, n$,从而有

$$A^n\boldsymbol{\alpha}_0 = k_1\boldsymbol{\lambda}_1^n\boldsymbol{q}_1 + k_2\boldsymbol{\lambda}_2^n\boldsymbol{q}_2 + \cdots + k_n\boldsymbol{\lambda}_n^n\boldsymbol{q}_n \tag{5.2.15}$$

思考 这么好的计算条件,小明为何却要弃疗?你能否求出他的阴影面积?提示:考虑下各 k_i 的感受.

5.3 Jordan 标准形

5.3.1　Jordan 标准形的概念

小明知道，从逻辑上看，标准形的理论源自矩阵的相似性，因为相似矩阵有许多相似不变量：特征多项式、特征值（包括代数重数和几何重数）、行列式、迹及秩等，并且特征向量也可以借助于可逆的相似变换矩阵互相求出. 这自然导出了寻找相似矩阵集合中的“代表矩阵”的问题. 这样的“代表矩阵”当然越简单越好. 对于可对角化矩阵，“代表矩阵”就是对角元为特征值的对角矩阵. 但是令人非常遗憾的是，小明了解到：**一般方阵未必与对角矩阵相似！** 小明觉得可以“退而求其次”，寻找“**几乎对角的矩阵**”. 这实际上就引发了矩阵在相似变换下的各种标准形问题. 他了解到 Jordan 标准形最接近对角矩阵，因为除了对角元之外，它只在第 1 条对角线上另取 1 或 0. 显然，一旦弄清楚了矩阵相似的本质，那么理论上、计算上以及应用上的许多问题就容易处理了，当然复杂度也大了.

定义 5.3.1(Jordan 标准形)　称 n 阶块对角矩阵

$$\boldsymbol{J} = diag(\boldsymbol{J}_1(\lambda_1),\ \boldsymbol{J}_2(\lambda_2),\ \cdots,\ \boldsymbol{J}_s(\lambda_s)), \tag{5.3.1}$$

为 **Jordan 标准形**(Jordan canonical form 或 Jordan normal form)，并称其中的矩阵

$$\boldsymbol{J}_i(\lambda_i) = \begin{pmatrix} \lambda_i & 1 & & \\ & \lambda_i & \ddots & \\ & & \ddots & 1 \\ & & & \lambda_i \end{pmatrix}_{m_i \times m_i} \quad (i = 1,\ 2,\ \cdots,\ s) \tag{5.3.2}$$

为 m_i 阶 **Jordan 块**(Jordan block)，这里 $m_1 + m_2 + \cdots + m_s = n$.

为避免繁冗的表述，有时也将对角元为 λ 的 k 阶 Jordan 块记为 $\boldsymbol{J}_k(\lambda)$. 请读者根据上下文加以甄别.

定理 5.3.1(Jordan 标准形定理)　n 阶实方阵 $\boldsymbol{A}$ 相似于 Jordan 标准形 $\boldsymbol{J}$，即存在可逆矩阵 $\boldsymbol{P}$，使得

$$\boldsymbol{P}^{-1}\boldsymbol{A}\boldsymbol{P} = \boldsymbol{J} \tag{5.3.3}$$

这里的 $\boldsymbol{P}$ 也称为 **Jordan 变换矩阵**，它本质上是一个相似变换矩阵，表征的是一个相似变换.

证明：这个定理的证明工程很浩大，有兴趣的读者可参考[19，35，37]等文献.

显然,式(5.3.3)稍加变形,即得矩阵 $\boldsymbol{A}$ 的 **Jordan 分解**(Jordan decomposition)

$$\boldsymbol{A} = \boldsymbol{P}\boldsymbol{J}\boldsymbol{P}^{-1} \tag{5.3.4}$$

不计重数,设 n 阶实方阵 $\boldsymbol{A}$ 有 t 个两两互异的特征值 $\lambda_1, \lambda_2, \cdots, \lambda_t$. 对特征值 $\lambda_i(i = 1, 2, \cdots, t)$,假设共有 k_i 个阶数分别为 n_{ij} 的 Jordan 块 $\boldsymbol{J}_1(\lambda_i), \boldsymbol{J}_2(\lambda_i), \cdots, \boldsymbol{J}_{k_i}(\lambda_i)$,且

$$n_{i1} + n_{i2} + \cdots + n_{ik_i} = n_i,\ n_1 + n_2 + \cdots + n_t = n$$

不计这些 Jordan 块的排列次序,将它们依次排列成块对角矩阵,就得到唯一确定的 n_i 阶 **Jordan 子矩阵**(Jordan submatrix)

$$\boldsymbol{A}_i(\lambda_i) = \mathrm{diag}(\boldsymbol{J}_1(\lambda_i), \boldsymbol{J}_2(\lambda_i), \cdots, \boldsymbol{J}_{k_i}(\lambda_i))$$

再将这些 Jordan 子矩阵依次排列成块对角矩阵,即得唯一确定的 Jordan 标准形

$$\boldsymbol{J}_A = \mathrm{diag}(\boldsymbol{A}_1(\lambda_1), \boldsymbol{A}_2(\lambda_2), \cdots, \boldsymbol{A}_t(\lambda_t)) \tag{5.3.5}$$

5.3.2 Jordan 标准形的简易求法

下面结合图 5.3 来分析实方阵 $\boldsymbol{A}$ 的 Jordan 标准形的简易求法.

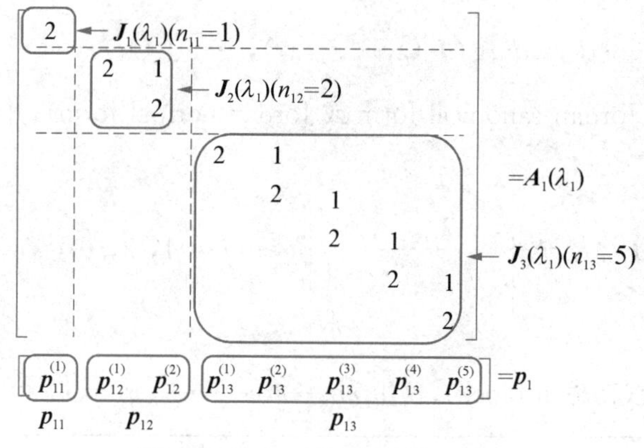

图 5.3 Jordan 子矩阵的结构示意图

在图 5.3 中,$\boldsymbol{A}_1(\lambda_1)$ 是由 3 个(即 $k_1 = 3$) 阶数分别为 $n_{11} = 1, n_{12} = 2, n_{13} = 5$ 的 Jordan 块 $\boldsymbol{J}_1(\lambda_1), \boldsymbol{J}_2(\lambda_1), \boldsymbol{J}_3(\lambda_1)$ 构成的块对角矩阵,其阶数 $n_1 = n_{11} + n_{12} + n_{13} = 8$. 事实上,$n_1$ 就是特征值 λ_1 的代数重数.

根据 $\boldsymbol{J}_A$ 的结构,将 Jordan 变换矩阵 $\boldsymbol{P}$ 列分块为 $\boldsymbol{P} = (\boldsymbol{p}_1, \boldsymbol{p}_2, \cdots, \boldsymbol{p}_t)$,其中 $\boldsymbol{p}_i$ 是 $n \times n_i$ 阶的矩阵. 由 $\boldsymbol{AP} = \boldsymbol{PJ}_A$,可知 $\boldsymbol{Ap}_i = \boldsymbol{p}_i\boldsymbol{A}_i(\lambda_i)$.

进一步,根据 $\boldsymbol{A}_i(\lambda_i)$ 的结构,将 $\boldsymbol{p}_i$ 列分块为 $\boldsymbol{p}_i = (\boldsymbol{p}_{i1}, \boldsymbol{p}_{i2}, \cdots, \boldsymbol{p}_{ik_i})$ 其中 $\boldsymbol{p}_{ij}$ 是 $n \times n_{ij}$ 阶的矩阵($j = 1, 2, \cdots, k_i$). 由 $\boldsymbol{Ap}_i = \boldsymbol{p}_i\boldsymbol{A}_i(\lambda_i)$,可知 $\boldsymbol{Ap}_{ij} = \boldsymbol{p}_{ij}\boldsymbol{J}_j(\lambda_i)$.

在图 5.3 中,$\boldsymbol{p}_1 = (\boldsymbol{p}_{11}, \boldsymbol{p}_{12}, \boldsymbol{p}_{13})$ 是 $n \times 8$ 阶矩阵,其中 $\boldsymbol{p}_{11}$ 是 $n \times 1$ 阶矩阵,$\boldsymbol{p}_{12}$ 是 $n \times 2$ 阶矩阵,$\boldsymbol{p}_{13}$ 是 $n \times 5$ 阶矩阵.

最后,根据 $\boldsymbol{J}_j(\lambda_i)$ 的结构,设 $\boldsymbol{p}_{ij} = (\boldsymbol{p}_{ij}^{(1)}, \boldsymbol{p}_{ij}^{(2)}, \cdots, \boldsymbol{p}_{ij}^{(n_{ij})})$. 由 $\boldsymbol{Ap}_{ij} = \boldsymbol{p}_{ij}\boldsymbol{J}_j(\lambda_i)$ 可知

$$\begin{cases}(\boldsymbol{A}-\lambda_i\boldsymbol{I})\boldsymbol{p}_{ij}^{(1)}=0,\\(\boldsymbol{A}-\lambda_i\boldsymbol{I})\boldsymbol{p}_{ij}^{(2)}=\boldsymbol{p}_{ij}^{(1)},\\\cdots\cdots\cdots\cdots\cdots\cdots\\(\boldsymbol{A}-\lambda_i\boldsymbol{I})\boldsymbol{p}_{ij}^{(n_{ij})}=\boldsymbol{p}_{ij}^{(n_{ij}-1)}\end{cases}\tag{5.3.6}$$

解这个方程组,可得 **Jordan 链**(Jordan chain) $\{\boldsymbol{p}_{ij}^{(1)},\ \boldsymbol{p}_{ij}^{(2)},\ \cdots,\ \boldsymbol{p}_{ij}^{(n_{ij})}\}$. 这个名称也可以这样理解:

$$\boldsymbol{p}_{ij}^{(n_{ij})}\xrightarrow{\boldsymbol{A}-\lambda_i\boldsymbol{I}}\boldsymbol{p}_{ij}^{(n_{ij}-1)}\xrightarrow{\boldsymbol{A}-\lambda_i\boldsymbol{I}}\cdots\cdots\xrightarrow{\boldsymbol{A}-\lambda_i\boldsymbol{I}}\boldsymbol{p}_{ij}^{(1)}\xrightarrow{\boldsymbol{A}-\lambda_i\boldsymbol{I}}\boldsymbol{0}$$

其中的 $\boldsymbol{p}_{ij}^{(1)}$ 是矩阵$\boldsymbol{A}$ 关于特征值λ_i 的一个特征向量,$\boldsymbol{p}_{ij}^{(2)},\ \cdots,\ p_{ij}^{(n_{ij})}$ 则被称为λ_i 的**广义特征向量**(generalized eigenvector),而向量 $\boldsymbol{p}_{ij}^{(n_{ij})}$ 被称为λ_i 的n_{ij} 级**根向量**(root vector). 可以证明,由这些 Jordan 链拼成的向量组是线性无关的.

在图 5.3 中,存在 3 个 Jordan 链:$\{\boldsymbol{p}_{11}^{(1)}\}$,$\{\boldsymbol{p}_{12}^{(1)},\ \boldsymbol{p}_{12}^{(2)}\}$,$\{\boldsymbol{p}_{13}^{(1)},\ \boldsymbol{p}_{13}^{(2)},\ \boldsymbol{p}_{13}^{(3)},\ \boldsymbol{p}_{13}^{(4)},\ \boldsymbol{p}_{13}^{(5)}\}$,其中的 $\boldsymbol{p}_{11}^{(1)}$、$\boldsymbol{p}_{12}^{(1)}$ 和 $\boldsymbol{p}_{13}^{(1)}$ 是特征值λ_1 的三个线性无关的特征向量,余下的五个向量都是特征值λ_1 的广义特征向量,并且 $\boldsymbol{p}_{11}^{(1)}$、$\boldsymbol{p}_{12}^{(2)}$ 和 $\boldsymbol{p}_{13}^{(5)}$ 分别是特征值λ_1 的 1 级、2 级和 5 级的根向量.

小明注意到,特征值λ_i 的几何重数就是$\boldsymbol{A}_i(\lambda_i)$中 Jordan 块的个数,也就是特征值$\lambda_i$ 对应的 Jordan 链的个数,亦即λ_i 对应的线性无关特征向量的最大个数.

小明还注意到,当所有的 $n_{ij}=1$ 时有 $k_i=n_i$,此时矩阵$\boldsymbol{A}$ 没有广义特征向量,特征值λ_i 都是非亏损特征值,$\boldsymbol{p}_i$ 的各列都是λ_i 的线性无关的特征向量,因此 Jordan 块 $\boldsymbol{J}_j(\lambda_i)$都是 1 阶的,此时 Jordan 标准形为

$$\boldsymbol{J}_A=diag\{\underbrace{\lambda_1,\ \cdots,\ \lambda_1}_{n_1},\ \underbrace{\lambda_2,\ \cdots,\ \lambda_2}_{n_2},\ \cdots,\ \underbrace{\lambda_t,\ \cdots,\ \lambda_t}_{n_t}\}$$

即矩阵$\boldsymbol{A}$ 是可对角化矩阵,其 Jordan 分解特殊化为特征值分解

$$\boldsymbol{A}=\boldsymbol{P\Lambda P}^{-1}\tag{5.3.7}$$

其中的对角矩阵一般表示成$\boldsymbol{\Lambda}=diag(\lambda_1,\ \lambda_2,\ \cdots,\ \lambda_n)$,这里$\lambda_1,\ \lambda_2,\ \cdots,\ \lambda_n$(重根需重复表示)是矩阵$\boldsymbol{A}$ 的特征值. 这也就是说:**特征值分解是特殊的 Jordan 分解.**

例 5.3.1 求矩阵$\boldsymbol{A}$ 的 Jordan 标准形$\boldsymbol{J}_A$ 及相应的 Jordan 变换矩阵$\boldsymbol{P}$,其中

$$\boldsymbol{A}=\begin{pmatrix}-1&1&0\\-4&3&0\\1&0&2\end{pmatrix}$$

解法一:手工计算.

计算可知$\boldsymbol{A}$ 的特征值为$\lambda_1=2,\ \lambda_2=\lambda_3=1$,不计重数,两两互异的特征值有两个,即$\boldsymbol{A}$ 有两个 Jordan 子矩阵,故设 $\boldsymbol{J}_A=\begin{pmatrix}\boldsymbol{A}_1(2)&\\&\boldsymbol{A}_2(1)\end{pmatrix}$.

特征值$\lambda_1=2$ 为单根,故$\boldsymbol{A}_1(2)=2$,同时解$(\boldsymbol{A}-2\boldsymbol{I})\boldsymbol{x}=0$,可得$\lambda_1=2$ 对应的特征向量为$\boldsymbol{\alpha}_1=(0,\ 0,\ 1)^T$.

对于二重特征值 $\lambda_2=\lambda_3=1$，由 $(\boldsymbol{A}-\boldsymbol{I})\boldsymbol{x}=\boldsymbol{0}$ 只解得唯一的特征向量 $\boldsymbol{\alpha}_2=(1,2,-1)^T$，故特征值 $\lambda_2=\lambda_3=1$ 是亏损特征值，存在广义特征向量，此时 $\boldsymbol{A}_2(1)$ 中只有一个 Jordan 块，即 $\boldsymbol{A}_2(1)=\begin{pmatrix}1&1\\0&1\end{pmatrix}$. 进一步求解非齐次线性方程组 $(\boldsymbol{A}-\boldsymbol{I})\boldsymbol{\beta}=\boldsymbol{\alpha}_2$，可得所需的广义特征向量为 $\boldsymbol{\beta}=(0,1,-1)^T$.

综合上述，可得

$$\boldsymbol{J}_A=\begin{pmatrix}2&0&0\\0&1&1\\0&0&1\end{pmatrix},\ \boldsymbol{P}=(\boldsymbol{\alpha}_1,\ \boldsymbol{\alpha}_2,\ \boldsymbol{\beta})=\begin{pmatrix}0&1&0\\0&2&1\\1&-1&-1\end{pmatrix}$$

MATLAB 的内置函数 eig 能求出所有特征值，但却不能求出广义特征向量（为保证程序可运行，MATLAB 填充以相应的特征向量）. 好在 MATLAB 后来提供了内置函数 jordan，可用于计算矩阵的 Jordan 分解，其调用格式为

```
[V,J]=jordan(A)
```

注意函数返回的相似变换矩阵 V 未必是正交矩阵.

解法二：**MATLAB 计算**.（文件名 ex5301.m）

```
A=[-1,1,0;-4,3,0;1,0,2];
% 方法一：使用内置函数 eig
[V,D]=eig(A)
% 方法二：使用内置函数 jordan
[P,J]=jordan(A)
% 方法三：使用自定义函数 MyEig
[P2,D2]=MyEig(A)
```

运行程序后，结果如下：

```
V=
         0    0.4082    0.4082
         0    0.8165    0.8165
    1.0000   -0.4082   -0.4082
D=
     2     0     0
     0     1     0
     0     0     1
P=
     0    -2     1
     0    -4     0
    -1     2     1
J=
```

```
    2    0    0
    0    1    1
    0    0    1
P2=
         0  -1.0000  -1.0000
         0  -2.0000  -2.0000
    1.0000   1.0000   1.0000
D2=
    2.0000        0        0
         0   1.0000        0
         0        0   1.0000
```

显然 V, D, P2 和 D2 都不是正确答案. 这说明内置函数 eig 和自定义函数 MyEig 只能计算可对角化矩阵的特征对. P 的第一列对应的是单特征值 $\lambda_1=2$ 的特征向量 $-\boldsymbol{\alpha}_1$，第二列对应的是二重特征值 $\lambda_2=\lambda_3=1$ 的特征向量 $-2\boldsymbol{\alpha}_2$，这直接导致 P 的第三列对应的是满足非齐次线性方程组 $(\boldsymbol{A}-\boldsymbol{I})\boldsymbol{\beta}'=-2\boldsymbol{\alpha}_2$ 的广义特征向量 $\boldsymbol{\beta}'=(1,\ 0,\ 1)^T$，明显迥异于手算的广义特征向量 $\boldsymbol{\beta}=(0,\ 1,\ -1)^T$. 这也再次说明相似变换矩阵 $\boldsymbol{P}$ 不是唯一的，这是因为特征向量和广义特征向量的取法不唯一. 但吊诡的却是，如果指定特征块的排列顺序，Jordan 标准形 $\boldsymbol{J}_A$ 是由矩阵 $\boldsymbol{A}$ 唯一确定的，即不同的相似变换矩阵 $\boldsymbol{P}_1$，$\boldsymbol{P}_2$ 都满足 $\boldsymbol{P}_1^{-1}\boldsymbol{A}\boldsymbol{P}_1=\boldsymbol{P}_2^{-1}\boldsymbol{A}\boldsymbol{P}_2=\boldsymbol{J}_A$. 万物归一，小明深深地感受到数学的这种统一美是恁般诱人.

本章 MATLAB 实验及解答

实验一：特征值演示工具 eigshow

1. 在命令窗中运行下列代码段，并解释运行结果：

```
A=[1,0.5;0,1],eigshow(A)
```

解：代码段的初始结果如图 5.4 所示.

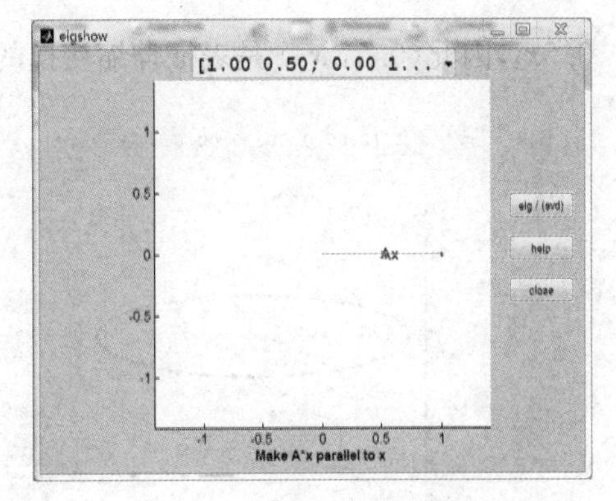

图 5.4

进一步地，如图 5.5 所示，逆时针拖动向量 $\boldsymbol{x}$ 至 $\boldsymbol{x}=\frac{1}{\sqrt{2}}\begin{pmatrix}1\\1\end{pmatrix}$，则向量 $\boldsymbol{Ax}$ 闻之起舞至 $\boldsymbol{Ax}=\frac{1}{\sqrt{2}}\begin{pmatrix}1.5\\1\end{pmatrix}$. 从线性变换的角度看，此时向量 $\boldsymbol{x}$ 被切变矩阵 $\boldsymbol{A}=\begin{pmatrix}1&0.5\\0&1\end{pmatrix}$ 水平切变至 $\boldsymbol{Ax}=\frac{1}{\sqrt{2}}\begin{pmatrix}1.5\\1\end{pmatrix}$. 当向量 $\boldsymbol{x}$ 旋转一周形成单位圆时，向量 $\boldsymbol{Ax}$ 则形成了倾斜的椭圆，也就是上半个单位圆向右水平切变为半个椭圆，下半个单位圆向左水平切变为另

外半个椭圆(如图 5.6 所示).

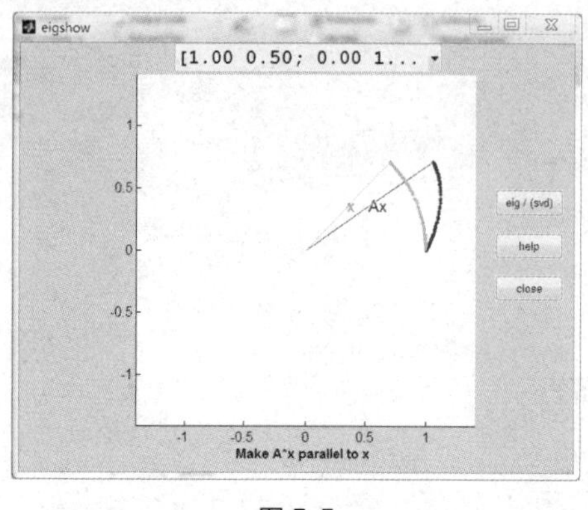

图 5.5

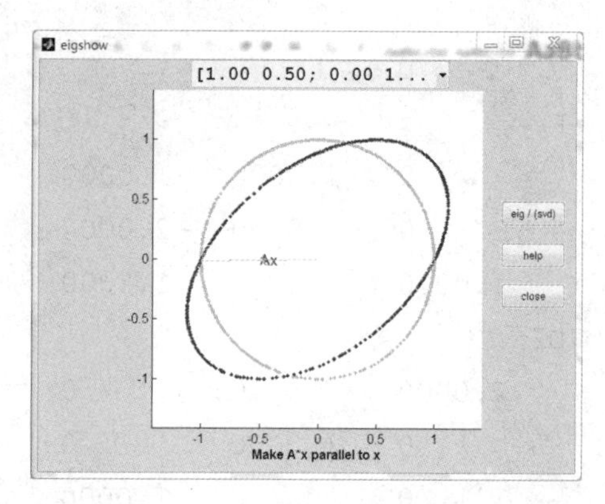

图 5.6

观察图 5.6 中单位圆与椭圆的四个交点,可知水平的两个交点对应的是没有发生切变的向量 $\boldsymbol{x}_1=\begin{pmatrix}1\\0\end{pmatrix}$ 和 $\boldsymbol{x}_2=\begin{pmatrix}-1\\0\end{pmatrix}$,因为它们被矩阵 $\boldsymbol{A}$ 切变后的向量分别是 $\boldsymbol{A}\boldsymbol{x}_1=\begin{pmatrix}1&0.5\\0&1\end{pmatrix}\begin{pmatrix}1\\0\end{pmatrix}=\begin{pmatrix}1\\0\end{pmatrix}$ 和 $\boldsymbol{A}\boldsymbol{x}_2=\begin{pmatrix}1&0.5\\0&1\end{pmatrix}\begin{pmatrix}-1\\0\end{pmatrix}=\begin{pmatrix}-1\\0\end{pmatrix}$,即 $\boldsymbol{A}\boldsymbol{x}_1=1\boldsymbol{x}_1$, $\boldsymbol{A}\boldsymbol{x}_2=1\boldsymbol{x}_2$. 这显然与 $(1,\ \boldsymbol{x}_1)$ 和 $(1,\ \boldsymbol{x}_2)$ 是矩阵 $\boldsymbol{A}$ 的特征对相吻合.

2. 对矩阵 $\boldsymbol{A}=\begin{pmatrix}2&0\\0&0.5\end{pmatrix}$,编写调用工具 eigshow 的代码段,并用特征值知识解释运行结果.

解:代码段为:`A=[2,0;0,0.5],eigshow(A)`

运行结果分别如图 5.7 和图 5.8 所示.

在图 5.7 中,向量 $\boldsymbol{x}_1=\begin{pmatrix}-1\\0\end{pmatrix}$, $\boldsymbol{A}\boldsymbol{x}_1=\begin{pmatrix}-2\\0\end{pmatrix}$,显然 $\boldsymbol{A}\boldsymbol{x}_1=2\boldsymbol{x}_1$,因此 $(2,\ \boldsymbol{x}_1)$ 是表征伸缩变换的对角矩阵 $\boldsymbol{A}$ 的特征对;在图 5.8 中,向量 $\boldsymbol{x}_2=\begin{pmatrix}0\\1\end{pmatrix}$, $\boldsymbol{A}\boldsymbol{x}_2=\begin{pmatrix}0\\0.5\end{pmatrix}$,显然 $\boldsymbol{A}\boldsymbol{x}_2=0.5\boldsymbol{x}_2$,因此 $(0.5,\ \boldsymbol{x}_2)$ 是表征伸缩变换的对角矩阵 $\boldsymbol{A}$ 的另一个特征对.

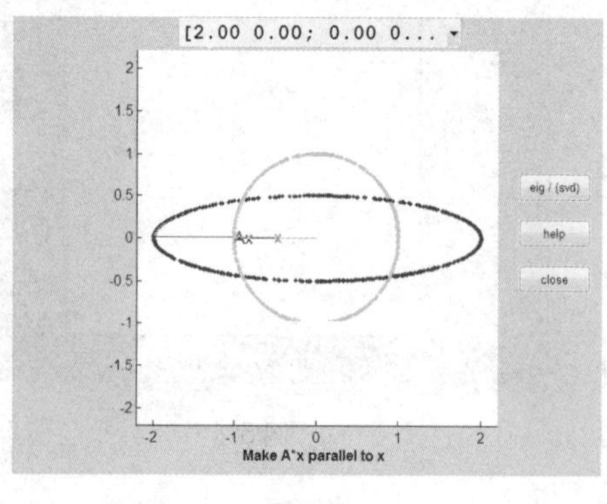

图 5.7

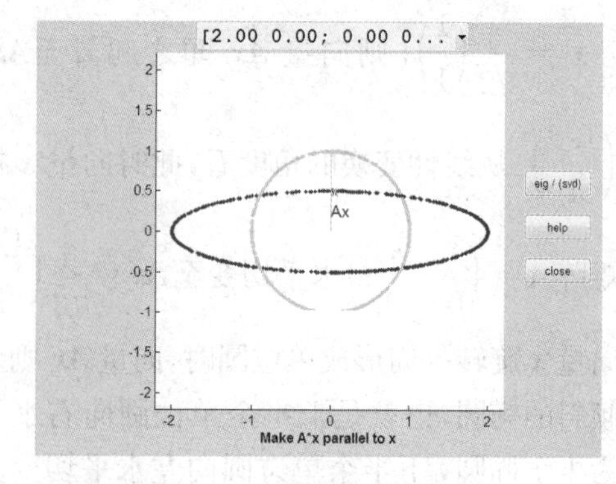

图 5.8

3. 对旋转矩阵 $\boldsymbol{A}=\frac{1}{\sqrt{2}}\begin{pmatrix}1 & -1\\ 1 & 1\end{pmatrix}$，编写调用工具 eigshow 的代码段，并用特征值知识解释运行结果.

解：代码段为：`A=[1,- 1;1,1]/sqrt(2),eigshow(A)`

运行结果分别如图 5.9 和图 5.10 所示. 显然将任意单位向量 $\boldsymbol{x}$ 逆时针旋转 45°，即得向量 $\boldsymbol{Ax}$. 这显然与 $\boldsymbol{A}=\frac{1}{\sqrt{2}}\begin{pmatrix}1 & -1\\ 1 & 1\end{pmatrix}=\boldsymbol{G}\left(\frac{\pi}{4}\right)$ 吻合.

问题是两者既然始终有 45°的角度差，又如何"共线"呢？"你需要吗丁啉（复平面）来帮忙"，因为 $\boldsymbol{A}$ 的特征值都为复数，即 $\lambda_1=\frac{1}{\sqrt{2}}(1+i)$，$\lambda_2=\frac{1}{\sqrt{2}}(1-i)$.

在图 5.9 中，复向量

$$\boldsymbol{x}_1=\frac{1}{\sqrt{2}}\begin{pmatrix}1\\ -i\end{pmatrix},\ \boldsymbol{Ax}_1=\frac{1}{\sqrt{2}}\begin{pmatrix}1 & -1\\ 1 & 1\end{pmatrix}\frac{1}{\sqrt{2}}\begin{pmatrix}1\\ -i\end{pmatrix}=\frac{1}{2}\begin{pmatrix}1+i\\ 1-i\end{pmatrix}$$

显然 $\boldsymbol{Ax}_1=\lambda_1\boldsymbol{x}_1$，因此 $(\lambda_1,\ \boldsymbol{x}_1)$ 是旋转矩阵 $\boldsymbol{A}$ 的特征对.

在图 5.10 中，复向量

$$\boldsymbol{x}_2=\frac{1}{\sqrt{2}}\begin{pmatrix}1\\ i\end{pmatrix},\ \boldsymbol{Ax}_2=\frac{1}{\sqrt{2}}\begin{pmatrix}1 & -1\\ 1 & 1\end{pmatrix}\frac{1}{\sqrt{2}}\begin{pmatrix}1\\ i\end{pmatrix}=\frac{1}{2}\begin{pmatrix}1-i\\ 1+i\end{pmatrix}$$

显然 $\boldsymbol{Ax}_2=\lambda_2\boldsymbol{x}_2$，因此 $(\lambda_2,\ \boldsymbol{x}_2)$ 是旋转矩阵 $\boldsymbol{A}$ 的另一个特征对.

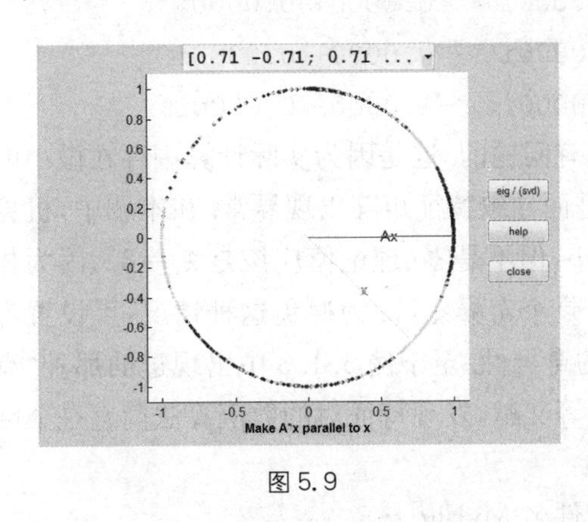

图 5.9

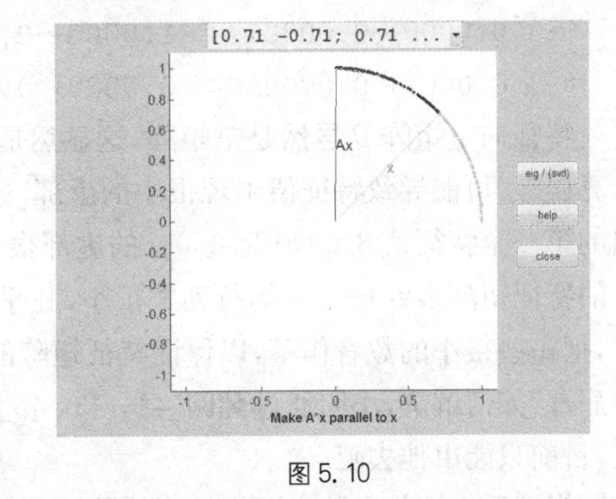

图 5.10

至此，小明恍然大悟，之所以自己没看到这种"共线"，是因为复特征值自带"旋转"功能，通过乘以 $\boldsymbol{x}$，能将向量 $\boldsymbol{x}$"旋转"到 $\boldsymbol{Ax}$，从而抹去了那个仰望苍天的 45°角. "苍天呀，请赐给我一双慧眼吧！"

实验二：求特征对的自定义函数 MyEig

1. 阅读下面的自定义函数 MyEig1，并在%%后添加注释.

```
function [V,D]=MyEig1(A)
% A为输入的方阵,V为特征向量矩阵,D为对角元为特征值的对角矩阵
```

```
n=size(A);
f=poly(A);                  %% 求特征多项式
r=roots(f);                 %% 求特征值
D=diag(r); V=[];
for i=1: n
    B=A-r(i)*eye(n);        %% 生成特征矩阵
    P=null(B,'r');          %% 求基础解系中向量,用有理数表示
    V=[V,P];                %% 扩张特征向量矩阵
end
```

2. 对于矩阵 $\boldsymbol{A}=\begin{pmatrix}3&2&4\\2&0&2\\4&2&3\end{pmatrix}$，调用 MyEig1 函数，运行结果有何异常？如何修正？

解：在命令窗中运行下列代码

```
A=[3,2,4;2,0,2;4,2,3];[P,D]=MyEig1(A)
```

运行结果如下：

```
P=
    Empty matrix:3-by-0
D=
    8.0000+ 0.0000i     0.0000+ 0.0000i     0.0000+ 0.0000i
    0.0000+ 0.0000i    -1.0000+ 0.0000i     0.0000+ 0.0000i
    0.0000+ 0.0000i     0.0000+ 0.0000i    -1.0000- 0.0000i
```

特征向量矩阵 P 居然是空矩阵，这显然是有问题的. 这是因为实际计算中存在微小的计算误差，可能导致特征值出现很小的虚部，进而导致特征矩阵出现异常. 在本题中，机算出的第一个特征值 8.0000+.0000i 的虚部很小，但不是零(理论值应该是 $\lambda_1=8$)，因为相应的特征矩阵 $\boldsymbol{B}=\boldsymbol{A}-\lambda_1\boldsymbol{I}$ 的行列式很小，几乎是个奇异矩阵. 为避免这种情况，可设置容差，把一些很小的数看作零，以保证特征矩阵的奇异性. 至于例 5.1.3 中出现过的那种“克隆病毒”如何解决，小明通过翻阅[41, 43, 45]等文献，发现特征对的数值算法简直是个巨坑，目前只能由他去吧.

修正后得到的函数 MyEig 如下所示：(文件名 MyEig.m)

```
function [V,D]=MyEig(A)
% A为输入的方阵,V为特征向量矩阵,D为对角元为特征值的对角矩阵
n=size(A);f=poly(A);r=roots(f);
if imag(r)< 1e-6     % r的虚部小于1e-6时略去其虚部
    r=real(r);
end
D=diag(r);V=[];
for i=1: n
```

```
    B=A-r(i)*eye(n);
    if det(B)< 1e-12
      B=rref(B,1e-12);  % 保证矩阵B的奇异性
    end
    P=null(B,'r');V=[V, P];
end
```

实验三：矩阵相似对角化的判定

1. 编写自定义函数 b=HaveDiffElem(a)，用于判断向量 a 中各分量是否两两互异。返回值 b=1 表示没有相同分量；b=0 表示有相同分量。

解：函数 HaveDiffElem 的实现代码如下.（文件名为 HaveDiffElem.m）

```
function b=HaveDiffElem(a)
n=length(a);b=1;      % 缺省为没有相同分量，即两两互异
for i=1:(n-1)
  if a(i)==a(i+1)     % 出现相同分量
    b=0;              % 翻牌
  end
end
```

2. 利用自定义函数 HaveDiffElem 和 IsLinDepend，编写用于判断矩阵是否可对角化的自定义函数 b=IsDiagable(A)。返回值 b=1 表示可对角化；b=0 表示不可对角化。

解：函数的实现代码如下.（文件名为 IsDiagable.m）

```
function b=IsDiagable(A)
if A==A'
  b=1;    % 实对称矩阵必可对角化
else
  [V,D]=eig(A);r=diag(D);
  if HaveDiffElem(r)
    b=1;% 特征值两两互异，矩阵必可对角化
  else if~IsLinDepend(V)  % 是否线性相关
        b=1;      % b=1时矩阵有完备特征系，必可对角化
      else
        b=0;      % b=0时矩阵为亏损矩阵，不可对角化
      end
  end
end
```

实验四：实矩阵的实 Schur 分解

1. 众所周知，当 **A** 是可对角方阵时，**A** 可以相似对角化，即存在可逆矩阵 **P** 和对角矩

阵$\boldsymbol{\Lambda}$，使得$\boldsymbol{P}^{-1}\boldsymbol{A}\boldsymbol{P}=\boldsymbol{\Lambda}$.

一方面，当$\boldsymbol{A}$特殊为实对称矩阵时，$\boldsymbol{A}$的相似对角化可以特殊为正交对角化，可逆矩阵$\boldsymbol{P}$可特殊为正交矩阵$\boldsymbol{Q}$，即有$\boldsymbol{Q}^{-1}\boldsymbol{A}\boldsymbol{Q}=\boldsymbol{\Lambda}$，其优点是$\boldsymbol{Q}^{-1}=\boldsymbol{Q}^{T}$，即运算量大的矩阵求逆问题可轻松地转化为简单方便的矩阵转置运算.

另一方面，当$\boldsymbol{A}$一般化为任意方阵时，虽然可以保留住相似变换及$\boldsymbol{P}$的可逆性，但作为代价，对角矩阵$\boldsymbol{\Lambda}$也被一般化为“几乎对角”的 Jordan 标准形$\boldsymbol{J}$，即有$\boldsymbol{P}^{-1}\boldsymbol{A}\boldsymbol{P}=\boldsymbol{J}$.

一般而言，矩阵越特殊，采用的相似变换矩阵越特殊，得到的标准形也越特殊；矩阵越一般，采用的相似变换矩阵越一般，得到的标准形也越一般.

正交矩阵的“可逆即转置”是如此诱人，因此对任意实方阵而言，在坚持相似变换矩阵必须是正交矩阵的前提下，作为平衡的代价（否则小船说翻就翻），其标准形肯定比 Jordan 标准形更一般化. 问题是它会一般化到何种模样？

答案是**准上三角矩阵**，即对角线上具有1×1阶的实数和2×2阶的子矩阵$\boldsymbol{S}=\begin{pmatrix}a & -b\\ b & a\end{pmatrix}$的块三角矩阵.

定理（实 Schur 标准形） 若$\boldsymbol{A}$是实方阵，则存在正交矩阵$\boldsymbol{Q}$和准上三角矩阵$\boldsymbol{T}_A$，使得

$$\boldsymbol{Q}^{-1}\boldsymbol{A}\boldsymbol{Q}=\boldsymbol{Q}^{T}\boldsymbol{A}\boldsymbol{Q}=\boldsymbol{T}_A$$

其中$\boldsymbol{A}$的特征值就是$\boldsymbol{T}_A$的对角块的特征值，即$\boldsymbol{T}_A$的每个1×1阶对角块对应一个实特征值，每个2×2阶的对角块对应一对复共轭特征值.

MATLAB 中提供了内置函数 schur，可用于计算任意实方阵的实 Schur 标准形，其调用格式为

`[Q,T] = schur(A)` 或 `[Q,T] = schur(A,'real')`

那么问题来了：矩阵$\boldsymbol{Q}$的第一列是不是$\boldsymbol{A}$的特征向量？$\boldsymbol{Q}$的其他列呢？

由于$\boldsymbol{A}\boldsymbol{Q}=\boldsymbol{Q}\boldsymbol{T}$，因此当矩阵$\boldsymbol{A}$有实特征值时，对$\boldsymbol{Q}$和$\boldsymbol{T}$进行适当分块，则有

$$\boldsymbol{A}(\boldsymbol{q},\ \boldsymbol{Q}_1)=(\boldsymbol{q},\ \boldsymbol{Q}_1)\begin{pmatrix}\lambda_1 & *\\ & \boldsymbol{T}_1\end{pmatrix}$$

于是可得$\boldsymbol{A}\boldsymbol{q}=\lambda_1\boldsymbol{q}$，即矩阵$\boldsymbol{Q}$的第一列是$\boldsymbol{A}$的特征向量. 类似地，可知$\boldsymbol{Q}$的其他列不是$\boldsymbol{A}$的特征向量.

2. 对下述矩阵$\boldsymbol{A}$，分别使用内置函数 eig，jordan 和 schur 计算其标准形. 给出你的代码，并对运行结果进行对比分析.

(1) $\boldsymbol{A}=\begin{pmatrix}1 & 6 & 5\\ 0 & 2 & 4\\ 0 & 0 & 3\end{pmatrix}$；(2) $\boldsymbol{A}=\begin{pmatrix}1 & 2 & 2\\ 2 & 1 & 2\\ 2 & 2 & 1\end{pmatrix}$；(3) $\boldsymbol{A}=\begin{pmatrix}-1 & 1 & 0\\ -4 & 3 & 0\\ 1 & 0 & 2\end{pmatrix}$

解：(1) MATLAB 代码如下所示.（文件名为 sy5402.m）

```
A=[1,6,5;0,2,4;0,0,3];
% 方法一：使用内置函数 eig
```

```
[V,D]=eig(A)
% 方法二;使用内置函数 jordan
[P,J]=jordan(A)
% 方法三：使用内置函数 schur
[Q,T]=schur(A)
```

程序的部分运行结果为(其余见例 5.1.2)

```
Q=
    1    0    0
    0    1    0
    0    0    1
T=
    1    6    5
    0    2    4
    0    0    3
```

由于此时矩阵 $\boldsymbol{A}$ 是上三角矩阵,因此 $\boldsymbol{Q}=\boldsymbol{I}$, $\boldsymbol{T}=\boldsymbol{A}$.

(2) 将 sy5402.m 中的第一句代码替换为

```
A = [1,2,2;2,1,2;2,2,1];
```

程序的部分运行结果为(其余见例 5.1.3)

```
Q=
     0.6206     0.5306     0.5774
     0.1492    -0.8027     0.5774
    -0.7698     0.2722     0.5774
T=
    -1.0000          0          0
          0    -1.0000          0
          0          0     5.0000
```

显然 Q 就是算法一得到的正交矩阵 V, T 就是算法一得到的对角矩阵 D,这是因为此时矩阵 $\boldsymbol{A}$ 为实对称矩阵,因此准上三角矩阵 $\boldsymbol{T}$ 特殊为对角矩阵.

(3) 将 sy5402.m 中的第一句代码替换为

```
A=[-1,1,0;-4,3,0;1,0,2];
```

程序的部分运行结果为(其余见例 5.1.5)

```
Q=
     0.4082     0.7071    -0.5774
     0.8165    -0.0000     0.5774
    -0.4082     0.7071     0.5774
T=
```

```
    1.0000   -3.4641    3.5355
    0.0000    1.0000    1.2247
         0         0    2.0000
```

显然正交矩阵 Q 的第一列就是矩阵 V 的第二列，它们和矩阵 P 的第二列，都是特征值$\lambda_2 = \lambda_3 = 1$的特征向量；V 中的第三列仅仅是为了防止函数 eig 运行崩溃，没有实际意义，P 的第三列则是广义特征向量；Q 的其余两列既不是特征向量，也不是广义特征向量，因为此时 T 是上三角矩阵.

习题五

5.1 求下列矩阵的特征值与全部特征向量：

(1) $\boldsymbol{A} = \begin{pmatrix} 2 & 0 & 0 \\ 1 & 3 & 1 \\ 0 & 0 & 2 \end{pmatrix}$；(2) $\boldsymbol{A} = \begin{pmatrix} 4 & -5 & 1 \\ 1 & 0 & -1 \\ 0 & 1 & -1 \end{pmatrix}$；(3) $\boldsymbol{A} = \begin{pmatrix} 2 & -2 & 0 \\ -2 & 1 & -2 \\ 0 & -2 & 0 \end{pmatrix}$.

5.2 设 $\boldsymbol{A} = \begin{pmatrix} 4 & -5 & 1 \\ 1 & 0 & -1 \\ 0 & 1 & -1 \end{pmatrix}$，则下列向量中是 $\boldsymbol{A}$ 的特征向量的是【　　】

(A) $(1, 1, 1)^T$　　(B) $(1, 1, 3)^T$　　(C) $(1, 1, 0)^T$　　(D) $(1, 0, -3)^T$

5.3 设 λ 为方阵 $\boldsymbol{A}$ 的特征值，则【　　】

(A) λ 对应的所有特征向量构成一个向量空间

(B) λ 对应的特征向量一定有无穷多个

(C) λ 对应的特征子空间的维数等于矩阵$(\boldsymbol{A} - \lambda \boldsymbol{I})$的秩

(D) 矩阵$(\boldsymbol{A} - \lambda \boldsymbol{I})$一定可逆

5.4 设 λ 为方阵 $\boldsymbol{A}$ 的特征值，则矩阵$(\boldsymbol{A} - \lambda \boldsymbol{I})$一定有特征值【　　】

(A) λ　　(B) $-\lambda$　　(C) $\frac{1}{\lambda}$　　(D) 0

5.5 设 2 为方阵 $\boldsymbol{A}$ 的一个特征值，则矩阵$\left(\frac{1}{3}\boldsymbol{A}^2\right)^{-1}$有一个特征值等于【　　】

(A) $\frac{4}{3}$　　(B) $\frac{3}{4}$　　(C) $\frac{1}{2}$　　(D) $\frac{1}{4}$

5.6 设 n 阶方阵 $\boldsymbol{A}$ 的特征值为 $\lambda_1 = \lambda_2 = \cdots = \lambda_n = 0$，则下列结论中错误的是【　　】

(A) $|\boldsymbol{A}| = 0$　　(B) $\mathrm{tr}(\boldsymbol{A}) = 0$　　(C) $r(\boldsymbol{A}) = 0$　　(D) $|\lambda \boldsymbol{I} - \boldsymbol{A}| = 0$

5.7 设 n 阶方阵 $\boldsymbol{A}$ 和 $\boldsymbol{B}$ 有完全相同的特征值，则下列结论中错误的是【　　】

(A) $|\boldsymbol{A}| = |\boldsymbol{B}|$　　(B) 矩阵 $\boldsymbol{A}$ 和 $\boldsymbol{B}$ 有完全相同的特征向量

(C) $\mathrm{tr}(\boldsymbol{A}) = \mathrm{tr}(\boldsymbol{B})$　　(D) 矩阵 $\boldsymbol{A}$ 和 $\boldsymbol{B}$ 有相同的奇异性

5.8 有不同特征值的同阶方阵，能否有相同的特征向量？有相同特征值的同阶不同方阵，能否有不同的特征向量？请举例说明.

5.9 设向量 $\boldsymbol{\alpha}$，$\boldsymbol{\beta}$ 是矩阵 $\boldsymbol{A}$ 属于不同特征值 λ_1，λ_2 的特征向量. 证明：当且仅当

$k_1k_2=0$ 时 $k_1\boldsymbol{\alpha}+k_2\boldsymbol{\beta}$ 是 $\boldsymbol{A}$ 的特征向量.

5.10　设矩阵 $\boldsymbol{A}$ 是奇数阶正交矩阵,且 $|\boldsymbol{A}|=1$. 利用单位阵技巧,证明 $|\boldsymbol{A}-\boldsymbol{I}|=0$,并进一步说明 1 必为 $\boldsymbol{A}$ 的特征值.

5.11　设 $\boldsymbol{A}$ 为幂等矩阵,即 $\boldsymbol{A}^2=\boldsymbol{A}$. 证明 $\boldsymbol{I}+\boldsymbol{A}$ 必为满秩阵.

5.12　设矩阵 $\boldsymbol{A}$ 是对合矩阵,即 $\boldsymbol{A}^2=\boldsymbol{I}$. 证明 $\boldsymbol{A}$ 的特征值是 1 或 -1. 进一步地,若 $\boldsymbol{A}$ 的特征值全是 1,则必有 $\boldsymbol{A}=\boldsymbol{I}$.

5.13　设 $\boldsymbol{A}$、$\boldsymbol{B}$ 是两个 n 阶方阵. 利用四分块矩阵的行列式公式,证明 $\boldsymbol{AB}$ 与 $\boldsymbol{BA}$ 具有相同的特征值 1.

5.14　(**左右特征向量**)若 $\boldsymbol{u}^T\boldsymbol{A}=\lambda\boldsymbol{u}^T$,即 $\boldsymbol{A}^T\boldsymbol{u}=\lambda\boldsymbol{u}$,则称 $\boldsymbol{A}^T$ 的特征向量为 $\boldsymbol{A}$ 的**左特征向量**,而 $\boldsymbol{A}$ 的特征向量则称为 $\boldsymbol{A}$ 的**右特征向量**. 证明:属于矩阵不同特征值的左右特征向量必正交.

5.15　设矩阵 $\boldsymbol{A}=\begin{pmatrix}3&-4&0\\1&a&0\\1&0&2\end{pmatrix}$ 的特征值有二重根,求 a 的值,并求 $\boldsymbol{A}$ 的特征值与特征向量.

5.16　设矩阵 $\boldsymbol{A}=\begin{pmatrix}2&1&1\\1&2&1\\1&1&a\end{pmatrix}$ 可逆,向量 $\boldsymbol{\alpha}=\begin{pmatrix}1\\b\\1\end{pmatrix}$ 是矩阵 $\boldsymbol{A}^*$ 的一个特征向量,λ 是对应的特征值. 试求常数 a, b 和 λ 的值.

5.17　设矩阵 $\boldsymbol{A}=\begin{pmatrix}a&-1&c\\5&b&3\\1-c&0&-a\end{pmatrix}$,其行列式 $|\boldsymbol{A}|=-1$,又 $(\lambda,\boldsymbol{\alpha})$ 为 $\boldsymbol{A}^*$ 的特征对,其中特征向量 $\boldsymbol{\alpha}=(-1,-1,1)^T$. 试求常数 a, b, c 和 λ 的值.

5.18　设向量 $\boldsymbol{\alpha}=(a_1,a_2,\cdots,a_n)^T$, $\boldsymbol{\beta}=(b_1,b_2,\cdots,b_n)^T$ 都是非零向量. 记 $\boldsymbol{A}=\boldsymbol{\alpha}\boldsymbol{\beta}^T$.

(1) 当 $\boldsymbol{\alpha}^T\boldsymbol{\beta}=0$ 时,求矩阵 $\boldsymbol{A}$ 的特征值与特征向量.

(2) 当 $\boldsymbol{\alpha}^T\boldsymbol{\beta}=1$ 时,求矩阵 $\boldsymbol{A}$ 的特征值.

5.19　相似矩阵定义中的可逆矩阵 $\boldsymbol{P}$ 是否唯一? 为什么?

5.20　设 $\boldsymbol{A}$ 是 n 阶实对称矩阵,$\boldsymbol{P}$ 是 n 阶可逆矩阵. 已知 n 维列向量 $\boldsymbol{\alpha}$ 是 $\boldsymbol{A}$ 的属于特征值 λ 的特征向量,则矩阵 $(\boldsymbol{P}^{-1}\boldsymbol{AP})^T$ 属于特征值 λ 的特征向量是【　】

(A) $\boldsymbol{P}^{-1}\boldsymbol{\alpha}$　　(B) $\boldsymbol{P}^T\boldsymbol{\alpha}$　　(C) $\boldsymbol{P}\boldsymbol{\alpha}$　　(D) $\boldsymbol{P}^{-T}\boldsymbol{\alpha}$

5.21　矩阵 $\boldsymbol{A}=\begin{pmatrix}1&a&1\\a&b&a\\1&a&1\end{pmatrix}$ 与 $\boldsymbol{B}=\begin{pmatrix}2&0&0\\0&b&0\\0&0&0\end{pmatrix}$ 相似的充要条件是【　】

(A) $a=0$, $b=2$　　(B) $a=0$, b 为任意实数

(C) $a=2$, $b=0$　　(D) $a=2$, b 为任意实数

5.22　设 n 阶矩阵 $\boldsymbol{A}$ 与 $\boldsymbol{B}$ 相似,且 $\boldsymbol{A}\neq\boldsymbol{B}$,则下列命题中错误的是【　】

(A) $|\boldsymbol{A}|=|\boldsymbol{B}|$

(B) $\boldsymbol{A}$ 与 $\boldsymbol{B}$ 有相同的特征值

(C) $\boldsymbol{A}$ 与 $\boldsymbol{B}$ 等价

(D) 若存在可逆阵 $\boldsymbol{P}$ 使 $\boldsymbol{P}^{-1}\boldsymbol{AP}$ 为对角阵,则 $\boldsymbol{P}^{-1}\boldsymbol{BP}$ 也是对角阵

5.23 设 n 阶矩阵 $\boldsymbol{A}$ 与 $\boldsymbol{B}$ 相似,则下列命题中正确的是【 】

(A) $\lambda\boldsymbol{I}-\boldsymbol{A}=\lambda\boldsymbol{I}-\boldsymbol{B}$ (B) $\boldsymbol{A}$ 与 $\boldsymbol{B}$ 有相同的特征对

(C) $\boldsymbol{A}$ 与 $\boldsymbol{B}$ 都相似于一个对角阵 (D) 对任意实数 t, $t\boldsymbol{I}-\boldsymbol{A}$ 与 $t\boldsymbol{I}-\boldsymbol{B}$ 相似

5.24 设若 n 阶可逆矩阵 $\boldsymbol{A}$ 与矩阵 $\boldsymbol{B}$ 相似,则下列命题中正确的是【 】

(A) $\boldsymbol{AB}$ 与 $\boldsymbol{BA}$ 相似 (B) $\boldsymbol{A}^2$ 与 $\boldsymbol{B}^2$ 相似

(C) $\boldsymbol{A}^{-1}$ 与 $\boldsymbol{B}^{-1}$ 相似 (D) $\boldsymbol{A}^T$ 与 $\boldsymbol{B}^T$ 相似

5.25 设 $\boldsymbol{A}$ 与 $\mathrm{diag}(\lambda_1, \lambda_2, \cdots, \lambda_n)$ 相似,其中 $\lambda_1\lambda_2\cdots\lambda_n\neq 0$, 则下列命题中错误的是【 】

(A) 矩阵 $\boldsymbol{A}$ 可逆 (B) $\mathrm{tr}(\boldsymbol{A})=\lambda_1+\lambda_2+\cdots+\lambda_n$

(C) $\boldsymbol{A}$ 与单位阵 $\boldsymbol{I}$ 相似 (D) $\boldsymbol{A}$ 有特征值 $\lambda_1, \lambda_2, \cdots, \lambda_n$

5.26 设 $\boldsymbol{A}$ 为四阶实对称矩阵,且 $\boldsymbol{A}^2+\boldsymbol{A}=\boldsymbol{O}$. 若 $r(\boldsymbol{A})=3$, 则相似于【 】

(A) $\begin{pmatrix}1&&&\\&1&&\\&&1&\\&&&0\end{pmatrix}$ (B) $\begin{pmatrix}1&&&\\&1&&\\&&-1&\\&&&0\end{pmatrix}$

(C) $\begin{pmatrix}1&&&\\&-1&&\\&&-1&\\&&&0\end{pmatrix}$ (D) $\begin{pmatrix}-1&&&\\&-1&&\\&&-1&\\&&&0\end{pmatrix}$

5.27 设矩阵 $\boldsymbol{A}=\begin{pmatrix}0&0&x\\1&1&y\\1&0&0\end{pmatrix}$ 有三个线性无关的特征向量,求 x, y 应满足的条件.

5.28 下列二阶矩阵中,可对角化的是【 】

(A) $\begin{pmatrix}1&1\\-4&5\end{pmatrix}$ (B) $\begin{pmatrix}1&-4\\1&5\end{pmatrix}$ (C) $\begin{pmatrix}1&1\\0&0\end{pmatrix}$ (D) $\begin{pmatrix}0&1\\-1&2\end{pmatrix}$

5.29 设 λ 为实对称矩阵 $\boldsymbol{A}$ 的一个 3 重特征根,则【 】

(A) λ 对应的特征向量必线性无关

(B) λ 对应的特征向量必两两正交

(C) 矩阵 $\boldsymbol{A}$ 有 3 个对应 λ 的两两正交的特征向量

(D) λ 对应的特征向量的个数恰好是 3 个

5.30 设矩阵 $\boldsymbol{A}=\begin{pmatrix}1&2&-3\\-1&4&-3\\1&a&5\end{pmatrix}$ 有一个二重特征值,求 a 的值,并讨论 $\boldsymbol{A}$ 是否可以相似对角化.

5.31 设向量 $\boldsymbol{\alpha}=(1, 1, 1)^T$, $\boldsymbol{\beta}=(1, 0, k)^T$,若矩阵 $\boldsymbol{A}=\boldsymbol{\alpha\beta}^T$ 相似于 $\mathrm{diag}(3, 0, 0)$,

求常数 k.

5.32　设 $\boldsymbol{A}$ 为三阶矩阵，$\boldsymbol{\alpha}_1, \boldsymbol{\alpha}_2, \boldsymbol{\alpha}_3$ 是线性无关的三维列向量，且满足

$$\boldsymbol{A}\boldsymbol{\alpha}_1 = \boldsymbol{\alpha}_1 + \boldsymbol{\alpha}_2 + \boldsymbol{\alpha}_3,\ \boldsymbol{A}\boldsymbol{\alpha}_2 = 2\boldsymbol{\alpha}_2 + \boldsymbol{\alpha}_3,\ \boldsymbol{A}\boldsymbol{\alpha}_3 = 2\boldsymbol{\alpha}_2 + 3\boldsymbol{\alpha}_3$$

(1) 求矩阵 $\boldsymbol{B}$，使得 $\boldsymbol{A}(\boldsymbol{\alpha}_1, \boldsymbol{\alpha}_2, \boldsymbol{\alpha}_3) = (\boldsymbol{\alpha}_1, \boldsymbol{\alpha}_2, \boldsymbol{\alpha}_3)\boldsymbol{B}$.

(2) 求矩阵 $\boldsymbol{A}$ 的特征值.

(3) 求可逆矩阵 $\boldsymbol{P}$，使得 $\boldsymbol{P}^{-1}\boldsymbol{A}\boldsymbol{P}$ 为对角矩阵.

5.33　已知 $\boldsymbol{\xi} = \begin{pmatrix} 1 \\ 1 \\ -1 \end{pmatrix}$ 是矩阵 $\boldsymbol{A} = \begin{pmatrix} 2 & -1 & 2 \\ 5 & a & 3 \\ -1 & b & -2 \end{pmatrix}$ 的一个特征向量.

(1) 试确定参数 a, b 及特征向量 $\boldsymbol{\xi}$ 所对应的特征值.

(2) 试问 $\boldsymbol{A}$ 能否相似于对角阵？为什么？

5.34　设 $\boldsymbol{A}$、$\boldsymbol{B}$ 是两个 n 阶方阵，已知 $\boldsymbol{A}$ 有两两不等的特征值，且 $\boldsymbol{AB}=\boldsymbol{BA}$. 证明：

(1) $\boldsymbol{A}$ 的特征向量必是 $\boldsymbol{B}$ 的特征向量.

(2) $\boldsymbol{B}$ 必可对角化.

5.35　非对称矩阵能否与实对角矩阵正交相似？为什么？

5.36　设 $\boldsymbol{A}$ 为 n 阶实对称矩阵且有特征值 $\lambda_1, \lambda_2, \cdots, \lambda_n$，记 $\boldsymbol{\Lambda}=\mathrm{diag}(\lambda_1, \lambda_2, \cdots, \lambda_n)$，则下述选项中错误的是【　　】

(A) 矩阵 $\boldsymbol{A}$ 的特征值均为实数　　(B) 矩阵 $\boldsymbol{A}$ 的特征向量均为实向量

(C) 矩阵 $\boldsymbol{A}$ 一定与对角阵相似　　(D) 若 $\boldsymbol{Q}^{-1}\boldsymbol{A}\boldsymbol{Q}=\boldsymbol{\Lambda}$，则 $\boldsymbol{Q}$ 一定为正交阵

5.37　当 $\boldsymbol{A}, \boldsymbol{B}$ 均为实对称矩阵时，证明 $\boldsymbol{A}, \boldsymbol{B}$ 相似的充要条件是它们的特征多项式相等.

5.38　设 $\boldsymbol{A}$ 为 n 阶实对称矩阵. 证明 $\boldsymbol{A}$ 的非零特征值的个数必为 $r(\boldsymbol{A})$.

5.39　设三阶实对称矩阵 $\boldsymbol{A}$ 的特征值为 $\lambda_1 = 6$, $\lambda_2 = \lambda_3 = 3$，且 $\boldsymbol{\xi}_1 = (1, 1, 1)^T$ 是 $\boldsymbol{A}$ 的属于特征值 λ_1 的特征向量.

(1) 能否求出 $\boldsymbol{A}$ 的属于特征值 $\lambda_2 = \lambda_3 = 3$ 的两个相互正交的特征向量？

(2) 能否根据所给条件求出矩阵 $\boldsymbol{A}$？

5.40　已知 3 阶实对称矩阵 $\boldsymbol{A}$ 的特征值为 6, 3, 3，且特征值 3 对应的特征向量为 $\boldsymbol{\alpha}_1 =(-1, 0, 1)^T$, $\boldsymbol{\alpha}_2 = (1, -2, 1)^T$，求 $\boldsymbol{A}$ 的特征值 6 对应的特征向量 $\boldsymbol{\alpha}_3$ 及矩阵 $\boldsymbol{A}$.

5.41　设三阶实对称矩阵 $\boldsymbol{A}$ 的特征值为 $\lambda_1 =-1$, $\lambda_2 = \lambda_3 = 1$，且 $\boldsymbol{\xi}_1 = (0, 1, 1)^T$ 是 $\boldsymbol{A}$ 的属于特征值 λ_1 的特征向量，求矩阵 $\boldsymbol{A}$.

5.42　设实对称矩阵 $\boldsymbol{A}= \begin{pmatrix} a & 1 & 1 \\ 1 & a & -1 \\ 1 & -1 & a \end{pmatrix}$. 求可逆矩阵 $\boldsymbol{P}$，使得 $\boldsymbol{P}^{-1}\boldsymbol{A}\boldsymbol{P}$ 为对角矩阵，并计算行列式 $|\boldsymbol{A}-\boldsymbol{I}|$ 的值.

5.43　设矩阵 $\boldsymbol{A} = \begin{pmatrix} 1 & 1 & a \\ 1 & a & 1 \\ a & 1 & 1 \end{pmatrix}$, $\boldsymbol{\beta} = \begin{pmatrix} 1 \\ 1 \\ -2 \end{pmatrix}$. 已知线性方程组 $\boldsymbol{A}\boldsymbol{x} = \boldsymbol{\beta}$ 有解但不唯一.

试求：

(1) 常数 a 的值.

(2) 正交矩阵 $\boldsymbol{Q}$,使得 $\boldsymbol{Q}^T\boldsymbol{AQ}$ 为对角矩阵.

5.44 设 $\boldsymbol{A}$ 为 3 阶实对称矩阵,$r(\boldsymbol{A})=2$,且

$$\boldsymbol{A}\begin{pmatrix}1 & 1\\0 & 0\\-1 & 1\end{pmatrix}=\begin{pmatrix}-1 & 1\\0 & 0\\1 & 1\end{pmatrix}$$

(1) 求矩阵 $\boldsymbol{A}$ 的所有特征值与特征向量.

(2) 求矩阵 $\boldsymbol{A}$.

(3) 求可逆矩阵 $\boldsymbol{P}$,使得 $\boldsymbol{P}^{-1}\boldsymbol{AP}$ 为对角矩阵.

5.45 设三阶实对称矩阵 $\boldsymbol{A}$ 的特征值为 $\lambda_1=1$, $\lambda_2=2$, $\lambda_3=-2$,且 $\boldsymbol{\alpha}_1=(1,-1,1)^T$ 是 $\boldsymbol{A}$ 的属于特征值 λ_1 的特征向量. 记 $\boldsymbol{B}=\boldsymbol{A}^5-4\boldsymbol{A}^3+\boldsymbol{I}$.

(1) 验证 $\boldsymbol{\alpha}_1$ 是矩阵 $\boldsymbol{B}$ 的特征向量,并求 $\boldsymbol{B}$ 的全部特征值的特征向量.

(2) 求矩阵 $\boldsymbol{B}$.

5.46 求正交矩阵 $\boldsymbol{Q}$,将矩阵 $\boldsymbol{A}=\begin{pmatrix}-2 & 0 & -4\\1 & 2 & 1\\1 & 0 & 3\end{pmatrix}$ 正交对角化.

5.47 设 $\boldsymbol{A}$ 是反对称矩阵,则 $\boldsymbol{I}\pm\boldsymbol{A}$ 都可逆,且 $\boldsymbol{Q}=(\boldsymbol{I}-\boldsymbol{A})(\boldsymbol{I}+\boldsymbol{A})^{-1}$ 是特征值不为 -1 的正交矩阵.

5.48 (1) 设正交矩阵 $\boldsymbol{Q}$ 的特征值不等于 -1,则矩阵 $\boldsymbol{I}+\boldsymbol{Q}$ 可逆,且 $\boldsymbol{S}=(\boldsymbol{I}-\boldsymbol{Q})(\boldsymbol{I}+\boldsymbol{Q})^{-1}$ 是反对称矩阵.

(2) 若 $\boldsymbol{S}$ 是反对称矩阵,则矩阵 $\boldsymbol{I}-\boldsymbol{S}$ 可逆,且 $\boldsymbol{Q}=(\boldsymbol{I}+\boldsymbol{S})(\boldsymbol{I}-\boldsymbol{S})^{-1}$ 是正交矩阵.

5.49 设 $\boldsymbol{A}$ 是正交矩阵,且 $\boldsymbol{I}+\boldsymbol{A}$ 是非奇异的,则 $\boldsymbol{A}$ 可表示为 $\boldsymbol{A}=(\boldsymbol{I}-\boldsymbol{S})(\boldsymbol{I}+\boldsymbol{S})^{-1}$,其中 $\boldsymbol{S}$ 是反对称矩阵.

5.50 设 $\boldsymbol{A}$ 是 n 阶实对称矩阵,且 $\boldsymbol{A}^2=\boldsymbol{A}$,则存在正交矩阵 $\boldsymbol{Q}$ 和整数 r,使得 $\boldsymbol{Q}^{-1}\boldsymbol{AQ}=\mathrm{diag}(\boldsymbol{I}_r,\boldsymbol{O})$.

5.51 设 $\boldsymbol{A}$ 是 n 阶实对称矩阵,且 $\boldsymbol{A}^2=\boldsymbol{I}$,则存在正交矩阵 $\boldsymbol{Q}$ 和整数 r,使得 $\boldsymbol{Q}^{-1}\boldsymbol{AQ}=\mathrm{diag}(\boldsymbol{I}_r,-\boldsymbol{I}_{n-r})$.

5.52 设 $\boldsymbol{A}$ 是**幂零矩阵**(即存在正整数 k,使得 $\boldsymbol{A}^k=\boldsymbol{O}$) 且 $\boldsymbol{A}$ 是实对称矩阵,则 $\boldsymbol{A}=\boldsymbol{O}$.

5.53 证明 k 阶 Jordan 块 $\boldsymbol{J}_k(\lambda)$与其转置矩阵 $\boldsymbol{J}_k^T(\lambda)$相似.

5.54 对下列矩阵 $\boldsymbol{A}$,求其 Jordan 标准形 $\boldsymbol{J}$ 及相应的 Jordan 变换矩阵 $\boldsymbol{P}$:

(1) $\boldsymbol{A}=\begin{pmatrix}13 & 16 & 16\\-5 & -7 & -6\\-6 & -8 & -7\end{pmatrix}$; (2) $\boldsymbol{A}=\begin{pmatrix}4 & 5 & -2\\-2 & -2 & 1\\-1 & -1 & 1\end{pmatrix}$; (3) $\boldsymbol{A}=\begin{pmatrix}1 & 1 & -1\\-3 & -3 & 3\\-2 & -2 & 2\end{pmatrix}$.

5.55 [M]机算习题 5.1 中各矩阵的特征对.

5.56 [M]已知矩阵 $\boldsymbol{A}=\begin{pmatrix}-1 & 2 & 2\\2 & -1 & 2\\2 & 2 & -1\end{pmatrix}$.

(1) 手算出 $\boldsymbol{A}$ 的特征对$(\boldsymbol{V}, \boldsymbol{D})$. 请编程加以验证.

(2) 分别令 $\boldsymbol{B}=\boldsymbol{A}^2, \boldsymbol{A}^3, \boldsymbol{I}+\boldsymbol{A}^{-1}$,并手算出 $\boldsymbol{B}$ 的特征对. 手算结果的理论依据是什么?

(3) 编程分别机算出 $\boldsymbol{B}$ 的特征对$(\boldsymbol{V}_1, \boldsymbol{D}_1)$,结果与手算结果是否吻合? 三个 $\boldsymbol{V}_1$ 是否都完全相等? 编程求出用 $\boldsymbol{V}$ 表示 $\boldsymbol{V}_1$ 的表示矩阵 $\boldsymbol{W}$. 矩阵 $\boldsymbol{W}$ 是否一定是可逆矩阵? 为什么?

(4) 令 $\varphi(\lambda)=\lambda^3-2\lambda+3$, 则矩阵 $\boldsymbol{B}=\varphi(\boldsymbol{A})$的特征对的手算与机算结果又如何?

5.57 [M]已知矩阵 $\boldsymbol{A}=\begin{pmatrix}-1 & 2 & 2\\ 2 & -1 & 2\\ 2 & 2 & -1\end{pmatrix}$ 及其特征对$(\boldsymbol{V}, \boldsymbol{D})$. 令 $\boldsymbol{B}=\boldsymbol{NAN}^{-1}$,其中 $\boldsymbol{N}$ 是可逆的随机矩阵.

(1) 写出 $\boldsymbol{B}$ 的特征对$(\boldsymbol{V}_1, \boldsymbol{D}_1)$. 矩阵 $\boldsymbol{B}$ 的特征值是否应该与 $\boldsymbol{A}$ 相同?请编程加以验证.

(2) 观察程序运行结果中的 $\boldsymbol{D}$ 和 $\boldsymbol{D}_1$,两者之间存在怎样的关系? 据此推测 $\boldsymbol{V}_1, \boldsymbol{V}, \boldsymbol{N}, \boldsymbol{D}$ 以及初等矩阵之间应该具有何种关系式,并给出理由. 请编程验证这个关系是否成立.

5.58 [M]机算习题 5.39.

第6章

二次型及其应用

矩阵博士小明发现中学时让自己纠结不已的圆锥三曲线，本质上居然是二次型及实对称矩阵，并借助于合同对角化技术，找到了化二次型为标准形的正交对角化方法. 让人拍案惊奇的是，主轴定理指出，标准形中的系数就是实对称矩阵的特征值. 进一步的追踪，让他惊叹于揭示“沧海桑田中永恒之物”的惯性定理，进而知悉了正定矩阵及其判别法.

6.1 二次型及其标准形

6.1.1 二次型及其矩阵

小明知道，中学学过的圆锥曲线(conic sections)，本质上就是用平面去截一个圆锥面所得到的交线，这也就解释了这类曲线何以被命名为圆锥曲线. 远在古希腊时期，数学家阿波罗尼奥斯(Apollonius，前 262～前 190)就对圆锥曲线进行过系统研究，他的巨著《圆锥曲线》与欧几里得的《几何原本》一同被誉为古希腊几何的登峰造极之作.

圆锥曲线又称为二次曲线，这是因为在二维笛卡尔平面中，诸如

$$f(x, y)=\frac{x^2}{a^2}+\frac{y^2}{b^2}=1,\ f(x, y)=\frac{x^2}{a^2}-\frac{y^2}{b^2}=1,\ f(x, y)=y-ax^2=0$$

可分别用来作为椭圆、双曲线和抛物线的标准方程. 而在空间直角坐标系中，诸如

$$f(x, y, z)=\frac{x^2}{a^2}+\frac{y^2}{b^2}+\frac{z^2}{c^2}=1,\ f(x, y, z)=\frac{x^2}{a^2}+\frac{y^2}{b^2}-\frac{z^2}{c^2}=1$$

则分别可作为椭球面和双曲面的标准方程，因此又被统称为二次曲面.

事实上，从高等数学的分析视角看，它们大都是二、三元二次齐次函数，而从线性代数的代数视角看，它们则是特殊的二、三元二次型.

定义 6.1.1(齐次函数) 对于二元实函数 $f(x, y)$，如果有

$$f(tx, ty)=t^k f(x, y),\ t\in\mathbb{R} \tag{6.1.1}$$

则称之为二元 k 次**齐次函数**(homogeneous function).

一般地，n 元 k 次齐次函数 $f(x_1, x_2, \cdots, x_n)$满足关系式

$$f(tx_1, tx_2, \cdots, tx_n)=t^k f(x_1, x_2, \cdots, x_n),\ t\in\mathbb{R} \tag{6.1.2}$$

定义 6.1.2(二次型) 称 n 元的二次齐次函数

$$f=f(x_1, x_2, \cdots x_n)=\sum_{i, j=1}^{n} a_{ij}x_i x_j\text{，其中 } a_{ij}=a_{ji}$$

为 n 元二次型，简称为**二次型**(quadratic form).

小明还了解到,线性代数中只关心系数和未知数全为实数的所谓实二次型(实字常被略去),估计是为了简便讨论.

作为矩阵博士,小明从矩阵的视角马上注意到下述现象,即

$$\begin{aligned} f &= a_{11}x_1^2 + a_{12}x_1x_2 + \cdots + a_{1n}x_1x_n + a_{21}x_2x_1 + a_{22}x_2^2 + a_{23}x_2x_3 \\ &\quad + \cdots + a_{2n}x_2x_n + \cdots + a_{n1}x_nx_1 + a_{n2}x_nx_2 + \cdots + a_{nn}x_n^2 \\ &= x_1(a_{11}x_1 + a_{12}x_2 + \cdots + a_{1n}x_n) + x_2(a_{21}x_1 + a_{22}x_2 + a_{23}x_3 + \cdots + a_{2n}x_n) \\ &\quad + \cdots + x_n(a_{n1}x_1 + a_{n2}x_2 + \cdots + a_{nn}x_n) \\ &= (x_1, x_2, \cdots, x_n)\begin{pmatrix} a_{11}x_1 + a_{12}x_2 + \cdots + a_{1n}x_n \\ a_{21}x_1 + a_{22}x_2 + \cdots + a_{2n}x_n \\ \vdots \\ a_{n1}x_1 + a_{n2}x_2 + \cdots + a_{nn}x_n \end{pmatrix} \\ &= (x_1, x_2, \cdots, x_n)\begin{pmatrix} a_{11} & a_{12} & \cdots & a_{1n} \\ a_{21} & a_{22} & \cdots & a_{2n} \\ \vdots & \vdots & & \vdots \\ a_{n1} & a_{n2} & \cdots & a_{nn} \end{pmatrix}\begin{pmatrix} x_1 \\ x_2 \\ \vdots \\ x_n \end{pmatrix} \end{aligned}$$

显然,若记 $\boldsymbol{x} = (x_1, x_2, \cdots, x_n)^T$, $\boldsymbol{A} = (a_{ij})_{n\times n}$,则得二次型的矩阵形式

$$f = \boldsymbol{x}^T\boldsymbol{A}\boldsymbol{x}, \text{其中 } \boldsymbol{A} = \boldsymbol{A}^T \tag{6.1.3}$$

如此,n 元的二次型 f 就与 n 阶实对称矩阵 $\boldsymbol{A}$ 一一对应,故称 $\boldsymbol{A}$ 为二次型 f 的矩阵,称 f 为实对称矩阵 $\boldsymbol{A}$ 的二次型. 相应地,二次型 f 的秩就是对应矩阵 $\boldsymbol{A}$ 的秩. 一言以蔽之,“二次型就是对称矩阵,f 就是 $\boldsymbol{A}$”. 呜呼呀,偌长偌大个二次型 f,居然又被个小小的对称矩阵 $\boldsymbol{A}$ 收纳其中. 矩阵,你真牛!

思考　小明呀,俺书读得少,不是说“矩阵即变换”吗? 怎么又改成了“f 就是 $\boldsymbol{A}$”? 矩阵,它到底为何物?

例 6.1.1　求下面的二次型所对应的矩阵:

$$f(x_1, x_2, x_3) = (x_1, x_2, x_3)\begin{pmatrix} 1 & 2 & 3 \\ 4 & 5 & 6 \\ 7 & 8 & 9 \end{pmatrix}\begin{pmatrix} x_1 \\ x_2 \\ x_3 \end{pmatrix}$$

分析: 尽管题中的二次型已表示为矩阵形式,但它显然不是实对称矩阵.

解: $f(x_1, x_2, x_3) = (x_1, x_2, x_3)\begin{pmatrix} 1 & 2 & 3 \\ 4 & 5 & 6 \\ 7 & 8 & 9 \end{pmatrix}\begin{pmatrix} x_1 \\ x_2 \\ x_3 \end{pmatrix}$

$$= (x_1 + 4x_2 + 7x_3, 2x_1 + 5x_2 + 8x_3, 3x_1 + 6x_2 + 9x_3)\begin{pmatrix} x_1 \\ x_2 \\ x_3 \end{pmatrix}$$

$$= x_1^2 + 5x_2^2 + 9x_3^2 + (2+4)x_1x_2 + (3+7)x_1x_3 + (6+8)x_2x_3$$

$$= x_1^2 + \frac{1}{2}(2+4)x_1x_2 + \frac{1}{2}(3+7)x_1x_3 + \frac{1}{2}(2+4)x_2x_1 + 5x_2^2 + \frac{1}{2}(6+8)x_2x_3$$

$$+ \frac{1}{2}(3+7)x_3x_1 + \frac{1}{2}(6+8)x_3x_2 + 9x_3^2$$

$$= (x_1, x_2, x_3)\begin{pmatrix}1 & 3 & 5\\3 & 5 & 7\\5 & 7 & 9\end{pmatrix}\begin{pmatrix}x_1\\x_2\\x_3\end{pmatrix}, \text{故所求矩阵为}\begin{pmatrix}1 & 3 & 5\\3 & 5 & 7\\5 & 7 & 9\end{pmatrix}$$

一般地,n元二次齐次函数 $f(\boldsymbol{x}) = \boldsymbol{x}^T\boldsymbol{A}\boldsymbol{x}$(注意$\boldsymbol{A}$未必是对称矩阵)对应的实对称矩阵是

$$\frac{1}{2}(\boldsymbol{A}+\boldsymbol{A}^T)$$

这是因为 $\boldsymbol{x}^T\boldsymbol{A}\boldsymbol{x}$ 是实数(这一点要特别注意),其转置为其本身,因此

$$\boldsymbol{x}^T\boldsymbol{A}\boldsymbol{x} = (\boldsymbol{x}^T\boldsymbol{A}\boldsymbol{x})^T = \boldsymbol{x}^T\boldsymbol{A}^T\boldsymbol{x},$$

从而有

$$f = \boldsymbol{x}^T\boldsymbol{A}\boldsymbol{x} = \frac{1}{2}(\boldsymbol{x}^T\boldsymbol{A}\boldsymbol{x} + \boldsymbol{x}^T\boldsymbol{A}^T\boldsymbol{x}) = \boldsymbol{x}^T\frac{\boldsymbol{A}+\boldsymbol{A}^T}{2}\boldsymbol{x}$$

其中的矩阵 $\dfrac{\boldsymbol{A}+\boldsymbol{A}^T}{2}$ 为实对称矩阵,即为二次型f对应的矩阵. 为叙述方便,今后提到二次型 $f = \boldsymbol{x}^T\boldsymbol{A}\boldsymbol{x}$ 时,除非特别说明,一律假定其中的$\boldsymbol{A}$为实对称矩阵,即 $\boldsymbol{A} = \boldsymbol{A}^T$.

既然实对称矩阵就是二次型,那么这个矩阵越特殊,相应的二次型也就越特殊. 按此逻辑,易知对角矩阵(显然是实对称矩阵)

$$\boldsymbol{D} = diag(d_1, d_2, \cdots, d_n)$$

对应的是只含有平方项的二次型

$$f = d_1y_1^2 + d_2y_2^2 + \cdots + d_ny_n^2$$

称为二次型f的**标准形**(canonical form).

特别地,当 $r(\boldsymbol{D}) = r$ 时,易知标准形f中非零系数的个数为r,反之亦然.

6.1.2 矩阵合同对角化

显然前述的椭圆、双曲线、椭球面及双曲面等二次曲线或曲面的标准方程,就是二次型最典型的标准形,这说明二次型f一旦转化为其标准形,好多问题也就一目了然了.

矩阵博士小明再次联想到矩阵相似对角化的强大威力,看来二次型的中心问题就是确定一个满秩(即可逆)的线性变换 $\boldsymbol{x} = \boldsymbol{P}\boldsymbol{y}$,能将二次型$f$化为新变量 $y_1, y_2, \cdots, y_n$ 的标准形

$$f = d_1y_1^2 + d_2y_2^2 + \cdots + d_ny_n^2 = \boldsymbol{y}^T\boldsymbol{D}\boldsymbol{y} \tag{6.1.4}$$

其中的列向量 $\boldsymbol{y} = (y_1, y_2, \cdots, y_n)^T$.

小明将式 $\boldsymbol{x}=\boldsymbol{P}\boldsymbol{y}$ 代入式(6.1.3),得

$$f=\boldsymbol{x}^T\boldsymbol{A}\boldsymbol{x}=(\boldsymbol{P}\boldsymbol{y})^T\boldsymbol{A}(\boldsymbol{P}\boldsymbol{y})=\boldsymbol{y}^T(\boldsymbol{P}^T\boldsymbol{A}\boldsymbol{P})\boldsymbol{y}$$

因此从矩阵视角来看,二次型的中心问题是矩阵的合同对角化.

定义 6.1.3(合同矩阵与合同变换) 对 n 阶的方阵 $\boldsymbol{A}$ 与 $\boldsymbol{B}$,如果存在 n 阶的可逆矩阵(即满秩矩阵)$\boldsymbol{P}$,使得

$$\boldsymbol{P}^T\boldsymbol{A}\boldsymbol{P}=\boldsymbol{B} \tag{6.1.5}$$

则称矩阵 $\boldsymbol{A}$ 与 $\boldsymbol{B}$ **合同**(congruence),即矩阵 $\boldsymbol{A}$ 被矩阵 $\boldsymbol{P}$ **合同变换**(congruence transformation)成矩阵 $\boldsymbol{B}$,并称矩阵 $\boldsymbol{P}$ 为**合同变换矩阵**(congruence matrix). 当 $\boldsymbol{B}$ 特殊为对角矩阵 $\boldsymbol{D}$ 时,即

$$\boldsymbol{P}^T\boldsymbol{A}\boldsymbol{P}=\boldsymbol{D} \tag{6.1.6}$$

称矩阵 $\boldsymbol{A}$ 被 $\boldsymbol{P}$ **合同对角化为** $\boldsymbol{D}$,也称矩阵 $\boldsymbol{A}$ 可合同对角化.

显然,合同变换 $\boldsymbol{P}$ 指的是左乘 $\boldsymbol{P}^T$ 和右乘 $\boldsymbol{P}$ 的综合作用.

要特别注意的是,定义中并未明确要求方阵 $\boldsymbol{A}$ 与 $\boldsymbol{B}$ 是实对称矩阵. 事实上,存在互相合同的非对称矩阵,并且对称矩阵只能与对称矩阵合同,非对称矩阵只能与非对称矩阵合同(果然泾渭分明). 当然,由于矩阵合同对角化与二次型中心问题的联系,方阵 $\boldsymbol{A}$ 与 $\boldsymbol{B}$ 一般会自缚手脚,限定为实对称矩阵.

若 $\boldsymbol{A}$ 与 $\boldsymbol{B}$ 合同,则存在可逆矩阵 $\boldsymbol{P}$,使得 $\boldsymbol{P}^T\boldsymbol{A}\boldsymbol{P}=\boldsymbol{B}$,两边求转置,可得

$$\boldsymbol{P}^T\boldsymbol{A}^T\boldsymbol{P}=\boldsymbol{B}^T,\ \boldsymbol{P}^T(\boldsymbol{A}+\boldsymbol{A}^T)\boldsymbol{P}=\boldsymbol{B}+\boldsymbol{B}^T$$

这说明 $\boldsymbol{A}^T$ 与 $\boldsymbol{B}^T$ 合同,$\boldsymbol{A}+\boldsymbol{A}^T$ 与 $\boldsymbol{B}+\boldsymbol{B}^T$ 也合同.

令 $\boldsymbol{C}=\boldsymbol{P}^{-T}=(\boldsymbol{P}^{-1})^T$,则由式(6.1.6),可得 $\boldsymbol{A}$ 的**合同标准形分解**

$$\boldsymbol{A}=(\boldsymbol{P}^{-1})^T\boldsymbol{D}\boldsymbol{P}^{-1}=\boldsymbol{C}\boldsymbol{D}\boldsymbol{C}^T \tag{6.1.7}$$

另外,结合图 5.2,易知合同关系是特殊的等价关系,因此它也满足等价关系的三性(反身性,对称性和传递性),即对同阶方阵 $\boldsymbol{A}$, $\boldsymbol{B}$, $\boldsymbol{C}$ 而言,有:

(1) (反身性)$\boldsymbol{A}$ 与 $\boldsymbol{A}$ 合同.

(2) (对称性)若 $\boldsymbol{A}$ 与 $\boldsymbol{B}$ 合同,则 $\boldsymbol{B}$ 与 $\boldsymbol{A}$ 合同.

(3) (传递性)若 $\boldsymbol{A}$ 与 $\boldsymbol{B}$ 合同,$\boldsymbol{B}$ 与 $\boldsymbol{C}$ 合同,则 $\boldsymbol{A}$ 与 $\boldsymbol{C}$ 合同.

例 6.1.2 判断矩阵 $\boldsymbol{A}$ 与 $\boldsymbol{B}$ 是否相似?是否合同?其中

$$\boldsymbol{A}=\begin{pmatrix}2&-1&-1\\-1&2&-1\\-1&-1&2\end{pmatrix},\ \boldsymbol{B}=\begin{pmatrix}1&0&0\\0&1&0\\0&0&0\end{pmatrix}$$

解: 由特征方程 $|\boldsymbol{A}-\lambda\boldsymbol{I}|=0$,即

$$|\boldsymbol{A}-\lambda\boldsymbol{I}|=\begin{vmatrix}2-\lambda & -1 & -1\\ -1 & 2-\lambda & -1\\ -1 & -1 & 2-\lambda\end{vmatrix}=-\lambda\begin{vmatrix}1 & -1 & -1\\ 1 & 2-\lambda & -1\\ 1 & -1 & 2-\lambda\end{vmatrix}=-\lambda(3-\lambda)^2=0$$

解得 $\boldsymbol{A}$ 的特征值 $\lambda_1=\lambda_2=3$, $\lambda_3=0$. 而 $\boldsymbol{B}$ 为对角阵,其特征值为对角元 $\mu_1=\mu_2=1$, $\mu_3=0$.

因为 $\boldsymbol{A}$ 与 $\boldsymbol{B}$ 的特征值不全相等,所以 $\boldsymbol{A}$ 与 $\boldsymbol{B}$ 不相似.

由于 $\boldsymbol{A}$ 是实对称矩阵,可以正交对角化,即存在正交矩阵 $\boldsymbol{Q}$,使得

$$\boldsymbol{Q}^{-1}\boldsymbol{A}\boldsymbol{Q}=\boldsymbol{Q}^T\boldsymbol{A}\boldsymbol{Q}=\boldsymbol{\Lambda}=\mathrm{diag}(3,\ 3,\ 0)$$

此即

$$\left(\frac{1}{\sqrt{3}}\boldsymbol{Q}\right)^T\boldsymbol{A}\left(\frac{1}{\sqrt{3}}\boldsymbol{Q}\right)=\boldsymbol{B}=\mathrm{diag}(1,\ 1,\ 0)$$

显然 $\boldsymbol{P}=\dfrac{1}{\sqrt{3}}\boldsymbol{Q}$ 是可逆矩阵,且有 $\boldsymbol{P}^T\boldsymbol{A}\boldsymbol{P}=\boldsymbol{B}$,所以 $\boldsymbol{A}$ 与 $\boldsymbol{B}$ 是合同的.

本例中两矩阵合同但不相似,那么相似与合同之间到底有着何种关系? 结合图 5.2,易知两者不能互推,即合同未必相似(如本例所示),相似也未必合同(如例 6.2.3 所示).

6.1.3 化二次型为标准形

如果矩阵 $\boldsymbol{A}$ 进一步特殊为实对称矩阵,则可逆矩阵 $\boldsymbol{P}$ 特殊为正交矩阵 $\boldsymbol{Q}$,从而式(6.1.6)进一步特殊为

$$\boldsymbol{Q}^T\boldsymbol{A}\boldsymbol{Q}=\boldsymbol{Q}^{-1}\boldsymbol{A}\boldsymbol{Q}=\boldsymbol{\Lambda} \tag{6.1.8}$$

即实对称矩阵 $\boldsymbol{A}$ 被 $\boldsymbol{Q}$ **正交合同对角化**(即正交对角化)为 $\boldsymbol{\Lambda}$,其中 $\boldsymbol{\Lambda}$ 的对角元为 $\boldsymbol{A}$ 的特征值. 同时,式(6.1.7)进一步特殊为

$$\boldsymbol{A}=\boldsymbol{Q}\boldsymbol{\Lambda}\boldsymbol{Q}^T=\boldsymbol{Q}\boldsymbol{\Lambda}\boldsymbol{Q}^{-1} \tag{6.1.9}$$

此即实对称矩阵 $\boldsymbol{A}$ 的谱分解,因为正交矩阵既是特殊的相似变换矩阵,也是特殊的合同变换矩阵. 关于四大关系(等价、相似、合同、正交相似或正交合同),请再次参阅图 5.2.

根据上述分析,注意到二次型 f 的矩阵 $\boldsymbol{A}$ 始终是实对称矩阵,因此二次型 $\boldsymbol{x}^T\boldsymbol{A}\boldsymbol{x}$ 的中心问题转化为 $\boldsymbol{A}$ 能否正交合同对角化(即正交对角化). 与此同时,结合实对称矩阵的正交对角化,易知上述分析也揭示了下述的定理.

定理 6.1.1(主轴定理) 任意一个二次型 $f=\boldsymbol{x}^T\boldsymbol{A}\boldsymbol{x}$ 均可以通过一个正交变换 $\boldsymbol{x}=\boldsymbol{Q}\boldsymbol{y}$ 化成标准形

$$f=\boldsymbol{y}^T\boldsymbol{\Lambda}\boldsymbol{y}=\lambda_1y_1^2+\lambda_2y_2^2+\cdots+\lambda_ny_n^2 \tag{6.1.10}$$

这里 $\boldsymbol{Q}$ 为正交矩阵,$\boldsymbol{\Lambda}=\mathrm{diag}(\lambda_1,\ \lambda_2,\ \cdots,\ \lambda_n)$ 的对角元为 $\boldsymbol{A}$ 的特征值.

思考　系数就是特征值！看来这些反映矩阵个性的特征值果然是二次型的立身之本.问题是特征向量哪去了？怎么能让这对苦命鸳鸯单宿单飞呢？

值得说明的是，正交变换 $\boldsymbol{x}=\boldsymbol{Q}\boldsymbol{y}$ 不仅是保秩变换，而且是保范变换（保持向量的范数不变），这是因为

$$\|\boldsymbol{x}\|^2=(\boldsymbol{x},\boldsymbol{x})=(\boldsymbol{Q}\boldsymbol{y},\boldsymbol{Q}\boldsymbol{y})=(\boldsymbol{Q}\boldsymbol{y})^T(\boldsymbol{Q}\boldsymbol{y})=\boldsymbol{y}^T\boldsymbol{Q}^T\boldsymbol{Q}\boldsymbol{y}=\boldsymbol{y}^T\boldsymbol{y}=(\boldsymbol{y},\boldsymbol{y})=\|\boldsymbol{y}\|^2$$

例 6.1.3　已知笛卡尔平面 Ox_1x_2 中的圆锥曲线方程 $5x_1^2-4x_1x_2+5x_2^2=42$，试确定其形状.

解法一：手工计算.

记二次型 $f=5x_1^2-4x_1x_2+5x_2^2=\boldsymbol{x}^T\boldsymbol{A}\boldsymbol{x}$，其中 $\boldsymbol{x}=(x_1,x_2)^T$，则二次型 f 的矩阵为 $\boldsymbol{A}=\begin{pmatrix}5&-2\\-2&5\end{pmatrix}$. 计算可得 $\boldsymbol{A}$ 的特征值为 $\lambda_1=3$，$\lambda_2=7$，相应的单位特征向量分别为

$$\boldsymbol{q}_1=\frac{1}{\sqrt{2}}(1,1)^T,\ \boldsymbol{q}_2=\frac{1}{\sqrt{2}}(-1,1)^T$$

令 $\boldsymbol{Q}=(\boldsymbol{q}_1,\boldsymbol{q}_2)=\begin{bmatrix}\frac{1}{\sqrt{2}}&-\frac{1}{\sqrt{2}}\\\frac{1}{\sqrt{2}}&\frac{1}{\sqrt{2}}\end{bmatrix}$，$\boldsymbol{\Lambda}=\begin{pmatrix}3&0\\0&7\end{pmatrix}$，显然 $\boldsymbol{Q}=\boldsymbol{G}\left(\frac{\pi}{4}\right)$，即正交矩阵 $\boldsymbol{Q}$ 就是 Givens 矩阵 $\boldsymbol{G}\left(\frac{\pi}{4}\right)$. 注意到此时 $\boldsymbol{x}=\boldsymbol{Q}\boldsymbol{y}$ 即为 $\boldsymbol{y}=\boldsymbol{Q}^{-1}\boldsymbol{x}=\boldsymbol{G}\left(-\frac{\pi}{4}\right)\boldsymbol{x}$，因此将坐标系 Ox_1x_2 逆时针旋转 $\frac{\pi}{4}$，可得

$$f=\boldsymbol{x}^T\boldsymbol{A}\boldsymbol{x}=\boldsymbol{y}^T\boldsymbol{\Lambda}\boldsymbol{y}$$

其中的 $\boldsymbol{y}=(y_1,y_2)^T$，从而圆锥曲线方程 $5x_1^2-4x_1x_2+5x_2^2=42$ 就转化为坐标系 Oy_1y_2 下的标准方程，即

$$3y_1^2+7y_2^2=42$$

这显然是一个椭圆（如图 6.1 所示），其长、短半轴长分别为

$$\sqrt{\frac{42}{\lambda_1}}=\sqrt{\frac{42}{3}}=\sqrt{14},\ \sqrt{\frac{42}{\lambda_2}}=\sqrt{\frac{42}{7}}=\sqrt{6}$$

并且新的坐标轴方向就是特征向量确定的方向，即 $\pm\boldsymbol{q}_1=\pm\frac{1}{\sqrt{2}}(1,1)^T$ 和 $\pm\boldsymbol{q}_2=\pm\frac{1}{\sqrt{2}}(-1,1)^T$，也就是笛卡尔平面 Ox_1x_2 中两条对角线 $x_1=\pm x_2$ 所确定的方向（图 6.1 中的两条粗斜线）.

原来特征向量确定的是椭圆长短轴的方向，特征值则用于确定椭圆长短轴的长度. 看来即便再苦命，这对鸳鸯仍然会生死相守.

解法二：MATLAB 计算.（文件名为 ex6103.m）

```
h=ezplot('x1+x2');hold on;   % 在同一张图上绘制对称轴，h 为图形的句柄
```

```
set(h,'Color','b');    % 颜色设置为绿色
set(h,'LineWidth',2);  % 线宽设置为 2
h=ezplot('x1-x2');hold on;  % 另一条对称轴
set(h,'Color','b');set(h,'LineWidth',2);
plot([-2*pi,2*pi],[0,0],'Color','k');hold on;
plot([0,0],[-2*pi,2*pi],'Color','k');hold on;
% 调用内置函数 ezplot(具体请参阅本章实验二),
% 绘出的几何图形是斜置的椭圆
f='5*x1^2-4*x1*x2+5*x2^2-42';
h=ezplot(f);hold on;
set(h,'Color','r');    % 颜色设置为红色
set(h,'LineWidth',2);
axis square ;grid on;   % 产生正方形坐标轴,加上网格
```

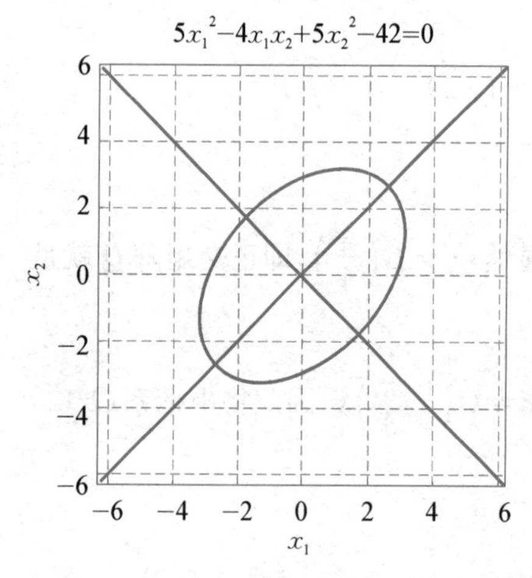

图6.1 二元二次型的几何意义：圆锥曲线

运行程序后，结果如图 6.1 所示：

二元二次型的几何意义就是圆锥曲线(这还用说).由于标准形对应的是位于标准位置的圆锥曲线，所以需要适当的正交变换(具体而言是旋转变换)，将坐标轴旋转到新的位置，使得圆锥曲线位于新坐标系的标准位置上.这些新坐标轴方向被称为**主轴方向**(pricipal axis direction)，它们是由相应的特征向量确定的，这是因为特征向量的数乘仍然落在相应的特征空间中.

例 6.1.4 化二次型

$$f = 2x_1^2 + x_2^2 - 4x_1x_2 - 4x_2x_3$$

为标准形，并确定 $f = 1$ 为何曲面？

解法一：正交变换法.

二次型 f 的矩阵为 $\boldsymbol{A} = \begin{pmatrix} 2 & -2 & 0 \\ -2 & 1 & -2 \\ 0 & -2 & 0 \end{pmatrix}$. 由特征方程 $|\boldsymbol{A} - \lambda\boldsymbol{I}| = 0$，即

$$|\boldsymbol{A} - \lambda\boldsymbol{I}| = \begin{vmatrix} 2-\lambda & -2 & 0 \\ -2 & 1-\lambda & -2 \\ 0 & -2 & 0-\lambda \end{vmatrix} = -\lambda(2-\lambda)(1-\lambda) - 4(\lambda-2) + 4\lambda$$
$$= -(\lambda-1)(\lambda-4)(\lambda+2) = 0$$

解得 $\boldsymbol{A}$ 的特征值为 $\lambda_1 = 1,\ \lambda_2 = 4,\ \lambda_3 = -2$.

解 $(\boldsymbol{A} - \boldsymbol{I})\boldsymbol{x} = \boldsymbol{0}$，得 $\lambda_1 = 1$ 对应的特征向量 $\boldsymbol{\xi}_1 = (2, 1, -2)^T$；

解 $(\boldsymbol{A}-4\boldsymbol{I})\boldsymbol{x}=\boldsymbol{0}$，得 $\lambda_2=4$ 对应的特征向量 $\boldsymbol{\xi}_2=(2,\ -2,\ 1)^T$；

解 $(\boldsymbol{A}+2\boldsymbol{I})\boldsymbol{x}=\boldsymbol{0}$，得 $\lambda_3=-2$ 对应的特征向量 $\boldsymbol{\xi}_3=(1,\ 2,\ 2)^T$.

由于三个特征值都是单根，不需要 Gram-Schmidt 正交化，因此分别将 $\boldsymbol{\xi}_1$，$\boldsymbol{\xi}_2$，$\boldsymbol{\xi}_3$ 单位化，得

$$\boldsymbol{\varepsilon}_1=\frac{1}{3}\begin{pmatrix}2\\1\\-2\end{pmatrix},\ \boldsymbol{\varepsilon}_2=\frac{1}{3}\begin{pmatrix}2\\-2\\1\end{pmatrix},\ \boldsymbol{\varepsilon}_3=\frac{1}{3}\begin{pmatrix}1\\2\\2\end{pmatrix}$$

令 $\boldsymbol{Q}=(\boldsymbol{\varepsilon}_1,\ \boldsymbol{\varepsilon}_2,\ \boldsymbol{\varepsilon}_3)=\frac{1}{3}\begin{pmatrix}2&2&1\\1&-2&2\\-2&1&2\end{pmatrix}$，$\boldsymbol{\Lambda}=\begin{pmatrix}1&&\\&4&\\&&-2\end{pmatrix}$，则 $\boldsymbol{Q}^T\boldsymbol{A}\boldsymbol{Q}=\boldsymbol{\Lambda}$，这说明通过正交变换 $\boldsymbol{x}=\boldsymbol{Q}\boldsymbol{y}$，二次型

$$f=\boldsymbol{x}^T\boldsymbol{A}\boldsymbol{x}=\boldsymbol{y}^T(\boldsymbol{Q}^T\boldsymbol{A}\boldsymbol{Q})\boldsymbol{y}=\boldsymbol{y}^T\boldsymbol{\Lambda}\boldsymbol{y}$$

即二次型 $f=2x_1^2+x_2^2-4x_1x_2-4x_2x_3$ 可化成标准形

$$f=1y_1^2+4y_2^2-2y_3^2$$

从几何上看，$f=1y_1^2+4y_2^2-2y_3^2=1$ 显然是高等数学中学过的单叶双曲面. 这说明二次型的确可以从代数上化简二次曲面的方程，进而确定其形状.

解法二：**MATLAB 计算**.（文件名为 ex6104.m）

```
x='1*sec(s)*cos(t)';y='(1/2)*sec(s)*sin(t)';
z='(sqrt(2)/2)*tan(s)';
% 调用内置函数 ezsurf(具体请参阅本章实验三)
ezsurf(x,y,z,[-pi/2,pi/2,0,2*pi])
title('x^2+4*y^2-2*z^2=1')
axis auto  % 自动截取坐标轴显示范围
```

运行程序后，结果如图 6.2 所示.

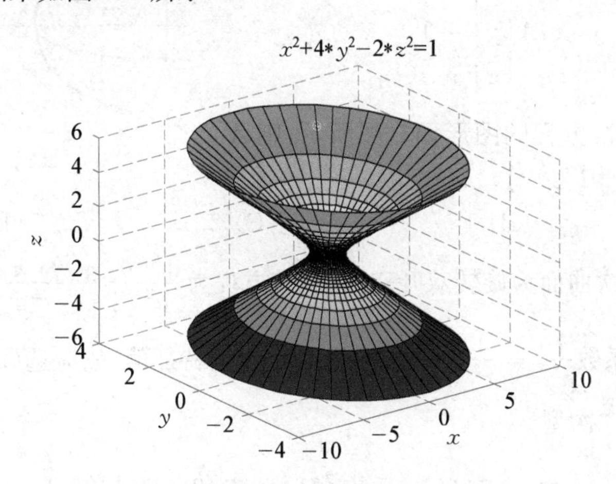

图 6.2　三元二次型的几何意义：二次曲面

解法三：拉格朗日配方法．

$$\begin{aligned} f(x_1,\ x_2,\ x_3) &= 2x_1^2 + x_2^2 - 4x_1x_2 - 4x_2x_3 = 2(x_1 - x_2)^2 - x_2^2 - 4x_2x_3 \\ &= 2(x_1 - x_2)^2 - (x_2 + 2x_3)^2 + 4x_3^2 = 2(x_1 - x_2)^2 + 4x_3^2 - (x_2 + 2x_3)^2 \end{aligned}$$

令$\begin{cases} y_1 = \sqrt{2}(x_1 - x_2), \\ y_2 = x_3, \\ y_3 = \dfrac{1}{\sqrt{2}}(x_2 + 2x_3) \end{cases}$，则

$$\begin{cases} x_1 = \dfrac{1}{\sqrt{2}}y_1 - 2y_2 + \sqrt{2}\,y_3, \\ x_2 = -2y_2 + \sqrt{2}\,y_3, \\ x_3 = y_2 \end{cases}$$

写成矩阵形式，即为

$$\boldsymbol{x} = \begin{pmatrix} x_1 \\ x_2 \\ x_3 \end{pmatrix} = \begin{pmatrix} \dfrac{1}{\sqrt{2}} & -2 & \sqrt{2} \\ 0 & -2 & \sqrt{2} \\ 0 & 1 & 0 \end{pmatrix} \begin{pmatrix} y_1 \\ y_2 \\ y_3 \end{pmatrix} = \boldsymbol{P}\boldsymbol{y}$$

因此，经过满秩变换 $\boldsymbol{x} = \boldsymbol{P}\boldsymbol{y}$，二次型 $f = 2x_1^2 + x_2^2 - 4x_1x_2 - 4x_2x_3$ 化成了标准形

$$f = y_1^2 + 4y_2^2 - 2y_3^2$$

小明很快意识到，拉格朗日配方法的优点是计算简单，缺点则是难以得到保范的正交变换 $\boldsymbol{x} = \boldsymbol{Q}\boldsymbol{y}$．

例 6.1.5 设 $\boldsymbol{A}$ 为 3 阶实对称矩阵，如果二次曲面方程

$$(x,\ y,\ z)\boldsymbol{A}\begin{pmatrix} x \\ y \\ z \end{pmatrix} = 1$$

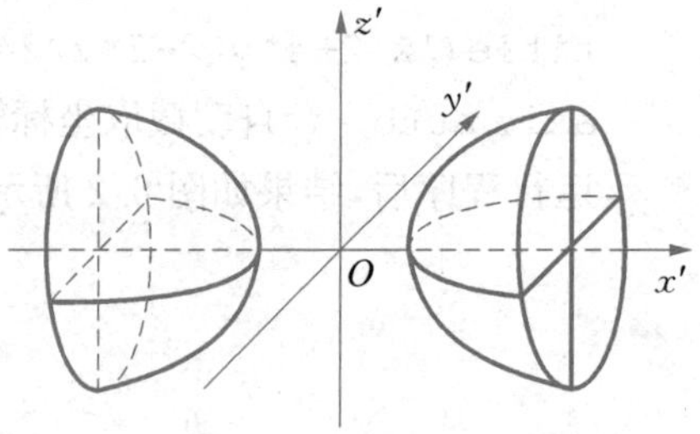

在正交变换下的标准方程的图形如右图所示，则 $\boldsymbol{A}$ 的正特征值的个数为【　　】

(A) 0　　(B) 1　　(C) 2　　(D) 3

解： 图中的二次曲面为旋转双叶双曲面，其方程为 $\dfrac{x'^2}{a^2} - \dfrac{y'^2 + z'^2}{c^2} = 1$．系数就是特征值，因此平方项系数 $\dfrac{1}{a^2}, -\dfrac{1}{c^2}, -\dfrac{1}{c^2}$ 即为矩阵 $\boldsymbol{A}$ 的特征值，故应选(B)．

例 6.1.6 设二次型

$$f = x_1^2 + x_2^2 + x_3^2 + 2ax_1x_2 + 2bx_2x_3 + 2x_1x_3$$

经过正交变换 $\boldsymbol{x}=\boldsymbol{Q}\boldsymbol{y}$ 化成了标准形

$$f = y_2^2 + 2y_3^2$$

求参数 a, b 的值.

分析：本题是二次型标准形问题的逆问题. 由于采用的正交变换是特殊的相似变换，所以可利用相似不变量(特征值,特征多项式等)来确定这些参数.

解：变换前后二次型 f 的矩阵分别为

$$\boldsymbol{A} = \begin{pmatrix} 1 & a & 1 \\ a & 1 & b \\ 1 & b & 1 \end{pmatrix}, \boldsymbol{\Lambda} = \begin{pmatrix} 0 & 0 & 0 \\ 0 & 1 & 0 \\ 0 & 0 & 2 \end{pmatrix}$$

由于采用的正交变换 $\boldsymbol{x}=\boldsymbol{Q}\boldsymbol{y}$ 是特殊的相似变换,所以矩阵 $\boldsymbol{A}$ 与对角矩阵 $\boldsymbol{\Lambda}$ 相似,因此 $\boldsymbol{A}$ 的特征值就是对角矩阵 $\boldsymbol{\Lambda}$ 的特征值 0, 1, 2,从而有

$$|\boldsymbol{A} - 1\boldsymbol{I}| = 0, \ |\boldsymbol{A}| = 0 \times 1 \times 2 = 0$$

此即

$$\begin{vmatrix} 0 & a & 1 \\ a & 0 & b \\ 1 & b & 0 \end{vmatrix} = 0, \ \begin{vmatrix} 1 & a & 1 \\ a & 1 & b \\ 1 & b & 1 \end{vmatrix} = 0$$

也就是

$$2ab = 0, -(a-b)^2 = 0$$

解得 $a = b = 0$.

显然标准方程 $f = y_2^2 + 2y_3^2 = 1$ 表示的是笛卡尔坐标系 $Oy_1y_2y_3$ 中的一个椭圆柱面，与底面 Oy_2y_3 垂直. 因此方程 $f = x_1^2 + x_2^2 + x_3^2 + 2x_1x_3 = 1$ 表示的是笛卡尔坐标系 $Ox_1x_2x_3$ 中的一个倾斜的椭圆柱面.

例 6.1.7　设二次型

$$f = 2(a_1x_1 + a_2x_2 + a_3x_3)^2 + (b_1x_1 + b_2x_2 + b_3x_3)^2$$

记 $\boldsymbol{\alpha} = (a_1, a_2, a_3)^T$, $\boldsymbol{\beta} = (b_1, b_2, b_3)^T$.

(1) 证明二次型 f 对应的矩阵为 $2\boldsymbol{\alpha}\boldsymbol{\alpha}^T + \boldsymbol{\beta}\boldsymbol{\beta}^T$.

(2) 若 $\boldsymbol{\alpha}$, $\boldsymbol{\beta}$ 正交且均为单位向量,证明二次型 f 在正交变换下的标准形为 $f = 2y_1^2 + y_2^2$.

证明：(1) 记 $\boldsymbol{x} = (x_1, x_2, x_3)^T$,则

$$a_1x_1 + a_2x_2 + a_3x_3 = \boldsymbol{x}^T\boldsymbol{\alpha} = \boldsymbol{\alpha}^T\boldsymbol{x}, \ b_1x_1 + b_2x_2 + b_3x_3 = \boldsymbol{x}^T\boldsymbol{\beta} = \boldsymbol{\beta}^T\boldsymbol{x}$$

于是有

$$f = 2\boldsymbol{x}^T\boldsymbol{\alpha}\boldsymbol{\alpha}^T\boldsymbol{x} + \boldsymbol{x}^T\boldsymbol{\beta}\boldsymbol{\beta}^T\boldsymbol{x} = \boldsymbol{x}^T(2\boldsymbol{\alpha}\boldsymbol{\alpha}^T + \boldsymbol{\beta}\boldsymbol{\beta}^T)\boldsymbol{x}$$

其中 $2\boldsymbol{\alpha}\boldsymbol{\alpha}^T+\boldsymbol{\beta}\boldsymbol{\beta}^T$ 为实对称矩阵,故二次型 f 对应的矩阵为 $2\boldsymbol{\alpha}\boldsymbol{\alpha}^T+\boldsymbol{\beta}\boldsymbol{\beta}^T$.

(2) 记 $\boldsymbol{A}=2\boldsymbol{\alpha}\boldsymbol{\alpha}^T+\boldsymbol{\beta}\boldsymbol{\beta}^T$. 由于 $\boldsymbol{\alpha}$, $\boldsymbol{\beta}$ 正交,因此 $\boldsymbol{\alpha}^T\boldsymbol{\beta}=\boldsymbol{\beta}^T\boldsymbol{\alpha}=0$. 又 $\boldsymbol{\alpha}$, $\boldsymbol{\beta}$ 均为单位向量,故

$$\boldsymbol{\alpha}^T\boldsymbol{\alpha}=||\boldsymbol{\alpha}||^2=1,\ \boldsymbol{\beta}^T\boldsymbol{\beta}=||\boldsymbol{\beta}||^2=1$$

因为 $r(\boldsymbol{A})=r(2\boldsymbol{\alpha}\boldsymbol{\alpha}^T+\boldsymbol{\beta}\boldsymbol{\beta}^T)\leqslant r(2\boldsymbol{\alpha}\boldsymbol{\alpha}^T)+r(\boldsymbol{\beta}\boldsymbol{\beta}^T)\leqslant r(\boldsymbol{\alpha})+r(\boldsymbol{\beta})\leqslant 2<3$,所以 $|\boldsymbol{A}|=0$,即 0 为 $\boldsymbol{A}$ 的特征值;因为 $\boldsymbol{A}\boldsymbol{\alpha}=(2\boldsymbol{\alpha}\boldsymbol{\alpha}^T+\boldsymbol{\beta}\boldsymbol{\beta}^T)\boldsymbol{\alpha}=2\boldsymbol{\alpha}$,所以 2 为 $\boldsymbol{A}$ 的特征值;因为 $\boldsymbol{A}\boldsymbol{\beta}=(2\boldsymbol{\alpha}\boldsymbol{\alpha}^T+\boldsymbol{\beta}\boldsymbol{\beta}^T)\boldsymbol{\beta}=\boldsymbol{\beta}$,所以 1 为 $\boldsymbol{A}$ 的特征值.

于是 $\boldsymbol{A}$ 的特征值为 2, 1, 0,因此二次型 f 在正交变换下的标准形为 $f=2y_1^2+y_2^2$.

例 6.1.8 设 $\boldsymbol{A}$, $\boldsymbol{B}$ 都是实对称矩阵,且 $\boldsymbol{A}$ 与 $\boldsymbol{B}$ 相似,则 $\boldsymbol{A}$ 与 $\boldsymbol{B}$ 合同.

证明: 因为 $\boldsymbol{A}$ 与 $\boldsymbol{B}$ 相似,所以 $\boldsymbol{A}$ 与 $\boldsymbol{B}$ 有相同的特征值. 又因为 $\boldsymbol{A}$, $\boldsymbol{B}$ 都是实对称矩阵,因此必存在正交矩阵 $\boldsymbol{Q}_1$ 和 $\boldsymbol{Q}_2$,使得 $\boldsymbol{A}$, $\boldsymbol{B}$ 可同时对角化为同一个对角矩阵 $\boldsymbol{\Lambda}$,即

$$\boldsymbol{Q}_1^{-1}\boldsymbol{A}\boldsymbol{Q}_1=\boldsymbol{Q}_2^{-1}\boldsymbol{B}\boldsymbol{Q}_2=\boldsymbol{\Lambda}$$

这里 $\boldsymbol{\Lambda}$ 的对角元为矩阵 $\boldsymbol{A}$ 的特征值. 从而有

$$\boldsymbol{B}=\boldsymbol{Q}_2\boldsymbol{\Lambda}\boldsymbol{Q}_2^{-1}=\boldsymbol{Q}_2\boldsymbol{Q}_1^{-1}\boldsymbol{A}\boldsymbol{Q}_1\boldsymbol{Q}_2^{-1}=(\boldsymbol{Q}_1\boldsymbol{Q}_2^{-1})^{-1}\boldsymbol{A}(\boldsymbol{Q}_1\boldsymbol{Q}_2^{-1})$$

记 $\boldsymbol{Q}=\boldsymbol{Q}_1\boldsymbol{Q}_2^{-1}$,注意到 $\boldsymbol{Q}_1^{-1}=\boldsymbol{Q}_1^T$, $\boldsymbol{Q}_2^{-1}=\boldsymbol{Q}_2^T$, 因此

$$\boldsymbol{Q}^T=(\boldsymbol{Q}_1\boldsymbol{Q}_2^{-1})^T=(\boldsymbol{Q}_1\boldsymbol{Q}_2^T)^T=\boldsymbol{Q}_2\boldsymbol{Q}_1^T=\boldsymbol{Q}_2\boldsymbol{Q}_1^{-1}=(\boldsymbol{Q}_1\boldsymbol{Q}_2^{-1})^{-1}=\boldsymbol{Q}^{-1}$$

即 $\boldsymbol{Q}$ 也是正交矩阵,于是有 $\boldsymbol{B}=\boldsymbol{Q}^{-1}\boldsymbol{A}\boldsymbol{Q}=\boldsymbol{Q}^T\boldsymbol{A}\boldsymbol{Q}$,即 $\boldsymbol{A}$ 与 $\boldsymbol{B}$ 合同 .

因此**对实对称矩阵而言,相似必合同,合同未必相似**. 例如,例 6.1.2 中的矩阵 $\boldsymbol{A}$, $\boldsymbol{B}$ 都是实对称矩阵,且 $\boldsymbol{A}$ 与 $\boldsymbol{B}$ 合同,但 $\boldsymbol{A}$ 与 $\boldsymbol{B}$ 却是不相似的.

这个结论也意味着,当两个对角矩阵对角线上的元素完全相同,仅仅是顺序不同时,因为它们是实对称矩阵,而且特征值完全相同,因此它们是相似的,进而可知它们也是合同的. 以二阶的情形为例,矩阵 $\begin{pmatrix} d_1 & \\ & d_2 \end{pmatrix}$ 与 $\begin{pmatrix} d_2 & \\ & d_1 \end{pmatrix}$ 既相似也合同,相似变换(合同变换)矩阵 $\boldsymbol{P}=\begin{pmatrix} 0 & 1 \\ 1 & 0 \end{pmatrix}$.

6.2 正定二次型与正定矩阵

6.2.1 惯性定理

在将可对角化矩阵 $\boldsymbol{A}$ 相似对角化时,即使规定对角阵 $\boldsymbol{\Lambda}$ 中对角元的顺序,也无法确保相应的相似变换矩阵 $\boldsymbol{P}$ 是唯一的,因为 $\boldsymbol{P}$ 的列向量都是特征向量,而特征向量只用于确定方向,不关心其大小. 当 $\boldsymbol{A}$ 特殊为实对称矩阵时,$\boldsymbol{A}$ 可以正交对角化(特殊的合同对角化)为 $\boldsymbol{\Lambda}$,此时 $\boldsymbol{P}$ 特殊为正交矩阵 $\boldsymbol{Q}$,但即使严格规定对角阵 $\boldsymbol{\Lambda}$ 中对角元的顺序,在 $\boldsymbol{A}$ 出现重特征值时,也无法保证相应的正交矩阵 $\boldsymbol{Q}$ 是唯一的. 所以化二次型为标准形时,采用的

可逆变换(满秩变换)$\boldsymbol{x}=\boldsymbol{P}\boldsymbol{y}$ 不是唯一的,得到的标准形自然也不是唯一的.

问题是小明惊叹地获悉,尽管"沧海桑田,世事变迁",但其中仍有"亘古不变的永恒",此即惯性指数.

定理 6.2.1(西尔维斯特惯性定理) 秩为 r 的 n 元二次型 $f=\boldsymbol{x}^{\mathrm{T}}\boldsymbol{A}\boldsymbol{x}$ 经过两个可逆线性变换 $\boldsymbol{x}=\boldsymbol{P}_1\boldsymbol{y}$ 和 $\boldsymbol{x}=\boldsymbol{P}_2\boldsymbol{z}$,分别化成标准形

$$f=\alpha_1y_1^2+\alpha_2y_2^2+\cdots\alpha_ry_r^2 \text{ 及 } f=\beta_1z_1^2+\beta_2z_2^2+\cdots\beta_rz_r^2$$

其中的系数 $\alpha_1, \alpha_2, \cdots, \alpha_r$ 和 $\beta_1, \beta_2, \cdots, \beta_r$ 都不为零,则两组系数中,**正惯性指数** π(positive inertia index,即取正值的个数)相等,**负惯性指数** υ(negative inertia index,即取负值的个数)也相等.

根据惯性定理,称

$$y_1^2+y_2^2+\cdots+y_\pi^2-y_{\pi+1}^2-\cdots-y_{\pi+\upsilon}^2,\ \pi+\upsilon=r \tag{6.2.1}$$

为二次型 $f=\boldsymbol{x}^{\mathrm{T}}\boldsymbol{A}\boldsymbol{x}$ 的**规范形**(normal form),其中 $r=r(f)$ 为二次型 f 的秩.相应地,称矩阵

$$\boldsymbol{\Lambda}=diag(\boldsymbol{I}_\pi, \boldsymbol{I}_\upsilon, \boldsymbol{O}_{n-r})$$

为实对称矩阵 $\boldsymbol{A}$ 的**合同规范形**.

显然,规范形中开始的 π 个系数都是 1,接下来的 υ 个系数都是 -1,这里的 π 和 υ 是仅由二次型 f 确定的正、负惯性指数,因此**二次型 f 的规范形是唯一的**.

例如,在例 6.1.3 中,可知 $f=5x_1^2-4x_1x_2+5x_2^2$ 的正惯性指数 $\pi=2$,负惯性指数 $\upsilon=0$,秩 $r=2$,即有 $r=\pi$;在例 6.1.4 中,可知 $f=2x_1^2+x_2^2-4x_1x_2-4x_2x_3$ 的正惯性指数 $\pi=2$,负惯性指数 $\upsilon=1$,秩 $r=\pi+\upsilon=3$.

惯性定理意味着,正负惯性指数与标准形的基底无关,这正是惯性的本意所在.反映到几何上,以二元二次型为例,就是经过可逆的线性变换,二次曲线的形状和大小会发生变化,但曲线的类型却始终不变.具体到椭圆,改变的只是椭圆长短轴的方向和大小,改变不了的则是椭圆这种类型.

用矩阵语言来表示惯性定理,就是实对称方阵 $\boldsymbol{A}$ 被合同变换矩阵 $\boldsymbol{P}$ 变换为对角矩阵 $\boldsymbol{P}^{\mathrm{T}}\boldsymbol{A}\boldsymbol{P}=\boldsymbol{D}$,其中 $\boldsymbol{D}$ 的对角元 $d_1, d_2, \cdots, d_n$ 都是实数,并且其中正数的个数 π 和负数的个数 υ 都由 $\boldsymbol{A}$ 的本性唯一确定,与合同变换矩阵 $\boldsymbol{P}$ 无关,但各非零 d_i 的值与使用的可逆线性变换 $\boldsymbol{x}=\boldsymbol{P}\boldsymbol{y}$ 或合同变换矩阵 $\boldsymbol{P}$ 有关,因此 $\boldsymbol{D}$ 不是唯一的.特别地,当使用正交矩阵 $\boldsymbol{Q}$ 时,$\boldsymbol{P}^{\mathrm{T}}\boldsymbol{A}\boldsymbol{P}=\boldsymbol{D}$ 特殊为 $\boldsymbol{Q}^{\mathrm{T}}\boldsymbol{A}\boldsymbol{Q}=\boldsymbol{\Lambda}$,而且对角矩阵 $\boldsymbol{\Lambda}$ 的对角元 $\lambda_1, \lambda_2, \cdots, \lambda_n$ 就是 $\boldsymbol{A}$ 的特征值.进一步地,惯性定理意味着可忽略对角矩阵 $\boldsymbol{D}$ 的各非零对角元 d_i 的值,而仅仅只关注它们的符号.换成矩阵语言,这就是说,实对称方阵 $\boldsymbol{A}$ 必存在合同规范形.

定理 6.2.2(实对称方阵的合同规范形) 秩为 r 的 n 阶实对称方阵 $\boldsymbol{A}$ 的合同规范形为

$$\boldsymbol{\Lambda} = diag(\boldsymbol{I}_{\pi}, -\boldsymbol{I}_{r-\pi}, \boldsymbol{O}_{n-r}) \tag{6.2.2}$$

显然式(6.2.2)中的矩阵$\boldsymbol{\Lambda}$就是二次型$f = \boldsymbol{x}^T\boldsymbol{A}\boldsymbol{x}$ 的规范形(6.2.1)的矩阵,因此π就是 f 的正惯性指数,$\upsilon = r - \pi$ 就是 f 的负惯性指数.

定理 6.2.2 同时也指出,实对称矩阵 $\boldsymbol{A}$ 与 $\boldsymbol{B}$ 合同,等价于它们有相同的合同规范形,从而也等价于二次型 $\boldsymbol{x}^T\boldsymbol{A}\boldsymbol{x}$ 与 $\boldsymbol{x}^T\boldsymbol{B}\boldsymbol{x}$ 具有相同的规范形(6.2.1),这也就是说二次型 $\boldsymbol{x}^T\boldsymbol{A}\boldsymbol{x}$ 与$\boldsymbol{x}^T\boldsymbol{B}\boldsymbol{x}$ 有相同的正惯性指数π 和负惯性指数$\upsilon = r - \pi$. 再根据惯性定理和主轴定理,易知二次型 $f = \boldsymbol{x}^T\boldsymbol{A}\boldsymbol{x}$ 的正、负惯性指数,实质上就是实对称矩阵 $\boldsymbol{A}$ 的非零特征值中正、负特征值的个数,于是可得矩阵合同的特征值判别法.

定理 6.2.3(特征值判别法) 实对称矩阵 $\boldsymbol{A}$ 与 $\boldsymbol{B}$ 合同的充要条件是它们的非零特征值中正、负特征值的个数都对应相同.

这个判别法揭示了矩阵合同与特征值的正负号个数之间的联系,是判断两实对称矩阵是否合同的主要依据.

由于实对称矩阵相似必合同,合同则未必相似,因此还可得到矩阵合同的一个充分条件.

定理 6.2.4(相似判别法) 实对称矩阵 $\boldsymbol{A}$ 与 $\boldsymbol{B}$ 合同的充分条件是 $\boldsymbol{A}$ 与 $\boldsymbol{B}$ 相似.

例 6.2.1 设二次型 $f = x_1^2 + ax_2^2 + x_3^2 + 2x_1x_2 - 2x_2x_3 - 2ax_1x_3$ 的正、负惯性指数都是 1,求参数 a.

解: 二次型的秩 r 就是正惯性指数π 与负惯性指数υ 之和. 已知 $\pi = \upsilon = 1$,因此 $r = \pi + \upsilon = 2$,即其对应矩阵 $\boldsymbol{A}$ 的秩 $r(\boldsymbol{A}) = 2$.

对矩阵 $\boldsymbol{A}$ 做初等行变换,有

$$\boldsymbol{A} = \begin{pmatrix} 1 & 1 & -a \\ 1 & a & -1 \\ -a & -1 & 1 \end{pmatrix} \sim \begin{pmatrix} 1 & 1 & -a \\ 0 & a-1 & a-1 \\ 0 & a-1 & 1-a^2 \end{pmatrix} \sim \begin{pmatrix} 1 & 1 & -a \\ 0 & a-1 & a-1 \\ 0 & 0 & 2-a-a^2 \end{pmatrix}$$

当 $a - 1 = 0$ 且 $2 - a - a^2 = 0$,即当 $a = 1$ 时有 $\boldsymbol{A} \sim \begin{pmatrix} 1 & 1 & -1 \\ 0 & 0 & 0 \\ 0 & 0 & 0 \end{pmatrix}$,此时 $r(\boldsymbol{A}) = 1 \neq 2$,因此 $a = 1$ 不符合题意,舍去;

当 $a-1\neq 0$ 且 $2-a-a^2=0$，即当 $a=-2$ 时有 $\boldsymbol{A}\sim\begin{pmatrix}1 & 1 & 2\\ 0 & -3 & -3\\ 0 & 0 & 0\end{pmatrix}$，此时 $r(\boldsymbol{A})=2$，因此 $a=2$ 即为所求.

例 6.2.2　设 $\boldsymbol{A}=\begin{pmatrix}1 & 2\\ 2 & 1\end{pmatrix}$，则下列矩阵中，与 $\boldsymbol{A}$ 在实数域上合同的是【　　】

(A) $\begin{pmatrix}-2 & 1\\ 1 & -2\end{pmatrix}$　(B) $\begin{pmatrix}2 & -1\\ -1 & 2\end{pmatrix}$　(C) $\begin{pmatrix}2 & 1\\ 1 & 2\end{pmatrix}$　(D) $\begin{pmatrix}1 & -2\\ -2 & 1\end{pmatrix}$

解：四个选项都是实对称矩阵. 根据矩阵合同的特征值判别法，实对称矩阵 $\boldsymbol{A}$，$\boldsymbol{B}$ 合同的充要条件是 $\boldsymbol{A}$，$\boldsymbol{B}$ 的非零特征值中正、负特征值的个数都对应相等.

计算可知 $\boldsymbol{A}$ 的特征值为 $\lambda_1=3$，$\lambda_2=-1$，一正一负. 前三个选项中的矩阵，特征值要么全正要么全负，只有选项(D)中的矩阵，特征值一正一负. 故选(D).

例 6.2.3　判断矩阵 $\boldsymbol{A}$ 与 $\boldsymbol{B}$ 是否相似？是否合同？其中

$$\boldsymbol{A}=\begin{pmatrix}1 & 3\\ 0 & 1\end{pmatrix},\ \boldsymbol{B}=\begin{pmatrix}1 & 1\\ 0 & 1\end{pmatrix}$$

解：注意本题中的矩阵 $\boldsymbol{A}$ 与 $\boldsymbol{B}$ 都是非对称矩阵，无法适用矩阵合同的特征值判别法或相似判别法.

显然矩阵 $\boldsymbol{B}$ 是 Jordan 标准形. 计算可知 $\boldsymbol{A}$ 的特征值都为 $\lambda_1=\lambda_2=1$，相应的特征向量和广义特征向量分别为 $\boldsymbol{\alpha}=(3,\ 0)^T$，$\boldsymbol{\beta}=(0,\ 1)^T$，因此存在可逆矩阵 $\boldsymbol{P}=\begin{pmatrix}3 & 0\\ 0 & 1\end{pmatrix}$，使得 $\boldsymbol{P}^{-1}\boldsymbol{A}\boldsymbol{P}=\boldsymbol{B}$，即 $\boldsymbol{A}$ 与 $\boldsymbol{B}$ 相似.

若 $\boldsymbol{A}$ 与 $\boldsymbol{B}$ 合同，则 $\boldsymbol{A}+\boldsymbol{A}^T$ 与 $\boldsymbol{B}+\boldsymbol{B}^T$ 也合同. 因此当 $\boldsymbol{A}+\boldsymbol{A}^T$ 与 $\boldsymbol{B}+\boldsymbol{B}^T$ 不合同时，必有 $\boldsymbol{A}$ 与 $\boldsymbol{B}$ 不合同.

计算可知 $\boldsymbol{A}+\boldsymbol{A}^T=\begin{pmatrix}2 & 3\\ 3 & 2\end{pmatrix}$ 的特征值为 $\lambda_1=5$，$\lambda_2=-1$，一正一负；$\boldsymbol{B}+\boldsymbol{B}^T=\begin{pmatrix}2 & 1\\ 1 & 2\end{pmatrix}$ 的特征值为 $\mu_1=3$，$\mu_2=1$，全为正. 因此 $\boldsymbol{A}+\boldsymbol{A}^T$ 与 $\boldsymbol{B}+\boldsymbol{B}^T$ 不合同，从而 $\boldsymbol{A}$ 与 $\boldsymbol{B}$ 不合同.

6.2.2　正定二次型(矩阵)的判别法

因为正惯性指数 π 与秩 r 之间满足关系式 $0\leqslant\pi\leqslant r\leqslant n$，所以 n 元二次型 $f=\boldsymbol{x}^T\boldsymbol{A}\boldsymbol{x}$ 可分为以下五种情况：

(1) 当 $\pi=r=n$ 时，规范形为 $f=\boldsymbol{x}^T\boldsymbol{A}\boldsymbol{x}=\sum_{i=1}^{n}y_i^2$，显然当 $\boldsymbol{x}\neq\boldsymbol{0}$ 时 $\boldsymbol{y}\neq\boldsymbol{0}$，故 $\boldsymbol{x}^T\boldsymbol{A}\boldsymbol{x}>0$.

(2) 当 $\pi=r<n$ 时，规范形为 $f=\boldsymbol{x}^T\boldsymbol{A}\boldsymbol{x}=\sum_{i=1}^{r}y_i^2$，故对任意 $\boldsymbol{x}\in\mathbb{R}^n$，有 $\boldsymbol{x}^T\boldsymbol{A}\boldsymbol{x}\geqslant 0$.

(3) 当 $\pi=0$ 且 $r=n$ 时,规范形为 $f=\boldsymbol{x}^T\boldsymbol{A}\boldsymbol{x}=-\sum_{i=1}^{n}y_i^2$,显然当 $\boldsymbol{x}\neq\boldsymbol{0}$ 时 $\boldsymbol{y}\neq\boldsymbol{0}$,故 $\boldsymbol{x}^T\boldsymbol{A}\boldsymbol{x}<0$.

(4) 当 $\pi=0$ 且 $r<n$ 时,规范形为 $f=\boldsymbol{x}^T\boldsymbol{A}\boldsymbol{x}=-\sum_{i=1}^{r}y_i^2$,显然对任意 $\boldsymbol{x}\in\mathbb{R}^n$,都有 $\boldsymbol{x}^T\boldsymbol{A}\boldsymbol{x}\leqslant 0$.

(5) 当 $0<\pi<r\leqslant n$ 时,规范形为 $f=\boldsymbol{x}^T\boldsymbol{A}\boldsymbol{x}=\sum_{i=1}^{\pi}y_i^2-\sum_{i=\pi+1}^{r}y_i^2$,对不同的 $\boldsymbol{x}\in\mathbb{R}^n$,$\boldsymbol{x}^T\boldsymbol{A}\boldsymbol{x}$ 的取值可以大于 0、小于 0 或等于 0.

根据上面的讨论,可将 n 元二次型分类如下.

定义 6.2.1(正定二次型和正定矩阵) 设有 n 元二次型 $f=\boldsymbol{x}^T\boldsymbol{A}\boldsymbol{x}$.

(1) 如果对任意 $\boldsymbol{0}\neq\boldsymbol{x}\in\mathbb{R}^n$,恒有 $f>0$;当且仅当 $\boldsymbol{x}=\boldsymbol{0}$ 时 $f=0$,则称二次型 f 为**正定二次型**(positive definite form),对应的矩阵 $\boldsymbol{A}$ 称为**正定矩阵**(positive definite matrix),记为 $\boldsymbol{A}>0$.

(2) 如果对任意 $\boldsymbol{x}\in\mathbb{R}^n$,恒有 $f\geqslant 0$,则称二次型 f 为**半正定二次型**(semi-positive definite form),对应的矩阵 $\boldsymbol{A}$ 称为**半正定矩阵**(semi-positive definite matrix),记为 $\boldsymbol{A}\geqslant 0$.

(3) 如果对任意 $\boldsymbol{0}\neq\boldsymbol{x}\in\mathbb{R}^n$,恒有 $f<0$;当且仅当 $\boldsymbol{x}=\boldsymbol{0}$ 时 $f=0$,则称二次型 f 为**负定二次型**(negative definite form),对应的矩阵 $\boldsymbol{A}$ 称为**负定矩阵**(negative definite matrix),记为 $\boldsymbol{A}<0$.

(4) 如果对任意 $\boldsymbol{x}\in\mathbb{R}^n$,恒有 $f\leqslant 0$,则称二次型 f 为**半负定二次型**(semi-negative definite form),对应的矩阵 $\boldsymbol{A}$ 称为**半负定矩阵**(semi-negative definite matrix),记为 $\boldsymbol{A}\leqslant 0$.

(5) 如果对不同的 $\boldsymbol{x}\in\mathbb{R}^n$, f 有时为正,有时为负,有时又为 0,则称二次型 f 为**不定二次型**(indefinite form),对应的矩阵 $\boldsymbol{A}$ 称为**不定矩阵**(indefinite matrix).

根据定义 6.2.1 和惯性定理,即得正定二次型的下述判别法.

定理 6.2.5(惯性指数判别法) n 元实二次型 $f=\boldsymbol{x}^T\boldsymbol{A}\boldsymbol{x}$ 为正定二次型的充要条件是 $f=\boldsymbol{x}^T\boldsymbol{A}\boldsymbol{x}$ 的正惯性指数 π 等于变量个数 n.

换成矩阵语言,即得正定矩阵的特征值判别法.

定理 6.2.6(特征值判别法) n 阶实对称矩阵 $\boldsymbol{A}$ 为正定矩阵的充要条件是矩阵 $\boldsymbol{A}$ 的 n 个特征值全是正实数.

从定义 6.2.1 和上面的讨论看,当二次型是标准形时,其**定性**(definitiveness)的确定极其简单. 对于一般的二次型 f,则必须先利用可逆线性变换 $\boldsymbol{x}=\boldsymbol{P}\boldsymbol{y}$ 化 f 为标准形,然后再根据惯性定理来判定 f 的定性.

另外,根据上述分析,易知其他类别的二次型及其矩阵(例如半正定二次型及其矩阵)的惯性指数判别法和特征值判别法.

推论 6.2.1 n 元实二次型 $f=\boldsymbol{x}^T\boldsymbol{A}\boldsymbol{x}$ 为半正定二次型的充要条件是 $f=\boldsymbol{x}^T\boldsymbol{A}\boldsymbol{x}$ 的正惯性指数 π 等于二次型 $f=\boldsymbol{x}^T\boldsymbol{A}\boldsymbol{x}$ 或矩阵 $\boldsymbol{A}$ 的秩 r.

推论 6.2.2 n 阶实对称矩阵 $\boldsymbol{A}$ 为半正定矩阵的充要条件是矩阵 $\boldsymbol{A}$ 的 n 个特征值全是非负实数.

思考 如果二元或三元二次型 $f=\boldsymbol{x}^T\boldsymbol{A}\boldsymbol{x}$ 是正定的,那么二次曲线或二次曲面 $f=\boldsymbol{x}^T\boldsymbol{A}\boldsymbol{x}=1$ 在几何上又意味着什么呢? 正定性的几何意义是什么?

例 6.2.4 问 t 为何值时,二次型

$$f=x_1^2-4x_1x_2-2x_2^2+4x_1x_3-2x_3^2+8x_2x_3+8x_2x_3+t(x_1^2+x_2^2+x_3^2)$$

为正定二次型.

解: 二次型 $g=x_1^2-4x_1x_2-2x_2^2+4x_1x_3-2x_3^2+8x_2x_3$ 的矩阵为

$$\boldsymbol{A}=\begin{pmatrix}1&-2&2\\-2&-2&4\\2&4&-2\end{pmatrix}$$

计算可知 $\boldsymbol{A}$ 的特征值为 $\lambda_1=\lambda_2=2$, $\lambda_3=-7$. 因此必有正交变换 $\boldsymbol{x}=\boldsymbol{Q}\boldsymbol{y}$,将二次型 g 化为标准形

$$g=2y_1^2+2y_2^2-7y_3^2$$

同时,利用正交变换 $\boldsymbol{x}=\boldsymbol{Q}\boldsymbol{y}$ 的保范性,也有

$$x_1^2+x_2^2+x_3^2=y_1^2+y_2^2+y_3^2$$

这样正交变换 $\boldsymbol{x}=\boldsymbol{Q}\boldsymbol{y}$ 可将二次型 f 化为标准形

$$f=2y_1^2+2y_2^2-7y_3^2+t(y_1^2+y_2^2+y_3^2)=(2+t)y_1^2+(2+t)y_2^2+(t-7)y_3^2$$

根据特征值判别法,当且仅当

$$2+t>0,\ 2+t>0,\ t-7>0$$

即 $t>7$ 时二次型 f 对应的矩阵为正定矩阵,即二次型 f 为正定二次型.

例 6.2.5 设矩阵 $\boldsymbol{A}=\begin{pmatrix}1&0&1\\0&2&0\\1&0&1\end{pmatrix}$,矩阵 $\boldsymbol{B}=(k\boldsymbol{I}+\boldsymbol{A})^2$,求对角矩阵 $\boldsymbol{\Lambda}$,使得 $\boldsymbol{B}$ 与 $\boldsymbol{\Lambda}$ 相似,并求常数 k,使得 $\boldsymbol{B}$ 为正定矩阵.

解: 因为 $\boldsymbol{A}^T=\boldsymbol{A}$,所以 $\boldsymbol{B}^T=[(k\boldsymbol{I}+\boldsymbol{A})^2]^T=[(k\boldsymbol{I}+\boldsymbol{A})^T]^2=(k\boldsymbol{I}+\boldsymbol{A})^2=\boldsymbol{B}$,即 $\boldsymbol{B}$ 为实对称矩阵,故 $\boldsymbol{B}$ 必可相似对角化为 $\boldsymbol{\Lambda}$,且 $\boldsymbol{\Lambda}$ 的对角元是 $\boldsymbol{B}$ 的特征值.

计算可知 $\boldsymbol{A}$ 的特征值为 $\lambda_1=\lambda_2=2$, $\lambda_3=0$, 根据谱映射定理,可知 $\boldsymbol{B}$ 的特征值为

$(k+2)^2$，$(k+2)^2$ 及 k^2，故所求对角矩阵为

$$\boldsymbol{\Lambda}=\mathrm{diag}[(k+2)^2,(k+2)^2,k^2]$$

根据特征值判别法，当且仅当 $\boldsymbol{B}$ 的特征值全为正数，即 $k\neq-2$ 且 $k\neq0$ 时 $\boldsymbol{B}$ 为正定矩阵.

例 6.2.6 设 $\boldsymbol{A}=(a_{ij})$ 是 n 阶正定矩阵，证明：

(1) $|\boldsymbol{A}|>0$；(2) $\boldsymbol{A}^{-1}$ 也是正定矩阵；(3) $a_{ii}>0$，$i=1,2,\cdots,n$.

证明：(1) 因为 $\boldsymbol{A}$ 是正定矩阵，所以其特征值 $\lambda_1,\lambda_2,\cdots,\lambda_n>0$，从而有 $|\boldsymbol{A}|=\lambda_1\lambda_2\cdots\lambda_n>0$.

(2) 因为 $\boldsymbol{A}$ 的特征值 $\lambda_1,\lambda_2,\cdots,\lambda_n>0$，所以 $\boldsymbol{A}^{-1}$ 的特征值 $\lambda_1^{-1},\lambda_2^{-1},\cdots,\lambda_n^{-1}>0$，再根据特征值判别法，可知 $\boldsymbol{A}^{-1}$ 也是正定矩阵.

(3) 因为 $\boldsymbol{A}$ 是正定矩阵，所以取 $\boldsymbol{x}=\boldsymbol{e}_i=(0,\cdots,0,1,0,\cdots,0)^T\neq\boldsymbol{0}$，有 $f=\boldsymbol{e}_i^T\boldsymbol{A}\boldsymbol{e}_i>0$. 注意到 $\boldsymbol{e}_i^T\boldsymbol{A}\boldsymbol{e}_i=a_{ii}$，因此有 $a_{ii}>0$.

根据上述结论，当 $|\boldsymbol{A}|\leqslant0$ 或者某个对角元 $a_{ii}\leqslant0(i=1,2,\cdots,n)$ 时，可知矩阵 $\boldsymbol{A}$ 不是正定矩阵. 这说明利用矩阵元素或行列式也可以判定矩阵是否为正定矩阵. 由于特征值判别法需计算出所有特征值，比较繁琐，而与之相比，这条新路径似乎更诱人前往一探.

遗憾的是，$|\boldsymbol{A}|>0$ 仅仅是 $\boldsymbol{A}$ 正定的必要非充分条件. 因为行列式为正时，只能说明所有特征值之积为正，却不能保证所有的特征值都是正数. 因此小明自然想到从行列式角度加强条件，即寻找更多的这类行列式，以得到判定矩阵正定的充分条件. 这样的行列式，就是顺序主子式.

定义 6.2.2(顺序主子矩阵和顺序主子式) 称 n 阶方阵 $\boldsymbol{A}$ 前 k 行和前 k 列组成的 k 阶子矩阵为 $\boldsymbol{A}$ 的**顺序主子矩阵**，记为 $\boldsymbol{A}_k(k=1,2,\cdots,n)$. $\boldsymbol{A}_k$ 的行列式称为 $\boldsymbol{A}$ 的**顺序主子式**，记为 D_k，即

$$D_k=|\boldsymbol{A}_k|=\begin{vmatrix}a_{11}&a_{12}&\cdots&a_{1k}\\a_{21}&a_{22}&\cdots&a_{2k}\\\vdots&\vdots&&\vdots\\a_{k1}&a_{k2}&\cdots&a_{kk}\end{vmatrix}$$

显然，$\boldsymbol{A}_1=a_{11}$，$\boldsymbol{A}_n=\boldsymbol{A}$，因此 $D_1=a_{11}$，$D_n=|\boldsymbol{A}|$. 结合例 6.2.6，这让小明愈加感到新路径的诱人之处，即必存在利用顺序主子式判定矩阵正定的方法.

定理 6.2.7(顺序主子式判别法，即 Hurwitz 定理) n 阶实对称矩阵 $\boldsymbol{A}$ 为正定矩阵的充要条件是矩阵 $\boldsymbol{A}$ 的各阶顺序主子式都大于零，即

$$D_1>0,\ D_2>0,\ \cdots,\ D_n>0$$

实对称矩阵 $\boldsymbol{A}$ 负定即 $-\boldsymbol{A}$ 正定，因此由 Hurwitz(霍尔维茨)定理，可得判定 $\boldsymbol{A}$ 负定的

方法.

推论 6.2.3(负定矩阵判别法)　n 阶实对称矩阵 $\boldsymbol{A}$ 为负定矩阵的充要条件是

$$|-\boldsymbol{A}_k| = (-1)^k D_k > 0,\ k = 1,\ 2,\ \cdots,\ n$$

例 6.2.7　判定二次型 $f = 2x_1^2 + 4x_2^2 + 5x_3^2 - 4x_1x_3$ 是否为正定二次型.

解：二次型 f 的矩阵为 $\boldsymbol{A} = \begin{pmatrix} 2 & 0 & -2 \\ 0 & 4 & 0 \\ -2 & 0 & 5 \end{pmatrix}$.

方法一：特征值判别法.

计算可知 $\boldsymbol{A}$ 的特征值为 $\lambda_1 = 1,\ \lambda_2 = 4,\ \lambda_3 = 6$，均为正数，根据特征值判别法，可知 $\boldsymbol{A}$ 是正定矩阵，即二次型 f 为正定二次型.

方法二：顺序主子式判别法.

计算可知 $\boldsymbol{A}$ 的各阶顺序主子式都大于零，即

$$D_1 = 2 > 0,\ D_2 = \begin{vmatrix} 2 & 0 \\ 0 & 4 \end{vmatrix} = 8 > 0,\ D_3 = \begin{vmatrix} 2 & 0 & -2 \\ 0 & 4 & 0 \\ -2 & 0 & 5 \end{vmatrix} = 24 > 0$$

根据顺序主子式判别法，可知 $\boldsymbol{A}$ 是正定矩阵，即二次型 f 为正定二次型.

例 6.2.8　使用顺序主子式判别法，确定 t 为何值时，二次型

$$f = x_1^2 - 4x_1x_2 - 2x_2^2 + 4x_1x_3 - 2x_3^2 + 8x_2x_3 + t(x_1^2 + x_2^2 + x_3^2)$$

为正定二次型.

解：二次型 f 的矩阵为 $\boldsymbol{A} = \begin{pmatrix} 1+t & -2 & 2 \\ -2 & -2+t & 4 \\ 2 & 4 & -2+t \end{pmatrix}$. 由于二次型 f 为正定二次型，因此它的各阶顺序主子式都大于零，即

$$D_1 = 1+t > 0,\ D_2 = \begin{vmatrix} 1+t & -2 \\ -2 & -2+t \end{vmatrix} > 0,\ D_3 = \begin{vmatrix} 1+t & -2 & 2 \\ -2 & -2+t & 4 \\ 2 & 4 & -2+t \end{vmatrix} > 0$$

此即

$$1+t > 0,\ (t+2)(t-3) > 0,\ (t+2)^2(t-7) > 0$$

解此不等式组，得 $t > 7$.

所以 $t>7$ 时，$\boldsymbol{A}$ 的各阶顺序主子式都大于零，根据顺序主子式判别法，可知 $\boldsymbol{A}$ 是正定矩阵，即二次型 f 为正定二次型.

定理 6.2.8(块对角矩阵)　设 $\boldsymbol{A},\ \boldsymbol{B}$ 分别是 m 阶和 n 阶正定矩阵，则块对角矩阵 $\boldsymbol{C} = \begin{pmatrix} \boldsymbol{A} & \\ & \boldsymbol{B} \end{pmatrix}$ 也是正定矩阵.

证法一：顺序主子式判别法.

设$\boldsymbol{A}$的各阶顺序主子式为$D_1, D_2, \cdots, D_m$；$\boldsymbol{B}$的各阶顺序主子式为$D_1', D_2', \cdots, D_n'$，则$\boldsymbol{C}$的各阶顺序主子式为

$$D_1''=D_1, D_2''=D_2, \cdots, D_m''=D_m, D_{m+1}''=D_mD_1',$$
$$D_{m+2}''=D_mD_2', \cdots, D_{m+n}''=D_mD_n'$$

因为$\boldsymbol{A}, \boldsymbol{B}$正定，所以$D_i>0, D_j'>0, i=1, 2, \cdots, m; j=1, 2, \cdots, n$，于是有

$$D_k''>0, k=1, 2, \cdots, m+n$$

又$\boldsymbol{C}$显然是实对称矩阵，故由顺序主子式判别法，可知$\boldsymbol{C}$正定.

证法二：特征值判别法.

设$\boldsymbol{A}$的特征值为$\lambda_1, \lambda_2, \cdots, \lambda_m$；$\boldsymbol{B}$的特征值为$\mu_1, \mu_2, \cdots, \mu_n$. 因为$\boldsymbol{A}, \boldsymbol{B}$正定，所以$\lambda_i>0, \mu_j>0, i=1, 2, \cdots, m; j=1, 2, \cdots, n$. 由于$\boldsymbol{C}$的特征多项式为

$$|\boldsymbol{C}-\lambda\boldsymbol{I}|=\begin{vmatrix}\boldsymbol{A}-\lambda\boldsymbol{I}_m & \\ & \boldsymbol{B}-\lambda\boldsymbol{I}_n\end{vmatrix}=|\boldsymbol{A}-\lambda\boldsymbol{I}_m||\boldsymbol{B}-\lambda\boldsymbol{I}_n|$$

因此$\boldsymbol{C}$的全部特征值为$\lambda_1, \lambda_2, \cdots, \lambda_m, \mu_1, \mu_2, \cdots, \mu_n$，从而$\boldsymbol{C}$的全部特征值皆为正数，又$\boldsymbol{C}$是实对称矩阵，因此由特征值判别法，可知$\boldsymbol{C}$正定.

证法三：定义法.

设$\boldsymbol{z}$为任意$m+n$维非零列向量，且$\boldsymbol{z}=\begin{pmatrix}\boldsymbol{x}\\ \boldsymbol{y}\end{pmatrix}$，其中$\boldsymbol{x}$为$m$维列向量，$\boldsymbol{y}$为$n$维列向量. 显然有$\boldsymbol{x}\neq\boldsymbol{0}$或$\boldsymbol{y}\neq\boldsymbol{0}$（否则有$\boldsymbol{z}=\boldsymbol{0}$）. 由于$\boldsymbol{A}, \boldsymbol{B}$正定，故有$\boldsymbol{x}^T\boldsymbol{A}\boldsymbol{x}>0$或$\boldsymbol{y}^T\boldsymbol{A}\boldsymbol{y}>0$，从而有

$$\boldsymbol{z}^T\boldsymbol{A}\boldsymbol{z}=(\boldsymbol{x}^T, \boldsymbol{y}^T)\boldsymbol{A}\begin{pmatrix}\boldsymbol{x}\\ \boldsymbol{y}\end{pmatrix}=\boldsymbol{x}^T\boldsymbol{A}\boldsymbol{x}+\boldsymbol{y}^T\boldsymbol{A}\boldsymbol{y}>0$$

又$\boldsymbol{C}$是实对称矩阵，故$\boldsymbol{C}$正定.

刚出狼窝，又入虎口. 高阶行列式本就难以计算，更何况还要计算出所有的顺序主子式. 面对高冷之极的行列式女侠及其小伙伴，小明深深地叹了一口气：作为判定正定矩阵的方法，顺序主子式判别法对于呆萌的低阶行列式，显然人畜无害，但对于高冷的高阶行列式，则仅具理论价值，需要避而远之. 这样一来，判定高阶矩阵是否正定，还是需要从标准形或特征值入手，而要得到它们，变换仍然是首选，这更加印证了小明心中深深的领悟：变换是王道.

无论宇宙星辰如何斗转星移，只要质量不变，惯性就不变. 惯性定理就是这种惯性在数学里的表达. 那么领悟到这种永恒的人，该有着怎么的传奇经历呢？通过八卦式的追踪，小明发现了数学史上最好的一对数学家（没有之一）. 著名数学史家贝尔（Eric Temple Bell, 1883 - 1960）在 80 年前撰写的数学名著《数学大师》（1937）里，就以“不变量的孪生兄弟：凯莱和西尔维斯特”为标题，罕见地将两人的生平放在一起写. 更赤裸裸的是，他还在文中明确指出：“在很多方面，这奇怪的志趣相投的一对，就像一对度蜜月的夫妻，只不

过这友谊的一方从来不发脾气.”的确,作为年长 7 岁的攻方,终生未婚的西尔维斯特身材矮胖粗壮,颜值爆表,而且脾气火爆,性情急躁,但他却具有丰富的想像力和创造精神,创造了矩阵等许多数学名词,并自诩为“数学界的亚当”. 更让人艳羡的是,他不仅一谈到数学就会立刻变得诗意盎然,而且还非常擅长于用火一般的热情介绍他水流般汹涌湍急的思想. 至于年轻的受方,凯莱尽管外貌虚弱,态度腼腆,但身体却瘦长结实,很有耐力. 虽然毕生对读小说都有着一种古怪的热情,但他却极少允许自己用不严谨的数学陈述来表达任何东西. 他的一生是平静的缓流,有着幸福的婚姻和家庭生活,他的思想也始终平静稳定,至于他的性情之温和,尤其是在对待自己迟钝枯燥的律师生活上,堪称圣徒般的模范. 然而,这两个人却阴差阳错地成了知交,在数学上相互鼓励,并在矩阵理论和不变量理论上做出了卓越的贡献,从而名垂青史.

本章 MATLAB 实验及解答

实验一：正定矩阵的判定

1. 阅读以下自定义函数,并按要求给出注释;

```
function b=IsPositive1(A)
%% 特征值判别法
%% 所有特征值为正时,b=1,表示 A 是正定矩阵
%% 否则,b=0,表示 A 不是正定矩阵
if all(eig(A)> 0)     % 所有特征值是否都为正
   b=1;
else
   b=0;
end
function Y=IsPositive2(A)
%% 顺序主子式判别法
%% 所有顺序主子式为正时,b=1,表示 A 是正定矩阵
%% 否则,b=0,表示 A 不是正定矩阵
n=size(A);d=[];
for k=1: n
   Ak=A(1: k,1: k);     % 顺序主子矩阵
   d=[d,det(Ak)];     % 逐个添加顺序主子式构成向量 d
end
if all(d>0)     % 所有顺序主子式是否都为正
   b=1;
else
```

```
    b=0;
end
```

2. 分别使用自定义函数 IsPositive1 和 IsPositive2,判断下列二次型的正定性.

(1) $f=5x_1^2+6x_2^2+4x_3^2-4x_1x_2-4x_2x_3$;

(2) $f=x_1^2+4x_2^2+4x_3^2-4x_1x_2+4x_1x_3-8x_2x_3$.

解: (1) 判定代码如下:(文件名为 sy6102. m)

```
A=[5,-2,0;-2,6,-2;0,-2,4];
b1=IsPositive1(A),b2=IsPositive2(A)
```

运行结果为 b1=1 和 b2=1,说明二次型是正定的.

(2) 判定代码如下:(文件名为 sy6102. m)

```
A=[1,-2,2;-2,4,-4;2,-4,4];
b1=IsPositive1(A),b2=IsPositive1(A)
```

运行结果为 b1=0 和 b2=0,说明二次型不是正定的. 改用下列代码:

```
b1 = IsPositive1(- A),b2 = IsPositive1(- A)
```

运行结果不变,仍然是 b1=0 和 b2=0,说明二次型也不是负定的.

实验二:二次曲线的绘制

1. MATLAB 提供了内置函数 ezplot,意为 Easy to use function plotter(易用的函数绘图工具),能够用于绘制三种形式表示的平面曲线:显函数,即 y=f(x);隐函数,即 f2(x, y)=0;参数方程,即 x=x(t), y=y(t). 其调用格式分别为:

```
ezplot(f),ezplot(f2),ezplot(x,y)
```

其中的 f, f2, x, y 都用字符串表示. 例如代码

```
ezplot('x^2')            % Matalb 自动识别出自变量 x
ezplot('x^2+y^2-1')
x='t-sin(t)', y='1-cos(t)'
ezplot(x,y)            % Matalb 自动识别出参变量 t
```

分别绘制的是抛物线 $y=x^2$(显函数),单位圆 $x^2+y^2=1$(隐函数)以及参数方程表示的摆线

$$\begin{cases} x=t-\sin t \\ y=1-\cos t \end{cases}, 0\leqslant t\leqslant 2\pi$$

另外,调用格式

$$h=\text{ezplot}(\ldots)$$

返回的是绘图句柄 h,可用于重新设置图形的颜色(缺省为黑色)和线宽(缺省为 1)等属性.

特别要注意的是,在使用参变量 t 绘制平面曲线时,两个维度变量 x, y 都必须表示

为参变量 t 的函数.

2. 绘制下列二次曲线：

(1) $3x_1^2 - x_2^2 + 2x_1x_2 = 1$；　(2) $x = \cos^3 t$，$y = \sin^3 t$

解：(1) 绘图代码如下：(文件名为 sy6202a. m)

```
f='3*x1^2+x2^2+2*x1*x2-1';
h=ezplot(f,[-1.5,1.5,-1.5,1.5])
set(h,'LineWidth',2),grid on
```

运行结果为椭圆，如下图所示.

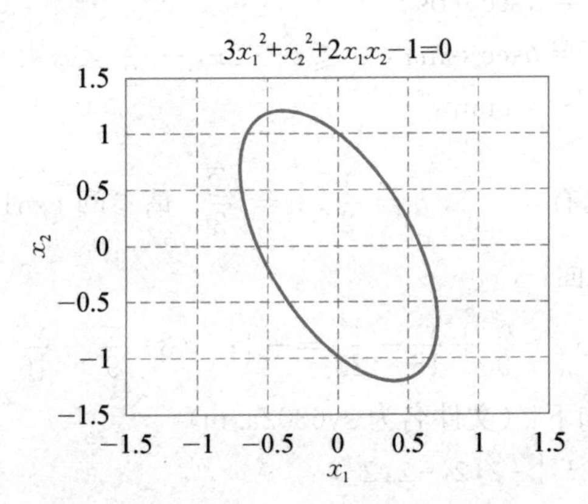

(2) 绘制代码如下：(文件名为 sy6202b. m)

```
x='cos(t)^3';y='sin(t)^3';
h=ezplot(x,y)
set(h,'LineWidth',2),grid on
```

运行结果为星形线，如下图所示.

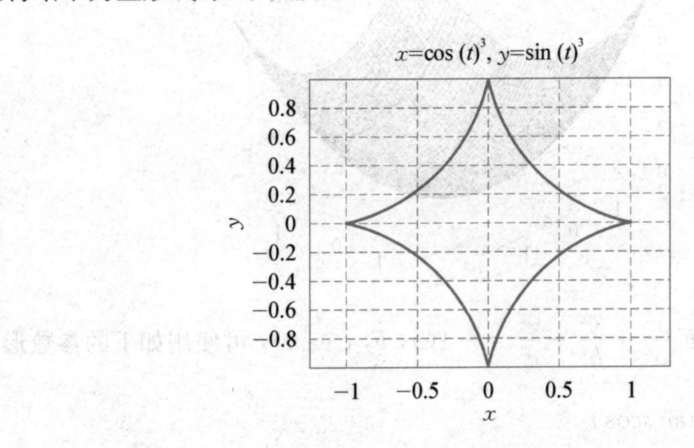

实验三：二次曲面的绘制

1. MATLAB 提供了内置函数 ezsurf(Easy to use 3-D colored surface plotter，易用的 3D 彩色曲面绘制工具)，可用于绘制三维曲面. 常见的调用格式如下：

- ezsurf(f)：在默认的平面区域 $D = \{(x, y) \mid -2\pi < x < 2\pi, -2\pi < y < 2\pi\}$ 内，

绘制二元显函数 $z=f(x, y)$ 的图形.

● ezsurf(x, y, z)：在默认的矩阵区域 $D=\{(s, t) \mid -2\pi<s<2\pi, -2\pi<t<2\pi\}$ 内,绘制用参数方程

$$x=x(s, t),\ y=y(s, t),\ z=z(s, t)$$

表示的函数 $z=f(x, y)$ 的图形.

例如,对于单叶双曲面 $\frac{x^2}{a^2}+\frac{y^2}{b^2}-\frac{z^2}{c^2}=1(a, b, c>0)$,可使用如下的参数形式:

$$\begin{cases} x=a\sec s\cos t \\ y=b\sec s\sin t,\ 0\leqslant t<2\pi,\ -\frac{\pi}{2}<s<\frac{\pi}{2} \\ z=c\tan s \end{cases}$$

具体到例 6.1.4 中,显然有 $a=1$, $b=\frac{1}{2}$, $c=\frac{\sqrt{2}}{2}$. 请参阅 ex6104. m.

2. 绘制下列二次曲面:

(1) $z=x^2+y^2$; (2) $\frac{x^2}{9}+\frac{y^2}{16}-\frac{z^2}{25}=-1$; (3) $\frac{x^2}{9}-\frac{y^2}{16}=1$.

解:(1) 绘制代码如下:(文件名为 sy6302a. m)

```
ezsurf('x^2+y^2',[-2,2,-2,2])
title('z=x^2+y^2')
```

运行结果为旋转抛物面,如下图所示.

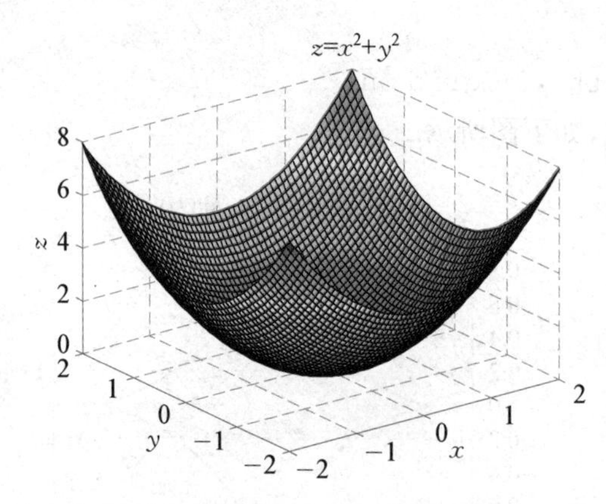

(2) 对于双叶双曲面 $\frac{x^2}{a^2}+\frac{y^2}{b^2}-\frac{z^2}{c^2}=-1(a, b, c>0)$,可使用如下的参数形式:

$$\begin{cases} x=a\tan s\cos t \\ y=b\tan s\sin t,\ 0<t<2\pi,\ 0\leqslant s<\frac{\pi}{2},\ t\neq\frac{\pi}{2},\ \frac{3\pi}{2} \\ z=c\sec s \end{cases}$$

具体到本题中,显然有 $a=3$, $b=4$, $c=5$. 代码如下:(文件名为 sy6302b. m)

```
x='3*tan(s)*cos(t)';y='4*tan(s)*sin(t)';z='5*sec(s)';
ezsurf(x,y,z,[0,2*pi,0,pi])
```

```
title('x^2/9+y^2/16-z^2/25=- 1')
axis auto  % 自动截取坐标轴显示范围
```

运行结果如下图所示.

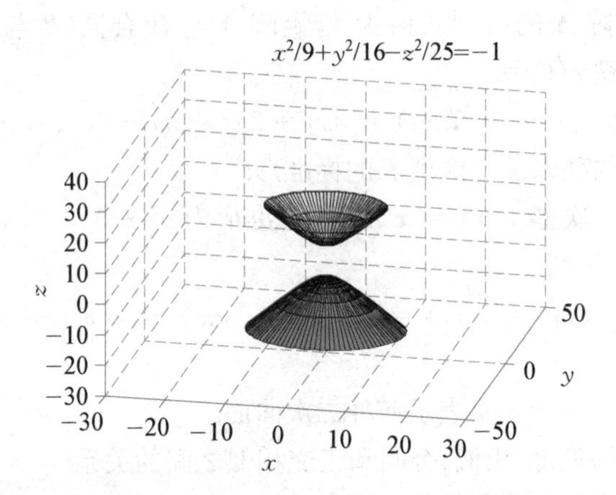

(3) 对于双曲柱面 $\frac{x^2}{a^2}-\frac{y^2}{b^2}=1(a, b, c>0)$，可使用如下的参数形式：

$$\begin{cases} x = a\sec t \\ y = b\tan t,\ 0 < t < 2\pi,\ -\infty < s < +\infty \\ z = s \end{cases}$$

具体到本题中，显然有 $a=3$，$b=4$. 代码如下：(文件名为 sy6302c. m)

```
x='3*sec(t)';y='4*tan(t)';z='s';
ezsurf(x,y,z,[0,2,0,2*pi])
title('x^2/9-y^2/16=1')
axis auto  % 自动截取坐标轴显示范围
```

运行结果如下图所示.

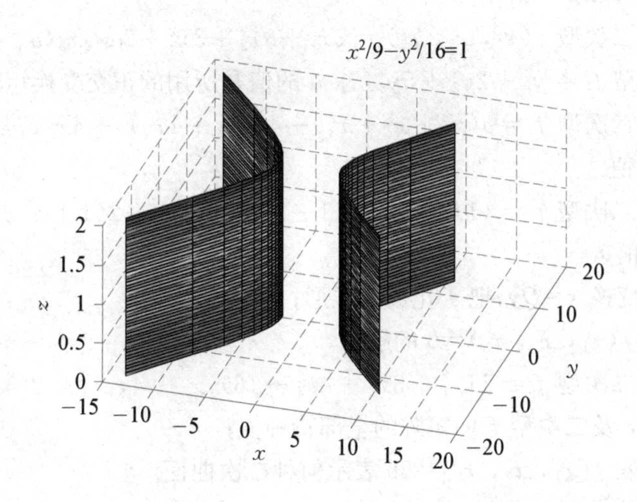

习题六

6.1 证明对称矩阵只能与对称矩阵合同，非对称矩阵只能与非对称矩阵合同.

6.2 设三阶矩阵 $\boldsymbol{A}$ 的行列式值为 1，矩阵 $\boldsymbol{A}$ 与 $\boldsymbol{B}$ 合同，$\boldsymbol{B}$ 与 $\boldsymbol{C}$ 合同，则矩阵 $\boldsymbol{C}$ 是________阶矩阵，其秩 $r(\boldsymbol{C})=$________.

6.3 已知二次型 $f(x_1, x_2, x_3)=3x_1^2+3x_2^2+3x_3^2-(x_1+x_2+x_3)^2$，求二次型 f 的矩阵 $\boldsymbol{A}$，二次型 f 的秩以及二次型 f 的标准形.

6.4 已知四元二次型 $f(\boldsymbol{x})=\boldsymbol{x}^T\boldsymbol{A}\boldsymbol{x}$ 的标准形为 $y_1^2-3y_2^2$，求对称矩阵 $\boldsymbol{A}$ 的特征值，$|\boldsymbol{A}|$ 及 $\mathrm{tr}(\boldsymbol{A})$.

6.5 若二次型 $f(x_1, x_2, x_3)=5x_1^2+5x_2^2+cx_3^2-2x_1x_2+6x_1x_3-6x_2x_3$ 的秩为 2.

(1) 求参数 c；

(2) 问 $f(x_1, x_2, x_3)=1$ 表示何种二次曲面.

6.6 分析矩阵的等价、相似、合同和正交相似之间的关系.

6.7 用正交变换将下列方程化成标准方程，并确定其形状.

(1) $5x_1^2+8x_2^2-4x_1x_2=36$；

(2) $2x_1^2+x_2^2-4x_1x_2-4x_2x_3=8$.

6.8 **(有界性)**已知 $\boldsymbol{A}$ 为 n 阶实对称矩阵，对任意 n 维非零单位列向量 $\boldsymbol{x}$，证明存在实数 c，使得

$$|\boldsymbol{x}^T\boldsymbol{A}\boldsymbol{x}|\leqslant c$$

6.9 **(瑞利商)**已知 $\boldsymbol{A}$ 为 n 阶实对称矩阵，将 $\boldsymbol{A}$ 的特征值依大小顺序排列成 $\lambda_1\geqslant\lambda_2\geqslant\cdots\geqslant\lambda_n$. 对任意 n 维非零列向量 $\boldsymbol{x}$，定义瑞利商

$$r(\boldsymbol{x})=\frac{\boldsymbol{x}^T\boldsymbol{A}\boldsymbol{x}}{\boldsymbol{x}^T\boldsymbol{x}}$$

则必有 $\lambda_n\leqslant r(\boldsymbol{x})\leqslant\lambda_1$.

6.10 已知二次型 $f(x_1, x_2, x_3)=2x_1^2+3x_2^2+3x_3^2+2ax_2x_3\ (a>0)$ 通过正交变换 $\boldsymbol{x}=\boldsymbol{Q}\boldsymbol{y}$ 化成标准型 $f=y_1^2+2y_2^2+5y_3^2$，求 a 的值及所用的正交变换矩阵 $\boldsymbol{Q}$.

6.11 已知二次型 $f=a(x_1^2+x_2^2+x_3^2)+4x_1x_2+4x_1x_3+4x_2x_3$ 经正交变换可化成 $f=6y_1^2$，求 a 的值.

6.12 已知二次型 $f=(1-a)x_1^2+(1-a)x_2^2+2x_3^2+2(1+a)x_1x_2$ 的秩为 2.

(1) 求 a 的值；

(2) 求正交变换 $\boldsymbol{x}=\boldsymbol{Q}\boldsymbol{y}$，把 f 化成标准形；

(3) 求方程 $f(x_1, x_2, x_3)=0$ 的解.

6.13 已知二次型 $f=11x_1^2+5x_2^2+cx_3^2+16x_1x_2+4x_1x_3-20x_2x_3$ 的秩为 3.

(1) 求参数 c 及二次型 f 的矩阵的全部特种值；

(2) 指出方程 $f(x_1, x_2, x_3)=36$ 表示何种二次曲面.

6.14 若二次曲面的方程 $x^2+3y^2+z^2+2axy+2xz+2yz=4$ 经正交变换化为 $y'^2+4z'^2=4$，求 a 的值.

6.15　已知二次型 $f(x_1, x_2, x_3)=\boldsymbol{x}^T\boldsymbol{A}\boldsymbol{x}=ax_1^2+2x_2^2-2x_3^2+2bx_1x_3(b>0)$，其中矩阵 $\boldsymbol{A}$ 的特征值之和为 1，特征值之积为 -12.

(1) 求 a, b 的值；

(2) 求正交变换 $\boldsymbol{x}=\boldsymbol{Q}\boldsymbol{y}$，把 f 化成标准形.

6.16　已知二次型 $f=ax_1^2+ax_2^2+(a-1)x_3^2+2x_1x_3-2x_2x_3$.

(1) 求二次型 f 的矩阵的全部特种值；

(2) 若二次型 f 的规范形为 $y_1^2+y_2^2$，求 a 的值.

6.17　设 $f(\boldsymbol{x})=\boldsymbol{x}^T\boldsymbol{A}\boldsymbol{x}$ 是正定二次型，其中 $\boldsymbol{A}=\begin{pmatrix}1 & t & 2\\ t & 1 & 4\\ 0 & 0 & 5\end{pmatrix}$，求 t 的取值范围.

6.18　若二次型 $f=2x_1^2+x_2^2+x_3^2+2x_1x_2+tx_2x_3$ 是正定的，求 t 的取值范围.

6.19　设二次型 $f(x_1, x_2, x_3)=ax_1^2+ax_2^2+ax_3^2-4x_1x_2-4x_1x_3+4x_2x_3$，试用正交变换化 f 为标准型，并讨论当 a 取何值时 f 为负定二次型.

6.20　设 n 阶方阵 $\boldsymbol{A}>0$ 且 $\boldsymbol{B}>0$，则下述结论中不正确的是【　　】

(A) $\boldsymbol{A}+\boldsymbol{B}>0$　　(B) $\boldsymbol{A}\boldsymbol{B}>0$　　(C) $\begin{pmatrix}\boldsymbol{A} & \\ & \boldsymbol{B}\end{pmatrix}>0$　　(D) $\boldsymbol{A}^*+\boldsymbol{B}^{-1}>0$

6.21　与“实二次型 $f(\boldsymbol{x})=\boldsymbol{x}^T\boldsymbol{A}\boldsymbol{x}$ 是正定的，其中 $\boldsymbol{A}^T=\boldsymbol{A}$”等价的选项是【　　】

(A) 对任意 $\boldsymbol{x}$，恒有 $f(\boldsymbol{x})>0$　　(B) 二次型的负惯性指数为零

(C) 存在可逆阵 $\boldsymbol{P}$，使得 $\boldsymbol{A}=\boldsymbol{P}^T\boldsymbol{P}$　　(D) $\boldsymbol{A}$ 的特征值均不小于零

6.22　已知二次型 $f=\boldsymbol{x}^T\boldsymbol{A}\boldsymbol{x}$ 在正交变换 $\boldsymbol{x}=\boldsymbol{Q}\boldsymbol{y}$ 下的标准形为 $y_1^2+y_2^2$，且 $\boldsymbol{Q}$ 的第三列为 $\left(\frac{\sqrt{2}}{2}, 0, \frac{\sqrt{2}}{2}\right)^T$.

(1) 求矩阵 $\boldsymbol{A}$；

(2) 证明：$\boldsymbol{A}+\boldsymbol{I}>0$.

6.23　设 $\boldsymbol{A}$ 是 n 阶实对称矩阵，则必存在数 a，使得 $\boldsymbol{A}+a\boldsymbol{I}>0$.

6.24　(1) 设 $\boldsymbol{A}>0$，证明：$|\boldsymbol{A}+\boldsymbol{I}|>1$；

(2) 设 $\boldsymbol{A}\geqslant 0$，证明：$|\boldsymbol{I}+\boldsymbol{A}|\geqslant 1$，并且等号成立的充要条件是 $\boldsymbol{A}=\boldsymbol{O}$.

6.25　设 $\boldsymbol{A}$ 是实对称矩阵，则存在 $t>0$，使得 $\boldsymbol{A}+t\boldsymbol{I}>0$ 且 $\boldsymbol{A}-t\boldsymbol{I}<0$.

6.26　设 $\boldsymbol{A}$ 是 3 阶实对称矩阵，$r(\boldsymbol{A})=2$ 且 $\boldsymbol{A}^2+2\boldsymbol{A}=\boldsymbol{O}$.

(1) 求 $\boldsymbol{A}$ 的全部特征值；

(2) 当 k 为何值时，矩阵 $\boldsymbol{A}+k\boldsymbol{I}>0$.

6.27　设 $\boldsymbol{A}$ 是 $m\times n$ 阶列满秩矩阵，证明 $\boldsymbol{A}^T\boldsymbol{A}>0$.

6.28　设 $\boldsymbol{A}\geqslant 0$ 且 $\boldsymbol{A}$ 是正交矩阵，则 $\boldsymbol{A}=\boldsymbol{I}$.

6.29　(矩阵正定性的合同不变性)设方阵 $\boldsymbol{A}>0$. 对任意与 $\boldsymbol{A}$ 同阶的可逆阵 $\boldsymbol{C}$，证明：$\boldsymbol{C}^T\boldsymbol{A}\boldsymbol{C}>0$.

6.30　设 $\boldsymbol{A}>0$, $\boldsymbol{B}$ 是实对称矩阵，则 $\boldsymbol{A}\boldsymbol{B}$ 和 $\boldsymbol{B}\boldsymbol{A}$ 的特征值全是实数.

习题解答与提示

习题一

1.1 $\begin{pmatrix} 2 & 12 & -2 \\ -5 & 10 & -3 \end{pmatrix}$, $\begin{pmatrix} -3 & -3 \\ -11 & -15 \\ 3 & 1 \end{pmatrix}$. **1.2** $\begin{pmatrix} -7 & -2 \\ 12 & 7 \end{pmatrix}$, $\begin{pmatrix} 0 & 5 \\ 5 & 0 \end{pmatrix}$, $\begin{pmatrix} -15 & -13 \\ 2 & 8 \end{pmatrix}$.

1.3 $\begin{pmatrix} -5 & 1.5 \\ -3 & -11 \end{pmatrix}$. **1.4** $\begin{pmatrix} a_{21} & a_{22} \\ a_{31} & a_{32} \end{pmatrix}$. **1.5** $\begin{pmatrix} 2 & 4 & 3 \\ 4 & 7 & 0 \\ 3 & 0 & 6 \end{pmatrix}$. **1.6** $\begin{pmatrix} a & b & c \\ 0 & a & b \\ 0 & 0 & a \end{pmatrix}$.

1.7 提示：令 $\boldsymbol{A} = \boldsymbol{E}_{ii}$（第 i 个对角元为 1，其余元素皆为 0 的方阵），则由 $\boldsymbol{E}_{ii}\boldsymbol{B} = \boldsymbol{B}\boldsymbol{E}_{ii}$，可知 $\boldsymbol{B}$ 为对角矩阵. 再由 $\boldsymbol{AD} = \boldsymbol{DA}$，可知对角矩阵 $\boldsymbol{D} = k\boldsymbol{I}$.

1.8 (1) $\boldsymbol{A} = \begin{pmatrix} 0 & 1 \\ 0 & 0 \end{pmatrix}$; (2) $\boldsymbol{A} = \begin{pmatrix} 1 & 0 \\ 0 & 0 \end{pmatrix}$; (3) $\boldsymbol{A} = \boldsymbol{X} = \begin{pmatrix} 1 & 0 \\ 0 & 0 \end{pmatrix}$, $\boldsymbol{Y} = \begin{pmatrix} 1 & 0 \\ 0 & 1 \end{pmatrix}$.

1.9 $\begin{pmatrix} -2 & 3 \\ 4 & -6 \end{pmatrix}$, -8, $(-8)^{n-1}\begin{pmatrix} -2 & 3 \\ 4 & -6 \end{pmatrix}$.

1.10 $4\boldsymbol{I}$, $64\boldsymbol{I}$, $2^{2016}\boldsymbol{I}$.

1.11 提示：注意 $\boldsymbol{A}^i = 2^{i-1}\boldsymbol{A}(i \geqslant 2)$ 及 $(\boldsymbol{I}+\boldsymbol{A})^k = \sum_{i=0}^{k} C_k^i \boldsymbol{A}^i$.

1.12 $\boldsymbol{O}$. 提示：$\boldsymbol{A}^2 = 2\boldsymbol{A}$.

1.13 $f(\boldsymbol{A}) = h(\boldsymbol{A}) = \begin{pmatrix} -16 & 4 & 6 \\ 2 & -20 & 0 \\ 0 & 0 & -12 \end{pmatrix}$, $g(\boldsymbol{A}) = \boldsymbol{O}$. **1.14** $\begin{pmatrix} \lambda^n & C_n^1\lambda^{n-1} & C_n^2\lambda^{n-2} \\ 0 & \lambda^n & C_n^1\lambda^{n-1} \\ 0 & 0 & \lambda^n \end{pmatrix}$.

1.15 (1) 反对称矩阵； (2) 对称矩阵； (3) 对称矩阵； (4) 对称矩阵.

1.16 $\boldsymbol{A} = \frac{1}{2}(\boldsymbol{A}+\boldsymbol{A}^T) + \frac{1}{2}(\boldsymbol{A}-\boldsymbol{A}^T)$, $f(x) = \frac{f(x)+f(-x)}{2} + \frac{f(x)-f(-x)}{2}$.

1.17 提示：考察等式 $\boldsymbol{TT}^T = \boldsymbol{T}^T\boldsymbol{T}$ 两边乘积矩阵第 i 个对角元的值. 当 $i = 1$ 时，有 $t_{11}^2 + t_{12}^2 + \cdots + t_{1n}^2 = t_{11}^2$，因此 $t_{12} = \cdots = t_{1n} = 0$. 类推可知 $i < j$ 时，都有 $t_{ij} = 0$.

1.18 提示：由 $(\boldsymbol{A}+\boldsymbol{B})^2 = \boldsymbol{A}+\boldsymbol{B}$, $\boldsymbol{A}^2 = \boldsymbol{A}$ 及 $\boldsymbol{B}^2 = \boldsymbol{B}$，可知 $\boldsymbol{AB}+\boldsymbol{BA} = \boldsymbol{O}$. 两边分别左乘和右乘 $\boldsymbol{A}$，可得 $\boldsymbol{AB}+\boldsymbol{ABA} = \boldsymbol{O}$, $\boldsymbol{ABA}+\boldsymbol{BA} = \boldsymbol{O}$. 从而有 $\boldsymbol{AB} = \boldsymbol{BA} = \boldsymbol{O}$.

1.19 $\begin{pmatrix} \cos\theta & \mp\sin\theta \\ \pm\sin\theta & \cos\theta \end{pmatrix}$ 或 $\begin{pmatrix} \cos\theta & \pm\sin\theta \\ \pm\sin\theta & -\cos\theta \end{pmatrix}$.

1.22 (3) 直接计算 $\boldsymbol{AB}$ 和 $\boldsymbol{BA}$ 的对角元； (4) 利用 $\mathrm{tr}(\boldsymbol{AB}) = \mathrm{tr}(\boldsymbol{BA})$； (5) 直接计算 $\boldsymbol{A}^2$ 的对角元.

1.23 提示：$\boldsymbol{A}^T\boldsymbol{Ax} = \boldsymbol{0}$ 两边左乘 $\boldsymbol{x}^T$，则有 $(\boldsymbol{Ax})^T(\boldsymbol{Ax}) = 0$.

1.24 提示：必要性. 当 $\boldsymbol{A}^T = -\boldsymbol{A}$ 时，注意到 $\boldsymbol{x}^T\boldsymbol{Ax}$ 是一个实数，则 $\boldsymbol{x}^T\boldsymbol{Ax} = (\boldsymbol{x}^T\boldsymbol{Ax})^T = -\boldsymbol{x}^T\boldsymbol{Ax}$.

充分性. 由于 $a_{ii} = \boldsymbol{e}_i^T\boldsymbol{Ae}_i = 0$, $a_{jj} = \boldsymbol{e}_j^T\boldsymbol{Ae}_j = 0$，则 $0 = (\boldsymbol{e}_i+\boldsymbol{e}_j)^T\boldsymbol{A}(\boldsymbol{e}_i+\boldsymbol{e}_j) = \boldsymbol{e}_i^T\boldsymbol{Ae}_j + \boldsymbol{e}_j^T\boldsymbol{Ae}_i$. 从而有 $a_{ij} = \boldsymbol{e}_i^T\boldsymbol{Ae}_j = -\boldsymbol{e}_j^T\boldsymbol{Ae}_i = -a_{ji}$.

1.25 $\begin{pmatrix}-17 & -28\\ -4 & -6\end{pmatrix}$，$\begin{pmatrix}-14 & -17\\ -8 & -9\end{pmatrix}$. **1.26** $\begin{pmatrix}-21 & 0 & -8\\ 0 & -7 & 0\\ 0 & 0 & -13\end{pmatrix}$.

1.27 $\begin{pmatrix}2 & 3 & 0\\ 0 & -2 & 3\end{pmatrix}$.

1.28 $\begin{pmatrix}528 & -496\\ -496 & 528\end{pmatrix}$. 提示：$\boldsymbol{A}^5=\boldsymbol{P}\boldsymbol{\Lambda}^5\boldsymbol{P}^{-1}$. **1.29** $\begin{pmatrix}3 & 4\\ 1 & 5\end{pmatrix}$. **1.30** $\frac{1}{2}(\boldsymbol{A}-\boldsymbol{I})$，$-\frac{1}{4}(\boldsymbol{A}-3\boldsymbol{I})$.

1.31 D.

1.32 $-\frac{1}{6}(\boldsymbol{A}^2+2\boldsymbol{A}+4\boldsymbol{I})$. 提示：利用 $\boldsymbol{A}^3-(2\boldsymbol{I})^3=(\boldsymbol{A}-2\boldsymbol{I})(\boldsymbol{A}^2+2\boldsymbol{A}+4\boldsymbol{I})$.

1.33 $(\boldsymbol{I}-\boldsymbol{A})^{-1}=\boldsymbol{I}+\boldsymbol{A}+\cdots+\boldsymbol{A}^{k-1}$，$(\boldsymbol{I}+\boldsymbol{A})^{-1}=\boldsymbol{I}-\boldsymbol{A}+\cdots+(-\boldsymbol{A})^{k-1}$.

提示：利用 $\boldsymbol{I}-\boldsymbol{A}^k=(\boldsymbol{I}-\boldsymbol{A})(\boldsymbol{I}+\boldsymbol{A}+\cdots+\boldsymbol{A}^{k-1})$.

1.34 (1) 略；(2) 提示：反证法. 注意 $\boldsymbol{A\alpha}=\boldsymbol{0}$. **1.35** 3，$3^{n-1}\boldsymbol{A}$. 提示：$\boldsymbol{A}^2=3\boldsymbol{A}$.

1.36 $b=-1$ 或 $b=\frac{1}{2}$. 提示：$\boldsymbol{\alpha}^T\boldsymbol{\alpha}=2b^2$.

1.37 (1) $\boldsymbol{Ae}$ 的每个元素均为矩阵 $\boldsymbol{A}$ 相应行的元素之和；(2) 提示：注意 $\boldsymbol{Ae}=c\boldsymbol{e}$，故 $\boldsymbol{A}^{-1}\boldsymbol{e}=c^{-1}\boldsymbol{e}$.

1.38 (1) $\boldsymbol{A}^n=\begin{cases}2^n\boldsymbol{I}, & n\text{ 为偶数}\\ 2^{n-1}\boldsymbol{A}, & n\text{ 为奇数}\end{cases}$，$\frac{1}{4}\boldsymbol{A}$. 提示：$\boldsymbol{A}^2=4\boldsymbol{I}$. (2) 提示：$\boldsymbol{J}^2=n\boldsymbol{J}$.

1.39 $\boldsymbol{A}^{-1}(\boldsymbol{I}-\boldsymbol{A})$. 提示：$\boldsymbol{G}=(\boldsymbol{I}-\boldsymbol{A})^{-1}-(\boldsymbol{I}-\boldsymbol{A})^{-1}(\boldsymbol{I}-\boldsymbol{A})=(\boldsymbol{I}-\boldsymbol{A})^{-1}\boldsymbol{A}$.

1.40 (1) 提示：$(\boldsymbol{A}-\boldsymbol{I})(\boldsymbol{B}-2\boldsymbol{I})=2\boldsymbol{I}$；(2) $\begin{pmatrix}1 & 0 & 1\\ 0 & 2 & 0\\ 1 & 0 & 1\end{pmatrix}$. **1.41** $\begin{pmatrix}1 & 0 & 1\\ 0 & 2 & 0\\ 0 & 0 & 1\end{pmatrix}$.

1.42 A. 提示：$\boldsymbol{B}-\boldsymbol{C}=(\boldsymbol{I}-\boldsymbol{A})^{-1}-\boldsymbol{A}(\boldsymbol{I}-\boldsymbol{A})^{-1}=(\boldsymbol{I}-\boldsymbol{A})(\boldsymbol{I}-\boldsymbol{A})^{-1}=\boldsymbol{I}$.

1.43 $\begin{pmatrix}0 & 0 & 0 & \frac{1}{4}\\ 1 & 0 & 0 & 0\\ 0 & 0 & \frac{1}{3} & 0\\ 0 & \frac{1}{2} & 0 & 0\end{pmatrix}$. **1.44** $\begin{pmatrix}\boldsymbol{W}_{11}^T & \boldsymbol{W}_{21}^T\\ \boldsymbol{W}_{12}^T & \boldsymbol{O}\end{pmatrix}$.

1.45 $\begin{pmatrix}-1 & 0 & -1\\ 1 & -1 & 2\\ -1 & 2 & -2\end{pmatrix}$. 提示：$\boldsymbol{U}=\boldsymbol{C}^{-1}\boldsymbol{A}^T$

1.46 从 $n=9$ 开始，$\boldsymbol{A}^n=\begin{pmatrix}0.2857 & 0.2857 & 0.2857\\ 0.4286 & 0.4286 & 0.4286\\ 0.2857 & 0.2857 & 0.2857\end{pmatrix}$(精确到小数点后四位)，其中值 0.428 6 约为值 0.285 7 的 1.5 倍.

1.47 (1) $\boldsymbol{A}^{2n}=\begin{pmatrix}\boldsymbol{I} & n\boldsymbol{B}\\ n\boldsymbol{B} & \boldsymbol{I}\end{pmatrix}$；(2) $\boldsymbol{A}^{2n+1}=\begin{pmatrix}n\boldsymbol{B} & \boldsymbol{I}\\ \boldsymbol{I} & (n+1)\boldsymbol{B}\end{pmatrix}$.

1.49 由于 $\boldsymbol{B}^T=\boldsymbol{B}$，因此 $\boldsymbol{B}_{11}$，$\boldsymbol{B}_{22}$ 都是对称矩阵，且 $\boldsymbol{B}_{12}^T=\boldsymbol{B}_{21}$，从而有

$$\boldsymbol{C}^T=(\boldsymbol{B}_{11}^{-1})^T=(\boldsymbol{B}_{11}^T)^{-1}=\boldsymbol{B}_{11}^{-1}=\boldsymbol{C},\ \boldsymbol{E}^T=\boldsymbol{C}^T\boldsymbol{B}_{21}^T=\boldsymbol{C}\boldsymbol{B}_{12}$$

于是可得 $\boldsymbol{B}_{11}\boldsymbol{E}^T=\boldsymbol{B}_{12}$，$\boldsymbol{E}\boldsymbol{B}_{11}=\boldsymbol{B}_{21}$，$\boldsymbol{E}\boldsymbol{B}_{11}\boldsymbol{E}^T+\boldsymbol{F}=\boldsymbol{B}_{22}$. 以此为基础，计算 $\boldsymbol{H}=\boldsymbol{L}\boldsymbol{D}\boldsymbol{L}^T$，可知

$$H=\begin{pmatrix}I & O\\ E & I\end{pmatrix}\begin{pmatrix}B_{11} & O\\ O & F\end{pmatrix}\begin{pmatrix}I & E^T\\ O & I\end{pmatrix}=\begin{pmatrix}B_{11} & B_{11}E^T\\ EB_{11} & EB_{11}E^T+F\end{pmatrix}=\begin{pmatrix}B_{11} & B_{12}\\ B_{21} & B_{22}\end{pmatrix}=B$$

1.50 $A_n^{-1}=\dfrac{1}{n-1}\begin{pmatrix}2-n & 1 & \cdots & 1\\ 1 & 2-n & \cdots & 1\\ \vdots & \vdots & & \vdots\\ 1 & 1 & \cdots & 2-n\end{pmatrix}$. 提示：参考 1.3.8(2)

1.51 结果可能不准确.机算出的 $HH^{-1}-I$ 明显不是零矩阵.这是因为作为最著名的病态矩阵,阶数 n 越高,希尔伯特矩阵 H 越表现出几乎不可逆的病态特性.

1.52 自定义函数 circ 的实现如下所示,其中使用了 ATLAST 函数 cyclic.

```
function  C=cyclic(n)
C=diag(ones(n-1,1),1);C(n,1)=1;
end
function A=circ(v)
A=[];n=length(v);a=v;C=cyclic(n)
for j=1: n
    A=[A;a];a=a*C;
end
```

习题二

2.1 (1) $4abc$； (2) $-2\,800$； (3) 520； (4) $-2a^3-2b^3$； (5) $-a+2b-c$.

2.2 (1) $x_1=2$, $x_2=3$； (2) $x_1=1$, $x_2=2$, $x_3=3$. **2.3** -3. **2.4** -5, $-x^3$.

2.5 提示：拆分第一列.对第一个行列式,先执行 $c_{13}(-2)$,再执行 $c_{32}(-2)$;对第二个行列式,第一列先提取公因子 2,再执行 $c_{12}(-1)$,然后第二列提取公因子 2,最后再执行 $c_{23}(-1)$.

2.6 提示：$a+b+c=0$. **2.7** (1) x^2y^2； (2) $abc+abd+acd+bcd+abcd$.

2.8 $5x^2-5x$.

2.9 提示：拆分第一列,然后第一个行列式各行依次提取公因子 a, b, c, d.

2.10 (1) $(-1)^{\frac{1}{2}(n-1)(n-2)}n!$； (2) $(-2)(n-2)!$.提示：各行减去第二行； (3) $a^{n-2}(a^2-b^2)$. 提示：按第一行展开； (4) $a^n+(-1)^{n+1}b^n$. 提示：按第一行展开； (5) $x_1x_2\cdots x_n\left(1+\dfrac{1}{x_1}+\cdots+\dfrac{1}{x_n}\right)$.

提示：各行减去第一行,再将各列的倍数加到第一列； (6) $(n+1)a^n$. 提示：利用三对角行列式的计算公式.

2.11 $(a_1d_1-b_1c_1)(a_2d_2-b_2c_2)$, $(a_1d_1-b_1c_1)\cdots(a_nd_n-b_nc_n)$.

2.12 提示：由三对角行列式的计算公式和欧拉公式,可知 $u=e^{i\theta}$, $v=e^{-i\theta}$,从而

$$D_n=\frac{e^{i(n+1)\theta}-e^{-i(n+1)\theta}}{e^{i\theta}-e^{-i\theta}}=\frac{2i\sin(n+1)\theta}{2i\sin\theta}=\frac{\sin(n+1)\theta}{\sin\theta}$$

2.13 20. **2.14** -2. **2.15** 56. **2.16** C. **2.17** (1) -1； (2) 9； (3) 2； (4) 0.

2.18 33.提示：$M_{11}+M_{12}+M_{13}=1A_{11}+(-1)A_{12}+1A_{13}=|\boldsymbol{A}|$, $M_{21}+M_{22}+M_{23}=1A_{21}+(-1)A_{22}+1A_{23}=0$, $M_{31}+M_{32}+M_{33}=1A_{31}+(-1)A_{32}+1A_{33}=0$.

2.19 0.提示：第 2 列全为 b, $\sum\limits_{i=1}^{4}\sum\limits_{j=1}^{4}A_{ij}=\sum\limits_{j=1}^{4}\left(\dfrac{1}{b}\sum\limits_{i=1}^{4}bA_{ij}\right)=0+|\boldsymbol{A}|+0+0$.

2.20 提示：利用柯西定理,$|\boldsymbol{A}|=\pm1$. **2.21** 提示：利用柯西定理,$|\boldsymbol{A}|=\pm1$.

2.22 提示：利用柯西定理，$|\boldsymbol{A}|=0$. **2.23** 提示：$|\boldsymbol{A}^T|=|-\boldsymbol{A}|=(-1)^n|\boldsymbol{A}|$.

2.24 C. **2.25** 3. 提示：$\boldsymbol{A}+\boldsymbol{B}^{-1}=\boldsymbol{B}^{-1}(\boldsymbol{B}+\boldsymbol{A}^{-1})\boldsymbol{A}$. **2.26** C.

2.27 提示：$\begin{vmatrix}\boldsymbol{A} & \boldsymbol{B}\\ \boldsymbol{B} & \boldsymbol{A}\end{vmatrix}=\begin{vmatrix}\boldsymbol{A}+\boldsymbol{B} & \boldsymbol{B}\\ \boldsymbol{B}+\boldsymbol{A} & \boldsymbol{A}\end{vmatrix}=|\boldsymbol{A}+\boldsymbol{B}|\begin{vmatrix}\boldsymbol{I} & \boldsymbol{B}\\ \boldsymbol{I} & \boldsymbol{A}\end{vmatrix}=|\boldsymbol{A}+\boldsymbol{B}|\begin{vmatrix}\boldsymbol{I} & \boldsymbol{B}\\ \boldsymbol{O} & \boldsymbol{A}-\boldsymbol{B}\end{vmatrix}$.

2.28 (1) -81； (2) $\frac{1}{24}$； (3) 81； (4) -243； (5) 6 561； (6) 81； (7) -9.

2.29 $\frac{1}{9}$. 提示：两边右乘 $\boldsymbol{A}$，可得 $3(\boldsymbol{A}-2\boldsymbol{I})\boldsymbol{B}=\boldsymbol{A}$. 然后利用柯西定理.

2.30 $\frac{1}{10}\boldsymbol{A}$. 提示：$(\boldsymbol{A}^*)^{-1}=|\boldsymbol{A}|^{-1}\boldsymbol{A}$.

2.31 0. 提示：$\boldsymbol{A}^*=-\boldsymbol{A}^T$. 然后两边取行列式.

2.32 C. 提示：题中$\begin{pmatrix}\boldsymbol{O} & \boldsymbol{A}\\ \boldsymbol{B} & \boldsymbol{O}\end{pmatrix}$的伴随矩阵为$\begin{vmatrix}\boldsymbol{O} & \boldsymbol{A}\\ \boldsymbol{B} & \boldsymbol{O}\end{vmatrix}\begin{pmatrix}\boldsymbol{O} & \boldsymbol{A}\\ \boldsymbol{B} & \boldsymbol{O}\end{pmatrix}^{-1}=(-1)^{2\times 2}\begin{pmatrix}\boldsymbol{O} & |\boldsymbol{A}|\boldsymbol{B}^*\\ |\boldsymbol{B}|\boldsymbol{A}^* & \boldsymbol{O}\end{pmatrix}$.

2.33 -27. **2.34** $x_1=0$，$x_2=2$，$x_3=0$，$x_4=0$.

2.35 $x_1=1$，$x_2=0$，$\cdots$，$x_n=0$.

2.36 $\lambda=1$ 或 $\lambda=-2$.

2.37 自定义函数 TriD 的实现如下所示.

```
function A=TriD(a,b,c,n)
u=ones(1,n-1)*b;  % 生成第 1 对角线向量
v=ones(1,n)*a;    % 生成主对角线向量
w=ones(1,n-1)*c;  % 生成第-1 对角线向量
A=diag(u,1)+diag(v)+diag(w,-1);
end
```

生成矩阵 $\boldsymbol{A}$ 并求解$|\boldsymbol{A}|=0$ 的代码如下：

```
syms x
A= TriD(x,1- x,- 1,5);f= det(A);x= solve(f)
```

运行后，结果如下：

```
x=
                 0
(3^(1/2)*i)/2+1/2
(3^(1/2)*i)/2+3/2
3/2- (3^(1/2)*i)/2
1/2- (3^(1/2)*i)/2
```

即 $|\boldsymbol{A}|=0$ 的解为 $x=0$，$\frac{1}{2}(1\pm i\sqrt{3})$，$\frac{1}{2}(3\pm i\sqrt{3})$.

2.38 (1) 计算第一个行列式的代码如下所示.

```
n=input('输入非负整数 n=');
A=zeros(n);
for i=1:(n-1)
  A(i,n-i)=i;
end
A(n,n)=n;
D=det(A)
```

(2) 计算第二个行列式的代码如下所示.

```
n=input('输入非负整数 n=');
A=2*ones(n);v=(-1):(n-2);D=diag(v);A=A+D;
D=det(A)
```

(3) 计算第三个行列式的代码如下所示.

```
n=input('输入非负整数 n=');
syms a b
v=a*ones(1,n);A=diag(v);A(1,n)=b;A(n,1)=b;
D=det(A)
```

(4) 计算第四个行列式的代码如下所示.

```
n=input('输入非负整数 n= ');
syms a b
v=a*ones(1,n);w=b*ones(1,n-1);
A=diag(v)+diag(w,-1);A(1,n)=b;D=det(A)
```

2.39 自定义函数 SumMinors 的实现如下所示.

```
function s=SumMinors(A)
s=0;[m,n]=size(A);
for i=1:n
    for j=1:n
      s=s+Minor(A,i,j);
    end
end
end
```

测试代码为:

```
A=[1,-1,1;2,3,0;0,4,5];s=SumMinors(A)
```

2.40 自定义函数 SumCofactors 的实现如下所示.

```
function s=SumCofactors(A)
s=0;[m,n]=size(A);
for i=1:n
    for j=1:n
    s=s+Cofactor(A,i,j);
    end
end
end
```

测试代码为:

```
syms a b c d
A=[a,b,c,d;c,b,d,a;d,b,c,a;a,b,d,c];
s=SumCofactors(A)
```

2.43 求解代码如下所示.

```
syms x
A=[x,1,1;1,x,1;1,1,x];solve(det(A))
```

习题三

3.1 (1) $x_1=7,\ x_2=-1,\ x_3=-4$； (2) $x_1=-4,\ x_2=-23,\ x_3=9$.

3.2 (1) $\boldsymbol{x}=(8,6,-3)^T$； (2) $\boldsymbol{x}=(-2,1,2)^T$.

3.3 (1) $x_1=1,\ x_2=2,\ x_3=3$； (2) $x_1=3,\ x_2=-2,\ x_3=1,\ x_4=1$.

3.4 $|\boldsymbol{R}_{ij}|=|\boldsymbol{C}_{ij}|=-1,\ |\boldsymbol{R}_i(k)|=|\boldsymbol{C}_i(k)|=k,\ |\boldsymbol{R}_{ij}(k)|=|\boldsymbol{C}_{ij}(k)|=1$.

3.5 C.

3.6 $\boldsymbol{A}=\begin{pmatrix}a_{11}-a_{13} & a_{12} & a_{13}\\ a_{21}-a_{23} & a_{22} & a_{23}\\ a_{31}-a_{33} & a_{32} & a_{33}\end{pmatrix}$. 提示：$\boldsymbol{A}=\boldsymbol{R}_{12}^{-1}\boldsymbol{B}[\boldsymbol{C}_{31}(1)]^{-1}=\boldsymbol{R}_{12}\boldsymbol{B}\boldsymbol{C}_{31}(-1)$.

3.7 $\boldsymbol{P}_2=\begin{pmatrix}1&0&0\\0&0&1\\0&1&0\end{pmatrix}$. 提示：采用逐个变换策略. $\boldsymbol{A}_1=\boldsymbol{P}_1\boldsymbol{A}=\begin{pmatrix}a_{21}&a_{22}&a_{23}\\a_{11}&a_{12}&a_{13}\\a_{31}&a_{32}&a_{33}\end{pmatrix}$，$\boldsymbol{A}_1\boldsymbol{P}_2=\boldsymbol{B}$.

3.8 B. 提示：$\boldsymbol{A}_1=\boldsymbol{P}_1\boldsymbol{A}=\begin{pmatrix}a_{21}&a_{22}&a_{23}\\a_{11}&a_{12}&a_{13}\\a_{31}&a_{32}&a_{33}\end{pmatrix}$，$\boldsymbol{P}_2\boldsymbol{A}_1=\boldsymbol{B}$.

3.9 C. 提示：元素列号未发生变化. $\boldsymbol{A}_1=\boldsymbol{R}_{13}(1)\boldsymbol{A}$，进而有 $\boldsymbol{P}_1\boldsymbol{A}_1=\boldsymbol{B}$.

3.10 A. 提示：元素的行列号都发生变化. 注意到 $\boldsymbol{P}_2=\boldsymbol{C}_{32}(2)$，$\boldsymbol{P}_2^{-1}=\boldsymbol{C}_{32}(-2)$，因此 $\boldsymbol{A}_1=\boldsymbol{B}\boldsymbol{P}_2^{-1}=$ $\begin{pmatrix}a_{21}&a_{22}&a_{23}\\a_{31}&a_{32}&a_{33}\\a_{11}&a_{12}&a_{13}\end{pmatrix}$，进而有 $\boldsymbol{A}_1=\boldsymbol{P}_1\boldsymbol{A}$. 于是有 $\boldsymbol{P}_1\boldsymbol{A}=\boldsymbol{B}\boldsymbol{P}_2^{-1}$，即 $\boldsymbol{A}=\boldsymbol{P}_1^{-1}\boldsymbol{B}\boldsymbol{P}_2^{-1}$.

3.11 提示：$\boldsymbol{B}=\boldsymbol{R}_{ij}\boldsymbol{A}$，$\boldsymbol{B}^{-1}=(\boldsymbol{R}_{ij}\boldsymbol{A})^{-1}=\boldsymbol{A}^{-1}\boldsymbol{R}_{ij}^{-1}=\boldsymbol{A}^{-1}\boldsymbol{C}_{ij}$，$\boldsymbol{A}\boldsymbol{B}^{-1}=\boldsymbol{C}_{ij}$.

3.12 提示：$\boldsymbol{B}=\boldsymbol{R}_i(k)\boldsymbol{A}$，$\boldsymbol{B}^{-1}=(\boldsymbol{R}_i(k)\boldsymbol{A})^{-1}=\boldsymbol{A}^{-1}[\boldsymbol{R}_i(k)]^{-1}=\boldsymbol{A}^{-1}\boldsymbol{R}_i\left(\frac{1}{k}\right)$.

3.13 D. 提示：$\boldsymbol{B}=\boldsymbol{A}\boldsymbol{C}_{12}$，$\boldsymbol{C}=\boldsymbol{B}\boldsymbol{C}_{23}(1)=\boldsymbol{A}\boldsymbol{C}_{12}\boldsymbol{C}_{23}(1)$，故 $\boldsymbol{Q}=\boldsymbol{C}_{12}\boldsymbol{C}_{23}(1)$.

3.14 B. 提示：$\boldsymbol{P}=\boldsymbol{R}_{21}(1)=\boldsymbol{C}_{12}(1)$，$\boldsymbol{B}=\boldsymbol{R}_{21}(1)\boldsymbol{A}$，$\boldsymbol{C}=\boldsymbol{B}\boldsymbol{C}_{12}(-1)$，故 $\boldsymbol{C}=\boldsymbol{R}_{21}(1)\boldsymbol{A}\boldsymbol{C}_{12}(-1)=\boldsymbol{P}\boldsymbol{A}\boldsymbol{P}^{-1}$.

3.15 C. 提示：$\boldsymbol{B}=\boldsymbol{R}_{12}\boldsymbol{A}$，则 $\boldsymbol{B}^{-1}=\boldsymbol{A}^{-1}\boldsymbol{C}_{12}$ 且 $|\boldsymbol{B}|=-|\boldsymbol{A}|$，故 $\boldsymbol{B}^*=|\boldsymbol{B}|\boldsymbol{B}^{-1}=-|\boldsymbol{A}|\boldsymbol{A}^{-1}\boldsymbol{C}_{12}=-\boldsymbol{A}^*\boldsymbol{C}_{12}$.

3.16 $\begin{pmatrix}2&2&1\\3&4&2\\1&5&3\end{pmatrix}$. 提示：$\boldsymbol{A}\boldsymbol{B}=\boldsymbol{C}_{12}(-1)$，故 $\boldsymbol{A}^{-1}=\boldsymbol{B}(\boldsymbol{A}\boldsymbol{B})^{-1}=\boldsymbol{B}\boldsymbol{C}_{12}(1)$.

3.17 (1) $\begin{pmatrix}1&-2&1\\0&\frac{1}{2}&-1\\0&0&\frac{1}{3}\end{pmatrix}$； (2) $\frac{1}{5}\begin{pmatrix}-3&4&-8\\-4&2&1\\2&-1&2\end{pmatrix}$； (3) $\frac{1}{24}\begin{pmatrix}0&8&0\\6&-1&-3\\6&-3&3\end{pmatrix}$； (4) $\begin{pmatrix}1&0&2\\2&-1&3\\4&1&8\end{pmatrix}$.

3.18 (1) $\frac{1}{2}\begin{pmatrix}5&-2&-1\\-2&2&0\\-1&0&1\end{pmatrix}$； (2) $\frac{1}{2}$； (3) $\begin{pmatrix}1&1&1\\1&2&1\\1&1&3\end{pmatrix}$. 提示：$(\boldsymbol{A}^T)^{-1}=(\boldsymbol{A}^{-1})^T$.

3.19 $\begin{pmatrix}1&-a&2a&-a\\-2&2a+1&-4a&2a\\1&-a-2&2a+1&-a\\0&1&-2&1\end{pmatrix}$. 提示：$\boldsymbol{A}=(2\boldsymbol{C}-\boldsymbol{B})^{-T}$.

3.20 $\begin{pmatrix} 6 & 0 & 0 & 0 \\ 0 & 6 & 0 & 0 \\ 6 & 0 & 6 & 0 \\ 0 & 3 & 0 & -1 \end{pmatrix}$. 提示：$|\boldsymbol{A}^*|=|\boldsymbol{A}|^3$，矩阵方程两边分别左乘 $\boldsymbol{A}^*$ 和右乘 $\boldsymbol{A}$，$\boldsymbol{B}=6(2\boldsymbol{I}-\boldsymbol{A}^*)^{-1}$.

3.21 (1) $1-a^4$； (2) $a=-1$，$\boldsymbol{x}=(0,-1,0,0)^T+c(1,1,1,1)^T$.

3.22 (1) $\begin{pmatrix} 6 & 7 \\ -2 & -3 \end{pmatrix}$； (2) $\frac{1}{3}\begin{pmatrix} 1 & 2 & 5 \\ 2 & 1 & 1 \end{pmatrix}$； (3) $\begin{pmatrix} -11 & -2 & -1 \\ -4 & 3 & 0 \\ -10 & 8 & -1 \end{pmatrix}$.

3.23 (2) $\frac{1}{3}\begin{pmatrix} 2 & 3 & -1 \\ -2 & 0 & 1 \\ -1 & -3 & 2 \end{pmatrix}$； (3) $\frac{1}{3}\begin{pmatrix} 1 \\ -4 \\ 1 \end{pmatrix}$. **3.24** C.

3.25 当 $a=-8$ 且 $b=-2$ 时，$r(\boldsymbol{A})=2$；当 $a=-8$ 且 $b\neq-2$ 时，或 $a\neq-8$ 且 $b=-2$ 时，$r(\boldsymbol{A})=2$；当 $a\neq-8$ 且 $b\neq-2$ 时 $r(\boldsymbol{A})=4$.

3.26 当 $a=0$ 或 $a=-1$ 时，$r(\boldsymbol{A})=2$.

3.27 $a=-2$.

3.28 提示：对 n 阶方阵 $\boldsymbol{A}$ 而言，$r(\boldsymbol{A})=n \Leftrightarrow |\boldsymbol{A}|\neq 0 \Leftrightarrow \boldsymbol{A}$ 可逆.

3.29 提示：$\boldsymbol{A}^2=\boldsymbol{A}$，$(\boldsymbol{A}-\boldsymbol{I})^2=\boldsymbol{I}-\boldsymbol{A}$，改证 $r(\boldsymbol{I}-\boldsymbol{A})+r(\boldsymbol{A})=n$. 一方面，由 $(\boldsymbol{I}-\boldsymbol{A})\boldsymbol{A}=\boldsymbol{O}$，可知 $r(\boldsymbol{I}-\boldsymbol{A})+r(\boldsymbol{A})\leqslant n$；另一方面，$n=r(\boldsymbol{I})=r(\boldsymbol{I}-\boldsymbol{A}+\boldsymbol{A})\leqslant r(\boldsymbol{I}-\boldsymbol{A})+r(\boldsymbol{A})$.

3.30 提示：设 $m\times n$ 阶矩阵 $\boldsymbol{A}$ 的标准形分解为 $\boldsymbol{A}=\boldsymbol{PNQ}$，其中 $\boldsymbol{P}$，$\boldsymbol{Q}$ 为可逆矩阵，且 $r(\boldsymbol{A})=r$. 令 $\boldsymbol{P}=(\boldsymbol{p}_1,\cdots,\boldsymbol{p}_m)$，$\boldsymbol{Q}=(\boldsymbol{q}_1,\cdots,\boldsymbol{q}_n)^T$，且 $\boldsymbol{N}=\boldsymbol{E}_1+\cdots+\boldsymbol{E}_r$，其中 $\boldsymbol{E}_i$ 为 (i,i) 位置的元素为 1，其余元素皆为 0 的 $m\times n$ 阶矩阵. 则 $\boldsymbol{A}=\boldsymbol{PNQ}=\boldsymbol{PE}_1\boldsymbol{Q}+\cdots+\boldsymbol{PE}_r\boldsymbol{Q}=\boldsymbol{p}_1\boldsymbol{q}_1^T+\cdots+\boldsymbol{p}_n\boldsymbol{q}_n^T$，且 $r(\boldsymbol{p}_i\boldsymbol{q}_i^T)=1$.

3.31 (1) $x_1=1$，$x_2=2$，$x_3=-1$； (2) $(x_1,x_2,x_3,x_4)^T=(0,0,0,1)^T+c_1(-2,1,0,0)^T+c_2(-1,0,1,0)^T$. (3) 无解； (4) $(x_1,x_2,x_3)^T=(1,-2,0)^T+c(-9,1,7)^T$.

3.32 (1) $(x_1,x_2,x_3,x_4,x_5)^T=c_1(1,1,0,0,0)^T+c_2(-7,0,4,5,0)^T+c_3(4,0,7,0,5)^T$. (2) $(x_1,x_2,x_3,x_4)^T=(0,0,0,0)^T$.

3.36 A. **3.37** $r(\boldsymbol{A})=2$.

3.38 (2) 提示：$n-r(\boldsymbol{AB})=n-r(\boldsymbol{B})$. **3.39** $k=4$.

3.40 当 $\lambda=0$ 时，$(x_1,x_2,x_3)^T=c(-1,1,1)^T$；当 $\lambda=1$ 时，$(x_1,x_2,x_3)^T=c(-1,2,1)^T$.

3.41 $(x_1,x_2,x_3)^T=c(-1,-1,3)^T$. **3.42** $a=3$ 或 $a=-1$.

3.43 $a=-2$. **3.44** $a=2$. **3.45** $k=\frac{9}{2}$.

3.46 当 $\lambda=1$ 时，$(x_1,x_2,x_3)^T=c_1(-1,1,0)^T+c_2(-1,0,1)^T$；当 $\lambda=-2$ 时，$(x_1,x_2,x_3)^T=c(1,1,1)^T$.

3.47 $a=b=-1$.

3.48 $a=-1$，$b=-2$，$c=4$. 提示：由(II)，取出两组特解分别代入(I)中.

3.49 当 $\lambda\neq 0$ 且 $\lambda\neq-3$ 时，有唯一解；当 $\lambda=0$ 时，无解；当 $\lambda=-3$ 时，有无数个解，此时 $(x_1,x_2,x_3)^T=(-1,-2,0)^T+c(1,1,1)^T$.

3.50 $a=0$，$b=2$，此时

$$(x_1,x_2,x_3,x_4,x_5)^T=(-2,3,0,0,0)^T+c_1(1,-2,1,0,0)^T+c_2(1,-2,0,1,0)^T+c_3(5,-6,0,0,1)^T.$$

3.51 当 $a=1$ 时，$(x_1, x_2, x_3)^T = c(-1, 0, 1)^T$；当 $a=2$ 时，$(x_1, x_2, x_3)^T = (0, 1, -1)^T$. 提示：联立后的方程组有解.

3.52 (1) $\tilde{\boldsymbol{x}} = (1.75, 0.75)^T$； (2) $\tilde{\boldsymbol{x}} = (4, 0)^T$； (3) $\tilde{\boldsymbol{x}} = (2.5, -0.5, 3.5)^T$.

3.53 (1) $1.0714x + 0.8571$，$-0.1657x^2 + 1.9475x + 0.3481$； (2) $0.1538x + 1.4615$，$0.1667x^2 - 1.0128x + 2.9615$.

3.54 代码如下所示. 请特别注意其中的翻江倒海技巧.

```
syms a real
B=[1,2,-3,-2;0,1,2,-3;0,0,1,2;a,0,0,1];
C=[1,2,0,1;0,1,2,0;0,0,1,2;a,0,0,1];
E=(2*C-B)';I=eye(4);M=[E,I]
% 方法一：逐步观察版
M1=rowcomb(M,3,4,-1)          % 开始翻江倒海
M2=rowcomb(M1,2,3,-1),M3=rowcomb(M2,1,2,-1)
M4=rowcomb(M3,3,4,-1)          % Again!!
M5=rowcomb(M4,2,3,-1),M6=rowcomb(M5,1,2,-1)
M7=rowcomb(M6,4,3,-a)          % 回代中，火力全开
M8=rowcomb(M7,4,2,2*a),M9=rowcomb(M8,4,1,-a)
F=M9(:,5:8)
% 方法二：一竿到底版
R=rref(M)          % 内置函数 rref 支持符号运算
F=R(:,5:8)
```

3.55 $\begin{pmatrix} 1 & 3 & 2 \\ 4 & 6 & 5 \\ 7 & 9 & 8 \end{pmatrix}$. 代码如下所示.

```
A=[1,2,3;4,5,6;7,8,9],I=eye(3);
P=fliplr(I);Q=I;Q=Q(:,[1 3 2]);S=P^100*A*Q^101
```

3.56 $\begin{pmatrix} 2 & 9 & 5 \\ -2 & -8 & 6 \\ -4 & -14 & 9 \end{pmatrix}$. 代码如下所示.

```
A=[2,-1,1;1,2,0;2,1,2];B=[1,2,-3;2,0,4;0,-1,5],I=eye(3)
X=B*inv(A-I)
```

3.57 $\begin{vmatrix} 1 & -1 & 1 \\ 2 & -2 & -2 \\ 2 & 1 & 2 \end{vmatrix} = 12$. 注意最高阶非零子式不唯一.

为方便起见，实现代码中选取了 $\boldsymbol{A}$ 的主元列和 $\boldsymbol{A}^T$ 的主元列（即 $\boldsymbol{A}$ 的主元行）所构成的最高阶非零子式，具体如下所示.

```
A=[1,-1,2,1,1;2,-2,4,2,-2;3,-3,6,3,-1;2,1,4,8,2];
[Ur,jc]=rref(A)   % 返回 A 的行最简矩阵 Ur 和相应的主元列号 jc
[Uc,jr]=rref(A')   % 返回 A 的列最简矩阵 Uc 和相应的主元行号 jr
B=A(jr,jc),D=det(B)
```

3.58 提示：使用自定义函数 gsolution，详见第四章实验三.

习题四

4.1 (1) $\lambda \neq \pm 1$ 且 $\lambda \neq 0$; (2) $\lambda = 1$; (3) $\lambda = 0$ 或 $\lambda = -1$.

4.2 (1) $b \neq 2$; (2) $b = 2$ 且 $a = 1$ 时, $\boldsymbol{\beta} = (-1-2c)\boldsymbol{\alpha}_1 + (2+c)\boldsymbol{\alpha}_2 + c\boldsymbol{\alpha}_3$, c 为任意实数; $b = 2$ 且 $a \neq 1$ 时, $\boldsymbol{\beta} = -\boldsymbol{\alpha}_1 + 2\boldsymbol{\alpha}_2$.

4.3 $a = -1$, $\boldsymbol{\alpha}_1 = -\frac{1}{3}\boldsymbol{\beta}_1 + \frac{1}{6}(1-a)\boldsymbol{\beta}_2 + \frac{1}{6}(a+3)\boldsymbol{\beta}_3$, $\boldsymbol{\alpha}_2 = \frac{1}{3}\boldsymbol{\beta}_1 + \frac{1}{3}(1-a)\boldsymbol{\beta}_2 + \frac{a}{3}\boldsymbol{\beta}_3$, $\boldsymbol{\alpha}_3 = -\boldsymbol{\beta}_1 + \frac{1}{2}(1+a)\boldsymbol{\beta}_2 + \frac{1}{2}(1-a)\boldsymbol{\beta}_3$. 提示: 设 $\boldsymbol{A} = (\boldsymbol{\alpha}_1, \boldsymbol{\alpha}_2, \boldsymbol{\alpha}_3)$, $\boldsymbol{B} = (\boldsymbol{\beta}_1, \boldsymbol{\beta}_2, \boldsymbol{\beta}_3)$, 则当 $r(\boldsymbol{A}) \neq r([\boldsymbol{A}, \boldsymbol{B}])$ 时, 向量组 $\boldsymbol{\beta}_1, \boldsymbol{\beta}_2, \boldsymbol{\beta}_3$ 不能由向量组 $\boldsymbol{\alpha}_1, \boldsymbol{\alpha}_2, \boldsymbol{\alpha}_3$ 线性表示; 当 $r(\boldsymbol{B}) = r([\boldsymbol{B}, \boldsymbol{A}])$ 时, 向量组 $\boldsymbol{\alpha}_1, \boldsymbol{\alpha}_2, \boldsymbol{\alpha}_3$ 能由向量组 $\boldsymbol{\beta}_1, \boldsymbol{\beta}_2, \boldsymbol{\beta}_3$ 线性表示.

4.4 $a = 1$. 提示: 当 $a = 1$ 或 $a = -2$ 时, 向量组 $\boldsymbol{\beta}_1, \boldsymbol{\beta}_2, \boldsymbol{\beta}_3$ 不能由向量组 $\boldsymbol{\alpha}_1, \boldsymbol{\alpha}_2, \boldsymbol{\alpha}_3$ 线性表示; 当 $a \neq 4$ 且 $a \neq -2$ 时, 向量组 $\boldsymbol{\alpha}_1, \boldsymbol{\alpha}_2, \boldsymbol{\alpha}_3$ 能由向量组 $\boldsymbol{\beta}_1, \boldsymbol{\beta}_2, \boldsymbol{\beta}_3$ 线性表示.

4.5 (1) 能. 提示: 因为 $\boldsymbol{\alpha}_2, \boldsymbol{\alpha}_3, \cdots, \boldsymbol{\alpha}_n$ 线性无关, 故 $\boldsymbol{\alpha}_2, \boldsymbol{\alpha}_3, \cdots, \boldsymbol{\alpha}_{n-1}$ 线性无关, 从而由唯一表示定理, 可知 $\boldsymbol{\alpha}_1$ 可由 $\boldsymbol{\alpha}_2, \boldsymbol{\alpha}_3, \cdots, \boldsymbol{\alpha}_{n-1}$ 线性表示, 于是 $\boldsymbol{\alpha}_1$ 也可由 $\boldsymbol{\alpha}_2, \boldsymbol{\alpha}_3, \cdots, \boldsymbol{\alpha}_n$ 线性表示.

(2) 不能. 提示: 反证法. 若 $\boldsymbol{\alpha}_n$ 可由 $\boldsymbol{\alpha}_1, \boldsymbol{\alpha}_2, \cdots, \boldsymbol{\alpha}_{n-1}$ 线性表示, 注意到 $\boldsymbol{\alpha}_1$ 可由 $\boldsymbol{\alpha}_2, \boldsymbol{\alpha}_3, \cdots, \boldsymbol{\alpha}_{n-1}$ 线性表示, 因此 $\boldsymbol{\alpha}_n$ 可由 $\boldsymbol{\alpha}_2, \boldsymbol{\alpha}_3, \cdots, \boldsymbol{\alpha}_{n-1}$ 线性表示, 与 $\boldsymbol{\alpha}_2, \boldsymbol{\alpha}_3, \cdots, \boldsymbol{\alpha}_n$ 线性无关相矛盾.

4.6 线性无关. **4.7** $t = 12$. **4.10** C. **4.11** A.

4.12 (1) 错. 反例: 取 $\boldsymbol{\alpha}_1 = \begin{pmatrix}1\\0\end{pmatrix}$, $\boldsymbol{\alpha}_2 = \begin{pmatrix}2\\0\end{pmatrix}$, $k_1 = k_2 = 1$, 则有 $\boldsymbol{\alpha}_1 + \boldsymbol{\alpha}_2 \neq \boldsymbol{0}$, 但 $\boldsymbol{\alpha}_1, \boldsymbol{\alpha}_2$ 线性相关.

(2) 对. 反证法. 若 $\boldsymbol{\alpha}_1 \neq \boldsymbol{0}$, 则取 $k_1 = 1$, $k_2 = \cdots = k_n = 0$, 有 $k_1\boldsymbol{\alpha}_1 + k_2\boldsymbol{\alpha}_2 + \cdots + k_s\boldsymbol{\alpha}_s \neq \boldsymbol{0}$, 出现矛盾. 故 $\boldsymbol{\alpha}_1 = \boldsymbol{0}$. 递推可知 $\boldsymbol{\alpha}_2 = \cdots = \boldsymbol{\alpha}_n = \boldsymbol{0}$.

(3) 错. 反例: 取 $\boldsymbol{\alpha}_1 = \begin{pmatrix}1\\0\end{pmatrix}$, $\boldsymbol{\alpha}_2 = \begin{pmatrix}2\\0\end{pmatrix}$, $\boldsymbol{\alpha}_3 = \begin{pmatrix}0\\1\end{pmatrix}$, 则有 $2\boldsymbol{\alpha}_1 - \boldsymbol{\alpha}_2 + 0\boldsymbol{\alpha}_3 = \boldsymbol{0}$, 即 $\boldsymbol{\alpha}_1, \boldsymbol{\alpha}_2, \boldsymbol{\alpha}_3$ 线性无关, 但 $\boldsymbol{\alpha}_3$ 不能由 $\boldsymbol{\alpha}_1, \boldsymbol{\alpha}_2$ 线性表示.

(4) 错. 反例: 取 $\boldsymbol{\alpha}_1 = \begin{pmatrix}1\\0\end{pmatrix}$, $\boldsymbol{\alpha}_2 = \begin{pmatrix}-2\\0\end{pmatrix}$, $\boldsymbol{\beta}_1 = \begin{pmatrix}0\\1\end{pmatrix}$, $\boldsymbol{\beta}_2 = \begin{pmatrix}0\\2\end{pmatrix}$, 显然 $\boldsymbol{\alpha}_1, \boldsymbol{\alpha}_2$ 线性相关, $\boldsymbol{\beta}_1, \boldsymbol{\beta}_2$ 也线性相关, 而且有 $2\boldsymbol{\alpha}_1 + \boldsymbol{\alpha}_2 = \boldsymbol{0}$, 但是 $2\boldsymbol{\beta}_1 + \boldsymbol{\beta}_2 \neq \boldsymbol{0}$.

4.13 当 s 为奇数时, $\boldsymbol{\beta}_1, \boldsymbol{\beta}_2, \cdots, \boldsymbol{\beta}_s$ 线性无关; 当 s 为偶数时, $\boldsymbol{\beta}_1, \boldsymbol{\beta}_2, \cdots, \boldsymbol{\beta}_s$ 线性相关.

提示: $(\boldsymbol{\beta}_1, \boldsymbol{\beta}_2, \cdots, \boldsymbol{\beta}_s) = (\boldsymbol{\alpha}_1, \boldsymbol{\alpha}_2, \cdots, \boldsymbol{\alpha}_s)\boldsymbol{C}$, 其中 $\boldsymbol{C} = \begin{pmatrix}1 & & & 1\\ 1 & 1 & & \\ & \ddots & \ddots & \\ & & 1 & 1\end{pmatrix}$.

4.14 必要性. $(\boldsymbol{\alpha}_1, \boldsymbol{\alpha}_2, \cdots, \boldsymbol{\alpha}_n) = (\boldsymbol{e}_1, \boldsymbol{e}_2, \cdots, \boldsymbol{e}_n)(\boldsymbol{p}_1, \boldsymbol{p}_2, \cdots, \boldsymbol{p}_n) = (\boldsymbol{e}_1, \boldsymbol{e}_2, \cdots, \boldsymbol{e}_n)\boldsymbol{P}$, 故矩阵 $\boldsymbol{P}$ 可逆, 从而对任意 $\boldsymbol{\alpha}$, 有 $\boldsymbol{\alpha} = (\boldsymbol{e}_1, \boldsymbol{e}_2, \cdots, \boldsymbol{e}_n)\boldsymbol{x} = (\boldsymbol{\alpha}_1, \boldsymbol{\alpha}_2, \cdots, \boldsymbol{\alpha}_n)\boldsymbol{P}^{-1}\boldsymbol{x}$.

充分性. $\boldsymbol{e}_1 = (\boldsymbol{\alpha}_1, \boldsymbol{\alpha}_2, \cdots, \boldsymbol{\alpha}_n)\boldsymbol{q}_1, \cdots, \boldsymbol{e}_n = (\boldsymbol{\alpha}_1, \boldsymbol{\alpha}_2, \cdots, \boldsymbol{\alpha}_n)\boldsymbol{q}_n$, 故

$$(\boldsymbol{e}_1, \boldsymbol{e}_2, \cdots, \boldsymbol{e}_n) = (\boldsymbol{\alpha}_1, \boldsymbol{\alpha}_2, \cdots, \boldsymbol{\alpha}_n)\boldsymbol{Q} = (\boldsymbol{e}_1, \boldsymbol{e}_2, \cdots, \boldsymbol{e}_n)\boldsymbol{PQ}$$

从而有 $\boldsymbol{PQ} = \boldsymbol{I}$, 即矩阵 $\boldsymbol{P}, \boldsymbol{Q}$ 可逆, 从而有 $\boldsymbol{\alpha}_1, \boldsymbol{\alpha}_2, \cdots, \boldsymbol{\alpha}_n$ 线性无关.

4.15 必要性. 由 $\boldsymbol{\alpha}_1, \boldsymbol{\alpha}_2, \cdots, \boldsymbol{\alpha}_n$ 线性无关, 可知 $\boldsymbol{\alpha}_1, \boldsymbol{\alpha}_2, \cdots, \boldsymbol{\alpha}_i$ 线性无关, 故 $\boldsymbol{\alpha}_i$ 不能由 $\boldsymbol{\alpha}_1, \boldsymbol{\alpha}_2, \cdots, \boldsymbol{\alpha}_{i-1}$ 线性表示.

充分性. 设有 $k_1\boldsymbol{\alpha}_1 + k_2\boldsymbol{\alpha}_2 + \cdots + k_n\boldsymbol{\alpha}_n = \boldsymbol{0}$ (*), 则 $k_n = 0$, 否则 (*) 式可变成

$$\boldsymbol{\alpha}_n = k'_1\boldsymbol{\alpha}_1 + k'_2\boldsymbol{\alpha}_2 + \cdots + k'_{n-1}\boldsymbol{\alpha}_{n-1}$$

这显然与“$\boldsymbol{\alpha}_n$ 不能由 $\boldsymbol{\alpha}_1, \boldsymbol{\alpha}_2, \cdots, \boldsymbol{\alpha}_{n-1}$ 线性表示”互相矛盾. 递推地,可知 $k_{n-1}=\cdots=k_2=0$,从而(*)式变成了 $k_1\boldsymbol{\alpha}_1=\mathbf{0}$. 注意到 $\boldsymbol{\alpha}_1\neq\mathbf{0}$,因此 $k_1=0$. 由(*)式,可知 $\boldsymbol{\alpha}_1, \boldsymbol{\alpha}_2, \cdots, \boldsymbol{\alpha}_n$ 线性无关.

4.16 设有 $k_1\boldsymbol{\alpha}_1+k_2\boldsymbol{\alpha}_2+\cdots+k_n\boldsymbol{\alpha}_n+k(\boldsymbol{\beta}_1+\boldsymbol{\beta}_2)=\mathbf{0}$(*). 由于 $\boldsymbol{\beta}_1=l_1\boldsymbol{\alpha}_1+l_2\boldsymbol{\alpha}_2+\cdots+l_n\boldsymbol{\alpha}_n$,因此有

$$(k_1+kl_1)\boldsymbol{\alpha}_1+(k_2+kl_2)\boldsymbol{\alpha}_2+\cdots+(k_n+kl_n)\boldsymbol{\alpha}_n+k\boldsymbol{\beta}_2=\mathbf{0}$$

则 $k=0$,否则上式可变成 $\boldsymbol{\beta}_2=k_1'\boldsymbol{\alpha}_1+k_2'\boldsymbol{\alpha}_2+\cdots+k_{n-1}'\boldsymbol{\alpha}_n$,与题设矛盾. 此时(*)式变成了

$$k_1\boldsymbol{\alpha}_1+k_2\boldsymbol{\alpha}_2+\cdots+k_n\boldsymbol{\alpha}_n=\mathbf{0}$$

从而有 $k_1=k_2=\cdots=k_n=0$,故 $\boldsymbol{\alpha}_1, \boldsymbol{\alpha}_2, \cdots, \boldsymbol{\alpha}_n, \boldsymbol{\beta}_1+\boldsymbol{\beta}_2$ 线性无关.

4.17 $\boldsymbol{A}^4\boldsymbol{\alpha}=5\boldsymbol{A}^2\boldsymbol{\alpha}-3\boldsymbol{A}^3\boldsymbol{\alpha}=-15\boldsymbol{A}\boldsymbol{\alpha}+14\boldsymbol{A}^2\boldsymbol{\alpha}$,故 $\boldsymbol{B}=(\boldsymbol{\alpha}, \boldsymbol{A}\boldsymbol{\alpha}, \boldsymbol{A}^2\boldsymbol{\alpha})\boldsymbol{C}$,其中 $\boldsymbol{C}=\begin{pmatrix}1&0&0\\0&1&-15\\0&0&14\end{pmatrix}$. 由于矩阵 $\boldsymbol{C}$ 可逆,且向量组 $\boldsymbol{\alpha}, \boldsymbol{A}\boldsymbol{\alpha}, \boldsymbol{A}^2\boldsymbol{\alpha}$ 线性无关,则 $r(\boldsymbol{B})=3$,即矩阵 $\boldsymbol{B}$ 可逆.

4.18 (1) 设有 $k_1\boldsymbol{\alpha}_1+k_2\boldsymbol{\alpha}_2+\cdots+k_n\boldsymbol{\alpha}_n=\mathbf{0}$(*),且 $\boldsymbol{b}=l_1\boldsymbol{\alpha}_1+l_2\boldsymbol{\alpha}_2+\cdots+l_n\boldsymbol{\alpha}_n$,则有

$$\boldsymbol{b}=l_1\boldsymbol{\alpha}_1+l_2\boldsymbol{\alpha}_2+\cdots+l_n\boldsymbol{\alpha}_n=(k_1+l_1)\boldsymbol{\alpha}_1+(k_2+l_2)\boldsymbol{\alpha}_2+\cdots+(k_n+l_n)\boldsymbol{\alpha}_n$$

根据唯一性,可知 $k_1+l_1=l_1, \cdots, k_n+l_n=l_n$,即 $k_1=k_2=\cdots=k_n=0$.

(2) 显然有 $l_1\boldsymbol{\alpha}_1+l_2\boldsymbol{\alpha}_2+\cdots+l_n\boldsymbol{\alpha}_n+(-1)\boldsymbol{b}=\mathbf{0}$,因此 $\boldsymbol{\alpha}_1, \boldsymbol{\alpha}_2, \cdots, \boldsymbol{\alpha}_n, \boldsymbol{b}$ 线性无关.

4.19 极大无关组为 $\boldsymbol{\alpha}_1, \boldsymbol{\alpha}_2, \boldsymbol{\alpha}_4$,且 $\boldsymbol{\alpha}_3=3\boldsymbol{\alpha}_1+\boldsymbol{\alpha}_2$, $\boldsymbol{\alpha}_5=2\boldsymbol{\alpha}_1+\boldsymbol{\alpha}_2$.

4.20 当 $a=0$ 时,极大无关组为 $\boldsymbol{\alpha}_1$,且 $\boldsymbol{\alpha}_2=2\boldsymbol{\alpha}_1$, $\boldsymbol{\alpha}_3=3\boldsymbol{\alpha}_1$, $\boldsymbol{\alpha}_4=4\boldsymbol{\alpha}_1$;当 $a=-10$ 时,极大无关组为 $\boldsymbol{\alpha}_1, \boldsymbol{\alpha}_2, \boldsymbol{\alpha}_3$,且 $\boldsymbol{\alpha}_4=-\boldsymbol{\alpha}_1-\boldsymbol{\alpha}_2-\boldsymbol{\alpha}_3$.

4.21 设向量组(I)和(II)为向量组(III)$\boldsymbol{\alpha}_1, \boldsymbol{\alpha}_2, \cdots, \boldsymbol{\alpha}_s$ 的任意两个极大无关组,显然向量组(I)和(II)的秩分别是它们中包含的向量个数. 由于向量组(I)与向量组(III)等价,向量组(III)与向量组(II)等价,由等价的传递性,可知向量组(I)与(II)互相等价. 再根据“等价的向量组必等秩”,可知向量组(I)与(II)等秩,即它们中包含的向量个数相等.

4.23 $a=15$, $b=5$. 提示:设 $\boldsymbol{A}=(\boldsymbol{\alpha}_1, \boldsymbol{\alpha}_2, \boldsymbol{\alpha}_3)$, $\boldsymbol{B}=(\boldsymbol{\beta}_1, \boldsymbol{\beta}_2, \boldsymbol{\beta}_3)$,则由 $r(\boldsymbol{A})=r([\boldsymbol{A}, \boldsymbol{\beta}_3])=2$,可得 $b=5$;再由 $r(\boldsymbol{B})=r(\boldsymbol{A})=2$,可得 $a=15$.

4.24 提示:由题可知,$r(\mathrm{I})=r(\mathrm{II})=3$,故由唯一性定理,可知 $\boldsymbol{\alpha}_4=l_1\boldsymbol{\alpha}_1+l_2\boldsymbol{\alpha}_2+l_3\boldsymbol{\alpha}_3$. 记 $\boldsymbol{A}=(\boldsymbol{\alpha}_1, \boldsymbol{\alpha}_2, \boldsymbol{\alpha}_3, \boldsymbol{\alpha}_5)$, $\boldsymbol{B}=(\boldsymbol{\alpha}_1, \boldsymbol{\alpha}_2, \boldsymbol{\alpha}_3, \boldsymbol{\alpha}_5-\boldsymbol{\alpha}_4)$,则 $r(\boldsymbol{A})=4$. 将 $\boldsymbol{B}$ 前三列的适当倍数加到第四列,则有

$$r(\boldsymbol{B})=r(\boldsymbol{\alpha}_1, \boldsymbol{\alpha}_2, \boldsymbol{\alpha}_3, \boldsymbol{\alpha}_5)=r(\boldsymbol{A})=4$$

4.25 C. 提示:取(I):$\boldsymbol{\alpha}_1=\begin{pmatrix}1\\0\end{pmatrix}$, $\boldsymbol{\alpha}_2=\begin{pmatrix}2\\0\end{pmatrix}$ 及(II):$\boldsymbol{\beta}_1=\begin{pmatrix}0\\1\end{pmatrix}$, $\boldsymbol{\beta}_2=\begin{pmatrix}0\\2\end{pmatrix}$. 易知 $r(\mathrm{I})=r(\mathrm{II})=1=r$,且 $s=t$. 显然两向量组不等价,并且对向量组(II):$\boldsymbol{\alpha}_1, \boldsymbol{\alpha}_2, \boldsymbol{\beta}_1, \boldsymbol{\beta}_2$,有 $r(\mathrm{III})=2\neq r$,因此选项(A)(B)(D) 都不正确. 选项(A) 其实就是推论 4.2.2.

4.26 提示:(1) $r(\boldsymbol{AB})\leqslant r(\boldsymbol{A})\leqslant n<m$; (2) $m=r(\boldsymbol{I})=r(\boldsymbol{AB})\leqslant r(\boldsymbol{B})\leqslant m$.

4.27 D. 提示:$r(\mathrm{I})\leqslant r(\mathrm{II})\leqslant t<s$.

4.28 (1) 是. 过原点的平面; (2) 不是. 不过原点的平面; (3) 不是. 过原点的抛物面.

4.29 $\boldsymbol{\alpha}_1, \boldsymbol{\alpha}_2$ 为 V 的一个基,$\dim V=2$. **4.30** $a=6$.

4.31 $\boldsymbol{P}=\begin{pmatrix}1&0&1\\0&1&0\\1&0&0\end{pmatrix}$, $y=\begin{pmatrix}3\\2\\-2\end{pmatrix}$.

4.32 $\boldsymbol{P}=\begin{pmatrix}1&0&1\\2&2&0\\0&3&3\end{pmatrix}$. 提示:$r(\mathrm{II})=r(\mathrm{III})=3$.

4.33 $\boldsymbol{\xi}=(2,-1,1)^T$.

4.34 $\boldsymbol{x}=(1,1,0)^T+c(-1,1,2)^T$. 提示：$\boldsymbol{\xi}=\boldsymbol{\xi}_1+\boldsymbol{\xi}_2-2\boldsymbol{\xi}_3$ 是 $\boldsymbol{Ax}=\boldsymbol{0}$ 的解.

4.35 D. 提示：可用反证法证明 $\boldsymbol{\eta}_2-\boldsymbol{\eta}_1$, $\boldsymbol{\eta}_3-\boldsymbol{\eta}_1$ 线性无关.

4.36 $\boldsymbol{x}=(0,3,0,1)^T+c(1,-2,1,0)^T$. 提示：由 $\boldsymbol{Ax}=\boldsymbol{\beta}$,可得

$$(2x_1+x_2-3)\boldsymbol{\alpha}_2+(-x_1+x_3)\boldsymbol{\alpha}_3+(x_4-1)\boldsymbol{\alpha}_4=\boldsymbol{0}$$

再利用 $\boldsymbol{\alpha}_2$, $\boldsymbol{\alpha}_3$, $\boldsymbol{\alpha}_4$ 线性无关..

4.37 $a=0$ 或 $a=-\dfrac{1}{2}n(n+1)$. 提示：先将第一行的 $-i$ 倍加到各行,再将各列的 j 倍加到第一列,则有

$$|\boldsymbol{A}|=\begin{vmatrix}1+a & 1 & \cdots & 1\\ 2 & 2+a & \cdots & 2\\ \vdots & \vdots & & \vdots\\ n & n & \cdots & n+a\end{vmatrix}=\begin{vmatrix}1+a & 1 & \cdots & 1\\ -2a & a & \cdots & 0\\ \vdots & \vdots & & \vdots\\ -na & 0 & \cdots & a\end{vmatrix}=\begin{vmatrix}a+\dfrac{n(n+1)}{2} & 1 & \cdots & 1\\ 0 & a & \cdots & 0\\ \vdots & \vdots & & \vdots\\ 0 & 0 & \cdots & a\end{vmatrix}$$

$$=\left[a+\frac{n(n+1)}{2}\right]a^{n-1}$$

4.38 (1) $\boldsymbol{\xi}_2=(t,-t,1+2t)^T$, $\boldsymbol{\xi}_3=(-\dfrac{1}{2}-u,u,v)^T$.

(2) 提示：行列式 $|\boldsymbol{\xi}_1,\boldsymbol{\xi}_2,\boldsymbol{\xi}_3|\neq 0$,或者使用定义法,注意有 $\boldsymbol{A\xi}_1=\boldsymbol{0}$.

4.39 提示：由题可知 $\boldsymbol{A\xi}_1=\boldsymbol{A\xi}_2=\cdots=\boldsymbol{A\xi}_t=\boldsymbol{0}$, $\boldsymbol{A\beta}\neq\boldsymbol{0}$. 设

$$k\boldsymbol{\beta}+k_1(\boldsymbol{\beta}+\boldsymbol{\xi}_1)+k_2(\boldsymbol{\beta}+\boldsymbol{\xi}_2)+\cdots+k_t(\boldsymbol{\beta}+\boldsymbol{\xi}_t)=\boldsymbol{0}\quad ①$$

用 $\boldsymbol{A}$ 左乘①式两边,得 $(k+k_1+k_2+\cdots+k_t)\boldsymbol{A\beta}=\boldsymbol{0}$,从而有 $k=-(k_1+k_2+\cdots+k_t)$. 代入①式中,整理后,可得

$$k_1\boldsymbol{\xi}_1+k_2\boldsymbol{\xi}_2+\cdots+k_t\boldsymbol{\xi}_t=\boldsymbol{0}$$

由于 $\boldsymbol{\xi}_1$, $\boldsymbol{\xi}_2$, $\cdots$, $\boldsymbol{\xi}_t$ 线性无关,因此 $k_1=k_2=\cdots=k_t=0$,从而有 $k=0$.

4.40 提示：设

$$k_1(\boldsymbol{\eta}_2-\boldsymbol{\eta}_1)+k_2(\boldsymbol{\eta}_3-\boldsymbol{\eta}_2)+\cdots+k_{n-r}(\boldsymbol{\eta}_{n-r+1}-\boldsymbol{\eta}_{n-r})=\boldsymbol{0}\quad ①$$

即

$$-k_1\boldsymbol{\eta}_1+(k_1-k_2)\boldsymbol{\eta}_2+\cdots+(k_{n-r-1}-k_{n-r})\boldsymbol{\eta}_{n-r}+k_{n-r}\boldsymbol{\eta}_{n-r+1}=\boldsymbol{0}$$

由于 $\boldsymbol{\eta}_1$, $\boldsymbol{\eta}_2$, $\cdots$, $\boldsymbol{\eta}_{n-r}$ 线性无关,因此

$$-k_1=0,\ k_1-k_2=0,\ \cdots,\ k_{n-r-1}-k_{n-r}=0,\ k_{n-r}=0$$

解得 $k_1=k_2=\cdots=k_{n-r}=0$.

4.41 提示：当 $\boldsymbol{A}^T\boldsymbol{Ax}=\boldsymbol{0}$ 时,两边左乘 $\boldsymbol{x}^T$,可得 $||\boldsymbol{Ax}||^2=0$,因此 $\boldsymbol{Ax}=\boldsymbol{0}$;当 $\boldsymbol{Ax}=\boldsymbol{0}$ 时,两边左乘 $\boldsymbol{A}^T$,即得 $\boldsymbol{A}^T\boldsymbol{Ax}=\boldsymbol{0}$. 再利用 $n-r(\boldsymbol{A}^T\boldsymbol{A})=n-r(\boldsymbol{A})$ 即可.

4.42 提示：当 $\boldsymbol{ABx}=\boldsymbol{0}$ 时,令 $\boldsymbol{Bx}=\boldsymbol{y}$, $\boldsymbol{A}=(\boldsymbol{\alpha}_1,\boldsymbol{\alpha}_2,\cdots,\boldsymbol{\alpha}_m)$,则有 $\boldsymbol{Ay}=\boldsymbol{0}$, 即

$$y_1\boldsymbol{\alpha}_1+y_2\boldsymbol{\alpha}_2+\cdots+y_m\boldsymbol{\alpha}_m=\boldsymbol{0}$$

由于 $\boldsymbol{\alpha}_1$, $\boldsymbol{\alpha}_2$, $\cdots$, $\boldsymbol{\alpha}_m$ 线性无关,因此 $y_1=y_2=\cdots=y_m=0$,即 $\boldsymbol{Bx}=\boldsymbol{0}$.

4.43 $\pm\frac{1}{\sqrt{26}}(-4, 0, -1, 3)^T$. 提示：问题等价于求解方程组 $\boldsymbol{A}^T\boldsymbol{x}=\boldsymbol{0}$,其中 $\boldsymbol{A}=(\boldsymbol{\alpha}_1, \boldsymbol{\alpha}_2, \boldsymbol{\alpha}_3)$.

4.44 $\boldsymbol{\alpha}_3=(-1, 0, 1, 0)^T$, $\boldsymbol{\alpha}_4=(0, -2, 0, 1)^T$. 再单位化 $\boldsymbol{\alpha}_1, \boldsymbol{\alpha}_2, \boldsymbol{\alpha}_3, \boldsymbol{\alpha}_4$,即得一组标准正交基.

4.45 (1) $\boldsymbol{e}_1=(1, 0, 0)^T$, $\boldsymbol{e}_2=(0, 1, 0)^T$. (2) $\pm\frac{1}{\sqrt{6}}(2, -1, 1)^T$

4.46 提示：设 $k_1\boldsymbol{\alpha}_1+k_2\boldsymbol{\alpha}_2+l_1\boldsymbol{\beta}_1+l_2\boldsymbol{\beta}_2=\boldsymbol{0}$ ①. 分别用 $\boldsymbol{\alpha}_1, \boldsymbol{\alpha}_2$ 对①式两边作内积运算,并注意到

$$(\boldsymbol{\alpha}_1, \boldsymbol{\beta}_1)=(\boldsymbol{\alpha}_1, \boldsymbol{\beta}_2)=(\boldsymbol{\alpha}_2, \boldsymbol{\beta}_1)=(\boldsymbol{\alpha}_2, \boldsymbol{\beta}_2)=0$$

则有

$$\begin{cases}k_1(\boldsymbol{\alpha}_1, \boldsymbol{\alpha}_1)+k_2(\boldsymbol{\alpha}_1, \boldsymbol{\alpha}_2)=0\\ k_1(\boldsymbol{\alpha}_2, \boldsymbol{\alpha}_1)+k_2(\boldsymbol{\alpha}_2, \boldsymbol{\alpha}_2)=0\end{cases}$$

由于 $\boldsymbol{\alpha}_1, \boldsymbol{\alpha}_2$ 线性无关,根据柯西洗袜子不等式,可知

$$\Delta=(\boldsymbol{\alpha}_1, \boldsymbol{\alpha}_1)(\boldsymbol{\alpha}_2, \boldsymbol{\alpha}_2)-4(\boldsymbol{\alpha}_1, \boldsymbol{\alpha}_2)(\boldsymbol{\alpha}_1, \boldsymbol{\alpha}_2)>0$$

从而可得 $k_1=k_2=0$. 类似地,可得 $l_1=l_2=0$.

4.47 $\boldsymbol{Q}=\begin{pmatrix}0 & 0.8 & -0.6\\ 1 & 0 & 0\\ 0 & 0.6 & 0.8\end{pmatrix}$, $\boldsymbol{R}=\begin{pmatrix}1 & 1 & 1\\ 0 & 5 & 2\\ 0 & 0 & 1\end{pmatrix}$.

4.48 代码如下所示：

```
A1=[1,0,-3]';A2=[2,0,5]';A3=[6,0,8]';b=[1,1,1]';A=[A1,A2,A3];
if(det(A)==0)
  disp 不能表示!
else
  disp 能表示,表示系数为:
  X=inv(A)*b
end
```

4.49 代码如下所示：

```
A1=[1,1,2,4]';A2=[0,3,1,2]';A3=[3,0,7,2]';
A4=[1,-1,2,0];A5=[2,1,5,6];
A=[A1,A2,A3,A4,A5];
r=rank(A),[R,jp]=rref(A),B=A(:,jp)
```

4.50

```
function N=nulbasis(A)
% NULBASIS(A) is a matrix whose columns form a basis
% for the null space of A.The basis is obtained from
% the reduced row echelon form of A.
%% nulbasis(A)返回一个矩阵,其列向量组为矩阵 A 的零空间的一组基
%% 这组基来自矩阵 A 的行最简形
[R,jp]=rref(A);  %% 将 A 化至行最简形,jp 为主元列号
[m,n]=size(A);
r=length(jp);      %% 计算 A 的秩
nmr=n-r;         %% A 的零空间的维数
N=zeros(n,nmr);  %% 设置 Z 的初值为零矩阵
```

```
% 调用 ATLAST 函数 other,返回剩余向量的列号,并按升序存放在向量 kp 中
kp=other(jp,n);
for q=1: nmr
    N(kp(q),q)=1;                % % 自由变量赋值为 1
    N(jp,q)=-R(1: r,kp(q));    % % 非自由变量赋值
end
```

4.51 (1) 代码如下所示:

```
A1=[1,0,2,1]';A2=[1,2,0,1]';A3=[1,4,-2,1]';A4=[2,5,-1,4]';
A=[A1,A2,A3,A4];
if IsLinDepend(A)==1
  disp 线性相关!
else
  disp 线性无关!
end
```

(2) 在末尾添加如下代码:

```
Z1=nulbasis(A)
```

返回的矩阵 Z1,其列向量组表示矩阵 A 零空间的基础解系.运行结果为

```
Z1=
    1
  -3
    1
    1
```

(3) 在末尾继续添加如下代码:

```
Z = null(A)
```

运行结果为

```
Z=
  -0.2887
  -0.8660
   0.2887
   0.2887
```

这显然是单位化后的 Z1,本质上与 Z1 是一致的.

使用 format rat 格式后,小数被替换为最接近的有理数,这样运行结果变成了

```
Z=
   -390/1351
  -1170/1351
    390/1351
    390/1351
```

(4) 最后在末尾添加如下代码:

```
Z2=nulbasis(A');C=Z1'*Z2
```

其中矩阵 Z2 的列向量组表示矩阵 A'零空间的基础解系.运行结果为

```
Z2=
  -2
   1
   1
   0
C=
  0
```

常数 C=0,说明矩阵 Z1 和 Z2 互相正交.更一般地,这个结果暗示着矩阵 A 的零空间的基础解系与矩阵 A′的零空间的基础解系互相是正交的.

习题五

5.1 (1) 特征值 $\lambda_1=3$ 对应的全部特征向量为 $c_1(0,1,0)^T$, c_1 为任意的非零实数;特征值 $\lambda_2=\lambda_3=2$ 对应的全部特征向量为 $c_2(-1,1,0)^T+c_3(-1,0,1)^T$, c_2, c_3 为不全为零的任意实数.

(2) 特征值 $\lambda_1=2$ 对应的全部特征向量为 $c_1(7,3,1)^T$, c_1 为任意的非零实数;特征值 $\lambda_2=1$ 对应的全部特征向量为 $c_2(3,2,1)^T$, c_2 为任意的非零实数;特征值 $\lambda_3=0$ 对应的全部特征向量为 $c_3(1,1,1)^T$, c_3 为任意的非零实数.

(3) 特征值 $\lambda_1=4$ 对应的全部特征向量为 $c_1(2,-2,1)^T$, c_1 为任意的非零实数;特征值 $\lambda_2=-2$ 对应的全部特征向量为 $c_2(1,2,2)^T$, c_2 为任意的非零实数;特征值 $\lambda_3=1$ 对应的全部特征向量为 $c_3(-2,-1,2)^T$, c_3 为任意的非零实数.

5.2 A. 提示:不必求出 $\boldsymbol{A}$ 的所有特征对,只需逐一验证各选项是否满足 $\boldsymbol{Ax}=\lambda\boldsymbol{x}$ 即可.

5.3 B. 提示:零向量属于特征子空间,但不是特征向量;特征子空间的维数为 $n-r(\boldsymbol{A}-\lambda\boldsymbol{I})$;矩阵$(\boldsymbol{A}-\lambda\boldsymbol{I})$必不可逆.

5.4 D.　**5.5** B.　**5.6** C. 反例:$\boldsymbol{A}=\begin{pmatrix}0&1\\0&0\end{pmatrix}$的特征值全为零,但 $r(\boldsymbol{A})=1$.

5.7 B. 反例:矩阵$\begin{pmatrix}1&0\\0&1\end{pmatrix}$与$\begin{pmatrix}1&1\\0&1\end{pmatrix}$的特征值完全相同,但两者没有完全相同的特征向量.

5.8 矩阵$\begin{pmatrix}1&0\\0&1\end{pmatrix}$与$\begin{pmatrix}2&0\\0&2\end{pmatrix}$的特征值完全不同,但两者却有完全相同的特征向量;同 5.7.

5.9 充分性的证明采用反证法. 设 $\boldsymbol{A}(k_1\boldsymbol{\alpha}+k_2\boldsymbol{\beta})=\lambda(k_1\boldsymbol{\alpha}+k_2\boldsymbol{\beta})$ 且 $k_1k_2\neq 0$, 则有

$$k_1(\lambda_1-\lambda)\boldsymbol{\alpha}+k_2(\lambda_2-\lambda)\boldsymbol{\beta}=\boldsymbol{0}$$

注意到 $\boldsymbol{\alpha}$, $\boldsymbol{\beta}$ 线性无关且 $k_1k_2\neq 0$, 则 $\lambda_1-\lambda=\lambda_2-\lambda=0$, 即 $\lambda_1=\lambda_2$, 与题设矛盾.

5.10 提示:$|\boldsymbol{A}-\boldsymbol{I}|=|\boldsymbol{A}-\boldsymbol{A}\boldsymbol{A}^T|=|\boldsymbol{A}||\boldsymbol{I}-\boldsymbol{A}^T|=|(\boldsymbol{I}-\boldsymbol{A})^T|=|\boldsymbol{I}-\boldsymbol{A}|=(-1)^n|\boldsymbol{A}-\boldsymbol{I}|$. 另外由 $0=|\boldsymbol{A}-\boldsymbol{I}|=|\boldsymbol{A}-1\boldsymbol{I}|$, 可知 $\lambda=1$.

5.11 提示:幂等矩阵的特征值只能为 $\lambda=1$ 或 $\lambda=0$(参见例 5.1.10). 因此 $\boldsymbol{I}+\boldsymbol{A}$ 的特征值 $1+\lambda$ 必不为零,即矩阵 $\boldsymbol{I}+\boldsymbol{A}$ 可逆.

5.12 提示:对$(\boldsymbol{A}-\boldsymbol{I})(\boldsymbol{A}+\boldsymbol{I})=\boldsymbol{O}$两边取行列式,可知 $|\boldsymbol{A}-\boldsymbol{I}|=0$ 或 $|\boldsymbol{A}+\boldsymbol{I}|=0$. 当 $\lambda=1$ 时,矩阵 $\boldsymbol{A}+\boldsymbol{I}$ 可逆,故 $\boldsymbol{A}-\boldsymbol{I}=\boldsymbol{O}(\boldsymbol{A}+\boldsymbol{I})^{-1}=\boldsymbol{O}$.

5.13 提示:$\begin{vmatrix}\boldsymbol{I}&\boldsymbol{A}\\\boldsymbol{B}&\boldsymbol{I}\end{vmatrix}=|\boldsymbol{I}||\boldsymbol{I}-\boldsymbol{B}\boldsymbol{I}^{-1}\boldsymbol{A}|=|\boldsymbol{I}-\boldsymbol{B}\boldsymbol{A}|$, $\begin{vmatrix}\boldsymbol{I}&\boldsymbol{B}\\\boldsymbol{A}&\boldsymbol{I}\end{vmatrix}=|\boldsymbol{I}-\boldsymbol{A}\boldsymbol{B}|$. 又

$$\begin{vmatrix}\boldsymbol{I}&\boldsymbol{B}\\\boldsymbol{A}&\boldsymbol{I}\end{vmatrix}=(-1)^{n^2}|\boldsymbol{A}||\boldsymbol{B}|=(-1)^{n^2}|\boldsymbol{B}||\boldsymbol{A}|=\begin{vmatrix}\boldsymbol{I}&\boldsymbol{A}\\\boldsymbol{B}&\boldsymbol{I}\end{vmatrix}$$

故 $|I-AB|=|I-BA|$,即 $|AB-I|=|BA-I|$.

5.14 提示：设 $u^TA=\lambda u^T$, $Av=\mu v$,且 $\lambda\neq\mu$. 一方面,有 $u^TAv=\lambda u^Tv$;另一方面,有 $u^TAv=\mu u^Tv$. 于是有 $\lambda u^Tv=\mu u^Tv$,注意到 $\lambda\neq\mu$,从而有 $u^Tv=0$.

5.15 当 $a=-2$ 时,$\lambda_1=-1$ 对应的特征向量为 $(-3, -3, 1)^T$, $\lambda_2=\lambda_3=2$ 对应的特征向量为 $(0, 0, 1)^T$;当 $a=-1$ 时,$\lambda_1=2$ 对应的特征向量为 $(0, 0, 1)^T$, $\lambda_2=\lambda_3=1$ 对应的特征向量为 $(2, 1, -2)^T$;当 $a=7$ 时,$\lambda_1=2$ 对应的特征向量为 $(0, 0, 1)^T$, $\lambda_2=\lambda_3=5$ 对应的特征向量为 $(6, -3, 2)^T$.

5.16 $a=2$, $b=-2$, $\lambda=4$,或 $a=2$, $b=1$, $\lambda=1$. 提示：α 也是 A 的特征向量,由 $A\alpha=\mu\alpha$,可得关于 a, b, μ 的方程组. 另外,$\lambda=|A|\mu^{-1}$.

5.17 $a=2$, $b=-3$, $c=2$, $\lambda=1$. 提示：(μ, α) 是 A 的特征对,其中 $\mu=|A|\lambda^{-1}=-\lambda^{-1}$,由 $A\alpha=\mu\alpha$ 及 $|A|=-1$,可得关于 a, b, c, μ 的方程组.

5.18 (1) $A^2=\alpha\beta^T\alpha\beta^T=(\beta^T\alpha)\alpha\beta^T=(\alpha^T\beta)\alpha\beta^T=O$,故当 $A\xi=\lambda\xi$ 时,有 $0=A^2\xi=\lambda^2\xi$,又因为 $\xi\neq 0$,所以 A 的特征值为 $\lambda=0$(n 重根).

因为 α, β 都是非零向量,不妨设 $a_1\neq0$, $b_1\neq0$,则对线性方程组 $(A-0I)\xi=0$ 的系数矩阵作初等行变换,有

$$A=\alpha\beta^T=\begin{pmatrix}a_1b_1 & a_1b_2 & \cdots & a_1b_n\\ a_2b_1 & a_2b_2 & \cdots & a_2b_n\\ \vdots & \vdots & & \vdots\\ a_nb_1 & a_nb_2 & \cdots & a_nb_n\end{pmatrix}\rightarrow\begin{pmatrix}b_1 & b_2 & \cdots & b_n\\ 0 & 0 & \cdots & 0\\ \vdots & \vdots & & \vdots\\ 0 & 0 & \cdots & 0\end{pmatrix}$$

因此 A 的特征值 $\lambda=0$ 的特征向量为

$$\xi_1=(-b_2, b_1, 0, \cdots, 0)^T, \xi_1=(-b_3, 0, b_1, 0, \cdots, 0)^T, \cdots\cdots, \xi_{n-1}=(-b_2, 0, \cdots, 0, b_1)^T$$

(2) 因为 α, β 都是非零向量,所以 $1\leqslant r(A)=r(\alpha\beta^T)\leqslant r(\alpha)=1$,故 A 的特征值为

$$\mathrm{tr}(A)=\mathrm{tr}(\alpha\beta^T)=\mathrm{tr}(\beta^T\alpha)=\mathrm{tr}(\alpha^T\beta)=1, 0, \cdots, 0$$

5.19 不唯一. 当 A 可对角化时,相应的相似变换矩阵 P 就是 A 的特征向量矩阵. 由于特征向量是相应特征子空间的基础解系,而基础解系是不唯一的.

5.20 B. 提示：$(P^{-1}AP)^T(P^T\alpha)=P^TAP^{-T}P^T\alpha=P^TA\alpha=\lambda P^T\alpha$.

5.21 B. 提示：注意到 B 为对角矩阵,因此 0 是 A 的特征值. 由于 B 的特征值为 2, b, 0,且 $\mathrm{tr}(A)=2+b$,因此 2 是 A 的特征值时(此时另外两个显然是 b 和 0),矩阵 A, B 相似. 由 $|A-2I|=0$,可得 $a=0$.

5.22 D. 反例：设 A 相似于对角阵 Λ,取 $B=\Lambda$,则存在可逆阵 P,使得 $P^{-1}AP=\Lambda$,但 $P^{-1}BP$ 却未必是对角阵. 事实上,若有 $P^{-1}BP=D$ 为对角阵,则由 D 与 B(即 Λ)相似,Λ 与 A 相似,可知 D 与 A 相似,即 D 与 Λ 都是矩阵 A 的特征值矩阵. 不计顺序,有 $D=\Lambda$. 再由 $P^{-1}AP=D$,可知 $\Lambda=D=I$, 这显然是不太可能的. 另外注意矩阵相似是特殊的矩阵等价.

5.23 D. **5.24** ABCD. 提示：$A^{-1}(AB)A=BA$,因此 AB 与 BA 相似.

5.25 C.

5.26 D. 提示：由 $A^2+A=O$,可知 A 的特征值只能取 -1 或 0.

5.27 (1) $x\neq1$, y 为任意实数；(2) $x=1$ 且 $y=-1$.

提示：$|A-\lambda I|=-(\lambda-1)(\lambda^2-x)$. 当 $x\neq1$ 时,三个特征根都是单根,因此 A 有三个线性无关的特征向量;当 $x=1$ 时,有二重特征值 $\lambda_2=\lambda_3=1$,显然当 $r(A-1I)=1$ 时,重特征值的代数重数等于几何重数,故 A 也有三个线性无关的特征向量.

5.28 C. **5.29** C.

5.30 (1) 当 $a=-2$ 时，可以相似对角化； (2) 当 $a=-\frac{2}{3}$ 时，不可以相似对角化.

提示：$|\boldsymbol{A}-\lambda\boldsymbol{I}|=-(\lambda-2)(\lambda^2-8\lambda+3a+18)$. 当 $\lambda=2$ 是二重特征值时(此时 $a=-2$)，几何重数为 $3-r(\boldsymbol{A}-2\boldsymbol{I})=2$；当 $\Delta=64-4(3a+18)=0$，即 $a=-\frac{2}{3}$ 时，$\lambda=4$ 是二重特征值，但几何重数却为 $3-r(\boldsymbol{A}-4\boldsymbol{I})=1$.

5.31 $k=2$. 提示：$\boldsymbol{A}=\begin{pmatrix}1&0&k\\1&0&k\\1&0&k\end{pmatrix}$ 相似于 $\boldsymbol{\Lambda}=\begin{pmatrix}3&&\\&0&\\&&0\end{pmatrix}$，因此 $\mathrm{tr}(\boldsymbol{A})=\mathrm{tr}(\boldsymbol{\Lambda})$.

5.32 (1) $\boldsymbol{B}=\begin{pmatrix}1&0&0\\1&2&2\\1&1&3\end{pmatrix}$； (2) $\lambda_1=\lambda_2=1,\ \lambda_3=4$； (3) $\boldsymbol{P}=(-\boldsymbol{\alpha}_1+\boldsymbol{\alpha}_2,\ -2\boldsymbol{\alpha}_1+\boldsymbol{\alpha}_3,\ \boldsymbol{\alpha}_2+\boldsymbol{\alpha}_3)$.

提示：令 $\boldsymbol{C}=(\boldsymbol{\alpha}_1,\ \boldsymbol{\alpha}_2,\ \boldsymbol{\alpha}_3)$，则 $\boldsymbol{C}^{-1}\boldsymbol{A}\boldsymbol{C}=\boldsymbol{B}$. 又 $\boldsymbol{P}_1^{-1}\boldsymbol{B}\boldsymbol{P}_1=\boldsymbol{\Lambda}$，则 $\boldsymbol{P}=\boldsymbol{C}\boldsymbol{P}_1$.

5.33 (1) $a=-3,\ b=0,\ \lambda=-1$. 提示：由 $\boldsymbol{A}\boldsymbol{\xi}=\lambda\boldsymbol{\xi}$，可得关于 $a,\ b,\ \lambda$ 的方程组.

(2) 不相似于对角阵，因为 $\lambda=-1$ 是三重特征值，但几何重数却为 $3-r(\boldsymbol{A}+\boldsymbol{I})=1$.

5.34 提示：(1) 设 $\boldsymbol{A}\boldsymbol{x}=\lambda\boldsymbol{x}$，则 $\boldsymbol{A}(\boldsymbol{B}\boldsymbol{x})=\boldsymbol{B}(\boldsymbol{A}\boldsymbol{x})=\lambda(\boldsymbol{B}\boldsymbol{x})$，即存在 μ，使得 $\boldsymbol{B}\boldsymbol{x}=\mu\boldsymbol{x}$； (2) $\boldsymbol{A}$ 有 n 个线性无关的特征向量 $\boldsymbol{\alpha}_1,\ \boldsymbol{\alpha}_2,\ \cdots,\ \boldsymbol{\alpha}_n$，故存在 $\mu_1,\mu_2,\ \cdots,\ \mu_n$，使得 $\boldsymbol{B}\boldsymbol{\alpha}_i=\mu_i\boldsymbol{\alpha}_i$，即 $\boldsymbol{B}$ 也有 n 个线性无关的特征向量.

5.35 不能. 设 $\boldsymbol{Q}^{-1}\boldsymbol{A}\boldsymbol{Q}=\boldsymbol{Q}^T\boldsymbol{A}\boldsymbol{Q}=\boldsymbol{\Lambda}$，则 $\boldsymbol{A}=\boldsymbol{Q}\boldsymbol{\Lambda}\boldsymbol{Q}^T=\boldsymbol{Q}\boldsymbol{\Lambda}\boldsymbol{Q}^{-1}$，从而必有 $\boldsymbol{A}^T=\boldsymbol{Q}\boldsymbol{\Lambda}^T\boldsymbol{Q}^T=\boldsymbol{Q}\boldsymbol{\Lambda}\boldsymbol{Q}^T=\boldsymbol{A}$.

5.36 D. 提示：尽管实对称矩阵可以正交相似对角化(明明可以靠脸吃饭)，但它也可以仅仅使用相似对角化.

5.37 提示：必要性. $\boldsymbol{A},\ \boldsymbol{B}$ 的特征多项式相同，则 $\boldsymbol{A},\ \boldsymbol{B}$ 的特征值相同，故 $\boldsymbol{A},\ \boldsymbol{B}$ 相似.

5.38 提示：设 $\boldsymbol{Q}^{-1}\boldsymbol{A}\boldsymbol{Q}=\boldsymbol{Q}^T\boldsymbol{A}\boldsymbol{Q}=\boldsymbol{\Lambda}$，则 $\boldsymbol{A},\ \boldsymbol{\Lambda}$ 的特征值相同，且 $r(\boldsymbol{A})=r(\boldsymbol{\Lambda})$. 注意到 $\boldsymbol{\Lambda}$ 有且仅有 $r(\boldsymbol{\Lambda})$ 个非零特征值.

5.39 (1) 可以，$\boldsymbol{\varepsilon}_2=\frac{1}{\sqrt{2}}(1,-1,0)^T,\ \boldsymbol{\varepsilon}_3=\frac{1}{\sqrt{6}}(1,1,-2)^T$. 提示：解 $\boldsymbol{\xi}_1^T\boldsymbol{x}=0$，可得 $\boldsymbol{\xi}_2=(1,-1,0)^T$，$\boldsymbol{\xi}_3=(1,0,-1)^T$，然后将 $\boldsymbol{\xi}_2,\ \boldsymbol{\xi}_3$ 正交化为 $\boldsymbol{\varepsilon}_2,\ \boldsymbol{\varepsilon}_3$ 即可.

(2) 可以，$\boldsymbol{A}=\begin{pmatrix}4&1&1\\1&4&1\\1&1&4\end{pmatrix}$. 提示：将 $\boldsymbol{\xi}_1$ 单位化为 $\boldsymbol{\varepsilon}_1$，令 $\boldsymbol{Q}=(\boldsymbol{\varepsilon}_1,\ \boldsymbol{\varepsilon}_2,\ \boldsymbol{\varepsilon}_3)$，$\boldsymbol{\Lambda}=\mathrm{diag}(6,3,3)$，则 $\boldsymbol{A}=\boldsymbol{Q}\boldsymbol{\Lambda}\boldsymbol{Q}^T$.

5.40 $\boldsymbol{\alpha}_3=(1,1,1)^T,\ \boldsymbol{A}=\begin{pmatrix}4&1&1\\1&4&1\\1&1&4\end{pmatrix}$. **5.41** $\boldsymbol{A}=\begin{pmatrix}1&0&0\\0&0&-1\\0&-1&0\end{pmatrix}$.

5.42 $\boldsymbol{P}=\begin{pmatrix}-1&1&1\\1&1&0\\1&0&1\end{pmatrix}$，$|\boldsymbol{A}-\boldsymbol{I}|=a^2(a-3)$. 提示：$\boldsymbol{A}$ 的特征值为 $a-2,\ a+1,\ a+1$.

5.43 (1) $a=-2$； (2) $\boldsymbol{Q}=\begin{pmatrix}\frac{1}{\sqrt{2}}&\frac{1}{\sqrt{6}}&\frac{1}{\sqrt{3}}\\1&-\frac{2}{\sqrt{6}}&\frac{1}{\sqrt{3}}\\-\frac{1}{\sqrt{2}}&\frac{1}{\sqrt{6}}&\frac{1}{\sqrt{3}}\end{pmatrix}$. 提示：$\boldsymbol{Q}^T\boldsymbol{A}\boldsymbol{Q}=\begin{pmatrix}3&&\\&-3&\\&&0\end{pmatrix}$.

5.44 (1) $\boldsymbol{A}$ 的特征值为 $-1, 1, 0$,特征向量依次为 $k_1(1, 0, -1)^T$, $k_2(1, 0, 1)^T$, $k_3(0, 1, 0)^T$,其中 k_1, k_2, k_3 均为非零的任意实数; (2) $\boldsymbol{A}=\begin{pmatrix}0&0&1\\0&0&0\\1&0&0\end{pmatrix}$; (3) $\boldsymbol{P}=\begin{pmatrix}1&1&0\\0&0&1\\-1&1&0\end{pmatrix}$.

提示:令 $\boldsymbol{\alpha}_1=(1, 0, -1)^T$, $\boldsymbol{\alpha}_2=(1, 0, 1)^T$,则 $\boldsymbol{A\alpha}_1=-\boldsymbol{\alpha}_1$, $\boldsymbol{A\alpha}_2=\boldsymbol{\alpha}_2$. 由 $r(\boldsymbol{A})=2$,可知 $|\boldsymbol{A}|=0$,从而 $\lambda=0$ 也是 $\boldsymbol{A}$ 的特征值. 由于 $\boldsymbol{A}$ 是实对称矩阵,故第三个特征向量满足 $\boldsymbol{\alpha}_3$ 满足 $\boldsymbol{\alpha}_3^T\boldsymbol{\alpha}_1=\boldsymbol{\alpha}_3^T\boldsymbol{\alpha}_2=0$,解得 $\boldsymbol{\alpha}_3=(0, 1, 0)^T$. 再令 $\boldsymbol{P}=(\boldsymbol{\alpha}_1, \boldsymbol{\alpha}_2, \boldsymbol{\alpha}_3)$,则 $\boldsymbol{P}^{-1}\boldsymbol{AP}=\boldsymbol{\Lambda}=\text{diag}(-1, 1, 0)$,故 $\boldsymbol{A}=\boldsymbol{P\Lambda P}^{-1}$.

5.45 (1) $\boldsymbol{B}$ 的特征值为 $\mu_1=-2$ 对应的特征向量为 $k_1(1, -1, 1)^T$, k_1 为非零的任意实数;特征值 $\mu_2=\mu_3=1$ 对应的特征向量为 $k_2(1, 1, 0)^T+k_3(-1, 0, 1)^T$,其中 k_2, k_3 为不全非零的任意实数.

(2) $\boldsymbol{B}=\begin{pmatrix}0&1&-1\\1&0&1\\-1&1&0\end{pmatrix}$.

提示:由 $\boldsymbol{\alpha}_1^T\boldsymbol{x}=0$,可求得 $\boldsymbol{A}$ 的另外两个线性无关的特征向量 $\boldsymbol{\alpha}_2, \boldsymbol{\alpha}_3$. 再由谱映射定理,令 $\varphi(\lambda)=\lambda^5-4\lambda^3+1$,可知 $\boldsymbol{B}$ 的三个特征对依次为 $(\varphi(\lambda_1), \boldsymbol{\alpha}_1)$, $(\varphi(\lambda_2), \boldsymbol{\alpha}_2)$ 和 $(\varphi(\lambda_3), \boldsymbol{\alpha}_3)$.

5.46 $\boldsymbol{Q}=\begin{pmatrix}0&\frac{1}{\sqrt{2}}&-\frac{4}{\sqrt{18}}\\1&0&\frac{1}{\sqrt{18}}\\0&-\frac{1}{\sqrt{2}}&\frac{1}{\sqrt{18}}\end{pmatrix}$. 提示:$\boldsymbol{Q}^T\boldsymbol{AQ}=\begin{pmatrix}2&&\\&2&\\&&-1\end{pmatrix}$.

5.47 $|\boldsymbol{I}\pm\boldsymbol{A}|\neq0$,否则 $\lambda=\pm1$ 为 $\boldsymbol{A}$ 的特征值,这与反对称矩阵 $\boldsymbol{A}$ 的特征值为纯虚数相矛盾.

注意到 $(\boldsymbol{I}-\boldsymbol{A})(\boldsymbol{I}+\boldsymbol{A})=(\boldsymbol{I}+\boldsymbol{A})(\boldsymbol{I}-\boldsymbol{A})$,因此

$$\begin{aligned}\boldsymbol{Q}^T\boldsymbol{Q}&=(\boldsymbol{I}+\boldsymbol{A})^{-T}(\boldsymbol{I}-\boldsymbol{A})^T(\boldsymbol{I}-\boldsymbol{A})(\boldsymbol{I}+\boldsymbol{A})^{-1}=(\boldsymbol{I}-\boldsymbol{A})^{-1}(\boldsymbol{I}+\boldsymbol{A})(\boldsymbol{I}-\boldsymbol{A})(\boldsymbol{I}+\boldsymbol{A})^{-1}\\&=(\boldsymbol{I}-\boldsymbol{A})^{-1}(\boldsymbol{I}-\boldsymbol{A})(\boldsymbol{I}+\boldsymbol{A})(\boldsymbol{I}+\boldsymbol{A})^{-1}=\boldsymbol{I},\end{aligned}$$

而且 $\boldsymbol{Q}+\boldsymbol{I}=(\boldsymbol{I}-\boldsymbol{A})(\boldsymbol{I}+\boldsymbol{A})^{-1}+(\boldsymbol{I}+\boldsymbol{A})(\boldsymbol{I}+\boldsymbol{A})^{-1}=2(\boldsymbol{I}+\boldsymbol{A})^{-1}$,故 $|\boldsymbol{Q}+\boldsymbol{I}|\neq0$,即 -1 不是 $\boldsymbol{Q}$ 的特征值.

5.48 (1) $|\boldsymbol{I}+\boldsymbol{Q}|\neq0$,否则 -1 为 $\boldsymbol{Q}$ 的特征值. 由于 $(\boldsymbol{I}-\boldsymbol{Q})(\boldsymbol{I}+\boldsymbol{Q})=(\boldsymbol{I}+\boldsymbol{Q})(\boldsymbol{I}-\boldsymbol{Q})$,因此有 $(\boldsymbol{I}+\boldsymbol{Q})^{-1}(\boldsymbol{I}-\boldsymbol{Q})=(\boldsymbol{I}-\boldsymbol{Q})(\boldsymbol{I}+\boldsymbol{Q})^{-1}$. 注意到 $\boldsymbol{Q}^T\boldsymbol{Q}=\boldsymbol{I}$,因此

$$\begin{aligned}\boldsymbol{S}^T&=(\boldsymbol{I}+\boldsymbol{Q})^{-T}(\boldsymbol{I}-\boldsymbol{Q})^T=(\boldsymbol{I}+\boldsymbol{Q}^T)^{-1}(\boldsymbol{I}-\boldsymbol{Q}^T)=(\boldsymbol{Q}^T\boldsymbol{Q}+\boldsymbol{Q}^T)^{-1}(\boldsymbol{Q}^T\boldsymbol{Q}-\boldsymbol{Q}^T)\\&=(\boldsymbol{Q}+\boldsymbol{I})^{-1}(\boldsymbol{Q}^T)^{-1}\boldsymbol{Q}^T(\boldsymbol{Q}-\boldsymbol{I})=-(\boldsymbol{I}-\boldsymbol{Q})(\boldsymbol{I}+\boldsymbol{Q})^{-1}=-\boldsymbol{S}\end{aligned}$$

(2) 参阅 5.47 的解答.

5.49 提示:即证 $\boldsymbol{S}=(\boldsymbol{I}+\boldsymbol{A})^{-1}(\boldsymbol{I}-\boldsymbol{A})$ 是反对称矩阵.

5.50 提示:$\boldsymbol{A}$ 是实对称矩阵,故存在正交矩阵 $\boldsymbol{Q}$ 和实对角矩阵 $\boldsymbol{\Lambda}$,使得 $\boldsymbol{Q}^{-1}\boldsymbol{AQ}=\boldsymbol{\Lambda}$,即 $\boldsymbol{A}=\boldsymbol{Q\Lambda Q}^{-1}$. 再由 $\boldsymbol{A}^2=\boldsymbol{A}$ 可知 $\boldsymbol{\Lambda}^2=\boldsymbol{\Lambda}$,即 $\lambda_i=0$ 或 1,于是存在整数 $r=r(\boldsymbol{\Lambda})=r(\boldsymbol{A})$,使得 $\boldsymbol{\Lambda}=\text{diag}(\boldsymbol{I}_r, \boldsymbol{O})$.

5.51 提示:存在正交矩阵 $\boldsymbol{Q}$ 和实对角矩阵 $\boldsymbol{\Lambda}$,使得 $\boldsymbol{Q}^{-1}\boldsymbol{AQ}=\boldsymbol{\Lambda}$. 再由 $\boldsymbol{A}^2=\boldsymbol{I}$ 可知 $\boldsymbol{\Lambda}^2=\boldsymbol{I}$,即 $\lambda_i=-1$ 或 1,于是存在整数 r(即 $\boldsymbol{A}$ 的正特征值的数目),使得 $\boldsymbol{\Lambda}=\text{diag}(\boldsymbol{I}_r, -\boldsymbol{I}_{n-r})$.

5.52 设 $\boldsymbol{A}$ 的谱分解为 $\boldsymbol{A}=\boldsymbol{Q\Lambda Q}^T$,则 $\boldsymbol{A}^k=\boldsymbol{Q\Lambda}^k\boldsymbol{Q}^T=\boldsymbol{O}$,因此 $\boldsymbol{\Lambda}^k=\boldsymbol{O}$,即 $\lambda_i=0$,于是 $\boldsymbol{\Lambda}=\boldsymbol{O}$,即 $\boldsymbol{A}=\boldsymbol{O}$.

5.53 提示:相似变换矩阵为 $\boldsymbol{P}=(\boldsymbol{e}_k, \boldsymbol{e}_{k-1}, \cdots, \boldsymbol{e}_1)$.

5.54 (1) $\boldsymbol{P}=\begin{pmatrix}-2 & 4 & 3\\ 1 & -1 & -1\\ 1 & -2 & -1\end{pmatrix}$, $\boldsymbol{J}=\begin{pmatrix}-3 & 0 & 0\\ 0 & 1 & 1\\ 0 & 0 & 1\end{pmatrix}$;

(2) $\boldsymbol{P}=\begin{pmatrix}1 & 3 & 1\\ -1 & -2 & 0\\ -1 & -1 & 0\end{pmatrix}$, $\boldsymbol{J}=\begin{pmatrix}1 & 1 & 0\\ 0 & 1 & 1\\ 0 & 0 & 1\end{pmatrix}$;

(3) $\boldsymbol{P}=\begin{pmatrix}1 & 1 & 1\\ -3 & 0 & 0\\ -2 & 0 & 1\end{pmatrix}$, $\boldsymbol{J}=\begin{pmatrix}0 & 1 & 0\\ 0 & 0 & 0\\ 0 & 0 & 0\end{pmatrix}$.

5.55 为了与手算一致,机算时原则上应该避免使用 eig 函数,而是选用 jordan 函数乃至自定义的 MyEig 函数. 当然,作为对比,机算中可以同时使用这三个函数.

(1) 代码如下所示:

```
A=[2,0,0;1,3,1;0,0,2];
[V,D]=eig(A);
[P,J]=Jordan(A)
```

(2)和(3)的代码请自行脑补.

5.58 代码如下所示:

```
B1=[1,1,1]',Z=null(B','r')              % 求得两个线性无关的特征向量
Q1=B1/norm(B1);[Q2,R]=gschmidt(Z);     % 正交化
Q=[Q1,Q2];                              % 生成正交的特征向量矩阵
v=[6,3,3],D=diag(v);                    % 生成特征值矩阵
A=Q*D*Q'                                % 计算出 A
```

习题六

6.3 $\boldsymbol{A}=\begin{pmatrix}2 & -1 & -1\\ -1 & 2 & -1\\ -1 & -1 & 2\end{pmatrix}$, $r(\boldsymbol{A})=2$, $f=3y_1^2+3y_2^2$.

6.4 $\lambda_1=1$, $\lambda_3=-3$, $\lambda_3=\lambda_4=0$, $|\boldsymbol{A}|=0$, $\mathrm{tr}(\boldsymbol{A})=-2$.

6.5 (1) $c=3$; (2) $9y_1^2+4y_2^2=1$, 椭圆柱面.

6.7 (1) $4y_1^2+9y_2^2=36$,椭圆; (2) $y_1^2+4y_2^2-2y_3^2=8$,单叶双曲面.

6.8 提示:经过正交变换 $\boldsymbol{x}=\boldsymbol{Q}\boldsymbol{y}$,有 $\boldsymbol{x}^T\boldsymbol{A}\boldsymbol{x}=\boldsymbol{y}^T\boldsymbol{\Lambda}\boldsymbol{y}=\lambda_1y_1^2+\lambda_2y_2^2+\cdots+\lambda_ny_n^2$. 取 $c=\max|\lambda_i|$,则

$$|\boldsymbol{x}^T\boldsymbol{A}\boldsymbol{x}|\leqslant c(y_1^2+y_2^2+\cdots+y_n^2)=c\boldsymbol{y}^T\boldsymbol{y}=c\boldsymbol{x}^T\boldsymbol{x}=c$$

6.9 提示:经过正交变换 $\boldsymbol{x}=\boldsymbol{Q}\boldsymbol{y}$,有 $\boldsymbol{x}^T\boldsymbol{A}\boldsymbol{x}=\boldsymbol{y}^T\boldsymbol{\Lambda}\boldsymbol{y}=\lambda_1y_1^2+\lambda_2y_2^2+\cdots+\lambda_ny_n^2$. 由于 $\lambda_1\geqslant\lambda_2\geqslant\cdots\geqslant\lambda_n$,故有

$$\boldsymbol{x}^T\boldsymbol{A}\boldsymbol{x}\leqslant\lambda_1(y_1^2+y_2^2+\cdots+y_n^2)=\lambda_1\boldsymbol{y}^T\boldsymbol{y}=\lambda_1\boldsymbol{x}^T\boldsymbol{x}$$

以及

$$\boldsymbol{x}^T\boldsymbol{A}\boldsymbol{x}\geqslant\lambda_n(y_1^2+y_2^2+\cdots+y_n^2)=\lambda_n\boldsymbol{y}^T\boldsymbol{y}=\lambda_n\boldsymbol{x}^T\boldsymbol{x}$$

6.10 $a=2$, $\boldsymbol{Q}=\begin{pmatrix}0 & 1 & 0\\ \frac{1}{\sqrt{2}} & 0 & -\frac{1}{\sqrt{2}}\\ \frac{1}{\sqrt{2}} & 0 & \frac{1}{\sqrt{2}}\end{pmatrix}$. 提示:$\boldsymbol{A}=\begin{pmatrix}2 & 0 & 0\\ 0 & 3 & a\\ 0 & a & 3\end{pmatrix}$, $\boldsymbol{Q}^{-1}\boldsymbol{A}\boldsymbol{Q}=\boldsymbol{Q}^T\boldsymbol{A}\boldsymbol{Q}=\boldsymbol{\Lambda}=\begin{pmatrix}1 & & \\ & 2 & \\ & & 5\end{pmatrix}$,则

$|\boldsymbol{A}| = |\boldsymbol{\Lambda}|$,解得 $a = 2$.

6.11 $a = 2$.

6.12 (1) $a = 0$; (2) $\boldsymbol{Q} = \begin{pmatrix} \frac{1}{\sqrt{2}} & 0 & \frac{1}{\sqrt{2}} \\ \frac{1}{\sqrt{2}} & 0 & -\frac{1}{\sqrt{2}} \\ 0 & 1 & 0 \end{pmatrix}$,标准形为 $f = 2y_1^2 + 2y_2^2$; (3) $x_1 = k,\ x_2 = -k,\ x_3 = 0$, k 为任意实数. 提示: $f(x_1, x_2, x_3) = 0$ 即为 $2y_1^2 + 2y_2^2 = 0$,故 $(x_1, x_2, x_3)^T = \boldsymbol{Q}(0, 0, y_3)^T = y_3\boldsymbol{e}_3$.

6.13 (1) $c = 2$,特征值为: 9, 18, -9; (2) $f = 9y_1^2 + 18y_2^2 - 9y_3^2 = 36$,单叶双曲面.

6.14 $a = 1$. 提示: $|\boldsymbol{A}| = -(a-1)^2$.

6.15 (1) $a = 1,\ b = 2$; (2) $\boldsymbol{Q} = \begin{pmatrix} \frac{2}{\sqrt{5}} & 0 & \frac{1}{\sqrt{5}} \\ \frac{1}{\sqrt{5}} & 0 & -\frac{2}{\sqrt{5}} \\ 0 & 1 & 0 \end{pmatrix}$.

6.16 (1) $a,\ a+1,\ a-2$; (2) $a = 2$. 提示: 规范形为 $y_1^2 + y_2^2$,因此二次型的矩阵有两个正特征值,没有负特征值.

6.17 $-1 < t < 1$. **6.18** $-\sqrt{2} < t < \sqrt{2}$.

6.19 (1) $\boldsymbol{Q} = \begin{pmatrix} -\frac{1}{\sqrt{3}} & \frac{1}{\sqrt{2}} & \frac{1}{\sqrt{6}} \\ \frac{1}{\sqrt{3}} & \frac{1}{\sqrt{2}} & -\frac{1}{\sqrt{6}} \\ \frac{1}{\sqrt{3}} & 0 & \frac{2}{\sqrt{6}} \end{pmatrix}$,标准形为 $(a+4)y_1^2 + (a-2)y_2^2 + (a-2)y_3^2$; (2) $a < 2$.

6.20 B. 提示: 当 $\boldsymbol{A} > 0$ 时,有 $\boldsymbol{A}^{-1} > 0$ 且 $|\boldsymbol{A}| > 0$,因此 $\boldsymbol{A}^* = |\boldsymbol{A}|\boldsymbol{A}^{-1} > 0$,故(D) 正确;当 $\boldsymbol{A} > 0$ 且 $\boldsymbol{B} > 0$ 时,$\boldsymbol{AB}$ 未必是对称矩阵,更遑论正定矩阵了,故(B) 不正确.

6.21 C. 提示: 当 $\boldsymbol{A} > 0$ 时,设 $\boldsymbol{A}$ 的谱分解为 $\boldsymbol{A} = \boldsymbol{Q\Lambda Q}^{-1} = \boldsymbol{Q\Lambda Q}^T$,其中 $\boldsymbol{\Lambda} = \mathrm{diag}(\lambda_1, \cdots, \lambda_n) > 0$. 取 $\boldsymbol{P} = \boldsymbol{Q}\sqrt{\boldsymbol{\Lambda}}$,其中 $\sqrt{\boldsymbol{\Lambda}} = \mathrm{diag}(\sqrt{\lambda_1}, \cdots, \sqrt{\lambda_n})$,则有 $\boldsymbol{A} = \boldsymbol{PP}^T$.

6.22 (1) $\boldsymbol{A} = \frac{1}{2}\begin{pmatrix} 1 & 0 & -1 \\ 0 & 2 & 0 \\ -1 & 0 & 1 \end{pmatrix}$;

提示: 标准形为 $y_1^2 + y_2^2$,说明 $\boldsymbol{A}$ 的特征值为 $\lambda_1 = \lambda_2 = 1, \lambda_3 = 0$. 由题又知 $\boldsymbol{\alpha}_3 = (1, 0, 1)^T$ 是特征值 $\lambda_3 = 0$ 的特征向量. 解 $\boldsymbol{\alpha}_3^T\boldsymbol{x} = 0$,可得 $\lambda_1 = \lambda_2 = 1$ 对应的特征向量 $\boldsymbol{\alpha}_1 = (0, 1, 0)^T$, $\boldsymbol{\alpha}_2 = (-1, 0, 1)^T$. 令 $\boldsymbol{P} = (\boldsymbol{\alpha}_1, \boldsymbol{\alpha}_2, \boldsymbol{\alpha}_3)$, $\boldsymbol{\Lambda} = \mathrm{diag}(1, 1, 0)$,则由 $\boldsymbol{A}$ 的特征值分解 $\boldsymbol{A} = \boldsymbol{P\Lambda P}^{-1}$,即可算得 $\boldsymbol{A}$.

(2) 提示: 利用特征值判别法.

6.23 取 $a > \max|\lambda_i|$ 即可. 提示: $\boldsymbol{A} + a\boldsymbol{I}$ 的特征值为 $\lambda_1 + a, \lambda_2 + a, \cdots, \lambda_n + a$.

6.24 (1) 提示: $\boldsymbol{A}+\boldsymbol{I}$ 的特征值都大于 1;

(2) 提示: $\boldsymbol{A}+\boldsymbol{I}$ 的特征值为都大于等于 1. 因此当 $|\boldsymbol{I}+\boldsymbol{A}| = 1$ 时,$\boldsymbol{A}+\boldsymbol{I}$ 的特征值都为 1,即 $\boldsymbol{A}$ 的特征值都为 0. 故有 $\boldsymbol{A} = \boldsymbol{P\Lambda P}^{-1} = \boldsymbol{POP}^{-1} = \boldsymbol{O}$.

6.25 提示: 取 $t > \max|\lambda_i|$,则 $\boldsymbol{A}+t\boldsymbol{I}$ 的特征值全为正数,$\boldsymbol{A}-t\boldsymbol{I}$ 的特征值全为负数.

6.26 (1) $\boldsymbol{A}$ 的特征值为 $-2, -2, 0$; (2) $k > 2$.

6.27 提示：定义法. $\boldsymbol{A}^T\boldsymbol{A}$ 是实对称矩阵，且对任意 n 维列向量 $\boldsymbol{x}$，有 $\boldsymbol{x}^T\boldsymbol{A}^T\boldsymbol{A}\boldsymbol{x} = (\boldsymbol{A}\boldsymbol{x}, \boldsymbol{A}\boldsymbol{x}) \geqslant 0$，当且仅当 $\boldsymbol{A}\boldsymbol{x} = \boldsymbol{0}$ 时等号成立，因为 $\boldsymbol{A}$ 列满秩时，此即 $\boldsymbol{x} = \boldsymbol{0}$.

6.28 设 $\boldsymbol{A}$ 的谱分解为 $\boldsymbol{A} = \boldsymbol{Q}\boldsymbol{\Lambda}\boldsymbol{Q}^T$，由于 $\boldsymbol{A} \geqslant 0$，故 $\boldsymbol{\Lambda}$ 的对角元 $\lambda_i \geqslant 0$. 又由 $\boldsymbol{A}^T\boldsymbol{A} = \boldsymbol{Q}\boldsymbol{\Lambda}^2\boldsymbol{Q}^T = \boldsymbol{I}$ 可知 $\boldsymbol{\Lambda}^2 = \boldsymbol{I}$，此即 $\lambda_i = 1$，也就是 $\boldsymbol{\Lambda} = \boldsymbol{I}$，于是 $\boldsymbol{A} = \boldsymbol{Q}\boldsymbol{I}\boldsymbol{Q}^T = \boldsymbol{I}$.

6.29 设 $\boldsymbol{A}$ 的谱分解为 $\boldsymbol{A} = \boldsymbol{Q}\boldsymbol{\Lambda}\boldsymbol{Q}^T$，由于 $\boldsymbol{A} > 0$，故 $\boldsymbol{\Lambda}$ 的对角元 $\lambda_i > 0$. 对任意 n 维列向量 $\boldsymbol{x}$，令 $\boldsymbol{y} = \sqrt{\boldsymbol{\Lambda}}\boldsymbol{Q}^T\boldsymbol{C}\boldsymbol{x}$，其中 $\sqrt{\boldsymbol{\Lambda}} = diag(\sqrt{\lambda_1}, \sqrt{\lambda_2}, \cdots, \sqrt{\lambda_n})$，则有 $\boldsymbol{x}^T\boldsymbol{C}^T\boldsymbol{A}\boldsymbol{C}\boldsymbol{x} = (\boldsymbol{y}, \boldsymbol{y}) \geqslant 0$，当且仅当 $\boldsymbol{y} = \boldsymbol{0}$ 时等号成立，又因为 $\sqrt{\boldsymbol{\Lambda}}\boldsymbol{Q}^T\boldsymbol{C}$ 可逆，此即 $\boldsymbol{x} = \boldsymbol{0}$.

6.30 由于 $\boldsymbol{A} > 0$，故存在可逆矩阵 $\boldsymbol{Q}$ 使得 $\boldsymbol{A} = \boldsymbol{Q}\boldsymbol{Q}^T$，因此

$$0 = |\lambda\boldsymbol{I} - \boldsymbol{A}\boldsymbol{B}| = |\lambda\boldsymbol{I} - \boldsymbol{Q}\boldsymbol{Q}^T\boldsymbol{B}| = |\boldsymbol{Q}| \cdot |\lambda\boldsymbol{I} - \boldsymbol{Q}^T\boldsymbol{B}\boldsymbol{Q}| \cdot |\boldsymbol{Q}^{-1}|,$$

故 $\boldsymbol{A}\boldsymbol{B}$ 与 $\boldsymbol{Q}^T\boldsymbol{B}\boldsymbol{Q}$ 的特征值相同. 由于 $\boldsymbol{Q}^T\boldsymbol{B}\boldsymbol{Q}$ 是实对称矩阵，特征值为实数，此即 $\boldsymbol{A}\boldsymbol{B}$ 的特征值为实数. 同理可知 $\boldsymbol{B}\boldsymbol{A}$ 的特征值也为实数.

参 考 文 献

[1] D. C. Lay. 线性代数及其应用(影印版)[M]. 3 版. 北京：电子工业出版社，2010.

[2] D. C. Lay. 线性代数及其应用[M]. 3 版. 沈复兴，等，译. 北京：人民邮电出版社，2007.

[3] 史蒂文 J. 利昂. 线性代数[M]. 9 版. 张文博，张丽静，译. 北京：机械工业出版社，2015.

[4] G. Strang. Introduction to Linear Algebra[M]. 5th ed. Wellesley MA：Wellesley Cambridge Press，2016.

[5] S. Axler. 线性代数应该这样学[M]. 3 版. 杜现昆，等，译. 北京：人民邮电出版社，2016.

[6] M. Artin. 代数[M]. 2 版. 姚海楼，平艳茹，译. 北京：机械工业出版社，2015.

[7] A. И. 科斯特利金. 代数学引论(第一卷)[M]. 2 版. 张英伯，译. 北京：高等教育出版社，2006.

[8] 陈怀琛，等. 工程线性代数(MATLAB 版)[M]. 北京：电子工业出版社，2007.

[9] 陈怀琛，龚杰民. 线性代数实践及 MATLAB 入门[M]. 2 版. 北京：电子工业出版社，2009.

[10] 陈怀琛. MATLAB 及其在理工课程中的应用指南[M]. 3 版. 西安：西安电子科技大学出版社，2007.

[11] 陈怀琛. 实用大众线性代数(MATLAB 版)[M]. 西安：西安电子科技大学出版社，2014.

[12] 杨威，高淑萍. 线性代数机算与应用指导(MATLAB 版)[M]. 西安：西安电子科技大学出版社，2009.

[13] 李富民，白黎. 线性代数实验(MATLAB 版)[M]. 西安：西安电子科技大学出版社，2011.

[14] 王艳君，等. 线性代数实验教程[M]. 北京：清华大学出版社，2011.

[15] 郭科. 数学实验：线性代数分册[M]. 北京：高等教育出版社，2009.

[16] 王亮，等. 基于 MATLAB 的线性代数实用教程[M]. 北京：科学出版社，2008.

[17] Steven Leon，etc. ATLAST computer exercises for linear algebra [M]. Prentice Hall，2003.

[18] 李继根. 大学文科数学[M]. 上海：华东理工大学出版社，2012.

[19] 北京大学数学系前代数小组. 高等代数[M]. 4 版. 北京：高等教育出版社，2013.

[20] 李尚志. 线性代数(数学专业用)[M]. 北京：高等教育出版社，2006.

[21] 谢国瑞. 线性代数及应用[M]. 北京：高等教育出版社，1999.
[22] 刘剑平，施劲松. 线性代数[M]. 2 版. 上海：华东理工大学出版社，2014.
[23] 任广千，谢聪，胡翠芳. 线性代数的几何意义[M]. 西安：西安电子科技大学出版社，2015.
[24] 刘学质. 线性代数的数学思想方法[M]. 北京：中国铁道出版社，2006.
[25] 陈建龙，等. 线性代数[M]. 北京：科学出版社，2007.
[26] 邱森. 线性代数探究性课题精编[M]. 武汉：武汉大学出版社，2011.
[27] 邱森，朱林生. 高等代数探究性课题精编[M]. 武汉：武汉大学出版社，2012.
[28] 陈维翰. 线性关系及其应用[M]. 重庆：重庆大学出版社，1989.
[29] 高桥信. 漫画线性代数[M]. 滕永红，译. 北京：科学出版社，2009.
[30] 张小向，陈建龙. 线性代数学习指导[M]. 北京：科学出版社，2008.
[31] 俞南雁. 线性代数的理论与演练[M]. 北京：机械工业出版社，2008.
[32] 苏德矿，徐光辉. 线性代数学习释疑解难[M]. 杭州：浙江大学出版社，2007.
[33] 刘剑平，等. 线性代数精析与精炼[M]. 上海：华东理工大学出版社，2004.
[34] P. Lancaster, M. Tismenetsky. The Theory of Matrices[M]. 2nd. Orlando: Academic Press, 1985.
[35] R. A. Horn, C. R. Johnson. 矩阵分析[M]. 2 版. 张明尧，张凡，译. 北京：机械工业出版社，2014.
[36] 李继根，张新发. 矩阵分析与计算[M]. 武汉：武汉大学出版社，2013.
[37] 许以超. 线性代数与矩阵论[M]. 2 版. 北京：高等教育出版社，2008.
[38] 吴昌悫，等. 矩阵理论与方法[M]. 2 版. 北京：电子工业出版社，2013.
[39] 陈景良，陈向晖. 特殊矩阵[M]. 北京：清华大学出版社，2001.
[40] G. W. Stewart. Matrix Algorithms, Volume I: Basic Decompositions. [M] Philadelphia: SIAM, 1998.
[41] G. W. Stewart. Matrix Algorithms, Volume II: Eigensystems[M]. Philadelphia: SIAM, 2001.
[42] G. H. Golub, C. F. Van Loan. 矩阵计算(英文版)[M]. 4 版. 北京：人民邮电出版社，2014.
[43] D. J. Hartfiel. Matrix Theory and Application with MATLAB [M]. Florida: CRC Press LLC, 2001.
[44] C. B. Moler. Numerical Computing with MATLAB (Revised in 2013)[M]. 英文版. 北京：北京航空航天大学出版社，2014.
[45] L. N. Trefethen, David Bau III. 数值线性代数[M]. 陆金甫，关冶，译. 北京：人民邮电出版社，2006.
[46] R. L. Burden, J. D. Faires. 数值分析(影印版)[M]. 7 版. 北京：高等教育出版社，2001.
[47] T. Sauer. 数值分析[M]. 吴兆金，王国英，范红军，译. 北京：人民邮电出版社，2010.
[48] 白峰杉. 数值计算引论[M]. 2 版. 北京：高等教育出版社，2010.

[49] 石钟慈. 第三种科学方法：计算机时代的科学计算[M]. 北京：清华大学出版社,2000.
[50] 张志涌,等. 精通 MATLAB R2011a[M]. 北京：北京航空航天大学出版社,2011.
[51] 王家文,等. MATLAB 7.0 编程基础[M]. 北京：机械工业出版社,2005.
[52] 邓薇. MATLAB 函数全能速查宝典[M]. 北京：人民邮电出版社,2012.
[53] Victor J. Katz, Karen Hunger Parshall. Taming the Unknown: A History of Algebra from Antiquity to the Early Twentieth Century[M]. Princeton: Princeton University Press, 2014
[54] M. J. Crowe. A History of Vector Analysis: The Evolution of the Idea of a Vectorial System [M]. New York: Dover Publications, 1985.
[55] Israel Kleiner. A History of Abstract Algebra [M]. Boston: Birkhauser, 2007.
[56] Jean-Luc Dorier. Epistemological Analysis of the Genesis of the Theory of Vector Spaces. In: Jean-Luc Dorier. On the Teaching of Linear Algebra [M]. Kluwer Academic Publishers, 2000.
[57] 德比希. 代数的历史：人类对未知量的不舍追踪[M]. 冯速,译. 北京：人民邮电出版社,2010.
[58] 约翰·塔巴克. 代数学：集合、符号和思维的语言[M]. 邓明立,胡俊美,译. 北京：商务印书馆,2007.
[59] 郭龙先. 代数学思想史的文化解读[M]. 上海：上海三联书店,2011.
[60] 埃德温·A·艾勃特. 平面国[M]. 朱荣华,译. 南京：江苏人民出版社,2009.
[61] 张苍,等. 九章算术[M]. 曾海龙,译. 南京：江苏人民出版社,2011.
[62] 孙庆华. 向量理论历史研究[D]. 西安：西北大学,2006.
[63] 董可荣. 矩阵理论的历史研究[D]. 济南：山东大学,2007.
[64] 莫里斯·克莱因. 古今数学思想(II～III)[M]. 上海：上海科学技术出版社,2014.
[65] 莫里斯·克莱因. 数学：确定性的丧失[M]. 李宏魁,译. 长沙：湖南科学技术出版社,2007.
[66] V.J. 卡茨. 数学史通论[M]. 2 版. 李文林,等,译. 北京：高等教育出版社,2004.
[67] 马丁·加德纳. 矩阵博士的魔法数[M]. 谈祥柏,译. 上海：上海科技教育出版社,2001.
[68] 埃里克·坦普尔·贝尔. 数学大师：从芝诺到庞加莱[M]. 徐源,译. 上海：上海科技教育出版社,2012.
[69] 孙宏安. 中国古代数学思想[M]. 2 版. 大连：大连理工大学出版社,2016.
[70] 张楚廷. 数学文化[M]. 北京：高等教育出版社,2000.
[71] 王宪昌,刘鹏飞,耿鑫彪. 数学文化概论[M]. 北京：科学出版社,2010.
[72] 刘鹏飞,徐乃楠. 数学与文化[M]. 北京：清华大学出版社,2015.
[73] 莫里斯·克莱因. 西方文化中的数学[M]. 张祖贵,译. 上海：复旦大学出版社,2004.
[74] 理查德·曼凯维奇. 数学的故事[M]. 修订版. 冯速,等,译. 海口：海南出版

社,2009.
[75] T・丹齐克.数:科学的语言[M].苏仲湘,译.上海:上海教育出版社,2000.
[76] 黄秦安,曹一鸣.数学教育原理:哲学、文化与社会的视角[M].北京:北京师范大学出版社,2010.
[77] 郑毓信.新数学教育哲学[M].上海:华东师范大学出版牡,2015.
[78] 张景中,彭翕成.数学哲学[M].北京:北京师范大学出版社,2010.
[79] 郑毓信,肖柏荣,熊萍.数学思维与数学方法论[M].成都:四川教育出版社,2001.
[80] 周春荔.数学思维概论[M].北京:北京师范大学出版社,2012.
[81] 邵光华.作为教育任务的数学思想与方法[M].上海:上海教育出版牡,2009.
[82] 蒋志萍,汪文贤.数学思维方法[M].杭州:浙江大学出版社,2011.
[83] 陈重穆,宋乃庆.淡化形式,注重实质[J].数学教育学报,1993,2(2).
[84] 张奠宙,王振辉.关于数学的学术形态和教育形态:谈"火热的思考"与"冰冷的美丽"[J].数学教育学报,2002,11(2).
[85] 张奠宙.微积分教学:从冰冷的美丽到火热的思考[J].高等数学研究,2006,9(2),9(3).
[86] 李尚志.线性代数教学改革漫谈[J].教育与现代化,2004.
[87] 陈怀琛.论工科线性代数的现代化与大众化[J].高等数学研究,2012,15(2).
[88] 张奠宙,沈文选.中学几何研究[M].北京:高等教育出版社,2006.
[89] 菲利克斯・克莱因.高观点下的初等数学(第二卷):几何[M].舒湘芹,等,译.上海:复旦大学出版社,2008.
[90] 钱旭红.改变思维[M].上海:上海文艺出版社,2012.
[91] 郅庭瑾.为思维而教[M].2版.北京:教育科学出版社,2007.

附录 A MATLAB 矩阵代数及程序设计 ABC

A.1 MATLAB 概述

A.1.1 主要功能

20 世纪 70 年代中后期，时任美国新墨西哥大学计算机系主任的克里夫·莫勒(Clever Moler)在教授线性代数课程时，发现学生在应用线性代数程序包 EISPACK 和 LINPACK 时，存在极大的困难，于是便开发了方便快捷的接口程序，并分别选取单词 MATrix（矩阵）和 LABoratory(实验室)的前三个字母，命名为 MATLAB. 后来，他联手学生 John Little 成立 MathWorks 公司，正式把 MATLAB 推向了市场. 这段史话说明线性代数与 MATLAB 佳偶天成，是天生的一对 CP，在学习线性代数的同时服用 MATLAB，是天经地义的事. 事实上，MATLAB 如今早已成为数学、计算机、控制、金融、经济等学科领域相关课程的基本教学工具.

MATLAB 为什么会有如此旺盛的生命力？这首先得力于它的编程语言非常简便易学，与人类思维极为吻合；其次则是它强大的计算功能(包括数值计算和符号计算)，因为它不仅提供了很多内置函数(built-in function，其实就是 MATLAB 的库函数)，而且还提供了几十个特殊应用工具箱；再次则是它强大的数据可视化工具，能够绘制出各种二维和三维图形. 事实上，正如早期的各种计算尺当时所起的作用那样，在如今这个信息时代，MATLAB 正在迅速地激活和开发广大师生和科研人员拥有的“计算潜能”.

A.1.2 工作界面

以 32 位的 MATLAB2013a 为例(实际上许多操作可不加修改地迁移到其他版本)，图 $A.1$ 是它的缺省工作界面. 图中的两个主要窗口是中部的**命令窗**(Command Window)和右下角的**命令历史窗**(Command History). 窗口的大小和位置都是可调节的.

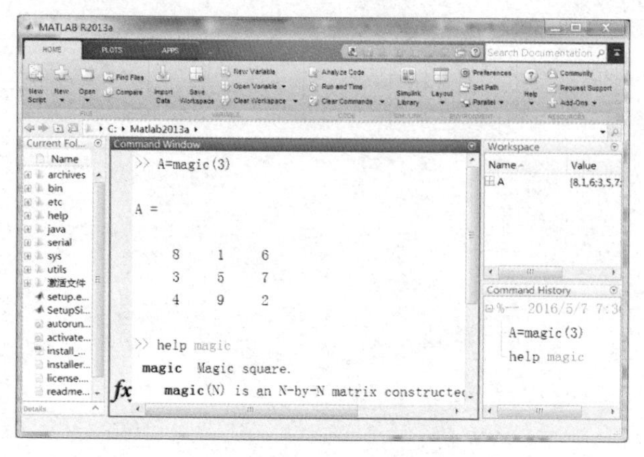

图 A.1 MATLAB 的工作界面

在命令窗中，>>是输入提示符，通过在其后输入各种命令，可以和 MATLAB 进行交互式运算. 图中输入的是命令语句

```
A = magic(3)
```

系统调用内置函数 magic，生成并返回三阶的幻方矩阵(magic square). 进一步输入命令

```
help magic
```

其中的 help 是获取帮助的命令，magic 是主题词(系统自动标示为彩色). 系统会返回 magic 的简略信息，基本能满足需求. 如果需要深入了解 magic，可以进一步点击上述信息末尾的链接"doc magic". 当然，外语水平要足够强大，这是许多前辈血淋淋的教训.

在命令历史窗中，会保存近日键入的各种命令. 如果想重新使用某个历史指令，可以直接双击命令历史窗中的该命令，或者将它复制粘贴到命令窗中，也可以在命令窗中使用"↑"、"↓"等快捷键. MATLAB 的便捷和人性化并不是浪得虚名，这正是它圈粉无数的奥秘所在，尤其是那些一贯高冷但对 MATLAB 却秒转粉的高级人才.

A.1.3　脚本编辑

如果想一次运行多条命令，可以将它们输入在命令窗的同一行里，不过更高大上的处理办法是编写成脚本文件(scipt)，这时就需要启动 MATLAB 的 M 文件编辑器(Editor).

点击工具界面左上角的【New Script】，或者依次点击【New】→【Script】，打开 Editor 编辑器，即可编辑脚本文件，如图 A.2 所示. 文件中绿色的内容为注释，从%开始，直至行尾. 要充分利用注释功能，以便于交流，毕竟，谁也不是谁肚子里的蛔虫.

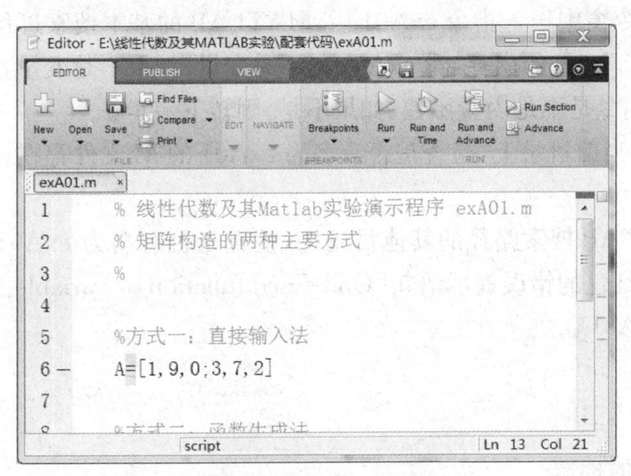

图 A.2　M 文件编辑器

编辑完毕后，依次选择【Save】→【Save As】，将文件保存到适当位置. 例如，图 A.2 中的脚本文件被命名为 exA01.m，并保存在目录"E:\线性代数及其 MATLAB 实验\配套代码"之下. 由于文件的扩展名是".m"，这类文件也被称为 M 文件. 事实上，MATLAB 的脚本文件类似于 DOS 系统的批处理文件，因此 MATLAB 可以打开该文件并依次执行脚本文件中的每一条语句. 要特别注意的是，文件名和目录都可以自行指定.

如果想打开已有的 M 文件，可以在命令窗或 Editor 编辑器中依次选择【Open】→

【Open】,或者在资源管理器中直接双击该文件.

问题是现在还无法运行脚本文件 exA01. m,因为还需要设置路径,以便于告知 MATLAB 系统该文件的位置所在.

A.1.4 路径设置

点击工具界面右上部的【Set Path】,在出现的 Set Path 对话框中选择【Add With SubFolders】按钮,找到目录“E:\线性代数及其 MATLAB 实验\配套代码”并添加后,效果如图 A. 3 所示. 千万别忘了点击下部的【Save】按钮.

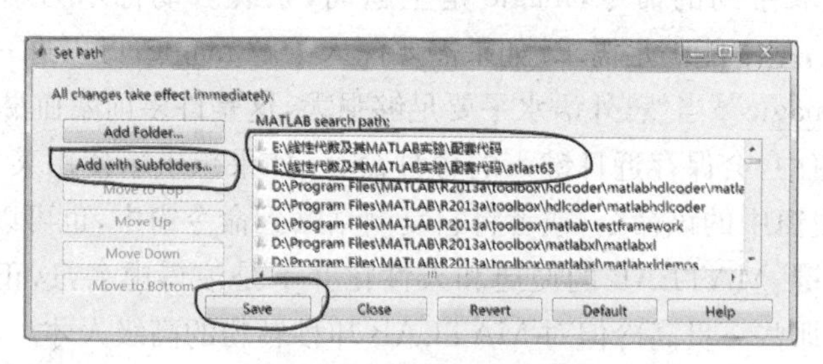

图 A.3 路径设置

现在,点击 Editor 编辑器右上部的【Run】按钮,或者在命令窗中输入(注意不要加文件的扩展名“. m”)

```
exA01
```

就可以愉快地与 MATLAB 进行玩耍了. Just enjoy IT!

事实上,在指令窗中送入指令 exA01 后,MATLAB 的基本搜索过程大致如下:

(1) 检查 MATLAB 的内存,看 exA01 是不是变量;如果不是变量,则转下一步;

(2) 检查 exA01 是不是内置函数;如果不是,则转下一步;

(3) 在系统的当前目录上,检查是否有名为 exA01 的 M 文件存在;如果没有,则转下一步;

(4) 在 MATLAB 搜索路径的其他目录中,检查是否有名为 exA01 的 M 文件存在;如果没有,则返回红色的错误提示语句“Undefined function or variable 'exA01'”(未定义的函数或变量‘exA01’).

A. 2 矩阵及其赋值

A.2.1 矩阵的构造

矩阵的构造方式有直接输入、函数(内置函数或自定义函数)生成等方式. 直接输入法最简单最通用,特别适用于元素没有什么规律的低阶矩阵;函数生成法则适用于生成特殊类型的矩阵,比如对角矩阵.

向量是行数为 1(行向量)或列数为 1(列向量)的特殊矩阵,因此矩阵的输入方式也可用于生成行向量和列向量. 另外,向量还有特定的冒号输入法,其格式为:

x = a: inc: b 或 x = a: b

生成的向量 x 中，元素构成等差数列，其中 a 为向量 x 的第一个元素，inc 为步长（即等差数列的公差），向量 x 中最后一个元素不超过 b. 步长 inc 缺省为 1.

【例 A.1】 矩阵的主要构造方式（本例文件名为 exA01. m）.

```
% 方式一：直接输入法
A=[1,9,0;3,7,2]  % 元素间用“,”或空格隔开,“;”表示换行
a=[1,2-i,7]      % 生成 3 维行向量,i 为内置的虚数单位 i
b=[1;2*pi]       % 生成 2 维列向量,pi 表示内置的常数 π
% 方式二：函数生成法
v=[3,4];  % 末尾的“;”表示此命令不在命令窗中产生输出
D=diag(v)% 内置函数 diag(v)以向量 v 中元素为对角元生成对角阵
TD3=TriD(10,20,30,3)% 自定义函数 TriD(a,b,c,n)生成 n 阶三对角矩阵
c=ones(1,3)  % 函数 ones(m,n)生成元素全为 1 的 m*n 矩阵
% 方式三：向量的冒号输入法
x=1:0.3:2  % 从 1 开始,向量的元素按步长 0.3 递增,不超过 2
```

程序的运行结果为：

```
A=
   1    9    0
   3    7    2
a=
   1.0000+0.0000i  2.0000-1.0000i  7.0000+0.0000i
b=
   1.0000
   6.2832
D=
   3    0
   0    4
TD3=
   10    20    0
   30    10    20
   0     30    10
c=
   1    1    1
x=
   1.0000    1.3000    1.6000    1.9000
```

A.2.2 矩阵的查询和赋值

在 MATLAB 中，A(i，：)表示矩阵 A 的第 i 行，A(：，j)表示矩阵 A 的第 j 列，A(i，j)表示矩阵 A 的第 i 行第 j 列的元素. 对向量 x 而言，x(i)表示 x 的第 i 个元素.

【例 A.2】 矩阵的查询和赋值（本例文件名为 exA02. m）.

```
A=rand(3,5)  % 函数 rand(m,n)生成元素全为随机数的 m*n 矩阵
A(3,4)       % 查询 A 的第 3 行第 4 列上的元素
x=A(3,:)      % x 为 A 的第 3 个行向量
x(4)=0.1314;  % 第 4 个元素赋值为 0.1314,注意 A 不变
x([3,5])=[5.20,2.333]  % 第 3 个元素赋值为 5.20,第 5 个则为 2.333
% 子矩阵 A1 取自 A 的第 1,2 行,以及第 1,2,3,5 列
A1=A(1:2,[1:3,5])
A(:,4)=ones(3,1)*5.20;  % 第 4 列元素都赋值为 5.20
A(3,1:3)=ones(1,3)*0.1314;% 第 3 行前 3 个元素都赋值为 0.1314
% A 中取出子矩阵 A1 的那些位置,其上的元素都赋值为零
A(1:2,[1:3,5])=zeros(2,4);% 函数 zeros(m,n)生成 m*n 阶的零矩阵
A(3,5)=2.3333    % 元素 A(3,5)赋值为 2.3333
```

程序的运行结果如下(注意随机矩阵 A 的元素是随机数):

```
A=
    0.1419    0.7922    0.0357    0.6787    0.3922
    0.4218    0.9595    0.8491    0.7577    0.6555
    0.9157    0.6557    0.9340    0.7431    0.1712
ans=
    0.7431
x=
    0.9157    0.6557    0.9340    0.7431    0.1712
x=
    0.9157    0.6557    5.2000    0.1314    2.3333
A1=
    0.1419    0.7922    0.0357    0.3922
    0.4218    0.9595    0.8491    0.6555
A=
         0         0         0    5.2000         0
         0         0         0    5.2000         0
    0.1314    0.1314    0.1314    5.2000    2.3333
```

当输入命令不含赋值号“=”时,表达式的值被赋值给 MATLAB 的一个默认变量“ans”(英文单词 answer 的缩写),表示最新的计算结果.

A.2.3 矩阵的扩充和收缩

矩阵的扩充方式主要有两种:通过表达式 C=[A, B](要求行数相同)进行串联扩充,或者通过表达式 C=[A; B](要求列数相同)进行并联扩充,以及利用内置的各种扩充函数. 收缩矩阵的主要方式是利用空矩阵[]. 注意空矩阵不是零矩阵. 扩充和伸缩矩阵是灵活使用 MATLAB 的基本功.

【例 A.3】 矩阵的扩充和收缩(本例文件名为 exA03. m).

```
x=1:3;y=6:-1:4;
z=[x,y]                % 串联扩充
w=10*[x;y]             % 并联扩充,然后元素放大 10 倍
A=zeros(2,3);          % A 是零矩阵,在命令窗中不显示
A=[A,w];        % 先串联扩充 A 为 2*6 阶矩阵
A=[A;z]         % 再并联扩充 A 为 3*6 阶矩阵
% 在保持总元素个数和元素值不变的情况下,内置函数 reshape 按列重置矩阵元素
A=reshape(A,2,9)  % 将 A 变形为 2*9 阶矩阵
A(:,[2,6:7])=[];   % 删除第 2,6,7 列,收缩 A 为 2*6 阶矩阵
A(1,:)=[]          % 再删除 A 的第 1 行,收缩 A 为 1*6 阶矩阵
```

程序的运行结果如下:

```
z=
   1    2    3    6    5    4
w=
   10    20    30
   60    50    40
A=
   0    0    0    10    20    30
   0    0    0    60    50    40
   1    2    3     6     5     4
A=
   0    1    0    0     3    60    20     5    40
   0    0    2    0    10     6    50    30     4
A=
   0    2    0    10    30    4
```

A.3　矩阵的代数运算

矩阵的许多代数运算,其书写格式和运算规则与普通的算术运算类似.但矩阵的乘法运算与算术运算不同,同时所谓矩阵的"除法"运算实质上是矩阵求逆运算,因此有左除(\)和右除(/)两种符号(注意它们的倾斜方向).要特别注意它们退化为向量乃至数的特殊情形.例如,矩阵退化为向量时,积有行乘列(内积,结果为数)和列乘行("外积",结果为矩阵)两种情形.

A.3.1　矩阵的线性运算,乘法运算和转置运算

矩阵的加减运算就是对应元素相加减,因此它们必须是同维矩阵.矩阵的数乘,是用该数乘以矩阵中的每一个元素.两者统称为矩阵的线性运算.

矩阵的乘法遵循行乘列法则,但要求它们的内部维数(inner matrix dimensions)一致.矩阵的转置就是各行依次变成相应的列.在 MATLAB 中,转置运算的操作符为单引

号“ ' ”.

【例 A.4】 矩阵的代数运算(本例文件名为 exA04. m).

```
a=[1,3];b=[2,5];A=[a;b];B=[2,4;10,20];
S=A+2*B     % 矩阵的线性运算
C=B'        % 矩阵的转置运算
AC=A*C      % 矩阵的乘法运算
ab1=a*b'    % 行乘列,结果为数
ab2=a'*b    % 列乘行,结果为矩阵
```

程序的运行结果为:

```
S=
     5    11
    22    45
C=
    2    10
    4    20
AC=
    14   70
    24  120
ab1=
    17
ab2=
    2     5
    6    15
```

A.3.2 矩阵的除法运算及其应用

在 MATLAB 中,内置函数 inv 可用于求可逆矩阵的逆矩阵,其调用格式为

```
B = inv(A)
```

用数学符号表示,即有关系式: $\boldsymbol{AB}=\boldsymbol{BA}=\boldsymbol{I}$,也就是 $\boldsymbol{B}=\boldsymbol{A}^{-1}$.

当矩阵 $\boldsymbol{A}$ 可逆时,矩阵方程 $\boldsymbol{AX}=\boldsymbol{B}$ 的解为 $\boldsymbol{X}=\boldsymbol{A}^{-1}\boldsymbol{B}$, 因此其求解代码为

```
X = inv(A) * B
```

由于 MATLAB 中还提供了幂运算符“^”和左除运算符“\”,因此求解代码也可为

```
X = A^(-1) * B 或 X = A\B
```

类似地,当矩阵 $\boldsymbol{A}$ 可逆时,矩阵方程 $\boldsymbol{YA}=\boldsymbol{B}$ 的解为 $\boldsymbol{Y}=\boldsymbol{BA}^{-1}$, 其求解代码可以是

```
X = B* inv(A) 或 B* A^(-1) 或 X = B/A
```

其中使用了 MATLAB 提供的右除运算符“/”.

正如矩阵除法推广自逆矩阵一样,事实上,线性代数中的许多概念都在 MATLAB 中

得以推广. 例如,长方阵也有上三角部分和下三角部分,详情请查阅内置函数 tril 和 triu.

【例 A.5】 矩阵的代数运算(续)(本例文件名仍为 exA04. m).

```
X=A\B            % 矩阵的左除运算
X=inv(A)*B;      % 结果与 X=A\B 相同
X=A^(- 1)*B;     % 结果与 X=A\B 相同
Y=B/A            % 矩阵的右除运算
Y=B*inv(A);      % 结果与 Y=B/A 相同
Y=B*A^(-1);      % 结果与 Y=B/A 相同
```

程序的运行结果为:

```
X=
    20   40
    -6  -12
Y=
    -2    2
   -10   10
```

A.4　元素群运算

矩阵的元素群运算,也就是两个同维矩阵进行对应元素的代数运算,具体可有五则运算:加,减,乘(数乘和乘法),除(左除和右除),幂. 其中的线性运算(加减和数乘)与前文介绍的矩阵线性运算相同,至于其余四个运算(*,/,\和^),为了表示进行的是元素群运算,需要在运算符前加英文小黑点“.”,因此又俗称点运算. 作为特殊的矩阵,向量的元素群运算可做类似理解.

【例 A.6】 矩阵的元素群运算(本例文件名为 exA06. m).

```
A=[2,5;10,2];B=[1,2;2,4];
S=A.*B  %  点乘:S(i,j)=A(i,j)*B(i,j)
S=A.\B  %  点左除:S(i,j)=A(i,j)\B(i,j)
S=A./B  %  点右除:S(i,j)=A(i,j)/B(i,j)
S=A.^B  %  点幂:S(i,j)=A(i,j)^B(i,j)
S=B.^2  %  2 次幂:S(i,j)=B(i,j)^2
```

程序的运行结果为:

```
S=
     2    10
    20     8
S=
    0.5000    0.4000
    0.2000    2.0000
S=
```

```
    2.0000    2.5000
    5.0000    0.5000
S=
      2    25
    100    16
S=
    1     4
    4    16
```

元素群运算可以充分发扬 MATLAB 向量化运算的特色，这是因为这种运算是同时、并行地作用于矩阵的每个元素，因此可以极大地提高运算速度. 在 MATLAB 中，一旦涉及循环运算，要尽量改用向量化编程.

A.5 符号运算

通过安装符号数学工具箱(Symbolic Math Toolbox)，MATLAB 能够提供强大的符号计算功能，包括表达式运算、表达式化简、线性代数、解方程、微积分等一系列操作命令，能以推理解析的运算方式，给出完全正确的解析解，或者在没有解析解时给出任意精度的数值解.

A.5.1 符号对象的建立

符号对象包括符号变量和符号表达式等，可以通过基本指令函数 sym 和 syms 来加以声明.

用基本指令函数声明符号变量，基本语法是

sym 符号变量 可选项

syms 符号变量 1 符号变量 2

其中后者可以用来声明多个符号变量，但各变量之间须用空格(不是逗号也不是分号)分隔开来.

例如下述语句：

```
sym x real
syms a b c
```

其中的可选项 real 表示符号变量 x 是实变量；后者则同时声明了三个符号变量 a，b 和 c.

声明符号表达式的语法为：

```
sym('表达式')
```

例如语句

```
f = sym('x^3+sqrt(2)')
```

声明了表达式

```
f = x^3+2^(1/2)
```

注意其中的无理数$\sqrt{2}$并没有表示为近似的有理数，即有限位数的小数.

A.5.2　符号表达式的运算

对创建出的符号表达式，可以进行各种代数变形，例如合并同类项（相应的内置函数为 collect）、因式分解（factor）、展开（expand）和化简（simple）等.

另外，类似于数值运算，符号表达式也可以进行加、减、乘、除（包括左除和右除）等运算，采用的运算操作符也与数值运算相同.

符号数学工具箱还提供了 solve 函数，可用于求解单个代数方程（包括线性方程、非线性方程和超越方程等）和代数方程组. 其调用格式为：

```
f = solve(eq,var) 或 f = solve(eq1,…,eqn,var1,…,varn)
```

更重要的是，符号数学工具箱中也内置了大量线性代数函数，例如 det（计算行列式）、inv（矩阵求逆）、poly 和 charpoly（求矩阵的特征多项式）、rank（计算矩阵的秩）和 rref（将矩阵化成行最简形），可以对符号矩阵进行相应的线性代数运算.

【例 A.7】 线性代数的符号运算（本例文件名为 exA07. m）.

```
syms a b c d real
A=[a,b;c,d] % 创建符号矩阵
D=det(A)     % 求矩阵的行列式
B=inv(A)     % 求逆矩阵
f=charpoly(A,'x')  % 求矩阵关于字母 x 的特征多项式
g=factor(f-D)  % 因式分解 f-D
h=expand(g)       % 再展开 g
```

程序的运行结果为：

```
A=
    [a,b]
    [c,d]
D=
    a*d-b*c
B=
    [d/(a*d-b*c),-b/(a*d-b*c)]
    [-c/(a*d-b*c),a/(a*d-b*c)
f=
    x^2+(-a-d)*x+a*d-b*c
g=
    -x*(a+d-x)
h=
    x^2-d*x-a*x
```

A.6 MATLAB绘图方法

数据可视化的目的，是借助于几何、色彩和动画等媒介，从一大堆杂乱无序的数据中，暴露出数据间的内在关系和总体趋势，进而揭示出数据所传递的内在本质. MATLAB 具有强大的数据可视化功能，并针对数值计算和符号计算，开发了两套形式上存在差异的绘图命令：数值绘图命令和图形易绘命令.

A.6.1 数值绘图

众所周知，实数对 (x, y) 可表示为平面上的一个点，向量对 $(\boldsymbol{x}, \boldsymbol{y})$ 则可表示平面上的一组点. MATLAB 据此实现了离散数据的可视化. 如果要绘制函数 $y=f(x)$ 的图形，也可以采用类似的离散可视化技术，只要将向量 $\boldsymbol{y}$ 的各个分量 y_i 替换为 $y_i=f(x_i)$ 即可. 当然，要实现视觉上的“连续”(这本质上是一种“幻象”，比如电影每秒一般为 24 帧)，只需要增多采样点 (x_i, y_i) 的数目(比如减小生成向量 $\boldsymbol{x}$ 时的步长). 要注意采样要疏密适当，采样点的数目多了会增加计算量，少了则无法形成视觉上的连续.

MATLAB 中最重要的二维绘图函数是 plot，其基本调用格式为

```
plot(x,y,'s')
```

其中 x, y 是元素个数相同的行(列)向量，字符串 's'用于设定曲线的数据点形、线型和颜色，缺省的设置是“蓝色细实线”. 具体请寻求 help 的帮助. 注意 plot 也可用于绘制平面直线.

【例 A.8】 用内置函数 plot 绘制二维曲线(本例文件名为 exA08.m).

```
x=-1:0.02:1;      % 注意步长的选取
y=x.^2;           % 注意元素群运算符“.^”
plot(x,y,'r+')    % 绘制抛物线 y=x^2,“r”表示 red(红色)
hold on           % 保留已绘制的图形
y=sin(x)./x;      % 调用了内置的数学函数 sin,注意元素群运算符“./”
plot(x,y,'b*')    % 绘制曲线 y=sinx/x,“b”表示 blue(蓝色)
```

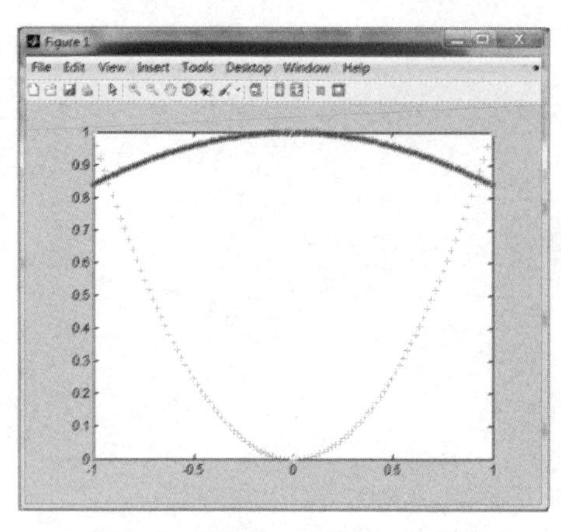

图 A.4 用函数 plot 绘制二维曲线

运行程序后，系统会弹出**图形窗**(figure window)，其中显示了所绘制的二维曲线(如图 A.4 所示). 可以通过【Edit】中的【Copy figure】(或者工具栏中的相应工具)复制图形，也可以通过【Figure properties】修改图形的属性.

在 MATLAB 提供的三维绘图函数中，用于绘制三维曲线的 plot3 与 plot 最相似. 其基本调用格式为

```
plot3(x,y,z,'s')
```

其中 x, y, z 是元素个数相同的行(列)向量. 具体请寻求 help 的帮助.

绘图函数 plot3 主要用于绘制单参数的三维曲线，比如著名的螺旋线：

$$x = \sin t,\ y = \cos t,\ z = t$$

【例 A.9】 用内置函数 plot3 绘制三维曲线(本例文件名为 exA09. m).

```
t=0:pi/50:10*pi;plot3(sin(t),cos(t),t);
```

程序的运行结果如图 A. 5 所示.

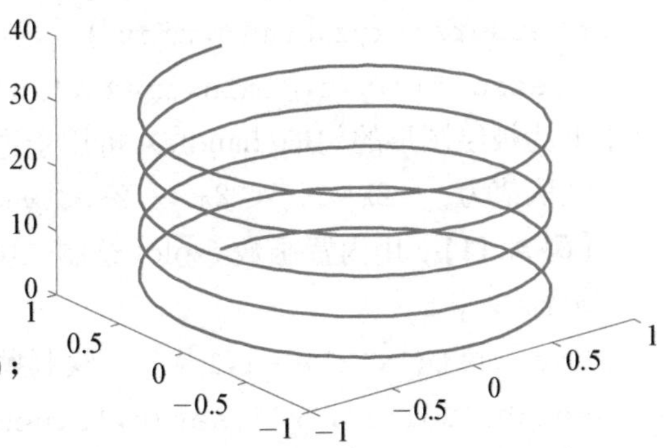

图 A.5 用函数 plot3 绘制三维曲线

如果要绘制三维曲面，需要先用内置函数 meshgrid 准备数据. 其调用格式为

```
[X,Y]=meshgrid(x,y)
```

函数的功能是把由向量 x 和 y 定义的区域转化为数组 X 和 Y，即用(X(i), Y(j))表示矩形域内的各格点坐标. 然后再使用内置函数 surf 或 mesh. 绘制三维曲面. 具体调用格式为

```
surf(X,Y,Z),mesh(X,Y,Z)
```

【例 A.10】 用内置函数 surf 绘制三维曲面(本例文件名为 exA10. m).

```
x=-1:0.1:1;y=-1:0.1:1;          % 步长为 0.1
[X,Y]=meshgrid(x,y);            % 生成矩形区域内的所有格点(X(i),Y(j))
Z=X.*Y;                         % 计算函数值 Z(X(i),Y(j))=X(i)*Y(j),
                                  注意“.* ”运算符
surf(X,Y,Z)                     % 绘制曲面,这里是马鞍面 z= xy
```

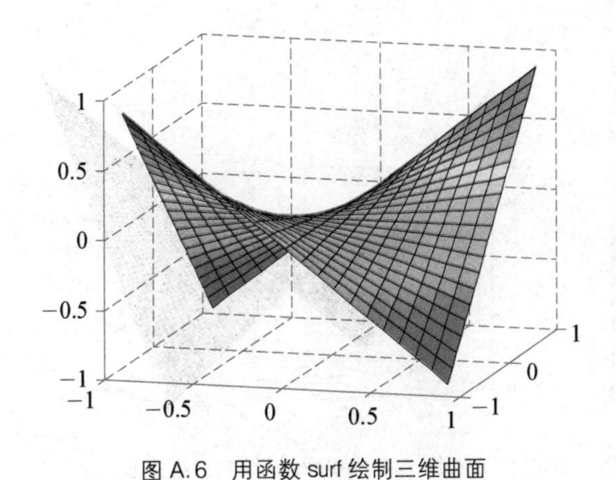

图 A.6 用函数 surf 绘制三维曲面

运行程序后，要先通过【Tools】中的【Rotate 3D】将图形旋转到适当位置. 结果如图 A. 6 所示.

A.6.2 符号绘图

为了为符号函数提供更加简便易用的绘图命令，MATLAB 专门提供了一组实现符号函数可视化的函数，它们的共同点是名称中前两个字符都是“ez”(读作 easy)，剩下的字符就是数值绘图中的相应函数，例如 ezplot, ezplot3 和 ezsurf. 具体的调用格式有：

```
h=ezplot(fx,[min,max])          % 绘制函数 y=f(x),min< x< max
h=ezplot(fxy,[xmin,xmax,ymin,ymax])   % 绘制隐函数 f(x,y)=0
h=ezplot(xt,yt,[tmin,tmax])     % 绘制函数 x=x(t),y=y(t)
h=ezplot3(xt,yt,zt,[tmin,tmax],'animate')   % 可选的动画方式
```

```
h=ezsurf(fxyz,[tmin,tmax])          % 绘制二元隐函数 F(x,y,z)=0
h=ezsurf(x,y,z,[tmin,tmax],'animate')  % 可选的动画方式
```

其中 h 为被绘图形的句柄(handle),可用于进一步修改图形的颜色、宽度等属性, x, y, t 的默认取值为: $-2\pi < x < 2\pi$, $-2\pi < y < 2\pi$, $0 < t < 2\pi$.

【例 A.11】 用内置函数 ezplot 绘制二维曲线(本例文件名为 exA11. m).

```
syms x y t
h=ezplot('x^2',[-1,1])  % 绘制抛物线 y=x^2
set(h,'Color','r');set(h,'LineWidth',2);
hold on                          % 保留已绘制的图形
x=t;y=sin(t)/t
h=ezplot(x,y,[-1,1])            % 绘制曲线 y=sinx/x
set(h,'LineWidth',2);
```

程序的运行结果如图 A. 7 所示. 显然其效果与图 A. 4 基本类似.

【例 A.12】 用内置函数 ezsurf 绘制三维曲面(本例文件名为 exA12. m).

```
syms x y
f=x*y
ezsurf(f)            % 绘制曲面,这里是马鞍面 z=xy
```

运行程序后,通过【Tools】中的【Rotate 3D】将图形旋转到适当位置. 结果如图 A. 8 所示. 显然其效果显然比图 A. 6 更好,因为采样点明显增多了,但其代码却比 exA10. m 简洁得多.

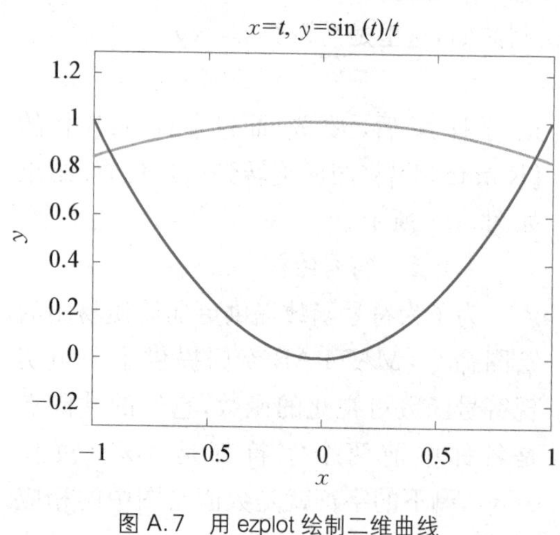

图 A.7 用 ezplot 绘制二维曲线

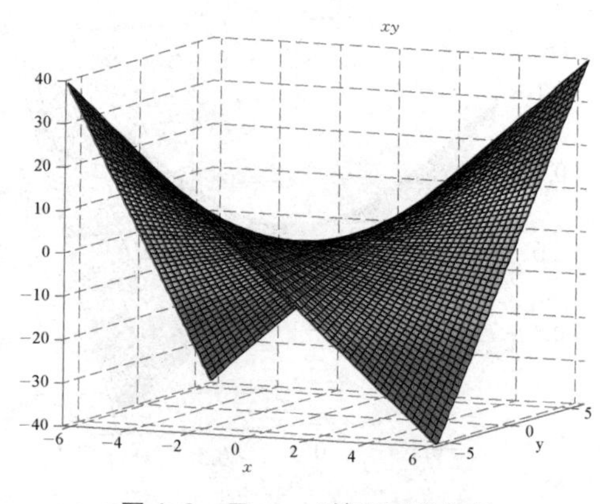

图 A.8 用 ezsurf 绘制三维曲面

由于符号计算需要调用 MuPAD 引擎,因此与数值绘图相比,符号绘图耗时较长. 问题是从初学者角度看,简洁和易用就是符号绘图的吸睛大法,而且还可以先把符号计算的结果数值化,再使用数值绘图命令绘制图形,因此必须强烈安利下符号计算及其符号绘图.

A.7　程序设计初步

A.7.1　函数文件

除了提供大量内置函数外，MATLAB 更允许用户用函数文件(function)来自定义函数. 函数文件的后缀名也是“.m”，但名称必须是函数名. 其一般格式为：

```
function[输出参数列表]=函数名(输入参数列表)
%注释行
函数体
end
```

其中的第一行称为函数定义行，必须以关键字 function 开始. 如果没有输出参数，可以省略“[输出参数列表]=”. 另外，末尾的“end”也可以省略.

必须将自定义函数对应的文件所在目录添加到搜索路径中，否则使用时会报错.

由于脚本文件和函数文件的后缀名都是“.m”，一般统称为 M 文件. 两者的主要区别是：函数文件必须有函数定义行，而且必须通过输入参数来获取数据，通过输出参数来提交结果.

【例 A.13】 下面的代码实现了自定义函数 TriD(保存在文件 TriD.m 之中)，可用于生成 n 阶三对角矩阵. 此函数的调用格式及输出结果请参阅例 A.1.

```
function A=TriD(a,b,c,n)  % 函数定义行
% 函数 TriD(a,b,c,n)用于生成 n 阶三对角矩阵，
% 其中主对角线(即第 0 条对角线)上的元素都为 a，
% 第 1 条对角线上的元素都为 b，
% 第-1 条对角线上的元素都为 c，其余元素全为 0
u=ones(1,n-1)*b;  % 生成第 1 对角线向量
v=ones(1,n)*a;    % 生成主对角线向量
w=ones(1,n-1)*c;  % 生成第-1 对角线向量
A=diag(u,1)+diag(v)+diag(w,-1);
end
```

A.7.2　MATLAB 控制语句

MATLAB 是一种结构化编程语言，同时也提供了赋值语句、分支语句和循环语句，以控制程序的流程. 尽管这些完全类似于其他编程语言，但 MATLAB 的命令更简单.

(1) 分支语句：if ... end 语句

【例 A.14】 自定义函数 fibo(n)可用于计算第 n 个 Fibonacci(斐波那契)数.

```
function fn=fibo(n)
if (n==1)|(n==2)  % 注意逻辑或(or)运算符“|”
  fn=1;
else
  fn=fibo(n-1)+fibo(n-2);
```

```
end
```

(2) 循环语句：for ... end 语句

【例 A.15】 计算矩阵 $\boldsymbol{A}=\begin{pmatrix}1&0&1\\0&1&0\\0&0&1\end{pmatrix}$ 的高次幂(本例文件名为 exA15.m).

```
n=input('输入非负整数 n=')    % 键盘输入 n 的具体数值
A=eye(3);A(1,3)=1;             % 注意矩阵初值的输入方式
X=I;                           % 幂的初值
for i=1: n                     % 迭代步
    X=X*A;                     % X←X*A
end
X                              % 显示最终结果
```

(3) 循环语句：while ... end 语句

与 for 语句不同，while 语句一般适用于事先不能确定循环次数的情况.

A.7.3 程序设计例析

程序员经常被调侃为程序猿(媛)或码农，因为程序设计需要综合考虑许多因素，再加上有时需要运用一些杂耍性的高难技巧，导致投入多产出少，经常需要加班加点才能完成任务，真可谓巨坑一座. 尽管 MATLAB 在程序设计理念和语言风格上比许多高级编程语言(例如 C 语言)要先进和灵活得多，但如果不能深刻领悟并加以灵活运用，有时也会出现“上半身西装＋领带，下半身裤衩＋拖鞋”的尴尬画面.

【例 A.16】 生成矩阵 $\boldsymbol{A}=\begin{pmatrix}1&2&3&1\\2&3&4&1\\3&4&5&1\\4&5&6&1\end{pmatrix}$.

除了采用适用于低阶矩阵的直接输入法之外，注意到这个矩阵的特殊性，也可以采用以下方法来生成这个矩阵.

方法一 (文件名为 exA16a.m)：

```
n=input('输入非负整数 n=')      % 键盘输入 n 的具体数值,这里 n=4
a=1: n;a=a';                     % 生成列向量 a
e=ones(n,1);                     % 生成元素全为 1 的列向量
A=[a,a+e,a+2*e,e]                % 生成 A
```

方法二 (文件名为 exA16b.m)：

```
n=input('输入非负整数 n=')      % 键盘输入 n 的具体数值,这里 n=4
a=1: n;a=a';                     % 生成列向量 a
e=ones(n,1);                     % 生成元素全为 1 的列向量
A=[];                            % 初值为空矩阵
for i=1: (n-1)                   % 迭代步
    A=[A,at(i-1)*e]              % 添加列
```

```
end
A=[A,e]                            % 添加最后一列
```

方法三　(文件名为 exA16c.m)：

```
n=input('输入非负整数 n=')         % 键盘输入 n 的具体数值,这里 n=4
A=ones(n);                         % 初值为全 1 矩阵
for i=1:(n-1)                      % 迭代步
  a=i:(i+n-1);                     % 生成第 i 列的列向量
  A(:,i)=a';                       % 更新第 i 列
end
A
```

显然三个方法都希望自己的代码能够适用于更一般化的任意 n 阶. 但遗憾的是,方法一中就出现了前文提及的那种尴尬画面,因为其中用于生成矩阵 A 的语句仅适用于 4 阶;方法三则太过于元素化和技巧化,甚至有点炫技的嫌疑;至于方法二,既实现了更一般化的目标,也提供了比较浅显易懂的算法. 究其原因,是方法二中找到了打开这类矩阵的正确方式.

更一般地,就 MATLAB 程序设计而言,要特别注意发挥其"向量化编程"的独特魅力,简单来说就是要尽可能同时、并行地处理矩阵、向量中的元素,尽量避免对单个矩阵元素的操作以及循环运算. 总之,程序设计的关键是思维,要多看多练.

附录 B　矩阵代数中常用的 MATLAB 函数

说明：本附录中有选择地列出了一些常用的 MATLAB 函数，其他函数请查询相关资料. 另外，加粗的函数，是美国 1992—1997 年间实施的 ATLAST(用软件工具加强线性代数教学)计划所开发的函数，位于本书所附代码的"\atlast65"子文件夹内，具体请寻求 help 的帮助，也可参阅文献[9，17].

表 B.1　特殊矩阵的生成函数

函数名	功能	函数名	功能
zeros	生成零矩阵	magic	生成魔方矩阵
eye	生成单位矩阵	compan	生成多项式的友矩阵
ones	生成全 1 矩阵	hankel	生成 Hankel 矩阵
diag	生成对角矩阵	hilb	生成 Hilbert 矩阵
rand	生成均匀分布随机矩阵	invhilb	生成逆 Hilbert 矩阵
randn	生成正态分布随机矩阵	vander	生成 Vandermonde 矩阵
linspace	生成线性等分点	pascal	生成 Pascal 矩阵
logspace	生成对数等分点	toeplitz	生成 Toeplitz 矩阵
blkdlg	生成块对角矩阵		
grid	X 坐标矩阵	**randstoc**	随机生成随机矩阵
maxmat	最大下标矩阵	**consec**	顺序数字矩阵
minmat	最小下标矩阵	**hconsec**	Hankel 顺序数字矩阵
checker	1-0 交替矩阵	**Hmatrix**	H 字母矩阵
achecker	0-1 交替矩阵	**Lmatrix**	L 字母矩阵
signmat	正负 1 交替矩阵	**Nmatrix**	N 字母矩阵
backiden	反向单位矩阵	**Tmatrix**	T 字母矩阵
jordan0	约当 0 矩阵	**Xmatrix**	X 字母矩阵
cyclic	单位矩阵循环右移一位	**Ymatrix**	Y 字母矩阵
randintr	生成秩为 r 的随机整数矩阵	**Zmatrix**	Z 字母矩阵

表 B.2　初等数学函数和多项式函数

大类	函数名	功能	函数名	功能
三角函数	sin	正弦	asin	反正弦
	cos	余弦	acos	反余弦
	tan	正切	atan	反正切
	cot	余切		
指数对数及幂函数	exp	以 e 为底的指数函数	power	幂函数
	log	以 e 为底的对数函数	pow2	2 的幂
	log2	以 2 为底的对数函数	sqrt	平方根函数
复数	abs	绝对值和模	real	实部
	angle	幅角	imag	虚部
	isreal	是否为实数	conj	共轭复数
取整函数及其他	round	四舍五入为整数	sign	符号函数
	floor	向下舍入为整数	mod	求整除正余数
	ceil	向上舍入为整数	rem	求整除余数
	fix	向 0 舍入为整数		
多项式函数	roots	多项式求根	poly	按根组成多项式
	conv	多项式相乘	deconv	多项式相除

表 B.3　矩阵的操作

函数名	功能	函数名	功能
cat	向量或矩阵连接	reshape	矩阵变维
horzcat	串联扩充	rot90	矩阵旋转
vertcat	并联扩充	fliplr	矩阵左右翻转
diag	抽取对角线元素	flipud	矩阵上下翻转
tril	抽取下三角矩阵	repmat	复制和平铺矩阵
triu	抽取上三角矩阵	rat	用有理形式表示矩阵元素

表 B.4　矩阵分析与计算

类别	函数名	功能	函数名	功能
矩阵与行列式	dot	计算向量的点积	cross	计算向量的叉积
	length	返回最长维的长度	size	返回矩阵每一维的长度
	sum	返回矩阵各列的和	prod	返回矩阵各列元素的乘积
	max	返回矩阵各列的最大值	min	返回矩阵各列的最小值

续 表

类别	函数名	功能	函数名	功能
	trace	求方阵的迹	norm	求矩阵的范数
	transpose	矩阵转置,等价于“'”	inv	求方阵的逆
	\和/	左除和右除	det	求方阵的行列式
	cond	求矩阵的条件数		
线性方程组求解	rank	求矩阵的秩	rref	化矩阵为行最简形
	polyfit	多项式拟合	pinv	求矩阵的伪逆
	null	求矩阵的零空间	orth	将矩阵规范正交化
	qr	QR 分解		
	rowswap	行交换变换	**rowscale**	行数乘变换
	rowcomb	行乘加变换	**solution**	求解线性方程组 Ax=b
	nulbasis	求矩阵零空间的基础解系	**colbasis**	列向量基生成函数
	gschmidt	施密特法求正交基		
特征值	eig	计算特征对	eigs	若干特征对
	poly	计算特征多项式	charpoly	计算特征多项式
	polyeig	多项式特征值问题	jordan	Jordan 分解
	schur	Schur 分解	svd	奇异值分解
矩阵函数	mpower	求矩阵的幂	polyvalm	求多项式矩阵
	expm	求矩阵指数函数	logm	求矩阵对数函数
	sqrtm	求矩阵平方根函数		
符号计算	sym	数值矩阵转化为符号矩阵	colspace	返回列空间的基
	collect	合并同类项	expand	展开表达式
	factor	因式分解	simple	化简表达式
	solve	解代数方程(组)	poly2sym	将多项式系数向量转化为带符号变量的多项式
	limit	求极限	diff	求导数
	int	求积分	dsolve	常微分方程的符号解

表 B.5 绘图函数

函数名	功能	函数名	功能
plot	绘制二维曲线	title	加标题
xlabel	加 X 轴标记	ylabel	加 Y 轴标记
axis	设定坐标轴	text	添加字符串

续　表

函数名	功能	函数名	功能
grid	加网格	legend	加图例
hold	图形保持	subplot	分区绘图
plot3	绘制三维曲线	meshgrid	生成数据点矩阵
mesh	绘制三维网格图	surf	三维曲面图
ezplot	绘制二维曲线	ezplot3	绘制三维曲线
ezsurf	绘制三维曲面	ezmesh	绘制三维网格图

表 B.6　ATLAST 库中的其他函数

函数名	功能	函数名	功能
convexcombs	画出两向量的凸组合	**drawvec**	画向量
eigplot	绘制矩阵的特征值	**eigshow**	动态显示 x 与 Ax 的关系
fractal	分形图形演示程序	**other**	下标 1：n 中去掉 ip 后的剩余下标
plotangle	画两个向量的夹角	**plotline**	画直线 ax＋by＝c
powplot	画矩阵指数	**rollit**	轮子滚动程序
spanview	三维向量张集观看	**svdimage**	奇异值分解图形
transfor	线性变换图形显示	**viewsubspaces**	子空间可视化
walk	人走步动画		

表 B.7　本书中的自定义函数

章节	函数名	功能	函数名	功能
第二章	Minor	计算余子式 Mij	Cofactor	计算代数余子式 Aij
	LExpansion	用拉普拉斯展开式求行列式	TriD	生成三对角矩阵
	Adj	生成伴随矩阵	InvByAdj	用伴随矩阵法求逆
	SumMinors	求所有余子式的和	SumCofactors	求所有代数余子式的和
	Cramer	用克莱姆法则解线性方程组		
第三章	colswap	列交换变换	colscale	列数乘变换
	colcomb	列倍加变换	rank1	求矩阵的秩
	rank2	求矩阵的秩	SolutionState	判定线性方程组解的状态
	gsolution	求线性方程组 Ax＝b 的通解		
第四章	IsLinDepend	向量组是否线性相关	VecTriProb	求向量组的三大基本问题

续 表

章节	函数名	功能	函数名	功能
第五章	MyEig	计算特征对	MyEig1	计算特征对
	IsDiagable	判定矩阵是否可对角化		
第六章	IsPositive1	判定矩阵是否正定	IsPositive2	判定矩阵是否正定

说明：这些自定义函数仅限教学使用，实际应用中必须选择更高效和稳定的 MATLAB 函数. 例如，函数 LExpansion 中所用的算法，理论分析已经证明会遭遇"维数灾难"(Curse of Dimensionality)，因而是极端低效的.

图书在版编目(CIP)数据

线性代数及其 MATLAB 实验/李继根编著. —上海：
华东师范大学出版社，2016
ISBN 978-7-5675-5815-1

Ⅰ. ①线… Ⅱ. ①李… Ⅲ. ①线性代数—计算机辅
助计—Matlab 软件 Ⅳ. ①O151.2-39

中国版本图书馆 CIP 数据核字(2016)第 259742 号

线性代数及其 MATLAB 实验

编　　著　李继根
项目编辑　孙小帆
特约审读　李　帆
版式设计　卢晓红
封面设计　俞　越

出版发行　华东师范大学出版社
社　　址　上海市中山北路 3663 号　邮编 200062
网　　址　www.ecnupress.com.cn
电　　话　021-60821666　行政传真 021-62572105
客服电话　021-62865537　门市(邮购) 电话 021-62869887
地　　址　上海市中山北路 3663 号华东师范大学校内先锋路口
网　　店　http://hdsdcbs.tmall.com

印 刷 者　常熟高专印刷有限公司
开　　本　787×1092　16 开
印　　张　21
字　　数　473 千字
版　　次　2017 年 5 月第 1 版
印　　次　2020 年 9 月第 2 次
书　　号　ISBN 978-7-5675-5815-1/O·271
定　　价　46.00 元

出 版 人　王　焰

(如发现本版图书有印订质量问题，请寄回本社客服中心调换或电话 021-62865537 联系)